JN443961

제6판

항공우주학개론

한국항공우주학회 편

제6판 Introduction to Aeronautics and Astronautics

항공우주학개론

한국항공우주학회 편

사단법인 한국항공우주학회

발간사

인류 최초로 하늘을 날고 싶은 희망으로 1903년 라이트 형제의 복엽기 플라이어 호에 의한 최초의 동력 비행을 실현한 이후, 지난 120여 년 동안 항공우주 분야는 실로 엄청난 변화와 발전을 거듭하여 인간의 활동 영역이 대기권뿐만 아니라 우주까지 확장되었습니다. 현재 550여 명의 승객을 싣고 대양을 횡단할 수 있는 A380과 같은 초대형 여객기와 첨단 복합재 구조로 획기적 에너지 효율을 가지는 B787 대형 여객기를 개발하여 활발히 운용하고 있으며, 통신, 기상, 탐사, 지구위치정보 등을 위한 위성시스템은 이미 우리의 일상이 되었을 뿐만 아니라 화성의 내부를 탐사하는 NASA의 인사이트(InSight) 탐사선, 수직 착륙을 통한 재사용이 가능한 스페이스X의 팔콘 9 개발 등으로 항공우주산업에 놀라운 발전을 이루었습니다. 머지않아 차세대의 혁신적인 교통수단으로 기존의 자동차를 대체할 수 있는 PAV라든지, 지구 어느 곳이든 일일생활권으로 묶어줄 수 있는 극초음속 여객기가 출현될 것이 예상되며, 버진갤럭틱(Virgin Galactic)사가 상품화하고 있는 우주여행 역시 가능할 것으로 예상합니다. 또한, 항공우주기술은 국가방위를 위해서도 필수 불가결한 분야입니다. 이에 따라 항공우주공학은 한 국가의 과학기술 척도를 나타내는 종합 시스템 학문으로 많은 국가가 이를 습득하고 발전시키기 위해 혼신의 노력을 다하고 있습니다.

국내에서는 1945년 광복 이후 한국전쟁을 거치면서 항공 분야에 많은 관심을 가졌으나 체계화된 자료와 기초기술의 부족으로 본격적인 학문으로 발전하는 데 많은 어려움이 있었습니다. 그러나 1970년대 자주국방을 위한 F5E/F, 500MD, KF-16 등의 기술도입 생산을 통한 항공정책의 강력한 추진으로 단기간 내에 국내 항공우주공학의 저변을 확대하여 괄목할 만한 발전을 이룩할 수 있게 되었습니다. 1980년대 후반 이후 현재까지 한국형 기본훈련기 KT-1뿐만 아니라 초음속 고등훈련기 T-50, 초음속 다목적 경전투기/경공격기인 FA-50을 자체 개발하여 수출하게 되었으며, 다목적 군용헬기인 KUH도 자체 개발 생산을 통해 국내 군용 및 관·민수용으로 사용 중에 있습니다. 이뿐만 아니라 스마트 무인기를 비롯한 무인항공기 분야와 첨단 유도무기 분야도 국가사업의 계속된 개발을 통하여 많은 발전을 하고 있습니다. 특히, 정부는 2010년대 초에 4대 완제기인 중형항공기, 민수용헬기, 한국형전투기(KFX), 공격헬기(KAH) 개발계획을 담은 항공산업발전 기본계획을 확정하여 향후 10년 후 세계 일곱 번째의 항공산업국으로 발돋움하겠다는 야심 찬 계획을 발표하여 우리나라 항공산업 발전의 중흥기를 맞이하게 되었습니다. 최근에는 한국형 우주 발사체 KSLV-I 나로호의 발사 성공, 우리 공군에 최초 스텔스기인 F-35A의 도입 그리고 소형무장헬기인 LAH의 공개비행 등 국내 항공기술에 장족의 발전이 있었으며, 2021년에 발사를 목표로 하는 KSLV-II 누리호와 2026년 완성 예정인 KFX가 개발 중에 있습니다.

한국항공우주학회는 항공우주학을 배우려는 사람들에게 좀 더 쉽고 정확하게 항공우주학을 소개하기 위한 입문서로 1972년 《항공우주학개론》을 처음 발간한 이래, 항공우주학의 발전에 따라 1985년에 제2판, 1997년에 제3판, 2005년에 제4판, 2011년에 제5판을 발간하였습니다. 그러나 최근 항공우주학의 매우 빠른 발전과 보다 기초적인 입문서의 필요에 따라 제5판의 《항공우주학개론》의 개정이 절실히 요구되어, 5판 발행 후 9년 만에 개정판을 발간할 수 있게 되어 매우 다행스럽게 생각합니다.

이번에 개정된 제6판에서 항공우주공학을 전공하는 대학생, 항공기 조종사, 정비사를 위해 공부하는 대학생 및 항공우주학에 관심이 있는 일반인을 위한 입문서로서 고등학교 졸업의 기초지식으로 어려움이 없이 항공우주학 개론을 이해할 수 있도록 기술함을 목표로 개편하도록 노력하였습니다.

끝으로 본 《항공우주학개론》 제6판의 저술에 참여하여 주신 집필진 여러분과 위원장으로 내용 구성, 편집에 애써 주신 이승수 교수와 감수를 맡아 주신 안동만 교수, 박민우 박사, 이경태 교수, 김종성 박사, 전승문 박사의 노고에 진심으로 감사드리며, 출판을 위해 애써 주신 경문사 편집진 여러분께도 감사의 말씀 올립니다.

2019년 12월
한국항공우주학회 회장 박정선

머리말

《항공우주학개론》 초판이 발간된 후 50년에 가까운 세월이 지났습니다. 시대를 앞서가는 항공우주 분야를 처음으로 공부하는 학생들에게 항공우주학을 소개하는 입문서인 《항공우주학개론》은 항공우주 분야의 성장과 변화에 의해 2011년까지 다섯 번의 개정에도 불구하고 시대의 흐름에 뒤떨어지게 되었습니다. 또한 여러 집필진들이 별도로 집필하다 보니 상호 간의 용어 통일이나 그림 등에서 일관성이 부족한 점이 있었습니다. 특히 장별로 난이도가 상이하여 읽는 독자에게 어려움이 있었습니다.

이번 6판의 개정을 위해 구성된 집필위원회는 대학에서 《항공우주학개론》을 강의하시는 교수님들의 설문조사 결과와 독자 의견을 모아 개정의 방향을 다음과 같이 정하였습니다. 《항공우주학개론》은 항공우주 공학자, 항공기 조종사, 정비사가 되기 위해 공부하는 대학생과 항공우주학에 관심이 있는 일반인을 위한 입문서이므로 고등학교 졸업의 기초지식을 갖는 독자라면 어려움이 없이 이해할 수 있도록 기술하고자 하였습니다. 장별 균일한 난이도와 용어와 부호에 일관성을 갖도록 개정하기로 하였습니다. 항공기 수출과 안전한 운항을 위해 우리나라를 포함한 항공기 제작 및 운항하는 세계 여러 나라에서 운용하는 인증제도에 대한 소개를 새로 추가하기로 하였습니다. 우리나라 항공우주산업의 발전을 널리 알기 위하여 이번 개편에는 우리나라에서 개발한 항공우주 시스템의 사진과 자료를 적극적으로 사용하기로 하였습니다. 이렇게 정한 개정 방향에 따라 집필위원회는 5판을 기초하여 일부를 수정하고, 몇 장은 새로 작성하였습니다. 집필위원회의 지식이 부족한 분야는 전문가를 초빙하여 6판의 개정 방향을 설명하고 이에 합당하도록 집필을 의뢰하였습니다.

항공우주학의 광범위한 분야를 독자들이 모두 이해하고 아는 것은 매우 어렵습니다. 그래서 《항공우주학개론》을 4개의 Part로 나누고 필요에 따라 선택적으로 공부할 수 있도록 하였습니다. Part 1에서는 항공우주학 전반에 대한 소개, Part 2에서는 항공우주 비행의 원리, Part 3에서는 다양한 항공우주 시스템의 작동원리, Part 4에서는 항공전자, 항공기 계기 및 서브시스템, 항공운항과 인증제도를 다루었습니다.

현재 우리나라 항공우주산업의 규모는 항공 선진국에 비해 미약하지만 우리나라의 항공우주 분야 기술은 독자적으로 전투기와 인공위성을 설계/제작할 수 있고, 지구궤도에 우리가 개발한 위성을 올릴 발사체를 개발하는 수준으로 발전하였습니다. 이는 《항공우주학개론》의 초판이 발간되었을 50년 전과 비교하면 괄목할 만한 성장을 이룬 것입니다. 한국항공우주학회에서 발간하는 《항공우주학개론》이 이러한 발전에 일조를 하였다고 자평할 수 있을 것입니다. 이번 개편으로 《항공우주학개론》이 우리나라 항공우주산업의 발전을 이끌 독자들에게 항공우주학의 입문서로 이루어온 전통을 계속해서 유지하기를 기대합니다.

이제 많은 시간과 노력을 투자해서 개정된 《항공우주학개론》 6판이 출간되었습니다. 초기에 정한 개정 방향이 제대로 지켜진 항공우주학 입문서가 되었는지에 대한 독자의 평가를 들을 시간이 되었습니다. 이번 개정으로 이루지 못한 부분은 지속적인 개정으로 보완되리라 믿습니다. 집필위원회의 개정 방향에 따라 충실하게 집필해주신 초빙집필진께 감사드립니다. 바쁜 일정에도 기꺼이 감수를 맡아 수고해주신 안동만 교수님, 박민우 박사님, 이경태 교수님, 김종성 박사님, 전승문 박사님께 감사드립니다. 《항공우주학개론》 개정을 위해 물심양면으로 도와주신 김유단, 박정선 전임 회장님께도 감사의 마음을 전합니다.

2020년 1월

한국항공우주학회 《항공우주학개론》 제6판 집필위원회 일동

위원장 : 이승수

위　원 : 박수형, 성홍계, 신의섭, 이관중,
이형진, 장조원, 최한림

● 집필진

초판 1972)		제2판 (1985)	
서론	김석환	서론	김석환
비행원리	이승원	비행원리	조옥찬 · 이봉준
항공기구조 및 내항성	이해경	항공기구조 및 내항성	이해경
동력장치	임달연 · 정흥철	동력장치	김학봉
연소와 연료	조경국	계기 및 보조장비	이경준
비행성능 및 조종성	홍재학 · 김영남	항공기구조 및 내항성	김재권
계기 및 보조장비	이경준	항공기상	김보희
공중항법 및 항공교통관제와 보안시설	김재권 · 김종섭 · 진년강	헬리콥터	박춘배
		우주비행의 원리	조옥찬 · 김종철
항공기상	김보희	항공우주기술의 전망	김범수
V/STOL 항공기	강위훈		
우주비행의 원리	조옥찬		
항공기술의 전망	위상규		

제3판 (1997)		제4판 (2005)	
소개	김석환 · 박춘배	항공우주공학의 소개	안동만 · 전창수
비행원리	조옥찬 · 박춘배	비행원리	김문상 · 김학봉 · 윤용현
항공기구조 및 감항성	이해경	항공기구조 및 감항성	김정엽
동력장치	김학봉	추진기관	공창덕 · 구자예
항공전자	박춘배	힝공전자	홍교영
계기 및 보조장비	이경준 · 박춘배	비행성능, 안정성 및 조종성	김병수 · 이상기
항공운항	김재권 · 김보희 · 박춘배	항공기 계기 및 보조장비	황명신
헬리콥터	박춘배	항공운항	김칠영 · 은희봉
우주공학과 인공위성	김진호	헬리콥터	빅춘배
		우주추진	장영근
		인공위성	장영근

제5판 (2011)		제6판 (2020)	
항공우주공학의 소개	안동만 · 전창수	항공우주학 소개	이승수
비행원리	윤용현 · 김문상 · 김학봉	항공우주 영역	이승수
항공기구조 및 감항성	김정엽	공기역학	박수형
추진기관	공창덕 · 구자예	구조	황도순
항공전자	홍교영	항공 추진역학	성홍계 · 최성만
비행성능, 안정성 및 조종성	김병수 · 이상기	비행성능	이관중
항공기 계기 및 보조장비	이상철(항공대)	비행 제어 및 항법	최한림
항공운항	김칠영 · 은희봉	인공위성	이동헌
헬리콥터	박춘배	우주추진	이형진
우주추진	윤영빈 · 노태성 · 장영근	회전익 항공기	김덕관
인공위성	최기영 · 장영근	무인항공기	이동진
무인항공기	심현철	항공 전자 시스템	최한림
		항공기 계기 및 서브시스템	하수동
		항공기 운항	하수동
		항공기 인증제도	고준수

감수위원

성 명	소 속
안동만	한서대학교
박민우	한국항공우주산업
이경태	세종대학교
김종성	국방과학연구소
전승문	국방과학연구소

차 례

Part 1 항공우주학 소개

Part 2 항공우주 비행의 원리

3장 공기역학

4장 구조

6장 비행성능

7장 비행 제어 및 항법

Part 3 항공우주 시스템

8장 인공위성

9장 우주추진

Part 4 항공전자 및 운항

12장 항공전자 시스템

13장 항공기 계기 및 서브시스템

부록

PART

01 항공우주학 소개

CHAPTER 01

항공우주학 소개

1.1 서론

항공우주학은 유·무인 고정익 및 회전익 항공기, 발사체, 위성 등과 같이 대기권 및 우주공간을 비행하는 **체계**(system)의 해석 및 설계를 연구하는 학문이다. 그러므로 항공우주학을 전공하는 학생들은 비행체의 해석 및 설계에 필요한 학문에 대한 지식을 갖추어야 한다. 1장에서는 이러한 목적으로 고정익 항공기, 회전익 항공기, 우주발사체 및 위성 체계의 내부 구성도와 그 기능에 대해 기술하고자 한다. 여기에 도시된 항공우주 체계는 모두 국내에서 개발된 것으로 최근 괄목할 만한 성장을 이룬 우리나라 항공우주산업의 결과물이다.

항공기의 부품 수는 약 3만 개인 자동차 부품 수의 20배 이상으로 보잉 777(Boeing 777)의 경우는 약 300만 개의 부품으로 이루어졌다. 그러므로 여기에서는 주요 **부체계**(subsystem) 중 극히 일부만 언급한다. 또한 항공우주학의 특징은 다양한 학문 분야 연구의 결과가 종합되는 **체계종합**(system integration)적 특징이 있으므로 항공우주 체계의 설계에 있어 항공우주학의 세부 연구분야의 역할과 각 연구분야 간 상호 관계에 대하여 기술한다.

1.2 항공우주 시스템의 구성과 기능

1.2.1 고정익 항공기

우리나라에서 최초로 개발하여 생산한 고정익 항공기는 기본훈련기 KT-1(웅비)이다. 이후, 고등훈련기 T-50(황매, Golden Eagle)을 거쳐 KC-100(나라온) 민수용 경항공기를 개발 생산하였으며, 현재는 한국형 첨단 전투기(KFX, 보라매)를 개발 중에 있다. 그림 1.1에는 KT-1의 내부 구성도를 도시하였다. KT-1은 국방과학연구소가 주도하여 한국항공우주산업(구 삼성항공우주산업, 대우중공업, 현대우주항공의 합작사)과 대한항공, 엘아지넥스원, 한국화이버, 위아 등 여러 국내 항공산업체가 공동으로 독자 개발한 항공기이다. KT-1은 경공격기인 KA-1으로 개량되었다. 인도네시아, 터키 등에 수출된 최초의 항공기이다. 그림 1.1에서 볼 수 있듯이 저아음속 항공기인 KT-1의 **주날개**(main wing)는 **후퇴각**(sweepback angle)이 거의 없다. 또한, 항공기의 자세를 바꿀 수 있는 **승강키**(elevator), **에일러론**(aileron) 및 **방향키**(rudder)의 **조종면**(control surface)을 볼 수 있다. KT-1의 **비행조종장치**(flight control system)는 기계식으로 그림에는 엘리베이터 조종봉, 에일러론 조종봉과 러더 조종케이블이 도시되어 있다. 착륙 시 사용하는 **전륜 착륙기어**(nose landing gear)와 **주륜 착륙기어**(main landing gear)가 보인다. 날개의 좌우에는 연료탱크와 연료 승압 펌프 및 연료 여과기를 볼 수 있으며 또한 배면비행 시 연료를 엔진에 공급하는 곡예탱크를 볼 수 있다.

그림 1.2에 보이는 바와 같이, 엔진은 캐나다 PW사의 PT6A-62 터보프롭엔진을 사용한다. 이륙과 착륙 중 **실속속력**(stall speed)를 낮추어 이착륙에 필요한 활주거리를 줄일 수 있는 **고양력장치**(high lift device)인 **Split형 플랩**(split flap)을 찾아볼 수 있다. 그림에서는 볼 수 없지만 동체 하방에 **스피드브레이크**(speed brake)가 설치되어 착륙거리를 줄일 수 있다.

그림 1.3에는 한국항공우주산업과 미국의 록히드 마틴(Lockheed Martin)이 공동 개발한 우리나라 최초의 초음속 항공기인 T-50의 내부 구성도를 실었다. T-50의 경공격 파생형인 FA-50도 개발하였으며, T-50 계열의 항공기는 이라크, 인도네시아 등에 수출되었다. 미국 제너럴일렉트릭(General Electric)사의 GE F404 엔진을 장착하고, 최대속력은 음속의 1.4배에 이른다. 초음속으로 비행하기 위하여 주날개의 후퇴각이 KT-1에 비해 매우 큰 것을 볼 수 있다. 그림 1.3에는 항공기 전두부에 장착된 **레이다**(radar)와 조종석에는 **탈출좌석**(ejection seat)도 보인다. **보조동력장치**(auxiliary power unit)는 항공기에 전원과 유압 등의 보조적인 동력을 제공하며, **비상동력장치**(emergency power unit)는 비행 중 엔진의 재시동에 사용하는 장치이다. 고속으로 비행하는 T-50은 유압식 비행조종장치를 갖고 있는데, 그림에는 조종면을 움직이는 장치인 **유압시스템**(hydraulic system)의 일부인 **액추에이터**(actuator)와 **축압기**(accumulator)를 볼 수 있다. T-50에는 고양력장치인 플랩과 에일러론의 기능을 동시에 수행하는 **플래퍼론**(flaperon)을 장착하고 있으며, KT-1과 달리 수평미익 전체가 움직일 수 있는 조종면인 **수평미익**(horizontal tail)을 갖추고 있다. 그러나 러더는 KT-1와 같이 **수직꼬리날개**(vertical tail)의 일부로 구성되어 있다. T-50의 스피드브레이크는 항공기의 후방에 설치되어 있다.

1.2.2. 회전익 항공기(헬리콥터)

우리나라는 1970년대 후반부터 500MD 헬기 면허 생산과 1990년대의 UH-60 기동헬기 기술도입 생산을 통해 헬기 생산기술을 축적한 후, 2000년대에는 한국형 기동헬기(KUH, 수리온)를 국책사업으로 개발하였으며, 현재는 경공격헬기/민수헬기(LAH/LCH)를 개발 중에 있다. 수리온은 우리 군의 노후한 헬리콥터를 대체하기 위하여 정부합동사업단의 국책사업으로 개발한 최초의 국산 헬리콥터이다. 한국항공우주산업이 기체 개발 및 총조립을 담당하고, 국방과학연구소와 항공우주연구원이 항공전자 장비 및 로터 등의 개발을 담당하였다.

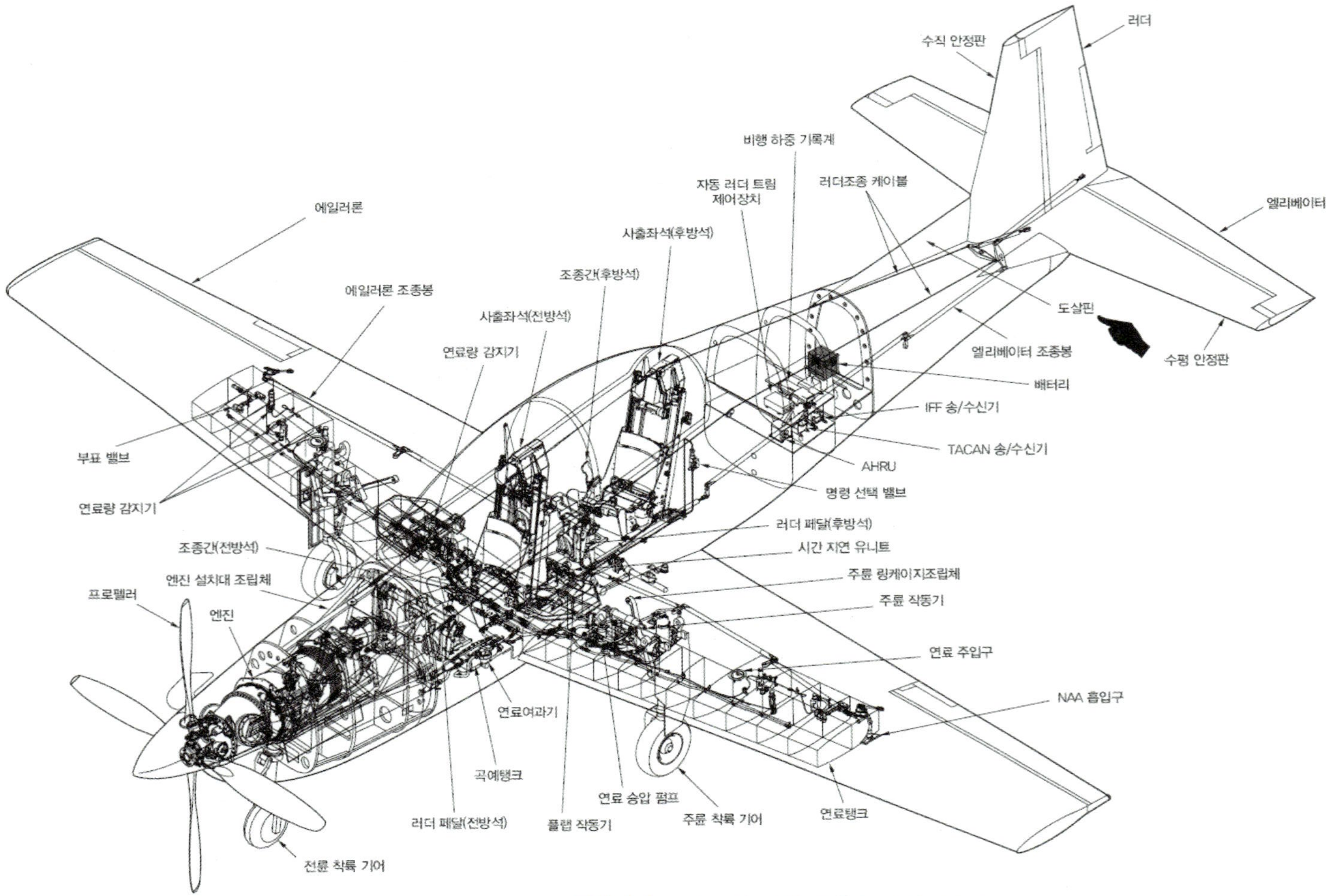

그림 1.1 KT-1의 내부 구성도 (© 국방과학연구소)

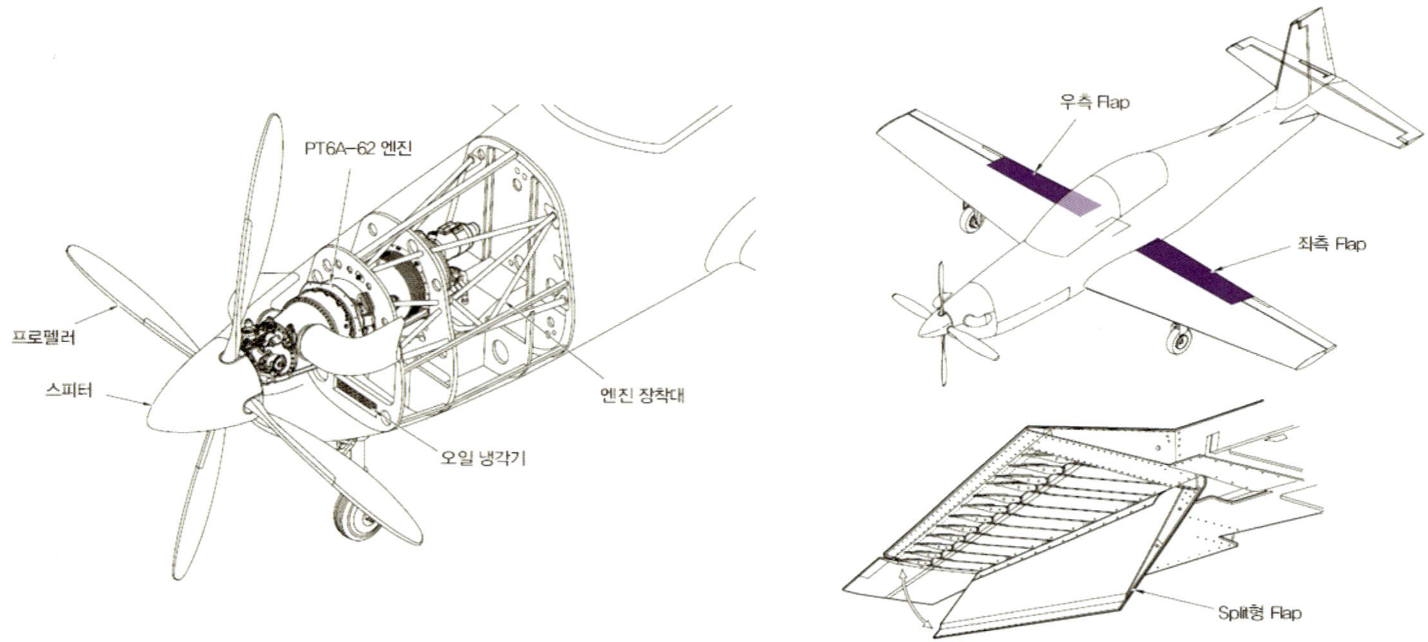

그림 1.2 KT-1 엔진 장착도와 Split형 플랩 (© 국방과학연구소)

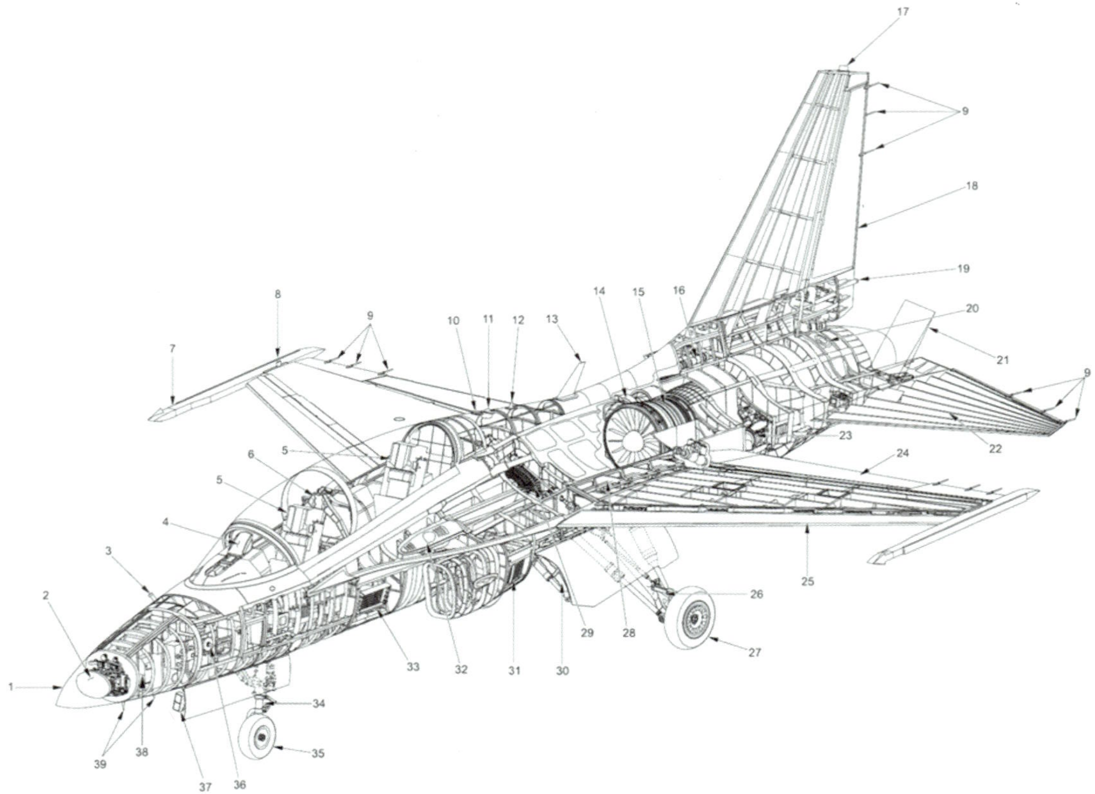

1. Radome
2. Radar Scanner
3. Total Air Temperatufs (TAT) Probs
4. Head Up Display (HUD)
5. Ejection Seat
6. Canopy Actualtor Supporting Structure
7. Wingtip Launcher
8. Wingtip Ndvigation Light
9. Static Discharger
10. GPS Antenna
11. Upper Formation Light
12. Upper IFF Antenna
13. Upper U/VHF/TACAN Antenna
14. Auxiliary Power Unit (APU)
15. GE F404 Engine
16. Hydraulic Flight Control Accumulator
17. Anti-Collision Light
18. Rudder
19. Tail Navigation Light
20. Vertical Tail Flood Light
21. Speedbreake
22. Horizontal Tail
23. Emergency Powef Unit (EPU)
24. Trailing Edge Flap (Flaperon)
25. Leading Edge Flap
26. MLG Strut
27. MLG Tire
28. Wing Attachment
29. Ammunition.~200 round
30. MLG Door Actuator
31. DC Power Panel
32. Gun Port
S3. AC Power Panel
34. NLG Strut
35. NLG Tire
36. Integrated Multi Function Probes (IMFP)
37. Taxi Light
38. Radar Transmmiter
39. Angle Of Sideslip (AOS) Probes

그림 1.3 T-50의 내부 구성도 (© 한국항공우주산업)

그림 1.4에 수리온의 내부 구성도를 도시하였다. 그림에는 **양력**(lift)과 **추력**(thrust)을 발생하는 **메인로터**(main rotor)를 볼 수 있다. 두 개의 GE T700-701K **터보샤프트**(turboshaft) 엔진과 엔진에 나온 동력을 메인로터에 전달하기 위한 **메인 기어박스**(main gear box)를 볼 수 있다. 또한 메인로터의 고속 회전으로 발생하는 토크(torque)를 상쇄하기 위한 **테일로터**(tail rotor)와 엔진의 동력을 테일로터에 전달하는 테일로터 구동축(drive shaft)과 **중간기어박스**(intermediate gear box) 및 **테일 기어박스**(tail gear box)도 찾아 볼 수 있다. 엔진에 연결된 **교류발전기**(alternator)가 탑재장비에 전원을 공급된다. 보조동력장치는 지상에서의 엔진 시동, **환경제어시스템**(ECS; Environment Control System)용 고압공기 공급, 비상발전기의 역할과 비행 중 주 엔진의 재시동, 여압조절 및 비상발전 등에 사용된다. **수평안정판**(horizontal stabilizer)은 항공기의 **안정성**(stability)를 확보하기 위한 장치이다. 군용 헬리콥터인 수리온은 **CMDS**(Countermeasure Dispenser System), **MWR**(Missile Warning Receiver), LWR(Laser Warning Receiver), **RWR**(Radar Warning Receiver) 등의 각종 방어장비를 장착하고 있다.

1.2.3. 로켓

미사일이나 우주발사체용으로 사용되는 로켓은 고체로켓과 액체로켓으로 구분할 수 있다. 우리나라에서 최초로 개발된 고체로켓은 국방과학연구소가 1978년 개발한 백곰 미사일이다. 액체로켓은 항공우주연구원이 과학로켓3호(KSR-3)와 나로호(KSLV-I) 발사체 연구를 거쳐 2010년부터 개발중인 한국형 발사체(KSLV-II) 등이 있다.

그림 1.5에는 한국항공우주연구원에서 개발 중인 한국형 발사체 누리호의 내부 구성도를 그려놓았다. 그림에서 볼 수 있듯이 한국형 발사체는 3단으로 구성되어 있으며 액체산소와 케로신(kerosene)을 사용하는 **액체로켓엔진**(liquid rocket engine)을 사용한다. 1단에는 75톤의 추력을 낼 수 있는 엔진 4기를 묶어 사용하며 2단에는 같은 엔진 1기를 사용한다. 탑재체를 목표 궤도에 진입하기 위해 7톤의 추력을 낼 수 있는 액체로켓엔진을 사용한다. 각 단에는 산화제인 액체산소와 연료인 케로신을 적재할 수 있는 산화재 탱크와 연료탱크가 엔진과 함께 장착되어 있다. 1단과 2단을 연결하는 1/2단 인터스테이지, 2단과 3단을 연결하는 2/3단 인터스테이지와 탑재체를 감싸고 있는 **페어링**(fairing) 등은 발사체와 위성을 보호하고 발사체의 외형을 유선형으로 만들어 공기저항을 감소하기 위해 사용한다.

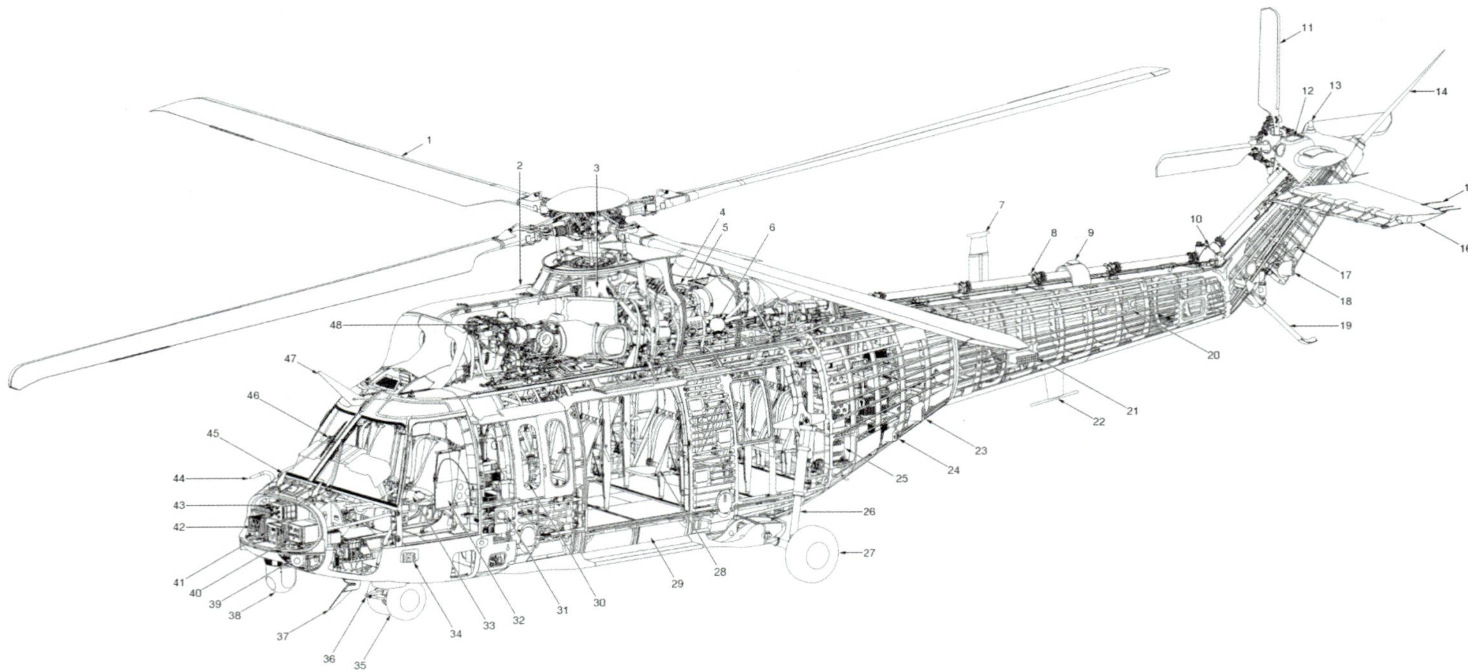

1. 메인로터 블레이드
2. 적외선 감쇄기(IRS)
3. 메인 기어박스(MGB)
4. 보조동력장치(APU)
5. 교류발전기
6. 엔진 소화장치
7. U/VHF-AM&IFF 상부 안테나
8. 테일로터 구동축
9. GPS 안테나
10. 중간 기어박스(IGB)
11. 테일로터 블레이드
12. 테일 기어박스(TGB)
13. 충돌방지등
14. VHF-FM 안테나
15. 방전기
16. 수평안정판
17. 편대등
18. 후방 RWR 안테나
19. 테일 범퍼
20. VOR/LOC/GS 안테나
21. CMDS 발사기
22. VHF-FM 안테나
23. 후방 MWR 안테나
24. 후방 LWR 센서유닛
25. 베터리
26. 주륜 착륙장치
27. 주륜 타이어
28. 승객석
29. 연료탱크
30. 사수석
31. 전방 MWR 센서유닛
32. 방탄판
33. 조종석
34. 전방 LWR 센서유닛
35. 전륜 타이어
36. 전륜 착륙장치
37. 하부 전선절단기
38. FLIR TFU
39. 전방 RWR 안테나
40. FLIR 시스템 처리기
41. 임무 컴퓨터(MC)
42. 관성항법장치(INS)
43. 통합전자지도 컴퓨터(IDMC)
44. 피토 전압 프로브
45. 전향기
46. 와이퍼 장치
47. 상부 전선절단기
48. 엔진(T700-701K)

그림 1.4 수리온의 내부 구성도 (© 한국항공우주산업)

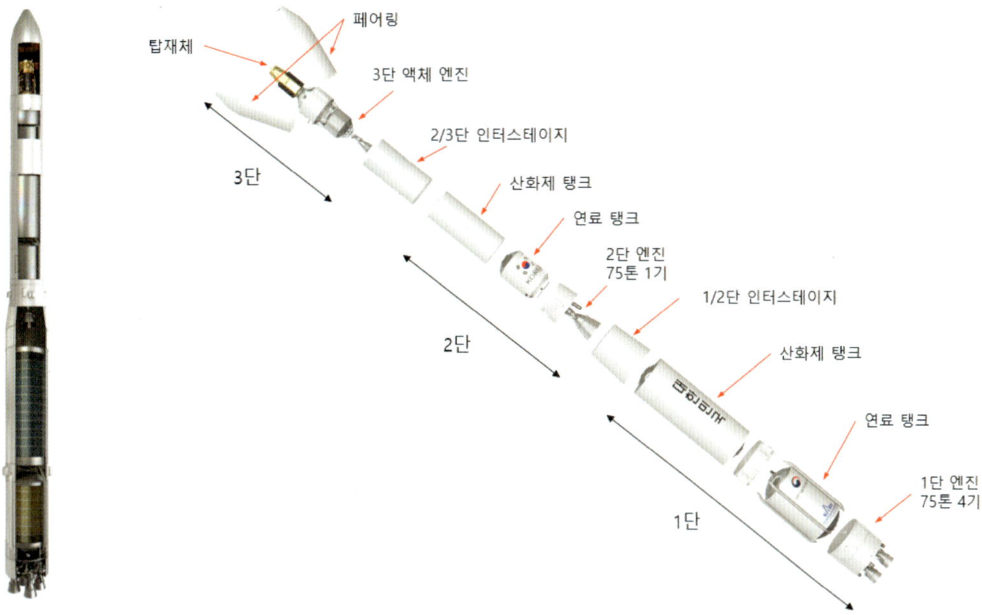

그림 1.5 한국형 발사체(KSLV-II) 내부 구성도 (© 한국항공우주연구원)

1.2.4. 위성

우리나라의 인공위성 개발은 1992년 발사된 KAIST의 우리별 1호가 소형과학위성의 시작이며, 실용위성은 한국항공우주연구원이 개발한 아리랑위성 1호를 시작으로 본격적으로 우주시대를 열었다. 우리나라의 인공위성은 KT가 확보한 정지궤도 통신방송위성(무궁화위성)과 함께 항공우주연구원이 개발한 실용위성의 기상/환경관측 및 실용 영상 확보를 통해 생활의 편리성을 획기적으로 향상시키고 있다. 그림 1.6에는 항공우주연구원에서 개발 중인 정지궤도 인공위성인 천리안 2B 위성의 내부 구성도를 도시하였다. 탑재체만 다르고 형상이 같은 천리안 2A호는 2018년 12월 5일 성공적으로 발사되었으며, 천리안 2B는 **해양탑재체**(GOCI-II; Geostationary Ocean Color Imager)와 **환경탑재체**(GEMS; Geostationary Environmental Monitoring Spectrometer)를 싣고 2020년 발사할 예정이다. **태양전지판**(solar array)과 **배터리모듈**(battery module)은 태양으로부터 위성에 전원을 생성하여 저장하는 장치이며, LAE(Liquid Apogee Engine)는 위성이 발사된 후 **정지천이궤도**(geostationary transfer orbit)에서 정상작동 궤도인 **정지궤도**(geostationary orbit)로 이동할 때 사용하는 장치이다. 지상과 통신에 사용하는 여러 안테나도 도시되어 있으며, 또한 위성의 자세를 감지하는 **지구센서**(earth sensor)와 자세를 조절하는 **반작용 바퀴**(reaction wheel)가 보인다. 위성 외부의 패널은 방사선과 태양으로부터의 복사열과 우주공간에 떠돌고 있는 우주파편으로부터 위성과 탑재체를 보호한다.

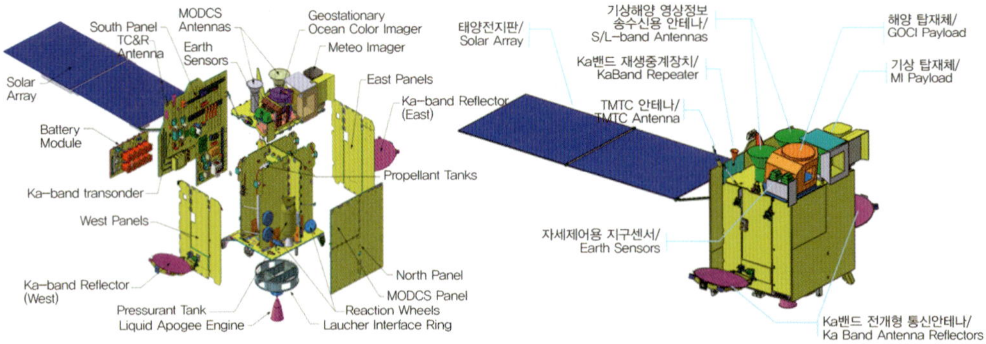

그림 1.6 천리안 2B 위성 내부 구성도 (© 한국항공우주연구원)

1.3 항공우주학의 세부 연구분야 및 역할

앞에서도 기술하였듯이 항공우주학의 특징은 체계종합에 대한 비중이 매우 높다는 것이다. 항공우주학의 여러 세부 분야는 한 분야의 연구결과가 다른 분야의 연구에 필요한 자료가 되며, 여러 연구분야를 통합하는 체계종합적 다학제 연구가 유기적으로 이루어진다. 항공기나 위성/발사체를 구성하는 기본 공학적 요소로 흔히 공기역학, 구조역학, 추진/열역학, 그리고 제어/동역학이 있다. 그밖에 항공기의 항법, 통신 및 센서 분야를 연구하는 항공전자 분야와 공항과 항공기 비행영역인 공역에서의 항공기 운항에 효율적인 통제/관리에 대한 연구를 하는 항공운항 분야가 있다. 이러한 세부 분야들이 항공우주시스템의 최적화를 위해 서로 조정 통제되어야 하는 것이다,

공기역학 분야

공기역학 분야는 공기 중을 비행하는 비행체 주위의 공기흐름에 의한 **공기력**(aerodynamic force)을 예측하고 비행체의 성능을 향상할 수 있는 비행체의 형상 설계에 대해 연구하는 분야이다. 연구 방법은 풍동을 이용한 실험적 연구방법과 **전산유체역학**(CFD; Computational Fluid Dynamics)과 같은 해석적인 연구방법이 있다. 그림 1.7에는 국방과학연구소의 천음속 풍동과 항공우주연구원의 아음속 풍동을 보여주고 있다. 또한 그림 1.8에는 전산유체역학 해석을 이용한 해석으로 얻은 F-18과 유도무기 주위의 **압력계수**(pressure coefficient)와 가상 유동장 선도를 도시하였다.

공기역학의 연구분야가 비행체의 형상 설계와 설계된 비행체의 공기력에 대한 해석이므로 비행체 설계의 출발점이다. 그러므로 공기역학 분야의 연구결과가 구조역학 분야의 구조설계를 위한 입력자료가 된다. 제공된 공기력은 비행체의 무게에 의한 **관성력**(inertial

그림 1.7 국방과학연구소의 천음속 풍동의 전경과 항공우주연구원의 아음속 풍동의 시험장면

(© 국방과학연구소, 한국항공우주산업)

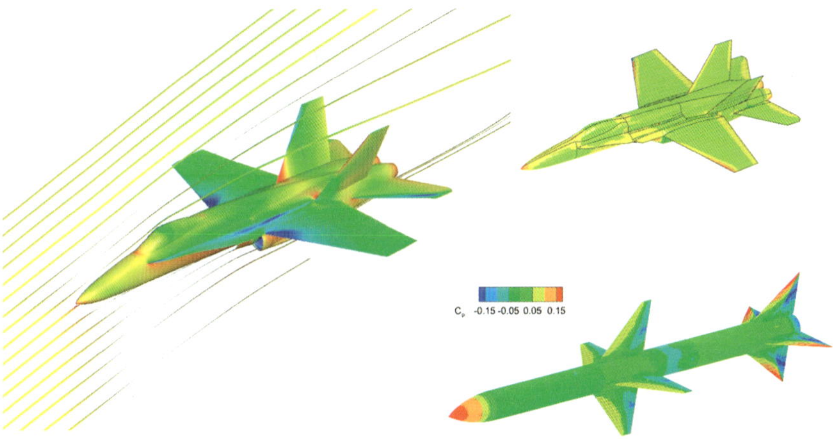

그림 1.8 전산유체역학을 이용한 공력해석의 예

force)과 함께 비행체 구조설계를 위한 하중으로 사용된다. 조종면의 변위에 따른 공기력 변화인 **조종력**(control power)은 비행체 제어계설계의 기본이 되는 자료이다. 공기역학에 사용되는 전산유체역학 해석기법은 추진기관의 해석에도 직접 사용이 가능하며, 추진기관의 영향에 따른 비행체의 성능을 해석할 경우에는 두 연구분야의 공동연구가 요구된다. 앞에서도 기술하였듯이 비행체 설계의 체계종합적인 특성으로 항공우주학의 세부 연구분야는 이처럼 매우 밀접하게 연관되어 있다.

구조역학 분야

공기 중이나 우주의 안전한 비행을 위해서 비행체 구조는 충분한 강도와 강성을 확보하여야 할 뿐만 아니라 최상의 비행성능을 갖기 위해서는 최대한 가볍게 설계해야 한다는 어려움이 있다. 대표적인 항공기 구조설계 절차를 그림 1.9에 제시하였다. 기체의 각 부품

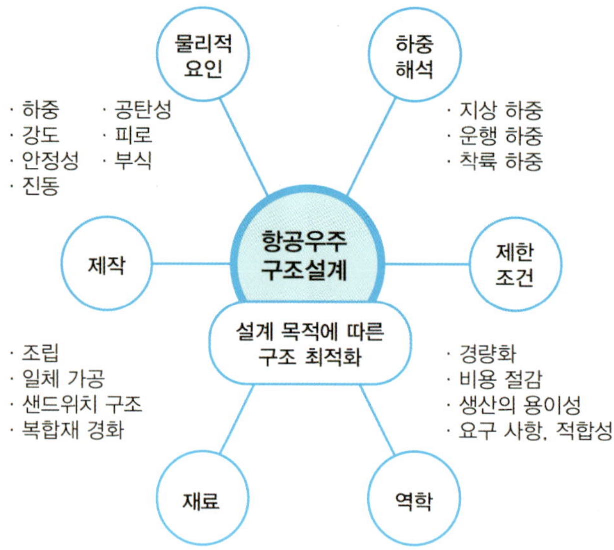

그림 1.9 항공기 구조 설계 절차 및 역학 원리

그림 1.10 T-50의 동체 정적 시험 (© 한국항공우주산업)

이 적합한 강도와 강성을 갖도록 설계하기 위해서는 우선 각 부분에 작용하는 하중을 정확하게 추정해야 한다. 기체에 작용하는 하중은 공기 흐름에 의한 공기력, 추진기관으로부터 전달되는 **추력**(thrust), **중량**(weight)과 가속도에 의한 관성력, 조종 계통의 **구동기**(actuator)로부터 전달되는 힘, 온도 변화로 유발되는 **열 하중**(thermal load), **지면으로부터 받는 반력**(ground load) 등 여러 가지가 있다.

항공기를 운용하는 동안 기체의 표면에 작용하는 **표면력**(surface force)과 내부 전체에 분포하는 **체적력**(body force)으로 인하여 기체 각부에 발생하는 하중의 특성과 크기를 정확히 계산해야 한다. 하지만 각 하중은 항공기의 기동과 자세에 따라서 변화하므로 모든 비행 상태에 대하여 항공기 구조의 안전도를 입증할 수 없으므로, 예상되는 하중 중에서 가장 위험한 상태인 몇 가지 경우에 대해서만 안전도를 확인하는 방법을 사용한다. 항공기에 작용하는 힘의 방향과 크기에 의해서 항공기 구조 형태가 결정되며 정해진 구조가 비행 중에 작용하는 힘을 충분히 견딜 수 있는지 정확하게 해석하고 구조 시험을 통해 이를 입증해야 한다. 그림 1.10에는 T-50의 구조 시험 중 하나인 동체의 정적 시험장면을 보여주고 있다.

추진/열역학 분야

추진/열역학 분야는 비행체가 대기중이나 우주 공간을 비행하는데 필요한 힘이나 동력을 발생시키고 제공하는 것을 연구하는 분야이다. 비행체 주위에 공기력이 발생하기 위해서는 비행체의 전진속도가 필요한데, 항공기나 로켓 등 비행체가 전진할 수 있도록 하는 힘을 일반적으로 추력이라고 부르며, 이와 연관된 분야를 **추진**(propulsion) **분야**라고 한다. 여기에는 시스템 수준의 추진기관, 추진기관을 구성하는 각종 구성품, 시스템 또는 구성품을 작동시키는 다양한 공학적 원리를 개발하거나 연구하는 것을 포함한다. 추진기관은 다양한 비행체별 **엔진**(engine), **로켓**(rocket), **추력기**(thruster) 등 추력을 제공하는 하나의 시스템을 말하며, 각 시스템을 이루는 구성품에는 연료 또는 추진제, 점화기, 연소기, 분사기, 노즐 등이 있다.

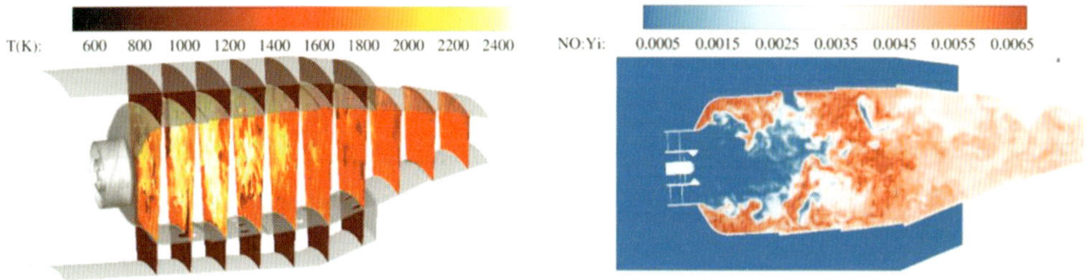

그림 1.11 가스터빈 연소기 내 연소 과정 전산해석 (온도분포(좌)와 NO분포(우))

그림 1.12 75톤급 로켓 지상연소 시험 (© 한국항공우주연구원)

추진 분야는 대부분 연료 등을 연소시킨 후 발생된 가스를 활용하여 힘이나 동력을 발생시키는 것을 기본으로 하기 때문에, 성능이 우수한 추진기관을 개발하기 위해서는 효과적인 에너지 변환과 활용이 중요하며, 이와 관련한 기본이 열과 일의 관계를 다루는 열역학에 해당한다. 이외에도 활용 목적에 부합하는 연료를 개발하고, 연료와 산화제를 이용한 효율적인 연소과정, 연소과정으로부터 발생된 고온, 고압의 가스를 운용하는 장치나 이를 운동에너지로 변환하는 장치의 개발 등 추진 분야는 열-유체 분야 외에도 화학, 물리, 구조, 공력, 제어 등 매우 다양한 분야가 유기적으로 연관된다.

일반적으로 추진 분야의 개발이나 원리의 이해에 있어서도 다양한 실험이나 전산해석을 통한 연구가 수행된다. 해당 구성품이나 시스템에 따라 유동이나 연소과정을 분석하는 전산유체역학이나 화학반응해석 등의 전산해석기법이 널리 활용되며, 풍동을 이용한 유동 또는 연소 실험, 로켓의 지상연소 실험 등 실험적 연구도 다양하게 수행된다. 그림 1.11은 국내에서 수행한 가스터빈 연소기 내 연소 과정을 전산해석을 통해 모사한 연구 결과의 예이다. 특히, 최근에는 컴퓨팅 기술이 크게 발전하면서 대용량의 해석이 가능해짐에 따라 추진기관 전 시스템에 대한 전산해석 연구가 널리 수행되고 있다. 그림 1.12는 한국항공우주연구원에서 개발 중인 한국형발사체(KSLV-II)에 탑재되는 75톤급 액체로켓 엔진의 지상연소시험 모습이며, 그림 1.13은 미국 NASA에서 수행한 스크램제트엔진의 풍동 시험을 나타낸다.

제어/동역학 분야

제어동역학 분야에서는 항공기, 미사일, 발사체, 인공위성과 같은 항공우주비행체가 비행 중 겪는 각종 외란을 이겨내며 안정적인 비행 상태를 유지하면서 원하는 곳까지 이동

그림 1.13 마하 5 스크램제트엔진 풍동 실험

(https://www.nasa.gov/aeroresearch/tech-excellence/2006/high-temp-tunnel-goes-hypersonic)

하도록 하는 데에 필요한 문제를 다룬다. 이 분야에서는 대개 비행체를 **강체**(rigid body) 혹은 이보다 간략화시킨 모델로 가정하고, 이에 맞는 운동방정식을 뉴턴의 운동법칙에 따라 기술하고, 이에 근거해서 각종 문제를 해결한다. 제어/동역학 분야의 세부 주제는 **유도**(guidance), **항법**(navigation), **제어**(control)로 구분되는데, 항법은 비행체의 위치, 속도, 자세를 알아내는 문제를 다루고, 유도는 어떤 과정을 따라서 목적지에 갈 것인가 관한 문제를 다루며, 제어는 유도에서 정한 경로를 따라가기 위해서 비행체의 조종면을 어떻게 움직일 것인가 하는 문제를 다룬다. 비행체는 다른 운동체와 달리 현재의 위치, 속도, 자세 정보를 제대로 알지 못하면 적절한 비행경로를 유지하기 어렵게 된다. 이 때문에 항법은 매우 중요한 문제이며, 각종 센서를 활용해서 정밀하게 비행체의 운동정보를 알아내는 연구가 지속적으로 이루어지고 있다. 또한, 고성능 항공기, 인공위성, 정밀 유도무기 등의 항공우주시스템이 개발되면서 목표로 하는 위치로 이동하기 위한 유도, 제어 분야의 연구는 점점 더 정밀하고, 정확하고, 신속하게 비행체가 원하는 위치와 자세를 가질 수 있도록 하는 물리적 개념, 이론적 기법, 소프트웨어적 알고리즘, 하드웨어적인 구현에 대한 연구가 매우 활발하게 이루어지고 있다. 그림 1.14에는 지능적인 비행제어가 필요한 고기동 항공기(NF-15B)의 예를 보여주고 있다.

최근 제어/동역학 분야의 연구의 가장 핵심적인 특징 중 하나는 조종사에 의존하지 않고 비행체가 스스로 자율적으로 비행을 수행할 수 있는 기법과 시스템을 개발하려는 것이다. 이러한 과정에서 전통적으로 구분되는 유도, 항법, 제어를 넘어서서 보다 상위 레벨에서의 의사 결정 문제를 다루는 연구는 활발히 이루어지고 있다. 특히, **딥러닝**(deep learning), 강화학습과 같은 각종 인공지능 기법을 비행체의 의사 결정, 유도, 제어 문제에 적용하는 연구가 새로이 시도되고 있다. 그림 1.15에는 정밀 항법과 비행제어가 필수적인 드론의 군무를 보여주고 있다.

그림 1.14 지능적인 비행제어가 필요한 고기동 항공기
(https://www.nasa.gov/centers/dryden/news/X-Press/50th_anniversary/on_the_horizon/ifcs.html)

그림 1.15 정밀 항법과 비행제어가 필수적인 드론 쇼의 예

(https://commons.wikimedia.org/wiki/File:Intel-Drone-100-Light-Show-980x653.jpg)

항공전자 분야

항공전자(avionics) 분야는 항공우주 비행체의 비행, 항행, 조종, 통신 등에 관련된 각종 전자장비와 소프트웨어에 대해서 다루는 항공우주공학의 학문 분야이다. 초창기의 항공기는 기계적인 방식으로 조종되었고, 비행을 위해 사용되는 각종 계측장비도 기계적인 방식으로 작동하는 장치였던 것에 비해, 오늘날의 항공기나 우주비행체는 수많은 전자장비, 센서, 컴퓨터가 관여되는 복합적인 시스템이다. 항공기는 비행 중 관제사, 다른 항공기와 지속적으로 통신을 하게 되며, 공항에는 항공기의 안전 비행을 위해 관제 시스템과 레이다 등의 각종 전자 장비들이 설치되어 있다. 현대적인 비행기에서는 각종 세부 시스템들의 작동이 전기식 구동 장치와 디지털 컴퓨터를 통한 전자적인 방식으로 이루어지며, 항공기의 항법과 제어를 위한 장치와 부품들도 디지털컴퓨터와 각종 센서 회로로 구성되어 작동된다. 그리고 정밀하고 안전한 비행의 중요성이 높아지고 항공기의 임무와 역할이 점점 다양해지면서, 항공기는 비행 중 환경과 주변 인식, 그리고 임무 수행을 위해 각종 전자식 센서를 탑재하고 있다. 정보통신 기술, 소프트웨어 기술이 한층 발전해감에 따라 항공전자분야의 비중과 중요성은 항공우주공학 내에서 점점 더 커지고 있다. 또한, 최근에는 항공분야에만 국한되지 않고, 인공위성에 탑재되는 각종 전자장비와 센서들을 포괄하여 항공우주전자라는 융합된 학문으로 발전해가고 있다. 그림 1.16에서 항로상의 기상을 조종사에게 알려주는 기상레이다를 볼 수 있다.

항공운항 분야

최근 급증하는 항공운항교통의 발달로 항공기의 이착륙이 빈번한 공항 주변과 비행항로에서 항공 안전이 점점 중요해지고 있다. 이러한 항공기의 운항 관리와 관련되는 기술 발

그림 1.16 항공기 탑재 전자장비 중 하나인 기상레이다
(https://commons.wikimedia.org/wiki/File:Airborne_weather_radar_NASA.jpg)

전은 효율적이고 안전한 대량 항공운항이 가능하게 한다. 이와 같이 항공운항 분야의 연구 목적은 전체적인 **항공운항 시스템**(aviation system)의 안전성과 효율성 향상이다. 지속적인 항공교통량의 증가에 따라 공항과 공역의 수용량이 한계에 다다르고 있고, 이착륙 지연이나 항공편이 취소되는 상황이 발생하는 빈도도 증가하고 있다. 항공기 자체가 아무리 효율적이어도, 혼잡한 항공교통 상황 때문에 비행경로가 길어지고 비행시간이 늘어나게 되면 시스템 전체의 측면에서는 효율성이 떨어지게 된다. 따라서 전통적인 항공우주공학에서는 개별 항공기의 성능과 효율성 향상에 집중해 왔다면, 이와 더불어 운항의 효율성을 향상시켜 시스템 전체의 최적화를 추구하는 것이 항공운항 분야의 연구 목표이다.

항공기의 직접적인 운용 측면에서는 공항에서의 효율적인 지상 운용과 **궤적**(trajectory)에 기반을 둔 비행운용의 두 개의 큰 틀에서 연구가 진행되고 있다. 또한, 이러한 운용을 뒷받침하기 위한 공역과 항로 및 흐름 관리, 운항과 기상 등 방대한 데이터의 효율적인 통합과 배포에 대한 연구도 진행되고 있다. 항공운항 분야에서의 다양한 연구 및 개발 분야는 그림 1.17에서 보듯 **국제민간항공기구**(ICAO; International Civil Aviation Organization)에서 제시하는 항공운항 시스템 향상 계획(ASBU; Aviation System Block Upgrade)에 로드맵이 제시되어 있다.

항공운항 분야의 연구는 서로 다른 여러 분야의 긴밀한 통합이 필요하다. 예를 들어 정밀 궤적에 기초한 운용의 경우, 항공기의 입장에서는 주어진 궤적을 정확하게 따라갈 수 있는 항행 능력이 필요하며, 관제당국과 항공기 간에 이러한 정보를 전달할 수 있는 데이터 통신 체계가 필요하다. 교통관리의 입장에서는 교통과 기상 상황에 따라 각 항공기가 비행할 최적의 궤적과 스케줄을 생성할 수 있어야 한다. 최근 활발한 연구가 진행되고 있

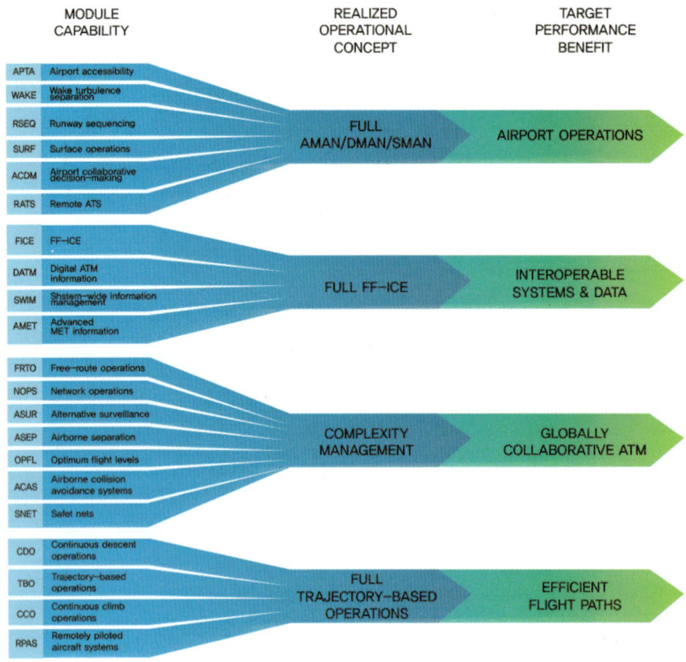

그림 1.17 국제민간항공기구의 항공운항 시스템 향상 계획

는 유무인항공기의 통합 운용에 관한 연구의 경우, 통합 운용이 전체 항공교통 시스템에 미치는 영향을 분석하고 평가하기 위한 관제 시뮬레이션 연구가 필요하다. 그림 1.18에는 다수의 항공기가 비행하는 실제와 유사한 상황에서 궤적에 기반한 비행운용과 유무인기 통합 운용과 같은 새로운 교통관리 개념의 시험 평가가 가능한 통합 관제 시뮬레이터를 보여주고 있다.

그림 1.18 통합 관제 시뮬레이터

전통적인 항공우주공학의 항공기 운동 모델, 비행성능 해석과 같은 기법을 기반으로 하고, 대용량의 데이터를 처리·분석하기 위한 통계적 기법, 경로 최적화와 같이 컴퓨터 공학의 다양한 알고리즘, 스케줄 최적화와 같은 산업 공학의 기법, 그리고 조종사, 관제사 등 항공 종사자의 반응과 모델을 분석하기 위하여 인지 과학과 심리학을 응용한 기법에 이르기까지 다양한 분야의 융합이 이루어지고 있다.

PART

02 항공우주 비행의 원리

CHAPTER 02

항공우주 영역

2.1 지구 및 우주 환경

2.1.1 지구대기

지구대기의 압력과 밀도는 고도가 증가하면서 감소한다. 그러나 온도는 매우 다양한 특성을 갖는데 오랜 관측으로 지구의 대기는 온도 변화의 특성으로 다섯 층으로 구분할 수 있다는 것을 알게 되었다.

대류권(Troposphere)

밀도와 압력은 고도 변화에 따라 급격히 감소하며, 온도가 고도 증가에 따라 감소하는 권역이다. 적도에서는 고도 약 16km 정도이고, 극지방에서는 고도 약 9km 정도이다. 평균적으로 고도 약 11km까지의 권역이다. 계절에 따라 그 높이가 변화한다. 평균적으로 온도의 감소율은 6.5°C/km이며, 기상현상이 발생하는 권역이다. 대류권의 최상층은 **대류권계면**(tropopause)이라 불리는 경계면이 있으며 온도는 약 -56°C 정도이다. 민항기는 대류권 계면이나 성층권(stratosphere) 아래에서 비행한다.

성층권(Stratosphere)

밀도와 압력은 고도에 따라 감소하나, 온도는 증가하는 고도 약 50km까지의 권역이다. 온도는 약 20km의 −56°C에서 50km의 0°C까지 상승한다. 수직 방향의 공기 이동이 없어 기상현상이 거의 없다. 특히 성층권의 아랫부분에는 **제트기류**(jet stream)라는 강한 서풍이 존재한다. 성층권의 최상층은 **성층권계면**(stratopause)이라 불리며 중간권(mesosphere)과 경계를 이루고 있다.

중간권(Mesosphere)

고도 약 50km부터 약 85km 사이의 권역이다. 이 권역은 다섯 층의 지구대기층의 중간이어서 이와 같은 이름을 얻었다. 이 권역에서는 고도 증가에 따라 대류권과 같이 온도가 감소하며, 밀도와 압력은 고도 증가에 따라 감소한다. 그래서 상층 대류권이라 부르기도 한다. 상층의 낮은 온도와 하층의 높은 온도로 인하여 대류가 존재한다. 태양의 적외선에 의하여 광화학 반응으로 대기 입자의 **해리**(dissociation)와 **재결합**(recombination)이 발생한다. 열권과의 경계면인 **중간권계면**(mesopause)이 존재하며, 중간권계면의 최저온도는 −100°C에 이른다.

열권(Thermosphere)

고도 약 85km에서 500km까지의 권역으로 온도는 고도 85km에서 −85°C에서 500km에서 1600°C로 증가한다. 적외선의 광화학 작용으로 공기입자는 이온화되어 있으며, 이 이온은 D, E와 F의 세 층에 집중되어 있다. D층이 지구와 가장 가까우며 F층이 지구와 가장 먼 층이다. 지상에서 145km까지의 영역이 국가의 권력이 미치는 영공이다. 그보다 높은 권역은 누구나 자유롭게 사용할 수 있다.

외기권(Exosphere)

지구대기층의 가장 외곽층으로 고도 약 500km에서 고도 1500km 또는 더 높은 고도까지 미치는 권역이다. 지구대기와 **행성간공간**(interplanetary space)의 경계를 말한다.

2.1.2 표준대기

실제 대기는 정상상태가 아니라 시간(밤, 낮, 계절), 장소(경도, 위도) 및 고도에 따라 변화한다. 항공기의 비행성능은 항공기가 비행하는 곳의 대기조건(밀도 및 압력)에 의하여 달라질 수 있으므로 항공기의 비행성능을 객관적으로 평가하기 위해서는 표준화된 대기가 필요하다. 이러한 표준대기(standard atmosphere)는 설계자들이 항공기 등을 설계할 때 기준으로 사용된다. 현재까지 제안된 표준대기는 다음과 같다.

1. ARDC(Air Research and Development Command, 현 Air Force Material Command) Model, 1959, USAF.
2. ICAO Standard Atmosphere, 1964.
3. US Standard Atmosphere, 1962, 1976년 개정(1,000km까지 모델 확장).

그러나 위 모델들은 항공기가 운행하는 고도 30km까지는 거의 동일하다. 그림 2.1에는 ICAO에서 정한 **국제표준대기**(ISA, International Standard Atmosphere)가 도시되어 있다. 세로축이 **지위고도**(geopotential altitude, h_g)로 되어 있는 것에 유의하라. 지위고도는 **평균 해수면**(mean sea level)을 한 평면으로 정의된 좌표계의 수직 좌표를 말한다. 그러므로 같은 지위고도에서는 **중력위치에너지**(gravitational potential energy)가 같다. 반면 **진고도**(true altitude, h)는 해수면으로부터의 높이를 말한다. 일반적으로 고도는 이 진고도를 의미한다. 진고도는 **기하고도**(geometric altitude)라 부르기도 한다. 지구가 완벽한 구이면, 지위고도와 진고도는 다음과 같은 관계가 있다.

$$h_g = \frac{rh}{r+h} \tag{2.1}$$

2장 항공우주 영역

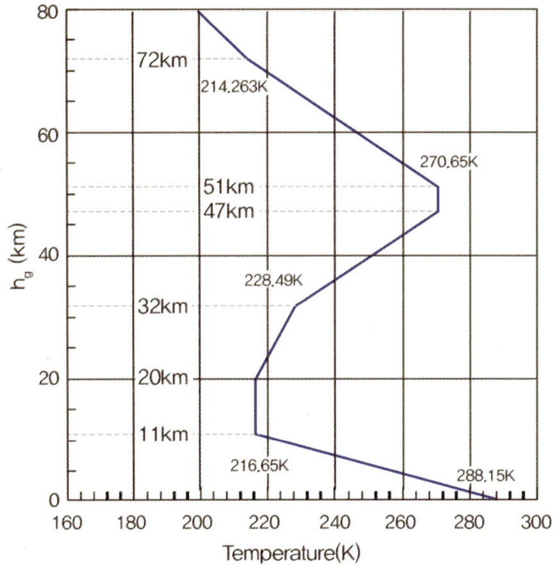

그림 2.1 국제 표준대기(ISA)

여기에서 r은 지구의 평균반지름(6369km)이다. 그러므로 고도가 지구 반경보다 작으면 ($h \ll r$), 지위고도는 진고도와 같다($h_g \approx h$).

ISA의 해수면에서의 밀도, 압력온도는 다음과 같다.

$$\rho_{SL} = 1.223kg/m^3,\ p_{SL} = 101.33kN/m^2,\ T_{SL} = 288.15K \tag{2.2}$$

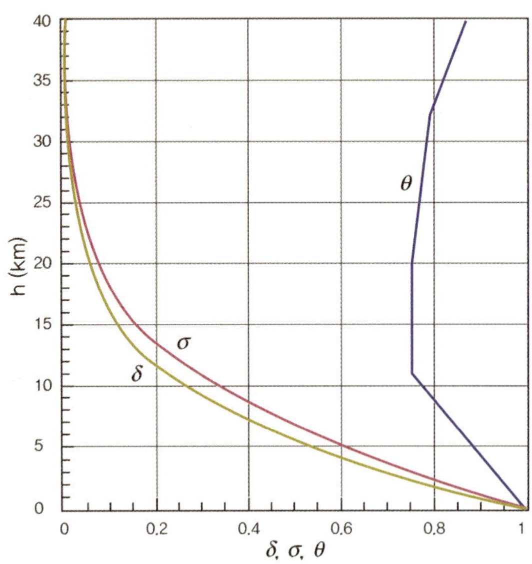

그림 2.2 고도에 따른 온도비, 압력비 및 밀도비

그림 2.2에는 ISA의 진고도에 따른 온도비($\theta = T/T_{SL}$), 압력비($\delta = p/p_{SL}$) 및 밀도비($\sigma = \rho/\rho_{SL}$)를 도시하였다.(부록 B 표준대기표 참조)

2.1.3 우주환경

우주비행체는 지상환경과 다른 우주환경에서 작동된다. 우주환경은 우주비행체의 수명에 지대한 영향을 미치기 때문에 우주비행체를 설계하고 운용하는 데 중요한 고려사항이 된다. 우주환경에는 우주복사, 미세중력, 저진공, 열 환경 및 우주파편 등이 있다. 이들 환경은 고도, 계절, 시간, 태양흑점주기 그리고 궤도에 따라 변한다.

● 우주복사

우주공간에서 발생하는 복사는 **밴 앨런 대**(Van Allen belt)에 잡혀 있는 양성자와 전자로 이루어진 에너지를 가진 입자, 다른 은하계의 신성 혹은 초신성 폭발에 의해 만들어진 에너지를 가진 입자, 지구로 오는 은하우주복사선, 그리고 태양으로부터의 고에너지 입자로 발생한다. 이들 복사입자들은 **단일사건효과**(SEE; Single Event Effect)와 **총피폭 효과**(TDE; Total Dose Effect)를 유발하는 원인이 된다. 단일사건효과는 위성의 각종 전자부품에 고에너지 입자에 의한 1회성 오동작을 유발하고, 장시간 노출로 생기는 총피폭 효과는 오랜 시간 복사에 노출되어 성능이 떨어지는 현상이다. 태양으로부터 오는 고에너지 입자들인 양성자, 알파입자 및 중이온 입자들은 태양 표면의 활동영역으로부터 오는 것으로 태양 활동 극대기 때 태양풍이 최대이고, 그 에너지는 수백 MeV에 이른다. 은하우주복사입자들은 태양계 외부로부터 유입되는 입자들을 말하며, 85%의 양성자, 14%의 알파입자 및 1% 미만의 중핵이온으로 구성되어 있다. 중핵이온의 구성비율은 낮지만 고에너지를 갖는 입자를 포함하기 때문에 통과하는 물질을 강하게 이온화시킨다. 그림 2.3에는 지구 주위에 존재하는 밴 앨런 대를 개략적으로 보여주고 있다. 이 밴 앨런 대에 포획된 입자는 $30\,KeV$ 이상의 에너지를 가지며 양성자와 전자로 구성되어 있고, 이러한 낮은 에너지를

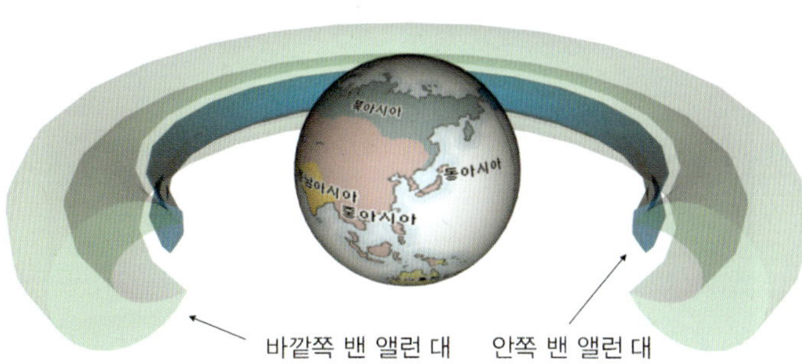

그림 2.3 밴 앨런 대

갖는 이온들은 위성체를 통과하는 복사와는 다르게 위성시스템에 손상을 줄 수 있다.

미세중력

위성이 궤도를 선회할 때 위성은 연속적인 자유낙하 상태에 있으며 물체의 선회속력이 충분히 커 지구와 충돌하지 않는 것이다. 자유낙하 상태에서는 지구 중력과 위성의 낙하속도가 서로 상쇄되어 위성은 **미세중력**(micro gravity)에 놓이게 된다. 이러한 미세중력에서 구조물의 **구조하중**(structural load)은 지상에서의 것과 다르다. 또한 중력의 영향으로 발생하는 대류현상이 없다. 이러한 미세중력의 특성으로 정밀 베어링과 같은 완전한 구와 분순물이 없는 결정체 제조가 가능하여 순수의약품의 제조 등이 용이하여, 이에 대한 연구가 이루어지고 있다.

진공

고도가 높아짐에 따라 우주공간은 압력이 낮아지기 때문에 공기가 희박해지고 초진공의 세계가 된다. 이와 같은 진공 중에는 수소나 탄소 등의 분자는 존재하지 않고 1cm^3의 부피 중에 수십 개의 전자나 양자가 존재할 뿐이다. 진공 중에 노출되었을 때는 가스분출현상이 발생하여 열적인 단열재나 접착제 및 혼합체의 구조물에서 가스가 분출하고 증발 가능한 물질은 대체로 증발하여 우주공간에 확산된다. 지상에서 진공상태의 모의시험은 열진공 챔버나 진공 챔버(기계적 진공펌프, 극저온 진공펌프 등을 사용)를 이용한다. 이러한 챔버를 사용하면 $10^{-1} \sim 10^{-9}$torr($10^{-4} \sim 10^{-12}$atm)까지의 진공상태를 모의시험하는 것이 가능하다. 그림 2.4는 한국항공우주연구원이 보유하고 있는 직경 3.6m, 길이 3m의 열진공 시험챔버로 챔버 뚜껑에 수평으로 고정되어 있는 위성이 아리랑위성 1호의 모습이다.

그림 2.4 위성체 시험을 위한 열진공 시험챔버

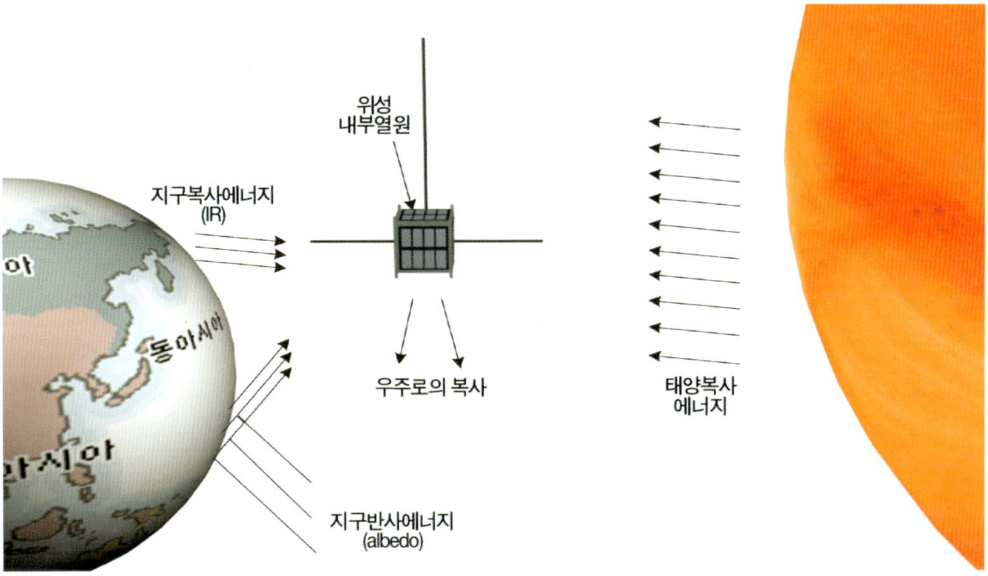

그림 2.5 위성 주위의 열환경

열 환경

그림 2.5에서 볼 수 있듯이 위성의 열 환경은 태양과 지구로부터의 복사량의 크기 및 분포에 따라 결정된다. 위성는 유입되는 태양의 복사, 지구로부터 반사되는 태양에너지, 지구와 지구대기로부터 방출되는 장파의 복사에너지 등에 의해 열적 에너지를 받으며, 위성 내부의 열원을 포함하여 장기적으로는 태양에 대해 거의 복사평형을 이룬다. 5,507°C의 흑체 온도를 갖고 있는 태양과 −270°C에 달하는 심우주로부터의 온도는 온도의 극한치를 보여준다. 지구궤도위성의 경우는 보통 −70°C에서 80°C의 온도변화를 겪는다. 만약 위성에 적당한 내부 열전도로가 제공되지 않으면 위성에서 태양이 비추는 부분과 반대편과의 온도 차이는 이와 같은 극한 상태가 될 것이다.

미세운석과 우주파편

지구 주위에는 혜성, 유성 등의 잔해와 같은 먼지들이 널리 분포되어 있으며, 이들을 **미세운석**(micrometeorite)이라고 한다. 또한 수명이 다 된 우주비행체, 로켓 부스터의 파편, 고체로켓연료 입자 등이 마치 구름처럼 지구궤도를 떠다니고 있는데 이들을 **우주파편**(space debris)이라 한다(그림 2.6 참조). 이들 미세운석과 우주파편은 그 크기가 대개 1cm 이하로 매우 작지만 궤도 비행속력으로 충돌했을 때 매우 큰 운동에너지를 발휘하므로 주의가 요구된다.

그림 2.6 지구 저궤도 우주파편

2.2 공기의 특성

2.2.1 물리량

대기(atmosphere)는 행성을 둘러싸고 있는 기체층을 이르는 말이다. **공기**(air)는 지구의 대기를 뜻한다. 공기는 **유체**(fluid)의 일종으로 유체는 물질의 네 가지 형태인 **고체**(solid), **액체**(liquid), **기체**(gas) 및 **플라즈마**(plasma) 중 고체 상태를 제외한 상태를 의미한다.

유체의 운동을 **유동**(fluid flow)이라 하며, 유동의 특성을 나타내는 기본적인 물리량으로 **압력**(pressure, P), **밀도**(density, ρ), **온도**(temperature, T)와 **속도**(velocity, $\vec{V}$)가 있다. 이들 중 압력, 밀도와 온도는 스칼라양이다. 압력은 유체를 구성하는 분자의 운동으로 발생하는 단위면적당 수직방향으로 작용하는 힘으로 단위는 N/m^2이다. 밀도는 단위부피당 질량으로 정의되며 그 단위는 kg/m^3이다. 또한 온도는 분자가 가지고 있는 평균운동에너지를 정량적으로 나타내는 수치이며 그 단위는 Kelvin(K)이다. K는 우리가 잘 알고 있는 섭씨(°C)와 다음과 같은 관계를 갖고 있다.

$$K = °C + 273.15 \tag{2.3}$$

유동의 속도는 3차원의 경우 세 개의 성분을 갖는 벡터량으로 단위는 m/s이다. **전압**(total pressure)은 가상적으로 유속을 0으로 줄였을 때의 압력을 말하며 P_0로 표시한다. 압력을 전압과 대비하여 **정압**(static pressure)이라고도 한다. 정압과 정압은 다음과 같은 관계를 갖는다.

$$P_0 = P\left(1+\frac{\gamma-1}{2}M^2\right)^{\frac{\gamma-1}{\gamma}} \tag{2.4}$$

여기에서 γ는 비열비(공기의 경우 1.4)이다. **마하수**(Mach number, M)는 유속의 크기인 **속력**(speed, V)을 음속으로 나눈 값이다.

$$M = \frac{V}{a} \tag{2.5}$$

음파의 속력인 **음속**(speed of sound)은 다음과 같이 계산할 수 있다.

$$a = \sqrt{\gamma RT} \tag{2.6}$$

여기에서 는 비열비(ratio of specific heats)로 공기의 경우 1.4의 값을 갖는다. 유동의 속력이 음속에 비해 낮은 경우 전압은 다음과 같이 간략히 쓸 수 있다.

$$P_0 = P + \frac{1}{2}\rho V^2 \tag{2.7}$$

이때 전압과 정압의 차를 **동압**(dynamic pressure)이라 한다.

$$q = \frac{1}{2}\rho V^2 \tag{2.8}$$

2.2.2 공기의 특성

공기의 특성을 나타내는 압력, 밀도와 온도는 서로 독립적인 것이 아니라 어떤 두 값을 알면 나머지 하나를 알 수 있다. 세 물리량을 연결하는 함수를 **상태방정식**(equation of state)이라 하는데 공기는 **이상기체**(ideal gas)의 상태방정식을 따른다.

$$P = \rho RT \tag{2.9}$$

여기에서 R은 **기체상수**(gas constant)로 공기의 경우 $287.058J/(kgK)$이다.

물과 같은 유체는 압력을 가해도 밀도가 거의 변화하지 않는다. 이와 반대로 공기는 압력을 가하면 밀도가 변화한다. 이러한 유체의 특성을 **압축성**(compressibility)이라 한다. 식 2.3으로 정의한 마하수는 공기의 압축성 효과의 크기를 나타내는 무차원수이다. 항공기의 속력이 커짐에 따라 유체의 압축성 효과가 커져 무시할 수 없게 된다. 항공기의 마하수가 $M < 0.3$일 때는 항공기 주위의 유동은 비압축성 유동으로 가정할 수 있다.

점성(viscosity)은 유체의 변형에 대한 저항의 크기를 정량적으로 표시한 물리량으로 μ으로 표시하며 그 단위는 $kg/(ms)$이다. 공기의 점성은 매우 작아 그 영향이 적으나 물체의 표면 부근에서는 무시할 수 없다. 유동의 운동량에 대한 점성의 상대적인 중요성을 나타낼 수 있는 수로 **레이놀즈수**(Reynolds number, Re)가 있는데 이는 유체에 의한 관성력과 점성력의 비를 나타낸다.

$$Re = \frac{\rho VL}{\mu} = \frac{\text{관성력}}{\text{점성력}} \tag{2.10}$$

여기에서 V는 항공기의 속력, L은 항공기의 특성길이다. 레이놀즈수가 크면 공기 점성에 의한 영향이 적다.

2.2.3 베르누이 정리

점성을 무시할 수 있고 유동장 내에 **충격파**(shock)가 없는 유동의 경우 속력, 압력 및 밀도는 다음과 같은 관계를 갖는다.

$$\frac{V^2}{2} + \frac{\gamma}{\gamma - 1}\frac{P}{\rho} = \text{일정} \tag{2.11}$$

충격파란 초음속유동에서 발생하는 파동의 일종으로 충격파 앞뒤의 압력, 속력, 밀도 및 온도가 급격히 변화하는 특징을 갖고 있다. 압축성 효과가 작아 무시할 수 있다면 위 식은 다음과 같이 간단히 쓸 수 있다.

$$\frac{1}{2}\rho V^2 + P = \text{일정} \tag{2.12}$$

이 경우 밀도는 모든 곳에서 같은 값을 갖는다. 다시 말하면 비압축성 유동의 경우 점성이 무시될 수 있는 유동에서는 전압은 일정하다.

2.3 고도 및 항공기의 속력

2.3.1 압력고도

진고도는 비행 중인 항공기에서 측정이 매우 어렵다. 그러므로 항공기의 고도로 **압력고도**(pressure altitude, h_P)를 사용한다. 압력고도는 항공기에 장착된 압력계에서 측정된 압력과 같은 값을 갖는 표준대기의 고도를 말한다. 항공기의 고도계는 압력을 측정하여 이를 고도로 나타낸다. 유사하게 **온도고도**(temperature altitude, h_T) 및 **밀도고도**(density altitude, h_ρ)를 정의할 수 있는데 여러 고도에서 같은 온도를 갖기 때문에 대류권 내에서 비행하는 경우에만 사용이 가능하다. 그리고 밀도는 직접적으로 측정이 어려워 사용하기 쉽지 않다.

예

어떤 항공기가 비행하는 고도에서 측정한 압력, 온도가 각각 $P = 47.2KN/m^2$, $T = 254.4K$이면, 밀도는 $\rho = p/RT = 0.646kg/m^3$이다. 표준대기표로부터 각각 $h_P = 6km$, $h_T = 5.2km$ 및 $h_\rho = 6.2km$이다.

2.3.2 항공기의 속력(IAS, CAS, EAS, TAS; ICE-T)

항공기는 공기에 대하여 상대운동을 함으로써 양력을 얻는다. 그러므로 항공기의 지구에 대한 상대속력인 **대지속력**(ground speed, V_G)보다 지구 대기에 대한 상대속력인 **진대기속력**(true airspeed, V_T)이 더 중요하다. 대기의 대류에 의해 항공기 주위의 공기는 이동하며 이 속력을 **풍속**(wind speed, V_W)라 한다. 물론 이 풍속은 시간과 장소에 따라 변화한다. 이들 속력 사이에는 다음과 같은 관계가 성립한다.

$$V_G = V_T + V_W \tag{2.13}$$

항공기의 진대기속력을 측정하기 위한 계기로 피토관(pitot probe)이 있다. 그림 2.7에는 속력계기와 피토관의 개략도를 도시하였다. 피토관은 전압과 정압의 차인 **충돌압력**(impact pressure)을 측정하는 장치이다.

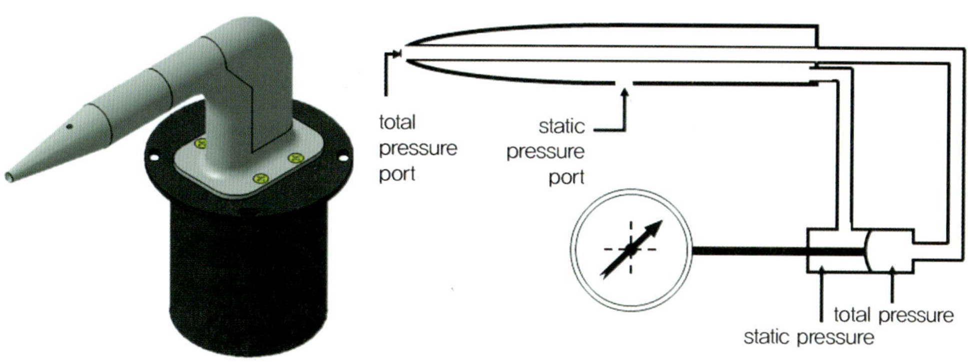

그림 2.7 피토관과 속력계기의 개략도 (ⓒ ㈜에어로메스터/㈜용비에이티)

이 충돌압력으로 항공기의 속력을 구할 때 측정하는 고도에서의 압력과 밀도가 필요한데 압력은 피토관에서 측정이 되지 않고 밀도는 계측하기가 어렵다. 따라서 계기를 제작할 때 지상의 압력과 밀도를 이용하는데 이로 인하여 계기에서 표시되는 속력인 **지시대기속력**(indicated airspeed, V_I)은 항공기의 진대기속력과 다르다. 또한, 이 지시대기속력에는 피토관이 항공기에 장착되는 위치에 따라 측정된 차압에 오차가 포함되는데 이로 인한 측정 오차를 **위치오차**(position error, ΔV_P)라 한다. 그러므로 먼저 위치오차를 제거한다.

$$V_C = V_I + \Delta V_P \tag{2.14}$$

이렇게 위치오차가 제거한 속력을 **수정대기속력**(calibrated airspeed)이라 한다. 여기에서 위치오차는 항공기와 피토관의 장착 위치에 따라 다르므로 항공기 제작사에서 제공한다.

수정대기속력을 측정하는 계기를 만들 때 사용한 지상에서의 압력과 밀도를 비행기의 비행고도에서의 값으로 보정하여 진대기속력을 구한다. 먼저 압력을 보정하기 위한 보정을 **축적고도보정**(scale-altitude correction, ΔV_C)이라 하고, 이렇게 보정된 대기속력을 **등가대기속력**(equivalent airspeed, V_E)이라 한다. 보정식은 다음과 같다.

$$V_E = V_C - \Delta V_C \tag{2.15}$$

이때 축적고도보정은 등가대기속력과 고도의 함수이며 항공기와 상관없어 모든 항공기에 적용이 가능하다. 그림 2.8에는 이 축적고도보정을 구하는 차트를 도시하였다. 등가대기속력을 밀도 보정하여 최종적으로 진대기속력을 얻는다.

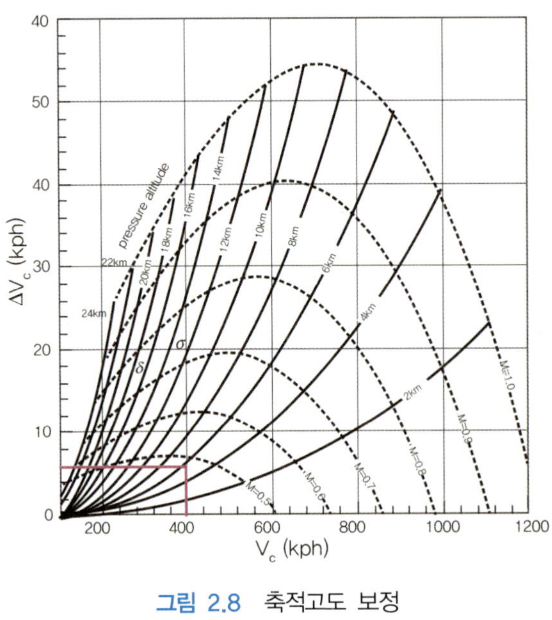

그림 2.8 축적고도 보정

$$V_T = \frac{V_E}{\sqrt{\sigma}} \tag{2.16}$$

이때 밀도비는 비행기의 압력고도로부터 계산이 가능하다. 그림 2.8에서 볼 수 있듯이 비행기의 속력이 낮을 경우 축적고도보정은 매우 작은 값이다.

예

고도계에 지시되는 고도 6km에서 비행 중인 항공기가 있다. 이때 속도계에서 $405kph$(km/h; kilometer per hour)를 지시하고 있었다. 또한, **외기온도**(OAT; Outside Air Temperature)가 $-20°C$를 지시하고 있다. 이 지역에는 $50kph$의 맞바람이 불고 있다고 한다. 비행교범에 따르면, 속도계는 지시오차가 $-5kph$이며 고도계의 오차는 없다고 한다. 계기에서 읽은 값이 $405kph$이고 지시오차가 $\Delta V_P = -5kph$이므로 V_I와 V_C는 각각 다음과 같다.

$$V_I = 405kph, \quad V_C = V_I + \Delta V_P = 405 - 5 = 400kph$$

고도계에 지시오차가 없으므로 $h_p = 6km$이다. 또한 그림 2.8로부터 $V_C = 400kph$이고 $h_p = 6km$에서의 $\Delta V_C = 5.7kph$이므로 V_E는 다음과 같다.

$$V_E = V_C - \Delta V_C = 400 - 5.7 = 394.3kph$$

표준대기 $h_p = 6km$에서 압력은 $p = 44,075N/m^2$이고 $OAT = -20°C$이므로 이 고도에서의 공기밀도는 다음과 같이 계산할 수 있다.

$$\rho = \frac{p}{RT} = \frac{44075}{287.058 \times (-20 + 273.16)} = 0.6065kg/m^3$$

그러므로 V_T는 밀도비로 계산할 수 있다.

$$V_T = V_E\sqrt{\frac{\rho_{SL}}{\rho}} = 394.3 \times \sqrt{\frac{1.225}{0.6065}} = 560.4kph$$

바람의 속력을 고려하면 대지속력을 구할 수 있다.

$$V_G = V_T + V_W = 560.4 - 50 = 510.4kph$$

CHAPTER 03

공기역학

3.1 개요

자동차나 배와 달리 비행기가 하늘을 비행할 수 있는 것은 비행기의 **날개**(wing) 때문이다. 그러므로 날개에서 어떠한 힘이 발생하는지를 이해하는 것이 공기역학에서 가장 중요한 내용이다. 비행 중인 항공기에 작용하는 힘은 작용 방향에 따라 **양력**(lift), **항력**(drag), **추력**(thrust) 및 **중력**(weight)으로 구분한다. 이 힘들은 서로 상호 작용을 통해서 비행을 가능하게 한다. 먼저, 정지해 있는 비행기를 움직이게 하는 힘은 추력이다. 왜냐하면 추력은 엔진에 의해 앞으로 나아가는 힘이기 때문에 추력이 없으면 비행기의 운동이 이루어지지 않으며, 비행기가 움직이지 않으면 양력과 항력도 있을 수 없다. 엔진을 작동하여 추력을 발생시킨다 해도 제동장치를 이용하여 지상에 비행기가 정지하고 있으면 양력과 항력은 발생하지 않는다.

엔진이 작동하면 추력이 발생하고, 추력에 의해 비행기가 공기 속을 비행하면 공기저항인 항력이 발생한다. 항력은 비행기가 앞으로 나아가는 데 방해가 되는 힘을 말한다. 추력과 항력이 균형을 이루게 되면 비행기는 일정한 속도로 비행할 수 있다. 따라서 항력이 작으면 작은 추력으로 순항할 수 있으므로 일반적으로 항력을 최소화하기 위해 노력한다. 추력이 항력보다 더 크면 비행기가 가속되고, 속력의 제곱에 비례해 양력이 중력의 반대 방향으로 증가한다. 양력은 중력의 반대 방향으로 비행 방향에 수직으로 작용하는 힘이다. 중력은 지구가 비행기를 당기는 힘이므로 증가하는 양력이 중력보다 크게 되면 비행기는 위로 뜨게 된다. 원하는 고도에 도달하여 비행 중인 비행기의 양력을 중력과 같게 조절하면 일정한 고도에서 비행할 수 있다. 이처럼 양력과 반대되는 힘은 중력이고, 항력과 반대되는 힘은 추력이다. 비행기뿐만 아니라 도로를 주행하는 자동차도 이 네 가지 힘이 작용한다. 그러나 자동차는 지면 위를 달리기 때문에 양력이 필요 없다. 오히려 안전하게 빠른 속력으로 질주하기 위해서 마이너스 양력을 발생시켜 지면과의 마찰력을 크게 만들기도 한다.

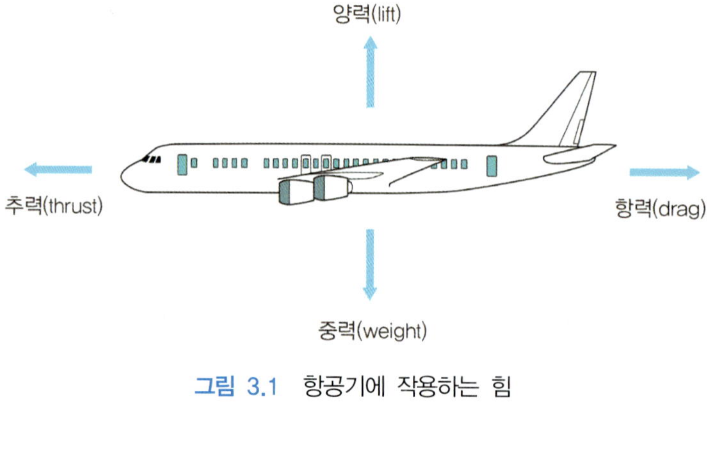

그림 3.1 항공기에 작용하는 힘

이상과 같이 비행기에 작용하는 네 가지 힘 중 양력과 항력은 공기 중을 비행하는 속도와 자세에 따라 발생하기 때문에 공기역학적 힘인 **공력**(또는 공기력, aerodynamic force)이라고 부르며, 이 힘들의 원리를 이해함으로써 비행원리를 알 수 있다. 양력과 항력으로 표현되는 공력 특성은 비행성능을 결정한다. 일반적으로 속력의 제곱에 비례해서 양력과 항력이 증가하지만, 형상이나 받음각에 따라 변화의 정도가 다르다. 따라서 아주 잘 설계된 비행기는 순항 시 최소 항력을 가짐과 동시에 가능한 최대의 양력을 발생시킬 수 있도록 설계된다. 대체적으로 양력과 항력의 비율인 **양항비**(L/D)가 클수록 효율적인 비행이 가능하다. 양항비는 같은 받음각에서 양력을 항력으로 나눈 값이며, 비행기가 최대 양항비를 갖는다는 것은 비행에서 매우 중요한 의미를 갖는다. 따라서 공력에 영향을 미치는 요소들을 이해하여야 비행성능이 우수한 항공기를 설계할 수 있다.

이 장에서는 양력과 항력의 발생 원리를 이해하기 위하여 공기흐름에 관련된 기본 법칙을 소개한 후에 **에어포일**(airfoil)과 날개에 관한 일반적인 사항 및 간단한 이론을 설명한다. 이어서 항공기의 비행속도에 따라 다르게 나타나는 날개의 공력 특성에 대하여 설명하고, 날개의 성능을 향상시키거나 변화시키기 위한 여러 가지 장치를 소개한다.

3.2 공력 발생 원리와 에어포일

양력과 항력을 의미하는 공력은 비행기의 속도와 공기흐름의 성질, 비행기의 형상, 날개의 크기와 모양 등에 따라 달라진다. 날개를 포함한 비행기 전체 표면에서 **압력힘**(pressure force)과 **전단힘**(shear force)이 발생하는데, 전체 공력 중 비행기가 진행하는 방향(공기가 흐르는 방향)과 수직인 성분은 양력이고, 진행 방향(공기흐름 방향)과 평행한 성분은 항력이다. 양력을 최대화하고 항력을 최소화할수록 경제적인 비행을 할 수 있으므로 비행기의 형상을 유선형으로 만들고 날개 단면도 특별하게 설계한다. 3.2절에서는 비행기의 각 구성품 중 양력의 발생을 담당하는 날개의 단면을 설명하고, 양력의 발생 원리에 관한 이론을 살펴본다. 이어 에어포일의 공력 특성을 배운다.

3.2.1 공기력의 발생 원리

공력(aerodynamic force)을 계산하고 그 특성을 파악할 때 비행기 주위의 공기흐름, 즉 **유동**(flowfield)에 대해 물리적 보존법칙을 근거로 한 수학적 지배방정식을 컴퓨터로 풀거나, 비행체의 모델에 바람을 불어주는 **풍동**(wind tunnel) 장치를 통해 실험을 수행하여 구한다. 공기흐름의 수학적 지배방정식은 1) 질량보존을 의미하는 **연속 방정식**(continuity equation), 2) 뉴턴의 제2법칙을 나타낸 **운동량 방정식**(momentum equations), 3) 열역학 제1법칙을 의미하는 **에너지 방정식**(energy equation), 4) 이상기체의 상태방정식으로 구성된다. 매우 복잡한 편미분 방정식을 풀어 압력, 속도, 밀도, 온도 등을 구하고, 그 결과로서 양력과 항력을 구할 수 있게 된다. 이를 위해서는 전문적인 공기역학 학습이 필요하다.

본 절에서는 가능한 문제를 단순화하여 양력의 발생 원리를 설명하고자 한다. 특정 속력 이상 또는 속도의 급격한 변화로 유체의 흐름이 매우 불규칙해지는 난류 흐름(turbulent flow)이나 공기의 점성에 의해 흐름속력이 지연되는 **경계층**(boundary layer) 내의 흐름은 제외된다. 여기에서는 공기흐름의 모양이 시간에 따라 변하지 않은 **정상**(steady) **흐름**, 공기흐름의 속력이 낮아 공기밀도와 온도가 변하지 않는 **비압축성**(incompressible) **흐름**, 공기의 점성력이 영향을 미치지 않는 경계층 밖의 흐름을 생각한다. 비압축성, 비점성 공기흐름을 가정한 후, 양력 발생 원리는 크게 베르누이 원리와 뉴턴 법칙으로 설명이 가능하다.

1738년 스위스 물리학자 다니엘 베르누이(Daniel Bernoulli, 1700~1782)는 압력을 유체의 속력과 연결시키는 수학적 표현을 유도하였다. 베르누이 방정식은 **유선**(streamline)을 따라 흐르는 유체에만 적용되는 유체의 압력과 속력에 관한 식이다.

물체 주위의 **유선**(streamline)을 따라 일정하게(steady) 흐르는 유체 질량(m)이 가지는 총 에너지는 일정하고, 세 가지 종류로 구분된다. 즉 질량(m)이 움직이는 운동에너지($\frac{1}{2}mV^2$), 체적(v)이 받는 압력에너지(Pv), 그리고 흐르는 고도(h)에서 중력(g)을 받는 위치에너지(mgh)이다.

$$\frac{1}{2}mV^2 + Pv + mgh = \text{일정} \tag{3.1}$$

각 항을 체적(v)으로 나누고, 단위 체적당 질량을 밀도($\rho = \frac{m}{v}$)로 나타내면,

$$\frac{1}{2}\rho V^2 + P + \rho gh = \text{일정} \tag{3.2}$$

그런데 공기는 물에 비해 밀도가 1/1000 수준으로 낮아서 중력에 의한 위치에너지 항은 무시할 만큼 적으므로 다음과 같이 쓸 수 있다.

$$P + \frac{1}{2}\rho V^2 = \text{일정} \tag{3.3}$$

여기서 P는 **정압**(static pressure)이고 $1/2\rho V^2$은 흐르는 공기가 갖는 **동압**(dynamic pressure)이며, 이 둘의 합을 **전압**(total pressure) 또는 **정체압력**(stagnation pressure)이라고 한다. 이러한 관계를 베르누이 방정식이라 부르고, '저속의 공기흐름에서는 동압과 정압의

합은 일정하며 전압과 같다'는 것을 의미한다. 공기의 흐름 속력이 빨라지면 동압은 커지고 정압은 작아지며, 반대로 흐름 속력이 느려지면 동압이 감소하고 정압은 커지지만 두 압력의 합인 전압은 항상 일정하다. 따라서 베르누이 방정식은 물체 주위를 흐르는 유체의 속력과 압력의 관계를 나타낸 식으로 비행기 날개 윗면의 공기흐름의 속력이 빠르면 압력이 낮아지고 이 압력 차이가 양력을 발생시켜 비행기를 뜨게 한다고 설명할 수 있다.

식 (3.3)의 베르누이 방정식은 양력 발생 원리를 설명하기에 충분하지만 공기흐름이 매우 빨라져서 공기밀도가 변하고 온도가 변하는 고속비행에서는 압축성 베르누이 방정식을 별도로 사용하여야 한다.

3.2.2 에어포일

비행기의 날개는 양력을 발생시켜 비행기를 공중에 떠오르게 하는 역할을 한다. 그림 3.2와 같이 비행기의 날개를 수직으로 자른 단면을 **에어포일**(날개꼴, airfoil) 또는 날개 단면(wing section)이라 한다. 날개는 유선형 모양이어서 공기 중을 운동할 때 큰 양력과 작은 항력을 발생시키게 된다. 에어포일 형상은 비행기의 날개뿐 아니라 헬리콥터 **회전날개**(rotor blade)의 단면이나 프로펠러 깃의 단면, 엔진 압축기나 터빈 깃의 단면 등 매우 다양하게 활용되고 있다.

에어포일은 1884년에 영국 사람인 필립스(Horatio F. Phillips)에 의하여 형상에 대한 특허와 실험이 이루어진 이후, 1902년 라이트 형제가 자체적인 풍동실험을 거쳐 성능이 개선된 에어포일을 개발하여 첫 번째 동력비행에 성공하였다. 1930년대에 들어 미국의 NACA(National Advisory Committee for Aeronautics, **국립항공자문위원회**)에서 에어포일에 대한 체계적인 연구와 실험을 수행하여 표준화하였다. 따라서 여기서는 NACA에서 정의한 에어포일의 형상 변수들을 소개하겠다.

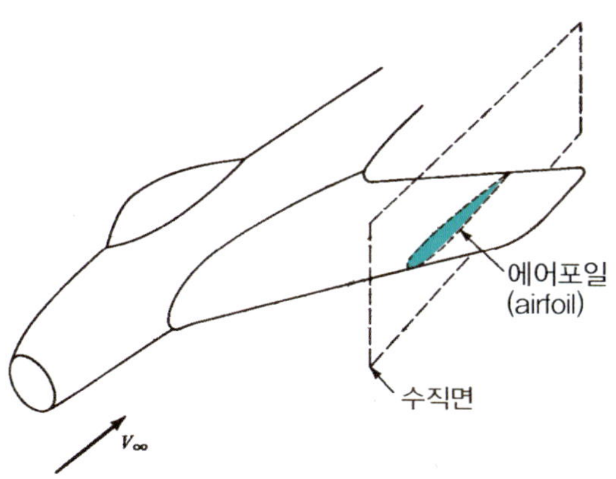

그림 3.2 날개의 에어포일

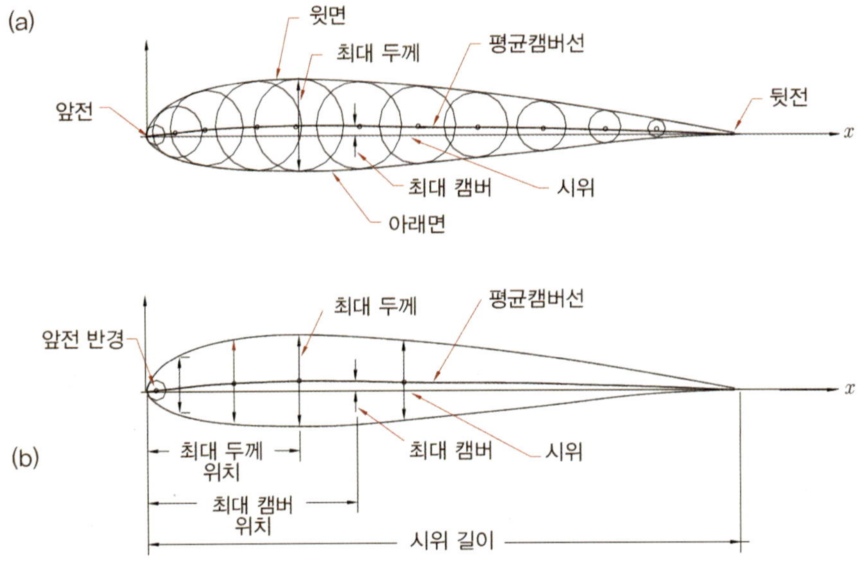

그림 3.3 에어포일의 각 부분별 명칭

그림 3.3에서 보여 주고 있는 에어포일의 각 부분별 명칭은 다음과 같다. 에어포일의 위 표면을 ① **윗면**(upper surface), 아래 표면을 ② **아랫면**(lower surface)이라 하고, 에어포일의 둥근 앞부분을 ③ **앞전**(leading edge), 에어포일의 뒤 끝부분을 ④ **뒷전**(trailing edge)이라고 하며, 보통 뒷전은 가능한 한 날카롭게 만든다. 앞전에 내접하는 원을 ⑤ **앞전 원**(leading edge circle)이라 하고, 이 원의 반경을 ⑥ **앞전 반경**(leading edge radius)이라고 한다.

에어포일의 앞전은 보통 뒷전에서부터 거리가 가장 먼 점으로 정의되며 이 앞전과 뒷전을 연결한 선을 ⑦ **시위**(chord)라 하고 앞전에서 뒷전까지의 거리를 ⑧ **시위길이**(chord length)라 한다. 시위길이는 길이 측정의 기준 거리로 사용되고 에어포일 좌표계의 기준축이 된다.

윗면과 아랫면의 높이 차이 또는 윗면과 아래 면에 내접하는 원을 그렸을 때 이 원의 직경을 에어포일의 ⑨ **두께**(thickness)라 하고, 두께의 최댓값을 ⑩ **최대 두께**(maximum thickness)라 한다. 앞전에서부터 최대 두께 위치까지의 거리를 ⑪ **최대 두께 위치**(location of maximum thickness)라고 하며, 최대 두께와 함께 에어포일의 형상 변수로 사용된다.

아랫면과 윗면의 중심점 또는 윗면과 아랫면에 내접하는 원을 그렸을 때 이 원의 중심점들을 연결한 선을 ⑫ **평균캠버선**(mean camber line)이라고 한다. 시위 선과 평균 캠버선과의 높이차를 ⑬ **캠버**(camber)라 하며, 에어포일의 캠버는 에어포일의 휘어진 정도를 말하고 양력 발생과 매우 밀접한 관계가 있다. 캠버의 최댓값을 ⑭ **최대 캠버**(maximum camber), 앞전에서부터 거리를 ⑮ **최대 캠버 위치**(location of maximum camber)라고 한다.

앞전 원의 중심점에서 평균 캠버 선의 연장선과 에어포일의 표면이 만나는 점을 에어포일의 앞전 위치로 정의한다.

미국 NACA에서 제정한 에어포일의 표준 형태를 많이 사용하며 다음과 같다.

① 네 자리: (예) NACA 2 4 1 5 (기준: 시위)

- 최대 두께가 시위길이의 15%
- 최대 캠버가 LE에서 시위길이의 40%인 곳에 위치
- 최대 캠버가 시위길이의 2%

② 다섯 자리: (예) NACA 2 3 0 1 5

- 최대 두께 비: 15%C
- 최대 캠버 위치의 2배: LE에서 15%C
- 설계양력계수 : 2×(3/2)×0.1

③ 여섯 자리: (예) NACA 6 5 $_3$ - 2 1 8

- 최대 두께 비: 18%C
- 설계양력계수: 0.2
- 작은 항력계수, 즉 바람직한 압력분포가 이루어지는 양력계수 범위: 설계양력계수 ±0.3
- 최소 압력위치: 50%C
- 계열번호: 6

① NACA 네 자리 에어포일(예: NACA 2415)에서 NACA 뒤의 숫자 중 첫째 자리는 평균 캠버선의 최대 캠버를 나타내며, 여기서는 최대 캠버가 시위길이의 2%라는 것을 의미한다. 둘째 자리는 최대 캠버의 위치를 나타내며, 여기서는 앞전에서부터 시위길이의 40% 위치에 최대 캠버가 위치한다는 의미이다. 마지막 두 개의 숫자는 최대 두께를 나타내는데 이 예에서는 에어포일의 최대 두께가 시위길이의 15%라는 의미이다.

② NACA 다섯 자리 계열 에어포일(예: NACA 23015)은 평균 캠버선의 형태로 앞부분은 삼차 포물선을 사용하고 뒷부분은 직선으로 구성되어 있는 것이 NACA 네 자리 에어포일과 다른 점이다. 우선 첫째 자리는 에어포일 이론에서 설계양력계수의 2/3를 표현한 값으로 설계양력계수가 0.3임을 의미하고 둘째와 셋째 자리는 최대 캠버의 위치를 시위길이 비의 두 배로 나타낸다. 즉, 앞전에서부터 시위선의 15%(15 × 2 = 30) 위치에 최대 캠버가 위치한다는 뜻이다. 마지막 두 개의 숫자는 최대 두께를 의미한다.

③ NACA 6자 계열 에어포일에서 첫째 자리의 6은 6계열임을 나타내고, 둘째 자리의 5는 에어포일을 설계할 때 기본으로 한 대칭형 에어포일에서 압력이 최소가 되는 위치를 의미하며 이는 앞전에서 시위길이 비로 나타낸다. 여기서 최소 압력은 시위길이의 50%에서 발생한다는 뜻이다. 쉼표 뒤의 3은 아래 첨자로 표시하는 경우도 있는데 항력이 작은 양력계수의 범위를 열 배 하여 표시한다. 여기서는 항력계수가 작

은 양력계수의 범위가 설계 양력계수보다 0.3 작거나 크다는 것을 의미한다. 끝의 첫째 숫자는 설계 양력계수의 열 배를 표시한다. 이 예에서는 설계 양력계수가 0.2라는 뜻이다. 마지막 두 자리는 다른 것과 마찬가지로 최대 두께의 시위길이 비를 나타낸다.

④ 대칭형 에어포일은 에어포일에 캠버가 없으므로 윗면과 아랫면의 형태가 같아서 시위선을 기준으로 대칭형이 된다. 따라서 네 자리 에어포일 계열의 예로 NACA 0012 또는 NACA 63-012와 같이 앞의 두 자리가 모두 영이거나 6자 계열에서는 설계 양력계수가 영이면 대칭형 에어포일을 의미한다.

3.2.3 에어포일 주위의 유동

실제로 비행기가 움직이면 정지해 있는 대기 속을 비행기가 지나가지만, 상대속도의 개념을 적용하여 비행기 주위로 공기가 흐르는 것으로 간주하고 양력 발생 원리를 이해하는 것이 용이하다. 정지된 공기 중을 비행하는 비행기에 대하여 비행기를 타고 있는 사람이 날개를 보았을 때 그림 3.4와 같이 정지되어 있는 날개 주위로 공기가 흐르고 있는 것처럼 보인다. 여기서 에어포일 주위의 공기흐름에 대하여 생각하여 보자.

날개의 먼 상류에서 공기는 비행속력과 같은 크기의 속력(V_∞)을 가지고 압력은 대기압과 같은 압력(P_∞)으로 에어포일에 접근하여 에어포일의 앞전에 부딪친 후, 날개의 위아래로 나뉘어 흐르게 된다. 날개의 표면도 하나의 **유선**(streamline)으로 볼 수 있고, 이 유선은 날개의 앞전에서 둘로 나뉘어 날개의 위아래 표면을 이루고 뒷전에서 다시 하나로 만나 하류로 이어지게 된다. 이 유선을 **분리유선**(dividing streamline)이라고 하며, 에어포일 앞전과 분리유선이 만나는 점은 공기가 에어포일에 부딪혀 속력이 0이 되는 점으로 **정체점**(stagnation point)이라고 한다. 분리유선을 따라 에어포일의 앞전에 다가올수록 공기의 속력(V)은 감소하고 베르누이 이론에 의하여 압력(P)은 증가하며 앞전 정체점에서 속력은 0이 되고 이때의 압력은 전압과 같다.

정체점 이후 공기흐름은 날개의 곡면을 따라 나뉘어 흐르게 된다. 에어포일의 앞전에서는 아랫면보다 윗면의 곡률(curvature)이 더 크기 때문에, 윗면 흐름은 가속되어 속력은 아

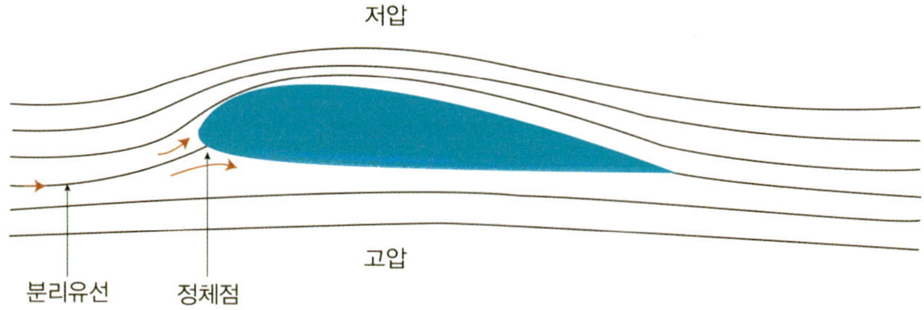

그림 3.4 에어포일 주위의 공기흐름

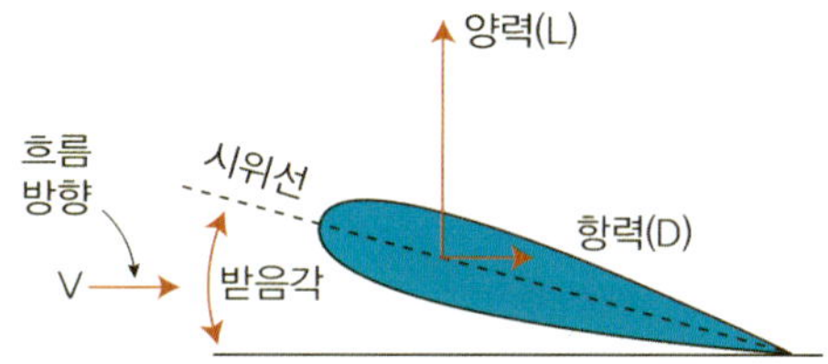

그림 3.5 에어포일의 받음각

랫면보다 훨씬 더 빠르고 압력은 더 낮게 된다. 앞전을 지난 흐름의 속력은 계속 증가하여 최대 두께 위치 근처에서 최대속력과 최저압력을 나타내고 서서히 감속된다. 아랫면은 상대적으로 평평하여 압력의 변화가 적다. 결론적으로 익형의 모양과 자세에 따라 위아래 압력의 차이가 발생하고 이 압력 차이만큼 양력이 발생한다.

에어포일 표면에서 속력 차로 인한 압력의 변화를 직관적으로 알기 위해 **압력계수**(pressure coefficient)를 정의해서 사용한다. 압력계수는 어떤 지점의 압력과 대기압의 차를 동압으로 나눈 값이며, 단위가 없는 무차원 계수이다. 압력계수의 정의에 베르누이 방정식을 적용하면 다음과 같다.

$$C_p = \frac{P - P_\infty}{1/2\,\rho\, V_\infty^2} = 1 - \frac{V^2}{V_\infty^2} \qquad (3.4)$$

여기서 P와 V는 에어포일 주위에서 정압과 속력이다. 압력계수가 영보다 작으면 부(−)압이 작용하여 대기압보다 압력이 낮고 공기의 속력은 자유흐름 속력보다 빠르다. 압력계수가 양(+)이면 압력은 대기압보다 높고 공기의 속력은 자유흐름 속력보다 느린 것을 의미한다. 정체점에서는 속력이 0이므로 압력계수는 1.0의 값을 가진다. 양력이 발생하는 에어포일의 윗면에는 대개 부압이 작용한다.

에어포일의 **받음각**(angle of attack)은 그림 3.5와 같이 비행기가 진행하는 반대 방향인 공기흐름의 속도방향(상대풍; relative wind)과 에어포일의 시위선(chord line)이 이루는 사

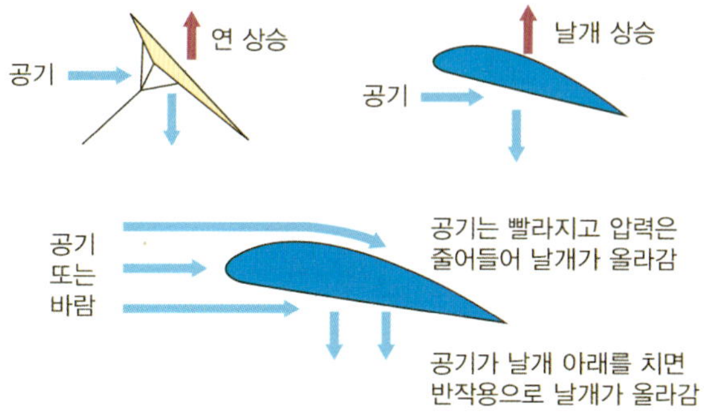

그림 3.6 받음각과 양력 발생

이 각을 말한다. 받음각이 없으면 공기흐름 방향과 시위선은 일치한다.

받음각은 양력 발생에 가장 큰 영향을 미친다. 캠버가 없는 상하 대칭인 에어포일은 받음각이 없으면 양력이 전혀 발생하지 않는다. 대칭형 에어포일이 받음각을 갖게 되면 양력이 발생하게 되고, 캠버가 있는 에어포일도 충분한 양력을 발생하기 위해서는 받음각을 갖도록 한다. 심지어 날개가 상하로 뒤집힌 **배면비행**(invert flight)이 가능할 수 있는 것도 받음각으로 양력을 발생시킬 수 있기 때문이다.

받음각에 의한 양력 발생은 뉴턴의 작용 반작용의 원리로 설명할 수 있다. 그림 3.6과 같이 에어포일 아랫면에 부딪힌 공기가 아래로 향하면서 그 반작용으로 에어포일을 위로 들어올리는 양력을 발생시킨다. 조금 더 정확하게는 에어포일 주변 흐름의 방향이 바뀌어 운동량의 변화가 생긴 만큼 양력이 발생한다. 이러한 작용은 연(kite)을 하늘에 날릴 때 전형적으로 사용하는 방법이다. 또한 받음각 증가는 에어포일 윗면의 곡률을 더 크게 증가시키는 효과를 불러와 흐름을 더욱 가속시킴으로써 윗면의 압력이 더 낮아지고 결과적으로 양력을 증가시키게 된다. 그러나 과도한 받음각 증가는 에어포일 표면을 따라 흐르는 공기의 흐름 분리(flow separation)를 일으켜 오히려 양력 감소를 가져 오게 된다. 이것을 **실속**(stall)이라 부르고 다음 절에서 자세히 살펴보도록 한다.

따라서 양력은 에어포일 형상으로 인해 위아래 공기흐름의 속력과 압력의 차이로 인해 발생하고, 받음각이 있으면 에어포일 주변 공기흐름의 방향이 바뀌어 에어포일을 위로 밀어 올리는 반작용에 의해서 발생한다고 설명할 수 있다.

3.2.4 양력과 항력

양력이나 항력으로 표현되는 공력은 베르누이 방정식에서 보여주는 바와 같이 공기흐름의 운동에너지로부터 얻는 동압에 의해 크게 좌우될 뿐 아니라 날개의 형태나 크기, 공기흐름의 특성 등에 의해 결정된다. 그런데 에어포일에 있어서 공력이란 3차원 날개와는 달리 날개 끝단(wing tip)이 없기 때문에 양력은 날개의 단위길이당 크기를 말하며, 양력을 나타내는 기호는 소문자로 표시하고 날개 면적 대신에 에어포일의 시위길이를 사용한다.

날개 단면인 에어포일에 작용하는 양력과 항력을 무차원 계수화한 2차원 **양력계수**(lift coefficient)와 **항력계수**(drag coefficient) 식은 각각 다음과 같다.

$$C_l = \frac{l}{\frac{1}{2}\rho V^2 c} \tag{3.5}$$

$$C_d = \frac{d}{\frac{1}{2}\rho V^2 c} \tag{3.6}$$

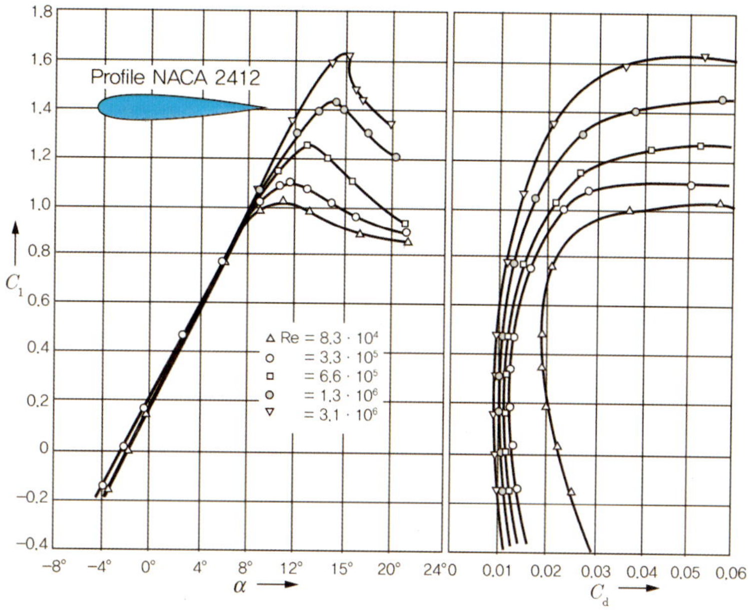

그림 3.7 NACA 2412 에어포일의 양력계수 및 항력 계수 변화

여기서 양력(l) 및 항력(d)은 공기의 밀도(ρ), 흐름의 속력(V), 시위선의 길이(c), 그리고 양력계수(C_l) 및 항력계수(C_d)로 나타낸다. 저속 에어포일은 받음각과 형상이 같으면 크기나 동압이 다르더라도 동일한 양력계수를 가진다. 이와 같은 이유로 공기역학에서는 여러 가지 편리함이 있는 무차원 계수를 많이 사용하게 된다.

그림 3.7은 받음각에 따른 양력계수의 변화와 항력계수의 변화를 측정한 사례이다. 받음각이 비교적 낮은 범위에서는 받음각이 증가하면 양력계수도 정비례하여 증가한다. 그래프가 직선으로 나타나는 변화의 기울기를 양력선 기울기(lift slope)라고 하며, 에어포일에 대하여 이론적으로는 $2\pi/rad$ 또는 $0.11/\deg$ 정도이다. 받음각을 계속 증가시키면 양력계수가 증가하는 비율이 둔해지다가 특정 받음각에서 양력계수가 최대가 된 뒤에 양력계수가 감소한다. 이와 같이 양력계수가 감소하는 것을 에어포일의 실속(stall)이라고 말하며 실속이 일어나는 받음각을 실속 받음각이라 하고 이때의 양력계수를 최대 양력계수라고 한다. 실속은 경계층의 분리와 연관되어 있으므로 그림에서 보듯이 레이놀즈수에 큰 영향을 받는다. 실속 받음각은 대개 $12° \sim 20°$이며 에어포일과 레이놀즈수에 따라 실속의 형태와 양상이 다양하다. 에어포일에 캠버가 있으면 받음각이 영이라도 양력계수는 양(+)의 값을 가지며, 이러한 에어포일은 받음각을 영보다 더 작게 해야 양력계수가 영이 되는데 이 받음각을 **영양력받음각**(zero lift angle of attack)이라 한다.

에어포일에서 측정되는 항력은 두 가지로 나누어 생각할 수 있다. 에어포일 표면에 수직으로 작용하는 압력분포에 의한 힘 중, 공기흐름 방향 성분의 힘은 뒤로 향하는 힘이 되며, 이러한 항력을 **압력항력**(pressure drag)이라고 한다. 다른 하나의 항력은 공기의 점성에 의한 마찰력으로 인한 항력이 발생하게 되는데 이를 **표면마찰항력**(skin friction drag)이라고 한다. 이 두 가지 항력을 구분하여 측정하기가 어려우므로 두 가지를 합한 것을 측정하게 되며 이를 에어포일의 **유해항력**(parasite drag)이라 한다. 에어포일의 항력계수는 대체로 받음각이 영이 되는 부분에서 최소가 되며 받음각이 증가하면 급격히 증가한다. 항력과 양력의 관계를 나타낸 **양항곡선**(drag polar)을 나타낸 그림 3.7 오른쪽과 같이 실속이 일어나면 항력계수는 급격하게 증가한다.

3.2.5 유동의 박리와 실속

날개의 받음각이 증가함에 따라 양력계수가 점차 증가하다가 특정 받음각 이상이 되면 실속(stall)이 일어난다는 것을 앞 절에서 학습하였다. 이 현상은 점성에 의해 형성된 경계층이 날개 표면으로부터 분리되는 흐름의 박리 또는 **분리**(flow separation)에 의해 발생한다. 날개 윗면의 표면을 따라 흐르는 공기층은 점성 마찰력에 의하여 속력이 느리기 때문에 관성력이 작다. 이로 인해 뒷전 부분의 높은 압력에 의하여 압력이 낮은 앞전 부분으로 작용하는 압력을 이기지 못하여 뒷전에서 앞전으로 흐름의 역류가 발생한다. 그림 3.8과 같이 분리가 일어나면 날개 윗면 앞전에서는 압력이 상대적으로 높아져서 양력이 감소하고 뒷전에서는 압력이 낮아지기 때문에 압력항력이 크게 증가한다.

받음각이 작으면 분리가 일어나지 않다가 받음각이 커지면서 뒷전에서부터 분리가 일어나기 시작하며, 받음각이 더욱 커지면 분리점이 뒷전에서 점점 앞전 쪽으로 점차 이동하여 날개 표면이 후류(wake)의 영역에 들어가는 범위가 점점 커진다. 반면에 후류에 들어가지 않은 앞부분의 날개는 받음각이 커짐에 따라 압력 차이를 더 많이 만들어 양력계수의 증가에 기여하지만 뒤에서 이동하는 분리점 때문에 증가율이 둔해진다. 결국 후류에 들어간 면적이 더욱 넓어지면 더 이상 양력계수가 증가하지 못하고서 항력계수가 급격히 증가하여 실속에 들어가게 된다. 비행기가 실속에 들어가면 심각한 조종 불능 상황에 처할 수 있

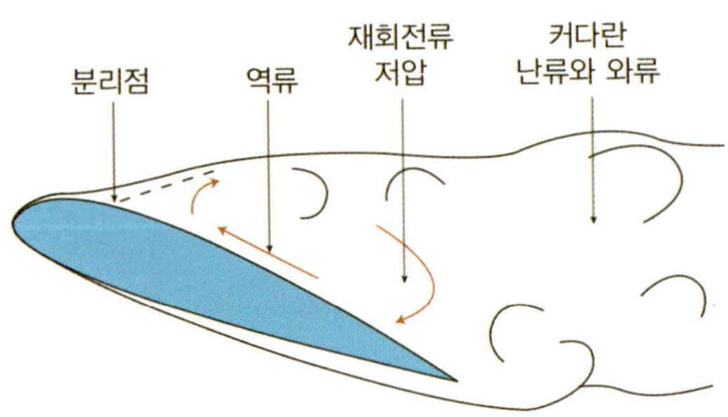

그림 3.8 에어포일의 흐름분리와 실속

기 때문에 대부분의 비행기에는 실속 경보 장치를 설치하여 조종사에게 비행 중 실속에 들어가기 전 경보음을 주어 실속을 예방할 수 있도록 한다.

3.2.6 압력중심과 공력중심

에어포일에 작용하는 공력은 어떤 한 점에 작용하는 것이 아니고 에어포일 표면에 분포되어 작용한다. 따라서 분포된 힘에 의하여 특정한 점을 중심으로 한 **모멘트**(돌림힘; moment)가 발생한다. 앞전이 들리는 방향으로 발생하는 모멘트를 2차원 **피칭 모멘트**(pitching moment)라 부르고, 무차원 피칭 모멘트계수는 모멘트를 동압과 기준면적, 시위길이로 나눈 값이다.

$$C_m = \frac{M}{1/2\,\rho\,V_\infty^2\,\,S\,c} \tag{3.7}$$

에어포일 표면에 작용하는 분포된 힘이 한 점에 집중적으로 작용한다고 생각하면 공력을 편리하게 분석할 수 있다. 양력과 항력이 어느 한 점에 작용하여 피칭 모멘트가 영이 되는 특정한 점이 존재하는데, 앞전으로부터 이 힘의 작용점까지의 거리를 **압력중심**(center of pressure, c.p.)이라 하고 기호로는 $x_{c,p}$로 표시한다. 무게중심과 같은 개념으로, 날개의 공력이 발생하는 중심점이라 생각할 수 있다. 양력의 작용점으로 생각할 수 있는 압력중심은 받음각이 변함에 따라 위치가 달라지기 때문에 비행기의 운동을 해석하는데 기준점으로 사용하기에 불편하다.

에어포일을 사용하여 삼차원 날개를 만들고 그 날개를 항공기에 고정시킨 상태라면 동체나 꼬리날개에서 발생하는 공기력도 함께 고려해야 하는데, 이 경우 항공기 운동의 기준점은 주로 항공기의 무게중심이 된다. 이때 날개의 공기력이 발생하는 기준점으로 압력중심을 사용하면 받음각에 따라 압력중심의 위치가 변화하므로 무게중심에 대한 힘과 모멘트를 계산하는데 불편하다. 왜냐하면 어떤 받음각에서 양력과 항력을 알더라도 그 작용점인 압력중심도 함께 알고 있어야 무게중심에 대한 모멘트 성분을 계산할 수 있기 때문이다.

에어포일의 받음각이 변하여도 피칭 모멘트의 값이 변하지 않는 기준점이 존재하는데, 이 점을 **공력중심**(aerodynamic center, a.c.)이라고 한다. 즉 공력중심은 받음각이 변하여도 피칭 모멘트가 일정한 기준점을 말한다. 대부분 아음속 에어포일의 공력중심은 대략 앞전에서 시위선 길이의 1/4 위치로 $x_{a,c} \approx c/4$ 정도이다. 공력중심에서 피칭 모멘트는 받음각이 증가하더라도 실속이 일어나기 전까지 일정하게 작은 값을 유지하는데, 공력중심 모멘트라 하여 기호로 Mac라고 표시한다. 대칭형 에어포일의 Mac는 이론적으로 0의 값을 가진다.

3.3 날개에 작용하는 공력

날개(wing)는 날개 단면인 에어포일을 길이 방향으로 유한하게 이은 것으로 날개 끝을 가지고 있다. 그래서 날개 끝이 없는 날개를 **무한 날개**(infinite wing) 또는 2차원 날개라 하고 날개 끝을 가지고 있는 통상적인 날개를 **유한 날개**(finite wing), 또는 3차원 날개라 부르기도 한다. 여기에서는 날개의 부분명칭과 날개의 여러 형태 및 종류, 그리고 날개에 대해 발생하는 공력특성 및 고양력 장치와 유도항력 등에 대해 알아본다.

3.3.1 날개의 형태

에어포일을 단면으로 갖는 날개는 매우 다양한 형상을 갖는데 기본적인 날개의 세부 명칭을 알아보기로 한다.

날개의 기하학적 형태에 대한 정의를 설명하기 위하여 그림 3.9에 전형적인 날개를 나타내었다. **날개길이** 또는 **스팬**(span)이란 날개의 끝에서 다른 끝까지의 직선 길이를 말하며 b로 표시한다. 날개의 시위길이는 날개길이 방향으로 다르다. 날개 끝에서의 시위를 **날개 끝 시위길이**(tip chord length)라 하여 C_t 로 나타내며 날개뿌리에서의 시위길이를 **뿌리 시위길이**(root chord length)라 하여 C_r 로 표시한다. 날개 끝 시위길이와 날개뿌리 시위길이와의 비를 **테이퍼 비**(taper ratio, $\lambda = C_t / C_r$)라고 한다. 직사각형 날개는 테이퍼 비가 1.0이고 삼각형 날개는 테이퍼 비가 0이다. 테이퍼 날개(사다리꼴 날개)에 대하여 한쪽 날개의 도심(centroid)을 지나는 시위길이를 **평균공력시위**(mean aerodynamic chord, MAC)라고 하며 평균이라는 뜻으로 $\bar{c}$ 로 표시하며 날개의 기준 길이로 쓰인다.

날개면적(wing area, S)은 동체로 가려진 부분까지를 포함한 지면에 투영된 날개의 평면면적을 말한다. 날개길이 b를 평균공력시위 $\bar{c}$ 로 나눈 값, 또는 날개길이의 제곱을 날개면적으로 나눈 값을 **가로세로비**(또는 세장비, aspect ratio, AR)라 한다. 가로세로비는 공기

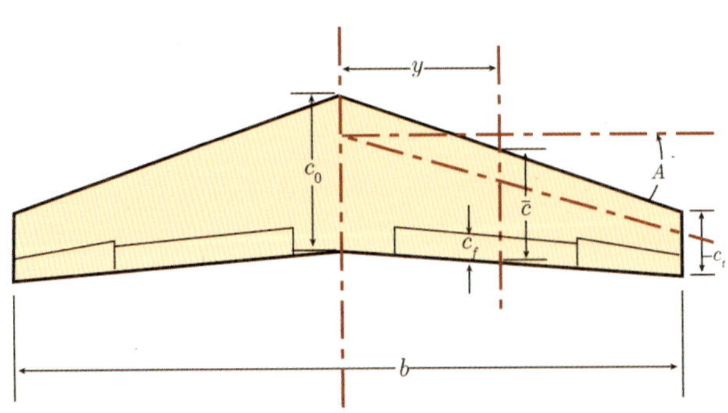

그림 3.9 전형적인 날개의 기하학적 형상

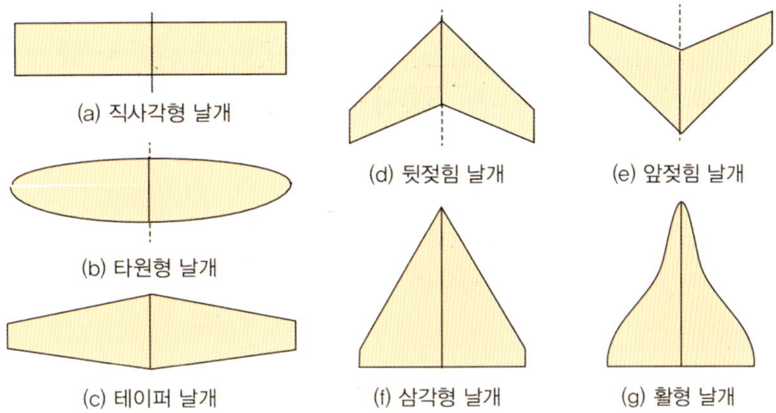

그림 3.10 비행기 날개의 모양

역학적 효율을 좌우하는 중요한 인자로 다음 식으로 쓸 수 있다.

$$AR = \frac{b}{\bar{c}} = \frac{b^2}{S} \tag{3.8}$$

뒤젖힘각 또는 **후퇴각**(sweepback angle)은 날개가 뒤로 젖혀진 각도를 말하는데 일반적으로 날개길이 방향으로 변하는 시위길이의 25% 위치를 연결한 선이 날개의 가로방향과 이루는 각을 말한다. 만약 날개가 앞으로 젖혀 있으면 **앞젖힘각** 또는 **전진각**(sweep forward angle)이라 부른다. 따라서 날개의 평면모양은 날개길이, 시위길이 분포, 날개면적, 가로세로비 및 테이퍼 비 및 후퇴각 등으로 나타낼 수 있다.

날개의 모양은 항공기의 운항 목적에 따라 각기 다른 모양을 갖는다. 그림 3.10과 같이 날개를 위에서 본 모양에 따라 기본적으로는 직사각형 날개, 타원형 날개, 테이퍼형 날개, 뒤젖힘 날개(후퇴익), 앞젖힘 날개(전진익), 삼각형 날개 및 활형 날개 등으로 구분한다. 날개의 길이가 긴 경우에는 이중 뒤 젖힘 날개도 사용된다. 이렇게 다양한 형태의 날개로 설계하는 이유는 공기압력의 분포, 항력, 천음속이나 초음속 효과 및 구조 강도 등을 종합적으로 고려해야 하기 때문이다.

3.3.2 날개의 공력 특성

에어포일과 달리 실제 비행기의 날개는 날개길이가 유한하며 공력의 특성도 에어포일과는 다르게 나타난다. 에어포일에서는 날개길이 방향의 흐름을 무시하여 2차원 흐름이라고 했지만 실제 유한길이의 날개를 지나는 공기흐름은 3차원 흐름이다. 3차원 흐름에서의 양력계수와 항력계수는 에어포일과 구별하기 위하여 아래첨자의 소문자 대신에 대문자를 사용

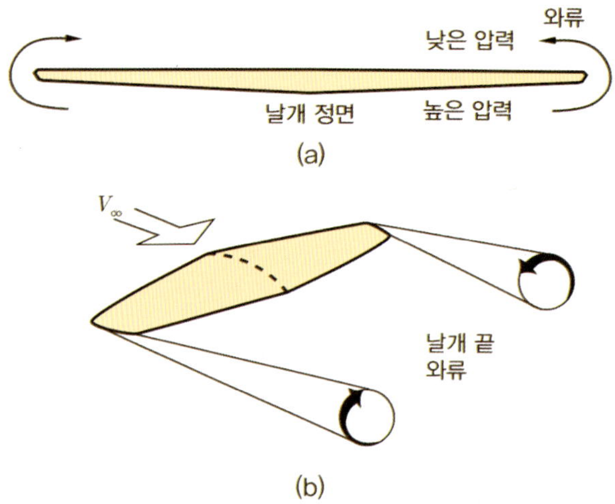

그림 3.11 날개 끝 와류의 발생과 형태

하여 삼차원 양력계수를 C_L, 삼차원 항력계수를 C_D로 표기한다.

$$C_L = \frac{L}{\frac{1}{2}\rho V^2 S} \tag{3.9}$$

$$C_D = \frac{D}{\frac{1}{2}\rho V^2 S} \tag{3.10}$$

날개 윗면의 공기속력은 아랫면에 비해서 빠르므로 압력은 날개 아랫면이 윗면에 비해서 높다. 이 압력 차이가 양력을 만드는 근원이지만 날개 끝에서는 이 압력 차이를 그대로 유지할 수 없다. 왜냐하면 공기는 압력이 높은 데서 낮은 데로 이동하려는 성질이 있으므로 날개 끝에서는 그림 3.11과 같이 밑면으로부터 윗면으로 휘감아 돌아 올라가는 소용돌이, 즉 **와류**(vortex)가 발생하며 이 와류는 비행기의 하류로 이어진다. 이처럼 날개 끝에서 발생한 흐름 모양을 **날개 끝 와류**(wing tip vortex)라 하며 날개 주위의 공기흐름에 큰 영향을 준다.

비행기 주위의 공기흐름은 그림 3.12와 같은 이론적 모형으로 설명할 수 있다. 날개에서 생기는 와류를 **회전선**(filament)이라 생각하고, 이 회전선에 가까울수록 속력이 빠른 소용돌이가 발생한다고 상상해보자. 날개 주변 와류에 의하여 발생한 수직방향의 속도 성분을 유도 속도(induced velocity)라 한다. 회전선의 안쪽에서는 날개 면에 수직한 아래 방향으로, 바깥쪽에서는 위 방향으로 속도성분이 발생하게 될 것이다. 이렇게 유도된 흐름을 각각 **내리흐름**(downwash)과 **올려흐름**(upwash)이라 한다. 날개의 앞전에서는 올려흐름이 생기고 날개의 뒷전에서는 내리흐름이 생긴다. 그러므로 날개를 지나가는 공기흐름의 방향

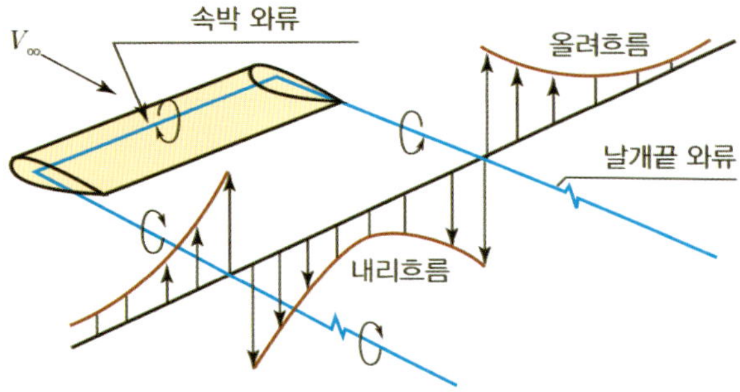

그림 3.12 날개 끝 와류에 의한 내려흐름

은 날개 뒷부분의 내리흐름 속도 성분과 합성된 흐름이며, 날개에 생기는 공기역학적인 힘도 유도된 속도의 영향을 받는다. 양력은 날개를 향해 들어오는 속도 방향에 수직인 방향의 힘이므로 날개 끝 와류에 의한 내리흐름의 속도 때문에 받음각이 줄어드는 것과 같은 효과를 가진다. 줄어든 받음각을 **유도받음각**(induced angle of attack)이라 부른다. 시위선의 방향은 일정하므로, 양력성분의 방향은 뒤로 기울어지는 것과 같다. 뒤로 기울어진 양력은 원래의 공기흐름 방향으로 보면 항력성분이 되고, 이렇게 생긴 항력을 **유도항력**(induced drag)이라 한다.

유도항력은 날개 끝에서 발생하는 와류로 인해 추가적으로 발생한 특별한 항력이다. 양력발생 과정에서 불가피하게 유도된 항력이기 때문에 유도항력이라 부르고 유도항력계수(C_{Di})는 다음과 같은 식으로 나타낸다.

$$C_{Di} = \frac{C_L^2}{\pi e AR} \tag{3.11}$$

양력이 크면 날개 끝 와류의 세기도 커져서 유도항력은 양력의 제곱에 비례한다. 양력이 발생하지 않으면 유도항력은 0이다. 날개의 가로세로비(AR)가 크면 감소하며, 실제 날개에서도 가로세로비가 크면 유도항력이 작아져 장거리 비행에 유리하다. 만약 날개의 가로세로비가 무한히 크다면 날개가 이차원 날개의 특성을 가지게 되고 날개 끝 와류의 영향도 거의 없어지게 되므로 유도항력도 없어진다. 그리고 날개 끝 효율계수(e)는 날개 끝 모양이 타원형이면 이론적 최댓값인 1.0이 되고 날개 모양에 따라 1보다 작은 값을 가진다.

에어포일의 경우 압력항력과 표면마찰 항력을 합한 **유해항력**(parasite drag)만 발생하지만 날개의 경우 유도항력(induced drag)이 추가된다. 따라서 날개를 가진 비행기의 경우 항력의 종류는 크게 유해항력과 유도항력으로 나눌 수 있다. 동압이 낮아서 큰 양력계수를 이용하는 저속 항공기는 유도항력의 비율이 고속 항공기에 비해 크다. 따라서 날개 끝 와류로 인한 유도항력을 줄이기 위해 그림 3.13과 같은 날개 **끝깃**(winglet)을 부착하기도 한

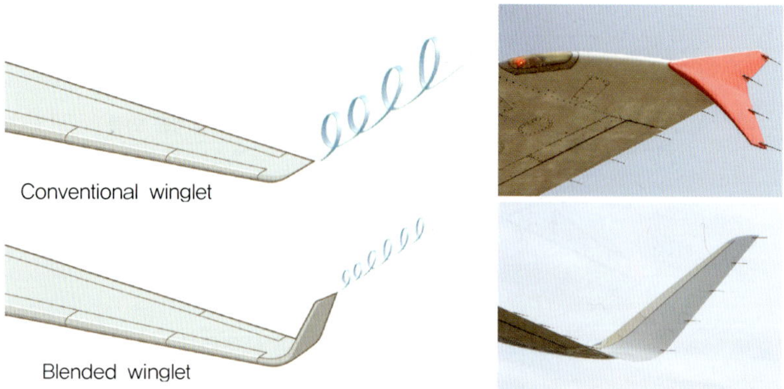

그림 3.13 날개 끝깃

다. 끝깃은 끝단에서 발생하는 와류의 강도를 약하게 하고, 날개 아랫면의 높은 압력이 날개 윗면의 낮은 압력으로 휘감아 올라가는 것을 차단한다.

3.3.3 고양력장치(high lift devices)

앞의 양력에 관한 식 $L = \frac{1}{2}\rho V^2 SC_L$ (식 3.9)에서 보듯이 양력 발생의 가장 큰 인자는 공기흐름의 속력(V) 즉 비행 속력이다. 비행기가 충분한 속력으로 순항 비행할 때는 비행기가 자신의 무게 이상으로 양력을 발생하는 데 큰 문제가 없다. 비행기가 이착륙할 때는 안전하게 이착륙하여야 하므로 낮은 속력 상태가 된다. 무게 이상의 양력을 발생시키기 위해서는 날개 면적을 크게 하거나 양력계수가 가능한 큰 값을 가져야 한다. 한편, 날개면적이 넓으면 무게가 증가하고 고속비행 시 항력이 크게 증가하므로 불리하다. 따라서 비행 속력에 따라 서로 상충되는 특성을 만족시키기 위하여 이착륙과 같이 필요할 때에만 양력을 크게 하는 특수한 장치를 날개에 설치하게 되는데 이런 장치를 **고양력 장치**(high lift device)라 한다.

최대 양력계수를 얻기 위해서는 날개만으로 부족하므로 그림 3.14와 같이 날개의 앞전이나 뒷전에 움직일 수 있는 작은 날개모양의 장치를 장착하여 필요할 때 사용한다. 앞전에 설치한 장치를 **앞전 플랩**(leading edge flap)이라 하며 뒷전에 설치한 장치를 **뒷전 플랩**(trailing edge flap) 또는 간단히 플랩이라고 한다. 고양력 장치는 날개 단면의 캠버를 증가시켜 같은 받음각에서 양력계수를 크게 하거나 날개 표면의 경계층에 에너지를 제공해 주는 방법으로 실속을 지연시켜 최대의 양력계수를 얻도록 한다.

뒷전 플랩형 고양력장치는 그림 3.15 (가)와 같이 평면 플랩(plain flap), 스플릿 플랩(split flap), 잽 플랩(zap flap), 슬롯 플랩(slot flap), 파울러 플랩(fowler flap) 등으로 구분

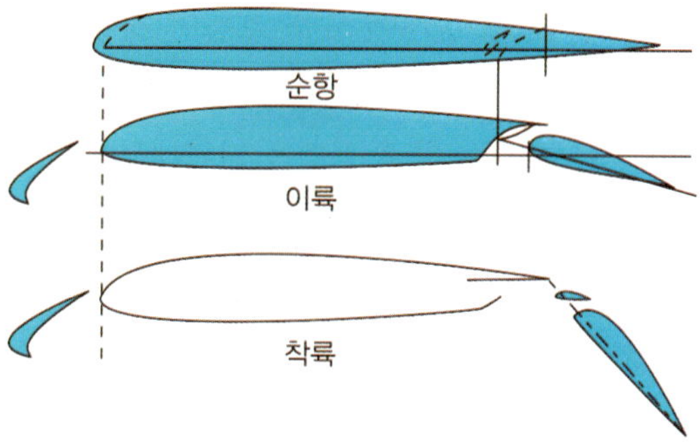

그림 3.14 이착륙 시 고양력 장치의 전개

된다. 평면 플랩은 단순히 날개의 캠버를 바꿔 양력계수를 크게 해주며, 스플릿 플랩은 날개 아래에 장치되어 캠버를 증가시켜 최대 양력계수를 높이는데 플랩 후류에 의해 항력이 증가되는 단점이 있다. 슬롯 플랩은 슬롯의 수에 따라 이중 또는 삼중 슬롯 플랩이라 하

(가) 뒷전 플랩

High-lift devices	Increase of maximum lift	Angle of basic aerofoil at max. lift	Remarks
Basic aerofoil	–	15°	Effiects of all high-lift devices depend on shape of basic earofoil
Plaint or camber flap	50%	12°	Increase camber. Much drag when fully kowered Nose-down pitching moment
Split flap	60%	14°	Increase camber. Even more drag than plian flap. Nose-down pitching moment
Zap flap	90%	13°	Increase camber and wing area. Much drag. Nose=down pitching moment.
Stotted flap	65%	16°	Control of boundary layer. Increase camber. Staliling delayed. Not so much grag.
Double-slotted flap	70%	18°	Same at single-slotted flap only more so. Treable slots sometimes used.
Fowler flap	90%	15°	Increase camber and wing area. Best flaps for lift. Complicated mechanism. Nose-down pitching moment

(나) 앞전 플랩

High-lift devices	Increase of maximum lift	Angle of basic aerofoil at max. lift	Remarks
Double-slotal Fowler flap	100%	20°	Some as Fowler flap only more so. Trable siloft sometimes used.
Krueger flap	50%	25°	Nose-flap hinging about leading edge. Reduces lift at small deflections. Nose-up pitching moment.
Slotted wing	40%	20°	Controls boundary layer. Slight extra drag at high speeds.
Fixed slat	50%	20°	Controls boundary layer. Extra drag at high epeeds. Nose-up pitching moment.
Movable slat	60%	22°	Controls boundary layer. Increases camber and area. Greater angles of attack. Nose-up pitching moment.
Stat and slotted flap	75%	25°	More control of boundary layer. Increased camber and area. Pitching moment can be neutralized.
Stat and double-slotted Fowler flap	120%	28°	Complicated mechanisms. The best combination of lift treble slots may be used. Pitching moment can be neutralized.
Blown flap	80%	16°	Effect depends very much on details of arragement.
Jet flap	60%	?	Depends even more on angle andveiocity of jet.

그림 3.15 플랩형 고양력 장치

며, 캠버 및 날개 면적을 증가시키며 동시에 슬롯 흐름이 경계층에 에너지를 제공하여 실속을 지연시킨다. 슬롯의 수가 증가할수록 플랩으로서의 효과는 좋지만 구조가 복잡해지고 정비가 불편하다. 그림 3.15 (나)는 앞전 플랩을 나타내는데 그 형태에 따라 크뤼거 플랩, 슬롯 날개, 슬랫 등이 있다. 가동 슬랫(movable slat)이 가장 많이 사용되는데 이착륙 때만 작동시키고 고속비행에서는 날개 안으로 집어넣어 고속에서의 단점을 보완한다.

3.4 공기의 성질

공력은 비행기 주위를 흐르는 공기흐름의 성질에 따라 크게 영향을 받는다. 아주 낮은 속력에서부터 음속의 몇 배에 해당하는 매우 빠른 속력에 이르기까지 다양한 속력 범위에서 비행하는 항공기는 대기를 구성하고 있는 공기의 물리적 특성인 압력, 밀도, 온도 등의 물리적 상태량에 따라서 비행성능이 달라진다. 공기는 기본적으로 점성을 가지고 있으므로 비행기 표면을 따라 흐르면서 경계층을 형성하여 양력이나 항력에 큰 영향을 미치게 된다. 따라서 이 절에서는 비행성능을 결정짓는 공력 요소인 공기의 점성 및 압축성 특성과 그들이 비행성능에 미치는 영향을 알아본다.

3.4.1 점성 효과

(1) 경계층

모든 유체는 **점성**(viscosity)을 가진다. 점성을 가진 공기가 고체 표면을 따라서 흘러가면 공기 입자는 고체와 접촉하는 면에서 공기의 점성력 때문에 고체 표면에 달라붙게 된다. 따라서 고체 표면에서 공기의 상대속력은 영이 된다. 고체 표면으로부터 조금 떨어진 곳의 공기 입자는 유한한 크기의 속력을 갖게 되며, 표면에서 멀어질수록 공기 입자의 속력은 점점 더 커져서 특정 거리 이상 멀어지면 점성의 영향을 더 이상 받지 않게 되고 자유 흐름의 속력과 동일해진다. 이와 같이 공기 입자가 점성의 영향을 받아서 속력의 변화가 생기는 얇은 층을 **경계층**(boundary layer)이라 하며, 경계층 내에서는 고체 표면에 수직

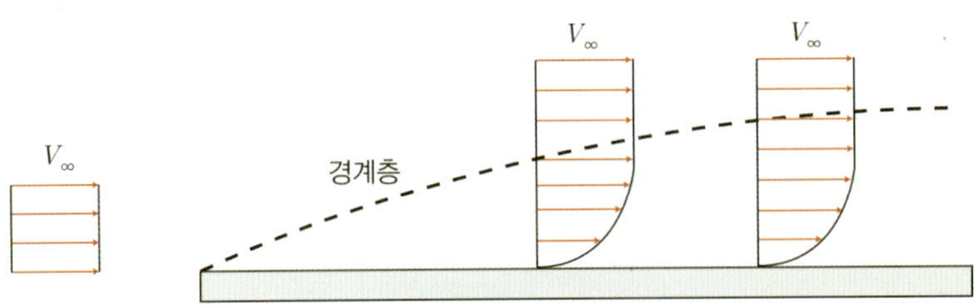

그림 3.16 평판에 발달한 경계층

한 방향으로 흐름 속력의 변화가 존재하게 된다.

경계층 내에 존재하는 흐름 속력의 차이는 흐름층 사이에 전단력(shear stress)을 발생시킨다. 즉, 속력 차이가 있는 흐름 내에서는 항상 전단력으로 인한 마찰이 발생한다. 고체 표면에는 공기흐름과 같은 방향으로 힘이 작용하는데 이러한 힘을 **표면마찰항력**(skin friction drag)이라고 한다. 전단력의 크기는 흐름 속력의 변화율과 유체의 점성 크기에 비례하게 된다.

(2) 층류와 난류

경계층 내부에서의 흐름은 그 모양에 따라 **층류**(laminar flow)와 **난류**(turbulent flow)로 구분된다. 2장에서 레이놀즈수는 점성을 가지고 있는 유체의 특성을 결정하는 가장 중요한 변수임을 설명하였다. 레이놀즈수가 작은 흐름은 층류이고, 레이놀즈수가 점차 커져 어떤 값에 도달하면 난류로 바뀌게 된다. 층류 유동은 인접한 유체 층 사이에 거시적인 혼합이 없는 상태로 염료 등을 이용하여 가시화할 경우 염료가 퍼지지 않으면서 하나의 선으로 유체와 함께 흐르게 된다. 층류 유동에서는 속력의 변화가 작아 전단력, 즉 마찰항력이 작다. 그러나 난류 유동의 경우는 매우 불규칙적인 3차원 운동을 한다. 이런 난류 유동에 염료를 주사하면 삽시간에 유동장 전체로 확산되어 수많은 헝클어진 선으로 나타나게 된다. 난류 유동에서는 층류 유동에 비해 속력의 변화가 클 뿐만 아니라, 불규칙한 흐름으로 인해 마찰항력이 크게 발생한다.

공기 입자와 고체가 처음 접촉하는 시점에 고체 표면을 지나는 흐름은 층류였다가 뒤로 이동할수록 난류로 바뀐다. 층류에서 난류로 옮겨가는 부분을 **천이**(transition)라고 한다. 에어포일에서 천이가 일어나는 위치는 레이놀즈수, 공기흐름의 속력 및 에어포일의 형태 등에 따라서 달라진다.

유체가 고체 표면을 따라 흐를 때, 물체 표면에 발달한 경계층이 과도한 받음각의 증가로 인해 물체 표면으로부터 떨어지는 현상이 일어나는 경우가 있다. 이와 같은 흐름 현상을 박리 또는 **흐름 분리**(flow separation)라 하고, 분리가 일어나는 지점을 **분리점**(separation point)이라고 한다. 에어포일 표면에서 흐름 분리가 일어나는 이유는 받음각이 증가하게 되면서 에어포일 뒤로 갈수록 점점 커지는 압력으로 인해 공기흐름이 방해를 받

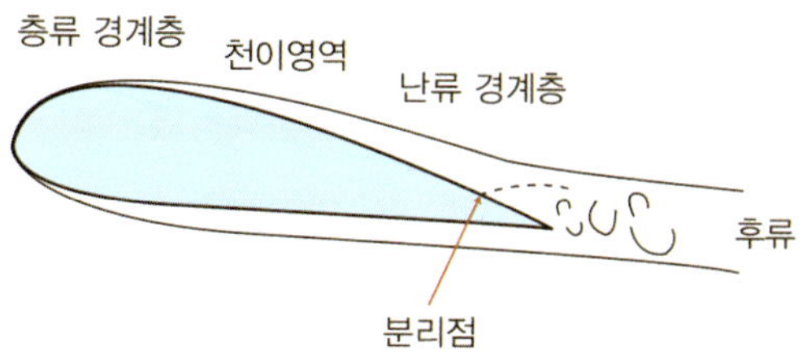

그림 3.17 에어포일 주위의 경계층 흐름

기 때문이다. 또한 표면에 붙어 표면을 따라 흐르던 공기 입자는 표면마찰 때문에 에너지를 점점 잃게 된다. 따라서 공기 입자의 속력이 점차 줄어들어 결국 표면에서 흐름이 떨어져 나가게 된다. 분리가 일어난 이후의 영역에는 불규칙한 소용돌이 모양의 흐름이 생겨나는데 이러한 흐름을 **후류**(wake)라 한다.

(3) 물체에 작용하는 항력

비행하는 물체에 작용하는 항력은 표면 마찰에 의한 **표면마찰항력**(skin friction drag)과 물체 표면 압력의 분포 차이로 발생하는 **압력항력**(pressure drag)으로 구분되며, 이 두 항력을 합하여 물체의 **형상항력**(form drag)이라 한다. 형상항력은 비행기의 항력을 **유해항력**(parasite drag)과 **유도항력**(induced drag)으로 구분할 때 유해항력의 일종이다.

그림 3.18에서 수직 평판, 구형 및 유선형 물체에 나타나는 흐름 모양과 이들 물체에 작용하는 형상항력의 크기를 비교하였다. 같은 전면적(frontal area)을 갖는 물체일 경우, 구형에서 발생되는 형상항력의 크기는 수직 평판에서 발생되는 형상항력 크기의 절반이고 유선형 물체의 경우는 1/20 크기에 해당한다. 수직 평판이나 구형은 흐름 분리가 크게 발생하여 압력이 낮아져서 앞면과 뒷면의 압력 차이가 크게 발생한다. 따라서 큰 압력항력이 발생한다. 반면 유선형 물체는 마찰 면적이 넓어져서 표면마찰항력이 더 크지만, 흐름 분리가 발생하지 않아서 압력항력이 훨씬 작게 발생한다. 이것이 바로 날개의 단면적, 즉 에어포일의 모양이 유선형인 이유이다. 나아가 비행체의 외형을 설계할 때도 표면마찰항력보다 흐름의 분리로 인한 압력항력의 증가를 방지하지 위한 신중한 고려가 필요하다.

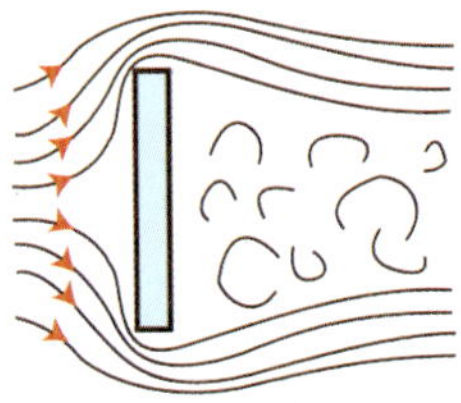

(가) 수직평판 (100%)

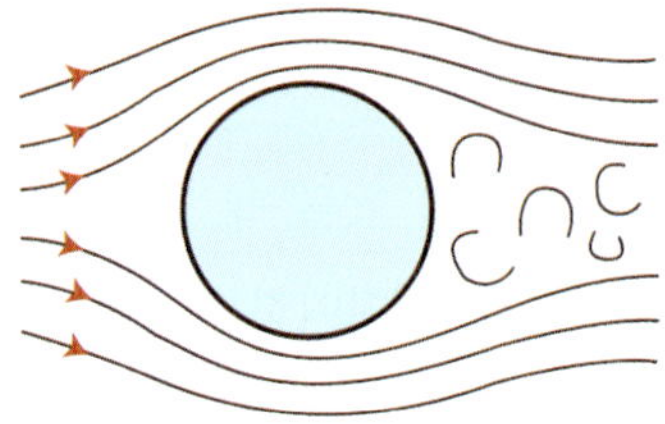

(나) 구 (50%)

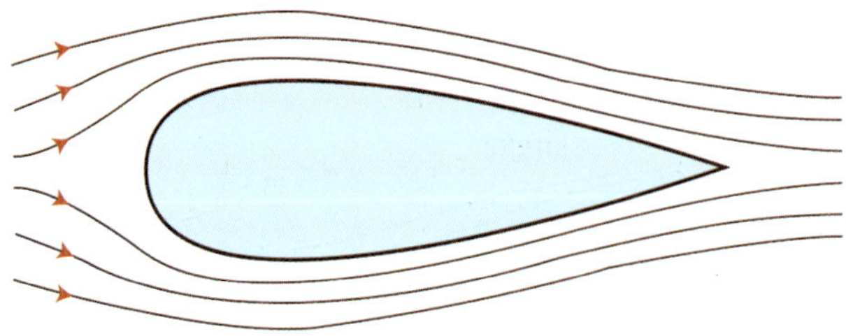

(다) 유선형 물체 (5%)

그림 3.18 압력항력과 표면마찰 항력

3.4.2 압축성 효과

(1) 압축성 흐름

공기는 압력을 받으면 체적이 줄어들면서 밀도가 커지게 된다. 이와 같이 유체의 밀도가 변하는 성질을 **압축성**(compressibility)이라 한다. 일반적으로 공기흐름이 100m/s 이하로 흐르면 (비행속력이 100m/s 이하면) 밀도의 변화가 5% 이하로 발생하게 되는데 이러한 변화를 무시하여 **비압축성 흐름**(incompressible flow)이라고 한다. 그리고 이때의 공기 밀도는 일정하다고 간주한다. 공기흐름의 속력이 빨라져 밀도 변화를 무시할 수 없는 100m/s 이상의 공기흐름은 **압축성 흐름**(compressible flow)이라 한다. 이처럼 공기흐름의 속력이 빨라지면서 발생하는 공기의 압축성 효과는 비행기의 공력에 막대한 영향을 미친다. 최근 고속 항공기 시대에 접어들면서 압축성 흐름에 대한 공력 영향에 많은 관심이 쏠리고 있다.

(2) 음파와 충격파

우리가 듣는 소리는 사실 공기의 압축성으로 인한 미세한 밀도 변화를 감지한 것이다. 물체가 움직이게 되면 물체 주위의 공기흐름이 변하고, 이 교란(perturbation)에 대한 정보는 음속의 속력으로 모든 방향으로 전파된다. 운동하는 물체 주위에서 음파가 퍼져나가는 것은 물리학에서 배운 도플러 효과를 떠올리면 좀 더 쉽게 이해할 수 있을 것이다. 소방차가 정지해서 경보음을 울리면 음파가 동심원을 그리며 퍼져 나간다. 한편, 서서히 앞으로 진행하면서 경보음을 울리면 진행하는 쪽으로 경보 음파를 따라가게 된다. 만약 경보 음파의 속도와 같은 속도로 소방차가 달린다면 소방차 앞쪽에서는 경보 음파를 감지하지 못하게 될 것이다.

마찬가지로 물체의 전방에서 물체 쪽으로 이동하는 공기는 물체의 운동에 의해 발생된 교란 신호를 받으면서 물체 쪽으로 이동하게 된다. 만약 이와 같은 신호파가 물체의 운동 속도보다 빨리 전달되면 물체 쪽으로 이동하던 공기는 물체에 부딪히기 전에 미리 교란 신호를 감지하여 물체 주위로 부드럽게 밀려나게 된다. 그러나 물체의 이동 속도가 빨라지면 교란 신호가 도착하자마자 공기가 물체에 부딪히게 되므로 공기 입자가 미처 밀려나기 전에 물체에 도달하여 공기가 압축된다. 따라서 물체의 이동속력과 교란의 전파속력, 즉 음속의 비율을 나타내는 마하수에 따라 압축성 효과가 크게 달라진다. 공기 중을 나는 비행기의 빠르기를 소리의 속력을 기준으로 한 마하수로 나타내는 것은 물에서 퍼져나가는 물결의 속력을 기준으로 배의 속력을 나타내는 것과 유사하다고 할 수 있다. 물결이 퍼져나가는 속력보다 배의 속력이 빠르면 배가 진행하는 방향으로 배의 물살이 생기는 현상과 같다.

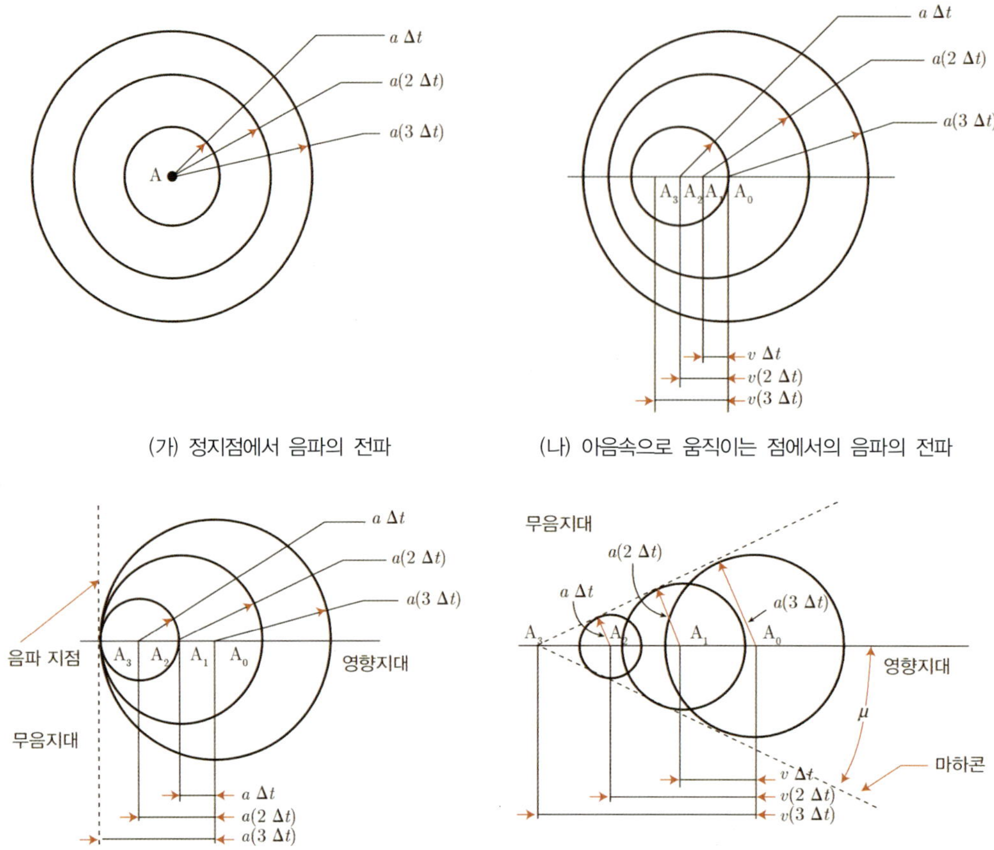

(가) 정지점에서 음파의 전파

(나) 아음속으로 움직이는 점에서의 음파의 전파

(다) 음속으로 움직이는 점에서의 음파의 전파

(라) 초음속으로 움직이는 점에서의 음파의 전파

그림 3.19 음속과 압축성 효과

비행체의 이동속도와 음파 전파속도와의 관계를 그림 3.19에서 살펴보도록 하자. 그림 3.19 (가)는 물체가 정지해 있으면서 공기에 교란을 주어 음파를 전파시키는 것으로, 음파는 동심원을 그리면서 사방으로 퍼져나간다. 그림 3.19 (나)는 물체의 이동속도가 음속보다 작은 경우($M < 1$)이며, 압축성이 일어나게 된다. 그림 3.19 (다)는 물체의 이동속도가 음속과 같은 경우($M = 1$)인데 물체 바로 앞에 미소한 압력파인 음파가 모이게 된다. 그림 3.19 (라)는 물체의 이동속도가 음속보다 큰 경우($M > 1.0$)이며 물체는 음파보다 항상 앞서게 된다. 음파는 물체를 꼭짓점으로 하는 음파들이 밀집된 원뿔 모양의 파를 만드는데, 이 파를 **마하파**(Mach wave)라 하고, 원뿔을 **마하콘**(Mach cone)이라 한다. 또한 마하콘의 반꼭지각을 **마하각**(Mach angle, μ)이라 한다.

$$\sin\mu = \frac{at}{Vt} = \frac{a}{V} = \frac{1}{M}$$

$$\mu = \sin^{-1}\frac{1}{M} \quad (3.12)$$

이때 물체의 전방 영역에 있는 공기들은 물체의 이동을 알려주는 신호를 받을 수 없으므로 물체의 이동을 전혀 감지할 수가 없다. 이러한 영역을 **무음지대**(zone of silence)라 부르며 물체의 이동을 감지할 수 있는 영역, 즉 물체의 후방 영역을 **영향지대**(zone of action)라고 부른다.

이러한 마하파들이 연속적으로 수없이 모여 압축하게 되면 압력차가 크고 좁은 띠를 만들어 압력의 불연속성을 갖게 한다. 이와 같이 만들어진 압축파를 **충격파**(shock wave)라 한다. 충격파를 전후하여 공기흐름의 속력이 감소하는 대신에 밀도, 온도, 압력은 급증하는 현상이 일어나기 때문에, 비행체의 공력에 지대한 영향을 미친다. 특히 충격파가 발생함으로써 압력이 크게 증가하여 나타나는 압력항력을 **조파항력**(wave drag)이라 한다. 대부분의 고속비행기들은 이 조파항력을 감소시키기 위해 외형 설계 과정에서 많은 노력을 기울인다.

(3) 비행속력의 분류

공기흐름의 물리적 특성은 공기흐름 속력에 따라서 큰 차이를 보이게 되며 이에 따른 비행기의 설계 개념도 달라진다. 비행기 주위를 흐르는 공기흐름의 속력은 위치에 따라 다르므로 비행속력을 기준으로 공기흐름의 특성을 분류한다. 특히 물리적 특성이 크게 달라지는 속력 영역들은 비행속력을 기준으로 한 마하수(M_∞)에 따라 분류할 수 있고, 이에 대한 설명은 3.4절에서 자세히 다룬다.

아음속(subsonic speed)	$M_\infty < 0.8$
천음속(transonic speed)	$0.8 \le M_\infty < 1.2$
초음속(supersonic speed)	$1.2 \le M_\infty < 5$
극초음속(hypersonic speed)	$5 \le M_\infty$

3.5 속력영역별 비행특성

보통 소형 항공기는 마하수 0.4 이하에서 비행하기 때문에 압축성 효과가 거의 나타나지 않아 **저 아음속**(low subsonic) 항공기라고 부른다. 대부분의 장거리 여객기는 마하수 0.8 근처 천음속 영역에서 비행한다. 전투기는 대부분 고속 항공기에 속한다. 이 절에서는 속

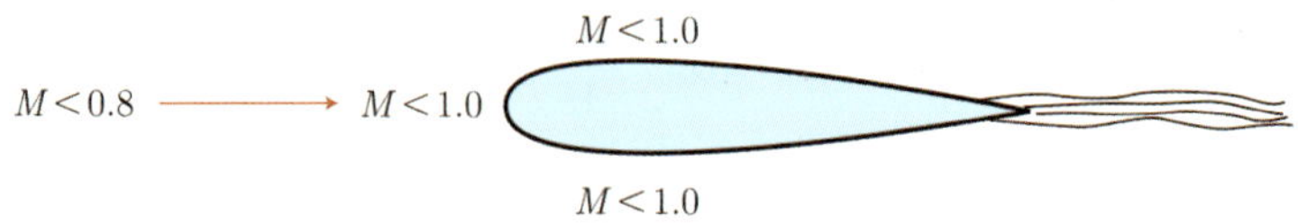

그림 3.20 아음속 비행 시 공기흐름의 마하수 분포

력 영역에 따라 구분하는 아음속, 천음속, 초음속, 극초음속 영역에서의 비행 특성을 살펴보기로 한다.

3.5.1 아음속 비행

일반적으로 비행속력이 $M < 0.3$인 경우는 밀도의 최대 변화가 5% 미만이므로 비압축성으로 간주한다. 한편, 비압축성과 달리 압축성 효과가 발생하지만 공기흐름이 가장 빠른 날개 위에서도 마하수가 1.0에 미치지 못하는 유동을 **아음속 유동**(subsonic flow)이라 부른다. 충격파와 같은 현상이 일어나지 않기 때문에 조파항력이나 충격파 발생으로 인한 양력 감소 등을 고려하지 않아도 된다. 그림 3.20은 아음속 유동일 경우 에어포일 주위의 공기흐름 마하수 분포를 보여주고 있다.

3.5.2 천음속 비행

비행기 주위를 지나는 공기흐름의 유속이 가장 빠른 곳은 날개의 윗부분이다. 아음속 영역에서는 항공기 날개 주위의 모든 곳에서 유속이 음속보다 느리지만, 항공기가 천음속 영역에 들어가면 날개 윗부분의 유속이 음속보다 빠른 부분이 생기게 된다. 일반적으로 압축성 효과로 인해서 발생하는 **충격파**(shock wave)가 이 영역에서 생성된다. 이와 같이 아음속과 초음속 흐름이 공존하는 유동을 **천음속 유동**(transonic flow)이라 부른다.

그림 3.21은 비행속력이 점차적으로 빨라질 때 유동의 특성이 어떻게 변하는지를 도시한 그림이다. 공기흐름의 속력이 빨라지면 그림 3.21 (가)처럼 날개 윗면의 흐름속력이 $M = 1.0$에 도달하는 곳이 생기는데, 이때 자유흐름의 마하수를 **임계 마하수**(critical Mach number, M_{cr})라고 부른다. 달리 말하면, 임계마하수란 비행기 주위의 공기흐름이 가장 빠른 곳에서 마하수가 1에 도달할 때의 비행 마하수를 말한다. 그림 3.21 (가)의 경우에는 임계마하수가 $M = 0.8$이 된다.

공기흐름의 속력이 더욱 빨라져 임계마하수를 넘어서면 그림 3.21 (나)처럼 음속보다 빠른 초음속 영역과 충격파가 생기는 부분, 그리고 아음속 영역들이 동시에 나타난다. 따라서 세 가지 흐름 영역이 공존하는 천음속 영역은 마하수에 따라서 나타나는 에어포일 주위의 흐름 모양이 아주 복잡해진다.

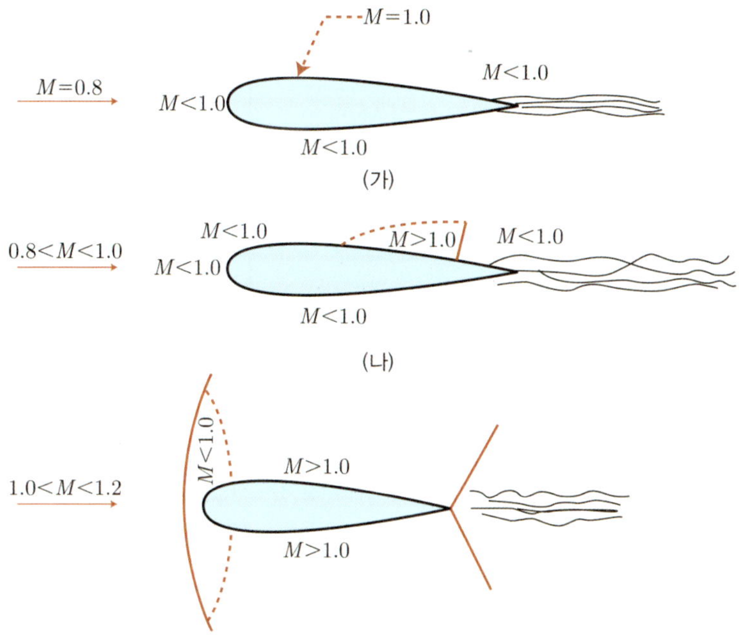

그림 3.21 천음속 비행

에어포일 윗면에 발생한 충격파를 지난 공기흐름은 다시 아음속으로 바뀌면서 유속이 작아져 압력이 급격히 상승한다. 충격파로 인한 압력 상승은 경계층 분리(boundary layer separation) 현상을 일으키며, 분리된 경계층은 충격파와 서로 상호작용하여 여러 개의 와류(vortex)를 포함하는 후류(wake)를 발생시킨다. 마하수가 점점 커짐에 따라 초음속 흐름 영역이 넓어지고 충격파도 강하게 나타난다. $M=0.95$ 정도가 되면 에어포일 윗면에서의 흐름 대부분은 초음속 흐름이 되고, 날개 끝 부근에서 강한 충격파가 발생한다. 에어포일 아랫면에도 윗면과 같은 현상이 약하게 나타난다.

공기흐름 속력이 더욱 빨라져 음속을 넘어서게 되면 에어포일 앞전 부근에는 표면에서 떨어진 충격파가 나타난다. 이와 같은 충격파를 **이탈충격파**(detached shock wave)라 한다. 이탈충격파를 지난 앞전 부근에는 아음속 영역이 생기며, 압력과 온도가 급격히 상승한다. 또한 에어포일의 윗면과 아랫면에는 다시 가속되어 초음속 흐름 영역이 생기고 뒷전 부근에는 새로운 충격파가 나타난다. 그림 3.21 (다)에서 보면 에어포일 끝단에서 '피시테일(fishtail)'이라고 부르는 물고기 꼬리 모양의 충격파가 형성된 것을 볼 수 있으며, 앞전에는 에어포일에서 떨어져 생긴 휘어진 **활모양 충격파**, 또는 **궁형 충격파**(bow shock)를 관찰할 수 있다.

음속에 가까운 천음속 흐름에서 충격파로 인해 에어포일의 항력은 급격히 증가하며 양력은 현저하게 감소한다. 즉, 받음각을 크게 증가시켰을 때 아음속 영역에서 나타나는 에어포

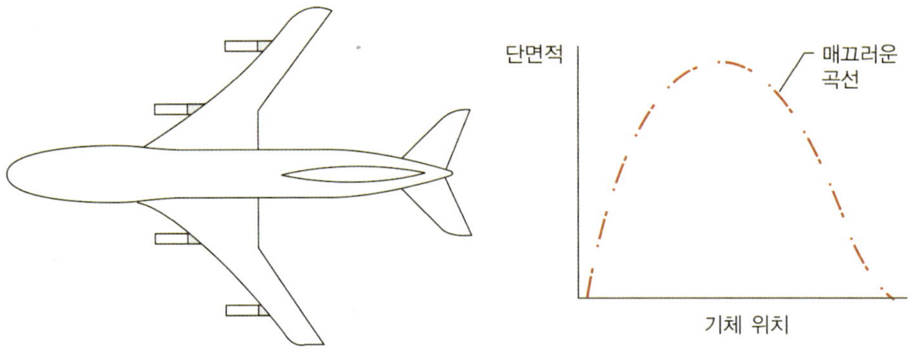

그림 3.22 면적법칙을 적용한 천음속 여객기

일의 실속과 같은 현상이 나타난다. 이와 같은 충격파에 의한 실속 현상을 **충격파 실속**(shock stall)이라 한다. 충격파 실속이 발생하는 마하수 근처에서부터 항력이 급격하게 증가하게 되며, 이때의 마하수를 **항력발산 마하수**(drag divergence Mach number)라 부른다. 항력발산 마하수 근처에서 양력도 같이 커지므로 양항비도 큰 값을 가지기 때문에 장거리 여객기는 충격파 실속이 발생하기 직전의 마하수(대략 $M \sim 0.88$)에서 보통 순항한다.

고 아음속기의 압축성 효과에 의한 항력을 감소시키는 방법 중의 하나는 **면적법칙**(transonic area rule)을 적용하는 것이다. 그림 3.22의 예와 같이 기체 축에 대하여 직각으로 자른 단면적 분포가 연속적으로 완만하게 변하도록 설계하면 음속 부근에서 날개와 동체가 결합된 기체에서 발생하는 조파항력을 줄일 수 있다는 법칙이다. 이 법칙을 적용한 최초의 항공기는 미국의 F-102 전투기이며, 현재는 천음속 영역을 비행하는 대부분 항공기에 적용하고 있다.

천음속 비행에서는 임계마하수가 높을수록 충격파로 인한 조파항력을 저감할 수 있다. 임계 마하수를 높이기 위해 특별히 고안한 에어포일이 **초임계 에어포일**(supercritical airfoil)이다. 이 에어포일은 두께비가 크더라도 천음속 비행에서 약한 충격파가 생기도록 하여 항력의 급격한 증가를 방지하도록 설계한 에어포일이다. 그림 3.23에서 일반 에어포일과 초임계 에어포일에서 형성되는 충격파의 크기를 비교하였는데, 초임계 에어포일에서는 더 높은 마하수에서도 약한 충격파가 발생함을 볼 수 있다. 일반적으로 임계 마하수가 크면 항력이 크게 증가하는 **항력발산 마하수**도 크다.

3.5.3 초음속 비행

비행기 속력뿐 아니라 그 주위를 흐르는 대부분 공기흐름의 속력이 초음속인 경우를 **초음속 유동**(supersonic flow)이라 부른다. 충격파로 인한 조파항력을 최소화하는 것이 매우 중요하므로, 초음속 비행기는 임계 마하수를 높이고 충격파 발생으로 인한 조파항력을 줄이

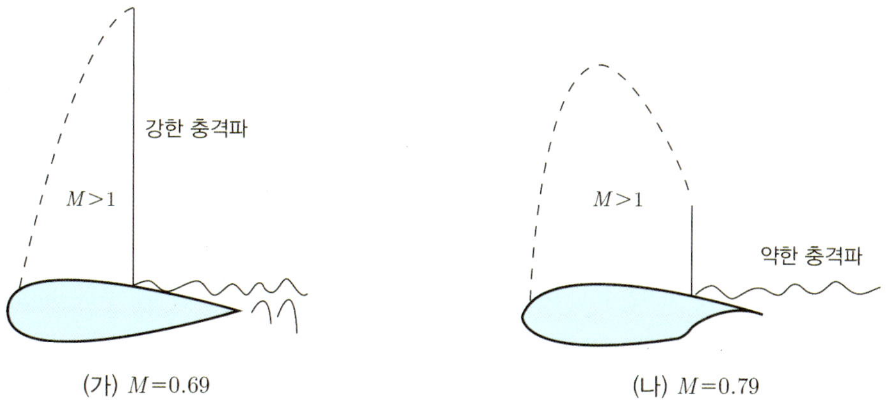

그림 3.23 초임계에어포일의 효과: (가) 일반 에어포일, (나) 초임계 에어포일

기 위한 형상을 갖는다. 초음속 비행에서 조파항력을 줄이는 방법에는 날개 두께를 얇게 하는 방법과 날개에 **후퇴각**(sweepback angle)을 주는 방법이 있다.

불가피하게 충격파가 발생할 경우 조파항력이 상대적으로 작은 경사 충격파가 발생하도록 하는 방법이 유용하다. 왜냐하면 분리된 충격파나 수직에 가까운 충격파는 공기흐름의 속력을 아음속으로 떨어뜨리는 동시에 급격한 압력 증가로 인한 **조파항력**(wave drag)을 급증시키기 때문이다. 그러므로 둥근 앞전을 사용하는 아음속 비행기와 달리 초음속에서는 앞전을 면도날과 같이 날카롭게 만들고 얇은 에어포일을 사용하여 약한 **경사 충격파**(oblique shock wave)가 발생시키는 방법으로 조파항력을 크게 줄일 수 있다.

또 다른 방법으로 날개에 후퇴각을 주어 임계마하수와 항력발산 마하수를 높일 수 있다. 그림 3.24와 같이 후퇴각을 준 날개의 경우, 날개 앞의 공기흐름 속도는 날개 앞전에 수직한 속도 성분과 날개 앞전에 나란한 속도 성분으로 구분된다. 실제 압축성 효과를 일으키

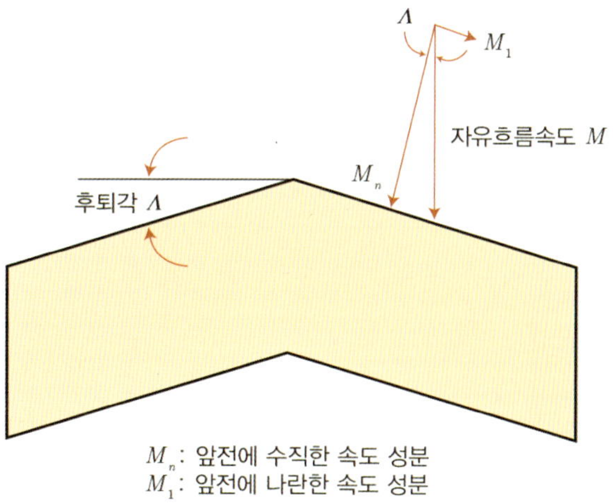

그림 3.24 날개의 후퇴각 효과

는 속도 성분은 날개 앞전에 수직인 속도 성분이므로, 후퇴각을 주면 날개의 일부분에 충격파가 생기는 임계 마하수를 높일 수 있다. 임계 마하수는 다음과 같이 구할 수 있다.

$$M = M_{cr}\cos\Lambda, \qquad M_{cr} = \frac{M}{\cos\Lambda} \tag{3.13}$$

예로서 후퇴각이 없는 날개의 임계 마하수(M)가 0.8이라면 후퇴각 (Λ)이 30°인 날개에서의 임계 마하수(M_{cr})는 0.92이다. 이것은 후퇴각이 없는 날개의 비행기가 마하 0.8로 비행할 때 날개 위의 공기흐름이 마하수 1에 도달하여 충격파가 발생한다면, 30도 후퇴각을 가진 날개는 비행기가 마하 0.92로 비행할 때까지 충격파가 거의 발달하지 않는다는 의미이다.

그림 3.25는 초음속 항공기의 날개 형상을 보여준다. 최근에는 후퇴각을 가진 날개가 저속에서 공력특성이 나쁜 것을 보완하기 위해 가변익 날개를 채택하여 저속에서는 후퇴각을

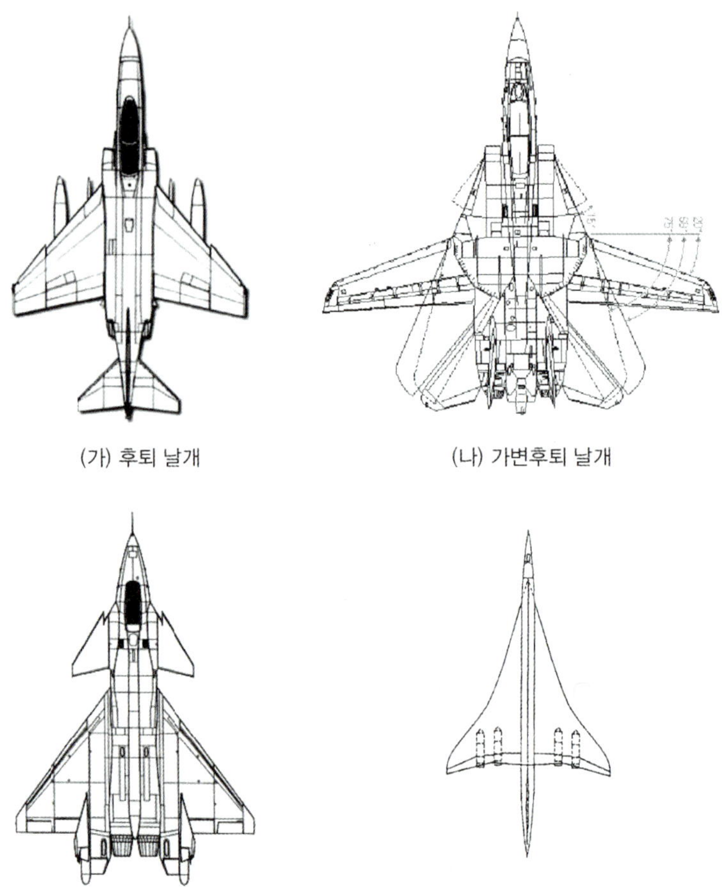

(가) 후퇴 날개 (나) 가변후퇴 날개

(다) 삼각 날개 (라) 활형 날개

그림 3.25 초음속 항공기 날개 형상

줄이고 고속비행으로 갈수록 후퇴각을 증가시키는 고속항공기가 개발되고 있다. 마하수 0.9 이하의 속력 영역에서 비행하도록 설계된 고아음속 여객기의 경우 약 25도에서 30도 정도의 후퇴각을 갖게 되지만 마하수 2 이상의 초음속으로 비행하려면 약 60도가 넘는 큰 후퇴각이 필요하게 된다. 따라서 저속에서는 후퇴각을 아주 작게 하고 고속에서는 큰 후퇴각을 갖도록 변화시킴으로써 각 속력 영역에서 최적의 비행성능을 갖도록 한다.

이외에 초음속비행기의 날개 형태로 **삼각 날개**(delta wing)와 **활형 날개**(ogee wing)를 생각할 수 있다. 삼각형 날개는 근본적으로 큰 테이퍼를 갖는 후퇴 날개의 형상이다. 속력이 증가할수록 더 큰 후퇴각이 요구되는데 이럴 경우 충분한 구조강도를 갖는 날개를 설계하기가 어려워진다. 따라서 삼각형 날개는 후퇴 날개의 공기역학적인 장점을 살리고 구조적인 단점을 극복하기 위해서 고안된 형태이다. 활형 날개는 삼각형 날개의 저속 특성을 개선한 날개로 생각할 수 있다. 활형 날개는 저속에서 유도항력을 감소시키기 위해 날개길이를 조금 더 길게 하고 날개의 면적을 감소시키기 위하여 앞전의 곡선을 더욱 안으로 굽어지도록 설계하였다.

3.5.4 극초음속 비행

우주 왕복선이나 지대공 미사일 등과 같이 비행속력이 마하수 5.0보다 빠르게 비행하는 경우 발생하는 유동을 **극초음속 유동**(hypersonic flow)이라 부른다. 그림 3.26과 같이 앞전의 모양에 따라 상이한 충격파 구조가 형성된다. 극초음속 영역에서는 매우 얇고 강한 **충격파층**(shock layer)이 비행체 표면에 근접하여 형성되며, 비행체 주위의 온도가 매우 높게 되고 공기를 구성하는 산소 및 질소 등의 분자들을 들뜨게 하여 화학 반응을 일으키게 한다. 또한 **정체점**(stagnation point)에서는 큰 운동에너지가 모두 화학반응 에너지와 열에너지로 변환되기 때문에 대단히 높은 정체점 온도가 발생한다. 이와 같은 현상을 **공력가열**

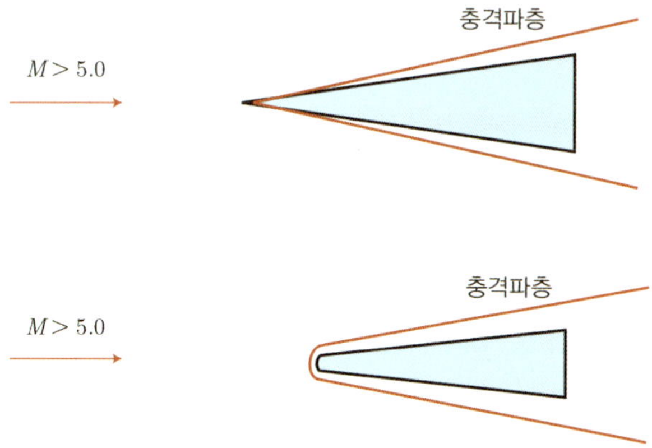

그림 3.26 극초음속 비행

(aerodynamic heating)이라고 한다. 정체점 온도는 마하수의 제곱에 비례하며, 예로써 성층권에서 마하수 6.0으로 비행할 경우 정체점의 온도는 1,500°C 이상에 이르러 표면을 녹이거나 구조적 변형을 일으킬 수 있다. 극초음속 비행에서의 공력가열은 표면재료의 **삭마**(ablation), 연료의 증발, 전기재료의 절연성 등에 많은 문제를 야기하므로 극초음속 비행체에는 적절한 **열방호장치**(thermal protection system)가 항상 필요하다.

CHAPTER 04

구조

4.1 개요

항공기의 구조는 이륙, 상승, 순항, 기동, 돌풍, 착륙 등의 모든 환경에서 여러 종류의 하중을 받았을 때 안전하게 견디어야 한다. 또한 우주 발사체, 미사일, 인공위성 등을 모든 환경 조건에 견디면서 안전하게 목표 위치까지 운반하기 위해서는 최소한의 중량과 적절한 강도가 필수적이다.

이러한 항공우주 비행체의 구조는 가급적 가벼워야 한다는 조건과 사용 중에 걸리는 다양한 하중 조건을 충분히 견뎌내야 한다는 두 가지 상충하는 조건을 동시에 만족시켜야 한다. 즉, 무게 감소에 중점을 두어 설계하다 보면 강도가 저하되는 위험이 발생될 수 있고, 강도에 너무 중점을 두면 무거워져 비행성능이 저하되는 것을 피할 수 없다. 또한 안전성을 높이기 위하여 적절한 진동수를 갖도록 할 필요가 있다.

항공기나 발사체 및 위성체의 연료 비용의 절감을 위해서 무게와 항력을 최소화할 필요가 있다. 따라서 항공기가 개발된 이래 지속적으로 가벼우며 강한 항공우주용 첨단 소재를 개발하여 왔으며, 항력을 줄이기 위한 최적 형상을 만들기 위한 공정 개발도 발전하여 타 분야 산업에 지대한 파급 효과를 가져왔다. 아울러 개발 및 제작 비용을 낮추기 위한 원자재를 비롯한 제작 공정을 최적화해야 한다.

항공우주 비행체의 구조 설계에서 고려할 사항과 해석의 주요 내용은 다음과 같은 것들이 있다. 중량, 안정성, 하중 해석, 소성 변형 해석, 응력 해석, 구조 동역학 해석, 공탄성 해석, 피로 파괴 해석, 음향 해석, 치공구(jig & fixture), 표면 처리, 수많은 부재들의 조립 연결 등이다.

항공기와 우주 비행체 구조를 분할하여, 4.4절까지는 항공기 구조를 주로 다루고, 우주 비행체의 구조는 4.5절에 다룬다.

4.1.1 구조 설계

구조 설계의 절차는 다음과 같다. 사용자로부터 설계 요구 조건을 받는다. 이것으로부터 설계를 위한 규격을 만든다. 하중 해석을 수행하여 작용 하중을 산출한 다음 설계를 수행한다. 기본 설계, 예비 설계, 상세 설계 단계를 거치면서 설계를 확정한다. 이 과정에서 필요한 경우 검증 모델을 만들어 시험을 수행한다.

기본 설계 단계에서는 그 동안의 경험 등에 기초하여 개략적인 형상을 정하고 구성품을 배치한다. 항공 역학과 경험치, 실험식 등을 이용하여 무게를 추정하고 대안 분석(trade-off study)을 통해 날개, 동체, 꼬리 날개, 조종면 등에 대한 형상 등을 정한다.

예비 설계 단계에서는 개략적으로 정해진 치수 등에 대해 설계 변수를 변화시켜 가면서 성능과 개발 비용을 검토한다. 이때 풍동 시험 등을 수행하며 주요 구조 부재에 대한 응력, 변형, 피로, 플러터(flutter) 등에 대한 해석을 수행하여 도면을 작성한다. 무게 추정과 성능도 예측하게 되며 불확실성을 배제하기 위한 검증 모델의 제작과 시험도 수행한다. 치공구와 공정 개발에 대한 계획도 수립한다.

상세 설계 단계에서는 도면을 가지고 세부적인 구조 설계와 관련 장비에 대한 설계가 모두 이루어진다. 전체 구조 부재에 대해 치수, 재료, 제작 방법 등이 표기된 도면이 완성되며 전기, 유압, 조종 계통 등에 대한 내용이 결정된다. 이 단계에서는 최종적으로 각각의 구조 부재에 대한 안전 여유가 모두 제시된다.

4.1.2 구조 해석

구조체를 개발할 때 필요한 요구 조건은 기본적으로 작용 하중, 사용 수명과 아울러 구조적 안정성 등이다. 구조 해석이란 구조체가 가져야 할 요구 조건을 모두 충족하는 구조체를 만들어내는 일이다. 각각의 요구 조건에 따라 해석을 수행하고 그 결과를 구조 설계에 반영하여 도면을 완성한다.

1) 구조 해석의 내용

하중 해석은 항공기 구조 해석을 수행하기 위해 구조 부재에 작용하는 외부 하중을 구하는 것이다. 그 동안의 경험과 시험 결과 등을 토대로 비행 단계에 따른 하중을 정의하여 응력 해석, 피로 및 파괴 해석 등에 적용할 수 있도록 한다. 중력, 공기역학적 힘, 항력, 양력, 추력 등의 하중을 고려한다.

공탄성 해석은 항공기 구조의 전체와 구조 부재들에 대한 진동 특성을 파악하는 것이다. 플러터, 공탄성 등으로 인한 불안정 현상을 방지하고 구조 설계를 위한 기준을 제시한다.

응력 해석은 하중 해석에 의해 제시된 하중을 구조체에 적용하여 각각의 구조 부재에 작용하는 응력을 구하여, 파손 형태에 따라 허용할 수 있는 응력보다 작은지의 여부를 판단하는 것이다. 허용 응력을 작용 응력으로 나눈 값에서 1을 뺀 것을 안전 여유라고 하며 항상 0보다 커야 한다. 이때 불확실성 등을 고려하여 안전 계수를 작용 응력에 곱하여 계산한다. 허용 응력은 정적 상태의 강도, 좌굴(buckling) 현상, 피로 수명, 강성 등에 의해 정해진다.

피로 및 파괴 해석은 구조체가 목표로 하는 사용 기간에 겪게 되는 지속적인 하중 부가를 고려하여 견딜 수 있는 구조 부재를 제시하는 것이다. 또한 구조 부재에 존재하게 되는 결함 등을 평가하여 사용 중 수리 혹은 정비가 필요한 경우 그 주기를 제시한다.

2) 유한요소해석

유한요소해석은 설계 초기 단계의 형상 결정에서부터 최종 설계 단계에서 세부적인 구조 부재의 안전 여유를 평가할 때까지 사용된다. 유한요소해석의 과정은 유한요소모델을 만드는 전처리 과정, 해석 프로그램을 적용하는 구조 해석 과정, 해석 결과를 분석하고 검토하는 후처리 과정의 세 단계로 이루어진다. 각 과정별 내용은 아래와 같다.

① 전처리 과정

유한요소해석을 수행하기 위하여 대상 구조체를 단순화하여 특성을 나타낼 수 있는 유한요소모델을 만들고 그에 따른 재질, 경계 조건, 하중 조건 등의 정보를 정의하는 과정이다. 전처리 과정에서는 다음과 같은 여러 가지 절차를 통해 유한요소모델이 만들어진다.

- **구조체 특성 파악** : 유한요소해석을 수행하기 위하여 구조체의 기능을 명확하게 파악할 필요가 있으며 작용하는 하중의 내용과 크기를 정의할 수 있어야 한다. 또한 하중에 따른 구조체의 거동을 예측하고 파손 모드를 추정할 수 있어야 한다.
- **구조체 단순화** : 대부분은 구조체를 그대로 유한요소모델로 만들기는 매우 어려울뿐더러 그렇게 할 필요도 없다. 유한요소해석을 수행할 때 그 결과 혹은 거동에 영향을 주지 않는 부분, 관심 영역이 아닌 부분은 포함하지 않거나 하중 경로 정도로 반영한다. 또한 구조체 사이의 체결부나 접촉되는 부분은 단순화하여 적용한다.
- **유한요소 선정과 요소 생성** : 구조체의 형상과 경계 조건, 부가되는 하중의 특성 등을 고려하여 적절한 요소를 선정한다. 요소가 결정되면 구조체를 여러 개의 요소로 나눈다. 이렇게 되면 무한대의 자유도를 가지고 있던 구조체가 유한한 자유도를 갖게 된다. 이때 요소들은 해석 결과의 정확성, 응력 등의 변화 정도를 고려하여 크기를 정하는데 가능하면 적은 수로 정확한 결과를 얻는 것이 좋다. 이러한 전처리 과정을 위한 도구로는 PATRAN이나 I-DEAS와 같은 것이 사용된다.
- **유한요소 특성 정의** : 재료의 물성치 등을 포함한 유한요소의 특성을 정의한다. 1차원 요소의 경우에는 단면 형상, 단면적, 관성 모멘트 등, 2차원 요소의 경우에는 구조 부재의 두께, 거동에 따른 멤브레인(membrane) 혹은 쉘(shell) 특성을 부여한다.
- **경계 조건 정의** : 구조체의 지지 여부에 따른 경계 조건을 정의한다. 이때 구조체의 거동을 잘 이해하여 정의하여야 하며 그렇지 않은 경우에는 부정확한 결과 때문에 잘못된 설계가 될 수 있다.
- **하중 조건 정의** : 구조체가 받는 하중의 내용과 형태를 잘 파악하여 하중을 부가할 영역, 방법, 크기 등을 결정한다. 그림 4.1은 우리나라의 초음속 훈련기, T-50의 유한요소모델을 나타낸다.

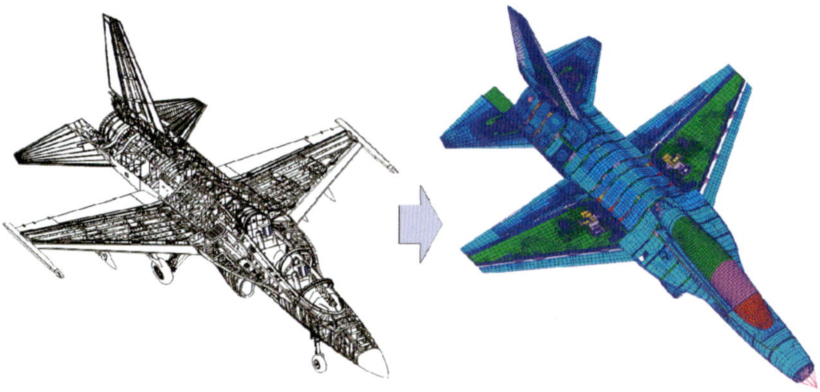

항공기 구조물　　　　　　　　　　　　전기체 유한요소모델

그림 4.1 T-50 초음속 훈련기의 유한요소모델
(출처 : 김상국 및 문창오, 항공기 응력해석 실무, 좋은 땅, 2016)

② 유한요소해석

유한요소해석은 구조체를 부분으로 나누어 그 거동을 연결하여 해석하는 것으로 실제의 경우와 잘 맞아야 한다. 이러한 해석이 수행되던 초창기에는 프로그램을 직접 만들어 해석을 수행하였으나 지금은 결과에 대한 신뢰성이 잘 검증된 프로그램을 이용한다. 이러한 프로그램으로는 MSC/NASTRAN과 ANSYS와 같은 프로그램이 있다. 그림 4.2는 우리나라의 초음속 훈련기 T-50의 내부 하중 분포를 나타낸다.

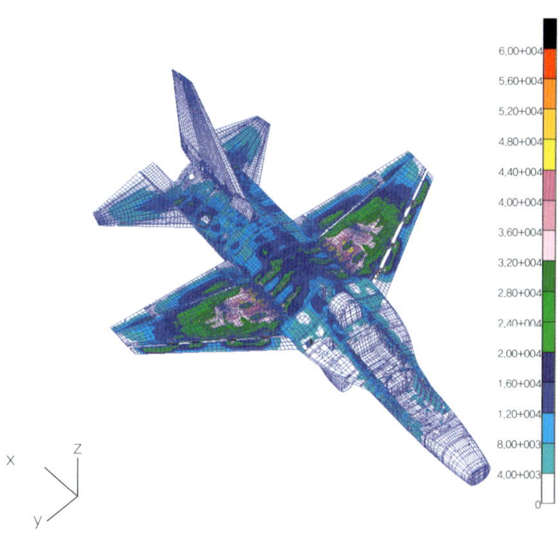

그림 4.2 T-50 초음속 훈련기의 내부 하중 분포
(출처 : 김상국 및 문창오, 항공기 응력해석 실무, 좋은 땅, 2016)

③ **후처리 과정**

유한요소해석이 끝나면 그 결과가 예측했던 경향과 일치하는지를 확인한다. 해석자는 이전의 유사한 해석 결과와 비교할 수 있거나 물리적인 상황을 잘 이해하여 결과를 예측할 수 있어야 잘못된 결과에 따른 오류를 방지할 수 있다. 해석 결과에 따른 변형 형상 확인 등을 통해 유한요소모델의 오류, 적절하지 않은 경계 조건과 하중의 부여 등을 확인한다. 또한 해석 결과의 효율적인 확인 등을 위해 전처리 과정에서 사용한 PATRAN, I-DEAS 등을 활용한다.

4.1.3 제작 및 시험

1) 제작

항공기 제작 공장에서는 대량으로 제품을 만들 수 없으므로 제품이 흘러가며 조립되는 컨베이어 방식이 아니고 조립 인원이 이동하며 수공업적으로 제작하는 방식이 일반적이다. 그리고 제품의 치수 정밀성, 균일성, 호환성 등을 확보하기 위해서 기체의 제작 및 조립에서 중요한 것 중의 하나가 치공구이다.

날개를 조립하기 위한 치공구를 예로 들면 각 리브(rib)나 날개보(spar)를 회전 가능하도록 하여 작업을 편리하게 해야 한다. 치공구 자체의 치수, 각도, 수평 등이 정확하게 만들어져야 하므로 일반적으로 광학 기기와 같은 정밀도가 높은 측정기를 써서 만든다. 조립되어야 할 구조물의 허용 오차(tolerance)도 고려되어야 한다. 동체, 날개, 꼬리 날개 등에 대한 치공구 설계는 항공기 구조 설계와 거의 맞먹는 노력과 시간이 걸린다.

각 부재의 가공은 재료가 판재인 경우에는 판금 기계, 즉 천공기, 절단기, 성형기 등이 사용되며, 기계 가공품의 경우에는 정밀 가공 기계가 사용된다. 대량 생산의 경우에는 전용 공작 기계가 사용되기도 한다.

항공기를 조립하기 위해서는 금속의 접합이 필요하다. 트러스(truss) 구조의 경우에는 용접이 필요하고, 모노코크(monocoque) 또는 세미 모노코크(semi-monocoque) 구조의 경우에는 리벳팅(riveting) 혹은 접착제를 이용한 접착이 필요하다. 금속의 접합에는 리벳팅, 용접, 브레이징(brazing), 납땜(soldering) 등이 있다. 접합의 방법으로 흔히 사용되는 방법은 리벳팅이다. 항공기의 조립에 사용되는 리벳(rivet)은 A17S나 24S이며 이외에도 그림 4.3 (가)와 같은 고전단력(high shear) 리벳이 있다. 크롬-몰리브덴(Cr-Mo)강의 섕크(shank)에 경합금의 링(ring)을 끼워서 리베터(riveter)로 이 링을 때려서 섕크 부분의 오목한 부분에 링을 변형시켜 고착하는 방법으로 대단히 큰 전단력에 견딜 수 있으므로 날개보 조립에 쓰인다. 사람의 손이 닿지 않는 곳에 리벳팅을 위해서는 그림 4.3 (나)와 같은 폭발 리벳이 쓰이며, 그다지 큰 강도를 필요로 하지 않는 부분에서는 그림 4.3 (다)와 같은 블라인드 리벳(blind rivet)이 사용된다.

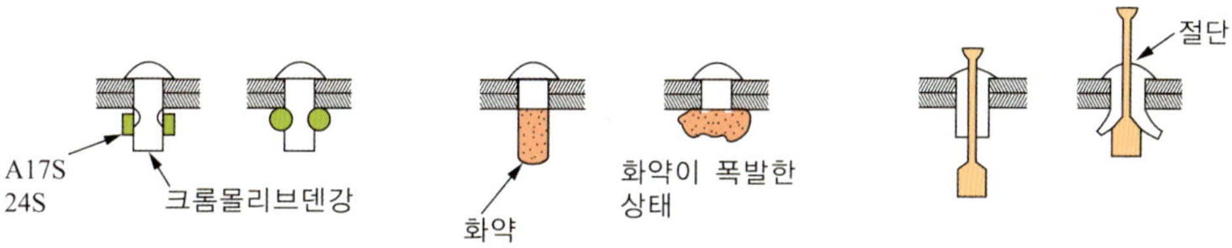

(가) 고전단력 리벳　　(나) 폭발 리벳　　(다) 블라인드 리벳

그림 4.3 리벳의 종류

항공기의 구조는 매우 복잡하여 흔히 여러 개의 부분으로 분할하여 리벳으로 조립하고 볼트와 너트로 결합하는 방식을 취한다. 예를 들면 동체와 날개, 꼬리 날개와 동체, 동체의 앞부분과 뒷부분, 날개의 안쪽 부분과 바깥쪽 부분 등이 볼트와 너트로 연결되는 부분이다.

강(steel)의 접합에는 전기와 가스를 사용하는 용접(welding)이 주로 사용된다. 그러나 알루미늄(Al) 합금이나 마그네슘(Mg) 합금에는 용접부의 산화가 치명적인 영향을 미치고 큰 부품은 진공 탱크에서 용접이 어려우므로 아르곤(Ar)이나 헬륨(He) 가스와 같은 불활성 가스로 용접 부위를 덮어서 용접한다. 이때 헬륨 가스를 쓰는 것을 헬리아크(heliarc) 용접이라고 한다.

이외에도 강재에 적용되는 접합 방법으로 브레이징과 납땜이 있다. 브레이징에는 특수한 용접봉이 사용되며 고주파 전파에 의하여 국부적으로 가열함으로써 광범위한 어닐링(annealing)을 방지할 수 있다. 납땜은 두 금속을 납으로 연결한 것으로서 강도가 매우 약하다. 용접은 금속이 녹아서 서로 접합된 상태이므로 대단히 큰 강도를 가지며 브레이징은 납땜과 용접의 중간 정도의 강도를 갖는다.

각 부품은 가공과 검사가 완료되면 지그(jig)에 끼워서 가조립한 후에 리벳, 용접, 볼트 및 너트 등에 의한 고정 방법을 거쳐 부분 구조로 조립된다. 이렇게 조립이 완성되면 지그에서 떼어내고 다른 구조 요소와 결합한 후 내부에 세부 계통을 설치하여 항공기 전체 조립을 완성한다.

2) 시험

설계 요구 조건으로부터 항공기를 설계하고 제작하여 실용화하기까지는 장기간이 소요되며 많은 시험 평가가 수행된다. 항공기 기체의 설계 개발 기간에 행해지는 각종 구조 시험은 강도 시험, 모형 시험, 진동 시험, 피로 시험 및 비행 시험 등이 있다.

시험 제작 항공기는 보통 3기 정도가 필요하며 1기는 강도 시험용으로 제작된다. 이것은 제한 하중(limit load) 또는 극한 하중을 작용시켜 기체가 설계 강도를 실제로 가지고 있는가를 시험한다. 실제로 항공기에 가해지는 분포 하중을 모사하기 위하여 하중 부가 장치(load maintainer)가 사용된다. 이것은 그림 4.4와 같이 기체 외피(skin)에 접착시킨 패드

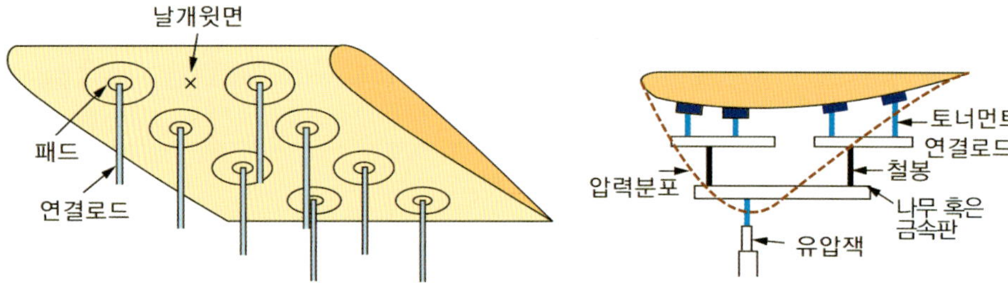

그림 4.4 강도 시험용 하중 부가장치

(pad)와 이에 연결된 봉(rod)들을 토너먼트 레버(tournament lever)에 연결하여 최종 레버에 유압잭으로 하중을 가한다.

강도 시험을 분류하면, 날개나 수평 안정판 등과 같이 부분별로 행하는 부분 강도 시험과 기체 구조 전체에 대한 전기체 강도 시험이 있다. 착륙 장치에 대해서는 일부 부재만의 강도를 조사하기 위한 낙하 시험과 착륙 시의 실제 하중 시험을 위해 전체 항공기에 부착하여 행하는 낙하 시험이 있다. 실물 모형 시험(mock-up test)은 조종석이나 객석 등에 복잡하게 설치되는 장비들에 대해 조종사 시계, 배치 적합성, 운용 편리성 등을 조사하기 위하여 기체 전체 혹은 일부를 실물 크기의 모형으로 만들어 행하는 시험이다.

항공기의 엔진이나 헬리콥터 로터 시스템은 고속으로 회전하는 부분이 있기 때문에 진동이 발생하며, 비행 중에는 기류의 급격한 변화로 인한 공력 진동이 발생할 수도 있다. 구조 설계에서는 가능하면 이러한 진동이 승객에게 전달되지 않도록 고려해야 하는데 미흡할 경우에는 공진 현상으로 기체가 파괴되거나 비행 조종이 불안정하고 소음이 커서 안락하지 못한 항공기가 된다. 진동 시험은 엔진 작동 및 헬리콥터 로터 회전에 의한 진동과 소음, 기체 구조의 고유 진동수 등을 측정하고 공진 특성을 조사하는 것이다. 그리고 공기력과 구조의 탄성이 상호작용하여 공진이 일어나는 공력 탄성 현상을 방지하려는 것도 진동 시험의 중요한 목적이다. 피로 시험은 항공기의 운용 중에 받는 진동 하중에 대한 기체의 수명을 예측하기 위한 시험으로서 반복적인 비행 하중의 크기와 횟수를 장기간 기록 분석하여 통계 값을 적용한다.

기체 구조의 비행 시험은 시험 제작 항공기를 실제로 비행하면서 기체 구조의 각 부분에 작용하는 실제 응력을 측정하여 기체의 안전성을 입증하는 목적도 있지만, 설계 예측 하중과 실제 작용 하중을 비교하여 다음 설계에 적용하기 위한 목적이 더 크다. 또 비행 중 발생할 수 있는 플러터 시험도 수행해야 한다.

안전을 위하여 비행 시험을 실시하기 전에 지상 활주 시험과 브레이크 등에 대한 충분한 시험을 거쳐야 한다. 비행 시험을 통하여 기체 구조 외에도 조종 장치, 고양력 장치(high-lift device), 엔진 성능, 안정성, 기동성, 비행성능 등의 여러 가지 항목에 대한 설계 타당성 평가를 종합적으로 수행한다.

4.2 비행 하중 및 환경

항공기 구조를 해석하는 데는 힘에 의해 발생하는 기체의 변형을 예측하는 것이 매우 중요하다. 같은 힘이라도 넓은 면에 작용할 때와 작은 면적에 집중될 때 발생하는 변형의 크기가 전혀 다르므로 단순히 힘의 크기만 가지고는 구조에 미치는 영향을 결정할 수 없다. 이 절에서는 항공기 기체의 구조 해석을 위해 필요한 외력, 내력 및 하중 계수 등의 개념을 설명한다.

4.2.1 힘과 에너지

외부로부터 항공기에 작용하는 힘을 외력이라고 하며 항공기 구조에 작용하는 하중은 양력, 항력, 중력과 추력의 네 종류로 나누어 해석하는 것이 일반적이다.

양력은 날개에서 주로 발생하며, 이것이 항공기의 중량을 들어 올리는 힘이 된다. 비행 중에는 이 힘에 의해서 날개가 위로 휘어지며 착륙 후에는 양력이 없고 중력만 있기 때문에 날개는 아래로 휘어진다. 양력이 동체에 전달될 때 날개 뿌리(wing root) 부분에서 가장 큰 굽힘 모멘트가 생긴다.

추력은 항공기를 앞으로 추진시키는 힘으로 항공기의 전진을 방해하는 항력과 반대 방향의 힘이다. 추력의 원천은 추진 기관이므로 동체와 추진 기관을 결합하는 부분에 하중이 집중된다. 항력은 날개뿐만 아니라 항공기 동체에 골고루 작용한다.

중력은 항공기 전체의 무게를 의미한다. 흔히 중력을 무게 중심 위치에 집중되는 것으로 표현하지만 실제로는 분산된 구조물과 모든 탑재 물체가 갖는 각각의 무게이다. 중력의 방향은 항공기 자세와 무관하게 지구 중심을 향한다. 같은 중량이라도 항공기에 작용하는 외력은 비행 조건에 따라 달라진다. 상승이나 선회 비행에서는 중량보다 더 큰 양력이 필요하다. 양력이 커지면 이에 따라서 항력도 커지게 되므로 항공기가 전진하려면 추력도 증가해야 한다. 상승이나 가속을 하지 않는 순항 비행 중이라도 돌풍이나 불규칙 난류에 의해 갑자기 양력이 증가하는 경우도 있다. 이때는 항공기의 운동에도 영향을 주지만 항공기 구조에 국부적으로 갑자기 큰 힘이 작용하므로 큰 무리를 줄 수도 있다. 따라서 항공기 구조를 설계할 때 통상적인 비행 중에 발생하는 하중뿐만 아니라 예상되는 돌풍과 난류 조건도 고려해서 외력의 최대 크기인 제한 하중을 결정해야 한다.

4.2.2 항공기의 비행 하중

항공기에 작용하는 외력에 의해서 구조물 내부에 하중을 전달하기 위한 내력이 발생한다.

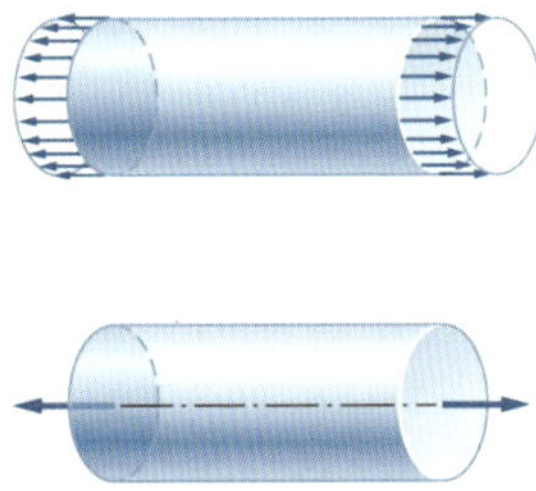

그림 4.5 인장력

그림 4.6 인장력의 예

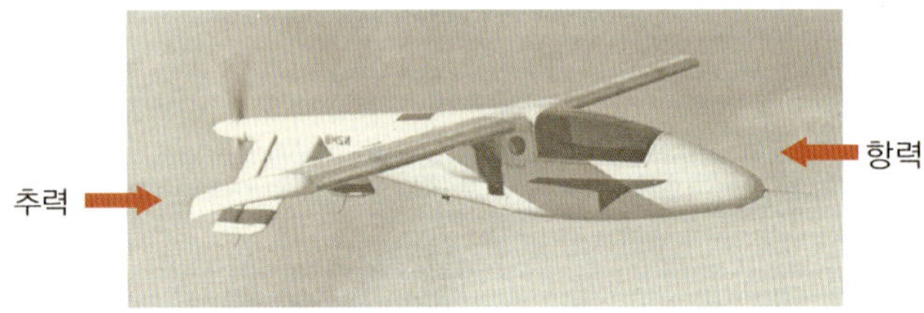

그림 4.7 압축력의 예

외력에 따라 내력의 크기와 형태도 변하므로 이러한 하중의 변화에 대해 안전하게 견딜 수 있도록 구조물을 설계해야 한다. 일반적으로 구조물 각 부재에 작용하는 내력의 형태는 크게 나누어 다음 다섯 가지로 구분하며 항공기 구조 해석에서도 마찬가지로 적용된다.

① 인장력(tension)
② 압축력(compression)
③ 전단력(shear force)
④ 굽힘 모멘트(bending moment)
⑤ 비틀림(torsion)

인장력은 그림 4.5와 같이 보(beam)를 길이 방향으로 잡아당길 때 보가 받는 내력으로, 실제 항공기에서의 예를 보면 그림 4.6과 같이 프로펠러 추력에 의하여 항공기가 전진할 때 동체 각부에 공기 저항이 뒤쪽으로 작용하므로 동체는 인장력을 받게 된다. 이처럼 축 방향 인장력을 그것이 작용하는 단면적으로 나누어 수직 인장 응력(normal tension stress)이라고 한다. 응력의 단위는 힘을 면적으로 나누었으므로 압력과 같이 kg · 중/cm^2, N/m^2 또는 lb/ft^2, lb/in^2 등이다.

인장력과 마찬가지로 축 방향 **압축력**은 방향이 반대이므로 수직 압축 응력의 부호는 음이다. 그림 4.7과 같이 비행 중인 항공기에서 추력은 뒤에서 앞으로 밀고 공기 저항은 뒤쪽으로 저지하기 때문에 동체 각부에 압축력이 작용한다.

전단력은 그림 4.8과 같이 인접한 단면을 옆으로 평행하게 서로 반대쪽으로 미는 힘이다.

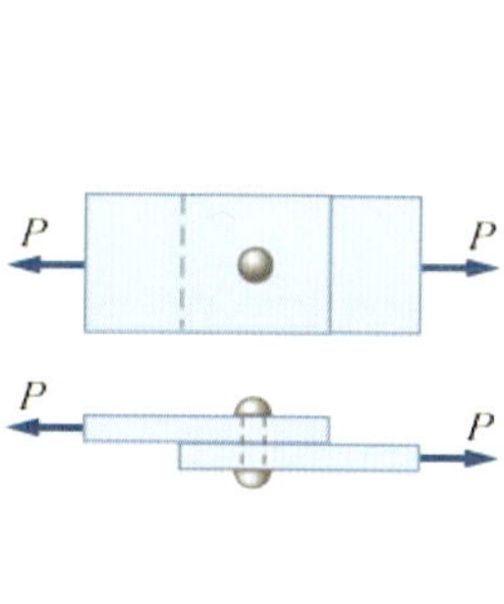

그림 4.8 리벳과 볼트에 작용하는 전단력

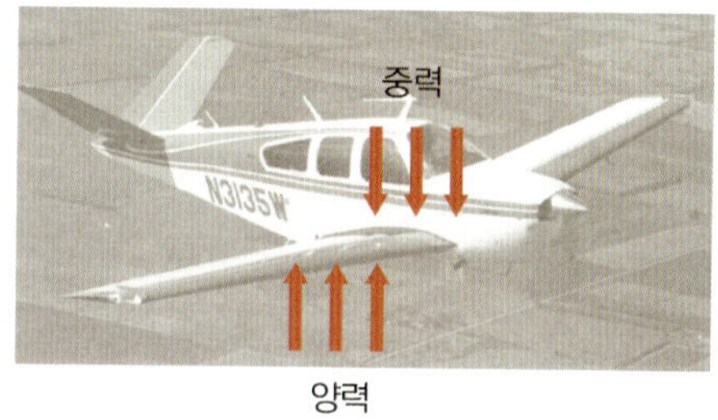

그림 4.9 전단력의 예

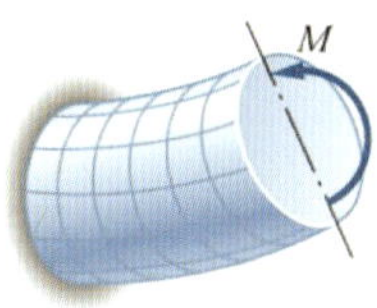

그림 4.10 굽힘 모멘트

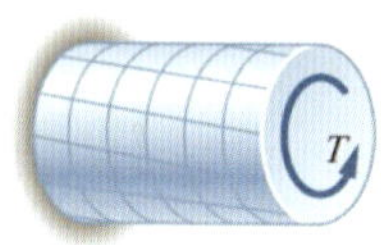

그림 4.11 비틀림

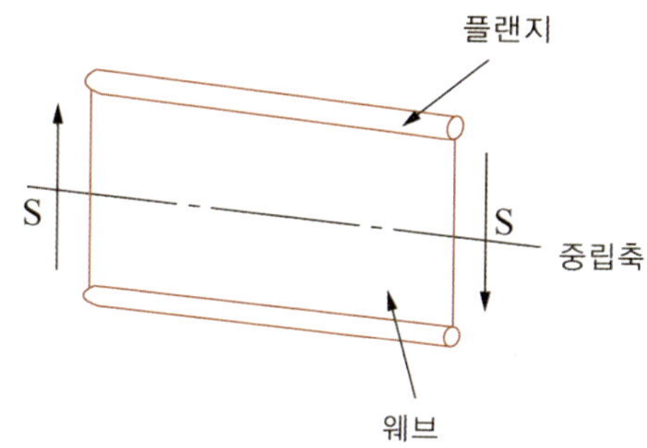

그림 4.12 플랜지-웨브형 구조

그림 4.9와 같이 양력이 작용하는 날개와 중력이 작용하는 동체 사이 단면에 전단력이 작용한다. 보통 전단 응력 대신에 전단 흐름(shear flow)을 많이 사용하는데 전단 응력에 부재의 두께를 곱한 것이다. 따라서 전단 흐름의 단위는 kg · 중/cm, N/cm 또는 lb/in 등이다.

굽힘 모멘트는 그림 4.10과 같이 보의 양 끝에서 축을 굽히는 모멘트이다. 예를 들면 그림 4.13과 같이 양력으로 인해 날개가 휘는 경우를 들 수 있다. 이와 같이 굽힘 모멘트가 작용하는 경우 중립축을 중심으로 상하 양쪽으로 같은 거리만큼 떨어진 지점에서 응력의 크기가 같고 부호는 반대이다. 즉, 비행 중인 경우 중립축 위쪽 부분에는 음의 부호인 수직 압축 응력이 아랫부분에는 양의 부호인 수직 인장 응력이 발생한다.

비틀림은 그림 4.11과 같이 보의 양 끝에 서로 반대 방향으로 축을 돌리는 모멘트가 작용할 경우에 생긴다. 수직 꼬리 날개에 작용하는 공력 하중에 의한 비틀림 모멘트로 인하여 동체에 비틀림이 발생하며 날개에도 공기력에 의한 모멘트가 비틀림을 발생시킨다. 비틀림이 작용할 때 가상의 인접한 두 단면이 미끄럼을 일으키므로 전단 응력이 작용하는 경우로 해석한다.

항공기 구조에 많이 적용되는 그림 4.12와 같은 플랜지-웨브형(flange-web type) 구조에서 전단력은 웨브가 주로 받고 굽힘 모멘트나 인장력, 압축력 등을 플랜지가 받는다.

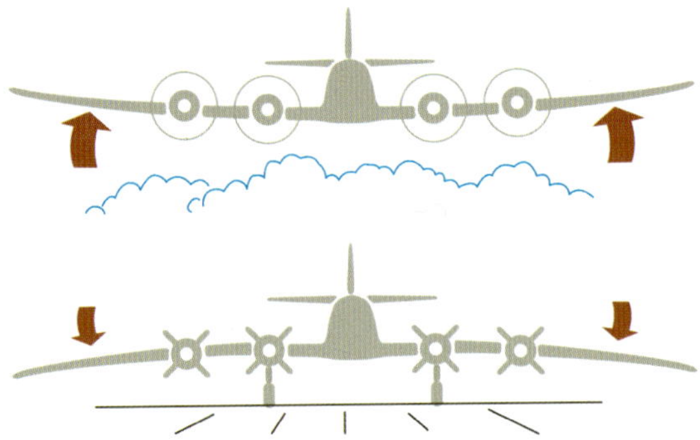

그림 4.13 굽힘 모멘트의 예

4.2.3 하중 계수

항공기에 걸리는 외부 하중은 비행 중에 받는 공기력 및 관성력에 의한 것과 이착륙 동안 지면에서 받는 반력이 있다. 이 중 공기력은 다른 부분에서 설명한 바 있으므로 관성력에 대해서만 설명한다. 등속 수평 비행하고 있는 항공기에서 양력과 중력, 추력과 항력이 각각 서로 평형이므로 관성력은 작용하지 않는다. 양력이 증가하여 상승 비행을 하는 경우에는 위 방향으로 가속된다. 상승 가속도 크기는 양력에서 항공기 자체 중량을 제외한 여분의 양력과 비례한다.

항공기에 작용하는 하중을 등속 수평 비행 시의 양력으로 나눈 값을 하중 계수(load factor) 또는 하중 배수라고 하며 n으로 표기한다. 정상 비행 시에 하중 계수는 양의 값이며 음의 하중 계수는 배면 비행 상태를 나타낸다. 등속 수평 비행할 때 $n=1$이고 n이 1보다 커지면 상승 가속도는 $(n-1)\cdot g$가 된다. 항공기 설계 규정에는 안전을 위해 항공기 유형에 따른 하중 계수의 최대치를 정해 놓고 있는데 이것을 제한 하중 계수(limit load factor)라고 한다. 곡예기 유형인 A형에서는 제한 하중 계수가 6이다. 민간 항공기의 제한 하중 계수는 3.5 이하이고 군용기 경우는 더 큰 값이 적용되며, 특히 전투기의 경우에는 7 ~ 14 정도의 큰 값이 될 수도 있다. 보통 조종사가 신체적으로 견딜 수 있는 하중 계수는 최대 +9g 수준이다.

실제 항공기 구조를 설계할 때는 제한 하중 계수에 안전 계수(safety factor)를 곱한 값인 **극한 하중 계수**(ultimate load factor)를 적용하는데 이러한 최대 하중 계수에서 파괴되지 않고 3초 이상 견딜 수 있도록 구조를 설계하고 시험을 통해 안전성을 입증해야 한다.

항공기가 처음 개발되던 초기에는 안전 계수를 2까지 취하였으나 하중 추정, 구조 해석, 구조 시험 분야에서 첨단 기술이 개발됨에 따라 점점 줄어 현재는 1.2 ~ 1.5가 흔히 사용된다. 항공기 구조 설계에는 보통 안전 계수 1.2 ~ 1.5를 적용하며 주물, 회전축, 금속 기구

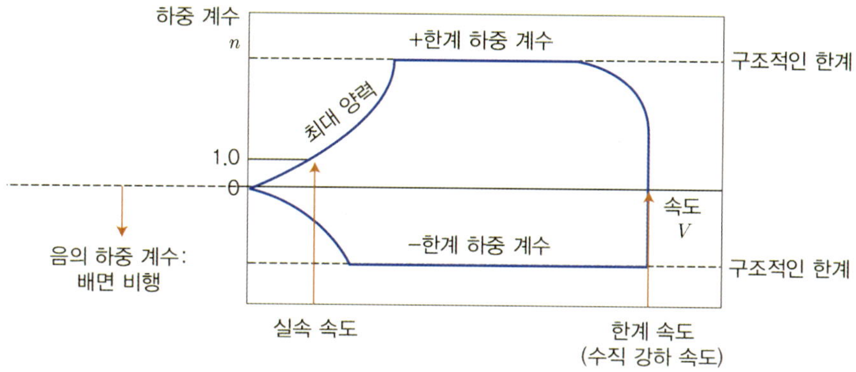

그림 4.14 V−n 선도의 예시

류, 케이블 등에 대해서는 별도의 안전 계수를 적용하고 있다.

그림 4.14와 같이 항공기의 비행 속도에 따라 하중 계수를 그린 것을 $V-n$ 선도라고 한다. 이러한 $V-n$ 선도는 같은 항공기라도 비행 고도에 따라 밀도가 다르고 공기역학적 특성도 변화하므로 고도마다 조금씩 다르게 그려진다.

4.3 구조 분야의 주요 문제

4.3.1 좌굴 및 구조 안정성

항공기 구조의 상당 부분은 길이 방향 부재인 론저론(longeron)이나 스트링거(stringer)에 의해 보강된 얇은 두께의 웨브로 이루어진다. 이러한 경우에 론저론이나 스트링거는 길이 방향으로 수직 압축 하중을 받는다. 이처럼 수직 압축 하중을 받는 구조 부재를 기둥이라고 한다. 이러한 기둥 구조 부재는 항복 응력보다 작은 응력에서도 좌굴(buckling)이 발생하여 파괴되는 경우가 발생한다. 이처럼 기둥, 판, 쉘 등의 구조 부재가 좌굴이 발생하여 파괴되는 경우를 예측하고 방지하는 것이 매우 중요하다.

좌굴에 의해 파괴가 발생하는 불안정 현상은 두 가지 형태로 나누어 고려한다. 일차적인 불안정은 구조 부재의 모든 영역에 걸쳐 파괴가 발생하는데 이 경우 단면적의 변화는 발생하지 않는다. 이차적인 불안정은 부분적인 파괴와 함께 단면적의 변화가 발생한다. 이러한 경우를 국부 좌굴이라 한다. 기둥이 강하고 두꺼운 경우 일차적인 불안정이 발생하며 얇은 판의 경우 혹은 보강된 판의 경우에는 이차적인 불안정이 발생한다.

기둥의 좌굴에 대한 이론은 오일러에 의해 1744년에 처음으로 수립된다. 얇고 긴 기둥에서 양단의 구속 조건이 서로 다른 여러 가지 경우에 대해 오일러의 이론은 아직도 잘 적

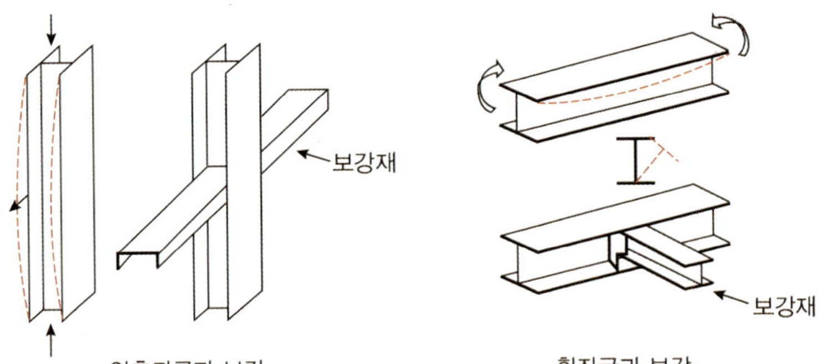

그림 4.15 좌굴과 보강재

용되고 있다. 얇고 긴 기둥에 축 방향 압축 하중을 점차 증가시켜 가면 기둥이 어느 방향으로 휘게 된다. 이때 하중이 좌굴 하중이며 처짐량은 좌굴에 따른 영향을 의미한다.

그림 4.15의 예시와 같이 기둥 이외에 판이나 박판 구조 부재가 보강재에 의해 보강되어 외피 등으로 사용되고 있다. 판의 구조적 불안정 현상은 네 변의 구속상태에 따라 변화한다. 폭이 좁은 판재가 길이 방향으로만 압축력을 받고 다른 두 변이 아무런 구속이 없는 자유 경계변일 경우에는 기둥과 동일한 현상이 발생한다. 그러나 이 경우에 자유 경계변을 지지하게 되면 판의 중심부를 향해 처짐이 발생하게 된다.

이러한 불안정 현상들은 탄성 영역과 비탄성 영역에서의 거동이 달라진다. 보강재로 보강되는 경우에는 전체적인 좌굴이 발생하지 않는 경우에도 국부적으로 불안정한 상태가 되는 경우가 발생한다. 또한 구조 부재의 안전을 위하여 좌굴 후에 작용하는 응력 상태도 확인하여야 한다.

4.3.2 구조 진동 및 공력 탄성학

항공기에서 엔진, 구동기 및 공기력 등에 의한 구조 진동은 탑재 장비의 기능 장해나 승객의 안락함을 저해할 뿐만 아니라 진동의 크기가 커지거나 발산하게 되면 구조 자체를 파손시킬 수도 있다. 이러한 항공기의 구조 진동 중 공력에 의한 진동 현상은 매우 중요하게 다루어지며 주로 공탄성 현상의 해석을 통해 안전성을 확보한다.

공탄성 현상은 항공기에 작용하는 공기역학적인 힘과 구조체의 탄성 특성이 결합하여 나타나는 현상으로 다이버전스(divergence) 현상인 정적 공탄성과 플러터, 서보 공탄성 등과 같은 동적 공탄성이 있다.

정적 공탄성인 **다이버전스 현상**은 주로 전진익 항공기가 고속으로 비행할 때, 날개 뿌리에 높은 하중이 작용하여 뒤틀림 현상 등으로 날개가 일그러지거나 끊어지는 현상이다. 후퇴각을 갖는 경우에는 잘 발생하지 않는다. 날개 앞전(leading edge) 뿌리 부분에서 정하중에 의한 국지적인 변위에 의해 발생하므로 이 발생 여부를 반드시 확인할 필요가 있다.

항공기는 이륙, 비행 중 돌풍, 장착물의 이탈, 착륙 등의 경우에 진동 현상이 발생한다. 항공기는 이러한 경우에도 꾸준히 공력을 받기 때문에 공탄성 해석을 수행할 필요가 있다. 이처럼 지속적으로 진동을 받게 되는 경우에는 최대 진동을 받을 때 구조체의 안전 여부를 확인해야 할뿐더러, 운용 기간 중의 피로에 의한 손상 여부도 반드시 확인해야 한다.

동적 공탄성인 **플러터**는 항공기의 주날개나 꼬리 날개에 공력이 작용할 때 발생하는 진동이 속도 증가에 따라 계속 증가하는 현상으로 심각한 경우 날개 자체가 파손된다. 항공기는 플러터에 의해 파손되지 않는 속도 범위에서 운용된다. 물론 구조체를 견고하게 만들고 날개의 고유 진동수를 높이게 되면 고속에서도 견디겠지만 구조체가 무거워지기 때문에 적절한 선에서 설계가 필요하다.

동적 공탄성인 플러터가 발생한 경우 비행 정보의 오류로 인해 동적 불안정 현상이 증가하는 방향으로 조종면에 명령을 내리는 경우를 **서보 공탄성**이라 한다. 이를 해결하기 위하여 공탄성을 비롯한 비행 제어 시스템 모델을 수립하고, 서보 공탄성 해석을 수행하여 항공기가 안전한지의 여부를 확인한다.

4.3.3 재료의 피로 및 파괴

구조 부재는 최대 허용 강도 이상의 하중을 받으면 파괴된다. 그러나 낮은 하중을 지속적으로 받게 되는 경우에도 파괴가 발생하게 되는데 이를 피로 파괴라고 한다. 이러한 피로 파괴가 일어나는 현상은 다음과 같다.

구조 부재에 하중이 지속적으로 작용한다. 구조 부재의 일부분에서 미세한 균열이 발생한다. 이 균열에 응력이 집중된다. 하중이 지속적으로 작용하면서 균열이 진전한다. 구조 부재의 단면적이 감소하여 정하중 상태의 파괴 응력에 도달한다. 이때 순간적인 파괴가 발생한다.

20세기 전반에는 항공기의 수명이 매우 짧아 피로 파괴에 대한 문제가 거의 없었으나, 기술 발전에 따라 항공기의 수명이 길어지면서 피로에 의한 파괴 문제가 발생하기 시작하였다. 1950년대 초반 제트 여객기인 코메트의 동체에 여압에 의한 반복 하중으로 세 차례에 걸친 공중 분해 사고가 발생하였다. 이로 인해 피로 설계에 대한 필요성이 비로소 대두되었다.

피로 특성은 다음과 같다. 실제 항공기에 작용하는 하중은 주기적으로 혹은 비행 상태에 따라 불규칙적으로 변화하기 때문에 추정하기 어렵다. 이러한 종류의 하중은 실험을 통해 특성을 규정한다. 이때 정현파(sine wave) 등과 같이 단순화된 하중으로 정의하는 것이 보통이다.

반복 하중에 의한 응력의 크기를 세로축으로 두고 반복 횟수를 가로축으로 두어 표시한

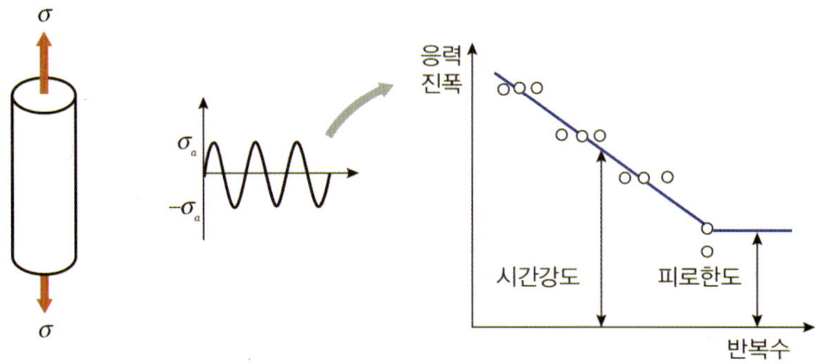

그림 4.16 S–N 선도

것을 S-N 곡선이라고 한다. 그림 4.16의 S-N 곡선은 피로 강도를 나타내며 다양한 원인이 영향을 준다. 재질의 종류 및 상태, 최종 형상과 치수, 표면 처리 여부, 사용 환경의 상태, 하중의 종류 등이다.

대부분의 금속재료는 완전하게 균질하지 않을뿐더러 비금속이나 편석 등이 포함된 미세한 내부 결함을 가진다. 기계 가공을 통해 원하는 형상이 구현되는 경우에도 가공 결함 등이 발생할 여지가 있으며 이러한 것들은 검사 과정에서 발견되지 않을 수 있다.

이러한 결함들이 원인이 되어 크랙이 발생하여 구조 부재의 강도를 저하시키게 되고 파괴를 야기한다. 이처럼 균열이 있는 부재의 경우에 구조체의 강도와 거동을 다루는 분야를 파괴 역학이라고 한다.

피로에 의한 파괴를 방지하기 위한 설계 개념으로 도입된 것이 안전수명설계와 파괴안전설계 방법이다. 피로 혹은 결함이 있는 경우에도 수명 기간 동안 안전하도록 설계하는 것을 **안전수명설계**, 일부 구조 부재가 파괴되더라도 기능을 유지하도록 하는 것을 **파괴안전설계**라고 한다.

최근에는 제조 단계에서 이미 잔재하는 결함이나 공정 중에 발생하는 손상이 원인이 되어 사고가 발생하는 것을 방지하기 위한 설계 개념으로 **손상허용설계**를 수행하고 있다. 이러한 설계 개념들을 통해 점검이나 수리가 어려운 부재들에 대하여도 충분한 안전성을 확보하고 있으며 꾸준히 신뢰성을 높여가고 있다.

4.4 항공기 구조 특성

항공기의 일반적인 구조 형식은 트러스 구조, 응력 외피 구조 및 샌드위치 구조 등으로 나눈다. 또 항공기는 어떤 부재가 손상을 입었을 경우라도 항공기 전체 사고로 연결되는 것을 막기 위해서 사용하는 페일 세이프(fail safe) 구조 설계 기법도 적용하고 있다. 이 절에서는 날개와 동체 및 다양한 구조들의 대표적인 형태와 특징을 알아 본다.

4.4.1 기본 구조 형식

항공기 구조의 구조 형식에는 트러스 구조, 응력 외피 구조, 샌드위치 구조 등이 있으며 하중의 크기와 용도에 따라 사용된다.

트러스 구조는 목재 또는 철관(steel tube)으로 트러스를 구성하고 천(fabric) 또는 얇은 금속판 외피를 씌우는 구조 형식이다. 기체에 작용하는 하중은 트러스만 받고 외피는 단지 공기력을 전달하는 구실만을 한다. 제작 비용이 적으므로 소형기에 많이 사용된다.

응력 외피 구조는 구조체를 구성하는 골조뿐만 아니라 외피도 하중의 일부를 담당하게 하는 구조 형식이다. 구조의 중량에 비해서 강도가 큰 것이 장점이며, 골조와 외피를 완전히 일체로 만드는 모노코크 구조 형식과 골조와 외피를 따로 만들어서 조립하지만 외피도 응력을 지탱하도록 만든 세미 모노코크 구조 형식으로 나누어진다.

샌드위치 구조는 1940년경부터 실용화되어 제2차 세계 대전 말기부터 미국을 중심으로 급격히 발달하기 시작했다. 단위면적당 강도가 높고 반복 하중에 강하며 열이나 소음을 차단하는 특성이 좋을 뿐 아니라 가볍기 때문에 항공기와 우주 비행체 등에 많이 사용된다. 그림 4.17과 같이 샌드위치 구조는 외판, 심재 및 두 부재 사이를 결합하는 접착제로 되어 있으며, 외판은 면내(inplane) 방향의 인장과 압축 하중을 받고 심재는 전단 응력과 외판에 수직방향의 압축 하중을 지탱함으로써 외판의 좌굴과 구겨짐(wrinkling)을 방지하는 역할을 한다. 접착제는 외판과 심재가 완전히 붙어서 하중이 적절히 전달되도록 한다. 샌드위치 구조의 심재 종류는 그림 4.18과 같이 거품, 발사(balsa), 허니콤(honeycomb), 파동 형태 등으로 나눌 수 있다.

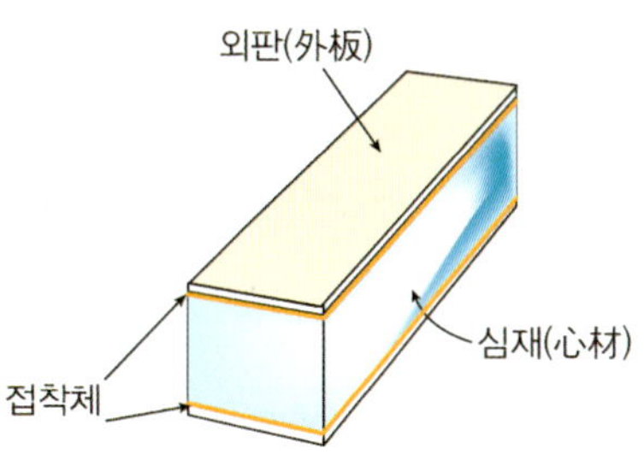

그림 4.17 샌드위치 구조

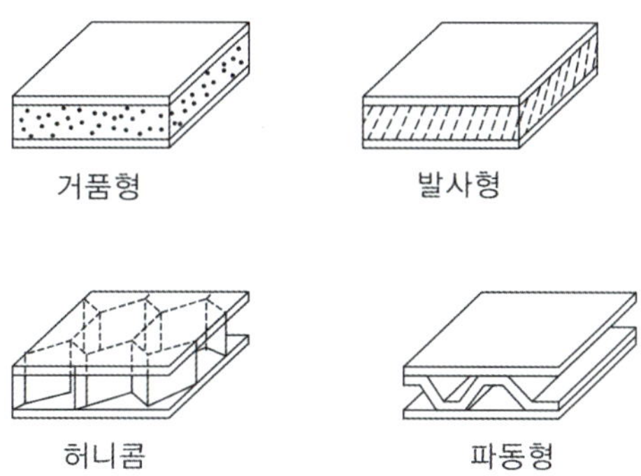

그림 4.18 샌드위치 구조의 종류

4.4.2 날개

항공기가 비행하는데 필요한 양력은 거의 대부분 날개에서 발생하기 때문에 날개의 외형은 최대 양항비를 얻기 위하여 날씬한 익형(airfoil)을 갖는다. 날개를 구성하는 주요 부재는 날개 보, 리브, 스트링거 및 외피 등이다. 일반적으로 대형 항공기의 날개는 안쪽 날개(inner wing), 바깥 날개(outer wing), 날개 끝(wing tip) 등으로 나뉘며 이들은 보통 볼트로 서로 연결된다. 날개 안쪽에는 연료를 넣을 수 있는 연료 탱크가 설치되고, 엔진을 설치하는 부분인 나셀(nacelle), 외부 부착물을 연결하는 파일론(pylon), 에일러론(aileron), 스포일러(spoiler), 스피드 브레이크(speed brake), 고양력 장치, 방빙 장치, 착륙 장치, 항행등(navigation light) 등이 외부에 장착된다.

따라서 날개의 구조는 그림 4.19 (가)에 보인 것처럼 대단히 복잡한 것이 보통이며, 또한 고도의 안전성과 신뢰성 확보를 위하여 앞 절에서 설명한 트러스, 응력 외피 및 샌드위치 구조 형식이 모두 사용된다. 날개는 대부분 두 개의 날개 보를 가지고 있으며 이것이 전단 응력, 굽힘 및 비틀림 모멘트를 주로 담당하고 외피, 스트링거 및 리브들은 형상 유지와 좌굴 방지 역할을 한다. 그림 4.19 (나)와 같은 트러스 구조의 경우에는 트러스가 강도를 유지하고 외피는 주로 코팅된 천(coated fabric)이나 얇은 금속판으로 되어 있다.

응력 외피 구조 날개는 트러스 구조 날개와는 달리 외피도 전단력과 굽힘 및 비틀림을 받게 되어 있다. 예를 들어 그림 4.20 (가)와 같이 날개의 앞전이 올라가고 뒷전(trailing edge)이 내려가는 비틀림을 받는 경우에 이에 의한 전단 흐름이 외피와 리브에 생긴다. 또한 그림 4.20 (나)와 같이 양력에 의하여 날개 끝이 올라가는 방향의 굽힘 및 전단력을 받는 경우에도 외피는 전단 응력을 받게 된다. 일반적으로 날개는 양력과 모멘트에 의하여 그림 4.20 (가), (나)의 두 경우가 결합한 하중 상태가 된다. 특히, 그림 4.21과 같이 날개

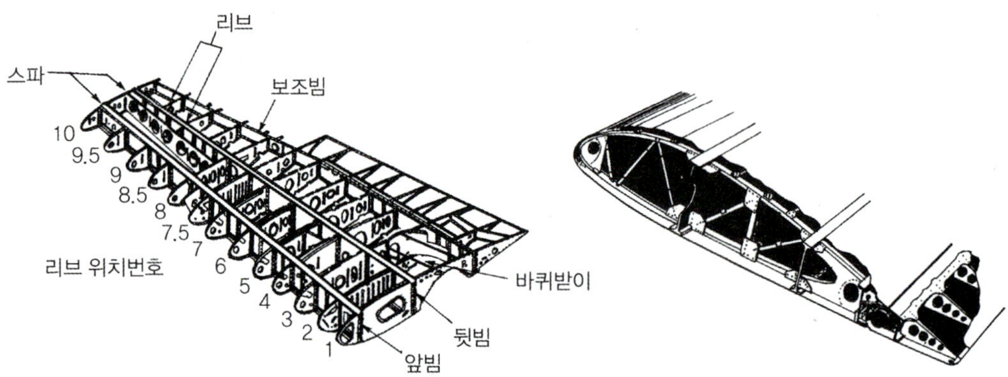

(가) 내부 구조와 명칭　　(나) 외피 씌운 형태(트러스형)

그림 4.19 날개구조의 예

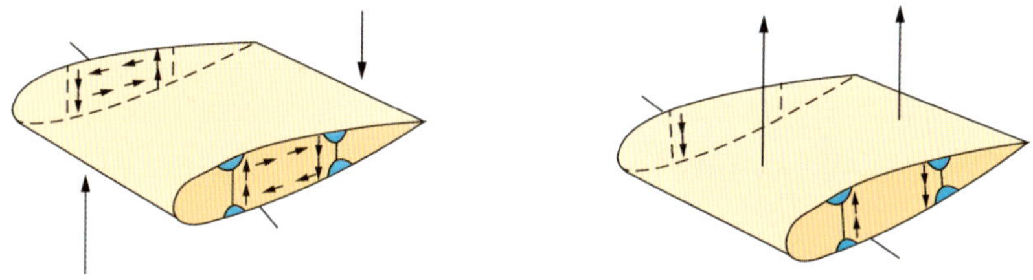

(가) 비틀림에 의한 전단력　　　(나) 양력에 의한 전단력

그림 4.20 응력 외피형 날개의 전단력

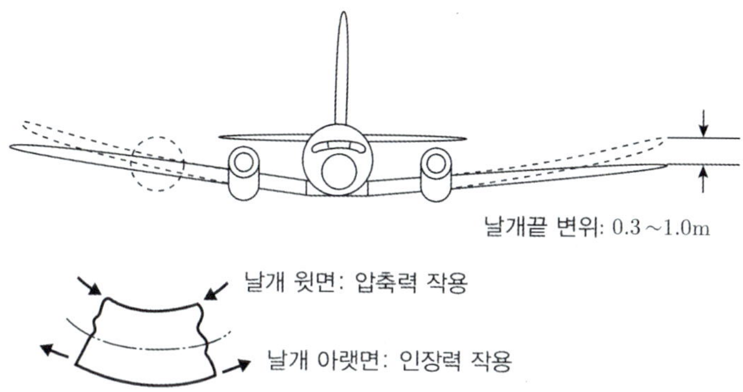

그림 4.21 날개의 굽힘 변형에 의한 인장/압축 하중

가 굽힘 변형을 하는 경우 날개 윗면에는 매우 큰 압축력, 아랫면에 인장력이 각각 작용하게 된다. 이와 같은 압축력이 어느 크기에 이르면 갑자기 큰 변형이 생기는 현상을 좌굴이라고 하며, 이 압축력을 좌굴에 대한 제한 하중이라고 한다. 외피의 제한 하중을 크게 하기 위하여 스트링거와 같은 보강재를 부착한다.

샌드위치 구조 날개는 앞에서 설명한 바와 같이 날개 구조물 내부에 심재를 넣어 만든 것으로 강력한 접착제의 개발에 의하여 광범위하게 사용되고 있다. 이 날개 구조의 이점은 무게보다 강성이 크고 접착제로 붙이기 때문에 제작이 용이하다는 것이다. 또한 샌드위치 구조의 특징으로 진동에 대한 감쇠성이 크고 단열성 및 방음성이 우수하다는 점 등이다. 그림 4.22는 날개에 사용된 샌드위치 구조의 예를 보여준다.

날개를 동체에 연결하는 부분을 날개 뿌리라고 하며 날개에 작용하는 양력을 모아서 동체에 전달하는 곳이므로 강도가 충분해야 한다. 또한 이 부분에는 착륙 장치를 장착하기도 하며 이를 접어 넣을 수 있는 공간과 여닫을 수 있는 덮개 장치도 마련해야 한다. 그림 4.23은 날개 뿌리 부분의 날개 보와 동체의 연결부를 보여준다.

날개에는 양력을 증가시키는 고양력 장치로 슬랫(slat)과 플랩(flap)이 장착되어 있고, 경계층 격판을 사용하여 실속을 방지하는 와류 발생기(vortex generator)를 날개 위에 장착

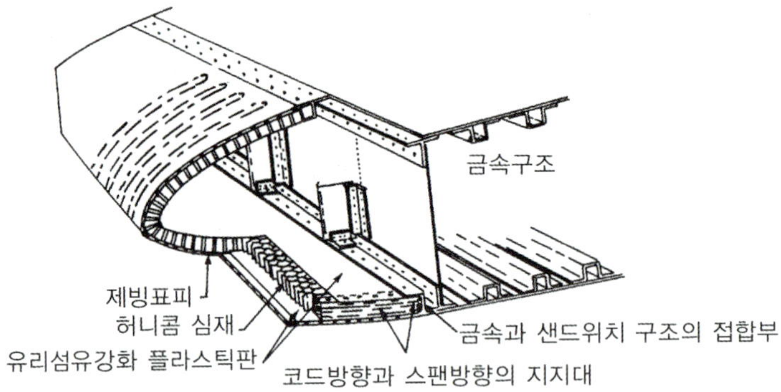

그림 4.22 날개에 사용된 샌드위치 구조

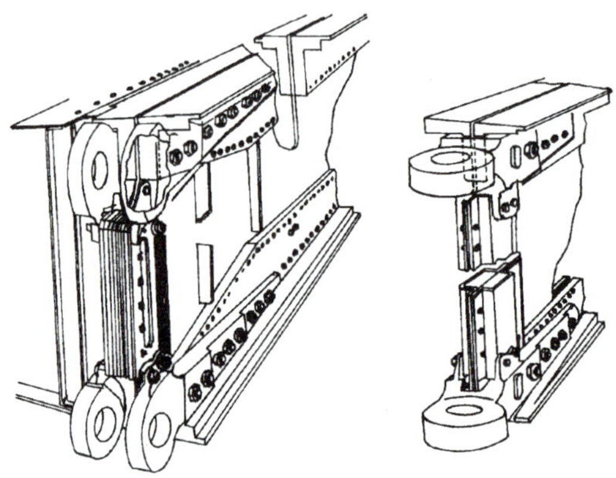

그림 4.23 날개 뿌리의 구조

하기도 한다. 슬랫은 날개 앞전에 장착하여 양력을 증가시키는데, 슬랫의 종류로는 고정 슬랫(fixed slat)과 가동 슬랫(movable slat)이 있으며 기종 및 성능에 따라 적절히 채택된다. 플랩은 날개의 뒷전에 있으며 유압 구동기 또는 전동 모터로 작동해서 캠버(camber)를 증가시켜 받음각 증가 효과를 내거나 날개 면적을 증가시키는 장치이다. 급강하할 때 항력을 증가시키기 위하여 다이브 플랩(dive flap)이 사용되기도 한다.

또한 항공기 자세를 조종하는 에일러론, 착륙 시에 활주로와 마찰력을 증가시키기 위한 스포일러, 공중에서 비행 중에 속도를 줄이기 위한 스피드 브레이크, 안전을 위한 항행 등 및 각종 장치들이 날개에 조립되어 있어서 매우 복잡한 구조로 되어 있다. 따라서 항공기 중에서도 날개의 구조 설계와 제작 기술은 가장 어려운 핵심 기술이다.

4.4.3 동체

동체의 구조 형식은 트러스, 세미 모노코크 및 모노코크 구조 등이 있다. 먼저 **트러스 구조**는 그림 4.24와 같이 강관 또는 목재를 사용하여 트러스 형태로 조립된 구조이며, 네 귀퉁이에 동체의 종 방향으로 종통재를 놓고 수평 지주, 수직 지주 및 대각선 부재 또는 브레이싱 와이어 등으로 트러스를 구성한다. 여기에 적절한 정형재를 붙여서 유선형으로 하고 외피를 붙인다. 하중은 모두 트러스 구성 부재가 받으며 외피는 공기력의 전달만을 한다.

모노코크 구조와 **세미 모노코크 구조**는 종통재와 원형 정형재에 외피를 붙인 구조물이다. 특히 세미 모노코크 구조는 외피를 보강하기 위하여 동체의 종 방향으로 스트링거를 붙이고, 횡 방향으로는 보강 프레임을 붙인다. 이러한 구조에서는 트러스 구조와 달리 종통재와 정형재뿐만 아니라, 외피도 동체의 하중을 분담해야 하므로 외피가 상당히 두꺼우며 굽힘 응력 및 전단 응력에 대한 강도를 충분히 갖고 있다. 이 구조를 사용하면 유효 내부용적이 커지므로 탑재화물의 부피를 증가시킬 수 있어서 대형기에 유리하다. 스트링거와 외판은 대부분 리벳으로 접합되지만 최근에는 접착제에 의한 접합도 개발되고 있다. 스트링거는 긴 판재를 구부려 만든 앵글(angle) 또는 일정한 단면으로 압출(extrusion)하여 사용한다. 그림 4.25는 세미 모노코크 구조의 동체를 나타낸 것이다.

대형 여객기의 동체는 보통 앞부분(nose section), 중앙 부분(mid section), 뒷부분(rear section)으로 분리되어 있고, 탑승객이 출입할 수 있도록 도어와 창문들이 달려 있다. 고도 15,000ft 이상에서는 대기압이 낮으므로 승객의 호흡을 위하여 항공기 객실의 압력을 외부 압력보다 높게 만들어야 한다. 이를 여압이라 하며 동체의 일부를 밀폐해서 여압실(pressurized cabin)을 만든다. 여압실은 비행 하중 또는 지상 하중 외에 내부의 공기압력에 의한 하중이 추가로 작용한다. 따라서 여압 장치가 없는 동체보다 여압실은 정적 강도도 커야 하지만 피로 파괴에 대해서도 견딜 수 있어야 한다.

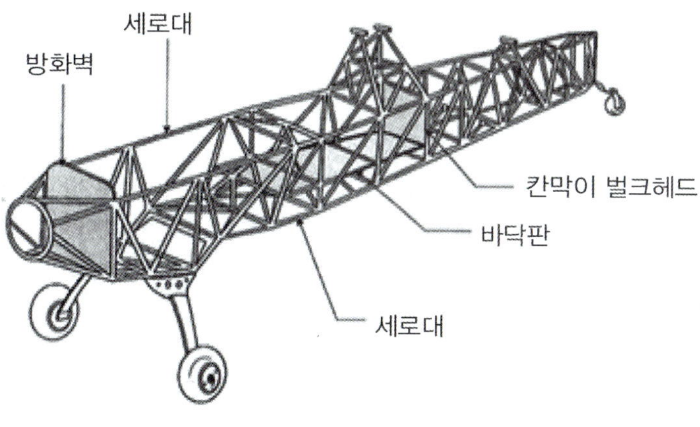

그림 4.24 트러스 동체 구조

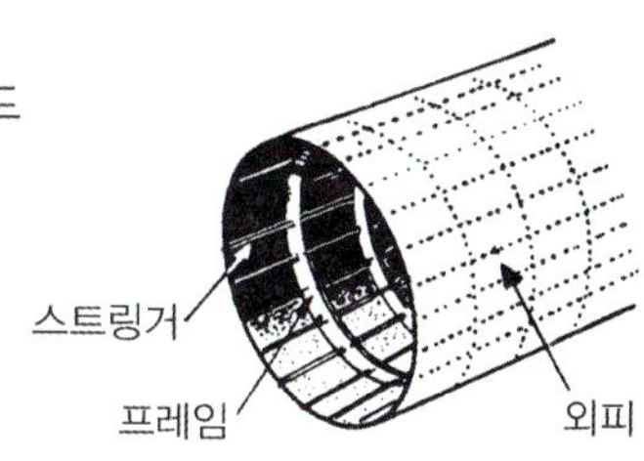

그림 4.25
세미 모노코크 구조의 동체

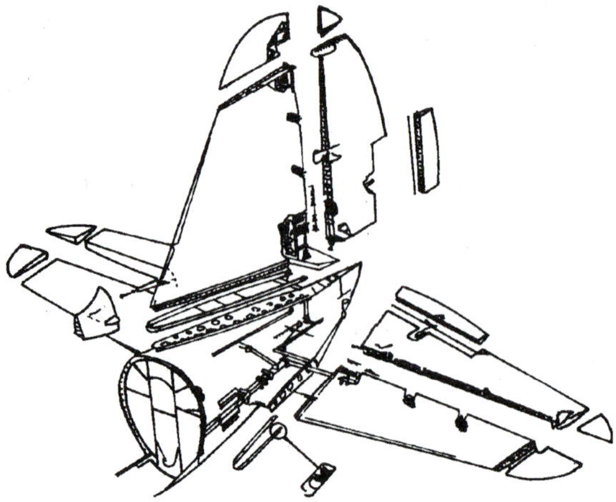

그림 4.26 꼬리 날개의 구조

4.4.4 꼬리 날개

꼬리 날개는 수직 꼬리 날개와 수평 꼬리 날개로 이루어지며 각각의 꼬리 날개는 안정판과 조종면으로 구분된다. 안정판은 조종면을 지지하고 있어서 강도가 커야 한다. 그림 4.26은 꼬리 날개의 구조를 나타낸 것이다.

수직 꼬리 날개의 구조는 날개의 구조와 유사하며, 동체에 고정된 수직 안정판과 이것에 힌지(hinge)로 연결된 러더(rudder)를 움직여서 좌우로 비행 방향을 조종할 수 있다. 수평 꼬리 날개에는 동체와 연결된 수평 안정판이 있고 이것에는 엘리베이터(elevator)가 힌지로 연결되어 있다. 안정판의 뒷전부 날개 보에 힌지가 달려 있어 엘리베이터가 여기에 연결된다. 수평 안정판은 날개의 내리 흐름의 영향을 받기 때문에 붙임각(incidence angle)을 날개 보다 크게 하는 것이 보통이다. 엘리베이터의 토크판(torque plate)에는 돌출부(horn)가 달려 있어서 조종 케이블을 이곳에 연결하여 회전 운동을 할 수 있다.

4.4.5 엔진 마운트

엔진을 동체 내부에 부착시킬 경우에는 트러스 구조를 많이 사용하지만 동체 외부 또는 날개 밑에 부착시킬 경우에는 공기역학적으로 날씬한 형상의 나셀과 파일론을 사용한다. 그림 4.27은 대표적인 엔진 마운트 구조 형상을 보여준다. 그림 4.28과 같이 엔진에서 발생하는 진동이 다른 구조물에 전파되는 것을 차단하기 위해서 엔진을 다른 구조물에 장착하는 부분에는 고무 등의 방진 장치가 있어야 한다.

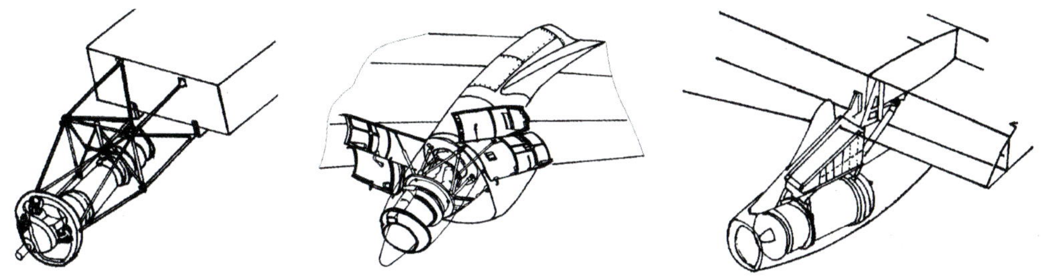

(가) 트러스형 (나) 나셀형 (다) 파일론형

그림 4.27 엔진 마운트

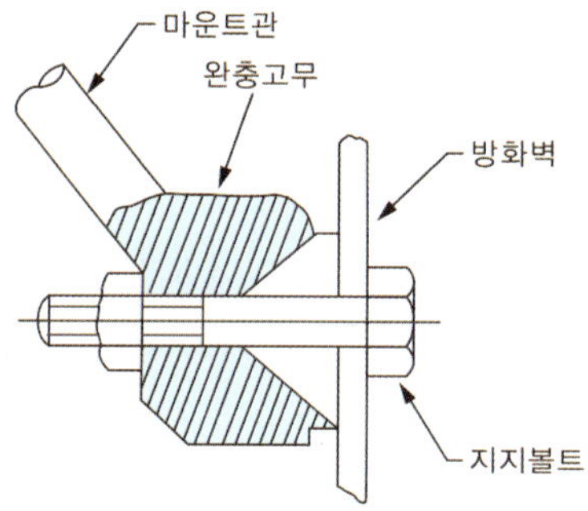

그림 4.28 엔진 장착부의 방진 장치

4.4.6 착륙 장치

착륙 장치를 사용 목적에 따라 구분하면 육상에서 사용하는 타이어(tire), 눈 위에서 사용하는 스키(ski) 및 물 위에서 사용하는 플로트(float) 등이 있다. 또한 그림 4.29와 같이 조향 바퀴(steering gear)의 위치에 따라 앞바퀴 식(nose gear type)과 뒷바퀴 식(tail gear type)으로 구분되는데 일반적으로 대형 항공기에는 앞바퀴 조향 방식이 많이 사용된다.

그림 4.30에서는 앞바퀴 식과 뒷바퀴 식의 방향 회전에 대한 안정성을 설명한다. 바퀴의 방향이 항공기의 전진 방향과 일치하지 않을 때 각 바퀴에 작용하는 힘에 의해 무게 중심

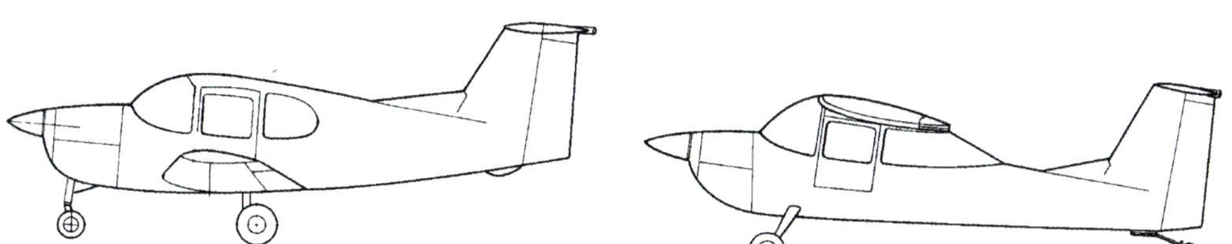

(가) 앞바퀴식 (나) 뒷바퀴식

그림 4.29 착륙 장치의 조향 방식

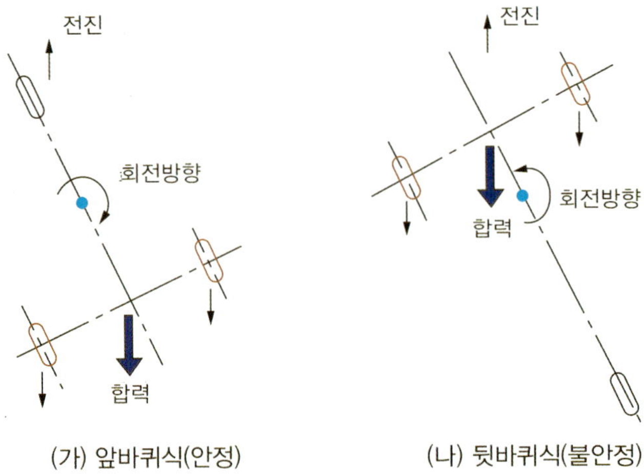

그림 4.30 조향 방식에 따른 안정성

에 작용하는 모멘트가 바퀴를 전진 방향으로 회전시켜야 안정한 것이다. 그림에서 뒷바퀴 식은 불안정하며 앞바퀴 식이 안정하다는 것을 나타내고 있다. 앞바퀴 식은 뒷바퀴 식에 비하여 안정성이 있다는 장점 외에도 이륙 시 조종사의 시야가 좋다는 장점이 있으며 제트기에서는 엔진배기와 지면의 간섭을 방지하기 위해서 반드시 앞바퀴 식을 사용해야만 한다.

착륙 장치는 타이어, 바퀴, 완충 버팀대(shock strut), 브레이크 등으로 구성되며 접어 넣는(retractable) 착륙 장치에는 잠금 기구(latch mechanism)와 쉬미 댐퍼(shimmy damper), 조향 바퀴에는 조향 장치가 부가된다. 그림 4.31은 접어 넣는 착륙 장치의 개략적인 구조를 보여준다. 버팀대 하나에 타이어 한 개씩만 부착한 것에서부터 기체 중량이 증가함에

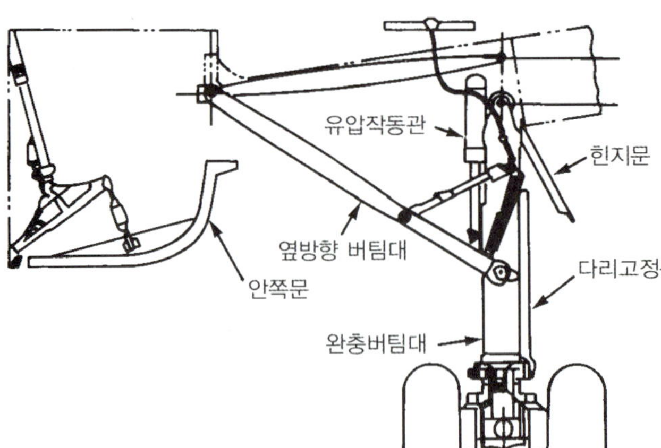

그림 4.31 착륙장치의 구조

따라 두 개 혹은 네 개를 부착한 것도 있다. 착륙 장치에는 고무 흡수(rubber absorber), 평판 스프링(plate spring), 공기압력(air pressure), 오일 스프링(oil spring) 및 올레오(Oleo) 등의 완충 방식이 사용되고 있다.

4.5 우주 비행체 구조 특성

4.5.1 우주 비행체의 환경

우주 비행체가 겪게 되는 우주 환경(space environment)은 발사 또는 상승 과정의 환경, 우주 공간 운용 과정의 환경으로 크게 분류된다. 인공위성의 예를 들면, 전자는 공기층을 통과하여 최종 단계의 로켓 엔진이 작동되어 분리할 때까지의 기간에 경험하는 과도적인 환경으로 추진력, 급격한 온도 상승, 가속도, 감속도, 충격, 진동, 급격한 기압의 저하 등이 있다. 후자는 최종 단계의 로켓 엔진에서 분리되어 목표한 궤도에 진입할 때까지와 진입 후에 궤도를 비행하는 기간에 부딪히는 환경으로 태양열, 극저온, 고진공, 우주선, 방사선, 무중력, 태양풍 등이 있다.

고층 대기에서 발생하는 방전 현상이나 방사선 환경은 우주 비행체의 전자 장치에 일시적이거나 영구적인 손상을 유발할 수 있다. 이에 따라 우주 비행체, 특히 인공위성의 경우에는 방사선 차폐가 되어 있는 전기전자소자를 사용한다.

우주라는 환경은 온도 측면에서는 거의 절대 영도에 가까운 상태를 유지한다. 대류 현상이 발생하지 않는 우주에서 우주 비행체의 온도는 햇빛을 받는 경우 섭씨 200도 가까이 상승하며 그 반대쪽은 영하 200도 가까이 하강한다. 이러한 온도 조건에서 견딜 수 있도록 차폐하는 것이 필요하다.

또한 우주 비행체는 지구 중력을 이기고 올라가야 하므로 초속 7~8km에 이르는 속도로 발사되며 고도가 낮은 경우에는 공력을 포함한 돌풍의 영향도 받게 된다. 또한 발사 소음에 의한 진동 영향도 고려해야 한다.

이러한 가혹한 환경에서 우주 비행체가 임무를 수행하기 위해서는 관련 분야의 협력과 공동 설계, 전자전기소자와 재료의 선택 등이 중요하며, 우주 환경을 모사한 지상에서의 검증 시험이 필수적이다.

4.5.2 발사체 구조

로켓은 배출 가스를 분사하여 얻은 반작용을 이용하여 추력을 얻는 비행체를 총칭한다. 이

때 배출 가스를 얻는 방법으로 고체 연료나 액체 연료를 이용한다. 또한 운반하는 물체에 따라 미사일 혹은 발사체로 나눌 수 있다.

발사체는 우주에 보내고자 하는 인공위성 등의 탑재체를 정해진 궤도에 진입시키는 운송 수단이다. 발사체는 골격을 구성하는 구조 시스템, 우주로 올라가기 위한 추력을 발생하는 추진 시스템, 전력 시스템 및 전자 장비로 이루어진다. 그림 4.32는 일반적인 발사체의 형상을 보여준다.

구조 시스템은 스킨, 프레임, 리브 등의 동체, 추진제 탱크, 핀 등의 조종면, 단간 연결부, 탑재 위성을 보호하는 페어링, 열 차단부와 단열재, 분리기구 및 파이로, 탑재체와 연결하는 어댑터 등으로 구성된다.

구조 시스템의 개발을 위해서는 요구 조건과 설계 기준이 필요하며 설계가 이루어지면 구조 해석을 수행하고 최종적으로는 시험을 통하여 검증이 이루어진다. 특히 발사체 구조는 다른 여타 운송 수단보다도 무게 비율이 낮다. 더 작은 추력으로 더 큰 탑재체를 올리기 위해 구조 경량화가 필수적이다.

구조를 설계하기 위한 **설계 하중**은 크게 세 단계로 나누어진다. 개발과 검증이 이루어지는 지상에서의 운영 단계, 발사대에서 대기하게 되는 단계, 실제 비행 단계이다.

지상 운영 단계에서는 이동 중의 하중, 작업을 위해 호이스트(hoist) 등에 매달리게 되는 하중과 같은 지상 취급 하중과 항공기, 선박, 트럭 등의 운반 시 발생하는 진동과 충격 등의 운송 하중이 있다. 발사 전 대기 단계에서는 발사대에 장착된 동안 자중에 의한 하중과 바람에 의해 작용하는 하중이 있다. 비행 단계에서는 사용되는 모터나 엔진에 따라 다양한

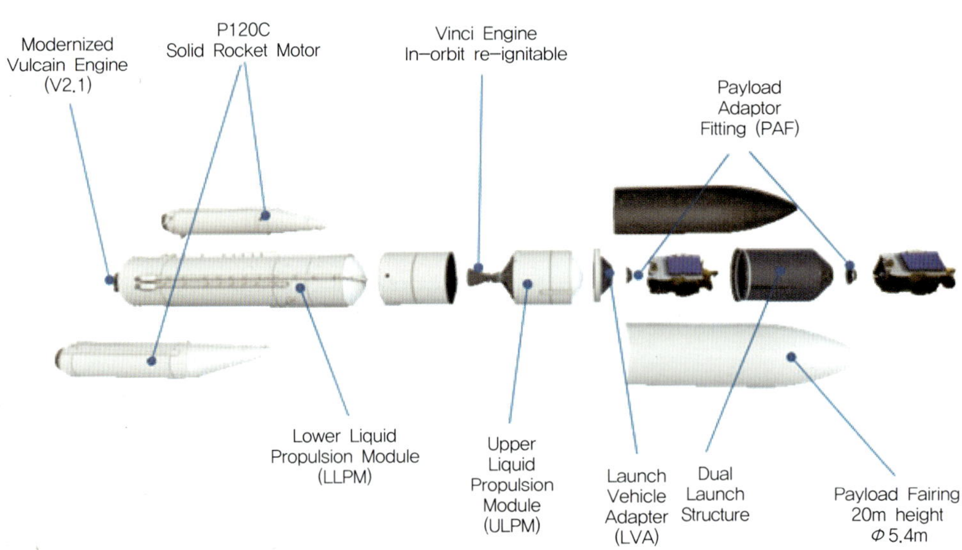

그림 4.32 발사체 구조(Ariane)

하중이 발생한다. 발사 중의 추력과 공력에 의해 발생하는 준정적 하중, 추력, 비행 제어에 따른 작용력, 불안정한 공기력, 공력 소음 등에 의한 진동, 엔진 점화 및 중지, 발사 순간의 고정부 해제, 단 분리, 페어링 분리 등에 의한 충격 하중, 추진제 탱크 내의 연료 흔들림으로 인한 슬로싱(sloshing) 하중, 공기의 흐름에 의한 버펫팅(buffeting) 하중, 온도 변화에 따른 열 하중이 있다.

발사체의 **설계 요구 조건**은 강성, 강도, 안전 계수 등이 있으며 다음과 같이 제시된다. 강성은 발사체 내 다른 시스템과의 공진을 방지하도록 제시되며 발사체 제어 안정성 요구 조건을 고려하여 검토하고 판단한다. 강도는 비행 단계를 비롯한 전 과정에서 충분한 안전 여유를 갖는 것이 좋으나 경량화를 위해 적절한 안전 여유로 설계한다. 또한 설계와 해석의 불확실성에 대한 대책으로 안전 계수를 항복강도 1.05, 극한 강도 1.25, 고압 압력 용기 2.0 등으로 둔다.

구조 설계를 수행하면서 가장 먼저 하는 것은 전체적인 구조 형상을 정하는 것이다. 어느 부분에 금속재료를 사용할 것인지 복합 재료를 사용할 것인지 정한다. 모노코크 구조, 세미 모노코크 구조, 샌드위치 구조, 등방성 격자(isogrid) 구조 등을 검토하여 어느 부분에 어느 구조 형식을 택할지 정한다. 개략적인 좌굴 해석을 포함한 정적 강도 해석을 수행하여 크기와 두께 등을 정한다. 이후 상세 구조 해석을 수행하면서 제작성, 경제성, 무게 등을 고려하여 설계를 확정한다.

발사체의 **구조 재료**로는 경량화가 중요하기 때문에 복합 재료와 샌드위치 구조를 많이 사용한다. 금속재료는 알루미늄 합금, 마그네슘, 티타늄, 강재 등이 사용된다.

동체는 하중에 견딜 수 있도록 금속재 혹은 복합 재료가 사용된다. 단과 단 사이의 연결부는 주로 금속재/복합재 스킨-스트링거/샌드위치 구조가 사용된다. 엔진 지지부는 금속재 트러스 구조가 많이 사용된다. 페어링은 주로 복합 재료로 만들어진다. 연료 탱크 및 산화제 탱크는 상부 돔, 실린더, 하부 돔 형태로 만들어지며 알루미늄 합금으로 만들어진다.

동체를 비롯한 금속재 **구조 부재의 조립**에는 리벳 및 하이락이 주로 사용되나 복합재와 단간 연결을 포함한 대부분의 부품 조립은 기본적으로 볼트 등의 패스너가 사용된다. 이때 사용되는 볼트는 풀림 방지용으로 만들어지며 필요한 경우에는 풀림 방지용 너트 또는 와이어가 추가로 설치된다.

발사체를 개발할 때, 모든 경우에 대하여 검증할 수 없기 때문에 여러 가지 상황을 고려한 **구조 해석**을 수행하는 것이 필수적이다. 발사체 시스템의 동적 모드 해석은 매우 중요하다. 각 단 간에, 발사체와 탑재체 사이에 동적 연성이 발생하여 공진에 의한 파손이 생기지 않도록 한다.

구조 형상과 크기가 결정되면 유한요소해석 등을 통하여 정적 구조 해석을 수행한다. 동체와 추진제 탱크는 압축 하중과 굽힘 하중을 주로 받게 되므로 좌굴 특성이 중요하다.

다른 모든 부품도 설계 하중을 부가하여 파손 모드를 고려한 정적 구조 해석을 수행한다.

발사체는 설계 하중이 가해지는 경우에 진동이 발생한다. 진동 환경은 지상환경에서 구조 특성인 정현파 진동(100Hz 이하), 소음 등에 의해 발생하는 랜덤 진동(2,000Hz 이하), 분리 충격 등에 의해 발생하는 충격 하중(10,000Hz 이하) 등이 있는데 이러한 조건에 대해 강도, 변위 등이 안전한 영역에 있는지 진동 해석을 수행한다.

발사체는 발사 순간과 비행 중에 큰 음향 환경에 노출된다. 이러한 음향 소음은 동체를 통과하여 내부의 전자 장비나 탑재체에 영향을 끼친다. 따라서 설계 과정 중에 음향 차폐재나 공명기를 사용하여 음향 수준을 낮추게 되며 음향 해석을 통해 안전성을 검증한다.

발사체는 여러 단으로 구성되어 단 분리가 잘 이루어져야 하며 탑재체를 보호하는 페어링과 탑재체의 분리도 중요하다. 따라서 분리 방법에 따른 상대적인 분리 속도와 분리 후 충돌 여부를 확인하여야 한다.

발사체가 개발된 후 **지상 검증**은 임무 성공을 위해 꼭 필요하다. 발사체 구조는 가볍게 만들어지므로 지상에서의 검증이 매우 중요하다. 동체를 비롯한 모든 구조체는 설계제한 하중의 1.25배 이상의 하중을 부가하여 검증한다. 단간 분리 장치, 페어링 분리 장치, 위성 분리 장치 등은 신뢰성을 높이기 위하여 시험을 통해 성능을 검증한다. 추진제 탱크는 통상 사용압력의 1.25, 고압 탱크는 2배 이상의 압력을 부가하여 시험한다.

우리나라 최초의 발사체인 나로호(KSLV-I)는 2단형 발사체로서 길이 33m, 무게 140t으로 100kg 위성을 300km 궤도에 올릴 수 있다. 국내 독자 기술로 새로 개발되는 3단형 발사체인 누리호(KSLV-II)는 길이 47m, 무게 200t으로 1.5t 위성을 지구 저궤도에 올릴 수 있다. 1단은 75t급 엔진 4기를 묶어서 사용하며, 2단은 75t급 엔진 1기, 3단은 7t급 엔진을 사용한다. 그림 4.33은 누리호 산화제 탱크의 내부 구조를 도시한 것이다.

그림 4.33 누리호 발사체 산화제 탱크 내부 구조

4.5.3 인공위성 구조

인공위성은 우주상의 궤도에서 인류가 필요로 하는 임무를 수행한다. 이러한 임무로는 통신 방송, 지구관측, 우주관측, 기상관측, 항법, 우주정거장 등이 있다. 인공위성은 궤도로 올라가기 위한 수단으로 발사체를 사용하며 발사 후에는 지상의 관제국을 통해 운영된다.

인공위성은 임무를 수행하는 탑재체와 위성 본체로 이루어진다. 위성 본체는 내부의 온도를 일정하게 유지하기 위한 열 제어, 위치와 자세를 위한 자세 제어, 전기 공급을 위한 전력계, 이동을 위한 추진계, 통신과 명령을 위한 원격 측정 명령계, 전체 시스템의 통제를 위한 탑재 소프트웨어와 구조 시스템으로 구성된다.

구조 시스템은 탑재체 및 위성 본체의 각 부분체를 지지하고 발사체에 연결하는 역할을 수행한다. 구조 설계는 인공위성의 강도와 강성 요구 조건, 발사체, 탑재체, 지상국 접속 요구 조건을 충족하도록 한다.

인공위성 구조의 **설계에서 고려해야 할 주요 사항**은 다음과 같다. 구조는 지상 취급, 발사, 위성체 분리, 태양 전지판 등의 분리 과정에서 충분한 강성과 강도를 가져야 하며 이러한 조건에서 가볍게 설계되어야 한다. 구조는 탑재체, 안테나, 센서 등의 시야각을 충분히 확보하여야 하며 궤도상에서 과도한 변형이 발생하지 않아야 한다.

구조는 발사 과정 중에 발사체의 모터 혹은 엔진으로부터 유기되는 진동과 공진이 발생하지 않아야 하며 궤도상에서 자세 제어 시스템과도 간섭이 없어야 한다. 구조에 사용되는 재료들은 지상 취급, 발사 및 궤도 환경에서 파손, 과도한 변형, 오염 등이 발생하지 않아야 한다.

구조체의 개발을 위한 과정은 다음과 같다. 임무와 탑재체가 정해지면 전체적인 구조 형상을 정한다. 이때 고려되는 형상은 실린더, 사각 기둥, 육각 기둥, 팔각 기둥 등의 형상이 있으며, 내부에 보강재의 존재 여부에 따라 모노코크 구조 혹은 세미 모노코크 구조로 정한다. 음향 하중의 영향을 받거나 큰 면외 하중이 작용하는 경우에는 샌드위치 구조를 사용한다. 그림 4.34는 우리나라에서 개발된 대표적인 위성의 외부 형상을 보여준다.

초기 설계 단계에서는 가용한 발사체를 모두 고려하여 강성 요구 조건과 정적 구조 해석을 위한 준정적 하중을 정한다. 위성이 탑재되는 페어링 크기를 고려하여 전체적인 크기를 정하고 탑재체와 위성 본체 부품 배치를 수행한다. 이 결과를 바탕으로 유한요소해석 등을 통하여 초기 구조 설계의 실효성을 확인한다.

발사체와 위성 본체 부품 등이 확정되면 예비 설계를 수행하고 **열 구조 모델**을 만들어 구조체의 안전성을 검증한 후 **비행 모델**을 만든다. 그림 4.35는 이러한 과정을 거쳐 만들어진 육각 기둥 형태 지구관측위성의 개략적인 형상을 나타낸다.

설계를 진행하면서 필요한 요구 조건들이 제시되는데, 여기에는 하중, 강성 및 안전 계

그림 4.34 아리랑 위성 2호(좌)와 천리안 위성 1호(우)

수 등이 있다. 하중 요구 조건은 발사체가 준정적 하중으로 제공한다. 발사체 종 방향과 횡 방향으로 주어지며 위성의 무게 중심에 작용한다. 발사 시와 비행 중에 발생하는 소음에 의한 음향 환경과 이에 의해 주로 유발되는 랜덤 진동 환경, 위성체 분리 시 파이로에 의해 발생하는 충격 환경도 고려된다.

위성체에 대한 강성 요구 조건도 발사체가 제공하며 축 방향과 횡 방향으로 주어진다. 임무 탑재체는 위성체와의 공진이 생기지 않도록 한다. 특히 태양 전지판이 전개된 상태의 강성은 위성체가 기동한 후 안정시키는데 소요되는 시간과 밀접한 관련이 있어 일정 수준 이상이 되어야 한다.

구조 부재의 강도는 하중이 작용할 때 파손되지 않아야 한다. 그러나 예기치 않은 하중

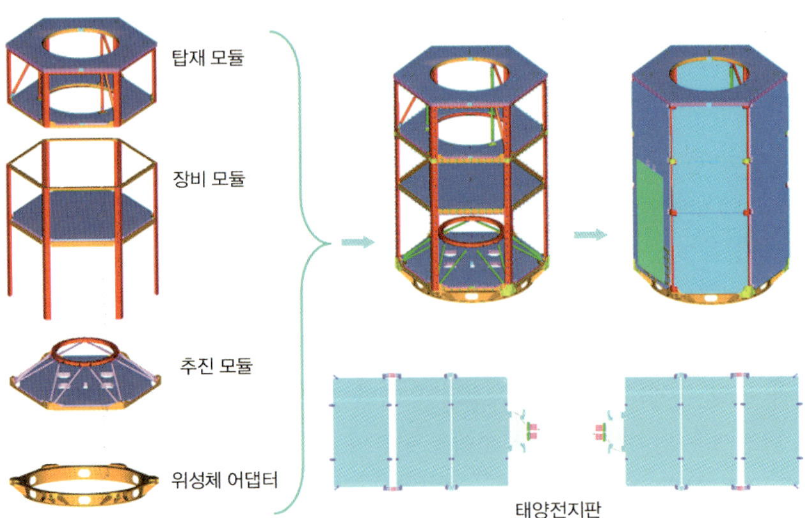

그림 4.35 지구 관측 위성 형상 예시

조건이 발생할 수 있기 때문에 작용 하중에 안전 계수를 곱하여 구조 해석을 수행한다.

하중 요구 조건, 강성 요구 조건, 안전 계수는 위성의 임무, 사용하는 발사체 등에 따라 달라지며 표 4.1은 예를 보여준다.

구조체의 재료는 항공기의 경우와 유사한 재료를 사용하나 무게를 줄이는 것이 매우 중요하며 특히 재료 내부에 공기가 함유되어 있지 않아야 한다. 구조 설계를 시작하게 되면 기본적인 구조 형태, 재료, 조립 방법 등을 정하게 되는데 이때 무게, 비용, 위험 정도 등을 분석한다. 구조용 재료는 금속, 비금속, 복합 재료를 모두 사용하게 되며 용도에 따라 강성, 강도, 밀도, 열전도도, 열팽창 계수, 조립성, 결합 방법의 가용성, 내식성 등을 고려한다.

금속 재료는 비강성이 높은 알루미늄 합금이 주로 사용되며 강도가 필요한 경우 강재나 티타늄 합금을 사용한다. 재료의 형태는 주로 박판과 판재가 사용되나 발사체 연결부에는 단조재, 상하방향의 하중 경로에는 압출재가 사용된다. 판재로는 무게 대비 강성이 크며 굽힘 강도가 높은 샌드위치 부재가 대부분 사용된다.

구조 요소를 연결하는 방법으로는 접착, 용접, 스크류와 같은 패스너 등을 사용한다. 복합 재료는 접착에 의해 고정된 피팅을 통해 연결된다. 용접은 강성이 필요한 경우에 사용되나 용접부 근처의 물성값을 변화시키게 되므로 가능하면 사용하지 않는다. 추진제 공급을 위한 배관의 연결을 위해 용접이 사용되고 있다.

리벳과 볼트와 같은 패스너는 피팅의 두께, 적절한 간격, 끝단까지 거리 등을 고려하여야 한다. 볼트의 체결을 위한 토크 값은 강성을 유지하고 파손을 방지하기 위해 예압

표 4.1 인공위성 구조 설계 요구 조건

항목	구조 부재	방향	요구 조건
강성	위성체	횡 방향	>20Hz
		축 방향	>35Hz
	태양 전지판		>0.4Hz
하중	위성체	횡 방향	±12g
		축 방향	±4g
	태양 전지판	횡 방향	±14g
		축 방향	±8g
안전 계수	항복 강도		1.4
	극한 강도		1.25
	피팅		1.15
	안정성		1.15
	복합 재료		2.0

(preload)을 주며 사용 중에 진동 등의 환경에서 풀리지 않도록 너트나 인서트 등이 변형되도록 하는 잠금 장치를 한다.

요구 조건에 따라 위성체 설계가 이루어지면 구조 해석을 수행한다. 일반적으로 유한요소해석을 이용한 해석이 이루어지며 우선 강성해석을 수행하여 만족 여부를 확인한다. 설계된 태양 전지판에 대하여도 강성해석과 전개가 원활히 이루어지는지에 대한 전개 해석을 수행한다.

다음에는 구조 해석을 수행하여 위성체가 직면하는 여러 환경에서 구조 부재가 안전한지를 확인한다. 최종적으로는 위성체 유한요소모델을 발사체 모델과 결합하여 연성하중 해석을 수행하고 그 결과를 평가한다. 또 하나의 해석은 열 변형 해석으로 위성이 궤도상에서 열 환경의 변화에 따라 장착된 임무 탑재체가 다른 방향을 바라보게 되는지를 확인한다.

설계와 해석이 이루어지면 열 구조 모델을 만들게 된다. 열 구조 모델은 제작성을 검증하는 동시에 실제 비행 하중보다 높은 하중을 부가하여 설계된 구조 부재가 안전한지를 확인한다. 또한 열 진공 시험을 통하여 열 제어 성능도 동시에 확인한다.

열구조 모델을 통해 검증이 이루어지면 비행 모델을 만들어 구조 시험을 수행한다. 표 4.2는 열 구조 모델과 비행 모델에 대한 시험 내용이다. 정현파 시험이 수행되는 경우에는 특정 주파수 대역에서 구조 부재에 과도한 하중이 작용하지 않도록 노칭을 부가한다.

이러한 과정을 거쳐 만들어진 인공위성은 발사체에 실려 발사되어 임무를 수행하게 된다. 위성이 개발되던 초기에는 태양 전지판 혹은 안테나 등의 전개 기구가 정상적으로 동작하지 않아 문제가 많았으나 최근에는 신뢰성이 높아져 구조체에 의한 실패는 거의 없는 상황이다.

우리나라의 위성으로는 소형 과학 위성인 우리별 1, 2, 3호, 과학 기술 위성 1, 3호, 나로과학위성, 차세대 소형 위성 등 7기가 발사되었으며 현재 차세대 소형 위성 2호가 개발 중이다. 실용급 원격 탐사 위성으로는 아리랑 1, 2, 3, 3A, 5호 등 5기가 발사되었으며 현

표 4.2 인공위성 구조의 지상 검증시험

시험명	열 구조 모델	비행 모델	시험 내용
음향 시험	○	○	음향 환경 및 랜덤 진동 환경 검증
정현파 진동 시험	○	○	발사 시 준정적 하중에서 강성 확인
정현파 극한 하중 시험	○	×	위성체 주 구조 부재의 강도 검증
분리 충격 시험	○	○	위성체 분리 충격 환경 검증
태양 전지판 전개 시험	○	○	지상 및 궤도 환경에서 전개 여부 확인
태양 전지판 힌지 시험	○	○	전개 해석을 위한 힌지 특성 추출

재 6, 7호 등이 개발 중이다. 정지 궤도 위성으로는 기상, 해양, 통신용인 천리안 1호, 기상 위성인 천리안 2A호 등 2기가 발사되었으며 해양, 환경 위성인 천리안 2B호가 개발 중이다. 산업화 및 수출 모색을 위한 중급 원격 탐사 위성인 차세대 중형 위성 1, 2호와 달 탐사를 위한 시험용 달 궤도선 역시 개발 중이다. 민간 위성으로는 한국통신에서 해외에서 구매하여 발사한 무궁화 1, 2, 3, 5, 5A, 6, 7호 등 일곱 기가 있다.

4.6 항공우주 재료

4.6.1 재료 선택 기준

항공기의 기체를 구성하는 재료는 그 종류가 매우 다양하지만 알루미늄 합금이 가장 많이 사용되고 있다. 글라이더나 1900년대 초기의 항공기에는 목재가 사용되었으며, 지금까지도 소형 항공기에는 강관이나 직포를 사용하고 있다.

근래에 와서 합성 수지와 유리, 탄소, 아라미드(aramid) 등의 섬유를 혼합하여 무게 대비 강도와 강성이 매우 큰 복합 재료가 만들어짐에 따라 기체의 주요 구조물에 이런 재료를 사용한 항공기가 점차 늘어나고 있다. 또한 이 복합 재료 중에서 전자파 투과성이 좋은 것은 안테나 덮개로 많이 사용된다. 내열성 수지와 섬유를 합성한 복합 재료는 고속 항공기의 외피와 엔진의 고온 부분 재료로 사용이 크게 증가하고 있다. 그러나 무엇보다 현재 각광을 받는 것은 기존의 재료보다 무게 대비 강도와 강성이 뛰어나고 내열성이 있으며 열 팽창 계수가 매우 작은 탄소 섬유 복합재이다. 이 재료는 우주 왕복선뿐만 아니라 F-15, B-767 등의 고성능 항공기에 사용되어 효용성이 입증되었다.

이외의 비금속 재료로는 바람 막이(wind shield)에 쓰이는 아크릴 수지, 강화 유리 등과 엔진을 기체에 부착할 때 사용하는 완충형 마운트와 타이어, 그리고 연료와 유압 계통의 패킹(packing), 개스킷(gasket), 실드(shield) 등에 사용되는 합성 고무가 있다. 또한 수지를 사용한 접착제의 발달로 금속의 접착에도 적용되고 있으며, 이것의 접착력은 리벳에 의한 연결부와 비교될 만큼 강하다. 샌드위치 구조의 이용도 이러한 접착제의 발달에 기인한 결과라 할 수 있다. 이 절에서는 우선 대부분의 항공기 구조 재료로 오랫동안 사용되고 있는 금속재료와 점차 그 적용 범위가 넓어지고 있는 복합 재료에 대해서도 알아본다.

4.6.2 금속재료

항공 재료로 사용되는 금속재료는 요구 조건에 따라 다양하며 알루미늄 합금, 강을 비롯한

표 4.3 주요 알루미늄 합금

Alcoa 부호	AA 부호	주요 합금 원소	사용 실례
2S	1100	상업용 순수 Al	항공기 구조에는 사용되지 않음
14S	2014	Al + Cu	프로펠러, 형상재
A 17S	2117		리벳
24S	2024		외판, 봉, 파이프
61S	6061	Al + Mg	박판성형 부품
75S	7075	Al + Zn	외판
78S	7178		외판

특수강, 니켈(Ni) 합금, 마그네슘 합금, 동 합금, 티타늄 합금, 소결 합금 등이 있다.

알루미늄 합금은 가볍고 강하며 부식에 잘 견디는 장점이 있어서 항공기 기체의 재료로 가장 많이 사용되고 있으며, 용도에 따라 성분이 조금씩 다른 여러 가지 합금이 개발되었다. 알루미늄 합금을 구분하고 품질을 표준화하기 위해서 과거에는 미국의 알코아(Alcoa) 회사의 분류기호가 사용되었으나 최근에는 AA(Aluminium Association) 합금 분류 체계(alloy designation system)가 주로 사용되고 있다. 현재 활용되고 있는 대표적인 알루미늄 합금을 표 4.3에 나타냈다.

강(steel)은 보통 SAE(Society of Automotive Engineers)의 기호로 구별한다. 연강은 SAE 1025로 표시되지만 항공기 구조 재료로는 거의 사용되지 않는다. SAE 1025의 1은 탄소강을 나타내며, 이 시리즈에서는 너트의 풀림 방지를 위한 안전선(safety wire)으로 쓰이는 1045만이 항공 재료로 사용된다.

SAE 4130은 크롬-몰리브덴 강이라고 하며, 착륙 장치의 다리 부분, 엔진 마운트 등과 같이 고강도를 필요로 하는 부분에 많이 사용되며 볼트, 너트의 재료로도 사용된다.

특수강 중에서 크롬을 14~20%, 니켈을 7~12% 포함하는 스테인리스 강은 흔히 18-8강이라고 한다. 여기에는 단순히 녹을 방지하기 위한 것과 내열을 목적으로 하는 것이 있으며, 내열 합금은 제트 엔진의 꼬리 파이프(tail pipe), 엔진 나셀 또는 방화벽 등에 사용된다. 근래에 17-7 PH(Precipitation Heating)로 불리는 내열강은 극초음속 비행에서 생기는 공력 가열을 견디는 재료로 사용된다.

동 합금은 매우 연하여 가공하기 쉽기 때문에 항공기에서는 관의 형태로 연료나 유압 계통에 주로 사용된다. 청동(bronze)은 베어링이나 개스킷류에 사용된다.

마그네슘 합금은 비중이 1.8 정도로 구리의 비중이 7~8, 알루미늄 합금의 비중이 2.8인데 비해 매우 가벼운 금속이다. 외판으로도 사용되고 있지만 습기에 잘 부식된다는 결점이 있으며, 주물이나 단조품으로 착륙 장치의 버팀대와 바퀴와 같은 대형 부품에 사용된다.

티타늄 합금은 앞에서 기술한 스테인리스 강이나 니켈 합금 외에 내열 합금으로 많이 쓰이고 있다. 제트 엔진의 꼬리 파이프는 스테인리스 강이 쓰이지만 이것을 싸고 있는 외판으로는 티타늄 합금이 사용되고 있다. 물리적 성질은 강과 알루미늄 합금의 중간 정도이며 비중은 4.5 정도이다. 강도는 크롬-몰리브덴 강이나 알루미늄 합금보다 약하다.

소결 합금은 세라믹(ceramic)의 분말과 니켈, 크롬, 코발트 등을 결합재로 섞어서 가열하여 소결시킨 것이며, 금속과 도자기의 중간 정도이므로 극초음속 비행에서 공력 가열부에 사용된다.

4.6.3 복합재료

복합재료란 두 종류 이상의 재료를 일체화하여 단일 재료로는 얻을 수 없는 우수한 성질을 갖도록 한 합성 재료를 말한다. 항공기에 쓰이고 있는 대표적인 복합 재료는 **섬유 강화 수지**(FRP; Fiber Reinforced Plastic)로 유리, 탄소, 보론 혹은 강도가 큰 유기 섬유를 에폭시(epoxy) 수지와 같은 모재(matrix)로 고정시킨 복합재이다. 이외에 모재로 금속을 사용하는 금속 복합재의 연구도 활발하게 진행되고 있다.

섬유 강화 수지 중에서 유리 섬유계 복합재(GFRP)는 1940년대 초에 레이다 전파의 투과성을 가진 재료로 개발된 이래 이차 구조 부분에 널리 쓰이고 있지만 강성이 높지 못하며 고강도 부재에는 적당하지 않다. 이 결점을 보완하기 위해 1960년대 후반부터 **탄소 섬유계**(CFRP), **아라미드 섬유계**(AFRP), **보론 섬유계**(BFRP) 등의 새로운 복합 재료가 개발되었다. 이러한 재료들은 비중이 알루미늄의 55~75% 정도로 합금강 정도의 강도와 강성을 가지고 있으므로 종래의 금속재료에 비하여 강도 중량비와 강성 중량비가 매우 우수하다.

CFRP와 BFRP는 이미 군용기 분야에 널리 실용화되어, F-15에는 꼬리 날개의 외판에 BFRP가 사용되었고 스피드 브레이크에는 CFRP가 사용되었다. 초기 비행기에서 사용된 양은 구조 중량의 몇 퍼센트에 불과하였으나 수직 이착륙기인 AV-8B에서는 25%, 최근 개발된 민항기인 보잉 787에서는 50%에 달하고 있다.

보통 **복합재료**는 프리프레그(prepreg)라 불리는 섬유에 수지를 침투시킨 두께 0.1mm 정도의 반고형 시트 또는 테이프 형태의 소재로 공급된다. 프리프레그 내의 섬유 배열은 모두 한 방향이거나 여러 방향으로 된 것이 있다. 복합재의 강도는 섬유 방향으로 매우 강하고 섬유와 수직한 방향으로는 약하기 때문에 하중의 크기와 방향에 맞도록 일방향 프리프레그를 적층한다. 부품 모양의 몰드(mold) 위에 프리프레그를 적절히 적층한 후 몰드와 함께 오토클레이브(autoclave) 등의 장비에 넣고 가열 및 가압하여 경화시킨 후 탈형한다.

수지로는 에폭시, 폴리에스터(polyester), 폴리아미드(polyamid) 등과 같은 열 경화성 외에 열을 가하면 연화하여 재가공이 가능한 열 가소성 수지의 개발도 이루어지고 있다. 복

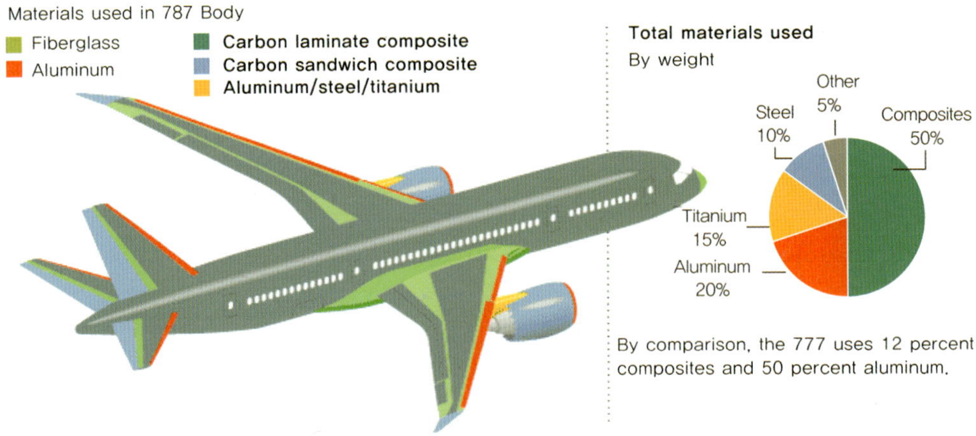

그림 4.36 대형 항공기에 사용된 재료(Boeing 787)

합 재료의 장래가 유망한 것은 강도 중량비가 뛰어나서 알루미늄 합금을 사용하는 경우보다 약 15~30%의 무게를 줄일 수 있다는 것 외에도 앞에서 언급했던 섬유의 방향성을 이용하여 구조 자체에서 요구되는 강도나 강성을 방향에 따라 줄 수 있다는 점이다. 즉 하중에 따라 적층의 방향과 두께를 결정하여 최소한의 중량으로 가장 효율이 좋은 구조 설계가 가능하다. 이와 같은 복합 재료를 본격적으로 사용하기 위해서는 사용 환경에서의 특성 규명과 설계자료의 축적이 필요하며 알루미늄 합금보다 상당히 비싼 원가의 절감이 필요하다. 그림 4.36은 대형 항공기에 사용되는 재료의 예를 든 것이다.

4.6.4 재료의 결함 검사

주물로 만들어진 부품은 재질이 불균일하고 기포가 포함되어 결함이 생길 수 있기 때문에 이것을 발견하기 위하여 주물 제품, 특히 강재 주물의 경우에는 마그나플럭스(magnaflux) 검사를 행한다. 알루미늄 합금이나 마그네슘 합금에 대해서는 다이 체크(dye check)를 시행하며 이것 외에 X선 검사, 감마선 검사, 초음파 검사(ultrasonic detection) 등이 있다.

마그나플럭스 검사는 자력선을 이용한 검사방법이다. 주물뿐 아니라 금속 제품의 결함이나 균열을 발견하는 방법으로 검사하는 물체에 전류를 흐르게 하여 자력선을 만들면 결함이 있는 부분에 자력선이 집중된다. 여기에 철분을 물에 띄워서 뿌려주면 결함 부분에 철분이 집중적으로 부착되므로 이것을 관찰해서 결함을 발견하는 방법이다. 그러나 검사 후에는 반드시 검사 부품에 남아 있는 자기를 없애야 한다는 단점이 있다.

마그나플럭스 검사는 경금속과 같이 자화되지 않는 재질에 대해서는 사용할 수 없다. 이 경우에 다이 체크 방법을 사용하는데 특수한 감광 물질을 검사 부분에 흘려보내고 닦아내면 균열 부분에만 감광 물질이 스며들어서 자외선 등불 밑에서 관찰하면 유난히 밝게

빛나는 부분이 생기므로 균열을 발견할 수 있다.

X선 및 감마선 검사 방법은 모든 금속에 이용된다. X선 및 감마선의 투과성을 이용하여 결함이나 균열 부분이 검게 나타나는 것은 인체에서 결핵을 발견하는 것과 같다고 볼 수 있다. X선의 파장은 10옹스트롬(angstrom, 10^{-8}cm)이고, 감마선은 1/10옹스트롬 정도이므로 투과 능력은 X선에 비해 감마선이 더 크다. 철판의 경우 X선이 15cm 두께를 투과하며 감마선은 50cm 두께를 투과한다.

초음파 검사는 근래에 와서 광범위하게 이용되는 방법으로 초음파 진동을 이용한 검사법이다. 초음파 진동을 발생시키는 압전 재료 탐침(probe)에서 전달되는 초음파는 검사 물체 내부로 전파되어 일부는 결함부에서 반사되고 다른 일부는 반대편 끝에서 반사되어 돌아온다. 초음파 검사의 원리는 탐침에서 검출된 이 반사파를 영상화하여 결함의 유무를 검사하는 것이다. 이 방법은 판재의 두께를 측정하는데도 이용된다. 초음파 검사에 이용되는 주파수는 1~5MHz이며 주물과 같이 결정 입자가 크거나 검사거리가 긴 경우에는 초음파의 산란을 적게 하기 위하여 낮은 주파수를 쓰며 미세한 결함에 대한 검사에는 높은 주파수를 사용한다.

CHAPTER 05

항공 추진역학

5.1 개요

사람들이 하늘을 날려는 꿈을 이루고자 항공기를 이용하여 비행을 시도했을 때, 초기 실패의 대부분은 항공기 설계의 문제점보다는 항공기를 날게 할 만한 충분한 동력이 부족했기 때문이었다. 항공기가 비행하기 위해서는 중력에 반대되는 힘이 발생되어야 공중에 뜰 수 있다. 이러한 힘을 발생시키는 방법은 공기보다 가벼운 기체의 부력을 이용하거나(예를 들면 열기구) 날개 주위로 흐르는 공기의 작용력, 즉 양력을 이용한다(예를 들면 항공기). 양력을 발생하기 위해서는 항공기의 날개를 계속해서 전진시켜야만 한다. 그러나 공기 중에 항공기를 전진시키려면 항공기의 전진을 방해하려는 힘, 즉 항력이 발생된다. 따라서 양력을 발생시키고, 항력을 이겨서 항공기를 지속적으로 전진하게 하는 힘, 즉 추력이 필요하다. 항공기에서 추력을 발생시키는 장치를 추진기관이라 한다.

항공기에서 사용하는 추진기관은 대기의 공기를 엔진 내로 흡입하여 공기 중에 있는 산소를 산화제로 사용하므로 공기흡입식 추진기관이라고도 한다. 공기흡입식 추진기관(원어에서는 **공기흡입식 엔진**[air-breathing engine]으로 명명됨)으로는 왕복기관, 가스터빈엔진, 램제트엔진 등이 있으며, 가스터빈엔진은 주로 아음속 비행 또는 지상 발전용 엔진으로 사용되고, 흡입구에서부터 연소실까지 아음속에서 작동한다. 반면에 램제트엔진은 램제트엔진과 스크램제트엔진이 있는데, 램제트엔진은 초음속 비행에 적합한 엔진으로서 초음속으로 유입된 공기는 흡입구에서 아음속으로 감속되고, 연소실에서 아음속으로 연소된 후 노즐을 통해 높은 초음속으로 분출되어 추력을 발생시킨다. 스크램제트엔진은 극초음속 비행(마하수 5 이상)에 적합한 엔진으로 극초음속으로 유입된 공기는 흡입구에서 초음속(마

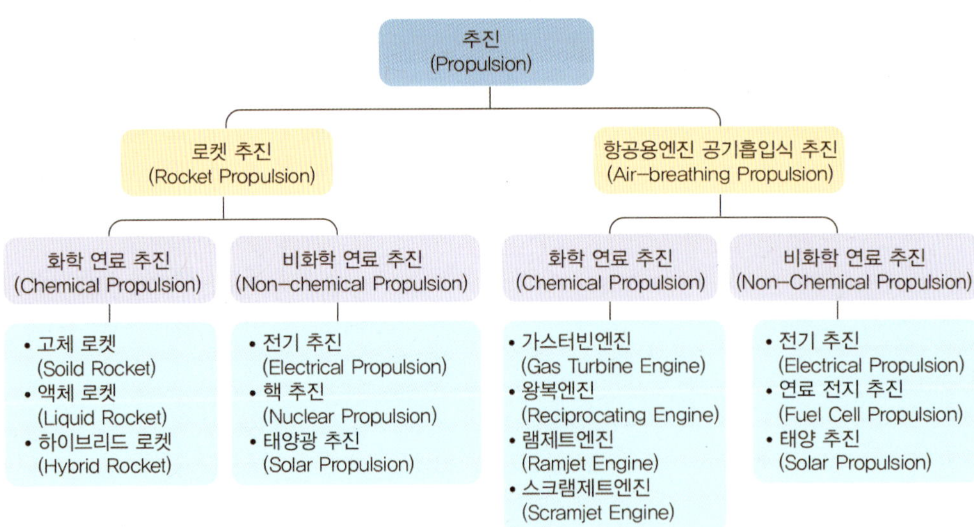

그림 5.1 추진기관의 분류

하수 약 2.0)으로 감속되고, 연소실에서 초음속으로 연소된 후 노즐을 통해 높은 속도로 분출되어 추력을 발생시킨다. 그림 5.1은 위에서 구별한 추진기관을 요약한 것이다.

이 장에서는 추진역학을 설명하고 항공기 추진기관의 종류와 특징을 알아본다.

5.2 추진역학

풍선 놀이를 생각해보자. 풍선을 가스로 압력을 높이고, 풍선의 출구를 열면 풍선 내부와 외부(대기)의 압력 차에 의해서 풍선 속에 있는 가스가 밖으로 분출되고, 이 가스가 분출될 때 발생하는 분출힘의 반력(작용과 반작용의 원리)에 의해 풍선은 가스가 분출되는 반대방향으로 날아가게 된다. 풍선 속에 있는 가스의 압력이 높을수록 분출가스의 유량이 증가되고, 분출가스의 속도가 빨라지므로, 더 큰 추진력을 얻을 것이라고 쉽게 예상할 수 있다. 따라서 추력은 연소실의 압력, 유량 및 분출되는 가스의 유속과 상당히 연관이 깊다는 것을 알 수 있다. 이러한 이유로 일반적으로 추진기관은 화학에너지가 높은 연료를 안정적으로 연소시켜 연소가스를 생성하고 연소가스로 연소실의 압력을 증가시키고, 연소실 내 생성된 고압의 연소가스를 노즐을 통하여 빠르게 분출시킴으로써 그 반력을 이용하여 추진력을 얻는다. 이러한 추진원리에 따라 화학에너지를 사용하는 추진기관은 성능 증대를 위해 연소실 압력을 가능한 한 높게 하기 위한 노력을 한다.

5.2.1 프로펠러 추진역학

프로펠러는 왕복엔진 또는 터보프롭 엔진으로부터 회전동력을 전달받아 회전하여 항공기의 추진에 필요한 추력을 발생시킨다. 프로펠러에 대한 추력발생 이론에는 공기역학에서 다룬 날개이론이 기초가 된다.

1) 프로펠러 추진원리

프로펠러에서 발생하는 추력을 계산하는 것을 프로펠러의 성능해석이라 한다. 프로펠러의 성능해석 방법은 크게 두 가지로 나누어지는데 운동량 이론과 깃 요소 이론이다.

프로펠러 단면의 형상은 날개의 깃과 유사한 형상이며, 회전할 경우 공기는 깃의 윗면에서 속도가 빨라지고 아랫면에서는 속도가 느려지게 된다. 이때 속도 차이는 압력의 차이를 만들어 추력이 발생된다. 이러한 깃 요소 이론은 깃의 단면에 작용하는 바람의 받음각을 계산하여 그 받음각에서 발생하는 공기력의 성분을 구하는데, 모든 단면에 걸쳐 같은 계산을 수행하고 적분하면 프로펠러축에 공급한 동력과 추력의 관계를 계산할 수 있다. 그

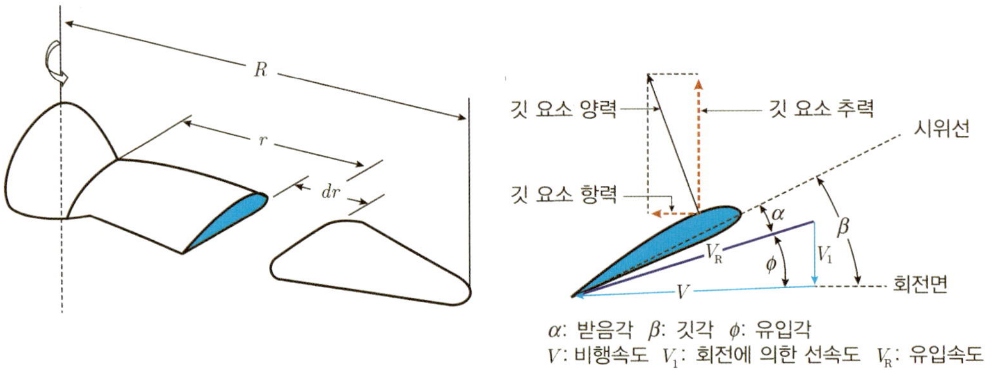

그림 5.2 프로펠러 깃의 상호관계

러나 프로펠러의 깃 단면에 작용하는 공기의 받음각을 계산하는 것은 간단하지 않다. 왜냐하면 프로펠러의 깃각이 주어져 있더라도 프로펠러가 전진하는 속도 성분이 있고 회전면을 통해 빨려 들어가는 유도흐름 속도성분이 있어 이들 요소들의 합으로 받음각이 결정되기 때문이다. 그림 5.2와 같이 프로펠러 깃의 선속도와 비행속도의 합성속도가 프로펠러의 회전면과 이루는 각을 유입각이라 하며 이 각은 유효받음각을 만들어주는 각이다.

한편 운동량 이론은 거시적인 입장에서 공기의 운동량 변화로 추력을 계산한다. 이 이론은 프로펠러의 전반적인 특성을 이해하는 데는 편리하지만 깃각의 비틀림 정도와 같이 깃의 기하학적 형태는 고려하지 않으므로 프로펠러의 구체적인 성능해석 방법으로는 적합하지 않다. 프로펠러 앞에 있던 공기 질량이 프로펠러를 거치면서 속도가 빨라지므로 결국 프로펠러에 의해 운동량의 변화가 일어난다. 이 운동량의 변화에 대한 반작용으로 추력이 발생한다.

2) 프로펠러의 구조

항공기의 프로펠러는 **허브**(hub)와 둘 이상의 **깃**(blade)으로 구성되어 있다. 깃은 허브에 부착되며 허브는 프로펠러 축에 부착된다. 프로펠러 깃의 각 단면과 주요 명칭은 그림 5.3과 같다. 허브는 깃을 지지하며 또한 프로펠러를 프로펠러 축에 연결시키는 장착대의 역할을 한다. **깃쭉지**(blade shank)는 **깃뿌리**(blade butt 또는 blade root) 근처에 있고 단면이 원으로 된 부분으로서 강도를 유지하기 위하여 단면적이 큰 것이 보통이다. 깃뿌리는 프로펠러 끝단에 위치하며 허브에 체결이 되는 부위이다. 프로펠러의 깃의 단면은 에어포일 모양의 단면을 갖는다. 프로펠러의 **깃각**(blade angle)은 항공기 날개의 붙임각과 같은 것으로써 프로펠러의 **회전면**(disk)과 시위선이 이루는 각이다. 깃각은 위치에 따라 일정하지 않아 깃뿌리에서는 크고 깃끝으로 갈수록 작아진다. 프로펠러를 대표하는 깃각은 특별히 지정하지 않을 경우에는 일반적으로 프로펠러의 중심으로부터 75% 반경인 점에서의 깃각으로 한다. 프로펠러가 회전하면 원심력이 생기게 되는데 깃 무게의 수천 배의 크기로 깃을 허브에서 뽑아내려고 하는 힘이 작용한다. 이때의 원심력은 깃에 인장력과 비틀림을 주게 되는데 비틀림은 **깃각**(blade angle)을 작게 하려는 방향으로 작용한다. 또한 회전력과 발생된 추력에 의하여 굽힘력도 받는다.

공기를 강체로 가정하고 프로펠러를 일회전시킬 때 전진하는 거리를 기하학적 피치라 하고 실제 전진한 거리를 유효 피치라 한다. 기하학적 피치에 대한 유효피치를 **프로펠러 슬립**(propeller slip)이라고 한다. 깃의 전 길이에 걸쳐 기하학적 피치를 모두 같게 하려면 깃 끝으로 갈수록 깃각이 작아지도록 깃에 **비틀림**(twist)을 주어 깃각을 그림 5.3과 같이 분포시켜야 한다.

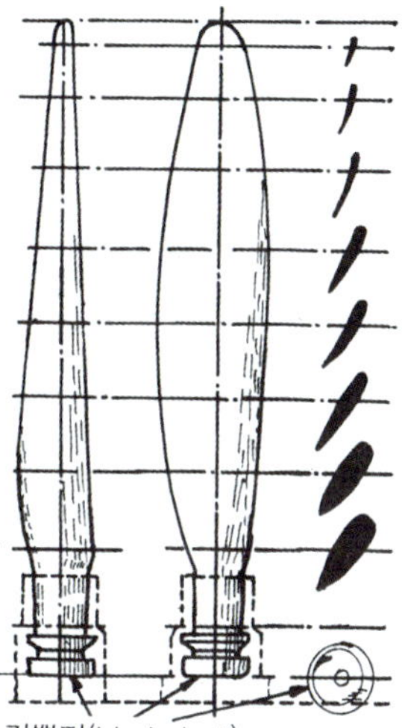

그림 5.3 프로펠러의 구조

3) 프로펠러 추력 계산식과 설명

프로펠러의 추력은 운동량 이론을 이용하여 다음과 같이 간단하게 계산할 수 있다. 그림 5.4와 같이 프로펠러를 무한히 얇은 움직이는 **디스크**(actuator disc)로 가정하고 회전력에 의한 유동을 무시하고 비압축성으로 가정하자. 움직이는 디스크는 매우 얇아서 전후의 속도는 같으나 압력은 Δp 만큼 불연속적으로 증가한다고 가정하자. 추력은 다음과 같이 표현된다.

$$T = A_{disk} \times \Delta p = \dot{m} \times (V_e - V_0)$$

프로펠러는 추력을 발생시켜 항공기를 전진운동시키므로 프로펠러가 항공기에 공급한 추력동력은 비행속도와 추력을 곱한 값이 된다. 프로펠러에 공급한 동력과 추력동력의 비를 프로펠러 효율이라 한다. 일반적으로 프로펠러 효율은 1.0보다 적으며 깃각과 전진속도에 따라 달라진다. 전형적인 프로펠러 효율을 그림 5.5에 나타내었다. 그림의 가로축에 표시된 J를 프로펠러의 **진행비**(advance ratio)라 한다. 진행비를

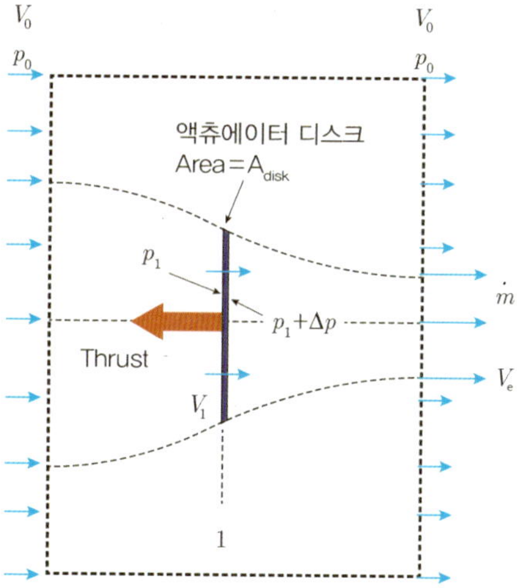

그림 5.4 액츄에이터 디스크 주위의 검사체적

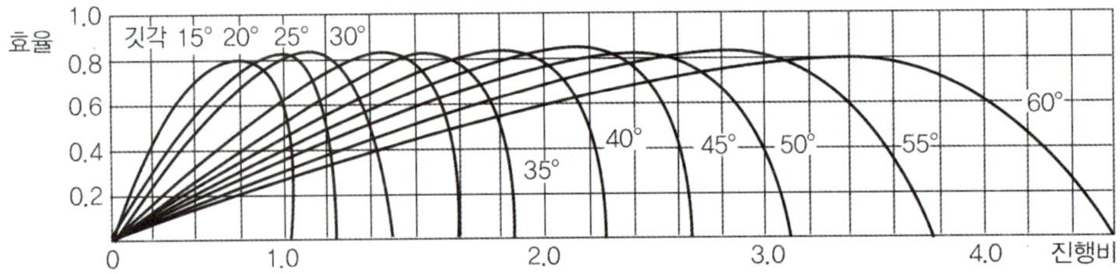

$$J = \frac{V}{nD}$$

그림 5.5 프로펠러의 효율

나타내는 식에서 n은 초당 회전수를 나타내며 D는 프로펠러 직경, 그리고 V는 비행속도이다. 진행비의 물리적 의미는 깃 끝이 그리는 선속도에 대한 비행속도와의 비를 나타낸다.

고정된 깃각에서는 단지 하나의 진행비만이 가장 좋은 효율을 가지게 되므로 효율을 최대로 하는 비행속도는 하나뿐이다. 예를 들어 그림 5.5와 같이 깃각이 15도일 때 효율을 최대로 하는 진행비는 0.6 정도이며 프로펠러 개수와 직경이 정해지면 비행속도도 정해진다. 진행비가 클 때는 깃각을 크게 해야만 효율이 좋아진다는 것을 알 수 있다. 또한 이륙이나 상승비행과 같이 비행속도가 적을 경우에는 깃각을 적게 하고 비행속도가 클 경우에는 깃각이 커져야 한다. 따라서 비행속도와 회전수에 따라 깃각을 변경할 수 있는 가변피치 프로펠러를 사용하여 프로펠러 효율을 최대로 한다.

5.2.2 제트엔진 추진역학

1) 제트엔진 추진원리

공기흡입식엔진(air-breathing engine)은 항공기의 추진기관으로 사용되고 있으며, 공기흡입식엔진의 추진역학을 설명하기 위하여 제트엔진을 예로 들어 설명한다. 제트엔진은 흡입구를 통해 흡입된 공기를 연소기에서 연료와 혼합 및 연소를 하고, 노즐을 통해 연소가스를 가속시켜(항공기의 비행속도보다 빠르게 대기로 분출) 추력을 발생한다. 제트추진 원리의 핵심은 비행속도로 흡입되는 흡입공기의 속도보다 연소가스의 배출 속도를 빠르게 하여, 비행속도와 배출속도의 속도 차이에 의해 반작용이 발생하여 추력을 생성한다는 것이다. 따라서 제트엔진 내부에서는 공기에 압력과 열에너지를 가하고 이것을 운동에너지 형태로 연속적으로 변환하는 일련의 과정을 거치게 된다.

그림 5.6은 이러한 기능을 구현하기 위한 제트엔진의 주요장치, 즉 공기흡입구, 압축기, 연소기, 터빈, 배기노즐을 나타낸다. 우선 공기흡입구는 제트엔진이 요구하는 공기유량을 유입하되 마찰을 최소화하면서 부드럽게 흡입할 수 있도록 하는 통로의 역할을 담당한다.

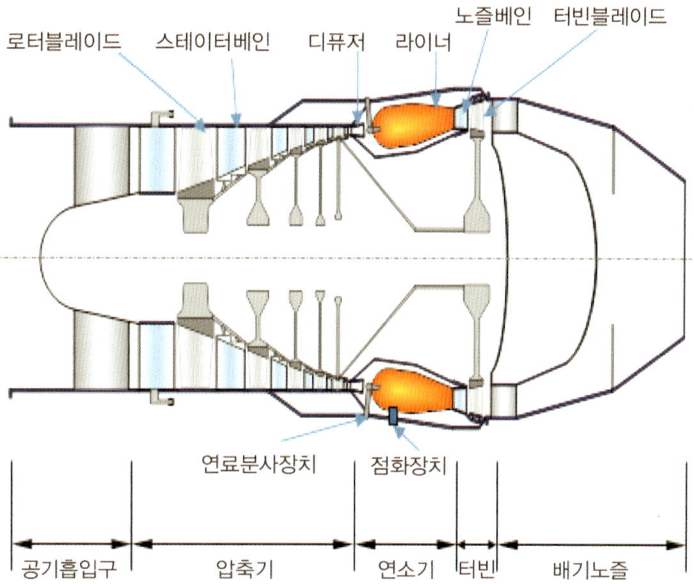

그림 5.6 제트엔진 개략도

또한 압축기가 정상적으로 작동될 수 있도록 유입공기의 속도를 제어하는 역할을 담당한다. 즉 항공기 비행 시에는 흡입공기의 속도를 감속시키고, 항공기가 지상에 정지한 경우에는 유입공기속도를 가속하여 압축기 입구에서는 항상 일정한 공기유속이 유지되도록 한다. 흡입구를 통과한 흡입공기는 압축기를 거치면서 공기의 압력이 상승하게 되며, 이때 공기의 열역학적 특성에 의하여 공기온도도 동시에 상승하게 된다. 압축된 공기는 연소기 입구에서 분사되는 연료와 혼합되어 연소하여, 고온고압의 연소가스가 생성된다. 연소가스는 터빈을 회전시키고 터빈을 통과한 연소가스는 배기노즐을 통해 고속으로 대기로 분출되어 추력을 발생한다. 한편 터빈에서 발생된 회전력은 압축기를 구동(회전)시켜서 지속적으로 흡입공기를 압축한다.

2) 제트엔진의 추력계산식과 설명

제트엔진의 추력은 흡입공기와 배출 연소가스의 속도 차이에 의해 발생하는 운동량의 변화에 따른 반작용에 의해 추진력이 발생하며 그림 5.7에 개념도가 제시되어 있다. 비행속도를 v_0, 가스의 배출속도를 v_9, 흡입공기의 질량유량을 $\dot{m}_0$, 연료의 질량유량을 $\dot{m}_f$, 배기노즐의 출구 단면적을 A_9, 대기의 정압력을 p_0, 배기노즐 끝단에서의 압력을 p_9이라고 하면 순추력(F_n)은 다음과 같이 표현할 수 있다.

$$F_n = \left(\dot{m}_0 + \dot{m}_f\right) V_9 - \left(\dot{m}_0\right) V_0 + (p_9 - p_0) A_9$$

이때 배기노즐에서의 가스유량은 공급된 연료량 $\dot{m}_f$만큼 증가하게 된다. 또한 배기노즐 끝단에서의 압력 p_9은 아음속의 경우 대기압력 p_0와 같게 되나 초음속으로 분사되는 경우 작동조건에 따라 대기압력 p_0와 다른 값을 가지는 경우도 발생할 수 있다.

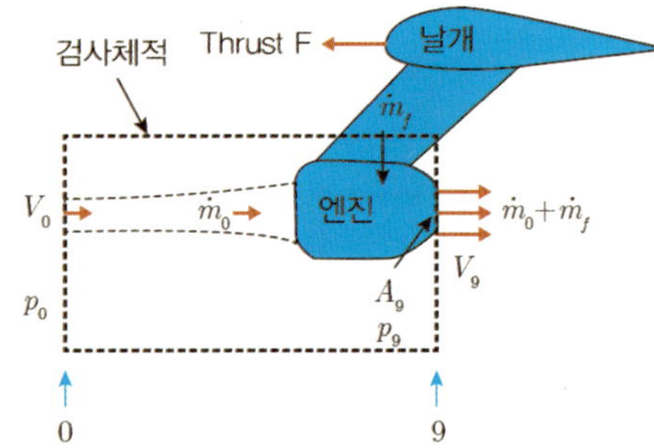

그림 5.7 엔진주위 검사체적 내에서 작용하는 힘(추력) 개념도

5.2.3 초음속엔진 추진역학

1) 초음속엔진 추진원리

공기흡입식 초음속엔진은 제트엔진과는 다르게 압축기와 터빈이 없으며, 공기 흡입구, 연료분사기, 연소기, 노즐 등으로 구성되어 있다(그림 5.28 참조). 공기 흡입구는 대기 중의 공기를 엔진으로 유입하여 압축기가 없이 유속을 줄이고 공기의 압력을 높여(램압축이라 함) 연소실로 공급한다. 연료는 유입되는 공기 속으로 분사되어 흡입공기와 혼합된 후에 연소기로 공급된다. 연소기 내에서 연소된 연소가스는 노즐을 통과하면서 운동에너지로 전환되면서 분사되는 제트의 반력으로 추진력을 발생시킨다. 추력의 크기와 효율은 비행체의 받음각, 흡입구에서의 압력 회복률과 충격파의 거동, 연소기에서의 연소율 및 화염의 동적 거동에 매우 민감하게 영향을 받는다. 공기흡입식 초음속엔진은 제트엔진보다 구조적으로 훨씬 간단하지만 내재하고 있는 물리적 현상이 복잡하고, 보염(연소 유지)이 어려워서 제트엔진보다 훨씬 뒤늦게 개발되었다.

2) 초음속 엔진의 추력계산식과 설명

제트엔진과 유사한 방법으로 추력을 계산할 수 있다. 추력은 공기흡입구와 노즐출구에서의 유동의 모멘텀 차이로 표현할 수 있다. 실제로는 비행체가 움직이면서 대기공기가 추진기관으로 유입되나 상대속도의 개념을 적용하면 비행체를 정지시키고 대기 공기가 비행체의 속도로 흡입구로 유입되는 것으로 간주하여 추진력을 계산할 수 있다.

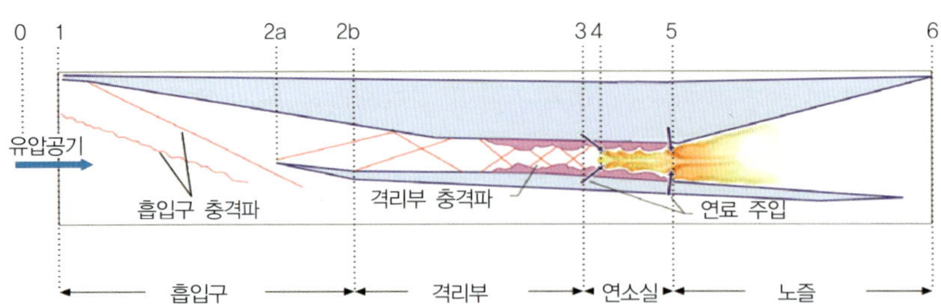

그림 5.8 스크램제트엔진 개념도

제트엔진과 유사하게 추력 계산을 다음과 같이 표시할 수 있다. 단지 제트엔진과 다르게 비행체가 초음속 이상으로 비행하므로 유입되는 공기가 흡입구에서 감속되면서 충격파의 발생으로 압력 손실이 크게 발생한다. 이를 고려하여 추력을 다음과 같이 나타낼 수 있다.

$$F_n = (\dot{m}_0 + \dot{m}_f)V_6 - D_{ram} + (p_6 - p_0)A_6$$

$$D_{ram} = C_{ram}\dot{m}_0 V_0$$

위 식에서 D_{ram}은 흡입구로 유입되는 고속 공기가 감속되면서 나타나는 모멘텀 손실(C_{ram})을 고려한 흡입구에서의 모멘텀 크기를 의미하며 램항력이라 한다.

5.3 항공용 추진기관

추진기관을 장착한 최초의 동력비행은 라이트 형제에 의해 1903년에 이루어졌으며, 초기의 추진기관은 19세기에 개발된 왕복기관을 사용하였고, 제2차 세계대전 전까지는 성형 왕복기관이 많이 사용되었다. 제2차 세계대전 이후에는 가스터빈엔진이 주로 사용되고, 소형항공기에서만 대향형 왕복기관이 사용되고 있다. 또한 초음속의 고속 비행을 위하여 램제트엔진이 개발되었다. 2000년대에 들어서면서 고효율의 가스터빈엔진과 극초음속의 고속 비행을 위한 스크램제트엔진이 연구되고 있으며, 지구 환경을 저해하는 공해를 저감하기 위한 친환경 추진기관으로 전기추진기관이 개발되고 있다.

5.3.1 가스터빈엔진

가스터빈엔진의 작동원리를 이해하기 위해서 외부로부터의 열전달 또는 손실이 없는 단열조건에서 등 엔트로피 거동을 하는 이상적인 터보제트엔진을 가정하자. 그림 5.9와 같이 터보제트엔진의 유로의 위치는 대기조건을 0번, 엔진 흡입구를 1번, 압축기 입구를 2번, 압축기 출구를 3번, 연소기 출구를 4번, 터빈 출구를 5번, 노즐 끝단을 9번이라고 명명하자. 이 번호체계는 엔진의 유로 위치를 표시하는 국제적인 약속이므로, 엔진 내부의 유로 위치를 지칭할 때 아래 번호로 표기하는 경우가 많다.

가스터빈엔진의 각 유로 위치에서의 물리적 상태는 엔탈피(enthalpy)-엔트로피(entropy) 선도로 표시하는 것이 이해하기 쉽다. 엔탈피는 온도와 속도를 총괄하는 에너지 개념으로, 엔트로피는 에너지 변환 시 마찰 등의 비가역성의 정도를 표시하는 지표로 이해하면 더욱 쉽게 가스터빈의 작동상태를 이해할 수 있다. 압력의 경우 엔탈피-엔트로피 선도에 점선으

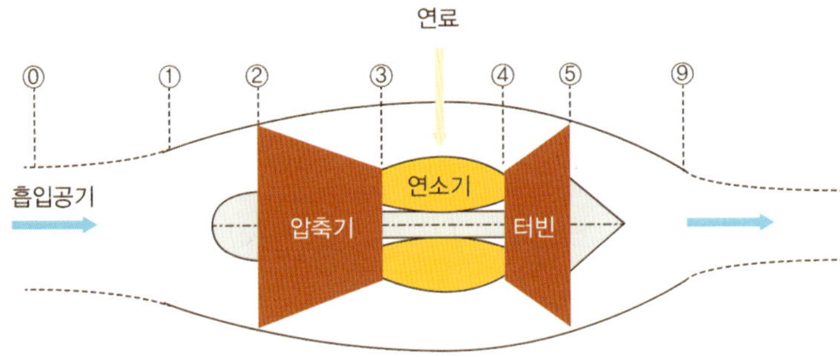

그림 5.9 터보제트엔진의 유로 개념도

로 등압선이 표시되어 있으므로 이를 참조하면 된다. 유로의 각 위치에서의 엔탈피 등 물성치는 정체조건 또는 전 조건(stagnation state 또는 total state)을 기준으로 작성하며 번호에 t2, t3, t4, t5와 같이 첨자 't'를 부가하여 표시한다. 다만 대기조건인 0번과 노즐 출구조건인 9번은 정적상태(static state) 조건으로 나타내는 것이 속도 항에 대한 운동에너지를 표현할 수 있어서 편리하다. 전 엔탈피(total enthalpy) h_t는 정 엔탈피(static enthalpy) h와 속도 V의 함수로 다음과 같이 정의된다.

$$h_t \equiv h + \frac{V^2}{2}$$

그림 5.10에 이상적인 터보제트엔진 지상정지 작동시의 엔탈피-엔트로피 다이어그램의 예가 표시되어 있다. 흡입구에서 마찰이 없는 등 엔트로피 과정이라고 가정하면 0번에서 t2번까지의 엔탈피는 동일한 값을 가지게 된다. t2번에서 t3번까지 과정은 압축기의 등 엔

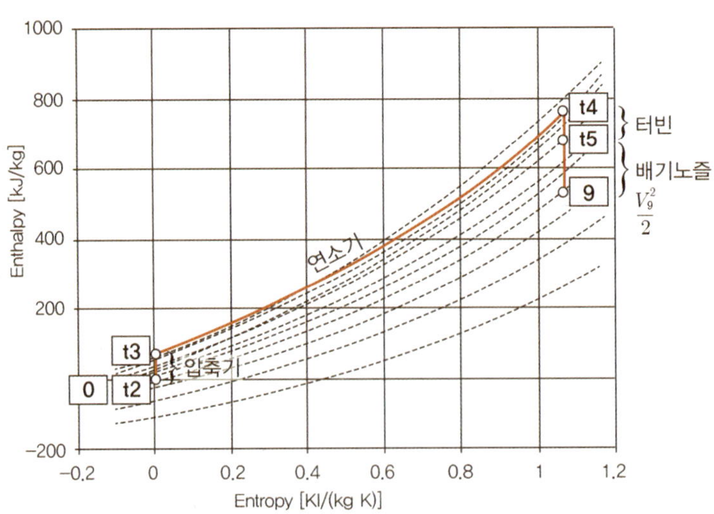

그림 5.10 터보제트엔진 엔탈피-엔트로피 선도

트로피 작동에 의하여 압력이 증가하게 되는 구간으로, 압력 증가에 따라 온도도 증가하므로 엔탈피는 상승하게 된다. 연소기에서는 연료를 투입하여 공기와 혼합하여 연소를 수행하므로 공기의 온도가 상승하여 엔탈피는 증가하게 된다. 이때 연료를 외부에서 투입하여 연소하는 비가역과정이므로 엔트로피도 증가하게 되고, 연소 가스는 가장 높은 엔탈피를 가진 t4 위치에 도달하게 된다. 고압, 고 엔탈피의 연소 가스는 터빈에서 등 엔트로피 팽창을 하면서 터빈블레이드에 회전운동을 발생하며, 압축기가 필요로 하는 에너지(엔탈피)만큼 감소된 후 터빈 출구 t5 위치에 도달하게 된다. 터빈 출구에서 배출된 가스는 배기노즐을 통과하면서 속도는 점차 가속되며 노즐 끝단에서의 최종속도 V_9으로 대기로 분출하여 추진력을 얻게 된다. 이때 배기노즐 유동과정에서 외부로부터의 일이나 마찰이 없는 등 엔트로피 과정이라고 가정하면 t5의 전 엔탈피($ht_5 = ht_9$)는 9 위치에서의 정 엔탈피(h_9)와 속도에너지($V_9^2/2$)의 합으로 변환된다. 이러한 제트엔진의 엔진 사이클을 브레이튼 사이클(Brayton cycle)이라 한다. 브레이튼 사이클은 정압연소 과정이 특징이다.

1) 가스터빈엔진의 구조와 종류

가스터빈엔진은 추진력을 얻는 방법에 따라 **터보제트엔진**(turbojet engine), **터보팬엔진**(turbofan engine), **터보프롭엔진**(turboprop engine), **터보샤프트엔진**(turboshaft engine)으로 구분된다(그림 5.11).

① 터보제트엔진

터보제트엔진은 압축기, 연소기, 터빈을 통과한 고온, 고압의 가스를 배기노즐로 배출하면서 얻는 고속의 속도를 이용한 추진 장치이다. 고속의 배기속도를 얻기 위해서는 배기노즐의 면적이 점차 줄어드는 **축소형 노즐**(convergent nozzle)을 이용한다. 그러나 초음속 배기속도를 얻기 위해서는 **축소 확대 노즐**(convergent-divergent nozzle)을 이용하게 된다. 이때 후기연소기(after burner)를 터빈과 축소 확대 노즐 사이에 배치하여 배기가스의 온도를 최대한 상승시킨 후 초음속으로 배출하여 추력증가의 효과를 얻을 수 있다. 항공기용 가스터빈엔진은 1940년대 개발이 시작된 터보제트엔진으로부터 다양한 형상으로 파생되어 왔다. 왜냐하면 터보제트엔진은 흡입된 공기를 고속으로 후방으로 배출하면서 얻는 제트에너지를 항공기 추진에 이용하고 있어 프로펠러 추진 항공기에 비해 항공기의 고속비행이 가능하기 때문이다.

② 터보팬엔진

현대 항공기의 속도가 빨라짐에 따라 프로펠러 추진장치의 높은 효율성과 제트엔진의 고속 비행성능의 특성을 결합하는 방식이 필요하게 되었으며, 이것을 구현한 엔진이 바로 터보팬엔진이다. 공기흡입식 엔진의 추력은 배기가스의 속도와 비행속도의 차와 질량유량

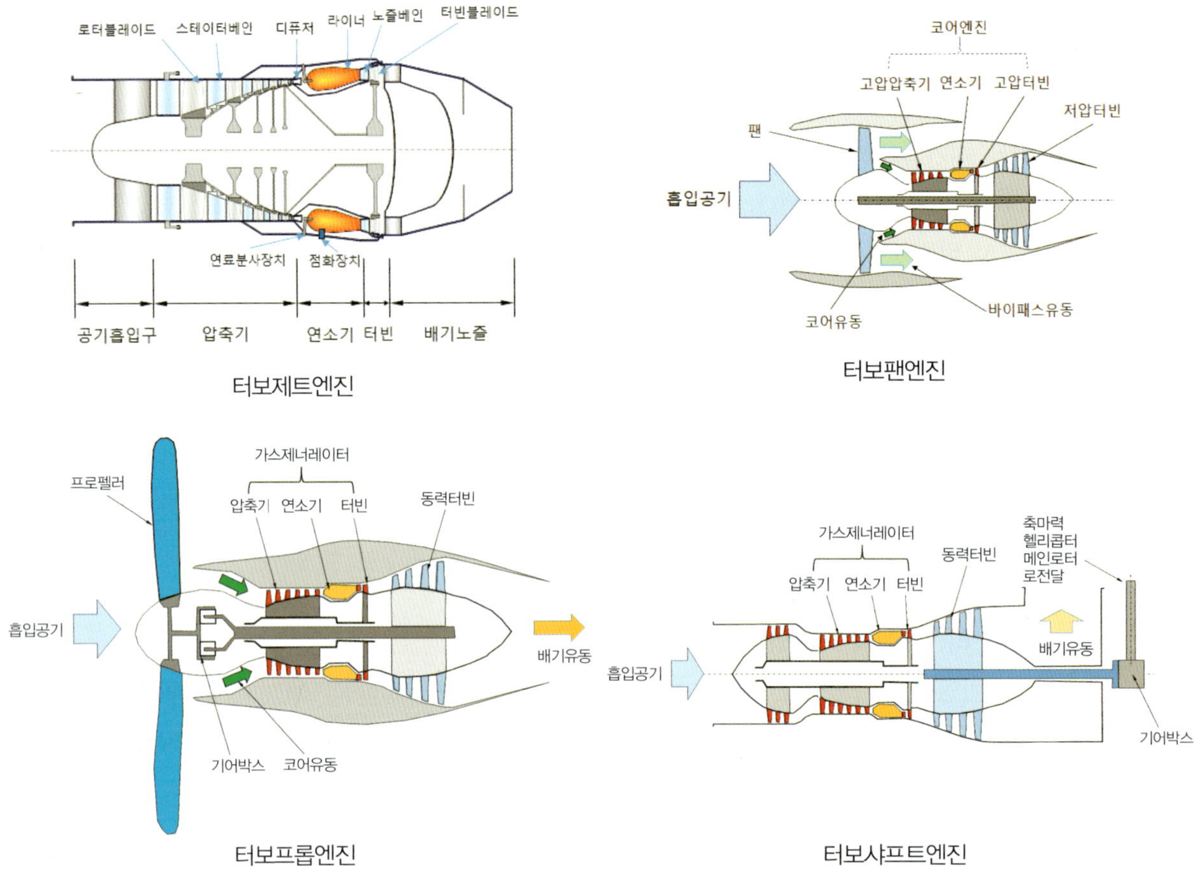

그림 5.11 가스터빈엔진의 종류와 구조

의 곱에 비례(즉, $F_n \propto \dot{m}_0(V_9 - V_0)$)한다. 제트엔진은 배기가스의 속도를 크게 하여 추력을 얻는 반면에 터보팬 엔진은 배기가스의 속도를 감소시키고 질량유량을 증가시켜 추진력을 유지하면서도 비연료 소모율을 최대한 감소시키는 방향으로 개발이 진행되어 왔다. 즉 엔진 내부에 제트엔진을 장착하고 외부에 프로펠러와 비슷한 기능을 담당하는 팬을 부착시키는 방식으로 그 개념을 구체화하게 되었으며, 이를 터보팬엔진으로 명명하였다. 그림 5.11과 같이 터보팬엔진은 **고압압축기**(high pressure compressor), 연소기, **고압터빈**(high pressure turbine)을 터보팬 엔진 내부에 장착하고 있으며, 이를 **코어엔진**(core engine) 또는 **가스제너레이터**(gas generator)라고 명칭한다. 이때 코어엔진의 압축기를 고압압축기, 터빈을 고압터빈이라 명칭하는데 이는 또 하나의 압축기 역할을 수행하는 팬과 저압 터빈이 터보팬 엔진 내에 위치하고 있기 때문에 구분을 위한 것이다. 코어엔진을 흐르는 유동을 **코어유동**(core flow)이라고 명칭한다. 코어엔진에서 배출되는 고속의 배기가스는 두 번째 터빈인 **저압터빈**(low pressure turbine)을 가동시키게 되고 이때 생성된 회전에너지는 엔진 전방부에 위치한 **팬**(fan)을 구동하게 된다. 저압터빈과 팬을 합하여 **팬 모듈**(fan module)이라고 칭하며, 팬 모듈은 코어엔진 회전축 내부에 위치하는 또 하나의 독립된 축으로 연결되어 있다. 팬은 대용량의 공기를 흡입할 수 있는 회전날개이며, 팬으로 흡입된 대량 공기의 일부는 코어엔진으로 공급되고 나머지 공기는 코어엔진 외부의 독립적인 통로를 통해 외부로 배출된다. 이러한 공기유동을 **바이패스유동**(bypass flow)이라고 지칭한다. 바이패스 유동은 코어엔진의 연소기를 통과하지 않기 때문에 팬 노즐을 거쳐 대기로 배출되며, 코어유동에 비해 상대적으로 저온이며 저속의 특성을 지니고 있다. 바이패스 유동이 코어엔진으로 흐르는 유량보다 대용량인 경우 코어에서 배출되는 배기속도보다 낮은 속도를 가지지만, 대용량의 유량이므로 코어엔진보다 큰 추력을 얻을 수 있어 연료 경제성에 핵심적인 기여를 하게 된다. 민항기의 경우 장착된 엔진의 직경이 매우 큰 것을 볼 수 있다. 이것은 비연료 소모율을 최소화하기 위하여 바이패스 공기가 통과하는 유로의 단면적을 크게 제작하기 때문이며, 결과적으로 바이패스 공기의 유량이 코어엔진을 통과하는 유량보다 커지게 되는 것이다. 바이패스유량과 코어유량의 비를 **바이패스비**(bypass ratio)라고 칭하며, 현재 민항기에 장착된 터보팬 엔진의 경우 연료경제성을 위하여 바이패스비가 5 이상 되는 엔진을 장착하는 경우가 많다.

③ 터보프롭엔진

압축기, 연소기, 터빈으로 구성된 가스제너레이터를 통과한 고온, 고압의 가스는 추가적 터빈인 동력터빈에서 축 마력을 추출하게 되며, 추출된 축 마력을 기어박스를 통하여 감속한 후 프로펠러를 구동하는 방식을 터보프롭엔진이라 한다. 동력터빈은 가스제너레이터의 회전축과 독립적으로 운영되며, 수만 rpm 이상으로 회전하므로 수천 rpm의 저속으로 회전하는 프로펠러를 구동하기 위해서는 감속기어가 필수적이다. 터보프롭의 대부분의 추력은 프로펠러 회전으로부터 발생하는 추진력으로부터 얻게 되며, 약 10% 정도의 추력은 배기노즐에서 분사되는 제트 추진력으로부터 얻게 된다.

④ 터보샤프트엔진

터보샤프트엔진은 가스제너레이터로 통과한 가스를 동력 터빈을 통해 대부분의 속도에너지를 축마력으로 전환하여 전환된 축마력을 이용하여 항공기를 추진하는 엔진이다. 배기가스는 배기덕트를 통해 저속으로 배출되므로 가스배출 속도에 의한 추진력은 전혀 얻지 못한다. 동력터빈에서 추출한 축마력은 기어박스를 통해 감속된 후 헬리콥터의 경우 메인로터로 전달되어 회전력을 제공하게 된다. 터보샤프트엔진의 축마력은 최근 지상용 및 선박용 발전기를 구동하는 용도로도 사용되고 있다.

2) 구성품의 작동원리

① 압축기

압축기는 크게 **원심압축기**(radial flow compressor)와 **축류압축기**(axial flow compressor)로 구분된다. 원심압축기는 공기 흡입부보다 출구부의 직경을 크게 하여 원심력의 효과를 이용하여 공기를 압축할 수 있는 장치로서, 1단의 압축비가 약 4 정도로 단당 압축비가 축류압축기에 비해 매우 높고, 구조가 튼튼한 장점이 있다. 따라서 먼지가 많이 흡입되는 헬리콥터 등의 가스터빈엔진, 보조동력장치 등에 매우 유용하게 사용되고 있다. 다만 축류압축기에 비해 엔진의 직경이 상대적으로 커지고 단위면적당 통과하는 공기질량유량이 상대적으로 작은 단점이 있다. 원심압축기의 작동원리는 그림 5.12와 같다. 공기는 임펠러를 통해 흡입되고 회전하는 임펠러 베인을 통과하면서 에너지를 얻어 가속된 후, 디퓨저를 통과하면서 속도는 점차 감소하여 운동에너지가 압력에너지로 변환되게 된다. 이때 임펠러 블레이드의 유로 단면적도 점차 커지도록 일반적으로 설계하므로 유체의 정압력은 임펠러 블레이드와 디퓨저 블레이드를 통과하면서 계속 상승하게 된다.

축류압축기는 그림 5.13과 같이 **로터**(rotor)와 **스테이터**(stator)로 구성되며, 로터는 여러

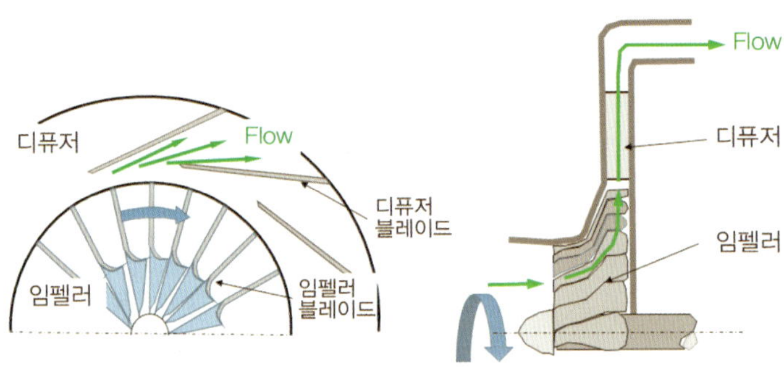

(가) 정면도 (나) 측면도

그림 5.12 원심압축기 개념도

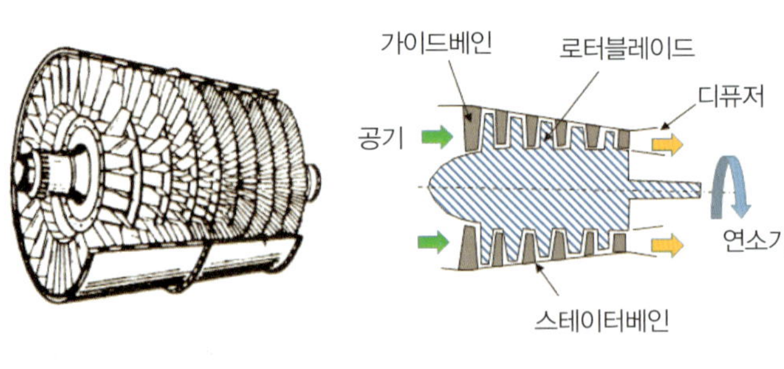

(가) 로터-스테이터 결합체 (나) 로터-스테이터 결합체 단면도

그림 5.13 축류압축기 개념도와 단면도

층의 원판 둘레에 **로터 블레이드**(rotor blade)가 장착되어 있고, 스테이터는 압축기의 외부 케이스 역할을 하며 안쪽에 **스테이터 베인**(stator vane)이 장착되어 있다. **가이드 베인**(guide vane)은 압축기 입구에 설치되며 최전방의 로터 블레이드로 유입되는 공기 유입각을 유도하는 역할을 수행한다. 가이드 베인을 통과한 공기는 압축기의 축 방향으로 흐르면서 로터 블레이드에 의해 운동에너지를 공급받아 속도가 가속된 후 스테이터 베인으로 유입된 후 유로 단면적이 점차 커지는 스테이터 베인을 통과하면서 정압력 상승이 일어나게 된다. 이때 로터 블레이드 내에서도 블레이드의 회전에 의해 운동에너지를 공급받음과 동시에 정압력 상승도 일어나게 됨을 유의해야 한다. 축류압축기는 전면 면적에 비하여 많은 양의 공기를 흡입, 압축할 수 있고 다단으로 제작하기 쉬우며, 입구와 출구의 전 압력비와 압축기 효율이 높기 때문에 고추력 및 고성능 엔진에 많이 사용된다.

② 터빈

터빈은 압축기와 그 밖의 필요한 장비를 구동시키거나 터보프롭 및 터보축엔진의 동력축을 회전시키기 위한 동력을 발생하는 장치로 연소실에서 연소된 고압, 고온의 연소가스를 팽창시켜 회전동력을 얻는다. 터빈은 원심터빈과 축류터빈으로 분류된다. 원심터빈은 그림 5.14와 같이 원심압축기의 구조와 모양이 유사하나 흐름의 방향이 바깥쪽에서 중심부분으로 흐르는 것이 다른 점이다. 원심터빈은 제작이 간편하고 비교적 효율이 좋으며, 단마다의 팽창비가 4 내지 6 정도로 높다. 그러나 단수를 증가시키면 효율이 낮아지고 구조가 복잡해지므로 보통 소형엔진에서 주로 사용된다.

축류터빈은 축류압축기와 비슷하게 스테이터와 로터로 구성되어 있으며, 하나의 스테이터 열과 하나의 로터 열을 합하여 1단이라고 한다. 특히 스테이터를 터빈 노즐 또는 베인이라고도 한다. 스테이터 노즐의 단면은 에어포일 모양이며 수십 개의 스테이터 노즐이 터빈 케이스 안쪽에 장착되어 터빈 스테이터 1열을 구성한다. 터빈 로터 블레이드도 에어포일 모

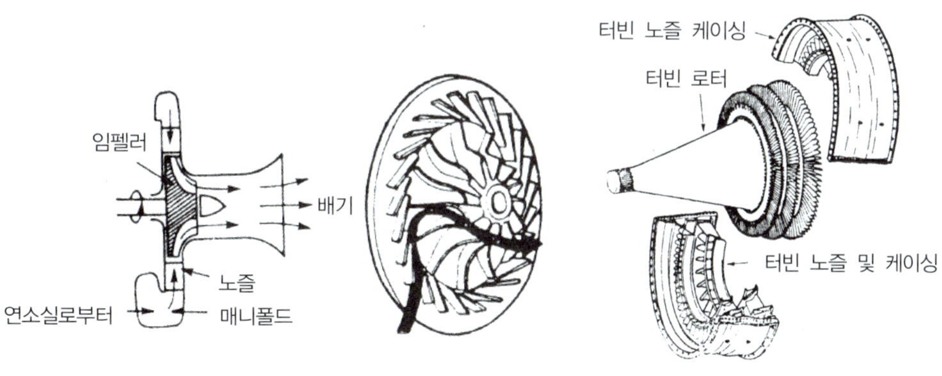

(가) 원심 터빈 (나) 축류터빈

그림 5.14 방사류 터빈과 축류터빈

양이며 터빈 디스크 주위에 수십 개의 블레이드가 장착되어 1열의 터빈 로터를 형성한다.

연소실에서 연소된 고온, 고압의 연소가스는 터빈 노즐을 통과하면서 가속되고 터빈 로터 블레이드에 운동량을 전해줄 수 있는 적절한 각도로 유도된다. 이후 가속되고 유도된 연소가스는 터빈 로터 블레이드에 입사되어 운동량을 전달하여 터빈 축에 회전력을 전달하게 된다. 이때 팽창과정 즉 정압력의 감소는 일반적으로 터빈 노즐과 로터 블레이드에서 동시에 이루어지게 된다. 하나의 터빈 단을 지나면서 팽창되는 양 중에서 로터 블레이드가 담당하는 팽창량과 전체 터빈의 팽창량의 비의 백분율을 반동도라고 한다.

충동터빈(impulse turbine)은 터빈 노즐에서만 유동가스의 정압력의 감소가 일어나 가속이 되며, 로터 블레이드 내에서는 속도가 일정하게 유지되는($w_2 = w_3$) 형태로서 반동도는 영인 터빈이다. 따라서 로터 블레이드의 입구와 출구의 압력 및 상대속도는 그림 5.15의 (가)와 같이 일정하다. 로터 블레이드에서는 유입되는 가스의 충격(impulsive action)에 의해 터빈의 회전력을 얻게 된다. 수력터빈에 주로 이용되며, 가스터빈의 **공기시동모터**(air start motor)의 터빈 등으로 일부 적용되고 있다.

반동터빈(reaction turbine)은 터빈 노즐과 로터 블레이드에서 동시에 팽창되어 압력의 감소가 이루어지는 터빈을 말한다. 그림 5.15의 (나)는 50% 반동도를 갖는 반동터빈으로

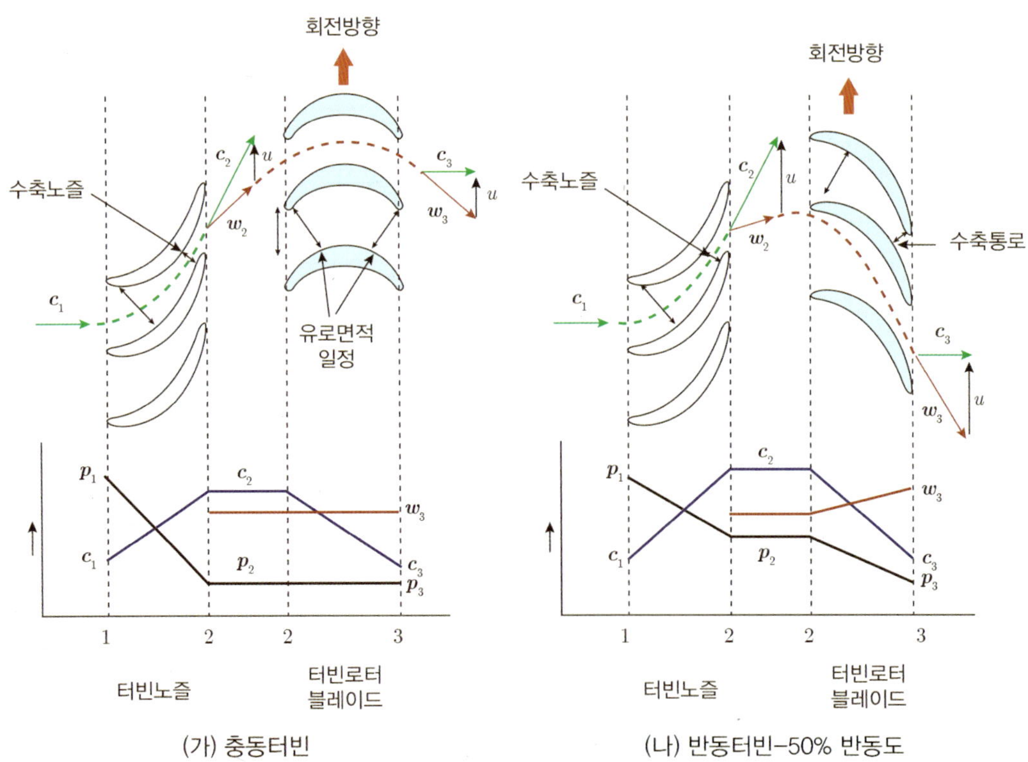

그림 5.15 충동터빈과 반동터빈에서의 유동

서, 터빈노즐과 로터 블레이드의 유로 통로가 모두 수축통로를 이루고 있어 노즐 통과 시에는 c_1에서 c_2로 가스의 절대속도가 증가하고, 로터 블레이드 통과 시에는 w_2에서 w_3으로 가스의 상대속도가 증가하며, 압력은 감소된다. 로터 블레이드로 유입되는 가스의 충격에 의한 에너지와 가스의 상대속도가 증가하는 만큼의 반작용 에너지의 합이 로터 블레이드에 작용하여 터빈을 회전시키게 된다. 항공기용 가스터빈의 경우 보통 50% 안팎의 반동도를 갖는 터빈을 많이 사용한다.

터빈에서는 공기의 마찰에 의하여 에너지 손실이 발생한다. 터빈의 이상적 팽창일과 실제 팽창일의 비를 터빈 효율이라고 한다. 터빈 블레이드는 원심력뿐만 아니라 압축기를 구동하기 위하여 고온가스에서 발생되는 높은 굽힘 하중을 견뎌야 한다. 또한 열충격과 피로에 강해야 하며, 부식과 산화에 저항성이 있어야 한다. 가스터빈의 성능향상을 위하여 터빈으로 유입되는 가스의 온도는 점차 높아지고 있어, 터빈에 대한 냉각성능 또한 요구된다. 따라서 구조적 강도를 높여 주기 위하여 대류냉각, **충돌냉각**(impingement cooling), **공기 막냉각**(air film cooling) 및 **침출냉각**(transpiration cooling) 등의 방법이 사용되고 있다. 이것으로 해결되지 않을 경우 **일방향 응고**(directional solidification) 또는 **단결정 구조**(single crystal) 등의 특수한 주조법을 사용하여 터빈 블레이드를 제조함으로써 터빈의 내구수명을 높일 수 있다.

③ 연소기

연소기의 연소 개념은 그림 5.16에 제시되어 있다. 압축기에서 배출된 공기는 속도가 매우 빠르므로 연소기에서 필요로 하는 속도로 디퓨저에서 감속이 되며, 연료노즐에서 분사되는 연료와 혼합되어 1차 연소영역을 형성한다. 1차 연소영역에서 대략 2000k 정도의 화염온도를 유지하며, 터빈에서 허용 가능한 가스온도로 낮추기 위하여 희석공기공을 통해 대량의 공기가 공급되어 2차 연소영역을 형성한 후 터빈 노즐로 향하게 된다. 연소기의 성능은 연소효율, 연소기 내에서의 압력손실, 그리고 출구온도 분포에 따라 결정된다. 연소

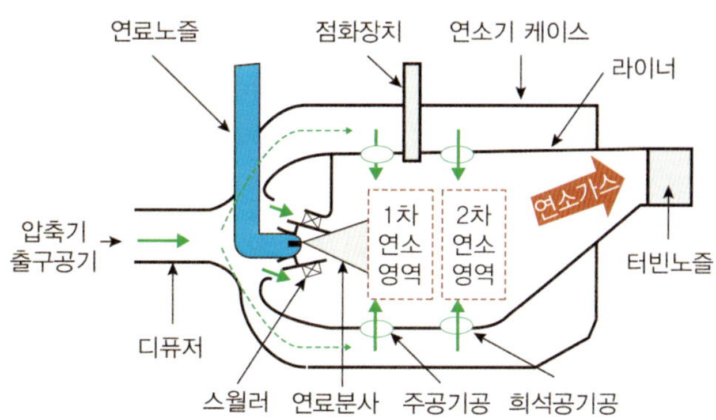

그림 5.16 환형 직류연소기 연소 개념도

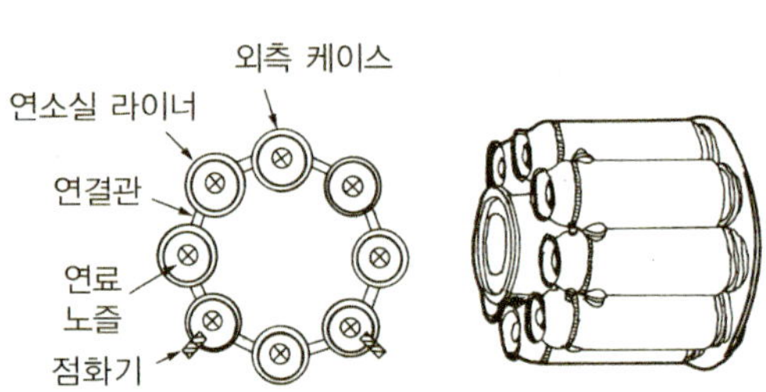

(가) 캔형 연소기

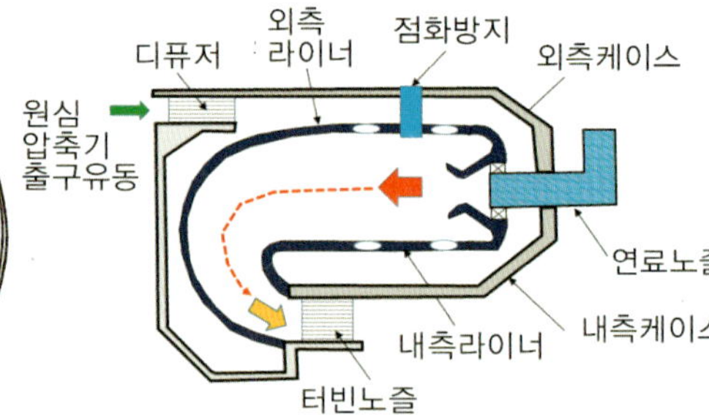

(나) 환형 역류연소기

그림 5.17 캔형 연소기와 환형 역류연소기 개념도

효율은 연료의 화학적 에너지가 연소가스의 열에너지로 바뀐 양을 말하며 보통 정상작동 상태에서는 95% 이상의 연소효율을 가진다. 압력손실은 연소실 내에서 공기의 마찰과 급격한 연소팽창에 의해 발생되는 유용에너지의 손실량을 나타내며, 엔진의 성능 측면에서는 가능한 한 낮은 값을 갖도록 하여야 한다. 연소기 출구의 온도분포는 완전히 균일하지 않고 원주방향 위치 및 반경방향 높이에 따라 약간의 차이를 가지게 되나, 터빈의 내구수명 향상을 위해서 가능한 균일한 온도분포를 가지는 것이 유리하다.

현재 가스터빈엔진의 연소기로 사용되는 형태는 캔형 연소실, 환형 연소실 및 두 가지 결합형 등이 있다. **캔형**(can type) 연소실은 그림 5.17과 같이 압축기 구동축 주위에 독립된 원통형 연소실을 같은 간격으로 배치한 형식이다. 이 형식은 연소기가 독립되어 있어 설계나 정비가 간단하므로 초기 가스터빈엔진에 사용되었으나 최근에는 무게와 부피가 상대적으로 환형 연소기에 비해 불리하여 항공용으로는 잘 사용되고 있지는 않다. 캔형 연소실은 연소실의 외측 케이스, 원통형 **라이너**(liner), 연소실마다의 연소노즐, 두 개의 점화기 및 시동 시 화염을 전파하는 연결관 등으로 구성된다. **캔-애뉼러형**(can-annular type) 연소기는 캔형 연소기에서 환형 연소기로 발전해 나가는 단계의 중간과정에서 개발된 것으로 캔형의 경우 각각의 캔에 내측 및 외측 케이스를 가지고 있으나, 캔-에뉼러형의 경우 여러 개의 캔을 하나의 케이스로 둘러싸고 있어 캔형에 비해 공간 활용도가 높은 편이다.

환형(annular type) 연소기는 압축기의 구동축을 둘러싸고 있는 한 개의 환형모양으로 된 연소기로써 외측 케이스, 내측 케이스, 환형 라이너, 여러 개의 연소노즐 및 점화기로 구성되어 있다. 이 형식은 구조가 간단하고, 길이가 짧으며 원주 내의 모든 면적을 사용할 수 있어 캔형 연소기에 비해 반경방향 길이를 작게 할 수 있다. 따라서 최근 항공용 엔진의 경우 전체의 직경을 감소할 수 있는 환형 연소기를 대부분 채택하고 있다. 환형 연소기는 압축기의 형식에 따라 두 가지 형식이 사용되고 있다. 축류형 압축기인 경우 환형 직류연소기를 사용하며, 원심형 압축기인 경우 대부분 환형 역류연소기를 사용한다.

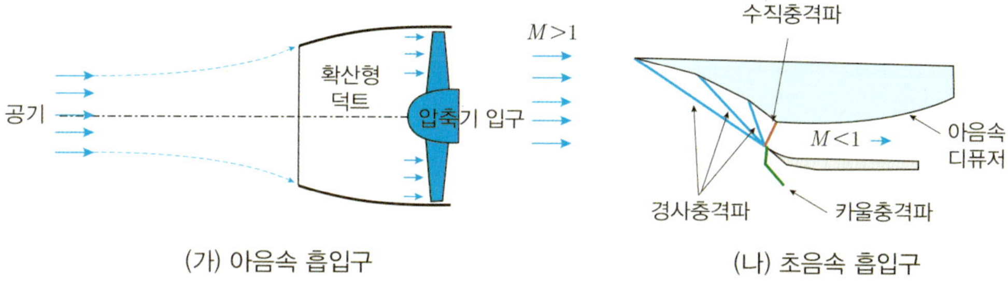

그림 5.18 아음속 흡입구와 초음속 흡입구 개념도

④ **공기흡입구와 배기노즐**

공기흡입구는 가스터빈엔진이 필요로 하는 공기를 압축기로 공급해주는 통로이며, 압축기 정상작동에 필요한 공기량과 공기속도를 제어할 수 있도록 설계된다. 즉 항공기는 지상의 정지상태로부터 고고도, 초음속 비행기까지 비행하기 때문에 어떠한 고도, 비행속도에서도 항상 정해진 양의 공기를 균일하고 일정한 속도로 압축기에 공급해야 한다. 항공기 고속 비행 시에는 들어오는 공기의 속도를 감속시키면서 압력을 상승시키고, 지상 정지 시에는 정지되어 있는 대기의 공기를 빨아들여 압축기가 필요로 하는 속도까지 가속하게 된다. 아음속 항공기에는 그림 5.18과 같은 확산형 흡입구를 사용하고 초음속 항공기에는 충격파를 이용하여 속도를 감소시키고 압력을 증가시키는 초음속 흡입구를 사용한다. 초음속 흡입구는 가변 면적 흡입 덕트를 사용하여 아음속과 초음속에서 좋은 성능이 유지되도록 하는 경우도 있다.

배기노즐(exhaust nozzle)은 배기 파이프 또는 **테일파이프**(tail pipe)라고도 하며 터빈을 통과한 배기가스를 대기 중으로 방출하기 위한 통로의 역할을 한다. 배기 덕트에서 공기가 분사되는 끝부분을 배기 노즐이라고 하며 배기가스의 압력에너지를 속도에너지로 바꾸어 추력을 발생시킨다. 배기노즐의 면적은 배기가스의 속도를 좌우하는 중요한 요소이다. 실제 엔진에서는 터빈의 출구와 배기노즐 사이에 역추력장치와 **후기연소기**(after burner)를 설치하는 경우도 있다. 배기노즐은 아음속 항공기에는 그림 5.19와 같은 아음속 노즐을 사용하며 초음

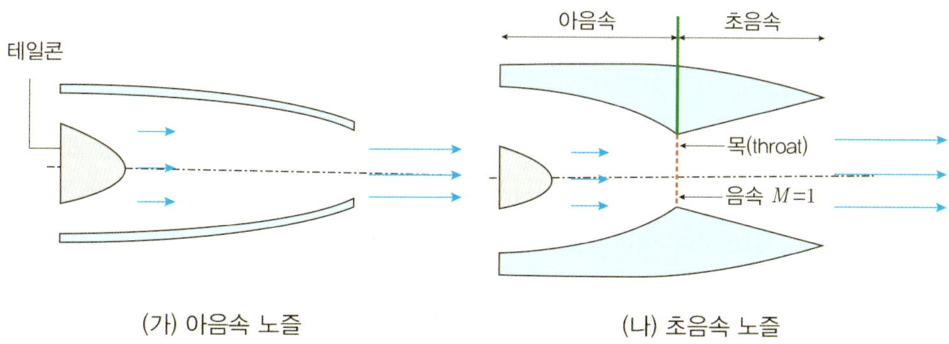

그림 5.19 배기 노즐

속 항공기에는 초음속 노즐을 사용한다. 초음속 노즐은 가변면적 노즐을 사용할 수 있다. 또한 노즐 출구에는 배기가스의 소음을 줄여주기 위하여 배기소음 방지장치를 설치한다.

3) 가스터빈엔진의 활용

터보제트엔진은 가장 단순한 형태의 제트추진장치로 모든 가스터빈엔진은 터보제트의 기본원리를 사용하고 있다. 터보제트엔진은 후기 연소기를 사용할 경우 900m/s 정도의 초음속으로 항공기를 추진할 수 있으나 강한 소음을 발생하고 높은 연료소모율이 문제점으로 지적된다. 터보제트엔진은 표적기 등 소모성 및 초음속 응용분야에 현재까지 제한적으로 사용되고 있다. 최근 거의 대부분의 민간 항공기는 순항 마하수 0.9 정도인 966km/h에서 터보팬에 의해 추진되고 있다. 대형 항공기의 경우 연료 소모율을 감소하기 위해 바이패스비 5~11정도의 터보팬엔진을 이용하고 있으며, 바이패스비 14까지도 적용하기 위한 연구를 진행하고 있다. 바이패스비 증가에 따라 필요한 큰 직경의 팬을 효율적으로 구동하기 위해 **기어드 터보팬**(geared turbofan)을 개발하고 있으며, 최근 실용화되는 추세이다. 바이패스비 1 이하의 저 바이패스비 터보팬엔진은 후기 연소기를 장착하고 초음속으로 비행하는 전투기 등에 주로 사용되고 있다. 헬리콥터 등의 경우는 터보샤프트엔진의 축동력에 의해 구동이 되며, **보조동력장치**(APU) 등의 경우에도 터보샤프트엔진이 적용되고 있다. 최근에는 고속 구축함의 추진장치에도 응용되고 있다

추진효율을 높인다는 것은 항공기가 보다 천천히 비행함을 의미하며, 이것은 보다 많은 대용량의 공기를 이용하는 것이 필요하다. 프로펠러를 이용한 추진방식이 가장 효율적인 방법으로 알려져 있다. 초기의 프로펠러 추진은 1,500rpm 정도의 왕복엔진에 의해 작동되어 프로펠러 회전속도와 유사하였다. 그러나 현대의 터보프롭엔진은 약 15,000~35,000rpm 정도로 회전하므로, 프로펠러를 구동하기 위해서는 약 20 : 1 정도의 감속기어가 필요하다. 소음을 극도로 저감하기 위하여 800rpm 정도로 회전하는 다중 블레이드 프로펠러 방식의 터보프롭엔진이 최근 연구되고 있다. 그리고 여러 종류의 프롭팬엔진이 연구 중이며, 터보프롭엔진과 터보팬엔진의 중간역할을 할 것으로 기대된다.

5.3.2 왕복엔진

연료의 연소에 의하여 얻는 열에너지를 회전일로 변화시키는 내연기관 중 가장 보편적으로 사용되는 것이 왕복엔진이다. 왕복엔진은 연소가스를 팽창시켜 피스톤을 왕복운동시킨 다음 크랭크 기구에 의하여 회전일로 바꾼다. 1876년 독일의 **오토**(Otto)는 흡입, 압축, 팽창 및 배기의 네 개 행정으로 작동하는 엔진을 개발하는 데 성공하였다. 이 4행정엔진은 동력축이 2회전할 때마다 1회의 폭발이 이루어진다. 1회전에 1회 폭발하는 2행정엔진은

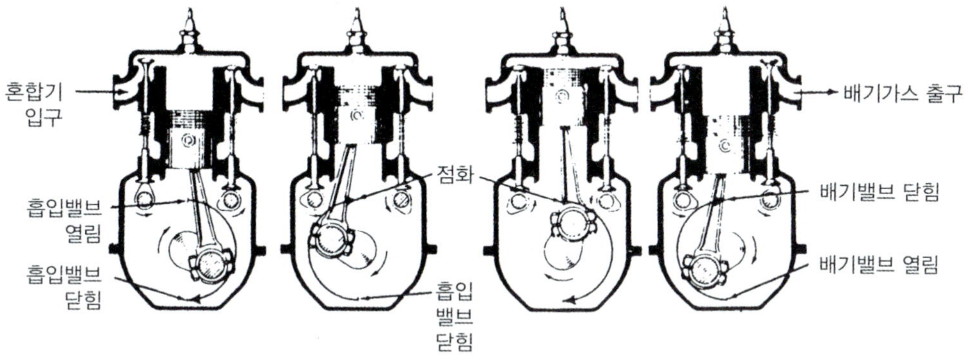

그림 5.20 왕복 4행정 사이클

클러크(Clerk)에 의하여 개발되었다. 현재 사용되고 있는 항공기용 왕복엔진은 가솔린(gasoline)을 주 연료로 하는 4행정엔진이며 여기서 왕복엔진이라고 부르는 것은 이 엔진을 의미한다. 항공기용 왕복엔진은 라이트 형제의 동력비행을 위해 사용된 이후 가스터빈 엔진이 나오기까지 40여 년간 발전해 온 동력장치로써 현재는 소형항공기용의 소형엔진만이 생산되고 있는 실정이다.

왕복엔진은 실린더 내에서 피스톤이 왕복운동하면서 공기와 연료의 혼합가스를 흡입 연소시킴으로써 동력을 발생하게 된다. 실린더 내에서 피스톤이 맨 꼭대기에서부터 제일 아래까지 움직이는 것을 행정이라 하며 그 거리를 행정거리라고 한다. 피스톤이 실린더 내에서 제일 깊이 들어간 위치, 즉 크랭크축과 피스톤의 거리가 제일 멀 때의 피스톤 위치를 **상사점**(Top Dead Center, TDC)이라 한다. 반대로 크랭크축과 피스톤의 거리가 제일 가까운 때의 피스톤 위치를 **하사점**(Bottom Dead Center, BDC)이라 한다. 피스톤이 상사점에 있을 때 실린더 내의 용적과 하사점에서의 실린더 내 용적의 비를 압축비라 한다. 4행정 왕복엔진은 그림 5.20과 같이 흡입, 압축, 폭발 및 배기의 네 개 행정으로 한 사이클을 완성한다.

흡입 행정에서 피스톤은 하향운동을 하고 열려진 흡입밸브를 통하여 새로운 혼합가스가 흡입된다. 피스톤이 하사점에 이르러도 실린더 내의 압력은 흡입관 내의 압력보다 낮기 때문에 피스톤이 상향행정을 시작한 후에 흡기밸브는 닫힌다. 흡입밸브가 닫히는 시기는 실린더로 유입하는 혼합가스의 관성 속도가 영이 될 때인 크랭크축의 회전각도로 하사점 후 약 50도 내지 70도 정도이다. 압축 행정에서 피스톤이 상향운동을 하고 흡입밸브가 닫히면 흡입된 혼합기는 실린더 내에서 압축되고 혼합기의 압력과 온도는 상승하게 된다. 이론상 압축 행정의 끝에서 혼합기가 점화되어 폭발은 순간적으로 행해져 연소실 체적이 일정한 상태에서 급격한 압력상승을 일으키게 된다. 그러나 혼합기가 연소하려면 어느 정도의 시간이 필요하다. 따라서 피스톤이 팽창행정 초기에 왔을 때 완전히 연소시키기 위해 피스톤이 상사점에 오기 전에 점화시켜야 한다. 이 각도는 보통 압축 상사점 전 크랭크축의 각도로 20도 내지 30도이다. 이 각도를 점화진각(點火進角, spark advance)이라 한다.

압축된 혼합기는 점화에 의해 연소되어 순간적으로 실린더 내 압력과 온도가 상승한다. 이 높은 압력은 피스톤을 강한 힘으로 밀어내어 하향행정을 하고 크랭크축을 회전시키면서 필요한 동력을 발생한다. 이 행정을 팽창행정이라 하며 엔진이 외부에 일을 하게 되는 유일한 행정이다. 배기 행정은 실린더 내의 나머지 열과 연소된 배기가스를 방출시키는 과정이다. 보통 왕복엔진에서 배기밸브가 열리는 시기는 팽창행정 하사점 전 50도 내지 70도 정도이다. 이는 하사점에서 보다 높은 압력으로 배기가스를 빨리 배출시켜 배기효과를 증대시키고 엔진의 과열을 방지하려는 것이 주목적이다. 다음 피스톤은 상향행정을 하면서 나머지 배기가스를 밀어내게 되고 피스톤이 거의 상사점 부근에 도달하여 피스톤 속도가 낮아지게 되면 실린더 내 압력은 배기가스의 관성에 의해 흡기관 압력보다 낮아지게 된다. 이때 흡입밸브가 열려 새로운 혼합가스가 실린더 내로 들어오면서 동시에 배기가스는 관성에 의해 계속 배출된다. 피스톤이 상사점을 지나 하향행정을 하게 되면서 배기밸브에서 배기가스의 속도가 영이 되면 배기밸브가 닫히게 된다. 이때부터 흡입행정이 시작되고 다음 사이클이 같은 과정으로 반복된다. 흡입밸브가 열리는 시기는 배기행정 상사점 전 10 내지 25도이고 배기밸브가 닫히는 시기는 상사점 후 10 내지 20도 정도에서이다. 흡입밸브와 배기밸브가 동시에 열려 있는 기간을 **밸브 겹침**(valve overlap)이라고 한다.

이상의 사이클 전 과정에 대해 열역학적인 이론을 적용하여 해석하는 방법이 사이클 해석이다. 왕복엔진의 특성을 이상적인 사이클로 표현하면 오토 사이클이 된다. 이상적 오토 사이클은 압축, 팽창 과정이 **단열적**(adiabatic)으로 이루어지고 연소, 즉 열의 공급이 일정 체적하에서 이루어지기 때문에 정적(정적) 사이클이라고도 한다. 4행정엔진은 이와 같은 이

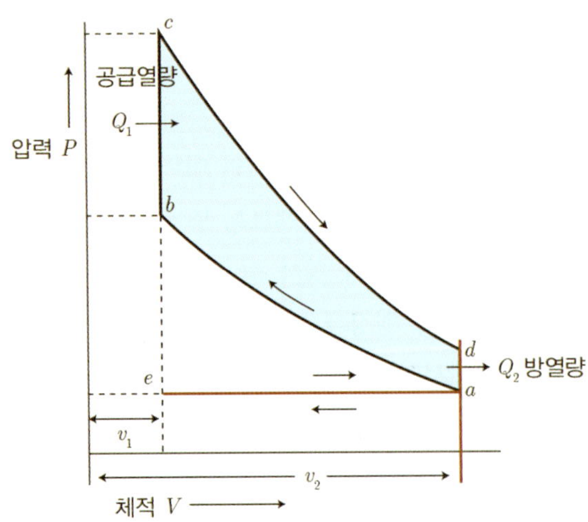

그림 5.21 왕복기관의 이상적인 오토 사이클

상적 사이클에 가까운 것으로 흡입, 압축, 폭발, 팽창 및 배기행정에 의해 한 사이클이 완성된다. 오토 사이클은 그림 5.21과 같이 e-a 과정에서 혼합가스를 흡입하고 a-b 과정에서 단열압축, b-c 과정에서 점화에 의하여 일정 체적하에서 연소한다. c-d 과정에서 연소된 고온고압의 가스가 팽창하면서 외부에 일을 하게 되고, d-a 과정은 일정 체적하에서 나머지 열을 방출하면서 압력이 낮아지고, a-e 과정에서 연소가스를 배기시켜 새로운 공기를 흡입할 준비를 함으로써 사이클을 완성한다. 이와 같은 오토 사이클의 이론적인 열효율은 엔진의 압축비와 공기의 비열비에 따라 결정되는데 압축비가 커질수록 증가한다. 그러나 사용연료와 실린더의 강도 문제 때문에 열효율을 높이기 위해 압축비를 무한정 높일 수는 없다.

1) 왕복엔진의 종류

항공기용 왕복엔진의 종류는 사이클에 따라 4행정엔진과 2행정엔진으로 분류되나, 특수한 경우를 제외하고는 4행정엔진이 사용된다. 또한 냉각방법에 따라 공냉식과 수냉식 엔진으로 분류되며 현재 항공기용 엔진은 공냉식 엔진이 사용된다. 그리고 실린더의 배열방법에 따라 그림 5.22와 같이 **직렬형**(in-line type), **수평대향형**(flat or opposed type), v형, x형, **이중 v형**(double v-type), **성형**(radial type) 및 **이열성형**(double row radial type) 등으로 분류되며, 현재는 거의 대부분 수평대향형과 성형 엔진만이 사용된다.

수평대향형 엔진은 **크랭크 케이스**(crank case) 양쪽에 수평으로 실린더를 마주보도록 배열한 것으로 경비행기에 널리 사용되며 400마력까지의 동력을 낼 수 있다. 이 엔진은 구조가 간단하고 엔진의 전방면적이 적어 공기의 저항을 줄일 수 있는 장점은 있으나 실린더를 많이 장착하면 엔진의 냉각이 어렵기 때문에 큰 마력의 엔진에는 적합하지 않다. 실린더 수는 대부분 4 내지 6기통 엔진을 많이 사용한다. 성형엔진은 장착된 실린더의 수에 따라 200 내지 3,500마력의 동력을 낼 수 있다. 성형엔진은 크랭크 케이스 둘레에 별 모양으로 실린더가 부착되어 있으며, 크랭크축이 2회전 하는 동안 모든 실린더가 한 번씩 고르게 폭발되도록 5 내지 아홉 개의 홀수 실린더로 구성되어 있다. 2열성형 엔진은 이중으로 실린더를 배열시킨 것으로 실린더 수가 14 내지 18개에 달한다. 성형엔진의 장점은 엔진당 실린더 수를 많게 할 수 있어 진동이 적고, 다른 형식에 비하여 마력당 중량비가 작으므로 대형 및 중형 엔진에 적합하다. 그러나 전면면적이 넓어 공기의 저항이 큰 결점이

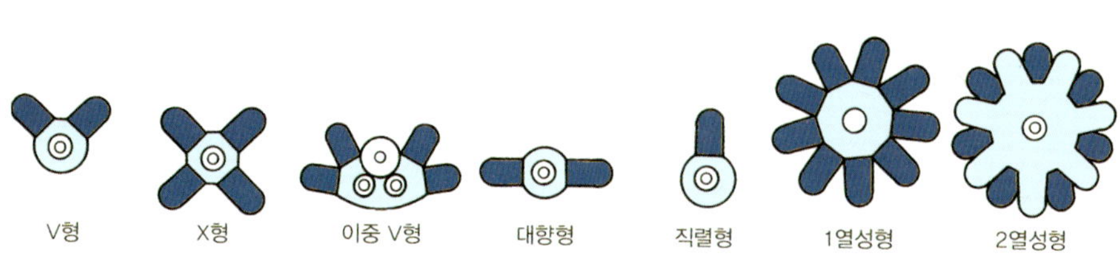

그림 5.22 실린더 배열 방법에 따른 왕복엔진의 종류

있으며 2열성형 엔진인 경우 뒷열의 실린더 냉각이 어렵다.

2) 왕복엔진의 구조와 구성품의 작동원리

4행정엔진의 기본구조는 그림 5.23과 같이 실린더, 피스톤, 커넥팅 로드, 크랭크 축 및 두 개의 밸브로 구성된다.

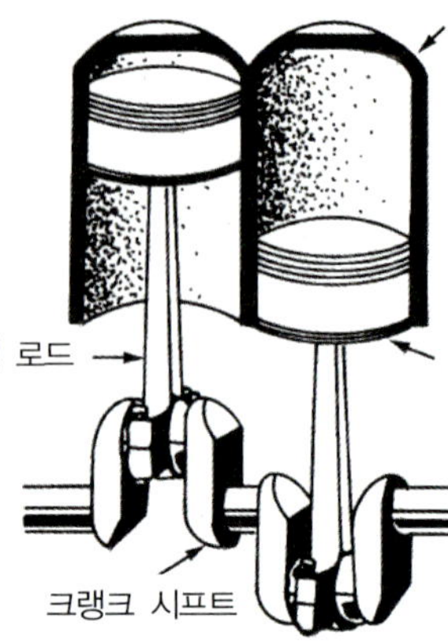

그림 5.23 왕복 4행정엔진의 기본 구성품

왕복엔진의 연소실은 실린더, 피스톤, 커넥팅 로드, 크랭크 축, 흡배기 밸브, 점화를 위한 스파크 플러그 등의 부품들로 구성된다. 연소실은 **실린더 기통**(cylinder barrel)과 **실린더 헤드**(cylinder head)로 구분된다. 실린더 기통은 보통 합금강으로, 실린더 헤드는 알루미늄 합금으로 되어 있다. 최근의 실린더의 냉각은 공냉식 냉각 방법을 사용하므로 실린더 헤드는 **냉각핀**(cooling fin)을 주조 혹은 단조에 의하여 제작한다. 실린더 기통은 단조 후 기계가공에 의하여 핀을 제작하거나, 주물로 된 알루미늄 핀이 달린 통을 합금강의 기통에 끼워 제작하기도 한다. 실린더 헤드에는 흡기, 배기밸브와 점화하기 위한 스파크 플러그를 보통 두 개씩 장착한다.

피스톤의 기능은 실린더 내의 폭발압력을 힘으로 변환하여 커낵팅 로드를 거쳐 크랭크 축으로 전달하는 역할을 한다. 피스톤 상부의 온도는 상당히 높고, 큰 압력과 함께 계속 왕복운동을 하므로 열전도가 잘 되고 강도가 높으며 무게가 가벼워서 관성력이 적어야 한

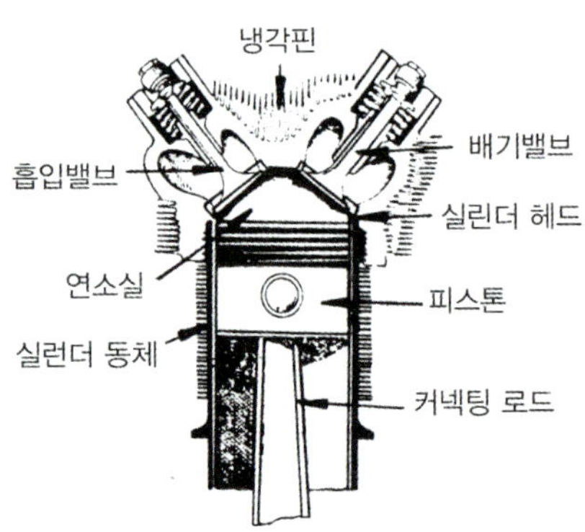

(가) 연소실

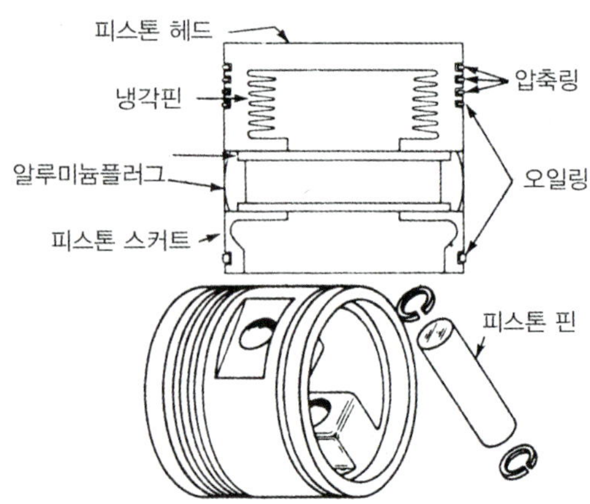

(나) 피스톤

그림 5.24 연소실과 피스톤의 구성

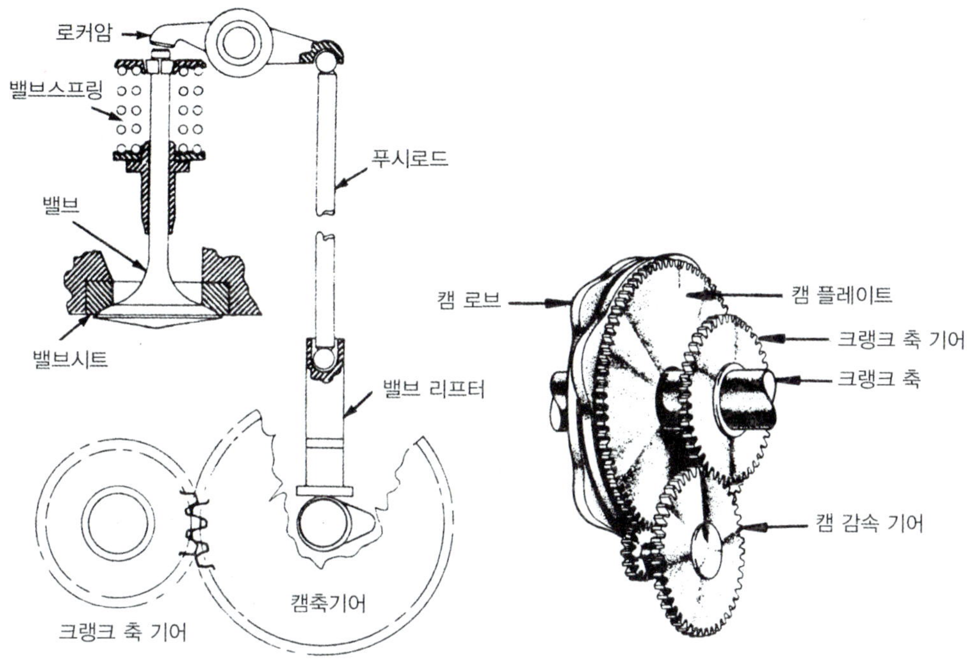

(가) 밸브기구　　　　(나) 캠 플레이트

그림 5.25 밸브기구와 캠 플레이트의 구성

다. 피스톤의 구조는 그림 5.24와 같으며 위와 같은 이유로 알루미늄 합금으로 단조 혹은 주조하여 만든다. 피스톤은 고압에 견디고 열 발산을 잘할 수 있도록 내부에 냉각핀을 달아 방열 면을 가능한 한 넓게 하고 있다.

밸브기구의 구성은 그림 5.25와 같다. 밸브의 크랭크축이 2회전마다 1회씩 열려야 하므로 크랭크 축 속도의 반으로 회전하는 캠에 의해 작동된다. 수평 대향형 및 직렬형 엔진은 밸브를 작동시키기 위해 캠축이 사용되나 성형엔진에서는 이열의 캠 로브(cam lob)를 가진 **캠 플레이트**(cam plate) 혹은 **캠링**(cam ring)을 사용한다.

주 저널(main journal)은 엔진의 회전중심이 되며 마모를 감소시키기 위하여 **질화처리**(nitriding)로 표면강도를 높여준다. 크랭크 핀은 크랭크축을 회전시키는 힘이 커넥팅 로드로부터 가해지는 부분이다. 무게를 감소시키고 윤활유 통로와 아울러 탄소 찌꺼기나 불순물이 모일 수 있는 방의 역할을 할 수 있도록 중공으로 만든다. 이곳의 윤활은 크랭크축의 내부에 뚫린 구멍을 통하여 주 저널에서 윤활유가 공급된다. **크랭크 암**(crank arm)은 크랭크 핀과 주 저널의 연결부가 된다. 이 부분의 반대편에는 크랭크축의 정적평형을 위한 평형추와 동적 평형을 위한 **댐퍼**(damper)가 장착된다. 내부에는 윤활유 통로가 있다(그림 5.26 참조).

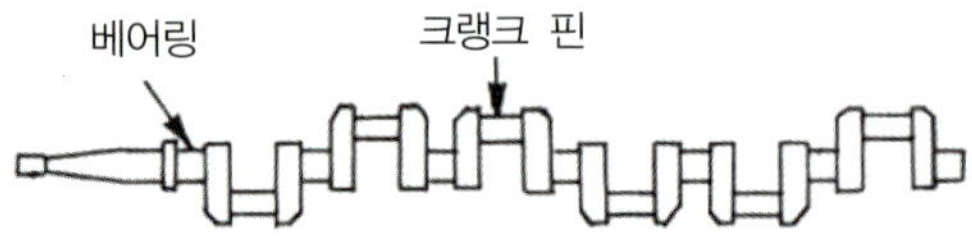

그림 5.26 개 실린더의 크랭크축 구조

3) 왕복엔진의 활용

왕복엔진은 초경량 항공기 및 경비행기에 주로 활용되고 있다. 오스트리아의 로텍스(Rotax)사의 2행정 엔진인 ROTAX 582 UL의 경우 약 30,000대 정도 판매되었으며 초경량 항공기에 주로 이용된다. 무게는 약 29.1kg, 수냉식 65마력으로 회전수는 6,500rpm 정도이다. 프로펠러의 특성에 따라 감속비는 약 2.58에서 4.0 정도이다. ROTAX 914 UL/F의 경우 고공에서의 성능이 우수하며 정비시간(time between overhaul)이 약 2,000시간 정도이다. 4행정 터보차저 방식으로 5,800 rpm으로 회전하며, 무게는 약 64kg이다. 이륙중량 600kg, 순항속도 250km/h, 운항거리 1,300km 정도의 경비행기에 주로 이용되고 있다. 라이커밍(Lycoming) 사의 IO-720의 경우 400마력, 2,650rpm으로 운용되며 실린더를 좌우 네 개씩 가지고 있어 총 여덟 개의 실린더로 구성되며 엔진의 무게는 약 271kg이다. 비순항속도 300km/h, 운항거리 2,000km, 이륙중량 1,450kg 정도의 경비행기에 주로 활용된다.

5.3.3 초음속엔진

공기 흡입식 엔진은 엔진 작동의 속도 범위에 따라 구분할 수 있다.
그림 5.27은 현재 운용 가능한 공기흡입식 엔진의 구조적 차이를 보여준다. 터보제트, 램제트, 스크램제트 순으로 엔진 구성품이 간단해지고 내부 저항이 줄어들 것임을 직관적으로 알 수 있다. 가스터빈엔진(turbojet engine)은 아음속 비행, 램제트엔진(ramjet engine)은 초음속 비행, 스크램제트엔진(scramjet engine)은 극초음속 비행에 적합한 추진기관이다.

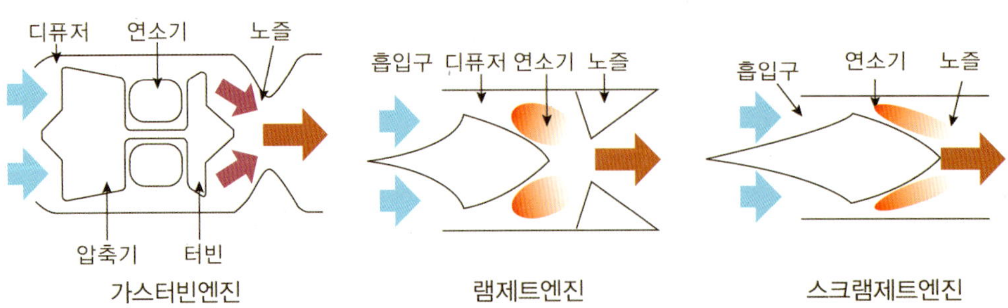

그림 5.27 공기흡입식 엔진의 분류

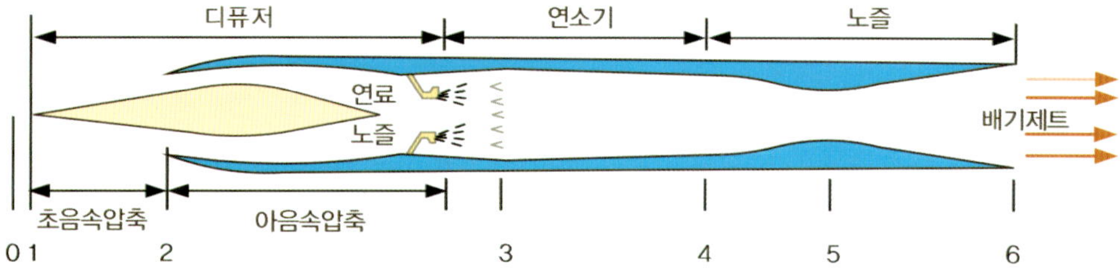

그림 5.28 램제트엔진 개념도

램제트와 스크램제트엔진에서의 열역학 상태 변화량을 고려한 엔진 성능 해석은 가스터빈엔진에서 소개된 엔진 성능 해석 기법과 동일하다. 여기에서는 램제트엔진의 예를 들어 초음속 엔진의 열역학 변화량을 설명한다.

그림 5.28에 램제트엔진의 개념도와 구성품 위치를 나타내는 번호가 표시되었다. 각 번호의 표기법은 가스터빈에서 사용된 표기법과 같다. 가스터빈에서는 등 엔트로피 과정으로 가정하여 설명하였으나 램제트엔진은 램효과에 의한 압력 손실과 엔진 내의 유속이 빠르기 때문에 유동압력 손실이 크므로 이를 고려해서 설명한다. 그림 5.29는 램제트엔진의 위치별 열역학 상태량의 변화를 나타낸다. 이상 사이클 선도(가)는 램제트엔진에서의 손실을 무시한 등엔트로피 과정을 의미하며, 실제 사이클(나)은 압력 손실을 고려한 선도이다. a번에서 3번까지 과정은 흡입구에서의 램압축에 의한 압력 증가에 따라 온도가 상승하게 된다. 연소실에서 연소는 비가역과정이므로 엔트로피도 증가하게 되고, 연소 가스는 가장 높은 온도 4번 위치에 도달하게 된다. 연소기를 지나 배기노즐을 통과하면서 속도는 점차 가속되며 노즐 끝단에서의 최종속도 v_6로 대기로 분출하여 추진력을 얻게 된다. 이러한 램제트엔진의 엔진 사이클은 가스터빈엔진과 같은 정압연소 과정이므로 **브레이튼 사이클**(Brayton cycle)이라 할 수 있다.

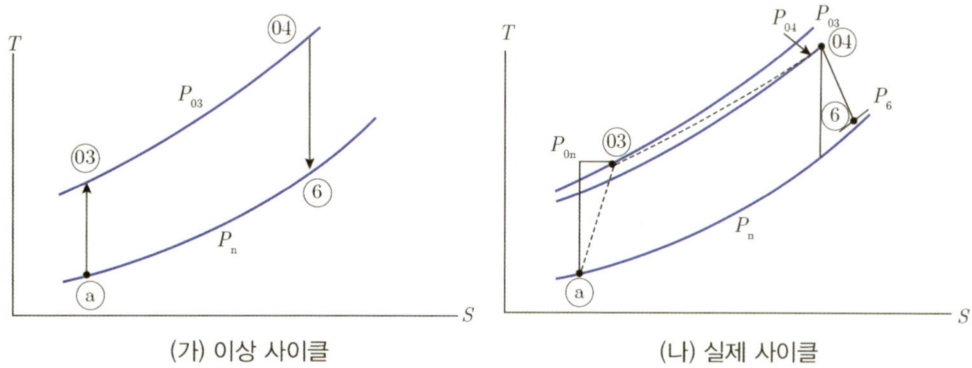

그림 5.29 램제트엔진의 열역학 사이클

1) 초음속 엔진의 종류

① 램제트엔진

램제트엔진(ramjet engine)은 초음속으로 흡입되는 공기가 쐐기모양의 흡입구 물체를 지나갈 때 충격파가 발생하고 이 충격에 의해서 초음속의 흡입공기를 아음속까지 감속시켜 압력을 높이는 원리를 이용한다. 이런 현상, 즉 공기가 압축되는 현상을 **램**(ram) 또는 **램효과**(ram effect)라고 한다. 흡입구에서 압축된 공기는 디퓨저(diffuser)를 통해 연소실로 공급되며, 연소실에서 발생된 연소가스가 노즐을 통하여 분출되는 제트의 힘으로 추진력을 얻는다. 램 압축되는 흡입구의 형상은 **쐐기 형태**(wedge shape)인데, 이는 아음속 흡입구처럼 **타원 형태**(elliptic shape)로 하면 물체 앞에 수직 충격파가 발생하여 전압력 손실이 크게 증가되어 흡입구의 효율(압력회복율)이 크게 저하되므로, 쐐기형태로 설계하는 것이 추진효율을 높일 수 있는 방법 중 하나이다.

② 스크램제트엔진

스크램제트엔진(scramjet engine)의 **스크램제트**(scramjet)는 **초음속연소 램제트**(supersonic combustion ramjet)의 약자로 연소기에서의 유속이 초음속에서 연소됨을 호칭한 것이다. 램 효과를 이용하여 극초음속 공기를 흡입구와 디퓨저에서 낮은 초음속(마하수 2~3)으로 감속·압축시키고, 연소실로 유입된 공기는 연료와 혼합되어 초음속에서 연소된다. 스크램제트엔진은 램제트엔진과 같이 흡입공기를 압축시키고자 하는 목적은 같지만, 연소기에서의 유동 속도는 램제트와 달리 초음속에서 연소된다는 점이 다르다. 흡입구로 유입되는 초음속 공기가 쐐기모양의 물체에 부딪혀 압축이 되고 디퓨저를 거쳐 연소실로 유입되는데, 이때 압축된 흡입공기가 아음속으로 감속된 후에 연소기로 들어가서 연소되면 램제트엔진, 압축된 흡입공기가 연소기로 초음속으로 들어가 초음속에서 연소되면 스크램제트엔진이다.

앞에서 열거된 공기흡입식엔진(가스터빈엔진, 램제트엔진, 스크램제트엔진)의 특징을 정리하면 표 5.1과 같다.

로켓추진기관은 산화제를 비행체에 탑재하여 사용하므로 공기흡입식 엔진의 비추력에 비하여 매우 낮다(그림 5.30 참조). 하지만 로켓추진기관은 비행체에 탑재된 산화제를 비행 중에 공급하여 공기가 없는 대기권 밖에서도 비행이 가능하므로 비행 고도에 영향을 받지 않는다. 또한 공기를 흡입하기 위한 흡입구가 없기 때문에 흡입공기의 속도에 영향을 받지 않으므로 비행 속도에도 영향을 받지 않는다. 따라서 로켓추진기관은 비행속도에 상관없이 일정한 비추력을 갖는다. 반면 연소에 필요한 산화제를 대기에서 얻어야 하는 공기흡입식 엔진 같은 경우는 흡입구가 필수적으로 필요하여, 비행속도는 흡입구의 성능에 크게 영향을 준다. 엔진 작동 영역이 비행 속도에 제한되지만 비추력이 로켓추진기관보다 높

표 5.1 공기 흡입식 엔진의 특징

엔 진	추력원	압축방식	설 명
터보제트 (turbojet)	jet	compressor	• 압축기와 터빈을 이용한 공기압축 → 연소실에서 압력 상승 → 연소효율이 높고 아음속 순항에 적합
램제트 (ramjet)		ram effect	• 공기의 특성(압축성)을 이용한 공기압축(ram) • 연소실에서 아음속으로 연소 → 초음속 순항에 적합 (마하수 2~4)
스크램제트 (scramjet)			• 초음속 연소(supersonic combustion) → 극초음속 순항에 적합(마하수 5 이상)

다. 공기흡입식 엔진은 엔진의 특성에 따라 운용범위와 비추력이 결정된다. 또한 공기흡입식 엔진은 고도에 영향을 많이 받는데, 고도가 높을수록 대기 중의 공기의 밀도가 낮아지므로, 공기흡입량이 작아져서 추력이 감소되고 때로는 연소가 불안정하게 일어나는 현상이 발생한다. 그러므로 광범위한 비행속도와 고도에서 효과적인 비행에 적절한 엔진의 선택이 필요하다.

공기흡입식 엔진의 작동 영역과 성능이 비행속도와 고도에 영향을 크게 받으므로 광범위한 비행에 효과적인 엔진의 운용을 위하여 **결합 사이클 엔진**(combined cycle engine)을 적용할 수 있다. 이는 아음속 비행에 유용한 엔진과 초음속 및 극초음속에 유용한 엔진을 결합하여 **출발**(take off)에서부터 극초음속까지 비행속도를 증가시킬 수 있는 방법이다. 결합 사이클 엔진은 몇 가지 엔진을 조합한 형태이다. 예를 들어, 터보제트와 램제트엔진의

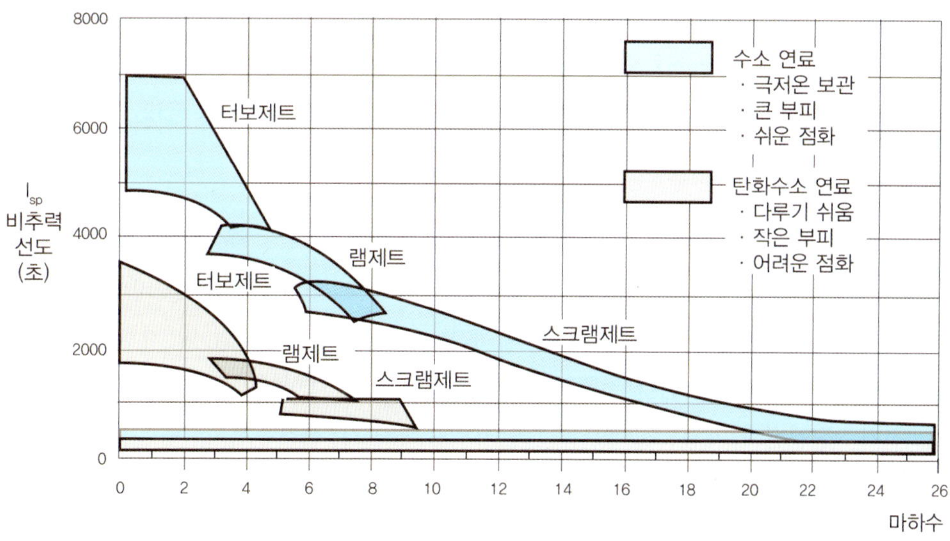

그림 5.30 각종 추진기관의 비행 속도(마하수)에 따른 비추력 선도

그림 5.31 x-51 비행체

그림 5.32 x-43 비행체

조합인 터보복합사이클(TBCC; Turbine Based Combined Cycle), 로켓과 램제트-스크램제트엔진를 조합한 로켓복합사이클(RBCC; Rocket Based Combined Cycle), 램제트 및 스크램제트를 조합한 형태의 이중램제트(dual ramjet)도 연구되고 있다.

2) 스크램제트엔진의 활용

본 장에서는 항공용 엔진으로 활용이 가능한 스크램제트엔진에 대해서만 기술한다. 스크램제트엔진은 사용연료(수소 또는 탄화수소)와 흡입구의 형태로 연구목적과 적용체계를 연관하여 구분될 수 있다. 우주 재사용 발사체용으로 적용하기 위하여 주로 수소 연료 스크램제트엔진을 개발하고 있으며, 항공용 적용을 위하여는 탄화수소계열의 연료 스크램제트엔진이 연구되고 있다. 흡입구의 형태가 고정 흡입구인 경우는 스크램제트 연소 연구용 프로그램이거나 두 개의 연소실(아음속 연소실과 초음속 연소실)을 사용하는 **이중연소램제트**(DCR; Dual Combustion Ramjet)로서 초음속에서 극초음속까지 비행이 가능한 군용 비행체에 적용하기 위한 프로그램이다(그림 5.31 참조). 반면에 가변 흡입구를 사용하는 연구는 한 개의 연소실을 사용하여 초음속에서 극초음속까지 비행이 가능한 **이중모드램제트**(DMR; Dual Mode Ramjet) 또는 광범위한 마하수의 극초음속 비행이 가능한 복합엔진 개발을 위한 것으로 차세대 항공용 추진기술 개발 프로그램이다(그림 5.32 참조).

5.3.4 전기추진엔진

항공용 추진기관으로 화석연료를 사용하는 내연기관과 가스터빈엔진이 널리 사용되고 있으나 과도한 화석연료 사용으로 인해 전 세계적으로 심각한 환경오염 및 기후변화가 발생하고 있다. 이를 해결하기 위한 친환경 엔진으로 화석연료 대신에 전기를 동력원으로 사용하는 전기추진엔진이 개발되고 있다. 일반적으로 항공기 전기추진시스템은 그림 5.33과 같이 이차전지, 태양전지 등의 동력원에서 전력을 공급받아 모터를 구동하는 방식이며, 좀 더 효율을 높이기 위해서 연료전지 또는 내연기관을 결합한 하이브리드 방식을 적용할 수

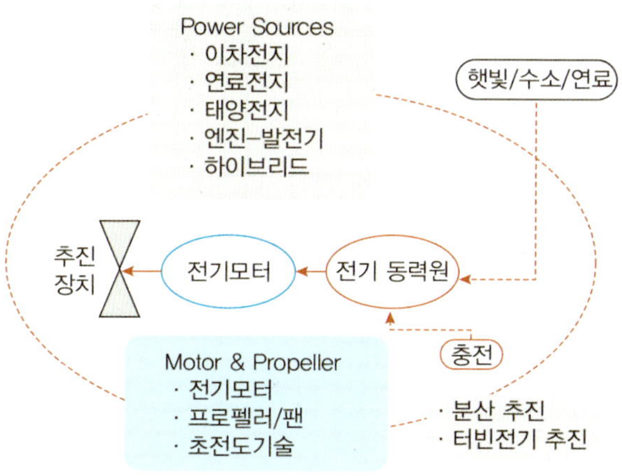

그림 5.33 항공기 전기추진엔진의 구성개념

있다.

항공기에 필요한 전기동력은 기본적으로 이차전지, 연료전지, 태양전지로부터 공급될 수 있으며, 필요에 따라 단일 동력원 또는 두세 가지를 조합한 복수 동력원을 사용한다. 현재 소형 무인기 분야에서는 리튬-이차전지를 적용한 단일 동력원 방식이 널리 사용되며, 무인기의 체공시간을 늘리기 위해서 연료전지 또는 태양전지를 적용한 무인기도 개발되고 있다. 연료전지의 경우 아직 항공기용으로 본격 사용되지는 않으나 시스템의 신뢰성과 안정성이 향상되면서 점차 적용사례가 증가될 것으로 예상된다. 태양전지는 저고도 비행체의 경우 날씨와 일광조건의 영향을 받기 때문에 제한적인 조건에서 사용할 수 있으나, 성층권 고고도에서 운용하는 비행체의 경우 날씨 영향 없이 효과적으로 사용할 수 있다. 특히, 최근 미국과 유럽에서는 성층권 장기체공을 목표로 태양전지 외 이차전지 또는 연료전지를 조합해서 체공시간을 수개월에서 수년까지 늘리기 위한 기술개발이 진행되고 있다. 한편, 구동모터와 발전기 분야에서도 새로운 소재와 기술을 적용하여 경량화를 통한 출력밀도 개선이 이루어지고 있으며, 향후 초전도기술 적용을 통해 에너지 효율의 비약적인 향상이 기대되고 있다.

복합회전익 비행체는 동체의 회전익(로터)을 중심으로 전방 또는 후방에 다양한 형식의 보조 프로펠러를 장착해서 헬리콥터의 수직 이착륙 능력에 더해 고정익 항공기의 장점인 속도와 항속거리를 높일 수 있는 방식이다. 다양한 프로펠러의 동력을 공급하기 위하여 하이브리드 전기추진엔진을 구성하기 위하여 하이브리드시스템이 연구되고 있다. 일례로 **직렬-하이브리드**(series-hybrid) 방식은 엔진에 발전기를 직결해서 나오는 출력과 이차전지 출력을 조합해서 로터와 프로펠러 전기모터를 구동하는 방식이다(그림 5.34). 내연기관과 발전기 세트를 기본으로 이차전지가 더해지고 엔진과 전기의 출력을 제어하는 컨버터 및

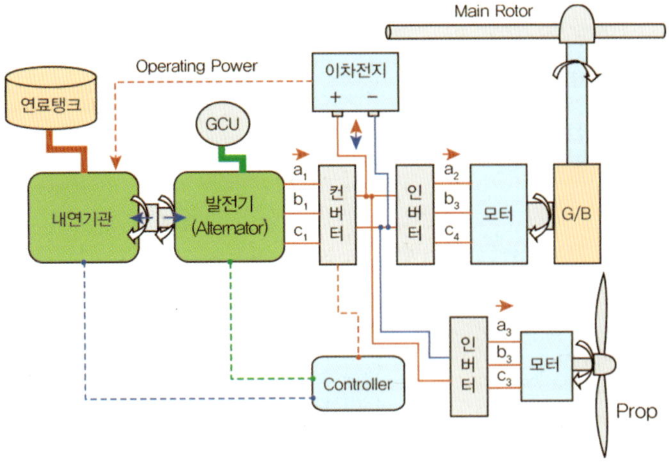

(가) 시스템 구성도

(나) 복합회전익 비행체

그림 5.34 직렬-하이브리드 시스템의 구성도

제어기가 포함되며 인버터를 통해 모터를 구동하는 시스템으로 구성하였다. 이러한 직렬 하이브리드방식은 시스템 구성이 단순하고 전기동력만으로 비행체의 추진동력을 제어할 수 있다.

참고문헌

1) 김근배, 이보화, 박부민, "항공기 전기추진시스템 기술 동향", 항공우주산업기술동향 14권 1호, 2016, pp. 70~82
2) 김근배, 이보화, "복합회전익 무인기용 하이브리드 동력시스템 개념연구", 한국추진공학회 춘계학술대회 논문집, 2016, pp.859~862

CHAPTER 06

비행성능

6.1 개요

1903년 라이트 형제의 역사적인 비행을 기점으로 두 번의 세계대전을 거치며 항공공학은 눈부신 발전을 이뤄왔다. 더 빠른, 더 높은 그리고 더 먼 거리를 갈 수 있는 항공기를 개발하며 인류는 여태까지 가지 못했던 더 높은 기술의 영역에 도달할 수 있었다. 향후 항공기술 개발의 맥락도 마찬가지이다. 어떻게 해야 항공기가 더 빨라질 수 있을까? 항공기가 얼마나 높은 곳까지 상승할 수 있을까? 항공기가 얼마나 오래, 얼마나 먼 거리까지 비행할 수 있을까? 우리는 이러한 질문에 대답하며 앞길을 나아가야 한다. 이 질문들의 답들이 바로 항공기의 비행성능, 이 장의 주제이다.

앞 장에선 항공기에 작용하는 여러 힘의 원리를 분석하였다. 이 힘들의 상호관계를 파악하는 일이 이 장의 주요 쟁점이 될 것이다. 이 중에서도 압력분포와 전단응력분포로 주어지는 공기역학적 힘은 항공기 자세가 달라질 때 함께 크기가 달라지며 다양한 자세의 항공기 성능을 결정하는 핵심이다. 이 힘들의 관계를 잘 살펴보며 이 장을 탐구해보자.

이 장은 항공기가 정지해 있는 상황에서 떠오를 때까지의 이륙과정, 원하는 고도에 도달하는 상승비행, 목적지까지 도달하기 위한 등속수평비행과 선회비행, 마지막으로 활공비행과 착륙까지 항공기의 모든 비행과정에 대한 논의를 담고 있다. 각 과정에서 항공기에 공기역학적 힘이 어떤 방식으로 작용되는지, 결과적으로 비행성능에 어떤 영향을 미치는지 알아보기 위해 힘 평형, 뉴턴 제2법칙 등을 적용해 분석해볼 것이다. 이 장의 전체 흐름을 따라가면 항공기 설계에 필요한 비행 기본 특성을 배우고 비행성능에 대한 근본적 이해를 해볼 수 있을 것이다.

6.2 운동방정식

항공기의 성능해석을 위해 비행상태와 힘 사이의 관계를 탐구해볼 필요가 있다. 그림 6.1에서 알 수 있듯이 항공기는 수평면에서 θ만큼 틀어진 비행경로로 비행하며, 추력과 비행경로는 각 α_T, 날개 시위선과 비행경로는 각 α를 이룬다. 항공기에 작용하는 힘 해석을 위해 비행경로와, 그에 수직한 방향을 기준으로 아래와 같이 운동방정식을 표현했다.

$$\sum F_{path} = ma \tag{6.1}$$

$$\sum F_{normal} = m\frac{V^2}{r} \tag{6.2}$$

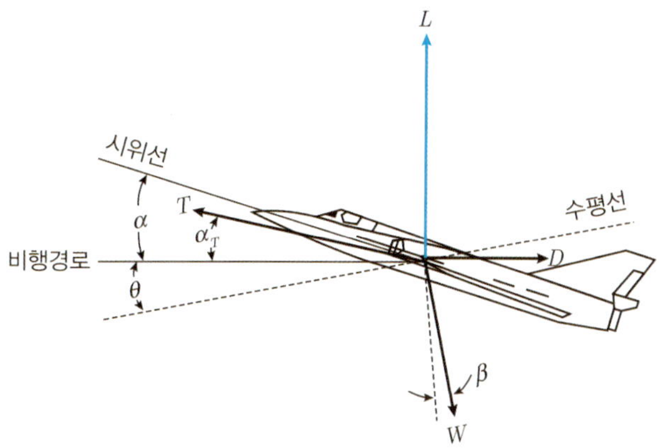

그림 6.1 항공기 자유물체도

식 (6.1)의 좌변은 비행경로 방향 힘의 합력을 의미하며, 우변은 뉴턴 제2법칙에 따른 질량과 가속도의 곱을 의미한다. 항공기에 작용하는 추력과 항력의 크기 차이에 따라 항공기는 가속운동 또는 감속운동을 한다. 이때 발생하는 가속도의 크기를 이 식을 통해 구할 수 있다.

식 (6.2)는 곡선을 이루는 운동 경로에 의해 발생하는 힘을 나타낸다. 항공기가 곡선으로 비행하여 비행경로에 곡률이 생겼을 경우, 그에 대응하는 원심력이 발생한다. 만약 항공기가 일정한 고도로 순항 운동을 하더라도, 지구 반경에 의한 곡률 반지름을 가지며 원심력이 발생하게 된다. 식의 우변은 원심력을 질량 m, 곡률 반지름 r 그리고 비행 속력 V로 나타낸 식이며, 좌변은 운동 경로에 수직한 힘의 합이다.

그림 6.1과 같이 비행 중인 항공기에는 공기역학적 힘인 양력과 항력, 추진 장치에 의해 발생하는 힘인 추력 그리고 만유인력에 의한 중력 총 네 가지 힘이 작용한다. 각각의 힘을 비행경로 방향 성분과 비행에 수직한 방향 성분으로 나눠주면 식 (6.1)과 (6.2)의 좌변을 표현할 수 있다. 표현된 식은 다음과 같다.

$$\sum F_{path} = T\cos\alpha_T - D - W\sin\theta \tag{6.3}$$

$$\sum F_{normal} = L + T\sin\alpha_T - W\cos\theta \tag{6.4}$$

위 식을 식 (6.1)과 (6.2)에 대입하면 다음과 같은 형태의 운동방정식을 얻을 수 있다.

$$T\cos\alpha_T - D - W\sin\theta = ma \tag{6.5}$$

$$L + T\sin\alpha_T - W\cos\theta = m\frac{V^2}{r} \tag{6.6}$$

식 (6.5) 및 (6.6)이 항공기에 작용하는 네 가지 힘으로 표현된 운동방정식의 최종 형태이다.

이 장에서 설명할 비행성능은 대부분 가속도가 없는 정적 상태를 가정한다. 이에 따라 식 (6.5)의 우변을 0으로 가정해도 무방하며, 식 (6.6)의 지구 반지름 효과를 제외한 원심력을 무시할 수 있다. 또한, 항공기 속도 규모에 비해 지구 반지름의 크기는 매우 크므로, 이에 따른 원심력의 영향은 미미하다. 따라서 식 (6.6)의 우변도 0으로 표현할 수 있다. 일반 항공기의 경우 α_T가 매우 작은 값을 가지므로, $\cos\alpha_T \approx 1$, $\sin\alpha_T \approx 0$의 근사를 사용하여 더 단순한 형태의 식 표현이 가능하다. 위의 근사를 포함한 아래의 식 (6.7), (6.8)을 추후 비행성능 분석 과정에 사용한다.

$$T - D - W\sin\theta = 0 \tag{6.7}$$

$$L - W\cos\theta = 0 \tag{6.8}$$

6.3 등속수평비행

항공기의 가장 간단한 비행 형태는 일정한 고도와 속도로 비행하는 등속수평비행이다. 이 경우 항공기의 운동 경로가 수평 방향과 나란하므로 식 (6.7) 및 (6.8)의 θ가 0이며, 운동 방정식이 아래와 같은 단순한 형태로 표현된다. 그림 6.2에 각 힘의 방향과 항공기 비행상태를 나타냈다.

$$T = D \tag{6.9}$$

$$L = W \tag{6.10}$$

항공기가 등속수평비행을 하려면, 항력과 추력이 같아야 하고, 중력과 양력도 같아야 한다. 속도가 달라짐에 따라 발생하는 항력이 달라지므로, 필요한 추력의 크기도 달라지며 이는 엔진의 성능과 밀접한 연관이 있다. 특히, 항력을 이겨내기 위한 추력은 엔진 구동

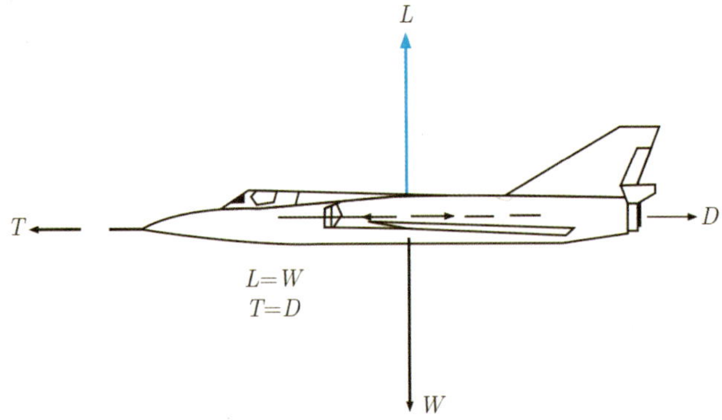

그림 6.2 등속 수평 비행에서 힘의 평형

방식에 따라 해석 관점이 달라져야 한다. 제트 엔진의 경우 비행 속도에 따른 추력이 일정하며 왕복 엔진의 경우 비행 속도에 따른 마력이 일정하다. 이 절에선 여러 등속수평비행 조건에 따른 각 힘 사이의 관계를 파악하기 위해 각 엔진 유형별로 힘과 에너지를 분석하고, 최대속력 등을 논의한다.

6.3.1 제트항공기와 필요추력

항공기가 일정한 속도를 유지하며 공중을 날기 위해 필요한 최소한의 추력을 **필요추력**(thrust required)이라 한다. 제트 항공기가 발생시키는 추력은 비행 속도에 무관하므로 제트항공기의 등속수평비행운동해석 시 필요추력을 사용하는 것이 합당하다. 식 (6.9)와 식 (6.10)을 이용해 등속수평비행 추력 계산식 (6.11)을 만들 수 있다.

$$T_R = \frac{W}{L/D} = \frac{W}{C_L/C_D} \tag{6.11}$$

비행속도의 크기, 즉 비행속력에 따라 등속수평비행에 필요한 양력이 달라지고 항력의 비율 또한 달라진다. 식을 통해 필요추력 T_R 또한 비행속도에 따라 달라짐을 알 수 있다. 비행속도와 필요추력 사이의 관계를 나타내는 그래프를 필요추력 곡선이라 하며 그림 6.3에 해수면 조건의 일반적 필요추력 곡선을 나타냈다. 특정 비행속도를 유지하기 위한 필요추력은 다음의 절차를 통해 구해진다.

1. 비행속력 설정
2. 설정된 비행속력에 따른 양력 계수 계산

$$C_L = \frac{L}{\frac{1}{2}\rho_\infty V_\infty^2 S} = \frac{W}{\frac{1}{2}\rho_\infty V_\infty^2 S} \tag{6.12}$$

3. 항공기의 양항곡선을 이용한 항력 계수 계산

$$C_D = C_{D,0} + \frac{C_L^2}{\pi e AR} \tag{6.13}$$

4. 양항비 계산
5. 식 (6.11)을 통한 필요추력 계산

마지막에 구해진 필요추력 값이 그림 6.3의 그래프에 대응되는 필요추력 값이다.

식 (6.11)에서 알 수 있듯이 필요추력은 양항비에 대한 함수이다. 항공기의 양항비는 받음각에 의해 결정됨을 유의하면, 필요추력 곡선의 각 지점은 서로 다른 받음각을 나타내는 것을 알 수 있다. 필요추력 곡선의 저속 부분이 고속 부분보다 더 큰 받음각을 가진다.

식 (6.12)를 통해 항공기에 작용하는 양력과 중력을 모두 동압과 날개면적 그리고 양력 계수의 곱으로 나타낼 수 있음을 알 수 있다. 고속의 경우 동압이 크므로 적은 양력 계수 값으로 필요한 양력 확보가 가능하다. 따라서 고속의 경우 등속수평 비행시의 받음각이 작다. 이 경우 항력 또한 크게 형성되어 필요추력 또한 큰 값을 가진다. 고속에서 저속, 즉 필요추력 곡선의 우측에서 좌측으로 이동하면 비행속도가 감소하며 동압이 줄어든다. 이로 인하여 같은 무게를 버티기 위해 더 큰 양력 계수 값이 요구된다. 그 결과 비행 유지에 필요한 받음각 또한 증가한다. 낮은 받음각에 대하여 항력 계수의 변화는 크지 않기 때문에 항력은 감소하며 필요추력 또한 감소한다.

낮은 받음각에 대해 항력 계수의 변화가 크지 않지만, 받음각이 커질수록 항력 계수의 변화 또한 커짐을 기억해야 한다. 무양력 항력을 제외한 유도항력의 크기는 양력 계수의 제곱에 비례하므로, 항력 계수의 변화는 초기에 미미하다가 좌측으로 이동할수록 급격해진다. 결과적으로 동압의 변화보다 항력의 변화가 커져 필요추력이 증가하는 구간이 생기며, 이것이 필요추력 곡선이 아래로 볼록한 형태를 가지는 이유이다.

최소 필요추력 조건에 대해 알아보기 위해 식 (6.13)을 이용해 필요추력을 다음과 같이 나타내보자.

$$T_R = D = q_\infty S C_D = q_\infty S C_{D,0} + q_\infty S \frac{C_L^2}{\pi e AR} \tag{6.14}$$

식 (6.14) 우변의 첫 항은 무양력 항력, 두 번째 항은 양력에 의한 항력을 의미한다. 이를 추력 관점에서 해석하여 필요추력을 무양력 필요추력과 양력에 의한 필요추력으로 나눌 수 있다. 그림 6.4는 전체 필요추력과 무양력 필요추력, 양력에 의한 필요추력을 나타낸 그래프이다. 무양력 필요추력은 비행속력이 감소함에 따라 감소하지만, 양력에 의한 필

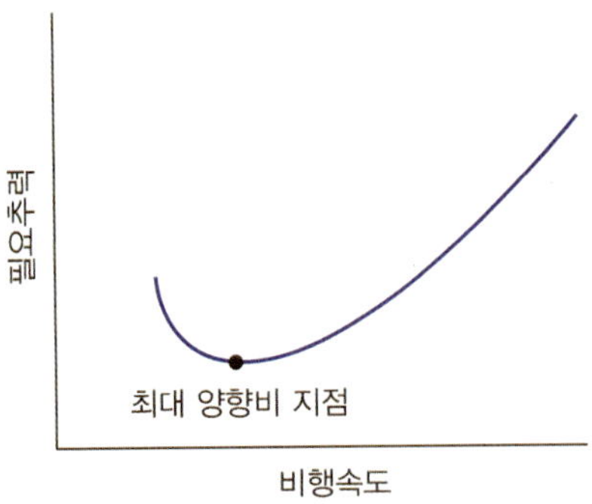

그림 6.3 필요추력 곡선

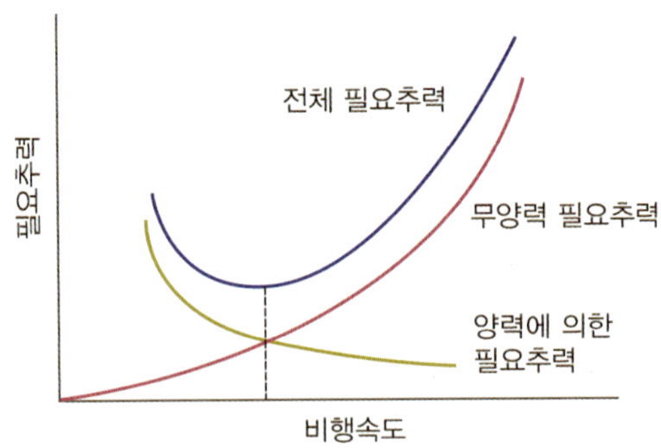

그림 6.4 무양력 필요추력과 양력에 의한 필요추력

요추력은 비행속력이 감소함에 따라 증가함을 확인할 수 있다.

속도 변화에 따른 필요추력 변화가 없는 지점이 최소 필요추력이라는 미적분학 관점을 도입하면, 최소 필요추력 조건에 따른 항력 조건을 식 (6.15)와 같이 유도 가능하다.

$$C_{D,0} = \frac{C_L^2}{\pi e AR} = C_{D,i} \tag{6.15}$$

식 (6.15)의 좌변은 무양력 항력을, 우변은 양력에 의한 항력을 의미하며 유도된 결과를 통해 최소 필요추력 조건에서 두 값이 같다는 흥미로운 사실을 알 수 있다.

6.3.2 프로펠러 항공기와 필요마력

제트 엔진을 장착한 항공기에서는 엔진의 추력이 속도에 따라 거의 일정하게 유지되므로 필요추력을 이용한 성능 분석이 용이하다. 그러나 왕복기관이나 터보축엔진과 같이 출력이 추력으로 직접 나오지 않는 엔진을 장착한 항공기의 경우는 속도에 따라 추력이 아닌 마력이 일정하므로 성능 분석 시 필요추력을 사용하기 힘들다. 따라서 속도를 유지하며 공중을 날기 위해 필요한 최소한의 마력인 **필요마력**(power required)을 사용하여 분석하는 것이 편리하다.

그림 6.5와 같은 형태의 강체 운동 상황을 생각해보자. 질량이 m인 물체가 거리 d를 이동하며 마찰에 의한 방해를 받으며 그를 이겨내기 위한 힘 F가 주어지고 있다고 가정하면, 물체가 이동하며 받은 전체 에너지, 즉 힘 F에 의해 가해진 일을 힘의 크기와 이동거리를 곱하여 구할 수 있다. 마력은 단위시간당 가해지는 일의 양이므로 위 상황의 마력을 다음과 같이 구할 수 있다.

$$Power = \frac{Work}{time} = \frac{F \times d}{t_2 - t_1} = F \times \left(\frac{d}{t_2 - t_1} \right) = FV \tag{6.16}$$

그림 6.5의 힘과 관련된 마력은 최종적으로 힘과 속력을 곱하여 구한다.

위 상황을 등속수평비행중인 프로펠러 항공기에 대응시켜 보자. 항공기는 등속수평비행을 유지하기 위해 항력을 이겨내기 위한 추력을 발생시킨다. 이 추력은 엔진에 의해 유지

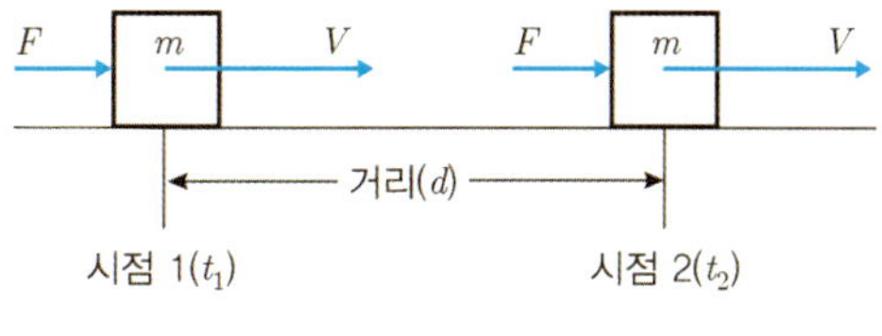

그림 6.5 움직이는 물체에 가해지는 힘과 속도

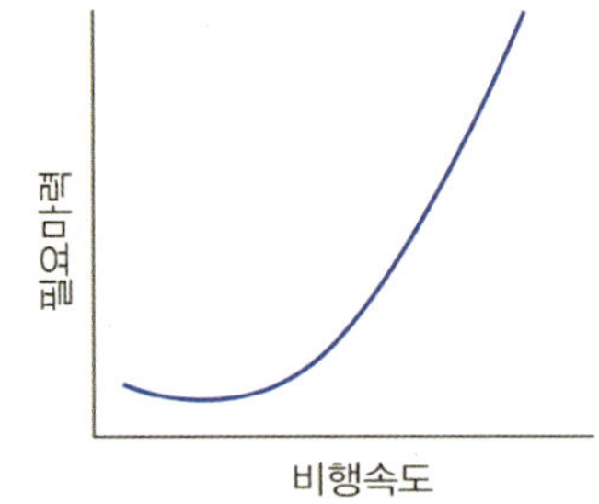

그림 6.6 필요마력 곡선

되며 특정 속력을 유지하기 위한 엔진의 능력이 마력이다. 결론적으로 필요마력은 추력과 비행속력의 곱으로 구해진다.

필요추력의 경우와 마찬가지로 필요마력 P_R 또한 양력 계수 및 항력 계수를 통한 식으로 표현된다. 식 (6.17)에 각 물리량 사이의 관계를 표현했다.

$$P_R = T_R \times V_\infty = \frac{W}{C_L/C_D} \times V_\infty \tag{6.17}$$

양력 계수 정의를 통해 위 식을 아래와 같은 형태로 변형 가능하다.

$$P_R = \frac{W}{C_L/C_D} \times \sqrt{\frac{2W}{\rho_\infty S C_L}} = \sqrt{\frac{2W^3 C_D^2}{\rho_\infty S C_L^3}} \tag{6.18}$$

양항비에 반비례하는 필요추력과 달리 필요마력은 $C_L^{3/2}/C_D$에 반비례한다. 필요추력 그림 6.6는 해수면에서의 전형적 필요마력 곡선을 나타낸다.

6.3.3 이용마력과 최대속력

항공기에 장착된 동력장치의 출력이 전부 추진력으로 사용되지는 않는다. 제트 항공기의 경우 흡입구나 덕트를 지나면서 에너지 손실이 생기며 프로펠러 항공기는 프로펠러 효율에 따라 사용할 수 있는 에너지 비율이 달라진다. 따라서 추진력으로써 비행에 이용될 수 있는 기관의 동력을 **이용마력**(power available)이라는 개념으로 구분해 사용하며 이는 기관에 따라 달라진다.

왕복 엔진과 프로펠러가 조합되어 있는 경우의 이용마력을 살펴보자. 왕복기관에서 연료를 연소시켜 얻은 에너지는 축을 통해 프로펠러로 전달된다. 전달되는 마력을 P로 표현하면, 프로펠러 효율 계수 η를 통해 이용마력 P_A를 다음과 같이 표현할 수 있다.

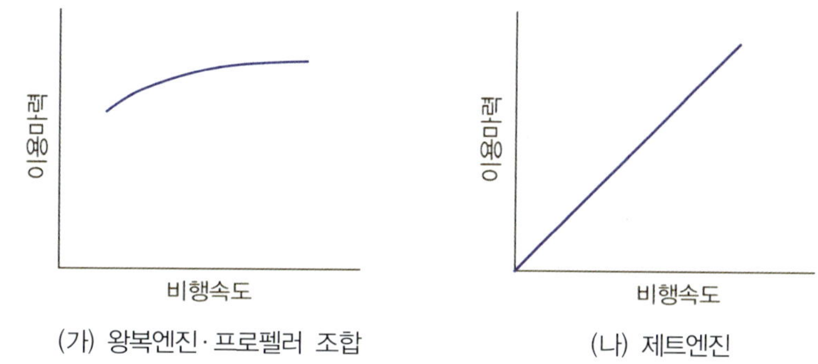

그림 6.7 이용마력 곡선

$$P_A = \eta P \tag{6.19}$$

제트엔진의 경우 추력을 통해 이용마력을 계산할 수 있다. 제트엔진의 이용마력은 식 (6.20)과 같다.

$$P_A = T_A V_\infty \tag{6.20}$$

왕복엔진의 경우 축으로 전달되는 에너지는 연소된 연료량에 따라 결정된다. 따라서 효율 계수와 축으로 전달되는 파워로 정의되는 이용마력은 속도에 따라 거의 일정한 값을 가지게 된다. 제트 엔진의 경우 속도에 따른 추력이 일정하며, 이용마력은 이 추력에 속력을 곱하여 구해진다. 결과적으로 제트 엔진의 이용마력은 속력에 비례하여 커지게 된다. 그림 6.7에 두 경우의 이용마력 곡선을 나타냈다. 왕복엔진과 프로펠러가 조합된 경우 최소 속력이 보장되면 이용마력이 거의 일정하게 나타나며, 제트 엔진의 경우 이용마력이 속력에 비례함을 확인할 수 있다.

여기까지 논의된 필요마력과 이용마력은 모두 해수면의 물리량을 가정한다. 그러나 실제 항공기가 운용되는 높은 고도에선, 밀도가 낮아져 동압이 바뀌므로 필요마력과 이용마력이 모두 달라진다. 필요마력의 변화를 관찰하기 위해 특정 고도 h에서 속도와 필요마력 식을 다시 정의해보자.

$$V_h = \sqrt{\frac{2W}{\rho S C_L}} \tag{6.21}$$

$$P_{R,h} = \sqrt{\frac{2W^3 C_D^2}{\rho S C_L^3}} \tag{6.22}$$

해수면 조건과 비교하기 위해 양력 계수 정의와 식 (6.18)을 다시 이용하면 위의 식을 아래와 같이 정리할 수 있다. 밑 첨자 0은 해수면을 의미한다.

$$V_h = V_0\sqrt{\frac{\rho_0}{\rho}} \tag{6.23}$$

$$P_{R,h} = P_R\sqrt{\frac{\rho_0}{\rho}} \tag{6.24}$$

식 (6.23) 및 식 (6.24)를 통해 필요추력 곡선과 필요마력 곡선의 각 점은 밀도비에 따라 그래프상의 새로운 점으로 이동함을 알 수 있다. 고도가 높아지면 밀도는 낮아지므로, 그래프의 각 점은 오른쪽 위로 이동하게 된다. 그림 6.8에 고도에 따른 필요마력 변화를 나타냈다. 고도가 높아질수록 그래프가 전체적으로 오른쪽 위 방향으로 이동하며, 최소 필요마력 조건의 속도가 커지는 것을 알 수 있다.

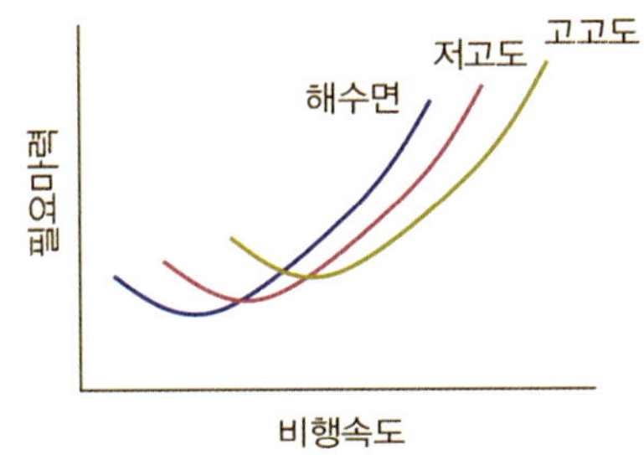

그림 6.8 고도에 따른 필요마력 변화

제트기는 저속에서 이용마력과 필요마력의 차가 적고 프로펠러기는 저속에서 그 차가 크다. 항공기는 필요마력이 이용마력과 같아질 때까지 가속할 수 있으므로 등속수평비행의 최대속도는 필요마력 곡선과 이용마력 곡선의 교점이다. 추후 6.4절의 상승률과 함께 최대속도를 더 상세히 이해해볼 것이다.

6.4 상승비행

활주로를 떠난 항공기는 등속수평비행에 도달하기 전 일정 고도까지 상승비행을 하게 된다. 상승비행의 성능을 평가하기 위해 다음과 같은 질문을 해볼 수 있다. 항공기가 얼마나 빨리 원하는 고도에 도달할 수 있는가? 항공기가 비행할 수 있는 최대 고도는 어떻게 되는가? 이러한 질문에 답하기 위해 등속수평비행에서의 경우와 같이 상승비행의 운동방정식을 유도해보자.

그림 6.9는 상승비행에서 항공기에 작용하는 힘과 항공기 자세를 나타낸다. 항공기는 고도가 높아지는 방향으로 비행해야 하므로 수평면과 비행경로 각 γ를 이루며 상승한다. 이를 6.2절에서 유도한 운동방정식에 대입하여 다시 식을 표현하면 아래와 같은 상승비행 운동방정식을 유도할 수 있다. 등속수평비행의 경우와 달리 중력의 방향이 양력의 방향과 나란하지 않음을 유의하자.

$$T = D + W\sin\gamma \tag{6.25}$$

$$L = W\cos\gamma \tag{6.26}$$

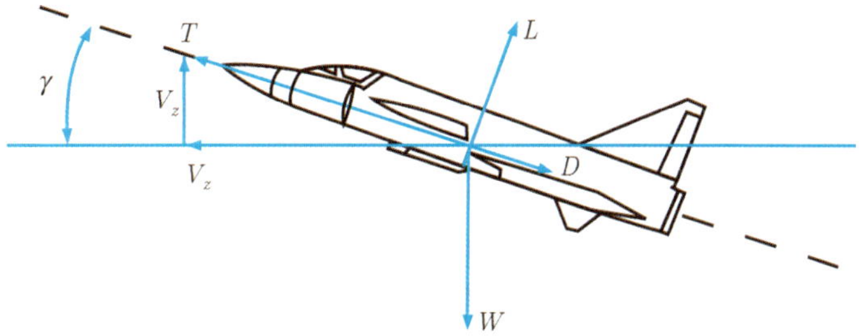

그림 6.9 상승비행에서의 힘의 평형

유도된 운동방정식을 이용해 상승비행성능 평가지표를 정의할 수 있다. 이 절에선 상승비행성능 평가지표인 상승률과 상승한도를 정의하고, 그 의미를 파악해본다.

6.4.1 상승률

앞에서 유도된 식 (6.25) 양변에 비행속력을 곱하고 식을 변형하여 다음과 같은 관계식을 유도할 수 있다.

$$\frac{TV_\infty - DV_\infty}{W} = V_\infty \sin\gamma \tag{6.27}$$

식의 우변은 비행속도의 연직 방향 성분을 의미하며, 이는 곧 상승속력이다. 이처럼 표현되는 상승속력을 **상승률**(Rate of Climb, R/C)로 정의한다.

식의 좌변을 유의 깊게 살펴보면, 분자가 이용마력과 수평비행운동 필요마력의 차이로 이루어져 있음을 알 수 있다.(상승비행에서의 필요마력은 하중을 함께 견뎌야 하기 때문에 등속수평비행에서의 필요마력과 정확히 일치하지 않지만, 상승각이 작은 경우 같다고 가정해도 좋음을 인지하자.) 이와 같은 이용마력과 필요마력의 차를 **잉여마력**(excess power) 또는 여유마력이라 한다. 최종적으로 잉여마력과 상승률 사이의 관계를 다음의 식과 같이

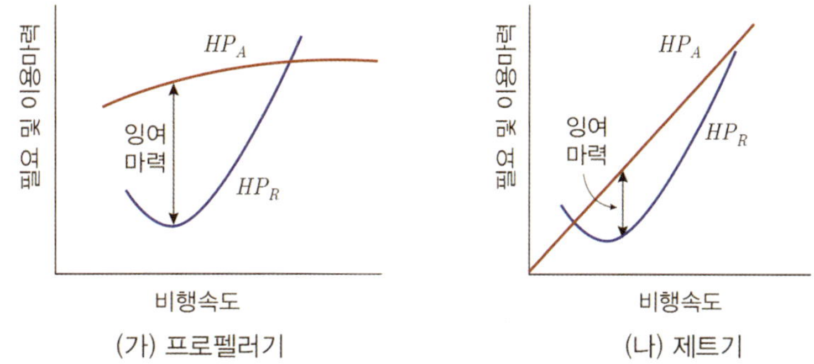

그림 6.10 이용마력과 필요마력곡선

표현 가능하다.

$$R/C = \frac{\text{잉여마력}}{W} \tag{6.28}$$

필요마력 곡선, 이용마력 곡선을 통해 구할 수 있는 잉여마력을 그림 6.10에 나타냈다. 프로펠러기와 제트엔진기 모두 잉여마력이 비행 속도에 따라 달라짐을 알 수 있다.

상승률은 잉여마력에 비례하기 때문에 최대 상승률을 최대 잉여마력을 통해 구할 수 있다. 그림 6.11과 같이 속도에 따른 상승률을 직접 그래프로 나타낼 때, 그래프의 위쪽 수평 접선이 바로 최대 상승률을 의미한다.

6.3절에서 최대속도와 필요마력, 이용마력 사이의 관계를 간단히 알아보았다. 그래프에서 확인할 수 있듯이 비행 속력이 빨라짐에 따라 필요마력이 급격히 증가한다. 이에 따라 필요마력과 이용마력이 같아지는 순간이 발생하며 이 순간이 등속 수평 비행의 최대속력이다. 고도가 높아지면 잉여마력은 급격히 감소하며 최대속력 또한 감소한다.

6.4.2 상승한도

6.3절에서 설명한 바와 같이 필요마력과 이용마력은 고도에 따라 달라진다. 이에 대한 자명한 결과로 잉여마력 또한 고도에 따라 달라진다. 그림 6.12에 고도 변화에 따른 필요마력, 이용마력, 잉여마력 변화를 나타내었다. 그림에서 확인할 수 있듯이 고도가 높아짐에 따라 잉여마력은 급격히 감소한다. 고도가 점차 높아지면 필요마력 곡선이 이용마력 곡선과 접하게 되는데, 이때의 잉여마력은 0이며 접점은 그 고도의 등속수평비행이 가능한 유일한 조건을 나타낸다. 이처럼 잉여마력이 부족하여 더이상 상승비행을 할 수 없는 고도를 **절대상승한도**(absolute ceiling)라고 부른다.

항공기 상승비행하는 과정에서 비행고도가 높아짐에 따라 상승률이 급격히 감소하며, 절대상승한도에 근접했을 때의 상승률은 매우 작다. 따라서 절대상승한도에 도달하려면

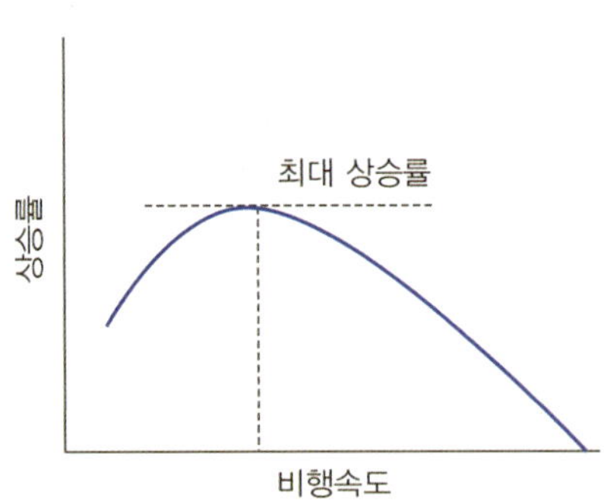

그림 6.11 속도와 상승률 사이의 관계

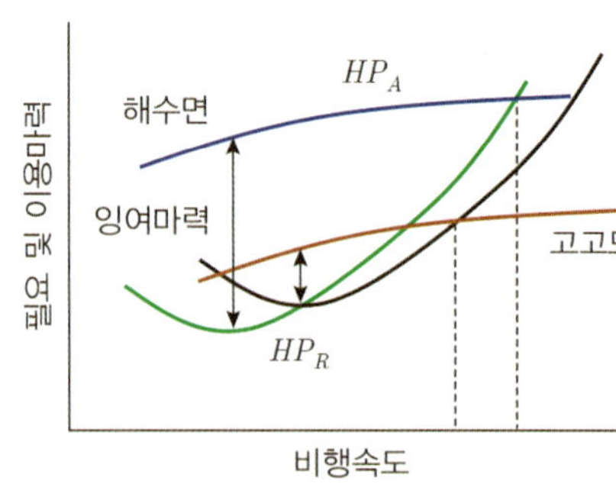

그림 6.12 비행 고도에 따른 잉여마력

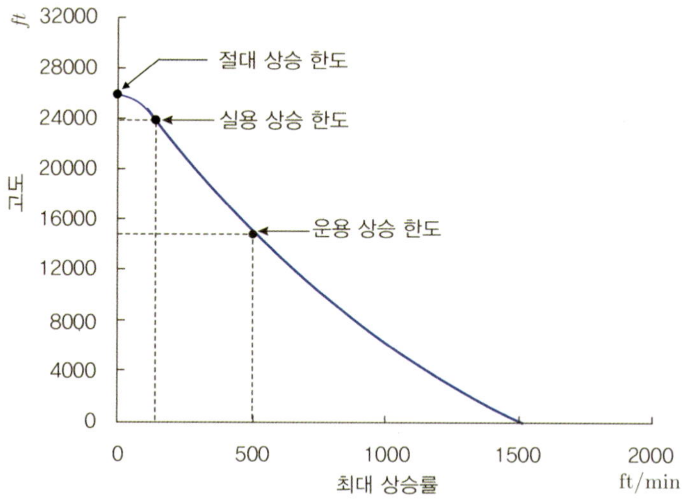

그림 6.13 고도와 최대 상승률 관계

이론적으로 무한대의 시간이 걸리며, 이론적으로 정의되더라도 항공기가 그 고도에 도달할 수 없으므로 확인이 불가하여 실용성이 떨어진다. 위 문제 해결을 위해 보다 유용한 파라미터인 **실용상승한도**(service ceiling)를 사용한다. 이는 최대 상승률이 100 $ft/\min$에 도달하는 고도를 의미한다. 이 외에도 최대 상승률이 500 $ft/\min$에 도달하는 고도를 **운용상승한도**(operating ceiling)라 정의한다.

절대상승한도와 실용상승한도 그리고 운용상승한도를 다음의 과정을 통해 결정할 수 있다.

1. 앞 절에서 제시된 최대 상승률 계산 방법을 통해 여러 고도에서의 최대 상승률을 계산한다.
2. 그림 6.13과 같이 최대 상승률에 따른 고도 그래프를 그려준다.
3. 최대 상승률이 0 $ft/\min$, 100 $ft/\min$, 500 $ft/\min$이 되는 지점까지 그래프를 외삽하여 절대상승한도, 실용상승한도 그리고 운용상승한도를 구해준다.

6.5 활공비행

항공기가 착륙 등을 위해 고도를 낮추는 비행과정을 하강비행이라 한다. 이 과정에서 고도 변화에 따른 위치 에너지 감소량을 운동에너지로 전환시킬 수 있으므로, 동력 없이도 비행 상태를 유지할 수 있다. 이러한 동력이 없는 하강비행 과정을 **활공비행**(gliding)이라 한다.

활공비행 중에 항공기에 작용하는 힘을 그림 6.14에 나타내었다. 그림에서 볼 수 있듯이

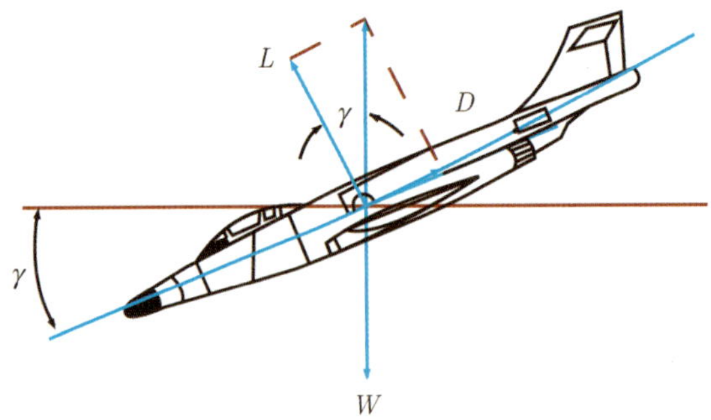

그림 6.14 활공비행

항공기의 운동경로가 수평선보다 아래 방향을 향한다. 아래 방향의 각도를 활공각 γ로 정의하고 6.2절에서 유도한 운동방정식에 대입하면 다음과 같은 활공비행 방정식을 얻을 수 있다.

$$D = W\sin\gamma \tag{6.29}$$

$$L = W\cos\gamma \tag{6.30}$$

식 (6.29)과 식 (6.30)를 결합하면 아래의 식과 같이 활공각을 양력, 항력만으로 구할 수 있다.

$$\tan\gamma = \frac{1}{L/D} \tag{6.31}$$

활공각은 양항비만의 함수이며, 양항비가 커질수록 활공각은 작아진다. 즉, 평형상태 활공각은 최대 양항비에서 최소가 된다. 그림 6.15를 통해 알 수 있듯이 특정 고도에서 시작한 활공비행의 비행거리는 활공각에 의해 결정된다. 따라서 활공거리를 늘리기 위해선 양항비를 키워야 한다.

같은 에어포일이라도 날개를 만들 때 가로세로비가 크면 유도항력이 감소하므로 양항비가 커진다. 특히 무동력 활공을 주로 하도록 설계된 활공기는 가로세로비가 20이 넘는 경우가 많다. 그 때문에 활공기의 하강속력은 아주 느려지며 비행 조건에 따라 몇 시간씩 공중에 머무를 수 있다. 반면에 고성능 전투기는 가로세로비가 작기 때문에 무동력 활공의 하강속력이 너무 커서 동력이 상실되면 안전한 무동력 활공이 어려울 정도이다.

앞에서 논의한 바와 같이 항공기 활공각은 양항비에 의해 결정된다. 그러나 활공 속도는 고도에 따라 달라질 수 있음을 유의하자. 높은 고도의 경우 밀도가 낮으므로 같은 비행속력을 가질 때 동압 또한 낮다. 같은 활공각으로 비행하기 위해선 항공기의 양항비가 같아야 하고 받음각과 양력 계수 또한 동일해야 한다. 따라서 같은 중력을 버티기 위해 큰

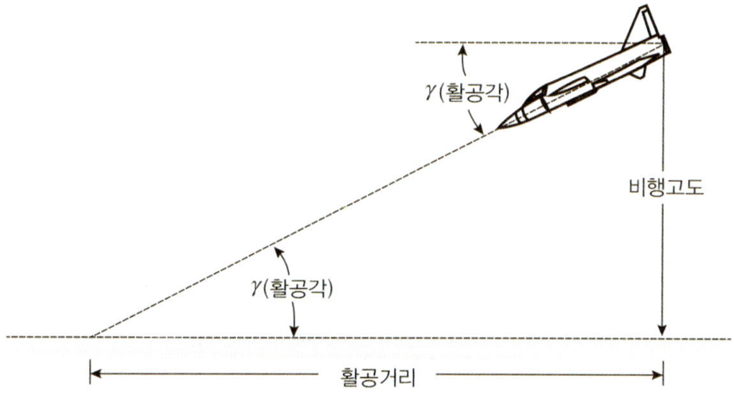

그림 6.15 활공각과 활공거리

동압이 필요하며 필연적으로 비행속력이 증가한다. 이 과정에 의해 활공각을 일정하게 유지하며 비행하는 항공기의 비행속력은 고도가 낮아짐에 따라 감소한다.

6.6 항속거리와 항속시간

항공기가 적재한 연료를 사용하여 비행할 수 있는 거리를 **항속거리**(range)라 하며, 한 번의 연료로 비행할 수 있는 시간을 **항속시간**(endurance)이라 한다. 항공기가 연료를 가득 싣고 출발하여 비행 속도, 엔진 출력, 자세 및 고도 등을 가장 적절하게 취하여 비행할 수 있는 최대의 비행거리를 최대 항속거리라 하며, 최대의 비행시간을 최대 항속시간이라 한다. 최대 항속거리를 얻기 위해선 비행거리당 연료소모를 최소화해야 하며 최대 항속시간을 얻기 위해선 비행시간당 연료를 최소화해야 한다. 두 경우 모두 가장 크게 영향을 미치는 요소는 엔진의 특성인 **비연료소모율**(specific fuel consumption)이다. 비연료소모율의 정의와 특징을 알아보고, 항속거리와 항속시간에 어떤 영향을 미치는지 알아보자.

비연료소모율은 엔진의 특성으로 왕복엔진의 경우 단위마력, 단위시간당 소모하는 연료의 양을 의미한다. 이때 단위마력은 엔진 축에 공급되는 마력을 의미한다.

항속거리와 비연료소모율의 관계를 우선 알아보자. 항속거리를 최대화하려면 단위거리당 연료소모율을 줄여야 한다. 비연료소모율은 단위마력과 단위시간에 대해 정의되어 있으므로, 비연료소모율에 필요마력을 곱하고 비행속력을 나눠 단위거리당 연료소모율을 구해줄 수 있다. 따라서 같은 비연료소모율에 대해 최대 항속거리를 가지려면, 필요마력과 비행속력의 비가 최소가 되어야 한다.

항속시간과 비연료소모율의 관계를 알아보자. 항속시간은 단위시간당 연료소모율이 최

6장 비행 성능

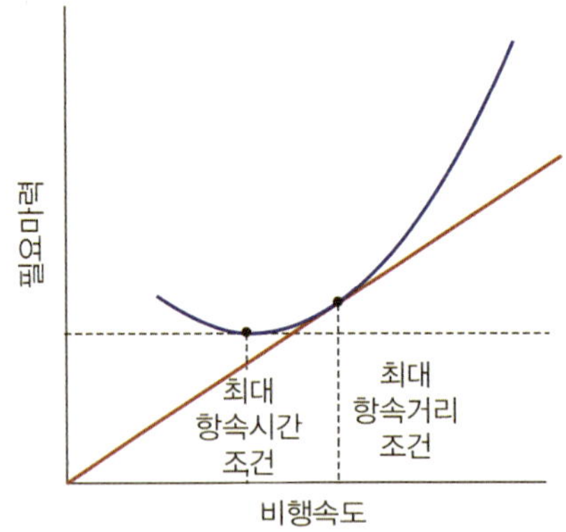

그림 6.16 왕복엔진 항공기의 최대 항속거리와 최대 항속시간 조건

소가 될 때 길어질 수 있다. 항속거리의 경우와 달리 단위시간당 연료소모율은 비연료소모율에 필요마력을 곱해 간단히 얻을 수 있다. 결과적으로 항속시간은 필요마력이 최소일 때 최대가 된다.

그림 6.16에 최대 항속거리와 최대 항속시간을 가질 수 있는 조건을 필요마력-비행속력 그래프를 통해 나타냈다. 최대 항속거리의 경우 필요마력과 비행속력 비가 최소가 되는 기울기를 가진 직선과 필요마력 곡선의 접점으로 정의되고, 최대 항속시간은 필요마력이 최소가 되는 수평선과 필요마력 곡선의 접점으로 정의된다. 6.3절에서 논의한 바와 같이 필요마력 곡선은 $C_L^{3/2}/C_D$가 최대가 될 때 최솟값을 가진다. 따라서 최대 항속시간도 $C_L^{3/2}/C_D$가 최대일 때 구해진다.

비행과정에서 연료 소모로 인해 항공기 중량이 감소하기 때문에 필요양력, 항력추력이 모두 달라진다. 이로 인하여 각 시점의 시간당 소모되는 연료량이 달라지며 이는 항속거리 및 항속시간 계산을 복잡하게 하는 원인이다.

항속거리와 항속시간 유도를 위해 시간에 따른 연료소모량을 살펴보자. 비연료소모율을 c로 표기하면, 비연료소모율의 정의에 의해 다음과 같은 식을 만들어낼 수 있다. P는 엔진마력, W는 항공기 무게를 의미한다.

$$dt = -\frac{dW}{c \cdot P} \tag{6.32}$$

시간이 지남에 따라 항공기 무게가 감소하므로 우변이 음의 부호로 나타남을 유의하자. 최초 항공기 무게 W_0에서 연료를 다 소모해 W_1이 될 때까지의 시간, 즉 항속시간을 E로 나타내자. 식 (6.32)를 적분해 E를 아래와 같이 계산해낼 수 있다.

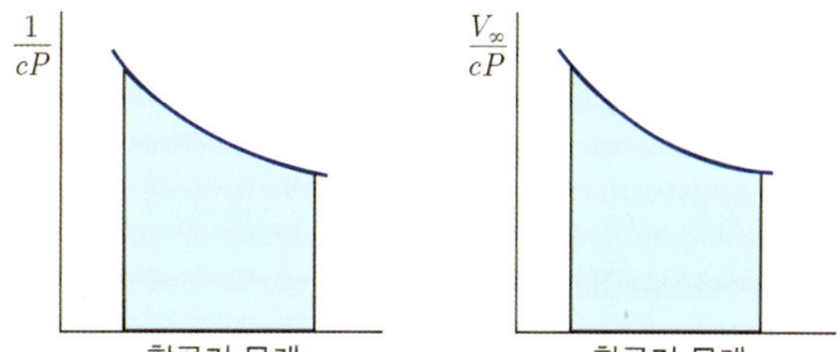

그림 6.17 항속거리와 항속시간 결정방법

$$E = -\int_{W_0}^{W_1} \frac{dW}{c \cdot P} \tag{6.33}$$

같은 방법을 적용하여 항속거리를 표현해보자. 식 (6.32) 양변에 비행속력을 곱한 후 최종비행상태까지 적분하면 아래의 식 (6.34)와 같이 항속거리 R이 계산된다.

$$R = -\int_{W_0}^{W_1} \frac{V_\infty dW}{c \cdot P} \tag{6.34}$$

그림 6.17에 적분을 통한 항속거리, 항속시간 계산 방법을 도식화하였다. 유도된 두 식을 이용해 항속거리와 항속시간을 계산하려면 각 시점의 항공기 중량, 비행속도, 비연료소모율, 엔진마력을 모두 알아야 한다. 더불어 6.3절에서 논의한 바와 같이 왕복엔진 항공기의 경우 이용마력이 일정하고 제트 항공기의 경우 추력이 일정하므로 에너지 분석 관점을 별개로 생각해야 한다. 이 절에선 각각의 경우에 대해 항속거리와 항속시간을 유도하여 각각의 특징을 살펴본다.

6.6.1 프로펠러 항공기

6.3절에 소개된 등속수평비행을 다시 떠올려보자. 필요마력은 추력과 비행속력의 곱으로 표현되며 프로펠러 효율 η을 이용해 엔진마력을 필요마력으로 나타낼 수 있다. 추력을 항력으로 변환하여 아래와 같이 엔진마력을 표현하자.

$$P = \frac{DV_\infty}{\eta} \tag{6.35}$$

식 (6.34)를 식 (6.33)에 대입해 항속거리를 계산해보자. 단순화를 위해 등속수평비행을 가정하였다. 양력과 무게가 같음을 이용하면 항속거리 R이 식 (6.36)을 통해 얻어진다.

$$R = \int_{W_1}^{W_0} \frac{V_\infty \eta dW}{cDV_\infty} = \int_{W_1}^{W_0} \frac{\eta}{cD} dW = \int_{W_0}^{W_1} \frac{\eta}{c} \frac{L}{D} \frac{dW}{W} \tag{6.36}$$

양항비를 양력 계수와 항력 계수의 비로 나타내고 적분항을 계산하면 최종적으로 항속거리를 간단한 형태의 수식으로 표현 가능하다.

$$R = \frac{\eta}{c} \frac{C_L}{C_D} \ln \frac{W_0}{W_1} \tag{6.37}$$

식 (6.37)이 항공공학의 대표적인 공식 중 하나인 **브레게**(Breguet) **항속거리** 공식이다. 프로펠러 효율 계수, 비연료소모율, 양항비, 비행 전후 항공기 무게 비율로 표현된 이 식을 이용해 10%에서 20% 범위의 정확도로 항속거리를 빠르게 계산해낼 수 있다.

식 (6.37)을 통해 항속거리를 키우기 위한 여러 방법을 확인해보자. 첫 번째 방법은 엔진에서 공급된 에너지 중 어느 정도의 비율이 사용되었는지 나타내는 가장 직접적인 척도인 프로펠러의 효율을 높이는 것이다. 마찬가지로 사용된 연료가 마력으로 얼마나 변환되었는지 알려주는 척도인 비연료소모율을 키워 항속거리 증가가 가능하다. 비행 전후 항공기 무게 비율은 전체 항공기 무게 중 연료가 차지하는 비율을 나타내는 지표이다. 이 값이 커질 때 항속거리가 증가한다. 항속거리 증가를 위해 가장 중요한 척도는 양항비이다. 다른 지표들과 달리 양항비는 항공기 비행자세에 따라 달라질 여지가 있다. 최대 항속거리를 얻기 위해선 양항비를 최대로 유지하며 비행해야 한다. 또한, 설계과정에서 큰 항속거리를 가지는 항공기 설계를 위해선 높은 양항비를 가지는 외형 설계가 필요함을 알 수 있다.

항속시간에 대해서도 같은 방법을 이용하여 식을 유도해보자. 식 (6.35)를 식 (6.33)에 대입하면 아래와 같은 항속시간 관계식을 얻을 수 있다. 관계식 도출을 위해 양력 계수 정의를 사용하여 비행속도 항을 무게와 동압, 양력계수 사이의 관계식으로 대체하였다.

$$E = \int_{W_1}^{W_0} \frac{\eta}{c} \frac{dW}{DV_\infty} = \int_{W_1}^{W_0} \frac{\eta}{c} \frac{L}{DV_\infty} \frac{dW}{W} = \int_{W_1}^{W_0} \frac{\eta}{c} \frac{C_L}{C_D} \sqrt{\frac{\rho_\infty S C_L}{2}} \frac{dW}{W^{3/2}} \tag{6.38}$$

$$E = \frac{\eta}{c} \frac{C_L^{3/2}}{C_D} \sqrt{2\rho_\infty S} \left(\frac{1}{\sqrt{W_1}} - \frac{1}{\sqrt{W_0}} \right) \tag{6.39}$$

최종적으로 도출된 식 (6.39)가 브레게 항속시간 공식이다. 계산 단순화를 위해 항공기 무게를 제외한 모든 변수는 일정하다고 가정하였다.

항속시간을 늘리기 위한 조건을 유도된 식을 통해 알아보자. 항속거리의 경우와 마찬가지로 항속시간은 프로펠러 효율이 높을 때, 비연료소모율이 낮을 때 자명하게 길어진다. 항공기 무게의 영향이 항속거리의 경우와 달라지는데, 비행 전후 항공기 무게 비율에 따라 달라지던 항속거리와 달리 항속시간은 연료 무게, 즉 비행 전후 항공기 무게 차이가 증가함에 따라 늘어난다. 양력 계수와 항력 계수의 영향 또한 달라진다. 식에서 알 수 있듯이 항속시간은 $C_L^{3/2}/C_D$가 커질 때 함께 증가한다. 이는 이 절 초반부에서 알아본 직관적 결과와 일치한다. 항속시간의 경우 항속거리 관계식에 나타나지 않는 밀도가 관계식에 등장한다. 항속시간이 $\sqrt{\rho}$에 비례하므로 밀도가 커질수록 항속시간 또한 길어진다. 따라서 항속시간을 최대화하는 방법은 해수면에서 비행하는 것이다.

6.6.2 제트 항공기

제트 항공기의 경우에 대해서도 항속거리와 항속시간을 유도해보자. 왕복엔진 항공기는 파워가 일정한 상태에서 비행하므로 필요마력을 이용해 항속거리와 항속시간을 유도할 수 있었다. 그러나 제트 항공기의 경우 추력이 일정히 유지되며 비행하므로 수식적으로 다르게 접근해야 한다. 이로 인해 제트 항공기에서의 비연료소모율은 단위 추력 및 단위시간당 소모된 연료 무게로 다시 정의된다.

최대 항속시간을 얻기 위한 조건을 알기 위해 6.3절의 최소 필요추력 조건을 상기하자. 최소 필요추력은 양항비가 최대일 때 얻어진다. 제트 항공기에 대해 다시 정의된 비연료소모율은 소모된 연료무게와 단위시간, 단위 추력의 비이며 이를 통해 비연료소모율이 일정할 때 단위시간당 소모된 연료량은 최소 필요추력 상태에서 최대가 됨을 쉽게 알 수 있다. 최소 필요추력은 양항비가 최대일 때에 대응되므로 제트 항공기의 최대 항속시간이 최대 양항비 조건에서 얻어진다고 유추할 수 있다.

제트 항공기의 최대 항속거리 조건을 알아보기 위해 비연료소모율에 필요추력을 곱하고 비행속력을 나눠보자. 이를 통해 단위 거리당 소모된 연료량을 알 수 있다. 이 값이 최대가 되려면 필요추력과 비행속력의 비가 최대가 되어야 한다.

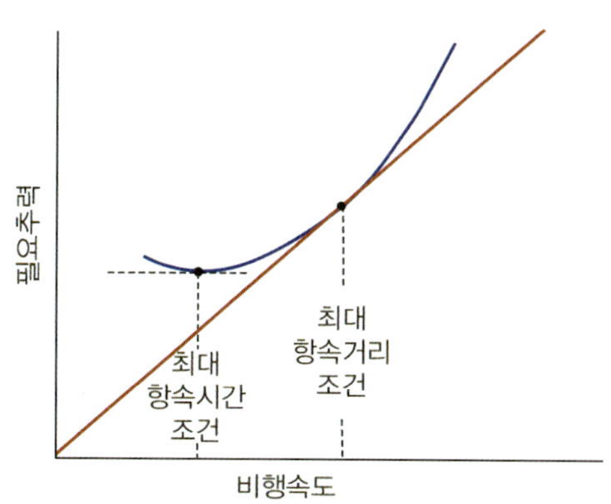

그림 6.18 제트 항공기의 최대 항속거리와 최대 항속시간 조건

그림 6.18에 속도에 따른 필요추력 곡선과 최대 항속거리 조건, 최대 항속시간 조건을 도시하였다. 프로펠러 항공기 경우와 마찬가지로 원점으로부터 뻗어나가는 직선과 필요추력 곡선의 접점으로 최대 항속거리가 정의되고, 수평선과 필요추력 곡선의 접점으로 최대 항속시간이 정의된다.

정확한 수식 도출을 위해 시간에 따른 연료소모량을 추력 T, 항공기 무게 W, 제트 항공기의 비연료소모율 c_T로 나타내자.

$$dt = -\frac{dW}{c_T T} \tag{6.40}$$

프로펠러 항공기의 경우와 마찬가지로 시간에 따른 항공기 무게 감소를 표현하기 위해 음의 부호가 사용되었다. 위 식을 비행 전후 항공기 상태에 맞춰 적분하면 항속시간을 다음과 같이 표현할 수 있다.

$$E = \int_{W_1}^{W_0} \frac{dW}{c_T T} = \int_{W_1}^{W_0} \frac{1}{c_T} \frac{L}{D} \frac{dW}{W} \tag{6.41}$$

등속수평비행시의 추력과 항력이 같고 양력과 무게가 같다는 사실을 사용했다. 적분한 형태의 최종 식을 (6.42)에 나타냈다.

$$E = \frac{1}{c_T} \frac{C_L}{C_D} \ln \frac{W_0}{W_1} \tag{6.42}$$

제트 항공기의 경우 프로펠러 항공기와 달리 연료에서 발생한 에너지가 바로 추력으로 전환되므로 프로펠러 효율 계수와 같은 지표가 제외되었다. 식에서 확인할 수 있듯이 비연료소모율이 낮아질 때 항속시간이 늘어나는 결과를 보여준다. 프로펠러 항공기의 경우 최대 항속시간 확보를 위해 최대 연료량이 필요하였다. 그러나 제트 항공기의 경우 최대 항속시간이 최대 비행 전후 항공기 무게비에 의해 유도됨을 알 수 있다. 추가로 양항비가 증가함에 따라 항속시간이 길어짐을 확인할 수 있었는데, 앞에서 비연료소모율의 의미를 통해 유추한 결과와 일치한다.

식 (6.40)을 이용해 항속거리 관계식을 유도해보자. 양변에 비행속도를 곱해 미소 시간 동안 이동한 거리를 구한 뒤 양변을 적분하여 최대 항속거리를 계산했다.

$$R = \int_{W_1}^{W_0} \frac{V_\infty dW}{c_T T} = \int_{W_1}^{W_0} \frac{V_\infty}{c_T} \frac{C_L}{C_D} \frac{dW}{W} \tag{6.43}$$

비행속도를 양력 계수 정의를 이용해 대체하고 최종 관계식을 도출하였다.

$$R = \int_{W_1}^{W_0} \sqrt{\frac{2}{\rho_\infty S}} \frac{C_L^{1/2}/C_D}{c_T} \frac{dW}{W^{1/2}} \tag{6.44}$$

$$R = 2\sqrt{\frac{2}{\rho_\infty S}} \frac{1}{c_T} \frac{C_L^{1/2}}{C_D} (\sqrt{W_0} - \sqrt{W_1}) \tag{6.45}$$

식 (6.45)가 제트 항공기에 대해 유도된 항속거리이다.

항속거리 증가를 위한 조건을 알아보자. 항속시간의 경우와 마찬가지로 비연료소모율이 감소할 때 항속거리가 증가한다. 그러나 연료 측면에선 항속시간의 경우와 달리 비행 전후 항공기 무게비가 아닌 연료량에 대해 항속거리가 변화한다. 비행속력이 수식에 추가되며 양력 계수의 지수가 달라졌다. 제트 항공기의 항속거리는 $C_L^{1/2}/C_D$에 비례한다. 프로펠러 항공기의 항속시간의 경우와 마찬가지로 이 식에도 밀도의 영향이 추가되었다. 제트 항공기의 항속거리는 밀도가 낮아질수록 더 길어짐을 식을 통해 확인할 수 있다. 식을 통해 밀도가 0이 되는 대기권 밖의 제트 항공기는 무한한 항속거리를 가진다는 모순적 결과를 얻을 수 있다. 이는 수평비행운동 가정을 무시한 결과이다. 기본적으로 대기가 없는 경우 양력과 추력이 발생하지 않으며, 밀도가 낮아지면 제트엔진 성능이 감소해 비연료소모율 또한 달라진다. 위 식을 통해 제트 항공기의 항속거리가 해수면에서 가장 짧고 고도가 높아질 때 더 길어지는 경향을 보인다는 사실만을 주의 깊게 받아들이자.

6.7 선회비행

이전까지 논의해온 항공기의 비행운동은 모두 연직면상의 2차원 운동이 가정되었다. 그러나 항공기는 방향을 바꾸기 위해 곡률을 가지고 회전하는 선회비행을 하게 될 수 있다. 선회비행의 종류 중 가장 단순한 형태인 수평선회에 대해 알아보자.

선회과정에서 고도가 일정하게 유지되는 비행을 **수평선회**(level turn)라 한다. 그림 6.19에서 선회비행을 하는 항공기와 그 항공기에 작용하는 힘을 나타냈다. 경사각 ϕ에 대해 항공기에 작용하는 양력과 무게 사이의 관계를 식 (6.46)에 표현했다. 선회운동에 집중하기 위해 곡률에 관여하지 않는 힘인 추력과 항력은 배제하였다.

$$L\cos\phi = W \tag{6.46}$$

식 (6.46)에서 알 수 있듯이 양력 중 일부분이 항공기의 무게를 버티기 위해 사용된다. 그렇다면 나머지 양력은 어디에 사용되는가? 항공기가 선회를 하면 방향이 계속 바뀌므로 그 경로는 원이 된다. 경로가 오른쪽으로 돌아가면 우선회라 하고 왼쪽으로 돌아가면 좌선

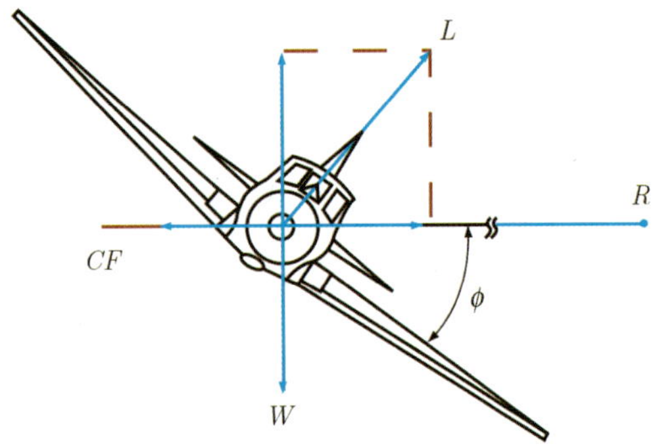

그림 6.19 선회비행중인 항공기와 그에 작용하는 힘

회라 한다. 이 원운동을 유지하기 위해 구심력이 존재해야 한다. 무게를 버티기 위해 사용된 양력을 제외한 나머지 양력이 이 구심력으로 사용된다. 뉴턴의 제2법칙을 이용해 선회운동의 **선회 반경**(radius of turn) 그리고 **선회율**(rate of turn)을 알아보자.

발생하는 양력 중 구심력 역할을 하는 힘을 다음과 같이 표현 가능하다.

$$F_r = L\sin\phi = \sqrt{L^2 - W^2} \tag{6.47}$$

4장에서 정의한 하중계수 n을 통해 식 (6.47)을 다시 변형할 수 있다.

$$F_r = W\sqrt{n^2 - 1},\, n \equiv \frac{L}{W} \tag{6.48}$$

뉴턴 제2운동법칙을 적용해 선회반경 R을 구해보자.

$$F_r = W\sqrt{n^2 - 1} = m\frac{V_\infty^2}{R} \tag{6.49}$$

$$R = \frac{V_\infty^2}{g\sqrt{n^2 - 1}} \tag{6.50}$$

선회비행의 선회율은 원운동 각속도로 정의된다. 따라서 선회율 ω는 식 (6.51)과 같이 표현된다.

$$\omega = \frac{g\sqrt{n^2 - 1}}{V_\infty} \tag{6.51}$$

선회운동 중에 가지는 하중계수는 경사각에 대한 함수이다. 따라서 비행속도와 경사각이 같으면 항공기 종류에 관계없이 선회반경과 선회율이 같아진다.

어떤 종류의 항공기에 대해서든 가장 작은 선회반경과 가장 큰 선회율을 가지는 것이 조종 측면에서 바람직하다. 식 (6.50)과 식 (6.51)을 통해 두 조건을 모두 만족시키려면 하중계수가 커야 하고, 속력이 낮아야 함을 알 수 있다. 그러나 최소 비행속력은 실속속력의 제한을 받으며 하중계수 또한 제한된다. 이러한 이유로 일반적 항공기의 경사각은 최대 60도로 제한된다.

작은 선회반경과 큰 선회율은 특히 전투기에서 중요하다. 이 둘을 제외한 다른 조건이 모두 같다면 선회반경이 작고 선회율이 커야 공대공 전투에서 유리한 위치를 선점할 수 있다. 따라서 고성능 전투기는 통상 3에서 10의 높은 하중계수를 가질 수 있도록 설계된다.

여기까지 언급한 비행운동은 수평선회운동 중 옆으로 미끄러지지 않고 무게중심에 작용하는 힘이 평형을 이루며 비행속도의 변화가 없는 **정상선회**(coordinated turn)이다. 이제 힘의 평형이 이루어지지 않을 경우 선회운동이 어떻게 달라질 수 있을지 알아보자.

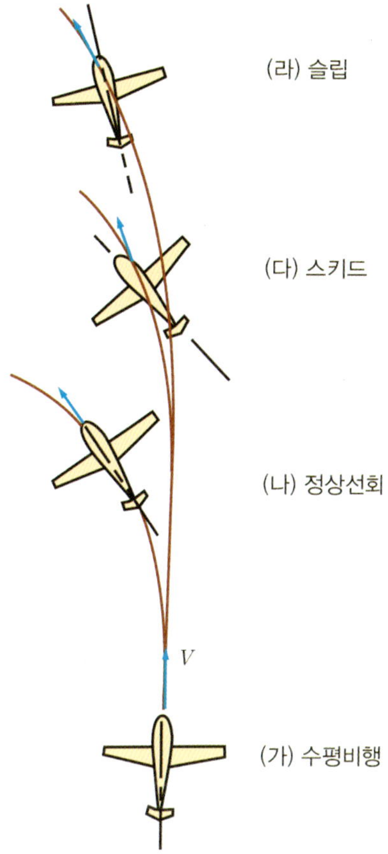

그림 6.20 선회비행

정상선회를 하려면 원심력과 양력의 수평성분이 같아야 한다. 만약 경사각과 양력의 관계가 평형에 이르지 못하여 원심력이 양력의 수평성분인 구심력보다 더 크면 **스키드**(skid)가 일어난다. 스키드가 일어나면 항공기는 선회반경 바깥으로 밀려난다. 반대로 양력의 수평성분이 원심력보다 더 크면 **슬립**(slip)이 일어난다. 항공기는 수직면에 대하여 대칭이기 때문에 바람이 항공기의 정면에서 불어오는 것이 바람직하다. 스키드나 슬립이 일어나면 항공기의 정면으로 바람이 불어오지 않고 한쪽으로 쏠리기 때문에 탑승감이 불쾌해지고 공기역학적으로 좋지 못하다. 따라서 조종사는 슬립이나 스키드가 일어나지 않는 선회인 정상선회를 선호한다. 슬립은 경사각이 너무 크거나 러더의 조작량이 부족한 경우에 일어나기 쉽고 스키드는 경사각이 부족하거나 러더의 조작량이 너무 클 때 일어나기 쉽다. 그림 6.20에 정상선회와 스키드나 슬립이 생길 때의 비행 상황을 나타내었다.

6.8 이착륙비행

이착륙비행은 순항이나 정상선회와 달리 힘이 평형상태에 있지 않고 가속도가 작용하는 비행상태이다. 따라서 이착륙 성능을 특수성능으로 분류한다.

정지상태의 비행기가 이륙하기 위해선 이륙에 필요한 최소속력을 지상에서 확보해야 한다. 이 속력을 얻을 때까지 지상에서 이동한 거리를 **지상활주**(ground roll)로 정의한다.

지상활주 거리에 대한 물리적 고찰을 위해 그림 6.5의 상황을 다시 생각하자. 일정한 힘이 가해질 때 목표속력 V에 대한 지상활주 거리 s는 등가속도 운동공식을 통해 다음과 같이 구해진다.

$$s = \frac{V^2 m}{2F} \tag{6.52}$$

식 (6.52)에서 사용된 힘은 추력, 항력, 마찰력 등이 모두 고려된 물리량이다. 그림 6.22에서 알 수 있듯이 이 힘의 유도를 위해 항공기에 작용하는 네 힘인 양력, 항력, 추력, 중력이 모두 사용된다. 추력과 항력의 경우 가속 방향에 나란하게 작용하며 직접적 영향을 준다. 항공기에 작용하는 무게와 양력의 차이는 수직항력으로 마찰력의 크기를 결정한다. 활주과정에서 속력이 증가하며 양력과 항력이 증가하고, 양력의 증가로 인해 마찰력은 감소한다. 따라서 실제 활주거리를 구하려면 운동방정식을 적분해야 한다. 그러나 실제로 속력 변화에 따른 마찰력 증가 정도와 항력 감소 정도가 비슷하며 제트 항공기에 대해 추력이 일정하므로 식 (6.52)를 유도할 때와 같이 일정한 힘이 작용한다고 가정할 수 있다. 이를 적용한 최종 식은 다음과 같다. 이륙 직전 속력은 안전을 위해 실속속력보다 20% 큰 값으로 정해진다.

$$s = \frac{1.44\,W^2}{g\rho_\infty S C_{L,\max}\left[T - [D + \mu_r (W - L)]_{av}\right]} \tag{6.53}$$

항공기는 정지상태에서 가속하여 점점 속력이 빨라져 이륙할 수 있는 속력 이상으로 가

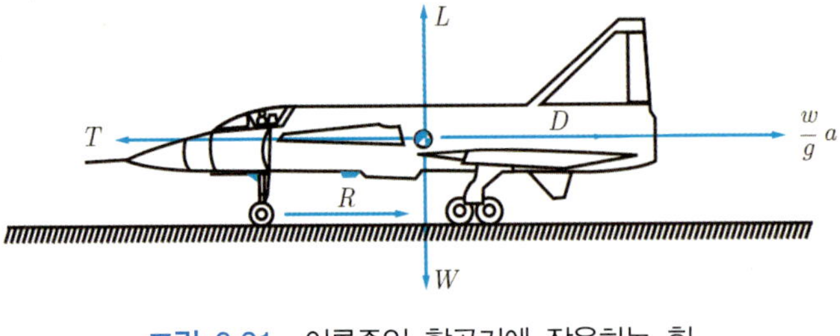

그림 6.21 이륙중인 항공기에 작용하는 힘

속되면 지상활주를 마치고 공중에 뜨기 시작한다. 그러나 항공기 바퀴가 완전히 땅에서 떨어졌다 하더라도 안전한 상승비행을 시작하기까지 필요한 고도를 취해야 한다. 따라서 이륙거리는 지상활주 거리와 상승비행을 할 수 있는 고도를 취하기까지 비행한 지상거리를 합하여 정의한다.

안전비행고도를 취하기까지의 고도는 장착된 동력장치의 종류에 따라 여유마력이 서로 다르므로 다르게 정하고 있는데 대형 수송급(transport category)의 경우 10.7m(35ft)이며 소형 비행기는 15m(50ft)이다.

이륙지상 활주거리는 중량과 지상활주 최종속력의 자승에 비례하여 길어지며 평균가속력에 반비례한다. 중량이 같은 항공기에서 활주거리를 짧게 하기 위해서는 지상활주 최종속력을 작게 하고 가속도를 크게 해야 한다. 또한, 지상활주거리가 실속속력에 대해 정의되므로 실속속력을 작게 해야 한다. 한편 실속속력을 작게 하려면 최대 양력계수가 커야 한다. 중량이 무거운 대형 항공기의 경우에는 요구되는 활주로의 길이가 길어 이착륙시 문제를 야기할 수 있으므로 복잡하더라도 효율적인 플랩을 장착해야 한다.

군용 수송기는 이륙거리를 특별히 짧게 만들 필요가 있으므로 이륙할 때만 사용하는 제트 엔진을 장착한 항공기가 있는데 이런 장치를 JATO(Jet Assisted Takeoff)라 한다. 때로는 로켓 엔진을 이용하여 활주거리를 짧게 하는 수도 있는데 이런 장치는 RATO(Rocket Assisted Takeoff)라 한다. 두 가지 모두 이륙에서 가속도를 크게 하기 위한 장치들이다.

항공기가 이륙할 때 **정풍**(head wind)을 받으면 이륙거리와 이륙시간이 짧아지고, **배풍**(tail wind)을 받아 이륙 및 착륙은 비정상상황(비상시)을 제외하고 금지되어 있으며 상대적으로 거리와 시간이 길어진다. 왜냐하면 이륙이 되는 최소 속력은 바람과의 상대속도로 정해지기 때문에 마주 바람이 불어오면 지상활주거리가 짧아도 이륙할 수 있는 속력에 이르게 된다.

항공기가 착륙 진입하여 정해진 최소 고도를 지나는 위치에서부터 착지하고 정지할 때까지 지나간 전체 거리를 **착륙거리**라 한다. 여기서 정해진 최소고도는 이륙거리를 정의할 때와 마찬가지로 대형기의 경우는 10.7m이며 소형기는 15m이다.

착륙에서 항공기에 작용하는 힘은 그림 6.22와 같다. 브레이크를 사용하므로 마찰력이

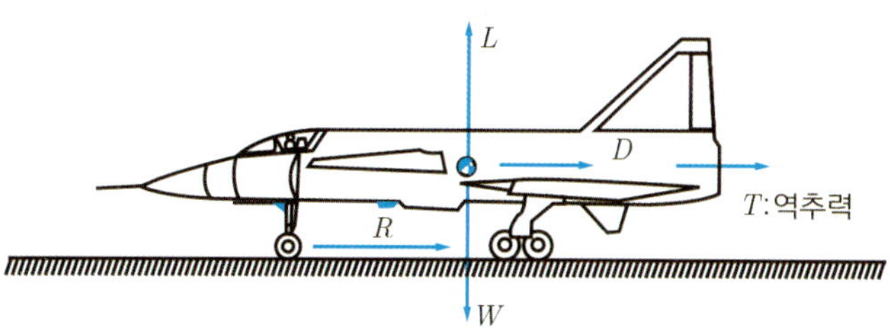

그림 6.22 착륙중인 항공기에 작용하는 힘

커지고 추력은 작용하지 않거나 역방향으로 작용한다. 착륙할 때의 지상 활주거리를 구하는 방법은 이륙할 때와 같다. 활주로에 접지할 때의 접지속력은 실속속력보다 30% 정도 크게 설정한다. 유도된 착륙거리는 다음과 같다.

$$s_L = \frac{1.69\,W^2}{g\rho_\infty S C_{L,\max}\left[D+\mu_r(W-L)\right]_{av}} \tag{6.54}$$

착륙에서의 활주거리를 짧게 하기 위해서는 접지속력을 작게 하고 진행과 반대 방향의 힘을 크게 해야 한다. 진행과 반대방향의 힘을 크게 하기 위해서 역추진이나 에어 브레이크를 사용하며 접지속도를 작게 하기 위하여 고양력 장치를 사용한다.

CHAPTER 07

비행 제어 및 항법

항공기는 비행 환경, 비행 목적과 임무에 따라 다양한 비행 속력, 비행 고도 등 여러 가지 비행 조건에서 날 수 있어야 하며, 돌풍 등의 외란에 의해 비행 조건이 갑자기 변하는 상황에서도 원하는 비행 조건을 유지할 수 있어야 한다. **비행 제어**(flight control)에서는 항공기에 작용하는 힘과 모멘트를 분석하고, 앞서 말한 비행 상태의 유지, 변경을 위해 필요한 만큼의 추가적인 힘과 모멘트를 생성하는 방법을 다루게 된다. **항법**(navigation)에서는 항공기가 안정적인 비행 상태를 유지하고 원하는 경로를 따라 비행할 수 있도록 항공기가 스스로의 위치와 속도 정보를 얻어내는 과정을 다루게 된다.

7.1 안정성

항공기가 일정한 비행 조건을 유지하며 비행하기 위해서는 항공기에 작용하는 힘과 모멘트가 평형을 이루는 것이 필요하다. 힘과 모멘트의 평형이란 무게중심을 기준으로 항공기에 작용하는 여러 힘과 모멘트들이 서로 상쇄되는 것을 말한다. 힘과 모멘트의 평형이 깨지면 속도나 각속도가 변하는 운동이 생기게 되어 비행 상태의 유지가 불가능하게 된다. 항공기를 제어하는 데에 기본이 되는 개념은 이와 같이 힘과 모멘트가 평형을 이룰 수 있는지 여부와 평형에서 흐트러진 경우에 다시 평형상태로 돌아올 수 있는지 여부이다. 본 절에서는 **트림**(trim)이라는 개념과 안정성이라는 개념을 통해 이러한 측면을 살펴보기로 한다.

평형상태를 유지하고 있던 비행기가 어떤 **외란**(disturbance)을 받아 평형상태에서 약간 벗어난 경우에 원래의 평형 비행상태로 되돌아가는 특징을 가지고 있으면 그 비행기는 안정하다고 하고, 반대로 평형상태로부터 멀어지려는 특성을 가지고 있으면 불안정하다고 한다. 이때, 외란을 받은 직후의 초기 경향만을 고려해서 판단하는 개념을 **정안정성**(static statbility)이라 하고, 시간이 흐른 후에 궁극적으로, 또 얼마나 신속하게 평형상태에 도달하는지를 판단하는 개념을 **동안정성**(dynamic stability)이라 한다.

안정성의 기본 개념은 그림 7.1과 같은 그림으로 설명되곤 한다. (가)와 같이 오목한 그

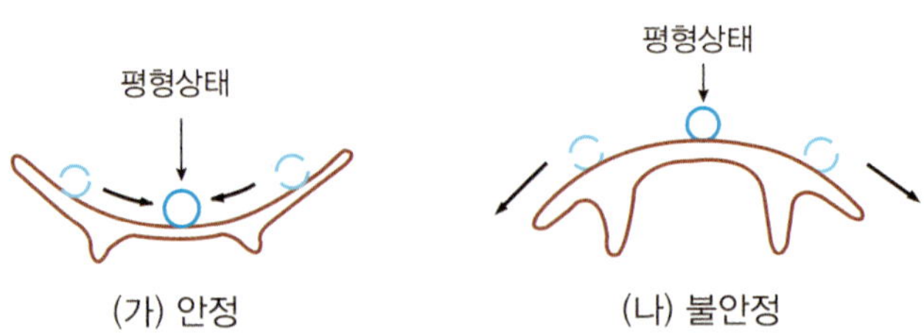

그림 7.1 운동하는 물체의 안정성

릇에 구슬이 담겨 있다면, 중력과 수직항력이 균형을 이루는 힘의 평형상태는 구슬이 밑바닥에 정지하고 있는 상태이다. 어떤 외란에 의해 구슬의 위치가 이 평형상태에서 살짝 벗어났다면 구슬에 작용하는 합력의 방향은 그릇의 경사 방향이며, 이는 원래의 평형상태로 돌아가고 있는 방향이다. 이럴 때 구슬은 정적으로 안정하다고 할 수 있다. 그릇에 마찰력이 있는 경우 시간이 지남에 따라 결국에 구슬은 밑바닥에 멈출 것이다. 따라서 구슬은 동적으로도 안정한 상태에 있다고 할 수 있다. 위로 볼록하게 뒤집어 놓은 그릇 위에 놓인 구슬의 경우 그릇 중앙이 힘이 균형을 이루는 평형상태이다. 하지만 이 경우는 이 평형상태에서 살짝 벗어나면 구슬에 작용하는 합력의 방향은 평형상태에서 멀어지는 방향이다. 또한, 시간이 지나게 되면 평형상태에서 (이론적으로) 무한히 멀어지게 될 것이다. 따라서 그림 (나)와 같은 평형상태는 정적으로 불안정하고, 동적으로도 불안정하다고 한다. 일반적으로 정안정성이 동안정성을 보장해주지는 않지만, 정적으로 불안정한 시스템은 항상 동적으로 불안정하다.

7.1.1 트림 상태

어떤 물체가 평형상태에 있다고 하면 정지해 있거나 속도의 변화가 없는 상태로 운동을 하고 있는 것을 말한다. 날고 있는 항공기의 경우 대표적인 평형상태는 일정한 속도로 고도를 유지하며 비행하고 있는 수형 등속비행 상태이다. 앞 장에서 살펴보았듯이 항공기에 작용하는 공기력 중 수직 성분인 양력이 중력과 그 크기가 같고 방향이 반대이며, 항공기 추진기관에서 발생하는 추력이 공기력의 수평 성분인 항력과 그 크기가 같고 방향이 반대인 경우, 항공기에 작용하는 합력은 0이 된다. 이러한 상태에서 항공기는 힘의 평형을 이루고 있다고

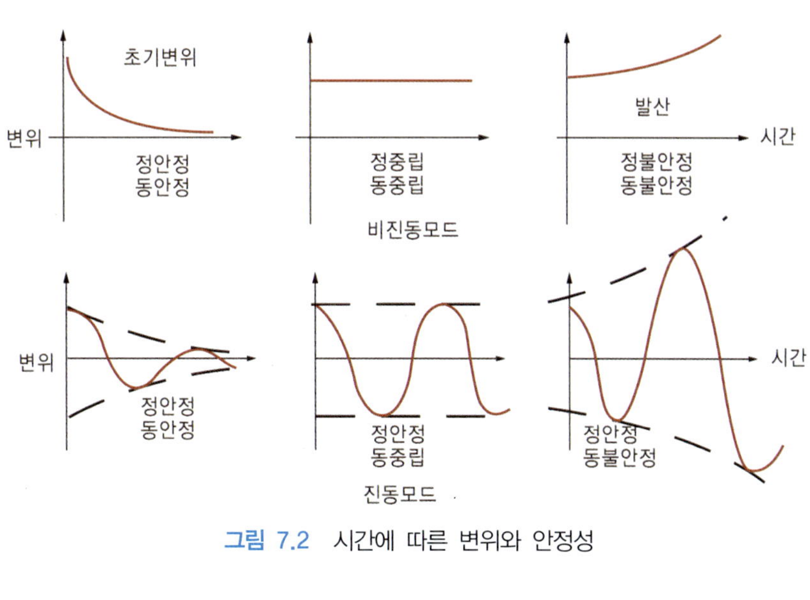

그림 7.2 시간에 따른 변위와 안정성

할 수 있다. 그런데 항공기는 질점이 아닌 강체운동을 하는 물체이다. 즉, 병진운동뿐 아니라 회전 운동까지 고려해야 한다. 따라서 힘뿐 아니라 모멘트 역시 평형을 이루고 있어야 회전하지 않고 일정한 운동 상태를 지속하고 있게 된다. 수평 등속비행을 하고 있는 항공기에서 힘과 모멘트가 모두 평형을 이룬 상태를 트림(trim) 상태라고 말한다. 항공기에 작용하는 모멘트는 단순히 주 날개에 작용하는 양력뿐 아니라, 주 날개에 작용하는 공기역학적인 모멘트, 꼬리날개에 작용하는 양력 등에 의해 복합적으로 결정되게 된다.

실용적인 측면에서 트림의 개념은 비행기를 조종하는 조종사의 입장에서 설명되기도 한다. 비행기를 트림 상태로 유지하면서 조종하기 위해서는 조종사가 트림 여부를 느끼고 판단할 수 있어야 하기 때문이다. 어떤 트림 상태에서 비행하고 있는 상황에서 조종사가 조종간을 약간 뒤로 당기고 그 상태를 유지하면 항공기는 조금 느려진 속력에서의 트림 조건을 찾게 된다. 그런데 이 상태를 유지하려면 조종사는 조종간을 당겨진 상태로 유지해야 하는데 이는 조종사에게는 많이 불편하다. 이러한 이유로 많은 항공기에서는 어떤 속력이든 항공기가 트림 상태에 있으면 조종간에 힘이 걸리지 않도록 하는 트림 조절장치가 설치되어 있다.

7.1.2 정안정성

앞 장에서 설명한 바와 같이, 항공기의 운동을 정의하는 좌표계로 동체 중심선을 기준으로 기수 방향을 x축, 오른쪽 날개 방향을 y축, 그리고 아래 방향을 z축으로 하는 좌표계가 통상적으로 가장 많이 사용된다. 엄밀하게 어느 방향을 지향하는지에 따라서 좀 더 세부적으로 구분하기도 한다.

각각의 좌표축에 대한 회전운동은 그림 7.3과 같이 정의할 수 있다. 좌표계와 오른손 엄지를 일치시키고 나머지 손가락으로 그 좌표축을 감아쥔다고 생각하면 감아쥐는 방향이 양의 회전운동을 나타낸다. x축에 대한 회전을 **롤**(roll, L) 운동, y축에 대한 회전을 **피치**(pitch, M) 운동, z축에 대한 회전을 **요**(yaw, N) 운동이라고 부른다. 고정익 형태의 항공기는 대개의 경우 수직면(x-z 평면)에 대해서 대칭을 이루고 있기 때문에, 피치 운동은 다른 축의 운동에 영향을 거의 미치지 않는다. 또한, 롤과 요운동이 피치 운동에 미치는 영향도 미미하다. 대신, 롤과 요 운동 사이에는 매우 복잡한 영향이 있다. 이러한 특성에 근거하여 항공기의 운동을 **세로방향** 또는 **종방향 운동**(longitudinal motion)과 **가로방향** 또는 **횡방향 운동**(lateral and directional motion)으로 구분한다. 세로방향 운동에는 전진방향과 수직방향의 속도, 피치 운동이 관련되며, 가로방향 운동에는 옆미끄럼 운동, 롤 및 요 운동이 관련된다. 항공기의 안정성을 분석할 때에도 이렇게 두 운동은 구분하여 취급한다.

정적 세로안정성에서 가장 중요하게 보는 요소는 받음각에 대한 안정성이다. 트림 상태

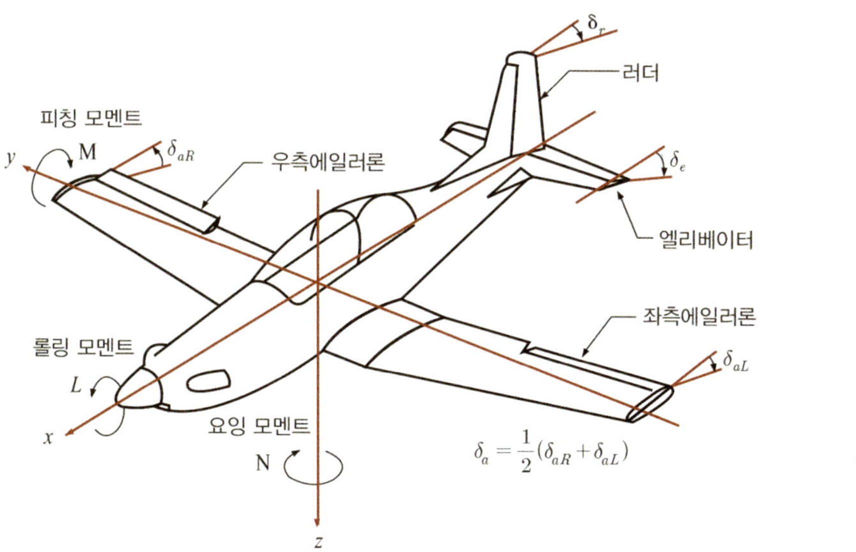

그림 7.3 항공기의 좌표계와 조종면 (δ: 해당 조종면의 변위각)

에서 날고 있는 항공기가 아래로부터의 돌풍을 만나서 의도치 않게 순간적으로 받음각이 증가했다고 생각해보자. 이러한 순간적인 변화가 기수를 낮추는 운동을 유발한다면 비행기는 원래의 수평비행 상태로 돌아갈 것이고, 기수를 높이는 운동을 유발한다면 수평비행 상태에서 점점 멀어져서 원래의 트림 상태로 돌아가지 못할 것이다. 트림 상태에서는 모멘트가 평형을 이루고 있었기 때문에, 기수를 내리는 운동의 발생 여부는 받음각의 순간적인 증가가 기수를 내리는 방향의 **피칭**(pitching) 모멘트를 발생하는지로 판단할 수 있다. 좌표계의 정의상 이는 음의 피칭 모멘트가 된다. 마찬가지로 위로부터의 돌풍이 불어 순간적으로 받음각이 감소하는 경우에서는 항공기가 이에 대응하여 양의 피칭 모멘트를 만들어낸다면 안정성이 있다고 말할 수 있을 것이다. 그림 7.4는 받음각과 피칭 모멘트 사이의 관계를 정안정성의 개념과 함께 나타내고 있다. 정적으로 안정한 항공기는 받음각 변화에 대한 피칭 모멘트의 기울기가 음의 값을 가져야 한다. 또한, 양의 받음각에서 트림 비행이

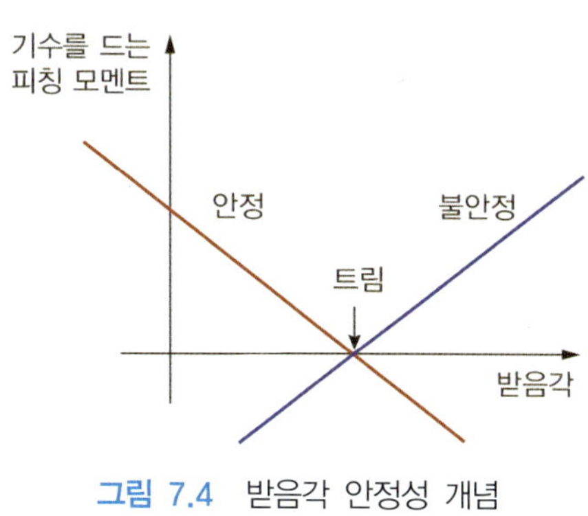

그림 7.4 받음각 안정성 개념

가능하기 위해서는 받음각이 0일 때 피칭 모멘트의 값이 양의 값이어야 한다.

항공기가 정적 세로안정성을 갖도록 하기 위해서 핵심적인 부분은 수평꼬리날개이다. 대개의 경우 주날개에서의 피칭 모멘트는 받음각이 증가함에 따라 양의 방향으로 증가하는 경향성을 가지기 때문에, 주날개만으로는 세로 안정성을 보장하지 못한다. 수평꼬리날개가 있는 경우 받음각의 증가는 수평꼬리날개에서 발생하는 양력을 크게 한다. 항공기의 무게중심은 대개 주날개 부근에 위치하기 때문에, 이렇게 꼬리날개에서 증가된 양력은 무게중심을 기준으로 할 때 기수내림 모멘트를 만들어낸다.

받음각 안정성에서 중요한 역할을 하는 또 다른 요소는 무게중심의 위치다. 수평꼬리날개에서 발생하는 모멘트는 수평꼬리날개에서의 양력 크기에 무게중심으로부터의 거리를 곱한 값으로 계산된다. 따라서 무게중심이 뒤로 이동하면 수평꼬리날개의 역할이 그에 비례하여 줄어들게 되고 안정성도 그만큼 줄어든다. 반대로 무게중심이 앞으로 이동하면 안정성이 늘어난다.

항공기가 안정성을 잃는 것은 분명 큰 문제가 된다. 반면, 항공기가 너무 안정적인 것도 비행기를 조종하는 입장에서는 어려움이 된다. 앞서 설명한 순간적인 받음각의 증가/감소는 돌풍에 의한 것일 수도 있지만, 비행 상태를 바꾸기 위한 조종사의 행동에 의한 것일 수도 있다. 이 때문에 항공기의 **비행 매뉴얼**(flight manual)에는 항공기 무게중심 이동의 전방한계와 후방한계가 모두 명시되어 있다.

항공기의 대칭면을 벗어난 가로방향 안정성 중에서 개념적으로 세로방향의 받음각 안정성과 유사한 것은 정적 **방향 안정성**(directional stability)이다. 트림 상태로 전진 비행을 하고 있는 항공기에 돌풍 등으로 인해 순간적으로 측면에서 바람이 발생한 상황을 생각해보자. 항공기가 느끼는 바람의 방향이 약간 틀어지게 되고, 이 틀어진 각을 **옆미끄럼각**(sideslip angle)이라고 한다. 오른쪽에서 바람이 불어오는 경우를 양의 옆미끄럼각이 발생했다고 부른다. 옆미끄럼각은 물론 주날개, 동체, 수평꼬리날개 등 모든 항공기 주변의 공기흐름을 변화시키지만, 가장 크게 영향을 주는 것은 수직꼬리날개 주변의 유동이다. 수직꼬리

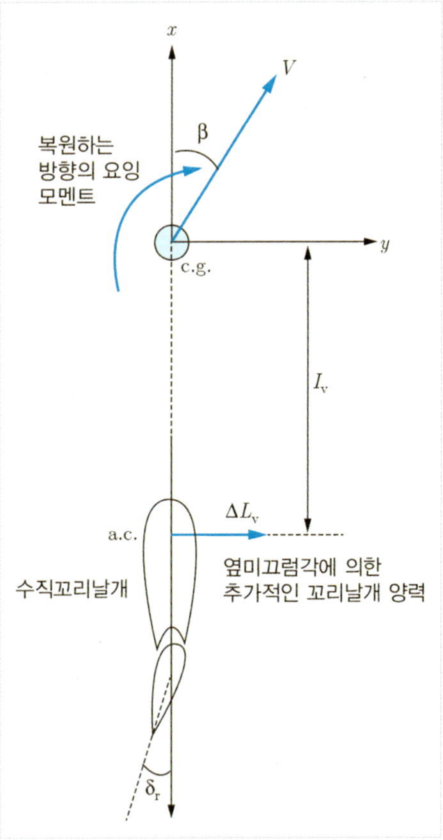

그림 7.5 항공기의 방향안정성

날개 입장에서 볼 때 옆미끄럼각의 변화는 주날개나 수평꼬리날개가 느끼는 받음각의 변화와 유사하다. 예를 들어, 양의 옆미끄럼각이 발생하면 수직꼬리날개에서는 항공기의 왼쪽날개 방향으로 양력이 발생하게 된다. 이러한 양력은 무게중심에서 볼 때, 항공기가 오른쪽으로 회전하려는 모멘트를 발생하게 된다. 이 방향은 옆미끄럼각을 줄이려는 방향이기에, 수직꼬리날개를 장착한 항공기는 방향안정성을 가지게 된다(그림 7.5). 방향 안정성 확보를 위해서 대부분의 고정익 항공기는 수직꼬리날개를 가지고 있으나, **전익기**(blended wing body) 형태의 항공기 중에는 스텔스 성능 등을 위해 수직꼬리날개가 없는 항공기도 있다.

7.1.3 동안정성

앞서 설명한 바와 같이 항공기의 정안정성은 순간적으로 발생한 비행상태의 변화에 대해서 항공기가 어떤 방향의 모멘트를 발생하는지만을 고려해서 분석하게 된다. 하지만 이것만으로 항공기가 결국 초기 외란을 이겨내고 원래의 평형상태로 돌아가는지를 말하기는 부족하다. 동안정성은 시간에 따라서 항공기가 어떻게 거동하는지를 살펴보고 궁극적으로 평형상태로 회복되는지를 말하는 개념이다.

자세한 동역학 분석을 해보면 세로방향 정안정성 분석에서 중요하게 고려하였던 받음각에 대한 피칭모멘트의 변화율은 개념적으로 항공기에 회전용수철이 부착되어 있는 것으로 간주할 수 있다. 즉, 그림 7.4에서의 기울기 크기가 용수철 상수의 역할을 하게 되고, 이 기울기가 크면 큰 복원력이 발생하게 된다. 하지만 용수철만 있을 때 운동은 원래의 평형상태로 돌아가는 운동이 아니라 끊임없이 진동하는 운동이다. 엄밀한 분석을 통해서 살펴보면 항공기의 세로방향 운동에는 에너지를 감쇄시켜서 진동의 진폭을 줄이는 요소가 함

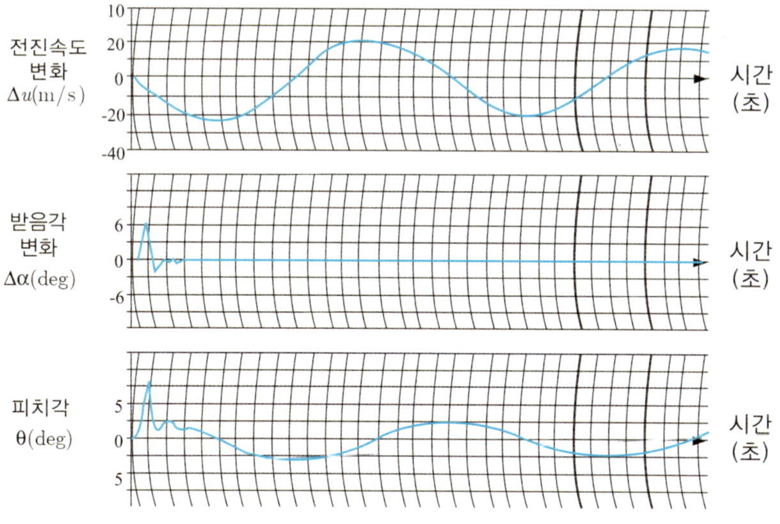

그림 7.6 세로방향 운동의 형태 - 단주기 운동과 퓨고이드 운동

께 포함되어 있다. 따라서 정적 안정성이 있는 항공기의 세로방향 운동은 시간에 따라서 진폭이 줄어들며 진동하는 특성을 보이게 된다.

본 교재에서는 받음각 안정성에 집중하여 서술하고 있지만, 세로방향 운동에는 전진방향 위치, 전진방향 속도, 수직방향 위치, 받음각, 피치각, 피치각속도의 여섯 가지 운동변수가 관여하게 된다. 세로방향 운동은 이들 네 변수가 서로 얽혀서 진동하는 특징을 보이는데, 그 진동의 주기와 특징에 따라 크게 **단주기 운동**(short period motion)과 **장주기 운동**(long period motion 또는 phugoid)으로 구분할 수 있다. 단주기 운동은 조종사가 거의 느끼지 못할 정도의 빠른 진동수로 빠르게 진폭이 줄어드는데, 이는 주로 받음각과 기수각에서의 진동을 말한다. 장주기 운동은 기수각과 전진속도가 주로 관여하는 진동으로 진동의 주기가 길 뿐 아니라 시간에 따른 진폭의 감쇄도 매우 느리다.

장주기 운동의 물리적인 근원은 항공기가 가지고 있는 위치에너지와 운동에너지의 교환에 따른 것으로 설명할 수 있다. 기수가 들리면서 고도가 높아지고 동시에 속도가 줄어든다. 속도가 줄어들면서 양력이 항공기 무게보다 작아지고 하강률이 생겨나 고도가 줄어들며 위치에너지가 운동에너지로 환원되어 속도가 증가한다. 속도가 증가하면 다시 양력이 회복되고 상승율이 생기면서 운동에너지가 위치에너지로 변환되어 같은 과정이 반복된다. 항공공학의 선구자인 란체스터가 글라이더 비행 중 이를 최초로 발견하고 그리스어로 장주기를 뜻하는 **퓨고이드**(phugoid)로 이름을 붙였다.

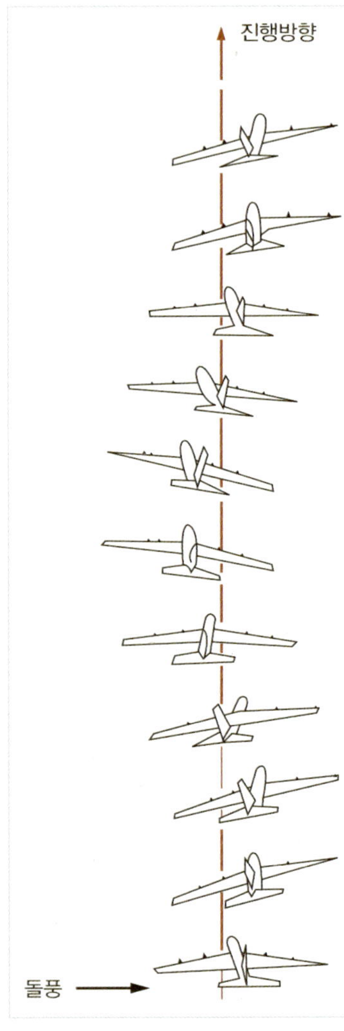

그림 7.7 더치롤 운동의 진행

받음각 안정성의 정도를 정량화하기 위해 **중립점**(neutral point)과 **정적 여유**(static margin)라는 개념을 통상적으로 사용한다. 꼬리날개가 있는 항공기에서 무게중심 위치가 뒤로 이동하면 점점 안정성이 줄어들어 결국 안정성이 전혀 없어지는 위치가 생기는데 이 위치를 중립점이라 한다. 정적 여유는 이 중립점이 실제 무게중심에 비해 얼마나 뒤에 있는가를 나타내는 값으로 두 지점의 거리를 주날개의 평균 공력 시위로 나눈 값이다.

앞 절에서 정적 방향안정성을 생각했는데 이번에는 측풍이 불어 기수가 돌아간 경우를 생각해보자. 측풍이라는 외부 요인이 사라지면 돌아간 기수가 다시 원

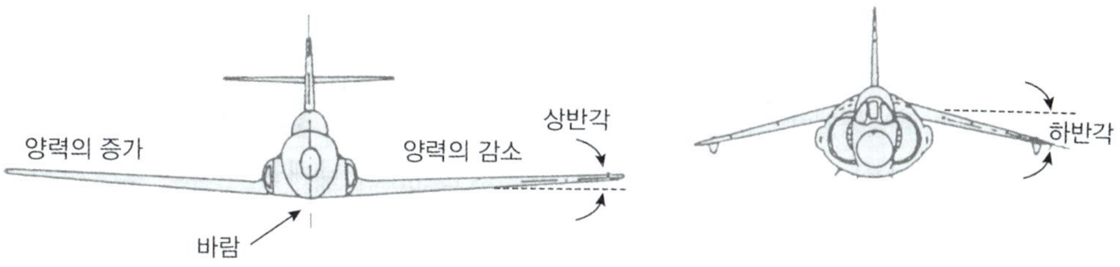

그림 7.8 상반각과 하반각

상으로 복귀되는데 피치운동에서와 마찬가지로 원래의 방향을 지나쳐 반대방향으로 기수가 돌아갔다가 다시 원상으로 돌아오는 운동이 반복되면서 그 진폭이 점점 줄어든다. 그런데 항공기의 가로방향의 경우 이보다 좀 더 복잡한 양상으로 운동이 진행된다. 기수가 좌우로 흔들리는 요 운동이 롤링 운동을 야기하고, 롤링과 요잉 같은 주기로 진동하면서 항공기를 뒤에서 보면 마치 스케이트를 타고 가는 것 같은 운동 양상을 보이게 된다. 이를 **더치롤**(dutch roll)이라고 부르며, 통상적인 항공기의 경우 그 진동 주기는 3 내지 8초 정도이다. 그림 7.7에 더치롤 운동을 하면서 진행 중인 항공기를 뒤에서 본 상황을 나타내었다.

세로방향 운동에서 나타나는 또 하나의 현상은, 순간적으로 날개에 경사각이 생겼을 때 야기되는 항공기의 거동이다. 날개에 경사각이 생기면 시간이 지남에 따라 항공기는 서서히 선회하면서 하강하는데, 항공기에 따라서 경사각이 매우 천천히 커지기도 하고 줄어들기도 한다. 이 운동을 **나선강하**(spiral dive)라고 부른다. 시간이 지남에 따라 경사각이 증가하면 불안정한 나선강하이고 경사각이 조금씩이라도 감소하면 안정한 나선강하라고 한다. 단순화시켜 생각한다면 경사각이 있을 때 중력이 기울어진 한쪽 날개 쪽으로 약간 쏠리기 때문에 옆미끄럼각이 생기게 된다. 날개가 수평에서 약간 쳐들려 올라간 형태로 부착

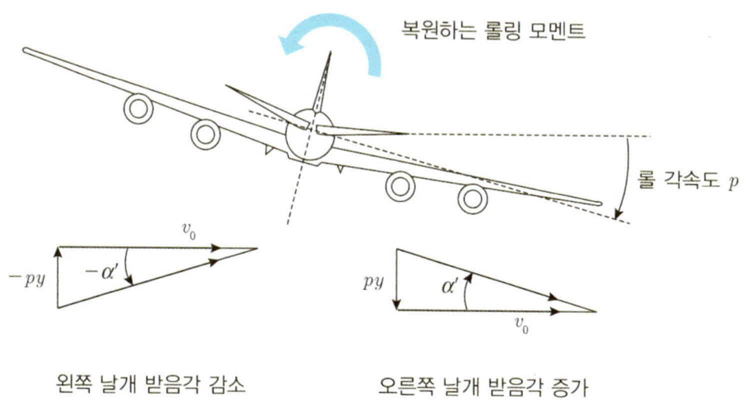

그림 7.9 롤 댐핑의 원리

7장 비행 제어 및 항법

된 것을 상반각이라고 하는데 상반각이 있으면 옆미끄럼이 일어날 때 바람을 향하고 있는 날개의 받음각이 커지고 반대쪽의 날개는 받음각이 작아져 경사각을 줄이려는 롤링 모멘트가 생긴다. 이와 같은 **상반각 효과**(dihedral effect)는 동안정성에 도움을 주게 된다. 적절하게 설계된 상반각에 의한 효과는 나선강하를 약간 안정하게 바꾸지만 상반각 효과가 너무 크면 더치롤에서 불안정한 단점도 있다.

가로방향 안정성에서 또 하나의 중요한 특징은 롤 댐핑이라 불리는 현상으로, 순간적으로 롤각속도의 변화가 생기는 경우, 좌우날개에서의 양력 차이로 인해 항공기는 발생한 롤각속도를 줄이는 방향으로 거동하게 된다.

7.2 조종성

앞서 설명한 바와 같이 항공기의 안정성은 평형상태에 있는 항공기가 외란에도 불구하고 다시 평형상태로 돌아올 수 있는지 여부에 대해 분석한다. 그런데 이륙, 상승, 순항, 하강, 착륙에 이르는 가장 단순한 일련의 비행을 생각해보더라도 항공기는 한 가지 평형상태에서만 유지해서는 원하는 지점에 도달할 수 없다. 이 때문에 안정성이라는 개념 하나만으로는 항공기가 원하는 운동상태를 가지도록 하기 위해 필요한 요소들이 모두 설명되지 않으며, **조종성**이라는 개념이 필요하게 된다.

항공기에서 조종성은 크게 두 가지 의미를 가지고 있다. 하나는 한 평형상태에서 원하는 다른 평형상태로 변화시킬 수 있는 능력을 말하고, 또 하나는 가속운동과 같은 비평형상태를 만들어낼 수 있는 능력을 말한다. 항공기 성능의 관점에서 가능한 모든 비행 영역에서 임의의 평형상태를 얻을 수 있는 조종능력을 갖추어야 적절한 조종성이 있다고 말한다.

조종성의 중요성은 비행기의 역사에서 그 증거를 찾아볼 수 있다. 1800년대 말 릴리엔탈(Otto Lilienthal)이 만들었던 글라이더는 롤 자세 조종을 위한 특별한 장치가 없어, 매달리는 위치를 변화시킴으로써 롤 자세조종을 하려고 시도하였다. 하지만, 이 방식으로는 공기력에 비해 너무나 미미한 조종 능력 밖에 얻을 수 없었다. 라이트 형제는 이 사실을 심각하게 인식하고 날개를 비트는 조종 방법으로 롤 자세에 대한 조종성을 확보할 수 있었다.

비평형상태를 만들거나 유지하기 위한 조종성은 기동비행에서 중요하다. 항공기에서 관심 있는 비평형상태는 대개 몇몇 운동변수들은 0의 값을 갖고, 몇몇 운동 변수들은 일정한 값을 갖는 **정상상태**(steady state)이다. 예를 들어, **정상선회**(coordinated turn)의 경우 항공기는 일정한 가속도를 측방향으로 받게 되고, 전진방향 속력, 고도, 뱅크각 등의 값은 일정한 값을 가지게 된다.

그림 7.10 불안정하게 만들어진 전진익기 X-29 (© NASA)

안정성과 조종성은 때때로 서로 상충하는 경향을 보이기도 한다. 등속 수평비행하던 비행기가 고도나 속도를 변화시켜 다른 평형상태로 천이하는 경우를 생각해보자. 안정성이 대단히 크다면 고도와 속도를 바꾸려 하면 항공기는 원래의 평형상태로 돌아가려 할 것이다. 안정성이 적으면 원래 평형상태를 벗어나려는 경향성이 크므로 조종성은 앞서의 경우보다 높을 것이다. 항공기가 여러 비행 상태에서 안정적인 비행을 할 수 있으려면 안정성과 조종성이 함께 보장되어야 한다. 즉, 안정성과 조종성 사이에 적절한 절충이 필요하며, 이는 항공기가 수행하는 임무, 기동 능력 등의 요구도 등에 따라 영향을 받게 된다. 극단적인 경우에는 안정성이 보장되지 않은 항공기도 조종성을 충분히 가지고 있는 경우에는 원하는 비행 상태를 제어를 통해서 유지할 수 있다. 하지만 통상적인 항공기의 경우 충분한 정도의 안정성은 필수적이다.

7.2.1 조종원리

항공기의 조종은 항공기에 원하는 방향으로 추가적인 힘과 모멘트를 발생시켜 이루어지게 되고, 이러한 추가적인 힘과 모멘트는 많은 경우 항공기가 받는 공기력을 변화시킴으로써 이루어지게 된다. 보통의 항공기에는 조종력을 생성하기 위해 고안된 **조종면**(control surface)이라는 장치가 부착되어 있으며, 대표적으로 **엘리베이터**(elevator), **에일러론**(aileron), 그리고 **러더**(rudder)가 있다(그림 7.3 참조).

엘리베이터는 수평꼬리날개의 끝부분에 달려 위아래로 움직일 수 있다. 엘리베이터를 어떤 각도로 변위시키면 수평꼬리날개의 에어포일 형상이 변위시킨 만큼 달라지게 되는 효과를 가진다. 따라서 수평꼬리날개에 작용하는 양력이 바뀌고 이는 항공기 전체의 무게중심에 대한 모멘트 변화를 가져와 피치 방향 회전운동을 일으킨다. 엘리베이터를 위로 변위시키면 수평꼬리날개에는 아래 방향으로 추가적인 양력이 발생(혹은 위 방향으로 작용하는 양력이 감소)하게 되고, 이는 기수를 드는 피칭 모멘트를 만들게 된다. 세로방향 조종성은 단위 엘리베이터 변위에 따른 피칭 모멘트의 발생량으로 정량화할 수 있다.

러더는 수직꼬리날개의 끝부분에 장착되어 있으며 좌우로 움직일 수 있다. 러더를 오른쪽으로 변위시키면 수직꼬리날개에서 왼쪽으로 발생하는 양력이 증가하고, 이는 항공기가 오른쪽으로 기수를 틀게 하는 모멘트를 발생시킨다. 러더의 조종력은 보통 단위 러더 변위에 대해 옆미끄러짐각이 몇 도로 유지되는지를 기준으로 정량화된다.

에일러론은 주날개의 양쪽 끝부분에 장착되어 있으며, 롤 운동에 대한 조종성을 위한 조종면이다. 앞서 동안정성에 대한 설명에서 서술한 바와 같이 항공기는 롤 자세에 대해서는 안정성이 충분하지 않다. 따라서 롤 방향으로 큰 조종력을 갖추는 것은 항공기가 안정적으로 비행하는 데에 매우 중요하다. 난류나 돌풍에 의해서 기울어지는 자세를 복구시킬 수 있어야 하며, 방향을 전환할 때 원하는 만큼의 롤각을 만들 수 있는 조종성을 갖추고 있어야 한다. 에일러론의 경우 좌우날개의 에일러론이 서로 반대방향으로 움직인다. 예를 들어, 오른쪽 날개의 에일러론이 위쪽, 왼쪽 날개의 에일러론이 아래쪽으로 변위가 생기면, 오른쪽 주날개의 양력이 감소하고, 왼쪽 주날개의 양력이 증가하게 된다. 이는 비행기를 후미에서 봤을 때 시계방향으로 회전하도록 하는 롤링 모멘트를 만들게 된다.

조종사는 앞서 설명한 세 가지 조종면을 작동하기 위해 조종석에는 조종간과 페달이 장착되어 있다. 조종간을 앞뒤로 밀고 당기면 엘리베이터가 동작하고, 좌우로 기울이면 에일러론을 동작시킬 수 있다. 러더는 좌우의 페달을 밟고 뗌으로써 동작시킬 수 있다. 작동하는 방향을 살펴보면, 조종간을 당기면 엘리베이터가 위로 올라가고, 조종간을 오른쪽으로 기울이면 오른쪽 에일러론이 올라가고 왼쪽 에일러론이 내려간다. 오른쪽 페달을 밟으면 러더가 오른쪽으로 변위가 생긴다.

기계식으로 작동하는 항공기의 경우 조종간과 페달이 기계적으로 각 조종면과 연결되어

그림 7.11 스포일러의 작동 예 (© Wikimedia Commons)

있고, 이 때문에 조종면의 변위에 따라 발생하는 힘과 모멘트가 고스란히 조종사에게 전달된다. 소형 항공기의 경우 조종간과 페달에 걸리는 조종력을 조종사가 이겨낼 수 있지만, 대형 항공기의 경우에는 이것이 불가능하다. 따라서 대형 항공기의 경우 유압장치에 의한 조종계통을 사용한다. 최근에는 소형 항공기의 경우 전기 모터를 사용하여 조종면을 구동하는 경우도 많다.

앞서 설명한 세 가지 조종면 외에 큰 비행기에서 많이 사용되는 조종면은 **스포일러**(spoiler)로 주날개의 윗면에 설치되어 있다. 에일러론을 사용하여 오른쪽으로 선회하려면 오른쪽 에일러론이 올라가고 왼쪽 에일러론이 내려가는데 에일러론이 내려간 왼쪽 날개의 항력이 더 커지고 오른쪽 날개의 항력은 줄어든다. 결과적으로 항공기의 기수가 선회하려는 반대 방향으로 향하려는 요잉 모멘트가 발생한다. 이러한 경향은 항공기의 속도가 느릴 때 현저하게 나타난다. 이 현상을 롤 조종에서의 **역요**(adverse yaw)라 하는데, 이를 없애기 위하여 에일러론 대신에 스포일러를 사용한다. 스포일러를 작동시키면 날개 윗면에 판이 튀어나와 공기흐름을 막아 항력을 증가시키고 양력을 감소시키게 된다. 이를 효과적으로 활용하면 롤 조종이 가능하다.

7.2.2 비행성

무인항공기와 같이 특수한 목적을 위하여 만들어진 항공기를 제외하면 대부분의 항공기는 사람이 조종하게 된다. 따라서 항공기가 가능한 어떤 비행상태에서 비행을 하든 사람이 조종할 수 있는 범위에 있어야 하며, 항공기의 조종계통은 조종사에 맞추어 설계되어야 한다. 조종사에 맞추어 설계한다는 것은 우선 조종간의 위치나 크기가 대부분의 조종사에게 적합해야 하고 조종에 필요한 힘의 크기도 인간 조종사가 감당할 수 있는 정도 이내에 들어야 한다는 것을 의미한다. 또한 운동의 진행 시간도 인간이 느끼고 판단하여 반응하기에 충분할 만큼 느려야 한다.

그림 7.12와 같이 미국 연방 항공국 등에서는 표준 조종실 치수에 대한 가이드라인을 제시한다. 발을 딛는 바닥을 기준으로 조종간과 페달의 상대거리, 안구의 위치, 각 조종간과 좌석이 움직일 수 있는 범위를 비롯하여 등받이의 각도까지 주어진다. 조종간의 형식도 전투기에 주로 사용되는 막대형 조종간과 민간용 항공기와 군용 수송기에 사용되는 바퀴형 조종간에 대해서 각각 서로 다른 치수를 규정하고 있다. 두 가지 형태 모두 앞서 설명한 바와 같이 엘리베이터, 에일러론과 연결되어 있다. 발로 밀도록 된 페달은 러더와 연결되어 있으며, 착륙 시에 양쪽 발의 페달을 동시에 밟으면 브레이크로 작용한다. 조종면의 변위를 만드는 조종 요소 외에도 추력을 조절하는 **스로틀**(throttle)과 **플랩**(flap) 등을 작동하는 레버가 별도로 장치되어 있다.

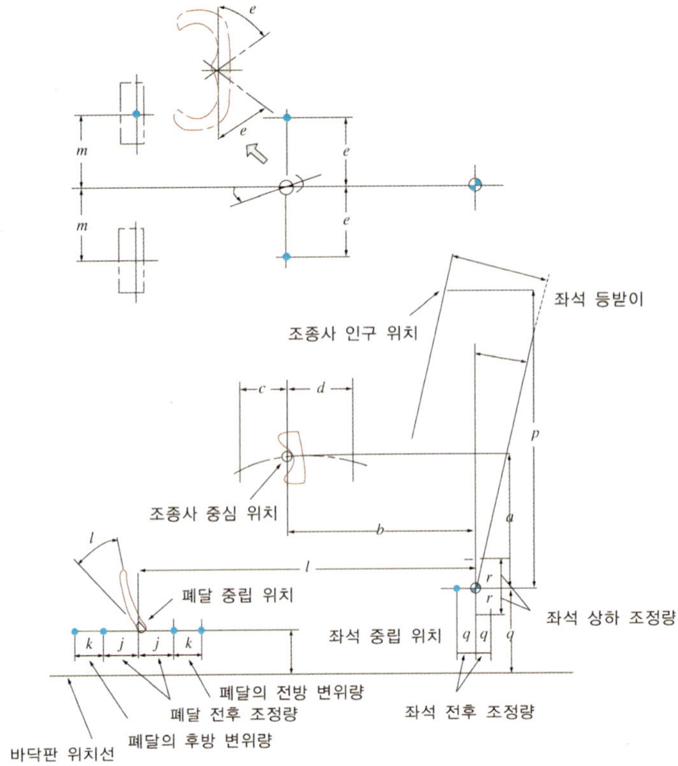

	막대식 조종간	바퀴식 조종간
a	343	457
b	508	482
c	최대 127	최대 127
d	최대 179	최대 229
e	최대 179	90°
f	19°	
g	216	267
h	127	127
i	921	921
j	전 192 후 127	전 102 후 127
k	82.5	82.5
l	최대 30°	최대 30°
m	190.5~267	190.5~267
n	13°	13°
o	254	254
p	787	787
q		최소 38
r	최소 64	최소 64

그림 7.12 조종실 치수를 정의하는 변수들과 값(길이 단위: m)

비행성(flying quality)이란 말은 조종사가 일상적인 비행을 할 때뿐만 아니라 비상사태에 대한 조치를 취할 때도 항공기가 얼마나 조종사에 순종하는지 또는 애를 먹이는지를 나타낸다. 조종조작에 따라 반응하는 조종 민감도를 별도로 **조종성**(handling quality)이란 말로 표현하기도 하지만 대체로 비행성과 조종성을 포함하여 비행성이라고 말한다. 비행성의 개념에는 조종사가 얼마나 많이 조종을 해야 되는지 또는 비행하는 데 얼마나 신경을 집중시켜야 되는지에 대한 임무부담의 개념을 포함하기도 한다.

항공기가 조종사의 의도에 잘 따르는지를 정량적으로 판단하는 방법이 비행성 평점인데 고안한 사람들의 이름을 붙여 **쿠퍼-하퍼 평점**(Cooper-Harper rating)이라고 부른다. 그림 7.13이 쿠퍼-하퍼 평점표인데 이 표를 사용할 때는 평균 수준의 조종사가 시험비행 조종사가 되어 이착륙, 고속순항, 기동비행 등과 같이 미리 주어진 임무를 수행하는데 얼마나 적절한 비행성을 가졌는가를 평가하면서 완벽한 항공기라면 1점을 주고 중대한 결함이 있는 상태면 10점을 준다. 조종평점이 3.5점 이하면 더 이상의 개선을 하지 않더라도 사용할 수 있는 항공기며 6.5점보다 더 큰 점수면 반드시 개선해야 하는 결함을 가진 항공기라는 판정이 된다.

비행성 규격에는 조종성, 조종력의 세기, 정안정성, 동안정성 등으로 구분하여 각각의

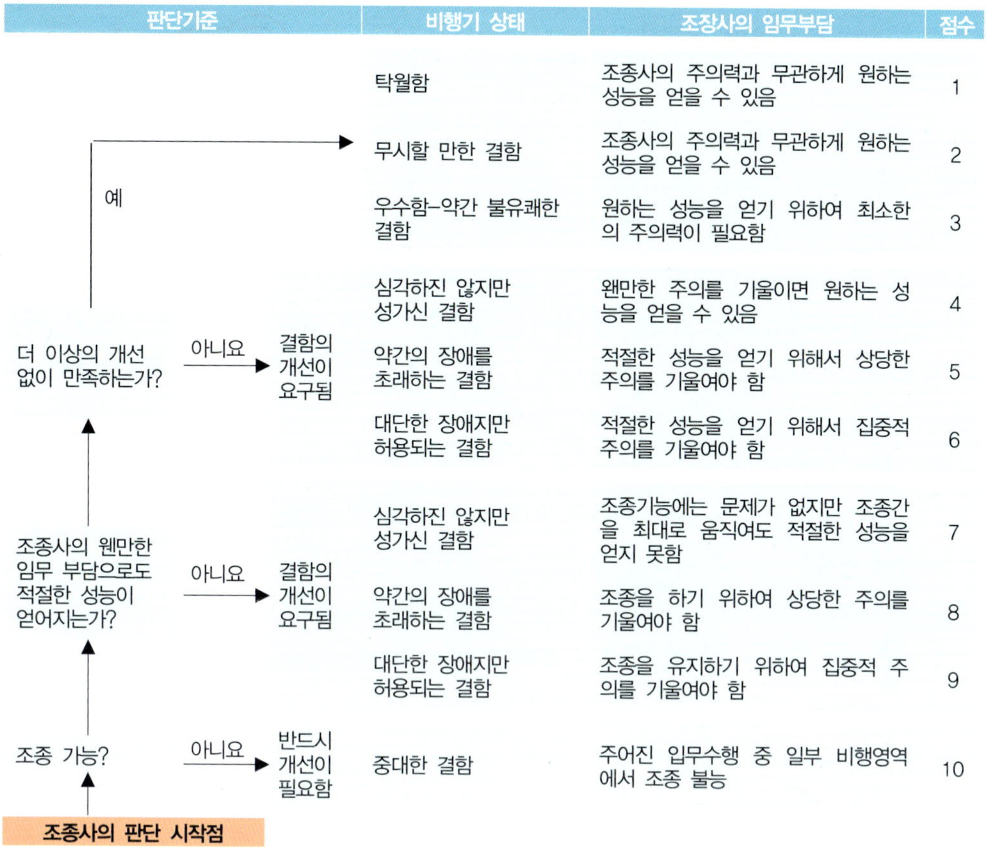

그림 7.13 쿠퍼-하퍼 평가 기준

사항에 대하여 정량적인 범위를 정하고 있다. 조종성의 예로서 엘리베이터를 움직이기 위하여 조종간을 끝까지 앞으로 민 상태와 끝까지 뒤로 당긴 상태 사이의 어떤 위치로 최대속도까지의 모든 속도 범위와 가능한 한 범위의 모든 무게중심 위치와 형상변화에도 평형상태를 유지할 수 있어야 한다고 규정하고 있다. 여기서 형상변화란 착륙장치, 플랩 및 외부 장착물 등과 같이 항공기의 형상을 바꾸는 요소들의 작동 유무를 가리킨다.

조종력의 세기는 조종사 손이나 발에 걸리는 힘을 나타내는데 어떤 평형상태에서 다른 평형상태로 비행상태를 바꾸려고 한다거나 갑작스런 형상의 변화나 추력의 변경에 대하여 평형상태의 속도를 유지하는데 필요한 조종력의 한계치를 제시한다. 정적 세로안정성의 요구사항은 정적 여유값으로 표현될 수 있으며, 통상적으로 정적 여유가 5% 이상 되는 것을 요구하고 있다. 정적 가로안정성의 요구사항은 그리 엄격하지 않은 것이 일반적이다. 나선운동의 특성이 불안정하더라도 초기 경사각의 두 배가 되는데 걸리는 시간이 얼마 이상이어야 한다는 정도이다. 동안정에 대한 요구조건은 외란에 의한 진동의 주기가 얼마인지, 그리고 시간에 따라 얼마나 빠르게 감쇄하는지에 대한 값으로 규정된다.

7.3 유도, 항법, 제어

앞 절에서 서술한 바와 같이 항공기는 충분한 안정성을 가질 수 있도록 설계되어야 하며, 또한 비행 상태의 변화를 위한 충분한 조종성을 가지고 있어야 한다. 이러한 두 가지 특징은 항공기의 동적인 거동에 대한 이해를 바탕으로 하고 있으며, 항공기가 설계 관점에서 갖추어야 할 조건을 규정한다. 그렇지만 안정성과 조종성을 갖춘 항공기를 실제로 어떻게 필요한 비행상태로 만들거나 그 비행상태를 유지할 것인가 하는 문제는 추가적으로 해결이 필요하다. 또한, 궁극적으로는 항공기가 어떻게 한 지점에서 출발하여 목표로 하는 지점에 도착할 것인가 하는 문제를 해결해야 한다.

유도, 항법, 제어(guidance, navigation, and control)라고 불리는 분야는 항공기나 우주발사체와 같은 비행체의 운동을 동역학적으로 분석, 이해하는 것을 바탕으로, 비행체가 원하는 위치에 원하는 경로를 따라서 안정적으로 비행할 수 있도록 하는 기술을 다룬다. 특히, 조종사의 조작에 의해서가 아니라 비행체가 주변 상황에 대한 계측, 인식을 바탕으로 자동으로 이러한 기능을 수행하도록 하는 문제를 다루게 된다. **유도**(guidance) 문제는 비행체가 목표 지점에 도달하기 위해서, 어떤 길을 따라서 갈 것인가 하는 문제를 다루게 된다. 예를 들자면, 목표 지점에 도달하는 경로를 설계하고 중간중간 반드시 지나가야 할 **경로점**(waypoint)을 설정하며, 필요에 따라서는 이러한 경로점을 따라가기 위해 얼마만큼의 기동이 필요한지 등을 산출하는 문제를 다루게 된다. **제어**(control) 문제는 유도 문제에서 설정된 경로와 기동명령을 근거로 하여 비행체가 조종면을 어떻게, 얼마만큼씩 변위시켜야 하는지를 산출하게 된다. 유도 문제와 제어 문제는 기본적으로 동일한 운동 변수들(즉, 비행체의 위치, 속도, 자세각, 자세각속도)에 대해서 기술된 운동방정식에 근거하여, 이들 운동 변수들이 사용자가 원하는 값을 갖도록 하는 문제를 다루기 때문에, 그 경계가 명확하지 않다. 운동방정식에 대해 어떤 가정을 하고, 어떤 변수에 특히 관심을 둘 것인지에 따라서 다양한 조합이 가능하다. 예를 들어, 기동성이 매우 높은 미사일의 경우에는 유도와 제어 문제를 구분하지 않고 해결하는 경우도 있고, 대형 민항기의 경우에는 경로를 계획하는 유도에서는 변침점을 설정하는 문제로 다루고, 그 이후의 문제는 제어 영역에서 다루기도 한다. 마지막으로, **항법**(navigation)은 비행체가 비행중 어디에 있는지는 알아내는 문제를 다루며, 많은 경우 유도, 제어 문제와 서로 상관성을 가지고 문제를 해결하게 된다. 항법 또는 내비게이션이라는 용어는 항공우주 이외의 분야에서는 유도의 개념까지 포함해서 이해되기도 하나, 항공우주공학에서의 항법은 항공기의 위치, 속도 정보를 알아내는 문제를 의미한다. 본 절에서는 항공기의 경우를 위주로 유도, 항법, 제어의 개념을 정리해 본다.

7.3.1 비행 제어

비행 중 항공기가 조종사의 명령이 아닌 조종면을 자동으로 구동하여 안정성을 증대하려는 노력은 항공기 개발 초기부터 계속됐다. 특히, 더치롤 현상과 같이 롤에 대한 인지 부족으로 날개에 경사각이 발생하게 되면 조종사가 인식하지 못하는 사이에 항공기는 선회하여 경로를 벗어나는 경우가 많았다. 초기의 자동 비행 제어는 **자이로**(gyro)를 이용하여 롤 자세가 수평에서 벗어나면 자동으로 에일러론에 변위를 주어 수평으로 되돌리거나, 난기류를 만났을 때 비행 자세가 변화하거나 연료 소비 등으로 무게중심이 변화되었을 때 자동으로 자세를 안정시키는 시스템으로 시작되었다. 이후, 항공기가 고속, 대형화되고 장시간, 장거리 비행이 가능하게 되어, 거리나 속도에 따른 조종사가 느끼는 조종 특성의 변화나 고도 유지, 무게에 따른 일정 속도 유지 등 각종 조종사의 업무 경감을 위한 여러 가지 비행 제어의 개념들이 제시, 개발되었다. 항공기에서 이와 같이 자동으로 안정성을 확보하고, 비행체의 조종을 도와주는 장치를 **자동조종장치**(autopilot)라고 부른다. 최근에는 더 나아가서 자동조종장치는 각종 센서를 관리하고, 자동으로 목적 지점을 유도하거나 자동 착륙할 수 있는 단계에까지 이르게 되었다.

자동 비행 제어의 기본 개념은 그림 7.14에서와 같은 **피드백**(feedback) 제어 개념에서 쉽게 파악할 수 있다. 일반적으로 제어라 함은 시스템에서의 관심 변수가 우리가 원하는 값을 갖도록 하는 데에 적절한 시스템의 입력 변수값을 정하는 문제로 볼 수 있으며, 그림과 같은 관심 변수의 현재값과 기준값과의 차이를 피드백하여 입력을 결정하는 피드백 제어가 모든 영역에서의 제어 문제에서 적용되는 방식이다. 이러한 피드백 방식은 시스템이 **외란**(disturbance)에 의해 현재의 상태가 변화하더라도 기준으로 설정한 값을 바꾸지 않으면 초기에 설정된 기준 값으로 돌아가려는 성질을 가지고 있다.

예를 들어, 항공기의 피치 자세각을 평형상태로 유지하는 경우의 제어 문제를 생각해보자. 이때 우리가 관심 있는 변수는 피치 자세각이며, 이를 위해 구동할 수 있는 장치는 엘리베이터이다. 수평비행을 계속 유지하고자 하는 상황이라면, 우리는 피치 자세각이 트림 상태에 해당하는 특정한 기준값이 되기를 원할 것이다. 돌풍 등에 의해 비행기가 외란을 받게 되면 원하지 않는 운동을 하게 될 것이고 자세각이 변경될 것이다. 이 변경된 자세각

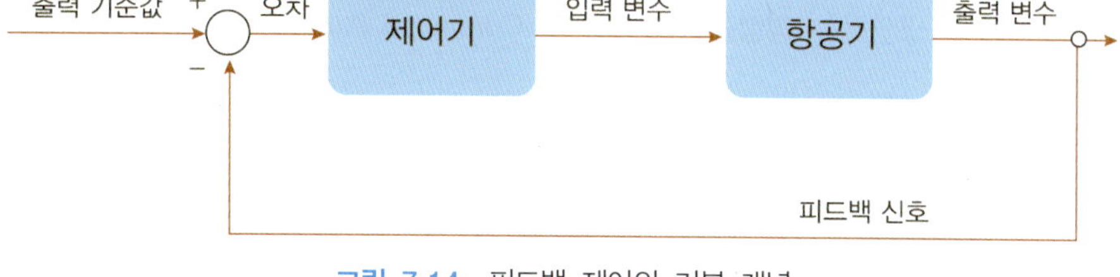

그림 7.14 피드백 제어의 기본 개념

7장 비행 제어 및 항법

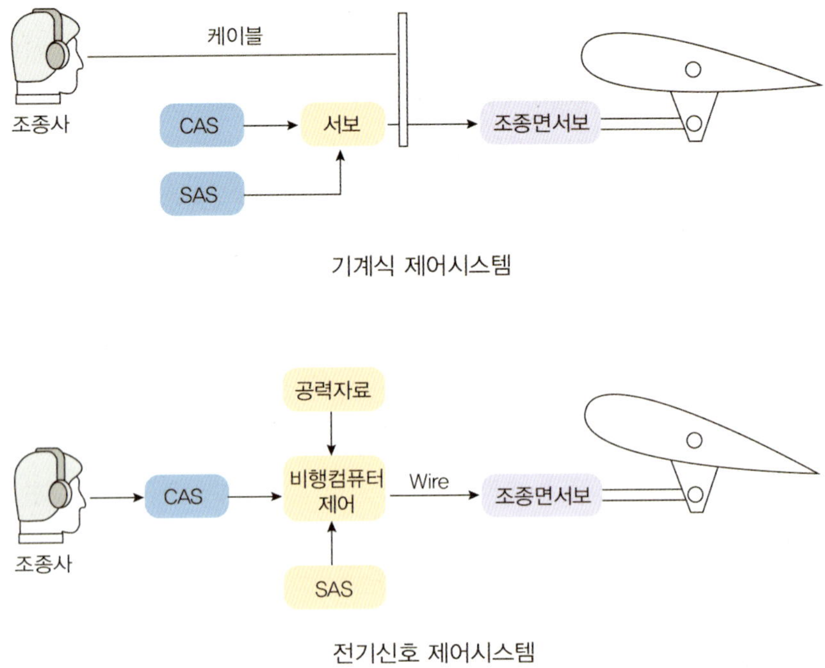

그림 7.15 기계식 조종시스템과 전기신호 조종시스템

과 원하는 자세각의 차이가 크다면, 엘리베이터를 이용해서 큰 추가적인 피칭 모멘트를 만들어서 보정을 해야 할 것이고, 이 차이가 작다면 엘리베이터를 아주 약간만 구동시켜 작은 크기의 추가적인 피칭 모멘트를 만들면 될 것이다. 즉, 비행 제어 문제는 자세각의 오차를 피드백해서 그 정보를 활용하여 엘리베이터의 변위각을 찾아내는 문제가 된다. 실제 항공기의 운동은 동적이고, 자세각도 시간에 따라 변하는 값이므로, 엘리베이터의 변위각도 시간에 따라서 적절히 변하도록 설정하는 것이 바람직할 것이다.

비행 제어의 구체적인 기법은 본 교재의 범위를 넘어가는 것이나, 개념적으로만 언급하면, 대개의 경우 관심 변수의 오차, 그것의 시간에 대한 미분값, 그리고 적분값을 피드백하여 각각에 적절한 **이득값**(gain)을 곱해서 입력 변수의 값을 정하는 방식이 많이 사용된다. 이러한 개념에 바탕하여, 어떤 변수를 관심 변수를 두고 어떤 입력 변수를 다루는지에 따라서 다양한 제어 시스템이 존재할 수 있으며, 자동조종장치에서는 항공기의 안정성을 추가적으로 확보하는 것이 주 목적인 **안정성 증대장치**(SAS; Stability Augmentation System)와 기동을 위한 명령을 생성하는 **명령증대장치**(CAS; Command Augmentation System)가 대표적인 예이다.

비행제어시스템의 실제 구동은 **기계식 제어시스템**(FBC; Fly By Cable)에서 **전기신호제어시스템**(FBW; Fly By Wire)으로 진화해왔다. 기계식 제어시스템은 조종면의 구동을 위해 유압장치를 사용한다. 조종사의 조종 명령은 케이블을 통해 직접 조종면에 전달이 되며,

자동비행장치에서 생성되는 추가적인 조종명령은 병렬적인 전자장치에 의해서 생성되어 조종면을 구동하는 신호에 포함되게 된다. 반면, 전기신호제어시스템에서는 조종사의 조종 입력까지 통합된 비행제어컴퓨터를 거쳐서 전기적인 신호로 조종면으로 전달되게 된다.

기계적인 케이블의 중량 문제와 항공기의 성능 향상을 위해 컴퓨터를 이용한 보다 정밀한 비행제어 필요성이 증대됨에 따라 전기신호제어 방식은 더욱 고속, 정밀한 신호처리를 목적으로 **광신호제어**(FBL; Fly By Light)로 발전하게 된다.

비행 제어 시스템에서 출력 신호를 실제로 피드백하기 위해서는 항공기의 운동 변수의 값을 얻어낼 수 있어야 하며, 이러한 기능은 각종 센서가 담당하게 된다. 이 때문에 항공기에는 각종 운동 관련 변수를 측정하기 위한 센서가 부착되어 있으며, 그 예로 각도나 각속도를 측정하는 버티칼 **자이로**(gyro), 요 각속도 자이로, 가속도계, 속도계, 마하계, 고도계, 방위계 등이 있다. 자동조종장치는 이러한 센서로부터 항공기의 운동 변수값을 측정하여 이를 비행 제어야 활용하게 된다. 센서로 원하는 운동변수를 직접 측정하기도 하지만 어떤 경우에는 센서에서 측정된 값을 적분이나 좌표변환 등의 계산을 거친 후에 활용하기도 한다. 또한, 모든 센서는 특유의 잡음을 가지고 있기 때문에, 이러한 잡음의 영향을 어떻게 줄일 것인가 하는 것도 비행 제어에서 중요한 문제로 다루어지게 된다.

7.3.2 항법의 원리

항법이란 항공기가 비행 중 스스로의 위치, 속도 정보를 알아내는 문제를 다룬다. 다양한 항법의 방식에 대해서는 12장에서 자세히 다룰 예정이며, 본 절에서는 그 기본 원리에 대해서 설명하고자 한다. 특히, 가장 많이 활용되면서 원리적으로 매우 상이한 **관성항법**(inertial navigation)과 **위성항법**(global navigation satellite system)의 원리에 대해서 설명하고자 한다. 이 둘의 구분은 기본적으로 어떤 운동 변수를 관측해서 항공기의 위치 정보를 산출하느냐에 근거한다.

1) 관성 항법

관성 항법은 항공기가 탑재하고 있는 센서 중 가속도를 측정하는 가속도계를 활용해서 위치를 산출해내는 방식이다. 주어진 출발점에서 시작해서 고도, 방향의 변화 없이 한 방향(예를 들어, 서쪽에서 동쪽으로)으로만 운동을 하는 항공기가 있다고 가정해보자. 출발점을 알고 있기 때문에 항공기가 출발점에서 얼마만큼을 이동했는지를 계산할 수 있다면 항공기가 어디에 있는지를 알 수 있을 것이다. 하지만 불행히도 이 항공기에는 출발점에서부터 거리를 측정할 수 있는 센서가 탑재되어 있지 않고, 대신 가속도를 측정하는 센서가 부착되어 있다. 그렇다면 가속도가 속도를 미분한 물리량이고, 속도는 위치 변화를 미분한

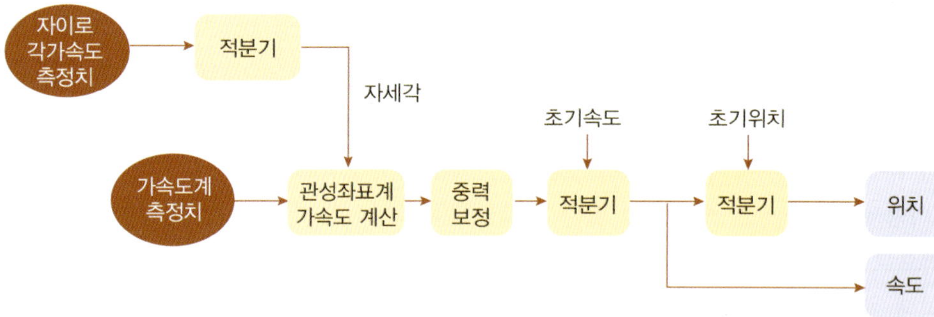

그림 7.16 스트랩다운 관성 항법의 기본 구조

물리량이라는 데에 기인하여, 센서를 통해 얻은 가속도를 두 번 적분하여 위치 변화를 계산해낼 수 있을 것이다.

항공기에서 사용하는 관성항법은 기본적으로 가속도를 두 번 적분하여 위치 변화를 얻어내는 개념을 3차원 공간에서의 운동하는 경우로 확장한 것이라고 할 수 있다. 그런데 지구 대기권 내의 운동하는 항공기는 지구의 중력을 받게 되고, 또한 지구는 둥글고 자전을 하고 있다. 오늘날의 항공기는 장시간, 장거리 비행을 하기 때문에 이러한 요소들을 고려하여야 항공기가 지구상에서 어느 위치에서 어느 위치로 이동했는지를 계산할 수 있다. 이러한 요소를 고려할 때, 항공기가 관성좌표계상에서 실제로 받는 가속도는 항공기에서 측정하는 가속도에 지구자전에 의한 코리올리 효과와 중력가속도를 보정한 값이 된다.

관성항법의 세부적인 방법은 크게 두 가지 형태로 나뉜다. **짐벌**(gimbal)**형**은 가속도를 측정하는 센서가 짐벌이라고 불리는 특별한 자이로스코프에 장착되어 있어, 항공기가 어떤 자세를 가지는지에 무관하게 관성좌표계에서의 가속도값을 측정할 수 있는 경우 활용하는 방식이다. 이 방식은 특별한 기계적인 장치가 꼭 필요하기 때문에 고가이면서 장치도 대개 크다. 따라서 최근에는 짐벌 없이 가속도계를 기체에 직접 고정시키고, 기체의 각 축에 대한 가속도를 활용하여 항법을 수행하는 **스트랩다운**(strapdown) 형태의 항법을 많이 사용하게 된다. 스트랩다운 방식의 난점은 항공기의 자세에 따라 같은 상황에서도 가속도계에서 얻는 값이 다르다는 점이다. 예를 들어, 오른쪽으로 정상 선회를 하는 항공기의 경우, 동체 입장에서 느끼는 가속도의 방향은 항상 일정하지만 지구에서 봤을 때 항공기가 받는 가속도의 방향은 계속 바뀌게 된다. 따라서 스트랩다운 방식의 관성항법에서는 가속도뿐 아니라 항공기의 자세정보를 지속적으로 산출할 수 있어야 하며, 많은 경우 자세각을 직접 측정하기보다는 **각속도계**(rate gyro)를 사용해서 각 축에 대해 회전하는 각속도를 측정해서 활용한다. 따라서 스트랩다운 방식은 장치의 하드웨어 측면에서는 짐벌 방식에 비해 훨씬 간단하지만 소프트웨어적으로는 훨씬 복잡한 계산을 통해서 항공기의 위치를 알 수 있게 된다.

관성항법은 항공기의 외부 조건과 관계없이 스스로 탑재한 센서만으로 항법을 수행한다는 장점을 가지고 있다. 하지만 측정된 가속도값을 두 번 적분해서 위치를 얻는 과정에서 측정오차가 지속적으로 누적되는 태생적인 단점을 내재하고 있다. 예를 들어, 정지된 상태에서 출발하여 1차원 등가속도 운동을 하고 있는 항공기에서 실제 가속도가 $10m/s^2$인데 측정치가 1% 오차가 있어 $10.1m/s^2$으로 측정되었다고 하자. 1초 후 실제 위치와 추정된 위치는 각각 5000m와 5050m가 될 것이다. 이것이 100초가 되면 500km와 505km가 된다. 이 예제는 매우 단순화된 경우이지만, 가속도계 측정치에 오차가 있는 경우 위치에서의 오차는 그 오차는 시간이 지남에 따라 누적되어 증가됨을 확인할 수 있다. 따라서 관성항법은 단독으로 사용하지 않고, 다른 방식으로 작동하는 항법시스템과 융합, 보정하여 사용하는 것이 일반적이다.

2) 위성 항법

앞서 설명한 바와 같이 관성항법은 항공기에 탑재된 센서만으로 스스로 위치를 파악하는 개념인데, 오차가 누적될 수밖에 없다는 단점을 가지고 있다. 이와 반대의 개념으로 외부에서 항공기의 위치를 알려주는, 더 정확히 말하자면 외부에서 오는 신호를 항공기가 측정하여 이를 바탕으로 신호원과의 상대 위치를 알 수 있는 장치가 있다면 어렵지 않게 항법을 수행할 수 있을 것이다. 항공 분야에서 실제로 이러한 개념이 항법을 위하여 먼저 도입이 되었으며, 위치가 고정된 지상국에서 항공기에 전파를 전송하여 항공기가 지상국과의 상대위치를 알 수 있게 하는 개념이 시작되었다. 최근 항공우주를 비롯하여 자동차, 심지어 모바일 기기에서도 사용되는 위성항법은 전파를 발송하는 기준 지점이 지상에 고정된 지점이 아닌, 지구 궤도를 돌고 있는 인공위성이라는 점이 차이점이라 할 수 있다.

위성항법의 원리를 설명하자면, 인공위성은 송신 시각이 기록된 전파 신호를 보내고, 항공기에 탑재된 수신기는 그 신호를 받은 시각을 측정한다. 빛의 속도는 알려진 값이므로 이 시각 차이로 위성과 항공기 사이의 거리를 알 수 있다. 항공기는 3차원 공간에서 비행을 하므로 한 위성에서 온 신호만으로는, 해당 인공위성의 위치를 정확히 알고 있다고 하더라도, 어디에 있는지 정확히 알 수가 없다. 하지만 그림 7.17에서 보듯이 세 개의 위성으로부터의 거리를 알아내면 각 인공위성을 중심으로 한 구면의 교점으로 항공기의 위치를 알아낼 수 있다. 대기중을 통과할 때 빛의 속도가 느려지게 되고, 위성과 수신기의 시계가 완벽하게 동기화되어 있지 않을 수도 있어서, 이러한 오차 요소를 한 개 이상의 위성으로부터의 신호가 추가로 필요하다. 실제로 대표적인 위성항법시스템인 GPS(Global Positioning System)의 경우 24개의 위성이 잘 정의된 궤도를 돌고 있으며, 각 수신기는 여러 가지 오차 요소를 고려하여, 그 오차를 줄일 수 있도록 서로 상대적으로 거리가 떨어진 네 개 이상의 위성을 선택하여 항법을 수행한다.

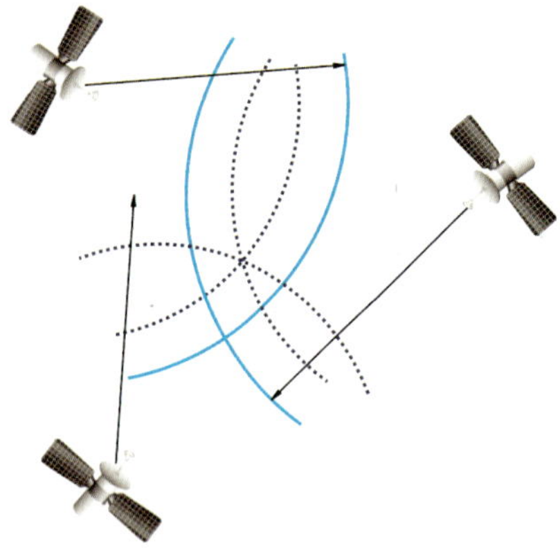

그림 7.17 GPS 위치측정 개념

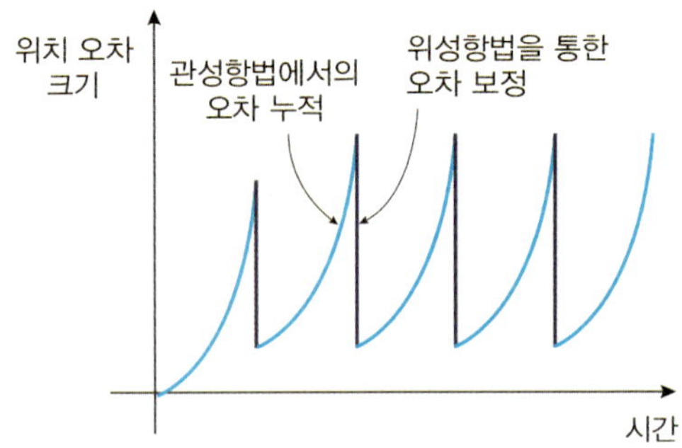

그림 7.18 GPS/INS 통합 항법에서의 위치 오차 특성 개략도

관성항법과 달리 위성항법에서는 측정에서의 오차가 시간에 따라 누적되지 않는다. 가용한 위성의 배치와 전리층에서의 전파 지연 정도에 따라서 오차의 크기가 달라지긴 하지만 기본 원리적으로 볼 때 위성항법은 지구상 어디를 비행하든 동일한 수준의 정확도를 가지고 위치 정보를 얻을 수 있다. 측정하는 값이 가속도가 아닌 위치 정보 자체이기 때문에 시간에 따라서 오차가 누적되거나 하는 문제도 없다. 다만, 여러 가지 오차 요소들을 고려할 때 그 정밀도가 가장 정밀한 관성항법보다는 떨어져서, 수 미터 정도의 오차는 항상 가지게 된다. 또한, 위성에서 발송하는 신호의 주기가 정해져 있어 1초에 한 번씩만 측정 정보를 얻을 수 있다. 속도가 빠르고, 기동성이 높은 항공기의 경우에는, 이보다 훨씬 빠른 주기로 항법정보가 필요할 수 있다. 또한, 지형적인 영향 때문에 충분한 수의 위성이 보이지 않는 경우에는 위성항법을 사용할 수 없다는 단점도 있다.

이러한 장단점 때문에 대부분의 항공기에서는 관성항법과 위상항법을 적절히 통합한 방식을 사용한다. 구체적인 방식은 매우 다양하지만 그 기본 원리는 관성항법을 통해 빠른 주기로 위치 정보를 계산하다가, 위성항법 정보를 얻게 되면 이를 이용해서 누적된 위치오차를 보정하는 개념이다(그림 7.18).

PART

03 항공우주 시스템

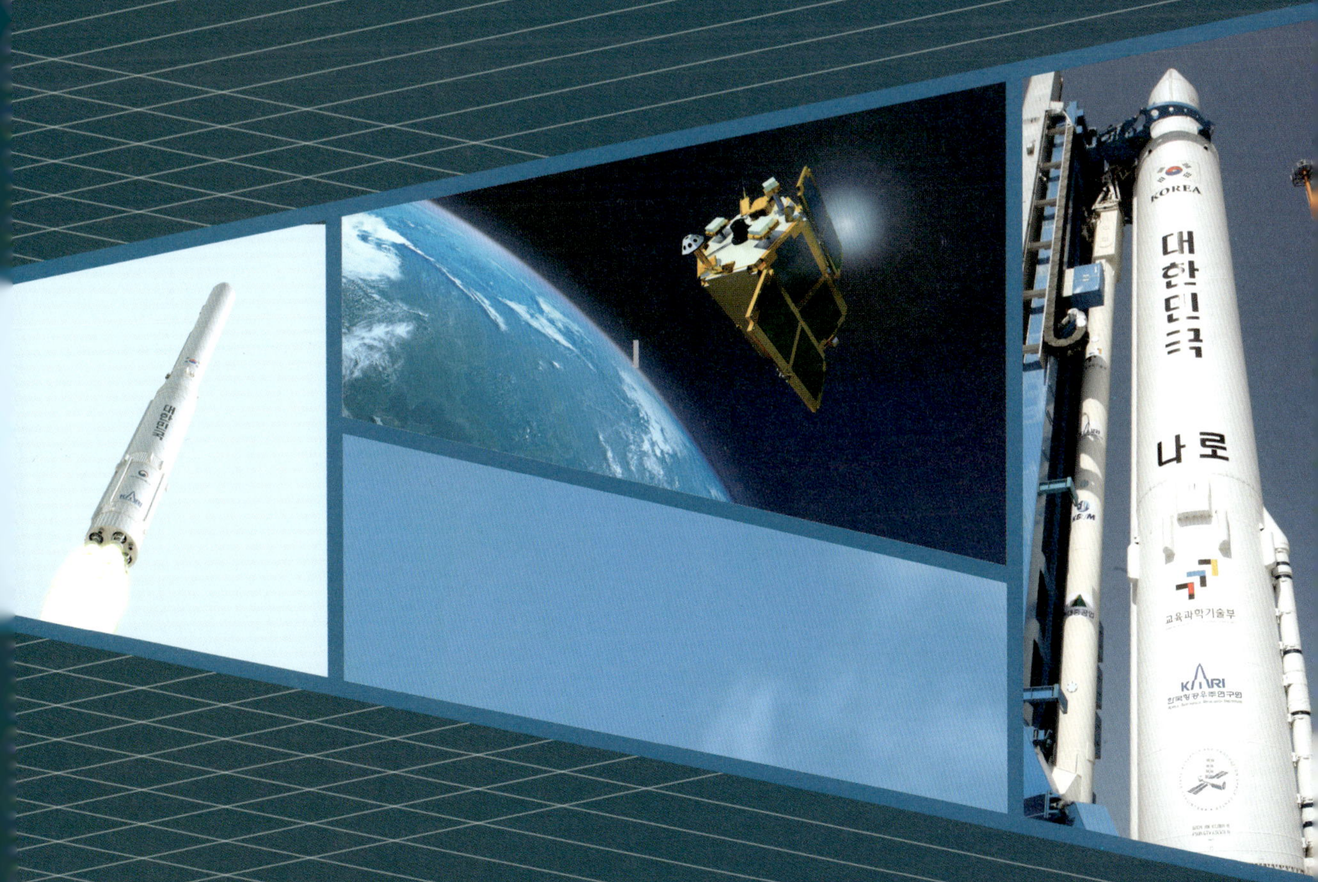

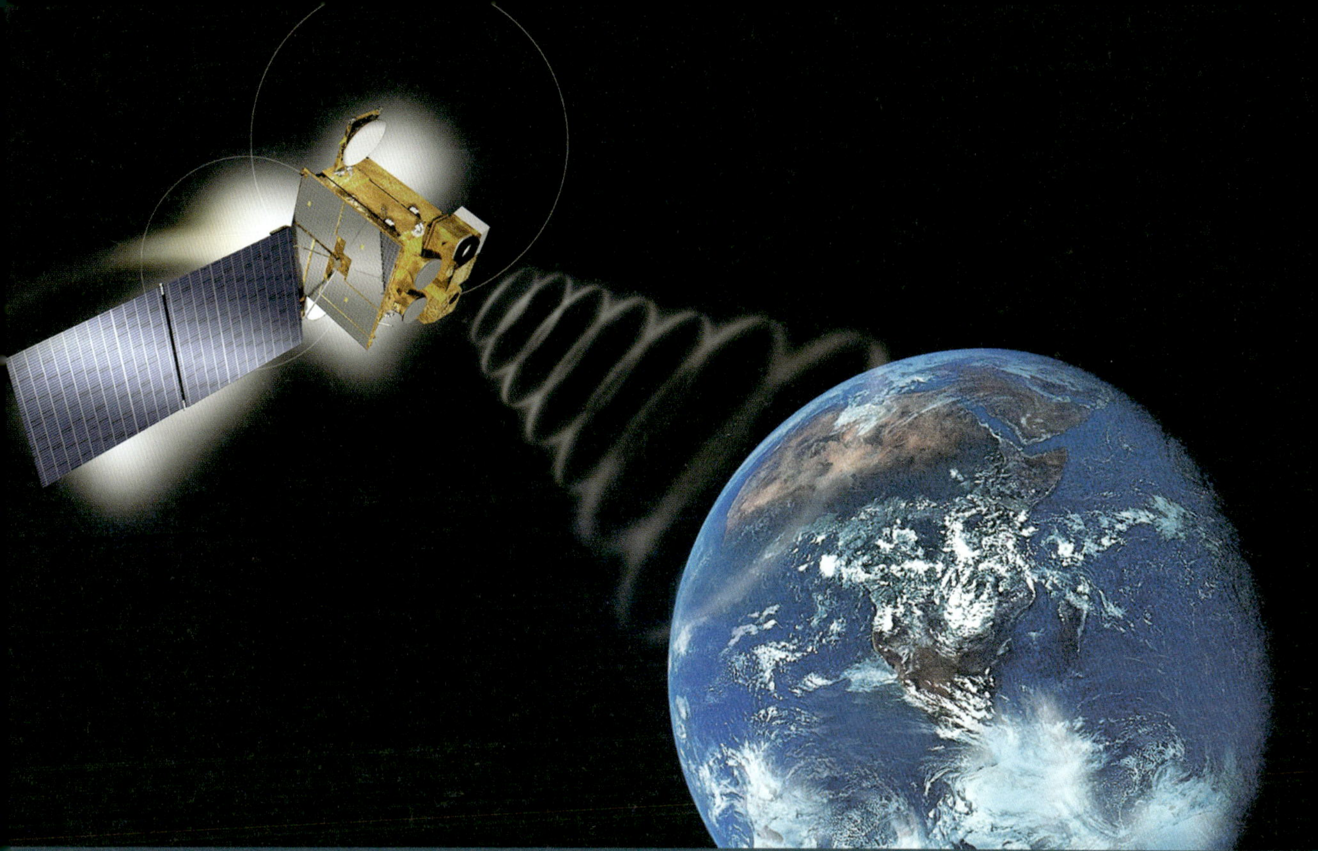

CHAPTER 08

인공위성

8.1 인공위성 시스템

공간상에서 두 물체가 질량을 가지고 있다면, 두 물체에는 만유인력이 작용하여 상호 운동에 간섭을 일으킨다. 만약 두 물체의 질량 차이가 매우 크다면, 질량이 작은 물체는 질량이 큰 물체를 중심으로 상대적인 운동을 하게 되고, 충돌하지 않는 속도를 가지고 있다면 질량이 작은 물체는 질량이 큰 물체의 주위를 공전하는 운동을 하게 된다.

이때 질량이 작은 물체는 질량이 큰 물체의 **위성**(satellite)이라고 한다. 지구는 태양의 위성이고, 달은 지구의 위성인데, 이와 같이 질량이 큰 천체의 주위를 공전하는 작은 천체를 **자연위성**(natural satellite)이라 한다. **인공위성**(artificial satellite)은 로켓 등을 사용하여 대기권 밖의 우주 공간상에서 비행하도록 만들어진 인위적인 물체이다. 1957년 구소련에서 최초의 인공위성이 발사된 이래로 다양한 목적을 갖는 인공위성이 개발되었고 운영되고 있으며, 우리 실생활에 편리함을 가져다주고 있다.

8.1.1 위성의 운동

1) 중력의 작용 및 2체 문제 도식화

공기가 없다는 가정 아래 높은 산에서 공을 던지면 공은 앞으로 나가면서 떨어지고 땅에 부딪히면서 운동이 종료된다. 공의 속도를 점점 빠르게 하면 점점 더 멀리 날아가서 땅에 부딪히고, 공의 속도가 특정 속도를 넘어서게 되면, 공은 마침내 땅에 부딪히지 않고 원래의 위치로 돌아오게 된다. 그렇다면 공은 지면과 충돌하지 않고 지구 주위를 **공전**하는 운동을 수행하게 된다. 뉴턴(Isaac Newton, 1643~1727)은 행성의 운동을 설명하기 위해 이와 같은 사고실험을 수행하였고, 모든 행성의 운동을 태양 중심의 원형 모양 운동으로 설명하기 위해 노력을 기울였다.

케플러(Johannes Kepler, 1571~1630)는 화성의 운동이 기존에 받아들여지던 원 운동 모델과 좀처럼 맞지 않는 것을 확인하고, 정밀한 행성 관측 정보를 이용하여, 행성의 운동이 타원 모양과 가까운 운동이며, 태양은 타원의 두 초점 중에 하나라는 내용을 케플러 운동 법칙을 통하여 정리하였다.

뉴턴과 케플러의 운동 법칙은 **2체 문제**(two-body problem)로 확장하여 일반적인 해석이 가능하다. 2체 문제는 공간상에 두 개의 물체만 존재하고, 두 물체의 질량이 **점질량**(point-mass)이라는 가정 아래 두 물체의 운동을 해석하는 문제이다. 두 물체가 질량이 있다면, 두 물체는 크기는 같고 방향이 반대인 힘이 작용하기 때문에, 두 물체의 무게 중심은 항상 무게 중심의 초기 속도에 따라 직선 운동을 하게 되고, 두 물체는 각각 무게 중심에 대하여 공전 운동을 하게 된다(그림 8.1).

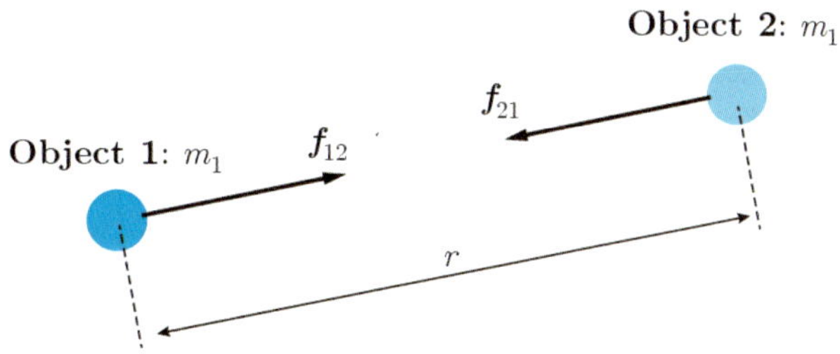

Magnitude: $\|\mathbf{f}_{12}\| = \|\mathbf{f}_{21}\|$

Direction: $\dfrac{\mathbf{f}_{12}}{\|\mathbf{f}_{12}\|} = -\dfrac{\mathbf{f}_{21}}{\|\mathbf{f}_{121}\|}$

그림 8.1 2체 문제 도식화

두 물체의 질량 차이가 매우 크게 되면, 두 물체의 무게 중심은 질량이 큰 물체의 무게 중심과 매우 동일하게 위치하게 되어 질량이 큰 물체는 초기 속도에 따라 운동하고, 질량이 작은 물체는 질량이 큰 물체를 상대적으로 회전하는 운동을 하게 된다.

이와 같은 원리로 인공위성은 우주 공간상에서 지구 또는 다른 천체 주위에서 궤도 운동을 하게 된다. 예를 들어 로켓과 같은 발사체를 이용하여 인공위성이 지구 주위를 공전할 수 있도록 속도를 주게 되면, 인공위성은 지구 주위를 공전하는 운동을 하게 된다.

2) 궤도 운동

위성이 이동하는 경로를 궤도라고 한다. **케플러 궤도**(Kepler orbit 또는 Keplerian orbit)는 2체 문제에서 질량이 작은 물체의 운동을 나타낸다. 케플러 궤도는 초기 위치와 속도가 결정되면 항상 고정된 평면상에서 운동을 수행한다. 인공위성의 궤도 모양은 중심 행성으로부터 거리와 속도에 따라 모양이 다르며, 모양에 따라 원 궤도, 타원 궤도, 포물선 궤도, 쌍곡선 궤도로 나눌 수 있다(그림 8.2).

모든 궤도의 두 초점 중 하나는 반드시 중심 행성이 되는데, 원 궤도는 두 초점이 동일한 경우이다. 원 궤도와 타원 궤도는 닫힌 궤도로서 중심 행성의 중력장 내에서 주기적으로 공전 운동을 하게 되고, 위성의 속도가 특정값 이상으로 커지면, 위성은 지구의 중력장을 벗어나게 되는 포물선 궤도를 갖게 되며, 이 속도를 탈출속도라고 한다. 그리고 이 탈출속도보다 커지게 되면, 위성은 쌍곡선 궤도로 운동을 하게 된다. 2차원 평면에서 궤도의 형상은 **장반경**(semi-major axis)과 **이심률**(eccentricity)로 표현할 수 있다(그림 8.3).

3) 3차원 궤도

2차원 평면에서 표현된 위성의 궤도를 3차원 공간상에서 표현하기 위해서는 세 개의 각도가 필요하다. 세 개의 각도는 **승교점 경도각**(LAN; Longitude of the Ascending Node),

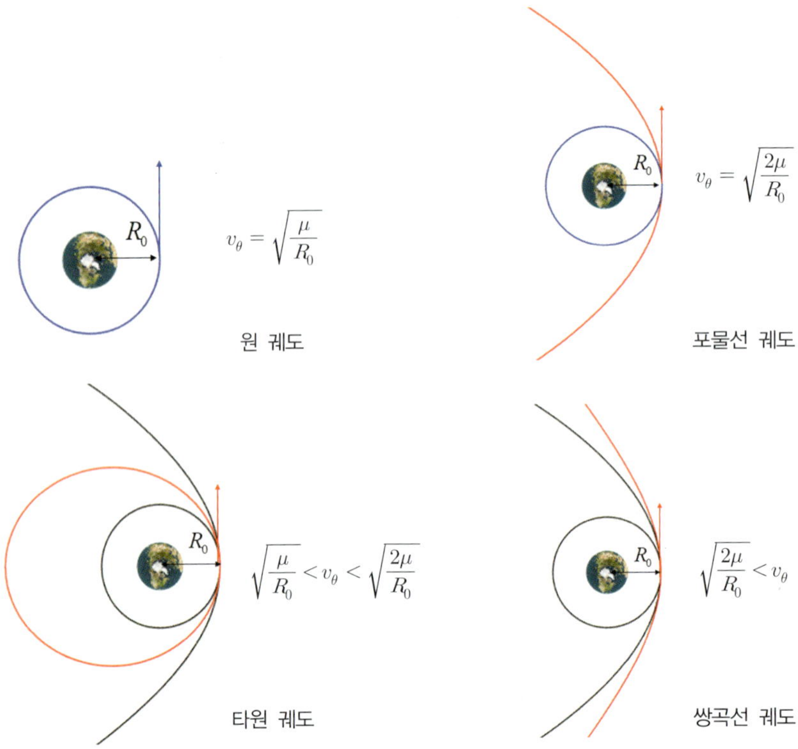

그림 8.2 동일한 근지점 고도에서 인공위성의 속도에 따른 위성 궤도 변화

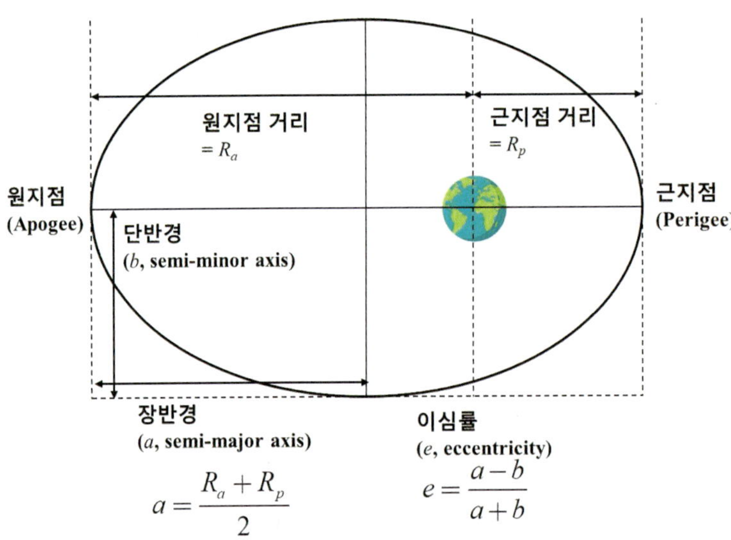

그림 8.3 2차원 궤도 형상 파라미터: 장반경과 이심률

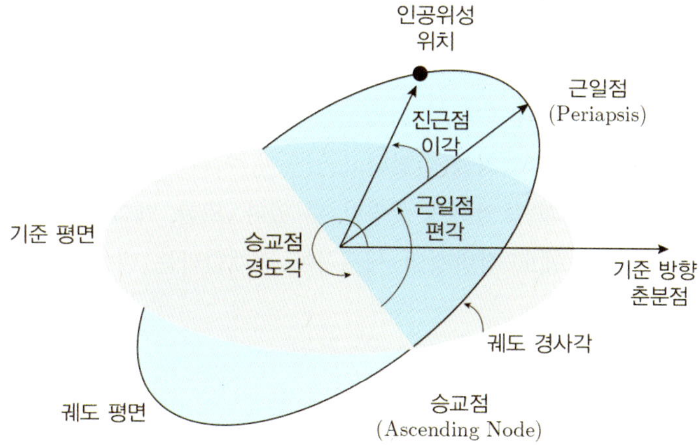

그림 8.4 3차원으로 확장시키기 위한 궤도 요소

궤도경사각(inclination angle), 그리고 **근일점 편각**(AOP; Argument of Periapsis)이다(그림 8.4). 이와 같은 세 개의 각도가 정해지면, 두 좌표계에 대한 **방향코사인 행렬**(DCM; Direction Cosine Matrix)이 결정되고, 방향코사인 행렬을 이용하여 2차원 평면에서 표현한 궤도를 3차원에서 나타낼 수 있다.

궤도 위에서 위성의 위치를 표현하기 위해서는 **진근점 이각**(TA; True Anomaly)과 같은 각도 정보가 필요하다. 이와 같이 장반경, 이심률, 승교점 경도각, 궤도 경사각, 근일점 편각, 진근점 이각을 궤도 6요소라고 한다.

4) 궤도와 에너지

궤도 에너지는 위성의 속도에 따라 결정되는 운동에너지와 위성의 고도에 따라 결정되는 위치에너지의 합으로 정의된다. 위성의 운동에 따라 위치에너지는 운동에너지로, 그리고 운동에너지는 위치에너지로 상호 변환될 수 있는데, 2체 문제에서는 궤도가 결정되면 궤도 에너지는 항상 일정하고 궤도 장반경의 함수로 표현된다.

원궤도는 위성의 위치가 행성 중심으로부터 항상 일정한 거리에 있으며, 위치에너지가 일정하다. 동시에 운동에너지도 항상 일정하게 유지됨에 따라 궤도를 운동하는 속도의 크기도 항상 일정하다. 타원궤도에서는 궤도의 한 초점인 중심에서 가장 가까운 지점을 **근점**(periapsis), 가장 먼 지점을 **원점**(apoapsis)이라 한다. 만약, 지구가 중심 행성이라면 근점과 원점을 각각 **근지점**(perigee)과 **원지점**(apogee)이라 한다(달의 경우에는 근월점 그리고 원월점이라고 한다). 근점 또는 근지점에서 인공위성의 속도는 동일 궤도상에서 가장 빠르고, 원점 또는 원지점에서는 인공위성의 속도가 가장 느리다.

두 인공위성 궤도의 근지점이 같은데, 원지점의 고도가 다른 경우에는 원지점의 고도가 높은 위성의 궤도 에너지가 높다고 설명할 수 있다. 그 이유는 동일한 근지점에서 운동에너지가 커야 더 높은 원지점 고도를 가질 수 있기 때문이다.

한편 케플러의 제2법칙에서는 "동일한 궤도상에서 동일한 시간에 동일한 궤도 면적을 지난다"라는 면적속도 일정의 법칙을 설명하고 있으며, 이러한 면적속도 일정의 법칙은 궤도의 각운동량 일정의 법칙과 동일하게 설명할 수 있다. 또한, 케플러의 3법칙에서는 인공위성 공전 주기의 제곱은 궤도 장반경의 세제곱에 비례한다는 내용을 설명하고 있다.

5) 궤도 섭동력

2체 문제의 경우 인공위성의 궤도에너지는 항상 일정하다고 설명하였다. **섭동력**(perturbation force)은 인공위성의 운동에 있어 중심 행성보다 크기는 작지만 미세하게 힘이 작용하여 시간이 지나면 인공위성 궤도에 영향을 끼치는 힘을 일컫는다. 실제 우주공간 상에서는 지구(중심 행성)와 인공위성만 존재하는 것이 아니라 태양 및 목성 등과 같이 태양계 내의 큰 질량을 갖는 천체들이 존재하기 때문에 인공위성은 섭동력을 받게 된다. 그리고 지구와 가까운 궤도에서 운동하는 인공위성에는 대기에 의한 저항력을 받게 되어 인공위성의 궤도 에너지가 감소하게 되며, 대기에 의한 저항력은 고도 및 인공위성의 형상에 따라 달라진다. 한편, 태양에서 발생하는 태양 복사압 또한 인공위성의 운동에 영향을 끼치는 섭동력으로 작용하게 된다.

6) 지구 중심 궤도 종류

지구를 중심으로 궤도 운동을 하는 인공위성은 운영되는 고도에 따라 크게 지구 저궤도, 중궤도, 정지궤도로 나눌 수 있다. **저궤도**(LEO; Low Earth Orbit)는 약 고도 150~1500km 사이에 있는 궤도를 일컫는다. 저궤도에서는 한 궤도를 공전하기 위해 1.5~2시간 이내의 시간이 소요되고, 하루에 12~16번 정도 지구 중심을 공전하게 된다. 고도가 낮을수록 인공위성 광학탑재체로부터 확보할 수 있는 영상의 공간 해상도에 유리한 장점이 있기 때문에, 지구 저궤도에서는 주로 원 궤도에서 지구 관측위성들이 많이 운영되고 있다. 하지만 고도가 낮아질수록 대기 저항에 의해 위성 속도가 낮아지고, 낮아진 고도를 높이기 위해 추력기의 연료를 소모하여 궤도를 조정하는 횟수가 많아지게 되는 단점이 있을 수 있다. 그리고 저궤도 인공위성에서는 특정 지역을 지나가는 횟수가 1일에 몇 차례 경우밖에 존재하지 않는 단점이 있다.

인공위성 궤도의 장반경이 약 42,241km이면, 인공위성의 공전 주기가 지구의 자전 주기와 동일하게 된다. 여기에서 지구 자전 주기는 태양이 아닌 별 중심의 1일 자전시간(sidereal day)으로 약 23시간 56분 4.09초이다. 태양 기준이 아닌 별 기준으로 측정하는 이유는 지구가 자전하는 동안 태양 주위를 공전하기 때문에, 움직이지 않는 '관성좌표계'

에서 측정을 할 필요가 있기 때문이다. 이와 같이 인공위성의 공전 주기가 지구 자전 주기와 동일한 궤도를 **지구 동기 궤도**(geosynchronous orbit)라고 한다. 지구 동기 궤도에서는 지구 중심의 고정 좌표계에서 인공위성이 특정 영역에서만 운동하는 형태를 보이게 된다. 만약, 지구 동기 궤도가 원 궤도이고, 지구 적도 평면상에서 위치하게 되면, 인공위성은 지표면에서 관측하였을 때 항상 정지된 것처럼 보일 것이다. 이와 같은 궤도를 **지구 정지 궤도**(geostationary orbit)라고 하며, 통신 및 방송을 위한 인공위성 시스템에 널리 이용된다. 지구 정지 궤도는 지표면으로부터 약 36,000km에 위치한다.

지구 정지 궤도의 고도인 36,000km와 저궤도 고도 1500km 사이의 궤도는 **중궤도**(MEO; Medium Earth Orbit)로 분류한다. 고도가 20,000km 내외의 원형 중궤도에서는 지구 주위를 공전하는 시간이 약 12시간 되는데 이는 지구 정지궤도보다는 빠르고 저궤도보다는 느린 공전 궤도를 갖게 된다. 중궤도에서는 탑재체가 지구 표면을 관측할 수 있는 영역이 정지궤도보다는 좁고 저궤도보다는 넓다. 중궤도는 GPS(global positioning system)와 같은 전지구항법 시스템을 운용하는데 널리 이용되고 있다.

8.1.2 위성본체 시스템

인공위성은 우주공간상에서 운동하면서 주어진 (우주)임무를 수행하는 인공적인 시스템이다. 그리고 인공위성 임무를 수행하기 위해서는 우주공간상의 임무 궤도에 투입하기 위한 발사체가 필요하고, 인공위성을 운영하기 위한 지상국 시스템이 필요하다. 인공위성은 탑재체 시스템과 본체 시스템으로 구분할 수 있다. 인공위성 사용 목적에 따라 탑재체의 종류가 선정 및 설계되고, 본체 시스템과 전체 위성 운영 방식이 설계된다. 본체 시스템에 요구되는 주요 기능에는 우주환경에서도 탑재체의 운영을 지원할 수 있어야 하고 본체 시스템 자체가 잘 운영될 수 있도록 안정적인 전기에너지를 공급해야 한다. 그리고 위성에서 생성된 자료를 지상국에 원활히 전송하여야 하며, 지상으로부터 수신된 명령을 체계적이고 자동적으로 수행할 수 있어야 한다. 동시에 자율성을 갖고 상황을 판단하여 주어진 환경에서 임무를 수행하고, 임무 환경(궤도 및 운영환경 등)을 목적에 맞도록 조정할 수 있어야 한다.

인공위성 본체 시스템은 크게 1) 기계 및 구조 시스템, 2) 열 제어 시스템, 3) 자세 및 궤도 제어 시스템, 4) 전력 시스템, 5) 추진 시스템, 그리고 6) 원격 측정, 추적 및 명령 시스템으로 분류할 수 있다.

1) 기계 및 구조 시스템

위성의 구조는 실제 위성을 지지하는 구조물을 의미한다. 인공위성 구조물은 발사체로 발사되는 과정에서 발생하는 하중, 진동, 그리고 충격으로부터 잘 견딜 수 있도록 충분한 강성과 강도를 가질 수 있도록 설계된다.

2) 열 제어 시스템

인공위성은 태양으로부터 고온의 열에너지가 전달되고, 태양 빛이 없는 심우주 방향으로는 열에너지가 방출되어, 열적 구배가 발생한다. 열 제어를 수행하지 않으면 태양 빛을 지속적으로 받는 부분은 온도가 높아지고, 심우주 방향으로 노출된 부분은 온도가 낮아진다. 탑재체 및 인공위성 부품들은 특정 온도 영역에서 최상의 성능을 나타내게 되는데 이를 위해 열 제어가 필요하다. 열 제어 방식은 수동 또는 능동 제어 방식으로 나뉘며, 능동 제어 방식에는 열 파이프, 히터와 같은 장치가 있으며, 수동 제어 방식에는 열 차폐막, 코팅, 그리고 준-수동방식으로는 방열기(radiator) 등이 있다.

3) 자세 및 궤도 제어 시스템

자세 및 궤도 제어 시스템은 인공위성의 지향 벡터(자세)를 목표 방향으로 회전시키거나 안정화시키고, 궤도를 변경하거나 유지시키기 위해 필요한 시스템이다. 자세 제어가 필요한 경우는 1) 전력생성 또는 위성체의 안전을 위해 태양을 지향하는 경우, 2) 탑재체의 임무 수행을 위해 인공위성의 자세를 목표지점으로 지향해야 하는 경우, 그리고 3) 추력기 사용을 통해 자세 안정화 및 자세 기동이 필요한 경우 등이 있다. 자세 지향 정밀도에 따라 인공위성에 구성되는 자세 제어 센서와 구동기의 구성은 달라진다. 자세 제어 구동기에는 자장토커, 반작용 휠, 관성제어모멘트 자이로, 자세 제어용 추력기 등이 있으며, 센서로는 지구센서, 태양센서, 별센서, 자이로스코프 등이 있다.

4) 전력 시스템

전력 시스템은 인공위성에 전력을 공급하는 서브 시스템이다. 인공위성의 주요 전력 공급원은 태양이다. 전력 시스템은 태양전지 배열기, 배터리, 그리고 전력 제어, 전환, 분배 장치 등으로 크게 구분할 수 있다. 태양전지 배열기는 태양 빛을 받으면, 이를 전기에너지로 전환하게 되는데, 목적에 따라 위성 본체 시스템 외부에 부착하거나 날개 형태의 배열판으로 장착할 수 있다. 필요에 따라 태양전지판 끝에는 1축 또는 2축 회전 구동기가 포함된다.

5) 추진 시스템

추진 시스템은 궤도 운동을 제어하기 위한 추력기와 인공위성 자세제어를 수행하기 위한 추력기로 나뉜다. 추진 시스템에는 고체 모터, 액체 엔진, 저추력 추진 시스템(전기, 이온 추력기 등) 등이 있으며, 엔진에 따라 엔진 효율, 추력 크기 등의 차이가 있다. 저궤도 인공위성의 경우에는 발사체 시스템이 인공위성을 임무 궤도에 투입시키기 때문에, 큰 궤도 기동을 수행하는 경우는 매우 드물다. 따라서 통상적으로 네 개의 추력기가 장착되어 섭동력에 의해 조금씩 변화하는 임무 궤도를 특정 범위가 넘게 되면 보정하게 된다. 인공위성 추진 시스템은 연료 탱크, 가압 탱크, 압력 조절용 밸브 및 조절기, 자세 제어용과 궤도 기동용 추력기 등으로 구성된다.

6) 원격 측정, 추적 및 명령 시스템

원격 측정, 추적 및 명령 시스템은 지구의 지상국에 데이터를 전송하고, 지상의 명령을 수신하며, 지상국이 위성을 추적하여 위성의 상태를 감시하는 데 필요하다. 그리고 원격 측정, 추적 및 명령 시스템은 안테나, 트랜스폰더, RF(radio frequency) 분배 장치 등으로 구성된다.

8.1.3 지상국

1) 지상국의 역할

지상국은 인공위성을 관리하여 통제하거나 인공위성과 데이터를 송수신하는 역할을 수행한다. 지상국은 데이터를 송수신하기 위한 안테나 시스템과 **임무 운영 센터**(MOC; Mission Operation Center), 수신데이터 처리 시스템 등으로 구분될 수 있다. 임무 운영센터에서는 과거 시간의 인공위성의 위치를 추정하고, 미래의 위치를 예측한다. 이를 토대로 인공위성이 수행해야 할 임무를 계획하고, 운영 시간표 및 관련 명령을 계획하거나 작성한다. 지상 안테나 시스템은 지상에서 인공위성으로 전송될 상향 명령을 전송하며, 동시에 인공위성에서 생성된 원격 측정 자료를 수신한다. 안테나로부터 수신된 원격 데이터들은 사용자들이 이용 가능하도록 처리되어 사용자에게 배포되거나, 사용자가 원하는 최종 결과물 형태로 변환하여 전달된다.

지상 안테나의 위치는 인공위성의 궤도에 따라 다르게 운영된다. 예를 들어, 극지방을 통과하는 500~800km 고도의 저궤도 인공위성의 경우에는 인공위성의 공전속도가 빨라서 한번 교신할 때 10분 정도 교신이 가능하다. 만약 북극과 남극 부근에 지상 안테나를 설치하면, 극궤도의 인공위성은 극지방의 지상 안테나와 교신할 수 있는 시간과 횟수가 늘어날 수 있는 장점이 있다. 지구 정지궤도 위성의 경우에는 인공위성과 통신이 가능한 특정 지역에 안테나를 설치하여 운영하는 것이 유리하다. 현재, 다목적 실용위성은 네 개 지역에 있는 안테나를 통해 인공위성을 관제하고 있다. 대전에 있는 한국항공우주연구원 본원, 남극 세종과학기지, 미크로네시아 추크주 웨노섬, 북극 주변 노르웨이 스발바르 섬에 있는 지상 안테나를 이용하고 있다.

2) 위성과 지상국 사이의 통신 개념

지상국과 인공위성의 통신은 전파를 사용하여 이루어진다. 전파를 이용하여 정보를 전달하고 받는 것을 이해하기 위해서는 **변조**(modulation)와 **복조**(demodulation)에 대한 개념 이해가 필요하다. 변조는 음성, 영상, 데이터 등과 같은 저주파수 신호들을 고주파수에 실어 전송에 유리한 형태로 바꾸는 과정을 의미한다. 복조는 변조된 신호가 전송되어 수신되었을 때 원래의 신호로 복원하는 과정을 의미한다.

지상국과 인공위성 사이의 통신은 전송해야 하는 신호들을 송신주파수에 싣는 변조 과정과 RF회로를 통해 증폭과정을 거쳐 송신 안테나를 통해 원하는 목적지로 신호를 보내고, 수신 안테나에서는 수신된 신호를 복조 과정을 거쳐 원래 신호를 복원하여 정보를 얻게 되는 일련의 과정이다. 송신 주파수는 인공위성 종류 또는 임무 등에 따라 국제 규약에 의해 위성마다 분배되어 중복되지 않도록 관리되고 있다. 주파수 대역에 따라 L-밴드(1~2 GHz), S-밴드(2~4 GHz), C-밴드(4~8GHz), X-밴드(8~12GHz), Ku-밴드(12~18GHz), K-밴드(18~27), Ka-밴드(27-40GHz)로 구분된다. 한편, 데이터 전송과정에서 보안상의 목적으로 암호화 과정이 포함되기도 하며, 이 경우에는 수신 과정에서는 암호화된 데이터를 해독하는 과정이 포함된다.

3) 위성과 지상국 사이에 교환되는 정보

인공위성에서 통신을 통하여 지상국에 전송되는 데이터에는 먼저 탑재체에서 생성된 원격 측정 데이터가 있다. 또한, 인공위성의 건강 상태를 모니터링 할 수 있는 인공위성 관리 데이터(Housekeeping data)와 탑재 컴퓨터에서 인공위성 운영을 위해 사용된 원시데이터(별 센서 데이터 등) 및 가공된 센서 데이터가 있다. 인공위성 관리 데이터에는 인공위성 부품, 태양전지판, 구조물 등의 온도 데이터, 연료 탱크 등의 압력 데이터, 위성에서 생성되는 전압, 전류 데이터, 인공위성 운영 모드 등의 많은 정보를 포함한다. 지상국에서 인공위성에 전송되는 데이터에는 절대시간 또는 상대시간에 대한 위성 운영 모드, 규격화된 위성 본체 시스템의 운영 명령, 탑재 시스템의 운영 명령 등이 포함된다.

4) 인공위성 임무 운영 예

그림 8.5에서는 저궤도 지구 관측 인공위성을 이용하여 간략한 영상 촬영 임무 운영 과정을 나타내고 있다. 지구 관측 임무의 경우 사용자 그룹에서는 복수의 목표 촬영 지점을 선정하여, 지상국의 임무 운영 센터에 전달하게 된다. 지상 임무 운영 센터에서는 과거 시간에 대하여 인공위성의 위치 정보를 추정하고, 인공위성으로부터 전송된 데이터로부터 현재 인공위성의 상태 정보를 예측한다. 정밀한 궤도 역학 모델링과 인공위성 본체 정보로부터 미래의 인공위성 위치를 예측하고, 예측된 위성 궤도와 영상 촬영 목표 지점들을 토

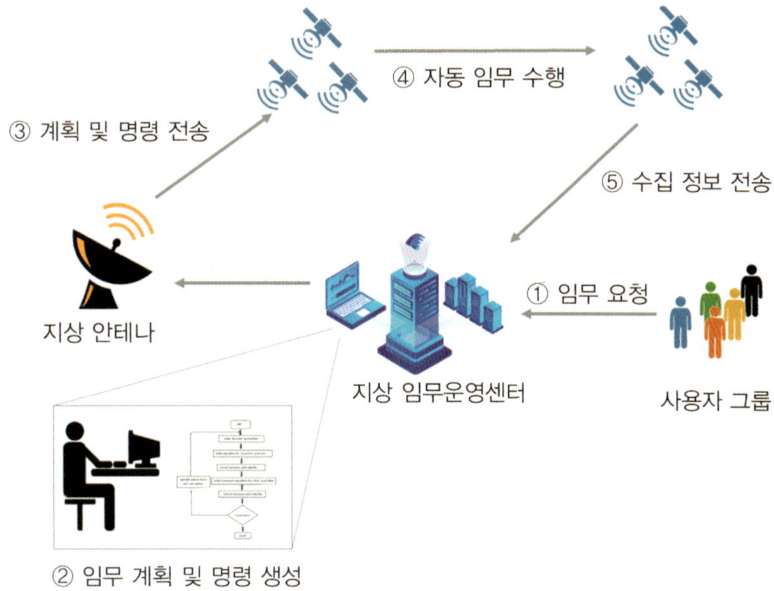

그림 8.5 저궤도 지구 관측 인공위성 임무 운영 사례

대로, 영상 촬영 순서를 결정하는 **스케줄링**(mission scheduling) 과정을 수행한다. 영상 촬영 순서가 결정되면, 촬영 시간과 자세 명령, 탑재체 운영 시간, 지상 교신 시간 등 일련의 전송 데이터를 생성하고, 인공위성 현재 상태를 고려하여, 최종 전송할 임무 수행 명령을 생성한다. 인공위성이 지상 안테나와 교신하는 시간에 임무 수행과 관련된 명령이 인공위성에 전달되고, 인공위성은 전송되어 온 계획을 절대 시간(또는 상대 시간)에 따라 탑재체 및 위성 본체 등의 지향 벡터를 제어하면서 목표 지점 촬영을 자동으로 수행한다. 이렇게 촬영하여 수집된 영상들은 계획된 시간에 지상국과 교신하여 데이터를 지상국으로 보내게 된다.

8.1.4 탑재체

인공위성은 1) 통신 및 방송 서비스 제공과 함께 2) 지구 환경 감시 정보 제공, 기상 예측 정보 제공, 그리고 3) 위치 측정 시스템을 이용한 배, 항공기 및 자동차 등의 위치 정보 제공 등 우리 일상생활에 중요한 서비스 및 정보 제공 목적에 이용될 뿐만 아니라, 4) 행성 및 우주 관측 및 우주 환경 정보 제공 등 다양한 과학적 임무 목적에 이용되고 있다.

인공위성에는 임무에 부합하는 탑재체가 장착되고, 각 탑재체의 특징을 반영하여 인공위성 본체 시스템이 설계된다. 탑재체는 대상물에서 발생하거나 반사되는 빛, 열, 전파, 입자 등의 신호를 감지하는 시스템으로, 이 신호로부터 목표 대상물의 특성을 관측하거나, 유용한 데이터를 생성할 수 있다. 인공위성 탑재체들은 **광학탑재체**, **레이다탑재체**, **통신탑재**

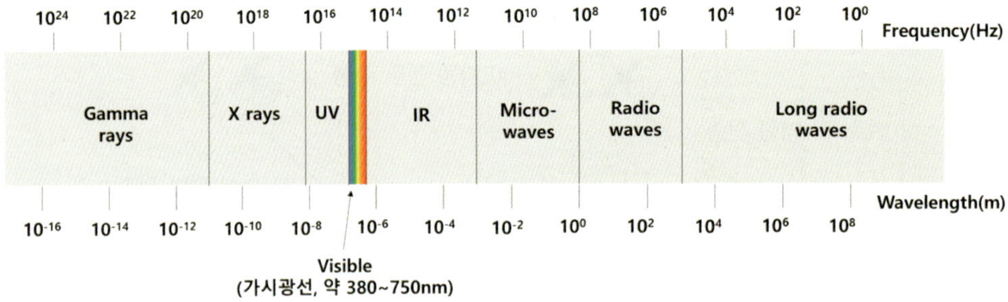

그림 8.6 파장 대역에 따른 전자기파 구분

체, **항법탑재체**, 그리고 다양한 **우주과학용 탑재체** 등으로 분류될 수 있다.

광학탑재체는 광원으로부터 나오는 전자기파의 신호, 광원이 물체에 의해 반사되어 나오는 전자기파(가시광선 대역)의 신호 또는 복사열에서 나오는 신호를 반사경 또는 렌즈(광학계)로 신호를 모은 뒤 이미지센서(예를 들어 전하결합소자 이미지센서)에서 이 신호를 전기적 디지털 신호로 변환하여 대상물의 정보를 확보하는 방식의 탑재체이다. 이미지 센서에 사용되는 광전소자는 특정 파장대역(그림 8.6)에서 민감하게 신호를 입력받을 수 있는 재료들이 이용되며, 광전소자의 종류에 따라 흑백 영상, 컬러 영상(빨강, 녹색, 파랑색 파장대역을 감지하는 광전소자 사용 후 병합), 적외선 영상(근적외선, 단적외선, 중적외선, 원적외선, 극적외선 영상, 적외선 파장 대역 구분: 그림 8.7) 등으로 구분된다.

한편, 빛이 매질의 종류에 따라 편광, 산란, 회절 등의 특성이 달라지는 특성을 이용하여, 매질의 특성을 파악할 수 있도록 탑재체의 감지센서 전면에 필터를 부착한 탑재체가 있으며, 빛을 분광하는 분광기를 사용하여 원하는 대역의 신호를 감지하는 탑재체가 있다.

인공위성은 개발 및 운용 비용이 높기 때문에 하나의 탑재체에 여러 종류의 감지 센서를 결합하여 다양한 대역의 전자기파 신호를 감지하기도 한다. 그림 8.8은 다목적 실용위성 3A호의 **전자광학**(electro-optic) 탑재체의 광학기구부 형상과 흑백 이미지 센서, 빨강-녹색-파랑색으로 구성된 컬러이미지 센서, 적외선 이미지 센서들이 결합된 영상 감지부의 그림을 나타낸다. 이미지 센서는 한 개의 열 또는 복수의 열로 구성될 수 있는데, 고해상도 지구영상 확보를 위한 인공위성의 탑재체에는 복수의 열로 구성된 이미지 센서를 이용하며, 동일한 지역을 이미지 센서의 각각의 열에서 감지한 다음 병합하여 고해상도의 영상을 생성

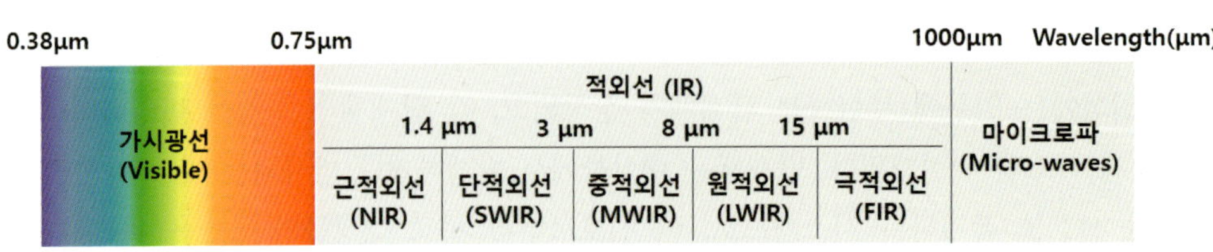

그림 8.7 적외선 대역 구분

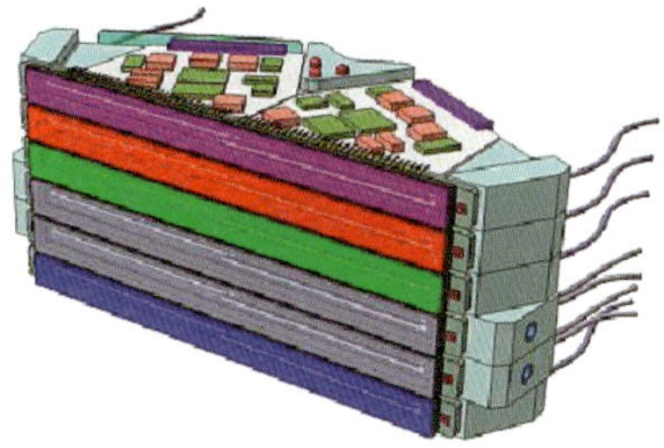

그림 8.8 다목적 실용위성 3A호 탑재체 (ⓒ 한국항공우주연구원)

한다. 그림 8.8은 다목적 실용위성 3A호의 **전자광학탑재체**와 영상 감지부를 나타내고 있으며, 그림 8.9는 다목적 실용위성 3A호에서 촬영된 컬러영상과 적외선영상의 예이다.

레이다탑재체는 레이다의 반사 및 산란 등의 특성을 이용하여, 진행 경로상의 물질의 성분, 종류 등의 정보를 측정한다. 레이다탑재체는 광학탑재체와 달리 안테나와 레이다 송수신 장치 등으로 구성되어 있으며, 관측 대상물의 표면촬영을 위한 영상레이다가 대표적이다. 이외에도 해표면 풍향관측에 응용되는 산란계, 고도 및 기하 측정에 이용되는 고도계, 그리고 기상 및 해양 관측에 이용되는 복사계 등이 있으며, 사용 목적에 따라 주파수를 달리하여 이용되고 있다. **영상레이다**는 영상의 합성방법에 따라 RAR(Real Aperture Radar) 시스템과 SAR(Synthetic Aperture Radar) 시스템으로 나뉠 수 있다. RAR 시스템은 좁은 각의 전파를 송신하여 대상에서 반사된 반사 신호를 레이다 영상으로 변환하는 시스템으로 위상 보상 없이 합성하는 방식이다. SAR 시스템은 시스템이 이동하면서 수집된 신호들을 비교하여 합성함으로써, 실제 안테나 빔폭보다 높은 해상도를 얻을 수 있는 장점이 있다. 레이다탑재체는 구름, 눈, 안개 등의 기상조건의 영향을 받지 않고 영상 획득이 가능하며, 능동적으로 신호를 보내고 반사되어 오는 신호 정보를 이용하기 때문에 낮과

그림 8.9 다목적 실용위성 3A호의 전자광학카메라를 이용하여 촬영한 컬러 영상(좌), 적외선 영상(우) (ⓒ 한국항공우주연구원)

 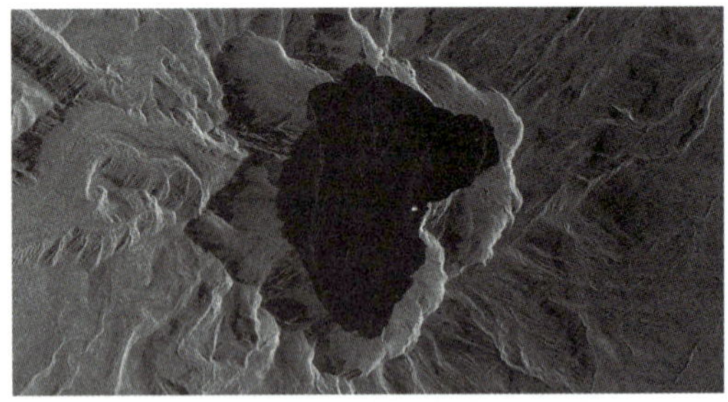

그림 8.10 다목적 실용위성 5호(좌)와 이를 이용해 촬영한 영상 (© 한국항공우주연구원)

밤 모두 관측이 가능하고, 광학 탑재체와 달리 지형 구도, 표면 거칠기 등의 정보를 확보할 수 있다는 장점이 있다. 이와 같은 이유로 SAR 탑재체가 탑재된 인공위성의 활용이 늘어나는 추세이며, SAR 탑재체로부터 생성된 영상은 공공안전, 재난 및 재해 예측, 국토-자원 관리 및 환경 감시 등에 활용되고 있다. 그림 8.10은 영상레이다(SAR) 탑재체가 장착된 다목적 실용위성 5호의 형상과 촬영한 영상의 예를 보여준다.

8.2 인공위성 활용

8.2.1 단일 위성 활용

1) 지구 관측 위성의 임무 소개

단일 시스템으로 구성되는 인공위성은 1기의 인공위성으로 주어진 임무를 수행한다. 우리나라 저궤도 지구관측 위성은 주로 **태양동기궤도**(sun synchronous orbit)에서 운영되고 있으며, 통신 및 방송용 인공위성은 **지구정지궤도**(geostationary orbit)에서 운영되고 있다. **지구 관측 위성**(earth observation satellites)은 지구를 중심으로 공전하면서 지구를 관측하는 위성으로 지형 정보 구축, 정밀 감시, 대기 및 해양 관측 등의 임무를 수행하기 위하여 개발되어 운영된다. 그리고 인공위성에 탑재되는 탑재체의 종류와 운영되는 궤도에 따라 인공위성의 운영방식은 달라진다.

2) 다목적 실용위성

다목적 실용위성(아리랑 위성)은 국가 위성정보 활용을 위한 수요를 충족시키기 위해 개발된 인공위성 시리즈이며, 현재까지 5기 위성이 발사되어 운영되고 있다. 다목적 실용위성은 지구관측을 위해 개발되었으며, 전자광학카메라 또는 영상레이다 탑재체가 탑재되었다. 전자광학카메라가 탑재된 다목적 실용위성들은 태양동기궤도에서 운영되어 왔다. 다

표 8.1 지구(정밀)관측 위성 사례: 다목적 실용위성

	위성 크기 및 중량	임무 궤도	임무 예	발사일
다목적 실용위성 1호	직경 1.3m, 높이 2.4m, 중량 470kg	고도 685km, 태양동기궤도	지구 관측 (전자광학카메라)	1999년 12월 (2008년 임무 종료)
다목적 실용위성 2호	직경 2.0m, 높이 2.6m, 중량 800kg	고도 685km, 태양동기궤도	지구 정밀관측 (전자광학카메라)	2006년 7월 (2015년 10월 연구용 전환)
다목적 실용위성 3호	직경 2.0m, 높이 3.4m, 중량 980kg	고도 685km, 태양동기궤도	지구 정밀관측 (전자광학카메라)	2012년 5월
다목적 실용위성 5호	직경 2.6m, 높이 3.9m, 중량 1315kg	고도 550km, Dawn-Dusk 궤도	전천후 지구 관측 (영상레이다, SAR)	2013년 8월
다목적 실용위성 3A호	직경 2.0m, 높이 3.8m, 중량 1100kg	고도 528km, 태양동기궤도	지구 정밀관측 (전자광학카메라, 중적외선카메라)	2015년 3월

그림 8.11 다목적 실용위성 2호(좌)와 차세대 중형위성(우) (© 한국항공우주연구원)

목적 실용위성 1호는 1994년부터 해외기관과 공동 개발을 추진하여 1999년도에 성공적으로 발사되었으며 6.6m급 해상도의 지구 영상을 전송하였다. 다목적 실용위성 2호는 2006년 발사되어 2015년 10월에 연구용으로 임무 목적이 전환될 때까지 1m급 해상도의 지구 영상을 약 250만 장 전송하였고, 독자적으로 인공위성 설계, 제작, 조립, 및 시험 능력을 확보하게 되었다. 2012년에 발사된 다목적 실용위성 3호는 해상도 70cm급의 전자광학탑재체를 국내주도로 개발하여 운영되고 있으며, 2015년 발사된 다목적 실용위성 3A호는 50cm급 해상도의 정밀 지구 영상을 전송하고 있으며, 최초로 중적외선카메라를 탑재하여 야간에도 촬영이 가능할 수 있도록 개발되었다.

한편, 다목적 실용위성 5호에는 마이크로파를 지상 목표물에 방사하여 되돌아오는 신호를 합성하여 영상을 만드는 영상레이다 탑재체가 장착되었다. 다목적 실용위성 5호는 550km의 **여명**(dawn-dusk) 궤도에서 운영되고 있으며, 주·야간 및 악천후에도 지상관측이 가능하고, 하루에 네 번 한반도를 관측할 수 있으며, 재난, 재해 예측, 국토, 자원 관리 및

환경감시 등 다양한 분야에서 활용되고 있다. 최근에는 다목적 실용위성 3호(전자광학카메라), 3A호(전자광학카메라 + 적외선카메라), 그리고 5호(SAR 탑재체)는 보다 유용한 지구 관측 임무 수행을 위해 상호 단점을 보완하면서 운영되고 있다.

그림 8.11은 다목적 실용위성 2호와 향후 발사될 500kg급 차세대 중형위성의 형상을 보여준다. 인공위성 임무 목적에 따른 탑재체 종류에 따라 형상이 달라지며, 전자광학카메라를 장착한 경우에도 요구되는 해상도에 따라 위성 형상이 달라진다.

3) 지구정지궤도위성

지구정지궤도는 지구 적도면 위에 있는 궤도이며, 궤도 공전주기와 지구 공전주기가 동일하여, 지상에서 항상 인공위성이 정지되어 있는 것처럼 보인다. 이와 같은 특성을 이용하여, 통신 및 방송 중계와 관련된 응용분야에 지구정지궤도위성이 많이 활용된다.

지구정지궤도위성에는 민간에서 도입·운영중인 무궁화위성 시리즈가 있으며, 통신 중계 및 방송에 활용되고 있다. 최초의 국내 개발 정지궤도위성은 통신해양기상위성 천리안 1호로서, 통신, 해양 관측, 기상 예보를 목적으로 개발되었으며, 하루 24시간 동안 위성통신 서비스와 한반도 주변의 기상과 해양을 관측하고 있다. 천리안 1호를 운영함에 따라 세계 일곱 번째로 기상위성을 보유한 국가가 되었으며, 자력으로 기상 정보를 관측하여 기상 예보 서비스를 제공할 수 있게 되었다.

표 8.2 지구정지궤도위성 사례(통신, 기상, 해양 관측): 천리안 위성

	위성 크기 및 중량	임무 궤도	임무 예	발사일
통신해양 기상위성 (천리안 1호)	직경 5.3m, 높이 8.7m, 중량 2500kg	지구정지궤도	통신, 기상 및 해양 관측	2010년 6월
정지궤도 복합위성 (천리안 2A)	중량 3500kg	지구정지궤도	기상/우주기상 관측	2018년 12월
정지궤도 복합위성 (천리안 2B)	중량 3500kg	지구정지궤도	해양/환경관측	2020년 2월 (예정)

그림 8.12 천리안 1호(좌), 천리안 2A호(우) (© 한국항공우주연구원)

정지궤도복합위성(천리안 2호)은 한반도 주변의 환경과 기상 감시 능력을 고도화하기 위해 기상 및 우주기상 관측용 위성(2A호)과 해양 및 환경 관측용 위성(2B)이 각각 발사되어 운영된다. 천리안 2A호의 기상탑재체 해상도는 천리안 1호와 비교하여 4배 이상 향상되었으며, 환경탑재체는 1일에 약 8회 정도 한반도 주변의 미세먼지, 황사 등 대기오염 물질의 이동 등을 감시할 수 있을 것으로 기대된다. 천리안 2A호는 2018년도 12월 5일에 발사되어 초기 점검 단계 이후 정상 운영 중에 있으며, 천리안 2B호는 2020년 2월에 발사될 예정이다. 그림 8.12는 지구정지궤도 위성인 천리안 1호와 2A호를 보여주고 있다. 천리안 위성의 특징은 지구 저궤도 위성의 형상과 달리 한쪽 면에만 태양 전지판이 장착된 것이 특징이다.

4) 과학기술위성

과학기술위성은 우주천문 연구 및 지구 지형 탐사 등의 과학적 임무와 위성분야 신기술 연구 등의 목적으로 개발된 인공위성이다. 과학기술위성 1호는 한국과학기술원 소속의 인공위성연구센터에서 개발한 100kg급 소형 인공위성으로 2003년 9월에 발사되어 690km 고도

표 8.3 우주관측 및 지구 환경 관측 위성 사례: 과학기술위성

	위성 크기 및 중량 (가로-세로-높이)	임무 궤도	임무 예	발사일
과학기술 위성 1호	0.6m-0.6m-0.8m, 106kg	고도 690km, 태양동기궤도	우리은하 연구, 오로라 연구 등 목적	2003년 9월
과학기술 위성 2호	0.6m-0.7m-0.9m, 100kg	근지점 300km 원지점 1500km 타원궤도	우주관측 및 지구지형 탐사 등	발사 실패
과학기술 위성 3호	1m-1m-0.9m, 170kg	600km, 태양동기궤도	우리 은하 및 우주배경복사 연구, 전기 추력기 (10mN급 홀추력기)	2013년 11월

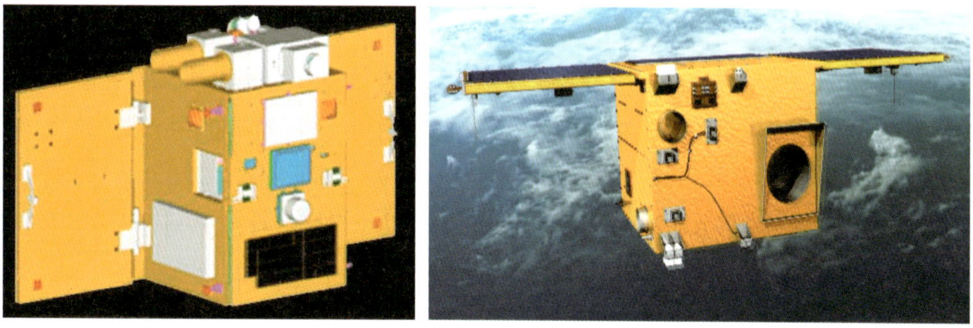

그림 8.13 과학기술위성 1호(좌)와 과학기술위성 3호(우) (© KAIST 인공위성연구소)

의 태양동기궤도에서 운영되었다. 과학기술위성 1호에는 원자외선 분광기(far ultraviolet spectrograph), 우주환경관측기(space physics package)를 탑재하고 있으며, 원자외선 대역의 파장대역을 관측함으로써, 우리 은하 내부에 펴져 있는 고온 플라즈마의 물리적 특성과 공간적 분포를 관측하고 은하의 진화 과정을 연구하였다. 그리고 지구 극지방의 오로라를 관측하여 태양활동과 지구 상층 대기 및 전리층의 상호작용을 연구하였다.

과학기술위성 2호는 근지점 고도 300km와 원지점 1500km의 타원궤도에서 우주 관측 및 지구 대기중의 수분 분포, 지구복사에너지 측정, 해양 표면 온도 등 지구 지형 탐사 목적으로 개발되어 국내 기술로 제작된 발사체 KSLV-1(나로호)에 탑재되어 발사되었다. 하지만 나로호의 1차 및 2차 발사의 실패로 과학기술위성 2호는 대기중에 소실되었고, 나로호 3차 발사에는 나로과학위성이 탑재되었고, 정상궤도에 투입되어 운영되었다.

과학기술위성 3호는 2013년 11월에 발사되었는데, 적외선 영상 시스템(multi-purpose IR imaging system)과 소형분광기(compact imaging spectrometer)가 탑재되어 운영되었다. 적외선 영상 시스템에 포함된 우주관측카메라는 우리 은하 평면에서 방출되는 근적외선 대역의 파장을 관측하였고, 우주배경복사를 관측하여 별들의 생성 원인을 연구하는 데 사용되었다. 적외선 영상 시스템에 포함된 지구관측카메라는 산불 탐지 및 지표 온도 변화 등의 지구 재난 감시 및 환경 모니터링에 활용되었다. 소형분광기는 가시광선 및 근적외선 대역의 파장을 관측함으로써 하천 수질 예측 및 한반도 지역 작황 예측 등에 활용되었다. 또한 과학기술위성 3호에는 제논을 원료로 사용하는 10mN급 홀추력기(전기 추력기의 종류)를 탑재하여 성공적으로 시험을 수행하였다.

8.2.2 위성군 활용

1) 위성군 활용의 장점

과거에는 대형 인공위성 1기를 운영하면서 요구된 임무를 수행하였다면, 최근에는 민간/산업/탐사/국방 등 다양한 분야에서 2기 이상의 인공위성 군집시스템을 이용하여 주어진 임무를 수행하는 응용 사례가 늘어나고 있다.

이와 같이 단일 시스템보다 복수 또는 군집 형태의 인공위성 시스템을 통한 임무 수행이 주목을 받는 이유는 1) 임무 수행에 있어 융통성과 유연성이 높으며, 2) 협업을 통한 임무 수행 성공률을 높일 뿐만 아니라 3) 결과의 질적 향상을 기대할 수 있기 때문이다. 이러한 장점을 활용하여 위성항법 시스템, 범지구적 통신체제 구축, 그리고 소형 위성을 이용한 지구 관측 및 우주과학 연구 등에 활용되고 있다. 한편, 과거 10년간 발사된 인공위성의 80%는 공공서비스, 안보 등의 목적으로 발사된 정부 주도로 개발된 인공위성이었으나, 향후 10년간 발사 예정된 인공위성은 원웹(OneWeb) 사와 스페이스엑스(SpaceX)

사 등의 민간회사에서 위성군 시스템이 발사가 예정됨에 따라 민간기업의 위성이 65%의 비율로 증가할 것으로 예상된다.

2) 위성항법을 위한 위성군 사례

위성항법 시스템은 응용하고자 하는 시스템에 해당 시스템의 단말기를 탑재하면, 위성으로부터 신호를 받아, 현재 시간에서의 위치, 속도 정보를 알 수 있는 시스템이다. 3기 이상의 인공위성에서 전송되는 신호를 이용하여 정확한 위성의 위치를 파악할 수 있다.

위성항법 시스템은 신호서비스가 제공되는 영역에 따라 **전지구 위성항법 시스템**(GNSS; Global Navigation Satellite System), 지역항법 시스템, 위성 보강항법 시스템으로 구분된다. 현재, 미국의 GPS와 러시아의 글로나스(GLONASS)와 같은 전지구항법 시스템이 운영 중에 있는데, GPS는 1973년 군사적 목적으로 구축을 시작하였고, 1995년부터 정상 운영되어 현재 29기의 인공위성으로 무료 민간용 서비스를 제공하고 있다. GPS에 대응하기 위해, 러시아에서는 글로나스를 구축하였고, 2002년 이후 위성의 추가 발사로 현재 27개의 인공위성이 운영중에 있다. 그 외, 유럽연합과 중국이 전지구위성항법 시스템을 구축하고 있다. 유럽연합은 1999년부터 독자적인 전지구 위성항법 시스템인 갈릴레오 구축에 착수하였고, 2020년까지 30여 개의 위성으로 구성된 전지구 항법 서비스를 제공할 예정에 있다. 중국은 북두(또는 베이더우)라는 전지구 위성항법 시스템을 구축하기 위해 2020년도까지 35개의 위성을 발사하여 운영할 예정이다.

한편, GPS의 경우에는 고도 20,180km, 글로나스의 경우에는 고도 19,130km 등 지구 중궤도에서 운영되고 있는데, 이와 같은 위성군은 위성의 지구 교신 가능 범위와 재방문 주기 등 고려하여 임무 운영 궤도가 설계되었다. 중국, 인도, 일본에서는 전지구 항법 시스템과 달리 특정 지역에 위성항법 정보를 제공하는 시스템을 구축하였는데, 이와 같은 시스템을 지역항법 시스템이라 한다. 일본의 QZSS(Quasi-Zenith Satellite System), 인도의 IRNSS (India Regional Navigation Satellite System), 중국의 베이더우 시스템들은 위 지역항법 시스템의 명칭이다. 이러한 지역항법 시스템은 중궤도가 아닌 주로 지구동기궤도에서 운영되고 있다. 지구동기궤도는 궤도 공전 주기와 지구 자전 주기가 동일한 궤도이

표 8.4 위성항법을 위한 위성군 사례

위성항법 시스템 종류	명칭(국가)
전지구항법 시스템	GPS 미국), GLONASS(러시아), 갈릴레오(유럽연합, 진행중), 베이더우(중국, 진행중)
지역항법 시스템	QZSS(일본), IRNSS(인도), Beidou(중국)
위성보강항법 시스템	WAAS(미국), EGNOS(유럽), MSAS(일본) GAGAN(인도), SNAS(중국, 진행중)

그림 8.14 일본 지역항법 시스템 QZSS의 궤도 (ⓒ JAXA)

며, 지구정지궤도와 달리 궤도 경사각이 0이 아닌 궤도이다. 그림 8.14에서는 '관성좌표계'에서 나타낸 세 개의 지구동기궤도와 함께 '지구중심 고정좌표계'에서 나타낸 위성이 지구표면에서 지나는 길을 나타내고 있다. 지구정지궤도는 지구중심 고정좌표계에서 하나의 점으로 표현된다면, 경사각을 갖는 지구동기궤도는 '8' 모양을 나타낸다.

위성기반 보강 시스템(SBAS; Satellite Based Augmentation System)은 주로 항공기의 항법용으로 개발되었으며, 전지구항법 시스템 또는 지역항법 시스템의 정밀도 향상을 목적으로 개발되었다. 지상의 기준국에서는 위성항법 시스템에서 제공되는 정보의 오차를 계산한 뒤, 정지궤도위성 등을 통하여 수신기에 대한 위성항법 오차의 보정정보를 제공한다. 이와 같은 방식으로 수신기가 탑재된 시스템에 높은 위치정확도를 제공할 수 있다. 현재, 미국(WAAS), 유럽연합(EGNOS), 일본(MSAS), 인도(GAGAN) 등의 국가에서 위성기반 보강 시스템을 운영하고 있으며, 러시아와 중국이 구축 중에 있다. 대한민국도 위성보강항법 시스템 개발을 진행중에 있다.

3) 범세계 통신을 위한 위성군 사례

많은 수의 통신 위성은 주로 지구정지궤도상에서 운영되고 있다. 최근 소형화된 인공위성을 개발할 수 있는 기술들이 발전됨에 따라 위성 통신 산업이 변화하고 있다. 지구정지궤도는 거리가 지표면에서 약 36,000km 떨어져 있어 짧은 통신 지연이 있었는데, 통신 지연을 최소화하면서 언제 어디서나 연결이 가능한 통신 위성 시스템이 지속적으로 요구되어왔다. 위성 시스템의 기술 발달로 저가 소형위성 개발이 가능해짐에 따라, 저비용 고효율 통신 위성이 등장하였는데, 이에 원웹(OneWeb), 테라셋(Telesat), 레오셋(LeoSat), 스페이스엑스(SpaceX) 등 민간회사 중심으로 저궤도 통신위성군 시스템 개발 프로젝트가 착수되고 있다. 이러한 위성군 시스템에는 위성들이 저궤도에 위치하고 있어 정지궤도에 위치한 통신 위성에 비하여 통신 지연이 짧으나, 지구 저궤도에 위치한 만큼 많은 수의 인공위성들을 운영할 필요가 있다.

원웹 사는 Ku 대역을 갖는 150kg급의 통신위성 648기를 고도 1,200km의 극궤도 중에 18개 평면에 분산하여 배치시켜 운영할 계획을 발표하였고, 동시에 개발 및 시범 운영을 하고 있다. 스페이스엑스 사는 340km 고도의 지구 저궤도에 7,518기의 위성과 1,110~1,325km 고도의 궤도에 2,800여 기의 위성을 투입하여, 전지구 광대역 인터넷 서비스를 제공할 예정이다. 현재는 550km의 궤도에 62기의 위성을 투입하여 시험적으로 운영을 진행하고 있으며, 2027년에 최종적으로 서비스를 제공하는 것을 목표로 개발을 진행하고 있다.

4) 초소형 위성군

인공위성은 발사 무게에 따라 500kg 이하를 소형위성, 500~1,000kg을 중형위성, 그리고 1,000kg 이상을 대형위성으로 분류한다. 500kg 이하의 소형위성은 다시 100~500kg을 소형위성, 10~100kg을 초소형 위성, 1~10kg을 나노위성, 100g~1kg을 피코위성, 그리고 10~100g을 펨토 위성으로 분류한다.

일반적으로 지구 관측 위성은 대형위성으로 운영되었다. 그리고 대형 지구 관측 위성 시스템은 광학탑재제 기술과 영상 처리 기술의 발달로 지구 관측 영상의 해상도는 점점 발전하였으며, 현재는 30~50cm의 공간 해상도의 영상을 제공할 수 있는 인공위성 시스템 수가 증가하고 있다. 한편, 지리정보에 기반한 지식 서비스에 대한 수요가 증가함에 따라 지구 관측 위성의 수요가 증가하고, 수 미터 해상도를 갖는 영상 수요 또한 증가하고 있다. 이에 따라 상용 지구관측 위성시장에는 고해상도의 정확도가 높은 지리정보를 제공하는 고가 및 대형 지구관측위성 개발 및 운영과 함께 저가의 초소형 또는 **큐브 위성군**(Cubesat constellation)을 운영하여 준 실시간으로 저해상도 및 저가의 지구 영상을 제공하는 두 방향으로 진행되고 있다.

초소형 및 큐브 위성군은 많은 수의 위성이 지구 저궤도에 투입되고 운영됨에 따라 특정 지역의 재방문 횟수를 증가시킬 수 있는 장점이 있어 관측 지역을 준 실시간으로 촬영할 수 있는 장점이 있다. 또한, 기존 대형 인공위성에서는 위성 본체 고장 등이 발생하면 서비스 제공이 어려운 단점이 있었는데, 복수의 위성군 시스템에서는 고장 등의 상황에서 다른 위성을 이용하여 임무를 대체함으로써 임무를 수행할 수 있는 장점이 있다. 50kg 이상의 인공위성으로 지구 관측 위성군을 운영하는 민간 인공위성 회사로는 Terra Bella, UrtheDaily, Worldview Legion 등이 있으며, 50kg 미만의 지구관측 위성군을 운영하는 민간 인공위성 회사로는 Planet, Spire, BlackSky 등이 있다.

8.3 우주 탐사

행성 또는 심우주 탐사 방법에는 대기의 영향을 최소화할 수 있는 고산지대와 기상 조건이 좋은 지역에 천문대를 설치하고 전파 또는 광학 망원경을 이용하여 관측하는 방법이 있다. 좀 더 적극적인 방법으로는 대기권을 넘어 우주 공간상에 탐사선을 쏘아 올려 원거리에서 목표 대상을 관측하는 방법이 있으며, 행성에 탐사선이 착륙하여 탐사를 수행하는 등 다양한 방식으로 우주 탐사를 수행할 수 있다. 이와 같이 우주 탐사를 수행하는 이유는 우주와 행성 등의 생성 기원을 탐구하고, 행성과 소행성, 혜성 등의 구조와 구성 물질을 이해하며, 인류의 삶에 도움이 되는 자원을 확보하거나, 소행성 충돌 등과 같은 우주로부터의 위협으로부터 인류를 보호하는 등 다양한 목적과 의미가 있을 수 있다. 이번 절에서는 대기권을 벗어나 우주공간상의 임무 궤도에서 태양 및 행성 탐사를 수행하였거나, 착륙 이후 행성의 표면에서 탐사를 수행했던 사례들을 소개한다.

8.3.1 달 탐사

1) 달 탐사의 의미

지구와 가장 가까운 천체는 지구 주위를 약 27.4일에 한 번 공전하는 달이다. 달은 공전 주기와 자전 주기가 동일하여 지구에서는 항상 달의 한쪽 면만 볼 수 있다. 달에 대한 관측과 연구는 태양과 함께 인류 역사에서 가장 오랫동안 지속되었고 활발히 이루어져 왔다. 달 탐사의 목적은 달과 지구의 생성 기원을 연구하고, 달에서 발생하는 현상과 달에 존재하는 자원들을 연구하는 과학적 목적을 넘어서 직접 달의 자원을 채취하여 이용하기 위한 목적으로 탐사 임무가 계획되고 있으며, 미래에는 화성 탐사와 같이 미래의 우주 탐사를 위한 전초기지로 활용하는 등 적극적인 응용 목적으로 달 탐사 임무가 계획되고 있다.

2) 달 탐사 사례

1990년 이전까지는 구소련 루나(Luna) 탐사선 등과 미국의 아폴로(Apollo) 탐사선 등 미국과 구소련의 경쟁 구도에서 달 탐사가 이루어졌다. 1972년 12월에 아폴로 17호가 달에 착륙한 이후, 한동안 미국은 달에 착륙하지 않았으며, 구소련은 1976년 8월 루나 24 이후 달 탐사를 수행하지 않았다. 이후, 인공위성 또는 착륙선을 이용한 달 탐사는 이루어지지 않았고, 달 자체를 탐사하는 목적보다는 천문관측 목적(Explorer49, NASA, 1973)

표 8.5 1998년 이후 달 탐사 임무 사례

임무명	발사연월	국가	천이방법	특징
Lunar Prospector	1998.01	미국	D	원-극궤도(100km), 달 자기장
SMART-1	2003.09	유럽	S	타원궤도(45~2900km), 저추력추진 시스템
SELENE	2007.09	일본	P	원-극궤도(100km), 자원·입자 검출
Chang'e 1	2007.10	중국	P	원-극궤도(200km), 달탐사 기술 확보
Chandrayaan 1	2008.10	인도	P	원-극궤도(100km), 레이저고도계, OH성분
LRO	2009.06	미국	D	원-극궤도(50km), 정밀지형도 작성
LCROSS	2009.06	미국	D+F	극지역 충돌, 물 존재 증거 조사
Chang'e 2	2010.10	중국	P	착륙기술 일부 실험
GRAIL	2011.09	미국	W	원-극궤도(55km), 초정밀중력장 모델링
LADEE	2013.09	미국	P	달 대기의 먼지 조사
Chang'e 3	2013.12	중국	D	달 착륙선
Queqiao	2018.05	중국	D+F	지구-달 L2 할로(Halo) 궤도, 통신 중계
Chang'e 4	2018.12	중국	D	세계 최초 달 뒷면 착륙

*D: 직접천이방법, P: 위상궤도천이방법, S: 저추력을 이용한 나선형 천이방법, W: WSB 천이 방법, F: 플라이바이(Flyby)

또는 달의 중력 도움(gravity assist)을 받기 위한 목적(ISEE-3: NASA, 1978)으로 달 궤도에 머물거나 달을 경유하였다.

1990년도에는 일본의 달 탐사선 히텐(Hiten) 탐사선이 발사되어 1993년 2월부터 4월까지 달 탐사를 수행하였고, 1994년 미국 NASA의 클레멘타인(Clementine) 탐사선을 시작으로 달 탐사가 미국, 유럽연합, 일본, 중국, 인도에서 수행되었다. 미국은 루나 프로스펙터(Lunar Prospector) 탐사선(1998)을 이용하여 달의 자기장을 측정하였고, 달에 매우 약한 장기장이 있으며, 지구와 달리 지역별로 형성되는 자기장이 존재하는 것을 발견하였다. 그리고, LCROSS(2009) 충돌선을 이용하여 극지방에 물이 존재하는 증거를 발견하였고, LRO(Lunar Reconnaissance Orbiter, 2009) 궤도선으로부터 고해상도 달 영상을 확보하기도 하였다. 또한, GRAIL(2011) 탐사선의 정보를 이용하여 달의 정밀한 중력장 모델을 개발하기도 하였는데, 이와 같은 정밀 중력장 모델링은 달 궤도선 및 착륙선의 정밀한 위치 정보를 파악하는 데 매우 중요한 정보를 제공한다. 또한, LADEE(2013) 궤도선은 달의 먼지 양과 분포를 측정하기 위해 운영되었다. 미국은 LCROSS, LRO, GRAIL, 그리고 LADEE와 같은 일련의 달 탐사선을 통하여 향후, 인류가 다시 달에 착륙하기 위한 정보를 확보하였다.

2000년대 이후, 중국의 달 탐사가 활발하게 이루어지고 있는데, 중국은 창어 1호

(Chang'e 1, 2007년)와 창어 2호(2010년) 두 기의 달 궤도선을 이용하여, 향후 달 착륙을 위한 기술을 시험하고 확보하였다. 창어 2호는 동시에 달 궤도상에서 임무를 수행한 이후에 지구-달 평형점 주변의 할로(Halo) 궤도에 진입한 다음, 소행성 4179 토타티스(Toutatis)를 근접 비행하면서 소행성을 관측하는 임무를 수행하기도 하였다. 중국은 2013년도에 창어 3호가 달의 무지개만 지역에 성공적으로 착륙함에 따라 구소련과 미국에 이어 세 번째로 달 착륙을 성공한 나라가 되었다. 또한, 2019년에 중의 창어 4호는 세계 최초로 지구 반대편인 달의 뒷면에 착륙하는 데 성공하였다. 달은 지구 주위를 공전하는 주기와 자전 주기가 같아서 지구 반대쪽에 착륙해서 지구에 있는 지상국과 통신하기 위해서는 통신 중계기가 필요한데, 이를 위해 2018년 5월에는 지구-달 라그랑주 평형점 주변에 창어 2호(2010년)와 같이 두 기의 달 궤도선을 이용하여 창어 4호를 운영하고 있다. 향후, 중국은 달 표면 암석을 채취하여 지구로 가지고 오는 달 샘플 채취 및 지구 귀환 임무를 계획하고 있다.

3) 달 임무 궤도 진입 방법

달 중심의 공전 궤도에서 달 탐사를 수행하기 위해서는 지구 중심의 중력장에서 출발하여, 달 중력이 주요 힘이 되는 중력장으로 진입하는 방법이 필요하다. 이와 같은 방법에는 고추력 추진 시스템을 이용하여 지구를 출발하여 달 임무 궤도에 진입하는 방법들이 있는데, 크게 **직접적 천이**(direct transfer) 방법, **위상궤도를 이용한 천이**(phasing-loop transfer) 방법, 그리고 **WSB**(weak stability boundary) 천이 방법이 적용되었다(그림 8.15).

직접적 천이 방법은 지구에서 달에 도달하기 위해 지구 주위를 여러 번 회전하지 않고, 지구 주차 궤도에서 출발하여 한 번에 달 중력장에 도달하는 지구-달 천이 궤적이다. 대표적으로 2009년 NASA에서 발사한 LRO(Lunar Reconnaissance Orbiter) 달 탐사선은 직접적 천이 방법을 이용하여 달에 도달하였다. 직접적 천이 궤적은 달 중력장에 포획하기 위해 상대적으로 많은 연료를 소모하지만, 지구-달 천이 궤적 중에 가장 빠르게 달 중력장에 도달하는 방식이다.

위상궤도를 이용한 천이 방법은 지구 주위에서 여러 번 공전한 이후에 달에 도달하는 방식으로, 최근 많이 응용되는 천이 방식이다. 예를 들어, 2013년 NASA의 LADEE(Lunar Atmosphere and Dust Environment Explorer) 탐사선, 2007년 일본 JAXA의 SELENE (SELenological and ENgineering Explorer) 탐사선, 그리고 2008년에 발사된 인도의 찬드라얀-1(Chandrayaan-1) 등의 탐사선에서는 위상궤도를 이용한 천이 방법을 이용하여 달에 도달하였다. 위상궤도를 이용한 천이 방법은 달에 도달하기까지 직접적 천이 방법보다 긴 시간이 소요되지만, 직접적 천이 궤적보다 조금 연료 소모를 줄일 수 있으며, 궤도천이 과정에서 유연한 운영을 할 수 있는 장점이 있다,

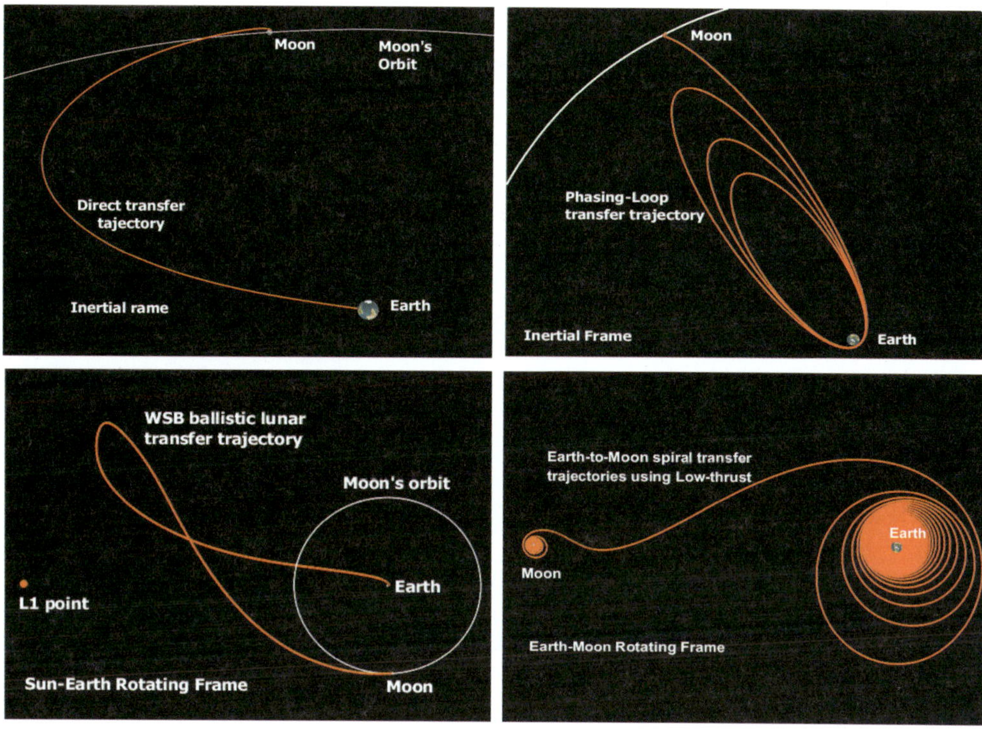

그림 8.15 지구–달 천이 방법의 종류
직접적 천이 방법(좌상), 위상궤도를 이용한 천이 방법(우상), WSB 천이 방법(좌하),
저추력 추진시스템을 이용한 나선형 천이 방법(우하) (© 한국항공우주연구원)

WSB(Weak Stability Boundary) 천이 궤적은 태양과 지구 사이의 평형점인 **라그랑주 평형점**(Lagrange Point)의 주변을 경유하여, 달 중력장으로 진입하는 천이 궤적이다. 대표적으로 2011년 NASA에서 발사한 GRAIL(Gravity Recovery and Interior Laboratory) 탐사선이 WSB 천이 궤적을 이용하여 달에 도달하였다. WSB 천이 방식은 라그랑주 평형점 주변에서 태양의 중력으로 인하여 달 궤도 진입하는 과정에서 연료소모가 작아지는 장점이 있다. 하지만 지구에서 출발하여 달 궤도에 진입하기까지 긴 시간이 소요된다.

8.3.2 행성 및 심우주 탐사

1) 행성 탐사 임무 사례

태양과 행성 탐사를 위해 많은 우주탐사선이 발사되어 운영되었거나 현재에도 운영되고 있다. 표 8.6에는 과거 또는 현재 운영 중에 있는 우주 탐사 임무 사례를 나타내고 있다.

미국을 비롯하여 일본, 인도, 독일, 프랑스 등의 국가들에서 화성, 소행성, 혜성 등의 탐사 활동을 진행하였다. 인도는 2013년 11월에 화성 궤도선 망갈리안(Mangalyaan)을 발사

표 8.6 완료되거나 운영 중인 태양, 행성 및 심우주 탐사 계획 사례

구분	임무명	국가(발사 연도)	임무 형태
태양	Parker Solar Probe	미국(2018)	태양 중심 궤도선 (코로나 관측)
화성	MRO	미국(2005)	화성 궤도선
	Mangalyaan	인도(2013)	화성 궤도선
	InSight	미국(2018)	화성 착륙선 (두 개 큐브위성 포함)
소행성	Dawn	미국(2007)	Ceres, Vesta 궤도선
	Hayabussa2	일본,독일,프랑스(2014)	Near Earth Asteroid 162173 Ryugu, 샘플 귀환선
	OSIRIS-Rex	미국(2018)	Bennu 샘플 귀환선
목성	Juno	미국(2011)	궤도선(자기장, 오로라 관측)
혜성	Rosetta	유럽연합(2004)	comet 67p/Churymov-Gerasimenko
명왕성	New Horizon	미국(2006)	명왕성 flyby

하였고, 2014년 9월에 화성 궤도에 진입하였다. 인도는 이와 같은 임무를 통하여 태양 중심 행성을 탐사하기 위한 항행 기술들을 검증하였고, 통신, 전력, 탑재체 등의 장비를 시험하여 미래의 탐사 기술 노하우 축적에 힘을 기울였다. 동시에 화성의 대기와 이산화탄소의 분포, 화성 표면의 광물 분포 등을 연구하기 위해 원격탐사 기술들을 시험하였다.

미국 NASA는 화성과 목성 사이의 소행성 중 크기가 가장 큰 세레스(Ceres)와 베스타(Vesta)를 탐사하기 위한 탐사선 던(Dawn)을 2007년에 발사하였다. 던(Dawn) 탐사선은 세레스에 도착하는 과정에서 연료 소모량을 줄이기 위해 화성의 중력 도움 기동과 저추력 추진시스템을 이용하였다. 던 탐사선에는 광학 카메라와 가시광선 및 적외선 분광기, 그리고 감마선 및 중성자 탐지기와 같은 탑재체들이 탑재되었다. 던 탐사선은 세레스 사진을 전송하였고, 던 탐사선의 관측 자료를 이용하여 베스타의 지질도 등을 생성하였다.

주노(Juno) 탐사선은 NASA의 목성 탐사선으로 2011년 아틀라스(Atlas) V를 이용하여 발사되어 지구 중력 도움 기동 후 2016년 7월 목성 임무 궤도에 진입하였다. 이후, 목성의

그림 8.16 망갈리안 화성 궤도선 삽화(좌), 던 탐사선 삽화(우) (© ISRO, NASA)

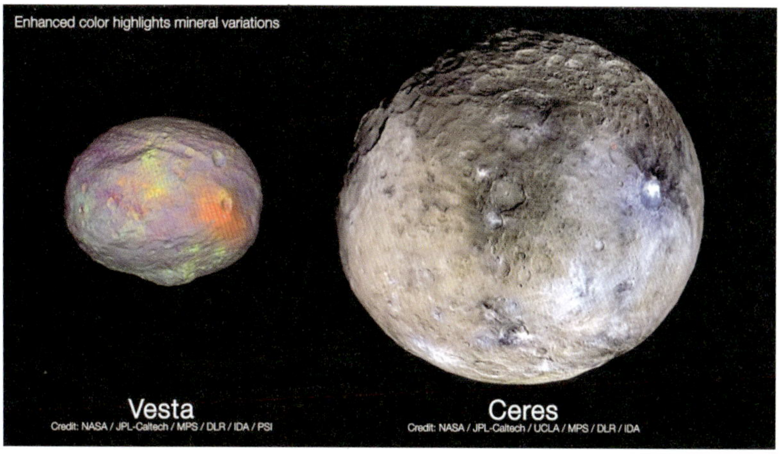

그림 8.17 던 탐사 임무에서 촬영한 베스티와 세레스 영상 (© NASA)

대기와 오로라 현상을 관측하고 태양 입자와 목성의 강한 자기장을 측정하였으며, 자외선 영역대의 광자 측정 등 목성의 물리적 특성과 목성 주변의 자연 현상을 관측하였다. 주노 탐사선은 태양에서 거리가 먼 곳에서도 많은 전력 생성을 위해 세 개의 큰 태양 전지판이 장착되어 있으며, 한쪽 태양 전지판에는 자기장 측정을 위한 탑재체가 장착되어 있다.

뉴호라이즌(New Horizon, NASA) 탐사선은 명왕성의 대기, 온도, 그리고 태양풍에 대한 명왕성의 영향을 분석하기 위해 2006년 발사되었다. 약 9년간의 여행 이후 2015년 7월에 뉴호라이즌은 명왕성을 근접비행하면서 명왕성을 탐사하였고, 사진을 보내왔다. 이후, 2019년 1월에는 태양계 넘어 카이퍼 대(Kuiper Belt)의 2014 MU69를 근접비행하면서 관측을 하고, 지금도 태양계 밖으로 항행하고 있다. 뉴호라이즌 탐사선에는 원자력 전지(RTG; Radioisotope Thermoelectric Generator)가 탑재되어 있어 태양빛이 매우 약한 영역에서도 전력을 생성할 수 있도록 설계되어 있다.

한편, ESA(European Space Agency)에서는 2004년 3월에 혜성 67p/추류모프-게라시멘코(67p/Churyumov-Gerasimenko)를 탐사하기 위한 로제타(Rosetta) 탐사선을 발사하였다.

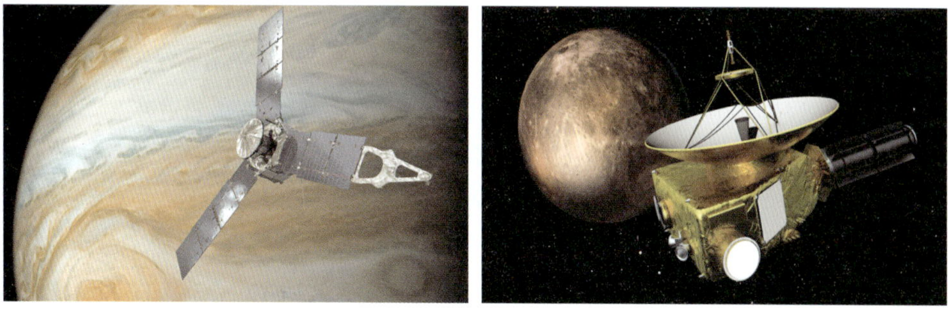

그림 8.18 주노 목성 궤도선 삽화(좌), 뉴호라이즌 탐사선 삽화(우) (© NASA)

로제타 탐사선은 혜성이 태양 근지점을 통과할 때 혜성의 변화를 탐사하고, 혜성 핵의 구성과 성분을 연구하기 위해 탐사를 수행하였다. 그리고 2014년도 11월에는 최초로 혜성에 착륙하기 위해 필래(Philae) 착륙선을 이용하였으나 그늘 지역에 착륙한 이후 전력 부족으로 통신이 두절되었다.

2) 중력 도움 기동

행성 탐사에서 발사체 또는 우주탐사선의 연료 소모량을 줄이는 노력은 탐사 임무의 개발비 절감 효과가 있다. 이에 많은 행성 탐사 임무에서는 연료 소모를 줄이기 위한 노력을 많이 기울여왔으며, **중력 도움 기동**(Gravity Assist Maneuver 또는 Swing-by Maneuver)과 저추력 추진 시스템이 널리 적용된다.

우주탐사선이 행성 또는 소행성 등의 주변을 통과하는 모든 것을 **플라이바이**(Flyby)라고 한다. 이때, 천체 중심으로 매우 가깝게 쌍곡선 궤도를 이루며 천체의 중력장을 통과하게 되면, 이 과정에서 우주탐사선은 천체의 인력으로 인하여 속도의 크기와 방향이 변하게 되고, 우주탐사선의 궤도가 바뀌게 된다. 이와 같은 중력 도움 기동은 1974년 NASA의 매리너 10호가 처음으로 시도하였다. 일반적으로 천체의 진행 방향 앞쪽을 지나는 쌍곡선 궤도는 우주비행체의 속도가 감소하게 되고, 천체 진행 방향의 뒤쪽을 지나는 쌍곡선 궤도는 우주탐사선의 속도가 증가하게 된다. 이 원리를 이용하여 우주비행체는 연료소모 없이 우주비행체의 속도 크기를 증가시키거나 감소시킬 수 있다.

지구에서 목표 행성에 도달하기 위한 천이 궤적에는 여러 번의 중력 도움 기동이 포함될 수 있다. 유럽연합의 혜성 탐사선인 로제타 탐사선은 혜성에 도달하기까지 세 번의 지구 중력 도움 기동과 한 번의 화성 중력 도움 기동을 수행하였다.

8.3.3 미래 우주 탐사

1) 세계의 우주 탐사 계획

현재 세계 각국에서 우주 탐사선을 운영하고 있으며, 미래의 우주 탐사를 위한 기획과 심우주 탐사선 개발에 힘을 쏟고 있다. 표 8.7에는 가까운 시일 이내에 계획 중인 우주 탐사 계획의 사례를 나타내고 있다. 달에 대한 탐사는 궤도선뿐만 아니라 착륙을 통한 탐사가 여러 국가에서 계획되고 있다. 일례로 중국의 달 샘플 귀환선뿐만 아니라 인도, 그리고 민간 회사에서도 달 착륙선을 보낼 계획을 하고 있다. 미국은 국제 협력을 통하여 달에 우주정거장을 건설할 예정이고 이 우주정거장에서 달에 착륙한다거나, 다른 행성 탐사를 위한 전초기지로 활용할 예정이며, 동시에 향후 인류가 달에 착륙하는 임무에 사용하기 위해 노력을 기울이고 있다. 화성 탐사에는 유럽과 러시아가 힘을 모아 2020년도에 발사할 수

표 8.7 계획된 태양, 행성 및 심우주 탐사 계획 사례

구분	임무명	국가(계획 연도)	임무 형태
태양	SolO	유럽연합(2020)	태양 중심 타원궤도선
달	Chandrayaan-2	인도(2019)	달 궤도선 + 달 로버
	Chang'e 5	중국(2020)	달 샘플 귀환선
	달 우주정거장	미국, 국제 협력	달 궤도선
화성	Mars Hope	아랍에미리트(2020)	화성 궤도선
	Mars 2020	미국(2020)	화성 로버
	ExoMars	유럽, 러시아(2020)	화성 착륙선 + 화성 로버
소행성	DART	미국, 이탈리아(2021)	65803 Didymos, 소행성 충돌선
	DESTINY	일본(2022)	3200 Phaethon 근접비행선
목성	JUICE	유럽연합(2022)	목성의 위성인 가니메데 궤도선
심우주 망원경	JWST	미국, 유럽연합, 캐나다(2021)	심우주 관측

있도록 엑소마스(ExoMars) 착륙선 개발을 진행하고 있으며, 아랍에미리트는 먼 미래에 화성 거주를 목적으로 2020년에 화성에 마스호프(Mars Hope) 궤도선을 발사하여 화성을 탐사하는 계획을 가지고 개발을 진행하고 있다.

유럽 우주기구는 목성의 위성인 가니메데, 칼리스토, 유로파 연구를 위해 JUICE(JUpiter ICy moons Explorer) 탐사선을 개발중에 있으며, 2022년도 발사 후 약 8년 간의 비행을 거쳐 목성에 도착할 예정이다. 그리고 JUICE 임무를 통해 목성의 위성에서 물을 연구할 계획에 있다. 한편, JWST(James Webb Space Telescope)는 허블우주망원경을 임무를 대체하는 우주망원경으로 발사중량이 약 6.5톤이다. JWST 우주망원경에는 먼 우주의 작은 빛도 관측할 수 있도록 근적외선 카메라, 근 적외선 분광기 등의 탑재체들이 탑재되며, 태양과 지구 사이의 L2 할로(Halo) 궤도에 투입되어 운영될 예정이다.

그림 8.19 달 우주정거장 상상도(좌), James Webb Space Telescope(우) (© NASA)

2) 우리나라 달 탐사 계획 소개

달 탐사는 국력과 기술의 성장을 과시할 수 있는 기회로서 달 탐사 실현을 통해 국격의 향상과 국민의 자긍심이 고취되는 효과를 기대할 수 있다. 또한 달의 기원과 달 자원 활용을 위한 기술 확보, 그리고 미래의 인간 달 거주 등 과학적, 실용적 분야에 기여할 수 있는 기회가 될 수 있다.

지금까지 대한민국은 지구 저궤도에서 인공위성을 이용하여 지구 관측 및 심우주 관측 임무를 수행하였고, 지구 정지궤도 위성을 통하여, 우리 삶을 윤택하게 해주는 통신, 방송 서비스 그리고 해양 및 기상 정보를 제공하였다. 이와 같이 인공위성 시스템 개발 기술과 위성 운영에 관한 노하우를 토대로 대한민국은 지구를 넘어 우주 탐사 시대를 준비하고 있으며, 그 시작으로 달 탐사를 계획하고 있다.

제3차 우주개발 진흥 기본 계획(2018년)에서는 우주탐사에 관한 국가의 장기적인 비전과 목표를 제시하고 있다. 우주개발 진흥 기본 계획에 따르면, 대한민국 달 탐사 계획은 크게 2단계로 기획되어 준비되고 있다, 1단계에서는 달 중심 극궤도에서, 달 주위를 공전하면서 임무를 수행하며, 그 목적으로는 미래 달 탐사에 필요한 기술들을 확보하고, 달 표면 영상 촬영, 달의 자원 분포 조사, 우주 인터넷 시험 등이 있다.

1단계에서는 해외 발사체를 이용하여 우주공간상에 달 탐사선이 투입될 계획이며, 2단계에서는 한국형 발사체를 이용하고, 독자적으로 개발한 착륙선이 운영될 계획이다. 이와 같은 달 탐사 임무를 통하여 축적된 우주탐사 노하우는 향후 소행성 등 더욱 먼 행성 탐사를 기획하고 개발하는데, 중요한 밑거름이 될 것이다.

CHAPTER | 09

우주추진

9.1 개요

로켓은 탑재체(payload)를 원하는 장소로 운송하는 기능을 한다. 따라서 로켓은 탑재체의 형태에 따라 인공위성이나 우주비행체와 같은 우주 임무를 수행하는 탑재체를 운송하는 우주발사체와 인명이나 시설을 파괴할 수 있는 원자핵이나 화학무기 등을 탑재한 미사일로 구분된다.

모든 기계처럼 로켓추진시스템은 에너지 변환 원리에 의하여 작동한다. 그림 9.1에 일반적인 로켓의 형상을 간략하게 표현하였다. 로켓은 크게 탑재부와 로켓 모터 또는 엔진으로 구성되며, 로켓 모터 또는 엔진은 운용 방법이나 목적에 따라 다양한 형태의 추진제, 점화장치, 연소관, 노즐 등 여러 부품으로 구성된다. 여러 구성품의 기능을 통해 로켓 엔진에서는 화학에너지, 원자력에너지 또는 전기에너지와 같은 저장된 에너지의 형태가 운동에너지라 불리는 다른 형태의 에너지로 변환되며, 이러한 변환과정을 통해 로켓을 추진하는 추력이라 불리는 힘이 생성된다.

로켓은 일반적으로 저장된 에너지의 종류와 형태에 따라 구분한다. 저장된 에너지의 종류에 따라 화학 로켓, 전기 로켓, 원자력 로켓 등으로 구분하며, 화학 로켓은 다시 추진제의 형태에 따라 고체로켓, 액체로켓으로 구분하게 된다. 세계적으로 로켓에 대한 첫 기록문서는 중국의 고체로켓으로 화살촉에 점화장치를 붙인 형태로 알려져 있다. 이후 1232년경에 목탄, 질산칼륨(KNO_3) 및 유황 등을 조합한 '흑색화약'이 발명되어 1900여 년경까지 사용됐다.

현대의 총포류 화약이 개발된 것은 19세기 후반이었고, 이후 과학의 발전과 더불어 매우 다양한 고성능의 고체연료가 개발되어 로켓에 적용되고 있다. 액체 로켓은 1920년대 로버트 고다드(Robert Goddard) 등 로켓 선구자들에 의해 처음 시도되었다. 1930~1940년대 2차 세계전쟁 동안 무기로서의 활용을 위해 관련 기술이 비약적으로 발전하였으며, 이를 바탕으로 1957년 세계 최초로 인공위성을 올릴 수 있게 되었다.

우리나라 로켓은 최무선이 개발한 주화(走火)에서 시작한다. 이후 최초의 현대식 로켓은 국방과학연구소에서 백곰 미사일에 사용하기 위해 개발한 고체로켓이며, 우주발사체를 위한 액체로켓의 본격적인 개발은 한국항공우주연구소가 2013년 발사한 나로호(KSLV-1) 우주발사체가 최초이며, 현재는 1.5톤급 중형위성을 탑재할 수 있는 한국형 우주발사체(KSLV-2, 누리호)의 75톤급 엔진을 순수 국내 기술로 개발하여 본격적인 우주발사체 시대를 열고 있다.

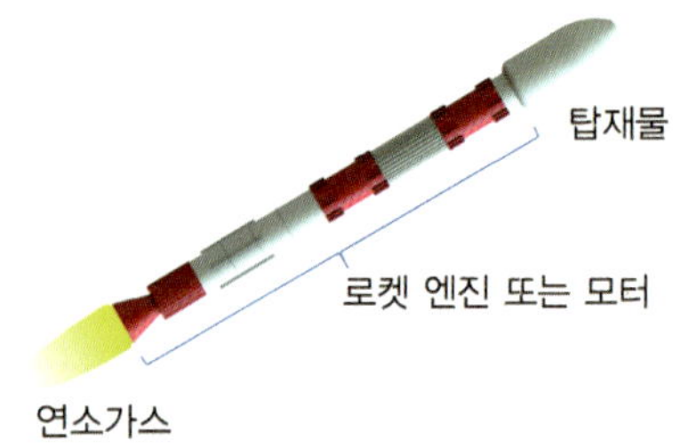

그림 9.1 로켓의 일반적인 형상

9.2 로켓의 원리

9.2.1 로켓의 추력

추력의 발생 원리는 5장에서 살펴본 바 있다. 로켓의 추력 원리 역시 동일하며 간략한 예를 날아가는 풍선을 통해 이해할 수 있다. 그림 9.2와 같이 공기가 가득 찬 풍선을 잡고 있다가 놓으면 공기가 빠져나오면서 풍선은 반대 방향으로 날아간다. 풍선을 빠져나오는 공기는 풍선이 반대방향으로 움직이게 하는 힘을 발생시키며 이 힘을 추력이라고 한다. 이러한 원리는 뉴턴의 작용과 반작용 법칙으로, 작용하는 모든 힘에는 같은 크기의 힘이 반대 방향으로 작용하는 것을 말하는데, 이것이 로켓이 추진되는 기본 원리이다. 즉, 로켓에서는 고체나 액체 등의 연료를 연소시켜 고온 고압의 가스를 만들고 이를 외부로 분출시키는데 이 힘의 반작용으로 추력이 발생하는 것이다.

이는 5장에서 설명한 추력의 발생 원리와 동일하지만, 일반적인 항공기의 엔진과의 차이는 엔진에 제공하는 산화제의 공급 방식에 있다. 외부 공기로부터 산화제를 공급받아 연료를 연소시켜 가스를 발생시키는 항공기의 엔진과 달리, 로켓은 연료와 함께 산화제를 탑재하고 있다. 따라서 항공기와 비교하여 로켓은 산화제를 탑재한 양만큼 비효율적이나 공기가 없는 우주에서도 작동이 가능한 장점을 갖는다. 풍선에서 얻어지는 추력의 발생원리를 로켓 엔진에 적용하여 나타내면 그림 9.3과 같게 된다. 추진제의 연소로 인해 발생되는 가스로부터 연소실에 압력이 발생되며 모든 연소실 내부에서의 압력은 거의 동일하다. 발생된 가스는 노즐을 통해 가속되고 압력은 하강하게 된다. 이와 같이 내부와 외부 압력 차이에 의해서 발생되는 힘이 추력이 되며, 가스 제트의 진행방향과 반대로 발생하게 된다. 외부에서 엔진으로 유입되는 공기가 없기 때문에 로켓에서 발생되는 추력은 5장에서 설명된 추력식에서 공기 흡입과 관련한 항이 무시되며 식 9.1과 같이 표현된다.

$$F = \dot{m} V_e + (P_e - P_a) A_e \tag{9.1}$$

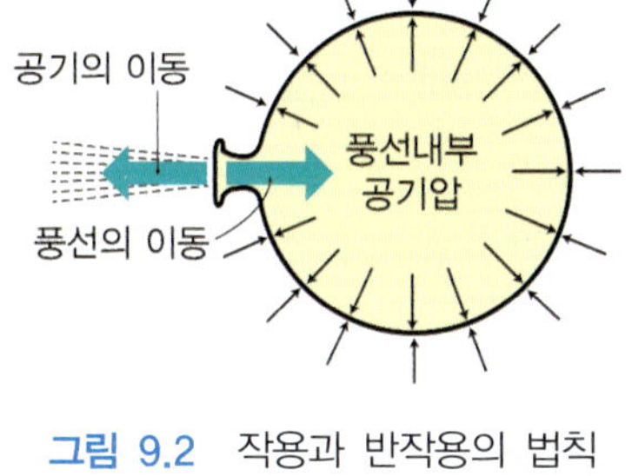

그림 9.2 작용과 반작용의 법칙

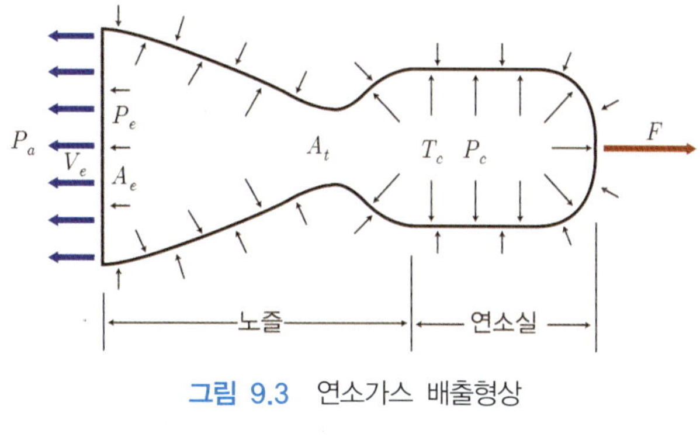

그림 9.3 연소가스 배출형상

여기서 $\dot{m}$은 분사되는 질유량을 나타내며 P_a는 외부 대기압이다. P_e는 연소되는 가스 압력을 나타내며, V_e는 노즐 중심축 방향의 분출 속도이다. 노즐을 통해 배출되는 제트의 압력, P_e가 외부 대기압, P_a와 같으면 식 9.1의 우측의 마지막 항이 0이 되며, 추력은 간단히 질유량과 배출되는 제트의 속도의 곱으로 표현된다. 이는 질유량과 배출 가스의 속도가 정해진 조건에서 최대 추력이 발생되는 조건이 되며 이를 최적 팽창 조건이라고 부른다.

식 9.1로부터 로켓이 높은 추력을 얻기 위해서는 배출되는 질유량과 배기가스의 속도가 높아야 한다. 이를 위해서는 연소실에서의 압력을 증가시켜 배출되는 가스의 유량을 높이고, 노즐에서의 팽창비, 즉 노즐 목 면적, A_t와 출구 면적, A_e의 비를 크게 하여 배출 속도를 증가시켜야 한다. 일반적으로 우주에 진입하기 위한 로켓은 매우 큰 추력을 필요로 하기 때문에 대략 2~3000K, 50~200bar 수준의 고온 고압 가스를 연소실에서 발생시킬 수 있도록 고성능의 추진제를 적용하고 팽창비 10 이상의 매우 큰 노즐을 적용한다.

9.2.2 로켓의 성능 인자

(1) 역적

일반적으로 역적(total impulse)은 로켓이 운용되는 시간 동안 발생되는 총 추력의 양을 의미하며 식 9.2와 같이 표현된다. 따라서 탑재된 추진제의 중량이 클수록 역적이 증가하며, 역적이 증가하면 비행체의 사거리가 증가한다. 추력의 분배에 따라 다르지만, 일반적으로 역적이 동일한 경우 로켓의 사거리가 유사하다. 따라서 비행체 초기 개념 설계 단계에 필요한 사거리에 따라 필요한 역적이 도출될 수 있으며, 다음 단락에서 설명하는 추진제의 비추력을 알고 있는 경우 필요한 추진제의 중량이 도출될 수 있다.

$$I_p = \int_0^t F dt \tag{9.2}$$

(2) 비추력

로켓 추진의 효율 측정척도에는 시간으로 언급되는 비추력(specific impulse)이 있다. 비추력은 1초에 단위 중량의 추진제를 소모함으로써 얼마나 오랜 시간 단위 추력을 얻어낼 수 있는가를 나타낸다. 따라서 비추력이 높다는 것은 같은 중량의 추진제를 이용하여 더 많은 추력을 확보하는 것과 동일한 의미를 갖는다. 비추력은 추진제마다 고유한 특성값으로 나타나지만 로켓 엔진의 종류와 운용 조건에 따라 차이가 발생할 수 있다. 일반적으로 동일한 추진제를 사용하더라도 운용 압력이 높은 경우 발생하는 추력이 증가하고 비추력도 증가하는 경향이 나타난다. 즉 로켓의 비추력은 연료를 추력으로 변환하는 효율을 나타낸다. 따라서 같은 추력을 낼 때 비추력이 높을수록 연료가 적게 드는 것을 의미하며 로켓

엔진의 성능을 나타내는 중요한 변수가 된다.

물리적으로 로켓의 비추력은 I_{sp}으로 나타내는데, 분사된 연료의 질유량에 대한 추력의 비로 정의하며 다음 식 9.3과 같이 표현할 수 있다.

$$I_{sp} = \frac{F}{\dot{m} \times g} \tag{9.3}$$

여기서 F는 추력을 의미하며, $\dot{m}$는 연료의 질량유량, g는 지상에서의 중력가속도를 나타낸다.

임의의 엔진에서 비추력은 지상과 진공 상태에서 다른 값을 갖는데, 앞서 설명한 바와 같이 대기압력이 추력의 표현에 수반되기 때문이다. 따라서 비추력은 해수면 기준인지 진공 기준인지를 언급하는 게 필요하며 최석 팽창 노즐에서는 비추력은 V_e/g 와 동일하게 된다.

로켓 엔진은 실제 운용 시 화학반응(연소) 과정의 비효율성, 노즐에서의 손실, 열방출 등 다양한 원인으로부터 손실이 발생할 수 있으며 이상적인 경우와 비교하여 발생되는 추력이 감소되며, 이는 비추력에 영향을 미친다. 보통 손실이 없는 완전한 화학반응으로부터 나오는 가스에 대해 이상적인 노즐을 통해 얻어지는 이론 비추력은 실제 로켓에서 발생하는 비추력보다 약 10% 정도 큰 값을 갖는다.

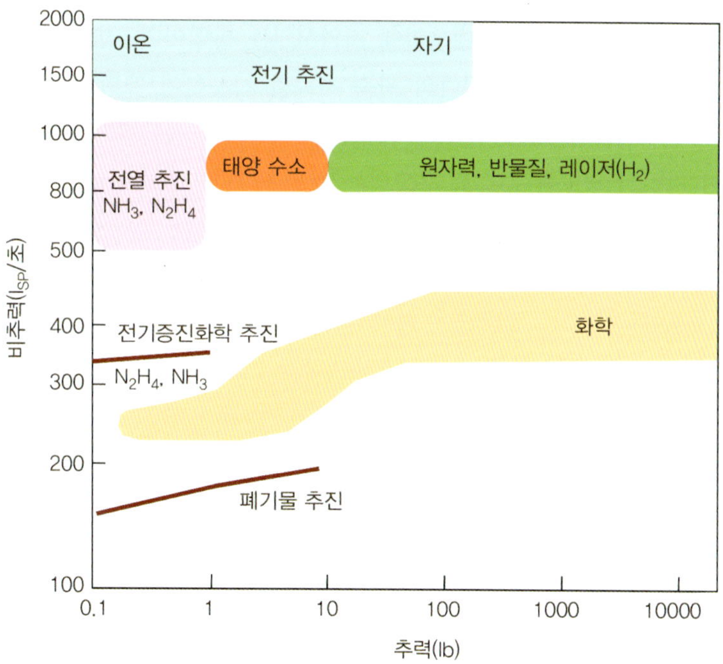

그림 9.4 추진시스템에 따른 추력과 비추력 도표

그림 9.4는 추진시스템별로 추력과 비추력의 분포를 보여주고 있다. 일반적으로 화학추진시스템은 비추력은 상대적으로 낮으나 높은 추력을 포함한 다양한 범위의 추력을 생성할 수 있으며, 이온과 전자기추진시스템과 같은 전기추진시스템은 생성하는 추력은 작지만 높은 비추력을 얻을 수 있다. 따라서 화학 추진시스템은 발사 로켓의 부스터와 같은 주(main) 추진시스템으로서, 전기추진시스템은 궤도전이와 같은 위성용 보조 추진시스템으로서 널리 활용된다.

로켓의 성능을 표현하는 지표로 역적과 비추력 외에도 유효 배기속도, 특성 속도, 추력계수 등이 있으며 보다 자세한 이해는 기타 추진기관 관련 서적을 활용하기 바란다.

9.2.3 로켓의 유도와 제어

로켓이 미리 정해진 코스와 일정을 따라가도록 하는 것을 유도(guidance)라고 하며, 이를 위하여 컴퓨터의 명령에 의해 로켓의 속도와 비행 방향을 변경하는 것을 조종 또는 제어(control)라고 한다. 이러한 유도나 조종을 위한 장치가 탑재되어 있지 않은 로켓을 무유도 로켓이라고 하며 재래식 저가형 로켓에 주로 사용된다. 반면, 현대의 정밀 타격 미사일이나 우주발사체는 인공위성 등의 탑재체를 원하는 목표 지점으로 보내거나 우주궤도에 진입시키는 것을 목표로 하며, 이를 위해서는 로켓의 속도와 방향을 유도 및 조종하는 시스템이 반드시 필요하다.

로켓의 유도 방식에는 프로그램 유도와 전파 유도, 관성 유도로 나눌 수 있다. 프로그램 유도는 비행경로를 미리 컴퓨터의 메모리에 기억시키는 방법이며, 전파 유도는 전파 또는 로켓에서 전송되는 신호와 지상레이다의 관측 자료를 사용하여 계획된 궤도로 원격 조정하는 방법이다. 관성 유도는 로켓 내부에 탑재된 자이로와 가속도계를 사용하여 자신의 위치를 계산하여 지정된 경로를 스스로 유도하는 방법이다. 이것을 로켓의 관성항법 시스템이라고 한다.

로켓의 조종 또는 제어는 로켓이 대기중을 비행할 때에는 로켓에 부착된 날개에서 발생하는 공력을 이용할 수 있다. 그러나 로켓이 급격한 선회나 기동이 필요하여 공력보다 더 큰 조종력이 필요한 경우나, 로켓의 비행 고도가 높아 공기가 희박한 경우는 추력의 방향을 제어함으로써 속도와 비행 방향을 변경할 수 있다. 다양한 로켓 제어의 종류는 그림 9.5에 도시된 바와 같다.

- **로켓의 날개 사용** [그림 9.5 (a)]
  대기권 내에서 비행할 때 로켓의 날개를 움직여 로켓의 방향을 변화시키는 방법이다.

- **엔진이나 노즐의 회전** [그림 9.5 (b)]

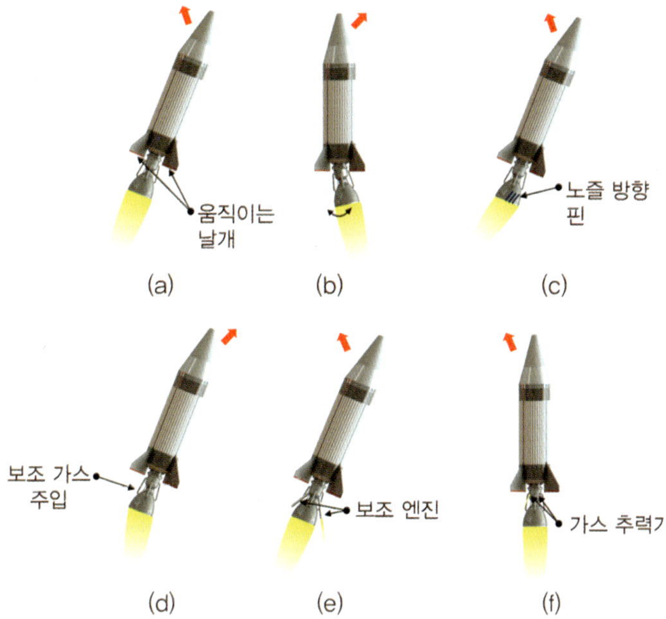

그림 9.5 로켓 제어의 종류

주 엔진이나 노즐의 방향을 전체적으로 바꿈으로써 추력의 방향을 변화시키는 방법이다. 주로 우주왕복선의 보조부스터에서 사용되고 있다.

- **제트 핀 사용** [그림 9.5 (c)]

  노즐 내에 있는 핀을 이용하여 가스가 분출되는 방향을 변화시켜 로켓의 비행 방향을 변경한다. 활용이 간단하지만 고온 고압 가스에 노출된 제트 핀은 쉽게 삭마되어 제어력을 잃기 때문에 운용이 필요한 짧은 시간 사용한 후, 분리 제거하는 방법으로 운용된다.

- **보조 유체 주입방식** [그림 9.5 (d)]

  일반적으로 고체 로켓에 사용되며, 보조 주입장치로부터 기체 또는 액체 등을 노즐에 주입하여 연소가스의 분출 방향을 바꾸는 방법이다.

- **보조 소형 엔진** [그림 9.5 (e)]

  작은 보조 엔진을 장착하여 그로부터 연소가스를 분출함으로써 비행 방향을 조정한다.

- **가스 분사** [그림 9.5 (f)]

  로켓의 몸체에 장착한 가스 추력기에서 가스를 분출함으로써 비행 방향을 조정한다.

9.2.4 로켓의 다단화 운용

우주에 진입해서 인공위성을 요구하는 궤도에 올려놓기 위해서는 매우 높은 속도가 요구되므로, 로켓의 속도를 효과적으로 증가시키기 위해서 그림 9.6의 개념과 같이 다단 로켓을 운용한다. 일단 연료를 다 쓰고 나면 빈 연료통은 더 이상 쓸모가 없게 된다. 그것을 그대로 가지고 비행하면 에너지 낭비가 발생하여 운반능력은 크게 줄어들게 되므로, 다 쓴 연료통을 분리하여 로켓의 전체 중량을 줄임으로써 로켓의 성능을 증가시킬 수 있다.

다단 로켓은 그림 9.7과 같이 각각의 구조물과 연료탱크 및 엔진을 갖는 각 비행체 또는 단(stage)으로 구성되는데, 각 단은 추진제와 구조물로 구성되고, 마지막 단은 추진제, 구조물 이외에 최종 탑재물을 추가로 포함한다. 실제 일반적인 화학 로켓에서의 추진제 질량과 연료탱크, 지지구조물은 탑재하중보다 훨씬 크다. 따라서 각 단에서 추진제를 모두 소모하면 구조물을 버리고, 이를 통해 에너지 손실을 최소화하게 된다. 또한 로켓 엔진은 초기질량을 가속하기에 충분하도록 설계되었기 때문에 연료가 거의 소비되었을 때는 발사체 구조물에 과도한 가속 응력이 작용하게 된다. 이를 방지하기 위한 이유로도 다단 로켓을 사용한다.

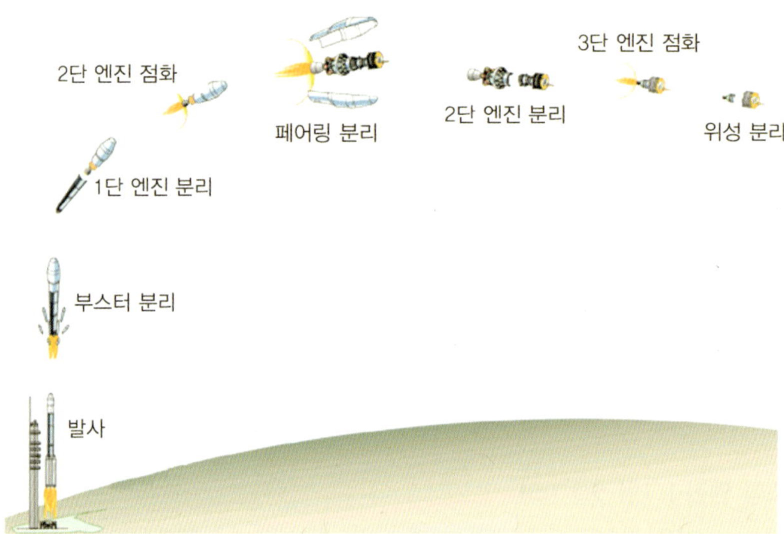

그림 9.6 다단 로켓의 운용

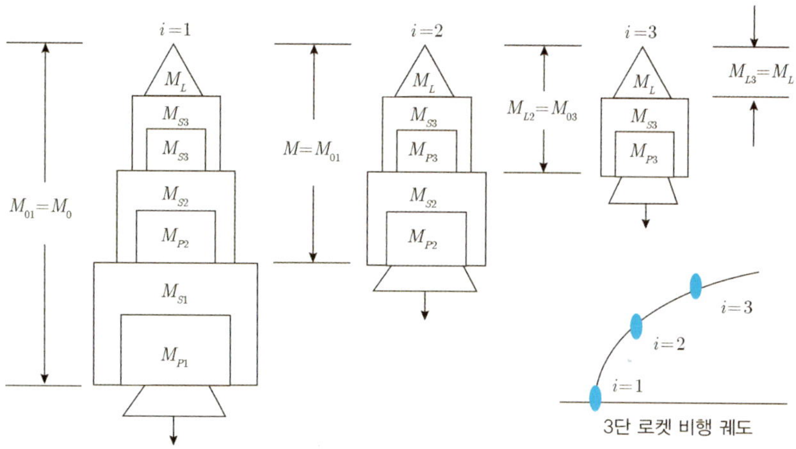

그림 9.7 다단 로켓의 구조도

9.3 로켓의 종류

로켓 시스템은 에너지원(추진)의 형식(화학, 원자력 또는 태양), 기본 기능(부스터, 서스테이너, 궤도천이, 자세제어, 위치유지 등), 비행체의 형식(미사일, 우주비행체, 이륙시의 보조 추력제공 등), 추진제의 형식 및 크기, 제작형식 또는 주어진 비행체에 사용되는 로켓 추진장치의 수 등에 따라 분류할 수 있다. 그림 9.8은 로켓 추진장치 중 기본 기능에 따른 우주추진시스템의 단계를 나타낸 예이다. 우주에서의 활용을 목적으로 하는 우주추진시스템은 그 기능에 따라 크게 세 가지로 구분할 수 있다. 우주발사체 시스템은 주 추진시스템으로 지상에서 우주로 진입하기 위한 기본 로켓 시스템을 나타내며 궤도 전이용 추진시스템은 탑재체를 필요한 궤도로 이송하는 역할을 한다. 마지막으로 필요 궤도에서 인공위성

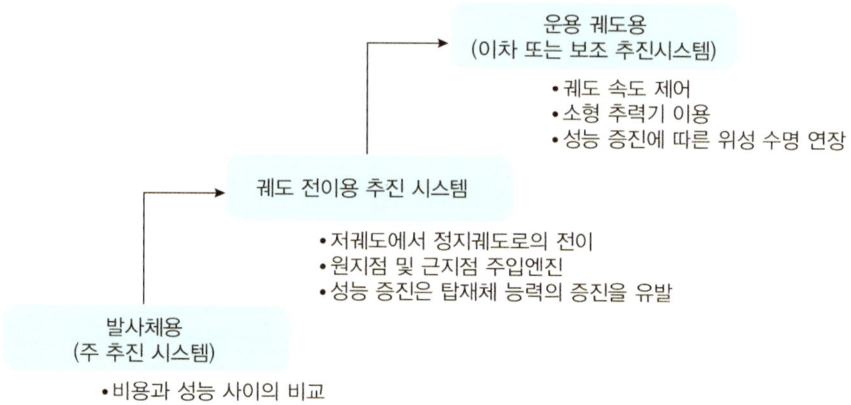

그림 9.8 기본 기능에 따른 우주추진시스템의 분류

과 같은 탑재물이 운용될 때 궤도 내 속도나 자세를 제어할 때 사용되는 소형 추력기와 같은 운용 궤도용 추진시스템으로 구분할 수 있다.

로켓 추진시스템은 앞서 언급한 바와 같이 다양한 형태로 구분할 수 있지만, 에너지원의 종류에 따라 구분하는 것이 가장 일반적인데, 크게 열 추진시스템, 전기 추진시스템, 원자력 추진시스템으로 분류한다. 열 추진시스템은 사용되는 추진제의 종류나 에너지 형태에 따라 화학 추진시스템, 태양풍 추진시스템, 레이저 추진시스템으로 나눌 수 있다. 전기 추진시스템은 이용되는 전기에너지 종류에 따라 전열 추진, 정전기 추진, 전자기 추진시스템으로 나누어지며, 원자력 추진시스템은 핵반응 과정에 따라 핵분열 추진시스템과 핵융합 추진시스템으로 구분할 수 있다. 이중 현재 가장 실용화되어 있는 것은 화학 추진시스템으로 이는 연료의 형태에 따라 고체 추진, 액체 추진, 하이브리드 추진시스템으로 분류된다.

9.3.1 화학 추진시스템

보통 추진제(연료와 산화제)의 고압 연소반응으로부터 얻어진 에너지가 연소된 생성물 가스를 매우 높은 온도(섭씨 2,500~4,000도)로 가열시킨다. 이 가스는 계속해서 노즐에서 팽창하여 고속도로 가속된다. 화학 추진시스템은 추진제의 물리적인 상태에 따라 다음과 같은 여러 종류로 분류할 수 있다.

- 고체추진제 시스템
- 액체추진제 시스템
- 하이브리드(혼합) 시스템

고체 추진시스템은 고체 추진제를 사용하며 약 1,000여 년 전부터 군사용으로 사용되어 왔다. 고체 추진제는 보통 연료와 산화제의 혼합물인 추진제 그레인(propellant grain)을 사용하며, 연소실이나 케이스 내에 저장되어 있다. 현재는 미사일 시스템의 추진시스템이나 우주발사체의 추력 보강용 로켓 추진시스템으로 주로 사용되고 있다. 시스템이 간단하여 추진제 이송 시스템이나 밸브류와 같은 복잡한 기계장치가 필요하지 않기 때문에 '고체 로켓 모터'라고도 불리며, 제작비용이 저렴하다. 그러나 추력의 조절 및 재시동이 불가능하여 로켓의 유도 및 제어가 상대적으로 불리한 것이 단점이다. 그림 9.9는 일반적인 고체 추진시스템의 내부 형상을 주요 구성품과 함께 보여준다.

액체 추진시스템은 탱크에서 연소실로 압력에 의해 이송되는 액체 상태의 추진제를 사용하며, 추진제 탱크와 로켓 엔진으로 구성되어 있다. 일반적으로 추진제 탱크는 연료 탱크와 산화제 탱크로 구분되고, 로켓 엔진은 크게 분사기, 연소실, 노즐로 구성된다. 연소실로

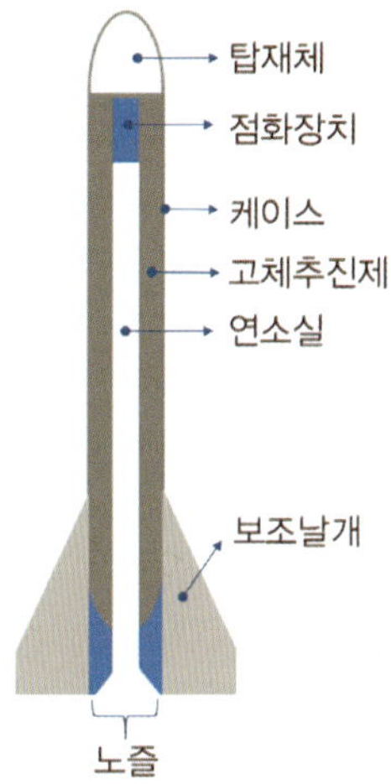

그림 9.9 고체로켓의 형상

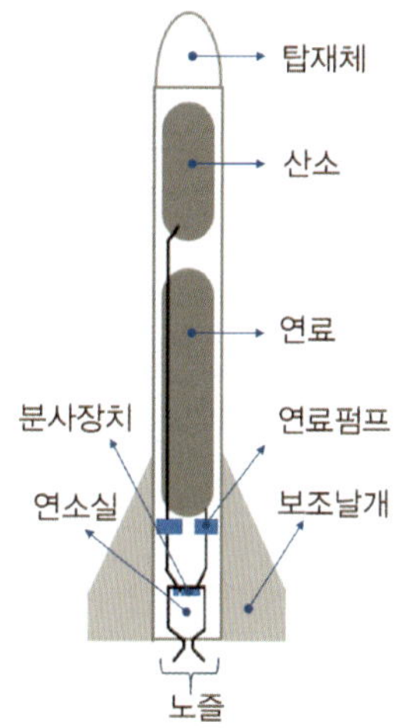

그림 9.10 액체로켓의 형상

공급되는 액체 추진제의 양을 조절하면 추력이 조절되므로, 고체 로켓 모터와는 다르게 추력의 제어가 용이하다. 보통 액체추진제는 액체산화제(예를 들어, 액화산소)와 액체연료(예를 들어, RP-1 케로신, 액화수소)로 구성된다. 이를 이원 추진제 시스템(bipropellant propulsion system)이라 한다. 산화제 대신에 촉매를 사용하는 경우가 있는데 이를 단일 추진제 시스템(monopropellant propulsion system)이라 하며, 아주 작은 임펄스를 생성할 수 있기 때문에 위성의 자세나 궤도 등을 제어하는 데 주로 사용된다. 액체 추진시스템은 고압 가스 장치 또는 펌프와 터빈 등으로 구성된 가압 시스템과 가스 배관장치, 분사기, 연소실 및 냉각 장치, 노즐 등으로 구성되어 있어 시스템이 복잡하지만, 앞서 언급한 바와

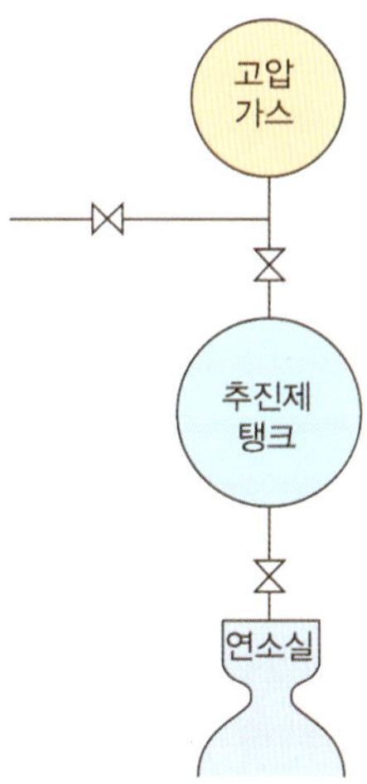

그림 9.11 압력이송방식 엔진의 개략도

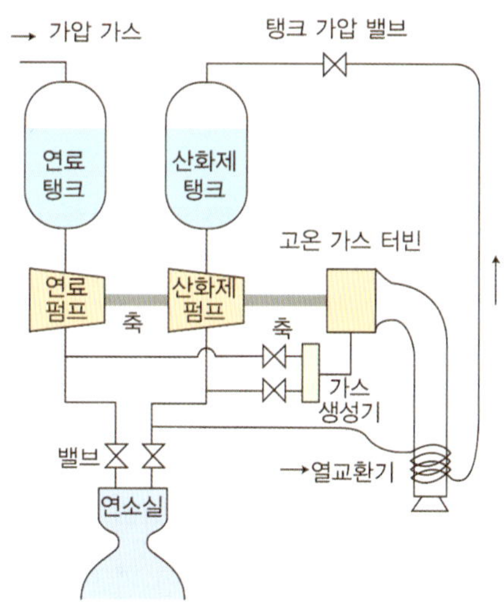

그림 9.12 터보 펌프 이송방식 엔진의 개략도

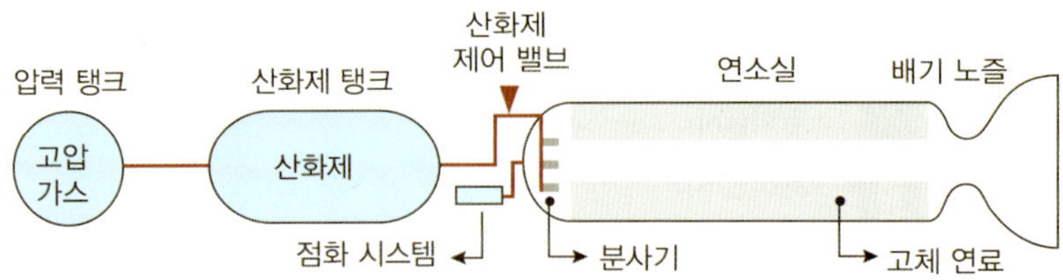

그림 9.13 하이브리드 로켓 추진시스템의 개략도

같이 추력의 조절과 재시동이 용이하여 위성 발사체에 주로 사용되고 있다. 그림 9.10은 액체 추진시스템의 전형적인 내부 형상이다. 액체 로켓 엔진에 액체추진제를 연소실로 이송하는 방식에 따라 세부적으로 압력 이송방식과 터보 펌프 이송방식으로 구분된다. 그림 9.11은 고압가스에 의한 압력 이송방식을, 그림 9.12는 터보 펌프 이송방식 로켓 엔진의 개략도를 보여준다.

제작과 운용이 용이한 고체 추진제의 장점과 추력 조절이 용이한 액체 추진제의 장점을 활용한 것이 **하이브리드 로켓**이다. 고체 연료 위에 액체 산화제를 분사시켜 연소하는 방식으로 고체 로켓과 액체 로켓을 혼합한 혼합형 로켓 엔진이다. 이 로켓은 대기 공기를 사용할 수 있기 때문에 대기권 내에서는 산화제를 절약할 수 있다. 임무수행의 안전성 및 실시간 추력 제어에 의한 임무수행의 유연성을 갖고, 염화수소나 산화알루미늄과 같은 환경오염 물질을 배출하지 않는 강점이 있다. 그림 9.13은 하이브리드 로켓 추진시스템의 개략도를 나타낸다.

9.3.2 원자력 추진시스템

원자력 추진시스템은 동작유체(보통 액화수소)에 열을 전달하는 방법에 따라 다음과 같이 크게 세 가지 방식으로 구분한다.

- 핵분열 고체/가스코어 시스템(fission solid/gas core system)
- 방사성 동위원소 시스템(radioactive isotope system)
- 핵융합 가스코어 시스템(fusion gas core system)

위의 세 형식은 기본적으로 액체 추진제 시스템의 연장이라 볼 수 있다. 단지 가스의 열을 화학적 반응이 아닌 원자핵 내에서의 변형에 의한 에너지로부터 얻는다는 것이 다르다. 화학로켓에서 에너지는 추진제 내에서 얻으나, 원자력 로켓에서의 동력원은 보통 추진제와 분리되어 있다. 아직 이들 원자력 추진시스템이 완전하게 개발되어 실용화된 적은 없으나 원자력 추진 로켓의 추진력이 기존 액체나 고체 추진제 로켓의 2~5배에 달해 우주 탐사 등의 임무를 수행하기 위한 추진시스템으로 재조명받고 있다.

핵분열 원자력 추진시스템의 경우 열은 고체 원자로 내에서 우라늄의 분열에 의해 생성된다. 900초 정도의 높은 비추력(specific impulse)를 가질 수 있으며 1960년대에 개발을 위한 시험이 수행된 경험이 있다. **방사성 동위원소 붕괴 로켓 엔진**의 경우 방사능 재료가 방사능을 방출하고 이는 쉽게 열로 변환되는 원리를 이용한다. 동위원소 붕괴 에너지원은 우주비행체에서 전력을 생성하는데 성공적으로 사용되어 왔고 이들 중 일부는 위성과 심우주 탐사비행체에도 활용된 바 있다. **핵융합로켓 엔진**에 대한 개념도 많이 연구되어 왔으나 아직까지 실용화되지는 못했다. 이와 같은 원자력 로켓 엔진은 시험 중 부주의한 사고로 인하여 지구상에 방사능 물질이 퍼질 것에 대한 우려와 막대한 개발비용에 기인하여 개발이 쉽지 않으며 현재까지 실질적인 엔진에 대한 개발 성과는 보고되지 않고 있다.

9.3.3 전기 추진시스템

모든 전기 추진시스템에서 전력원(태양전지, 원자력 또는 배터리 등)은 추력을 생성하는 메커니즘과는 별개다. 전기 추진시스템은 전기적 가열, 전기적 또는 자기적 힘에 의하여 배기가스를 가속시켜 추력을 얻는 방식이다. 전기 추진시스템은 배기가스 가속 방법에 따라 전열 추진시스템(electrothermal propulsion system), 정전기 추진시스템(electrostatic propulsion system), 그리고 전자기 추진시스템(electromagnetic propulsion system)으로 분류할 수 있다. 그림 9.14에 전기 추진시스템이 작동하는 원리를, 그림 9.15에 전기 추진시스템의 종류를 도식적으로 나타내었다.

전열 추력기는 추진제 생성가스에 엔탈피를 증가시켜 노즐을 통하여 가스를 팽창시킴으로써 추력을 생성한다. 전력증진 하이드라진 추력기(power augmented hydrazine thruster), 저항제트 추력기(resistojet thruster), 하이드라진 아크제트 추력기(hydrazine arcjet thruster) 등이 전열방식 시스템에 속한다. **정전기 추력기**는 추력생성 빔 내에서 정전기적으로 가속된 이온에 의해 추력을 발생하는 시스템이며, 이온 추력기와 콜로이드 추력기(colloid thruster)가 이에 속한다. **전자기 추력기**는 이온화된 추진제에 작용하는 힘을 발생시키기 위해 자기장과 큰 전류를 투입하여 추력을 생성하는 시스템이다. 자기 플라즈마 추력기(magnetoplasma dynamic thruster), 자기 아크제트 추력기(magnetic arcjet thruster) 등이 전자기 방식 추력기의 일종이다.

전기 추진시스템의 장점은 화학추진시스템이 갖는 제약조건을 넘어 높은 배기속도를 얻음으로써 연료 절약, 위성의 전체 질량 감소, 탑재체의 용량증가 및 위성 임무기간의 증가를 가능하게 한다. 그러나 궤도 전이 시 추력생성이 작아 시간이 오래 걸리는 단점이 있다. 예를 들어, 비추력이 1,000초 정도인 수소 아크제트 추력기를 사용하여 저궤도에서 정지궤도로 전이하는데 약 여섯 개월 정도 소요된다. 또한 시스템 작동을 위해 고전력이 필

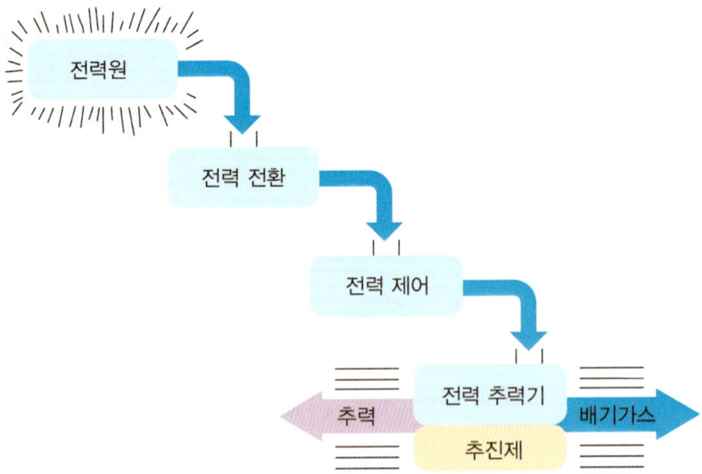

그림 9.14 전기 추진시스템 작동원리

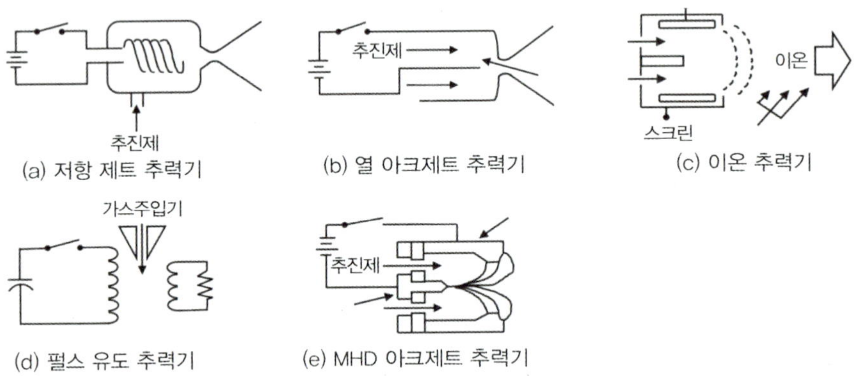

그림 9.15 전기 추진시스템의 종류

요하기 때문에 초경량 태양전지판의 개발, 긴 수명의 배터리 개발 또는 다른 대체 에너지의 개발이 필요하나, 최근에는 저전력에서 작동하는 전기추진시스템의 개발이 현저하게 증가하고 있으며 상용 통신방송위성의 북남 위치 유지 및 자세 제어 등에 활용하고 있다. 미국의 록히드 마틴사는 하이드라진 아크제트 추진시스템을, 보잉사는 이온 추진시스템을 상용 위성에 사용하고 있다.

그 밖에 위성을 추진하기 위하여 태양에너지를 이용하는 여러 가지 방법이 개발되었다. 전기추진시스템에 전력을 공급하기 위해 태양전지 셀을 가장 빈번하게 이용하였다. 또한 태양의 복사 압력을 이용하는 태양항해(solar sail)와 양자로켓(photon rocket)이 있다.

9.3.4 로켓 추진시스템의 비교

위에서 설명한 각 추진시스템을 성능변수 및 특성에 따라 비교하면 다음 표 9.1과 같다.

표 9.1 추진시스템의 성능 비교

성능인자	화학 추진시스템	원자력 추진시스템	전기 추진시스템
비추력	낮음 고체(170~350초) 액체(250~525초)	중간 핵분열(2,000초) 핵융합(5,000초)	높음 전열/정전/전자기 (300~10,000초)
추력	짧은 시간에 고추력 생성	오랜 시간 동안 저추력 생성	장시간 동안 고추력 생성
가속도	고가속도	저가속도	고가속도
작동환경	상대적으로 고중력에서 탑재체 발사	무중력 상태에서 궤도 조정	중력과 무관하게 작동

9.4 로켓의 주요 구성품

9.4.1 추진제

추진제는 로켓에서 추력을 얻기 위해 산화되는 화학적 혼합물을 의미하며, 연료와 산화제로 구성된다. 연료는 추진을 위해 가스를 생성하도록 산소와 결합될 때 연소되는 물질이다. 산화제는 연료와 반응하는 산소를 생성하는 매개 물질이다. 추진제는 저장 또는 운용되는 상태에 따라 액체, 고체, 가스 또는 하이브리드로 분류한다.

1) 액체 추진제

액체 추진제 로켓에서 연료와 산화제는 별도의 탱크에 저장되고, 파이프, 밸브 및 터보펌프 등을 통하여 연소실로 전달되며 연소실에서 혼합되어 추력을 생성하도록 연소된다. 액체 추진제 엔진은 고체 추진제 엔진에 비하여 훨씬 복잡하나 여러 가지 장점을 제공한다. 연소실까지 가는 과정에서 추진제의 흐름을 제어함으로써 엔진을 정지시키거나, 추력을 조절하거나 또는 재시동이 가능하다. 일반적으로 액체 추진제의 특성은 비추력, 밀도, 저장 온도, 독성 등과 연관이 있다. 고성능 액체 추진제는 높은 비추력 특성을 가졌음을 의미하며, 이는 곧 낮은 분자량을 갖고 고온의 연소온도 및 배기가스를 분출하는 추진제를 의미한다. 비추력 외 추진제의 밀도도 성능과 연관된다. 저밀도의 추진제는 대형 저장탱크가 요구된다는 것을 의미하며, 이는 곧 로켓(발사체)의 중량을 증가시킨다. 추진제의 저장 온도 또한 중요하다. 극저온의 저장온도를 갖는, 예를 들어 액체수소나 액체산소와 같은 추진제는 극저온 상태가 유지되는 단열장치가 부수적으로 필요하며 이는 로켓의 무게를 더욱 증가시키는 원인이 된다. 유사하게 추진제의 독성이나 부식성도 중요하다. 독성이 있는 추진제를 다루고, 운반하고, 저장할 때는 항상 안전에 대해 유의하여야 하며, 부식성이 있는 추진제들은 부식성을 견딜 수 있는 소재를 사용해야 한다.

로켓이나 발사체에 사용되는 액체 추진제는 크게 탄화수소, 극저온(cryogenics) 및 자동연소성(hypergolics) 연료 등의 세 가지로 분류할 수 있다. 탄화수소 계열의 연료는 원유로부터 정제된 추진제이며, 오직 탄소와 수소로 구성된 복합유기물이다. 로켓 연료로 사용되고 있는 탄화수소에는 케로신(kerosene) 및 RP-1(정제 석유)이라고 불리는 고정제 케로신의 일종이 있다. 이들은 보통 산화제인 액체산소와 결합하여 사용된다. RP-1과 액체산소는 아틀라스/센터우르(Atlas/Centaur) 1B 및 새턴(Saturn) V 발사체의 1단 추진제로도 사용되었다. 극저온 추진제는 연료로서 액체수소 및 산화제로서 액화산소처럼 매우 낮은 온도에서 저장되는 액화가스를 말한다. 액체수소는 −253°C의 온도에서 액체 상태를 유지한다. 액체산소는 −183°C의 온도에서 액체 상태를 유지한다. 극저온 추진제는 낮은 온도 때문에 장시간 동안 저장한다는 것이 대단히 어렵다. 이런 이유 때문에 오랫동안 발사준비가 유지되어야 하는 군용 로켓(미사일)에 사용하기에는 적당하지 않다. 또한, 액체수소는 매우 낮은 밀도(70.8kg/m^2)를 갖기 때문에 다른 연료에 비해 몇 배나 큰 저장용량이 요구된다. 이러한 단점에도 불구하고 고효율의 액체수소와 액체산소 추진제는 반응시간과 저장성이 큰 문제가 아닐 때 사용될 수 있으며, 액체수소는 다른 로켓 연료에 비해 약 40% 정도 높은 비추력을 생성할 수 있다. 이러한 이유로 액체수소와 액체산소는 우주왕복선의 높은 효율을 요구하는 주 엔진의 추진제로 사용되고 있으며, 주 엔진 외에도 아틀라스/센터우르 발사체의 2단 로켓, 새턴 V 및 새턴 IB의 상단 로켓으로도 사용되었다. 자동연소성 추진제는 서로 접촉되었을 때 자발적으로 점화되는 연료와 산화제를 말하며, 별도의 점화 전원이 필요하지 않는 장점을 갖는다. 이러한 손쉬운 점화나 재점화 특성은 우주비행체 제어시스템에 이상적으로 사용되고 있으며, 상온에서 액체 상태를 유지하기 때문에 극저온 추진제의 저장과 같은 문제가 없다. 그러나 자동연소성 추진제는 대단히 독성이 심하기 때문에 다룰 때 세심한 주의를 필요로 한다. 일반적으로 자동연소성 추진제는 연료와 산화제를 반응시키는 이원추진제로 활용되는데, 흔히 연료로는 하이드라진(hydrazine), MMH(Monomethyl Hydrazine) 및 UDMH(Unsymmetrical Dimethyl Hydrazine)를 포함한다. 전형적인 산화제는 N_2O_4(Nitrogen Tetroxide) 또는 HNO_3(Nitric Acid)가 사용된다. 한편, 하이드라진은 종종 촉매분해를 이용하는 단일 추진제(Monopropellant)로도 사용된다. 단일 추진제로 하이드라진은 촉매와 반응하여 질소, 수소 및 암모니아의 고온가스를 생성하며 분해되는데, 약 1,200K의 고온 가스를 생성하며 비추력은 약 230에서 240초 정도이다. 이러한 단일추진제 시스템은 위성용 추진시스템이나 가스 생성기(gas generator)로 널리 활용하고 있다.

2) 고체 추진제

고체 로켓 모터는 모든 로켓 엔진 중에서 가장 간단한 형태라 볼 수 있다. 고체 로켓 모터는 급속한 속도로 연소하는 고체 혼합물(연료와 산화제)을 외부 케이스(case)에 채워 놓고 있다가, 필요시 점화 후 고온 가스를 노즐을 통해 분출하여 추력을 얻는다. 사용이 필요한 시점에 점화로부터 추력 발생까지가 보통 0.1초 이내의 매우 빠른 시간에 이루어지므로 군용 미사일 추진시스템에 많이 활용되고 있다. 그러나 액체 추진제 엔진과 달리 고체 추진제 모터는 연소를 도중에 정지시키거나 추력을 조절하는 것이 매우 어려운 단점이 있다.

고체 추진제에는 일반적으로 균질(homogeneous) 및 복합(composite) 추진제로 구분할 수 있다. 두 추진제 모두 상온에서 조밀하고 안정하며 저장성이 양호하다. 균질 고체 추진제는 단순기저(simple base)이거나 이중기저(double base)로 구분할 수 있다. 단순기저 추진제는 산화제와 감소제의 기능을 둘 다 갖고 있는 단순 복합물, 보통 니트로셀룰로오스(nitrocellulose)로 구성되어 있다. 이중기저 추진제는 보통 가소제(plasticiser)가 가미되어 있는 니트로셀룰로오스와 니트로글리세린(nitroglycerine)으로 구성되어 있다. 이러한 균질 고체 추진제는 1900년대 고체 추진제 중 가장 먼저 개발되었다. 현대의 복합 추진제에 비해 비추력이 낮은 단점이 있으나, 배출 가스에 연기가 발생하지 않는 장점이 있어 사수의 생존성이 중요한 보병용 미사일의 사출 모터 등 현대에도 많이 사용된다. 현대에는 고체 추진시스템의 주 추력을 위한 추진제로는 대부분 비추력이 높은 복합추진제를 사용한다. 복합추진제는 크게 추진제 질량의 60~90%를 차지하는 고체 산화제, 고체 가루를 묶어주는 역할의 바인더에 해당하는 폴리머로 구성된다. 그 외 연소율을 증진시키기 위해 촉매제나 또는 파우더의 제작을 수월하게 하기 위한 다른 제 3의 물질과 같은 추가복합물을 미량 포함하기도 한다. 일반적으로 최종 고체 추진제의 형태는 딱딱한 고무 지우개 같은 물질이 된다.

고체 추진제 모터는 군사용 미사일의 추진시스템 외 우주발사체 시스템에도 다양한 용도로 활용된다. 소형 고체모터는 종종 발사체의 최종 단계에 사용되거나, 탑재체를 더 높은 고도로 올리기 위해 탑재체에 직접 부착시키기도 한다. PAM(Payload Assist Module)과 IUS(Inertial Upper Stage) 같은 중간 크기의 고체모터는 위성을 정지궤도나 행성궤도에 올릴 수 있는 추가 추력을 제공한다. 우주왕복선의 고체 추진제 모터는 지금까지 사용되고 있는 모터 중 가장 큰 모터로, 각 부스터는 499,000 kg(1,100,000 lbm)의 추진제를 싣고 있으며, 약 14,680,000 N(3,300,000 lbf)까지의 추력을 생성할 수 있다.

고체 추진제의 형상은 고체 로켓 모터에서 발생하는 추력의 형상과 밀접한 연관을 갖는다. 즉 고체 추진제의 노출 표면의 형상이 연소 형태를 결정하게 된다. 우주 산업에서 사용되는 고체 연료 블록의 형태는 그림 9.16과 같이 크게 두 가지로 분류된다. 하나는 추진제 끝단에서 연소가 시작되는, 엔드 버너(end burner) 형상으로 추진제가 연소되는 면적이

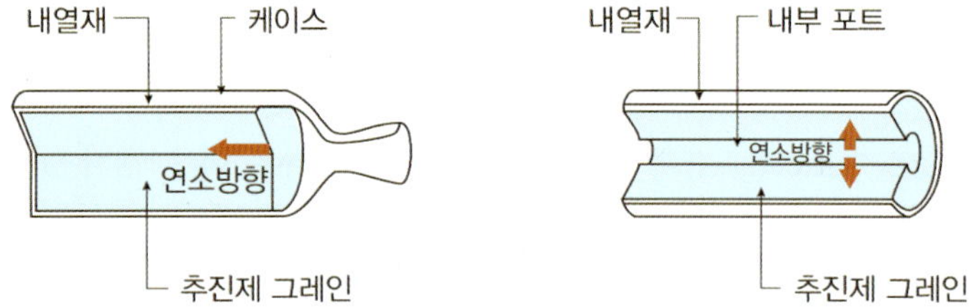

그림 9.16 일반적인 고체 추진제 형상

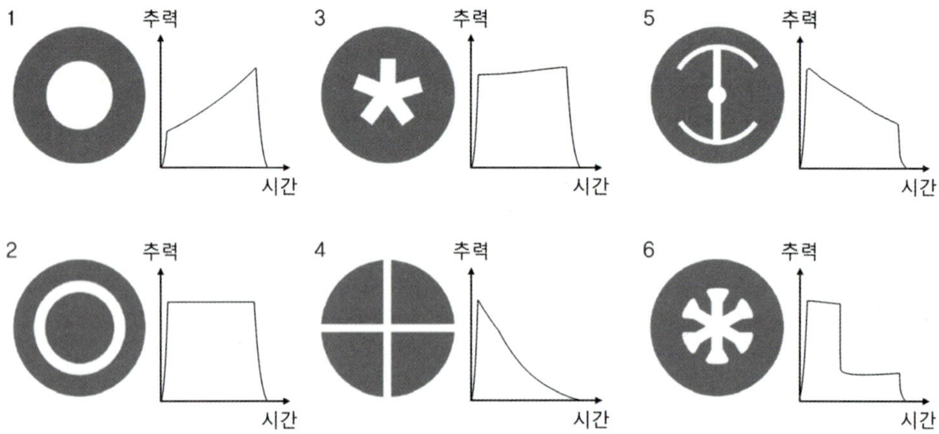

그림 9.17 고체 추진제 내부 형상과 추력 형상과의 관계

일정하므로 추력이 일정하게 발생하는 형태이고, 다른 하나는 내부에서 연소가 되는 형상이다. 보다 일반적인 경우로, 연소 표면이 내부 중앙 포트(port)를 따라 형성되므로 설계자가 필요로 하는 추력 형상에 따라 그림 9.17과 같이 별 모양 등 다양한 형상을 갖도록 설계된다.

예를 들어, 실린더 모양의 포트 형상(1)을 갖는 추진제는 내부 표면적이 지속적으로 증가하므로 추력 또한 지속적으로 증가된다. 반면 추진제 내부 환형 형상의 공동을 갖는 추진제의 형태(2)는 설계에 따라 일정한 추력이 발생되도록 할 수 있다. 이외에도 초기 추력의 필요 정도나 추력 감소 패턴에 따라 별형(3), 십자형(4), 더블 앵커형(5), 코그(cog)형(6) 등 다양한 형상이 있을 수 있으며, 흔히 일반적으로는 제작성이나 추력 프로파일의 활용성 등을 고려하여 (3)번 정도의 형상이 가장 널리 사용된다.

3) 하이브리드 추진제

하이브리드 추진제 엔진은 고체와 액체 추진제 엔진의 중간 그룹이라고 할 수 있다. 보통 연료는 고체이고 산화제는 액체이다. 연료 저장소가 연소실 역할을 하는 고체연료에 액체 산화제가 주입되는 것이 일반적인 형태이다. 이러한 엔진의 주 장점은 고체 추진제와 유사한 고성능을 가지면서도 연소를 중단시키거나 재시동을 할 수 있다. 매우 큰 추력이 요구되는 엔진에 이러한 개념을 적용시키는 것은 어렵기 때문에 하이브리드 추진제 엔진은 아직 활성화 단계에 있지 못하다.

9.4.2 노즐(조립체)

추진기관에서의 노즐은 추진제의 연소로 인해 발생하는 연소가스를 운동에너지로 효율적으로 전환시켜 추력을 발생시키는 역할을 한다. 로켓 엔진에서도 노즐은 동일한 역할과 기능을 수행한다. 앞서 설명한 바와 같이 추력은 노즐을 통과하는 질량유량, 배기가스의 속도와 출구 압력과 연관이 있으므로 요구되는 추력이 발생되도록 적절한 크기와 형상을 설계하는 것이 필요하다. 노즐 설계에 있어 요구 추력을 만족하도록 크기와 형상을 고려하는 것 이외에도 운용적인 측면에서 고려가 필요한 사항도 있다. 이중 가장 중요한 요소 중 하나가 내열 또는 냉각과 관련된다. 노즐은 역할과 기능상 고온의 가스가 통과하기 때문에 매우 높은 열에 노출되기 쉬우므로 노즐 자체 또는 노즐 주위의 타 구성품을 열 하중으로부터 보호하는 문제는 설계 또는 개발 시 반드시 고려되어야 매우 중요한 요소 중 하나이다. 특히 우주발사체나 탄도 미사일 등에 적용되는 비교적 장시간 운용이 필요한 로켓에 있어 노즐의 열 문제는 현대의 로켓 개발에 있어서도 매우 심각한 이슈 중 하나이다.

일반적으로 로켓 모터나 엔진에 적용되는 노즐은 수축-확산(convergent-divergent) 노즐이다. 이러한 형상은 고추력이 발생될 수 있도록 연소실의 압력을 높이거나 노즐을 통과하는 배기가스의 속도를 높이는 것을 가능하도록 한다. 연소실에서 발생한 아음속 상태의 연소된 가스는 노즐 목을 이용하여 음속이 되도록 한 후, 다시 팽창하여 초음속 이상의 속도를 얻게 되는데, 형상의 변화에 따른 이러한 변화는 유체가 갖는 고유한 특성에 해당한다. 이러한 형상의 노즐을 고안자의 이름을 붙여 드 라발(De Laval) 노즐이라고 부르며 일반적인 형상은 그림 9.18과 같다.

노즐의 운용은 노즐 출구에서 발생되는 배기가스에 의한 압력과 대기 압력과의 차이에

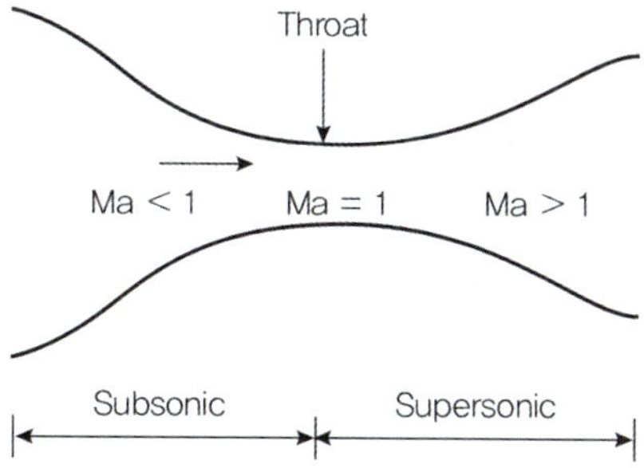

그림 9.18 수축-확산 노즐(De Laval nozzle)

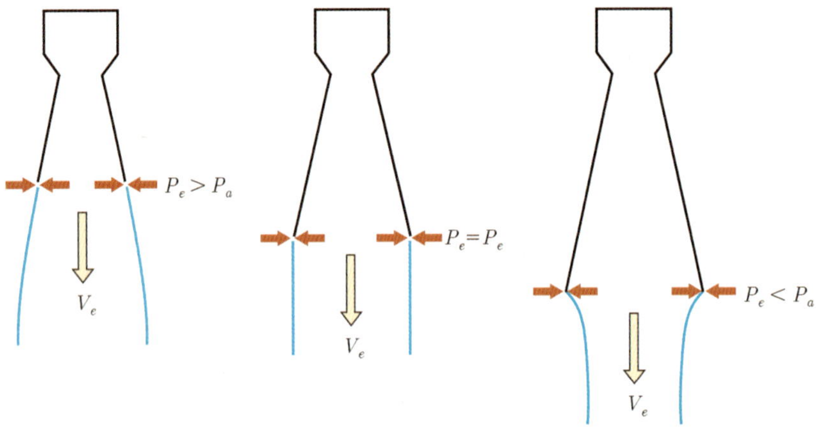

(a) 부족 팽창 (b) 최적 팽창 (c) 과대 팽창

그림 9.19 노즐 주위 유동 특성

따라 구분하는데, 두 압력의 차이에 따라 노즐 주위에 발생되는 유동의 특성이 달라지기 때문이다. 앞서 설명한 바와 같이 노즐에서는 연소된 가스가 팽창되는데, 이러한 팽창 정도에 따라 배기가스의 속도와 압력이 달라진다. 즉, 노즐의 확산부의 확산 정도가 크면, 유동의 팽창 정도가 크게 되고 노즐 출구에서의 배기가스의 속도는 커지고 압력은 작아지게 된다. 고압의 연소실에서의 가스가 팽창되어 노즐 출구에서의 압력이 대기 압력과 동일하게 되는 경우를 최적 팽창(optimum expanded) 조건이라고 부르며, 이 조건에서 연소실의 압력이 고정된 상태에서 최대의 추력이 발생하게 된다. 만약 이러한 최적 조건 대비 확산 또는 유동의 팽창 정도가 부족하면 노즐 출구에서의 압력은 대기 압력보다 크게 되어 부족한 팽창이 노즐 외부에서 발생하는데, 이를 부족 또는 과소 팽창(under-expanded) 조건이라고 부르는데 물리적으로 노즐 출구에서의 속도가 충분하지 못하므로 최적 팽창 대비 추력이 작게 발생된다. 반대로 최적 조건 대비 확산 또는 팽창 정도가 과하면 노즐 출구에서의 압력은 대기 압력보다 작게 되며 이로부터 노즐 외부에는 복잡한 충격파가 발생하게 되는데, 이를 과대 팽창(over-expanded) 조건이라고 부르며 노즐 출구에서 압력이 너무 작게 되어 최적 팽창 대비 추력이 작게 발생되게 된다. 이러한 유동의 패턴과 특성을 그림 9.19에 간략하게 나타내었다. 따라서 연소실의 압력이 일정하게 유지되며 노즐의 형상이 고정된 경우, 최적 팽창점은 하나의 고도에서만 발생하게 되므로 노즐의 설계자는 로켓이 주로 운용되는 고도에 맞추어 노즐의 팽창 정도를 설계하게 된다. 이러한 이유로 보병용 미사일이나 대함 미사일과 같이 고도가 낮은 영역에서 주로 활용되는 로켓이나 우주발사체의 1단 로켓 대비 우주발사체 상단 로켓이나 탄도 미사일과 같이 고고도 비행이 많은 로켓의 경우 노즐의 팽창 정도가 훨씬 크게 된다. 일반적으로 낮은 고도에서 주로 운용되

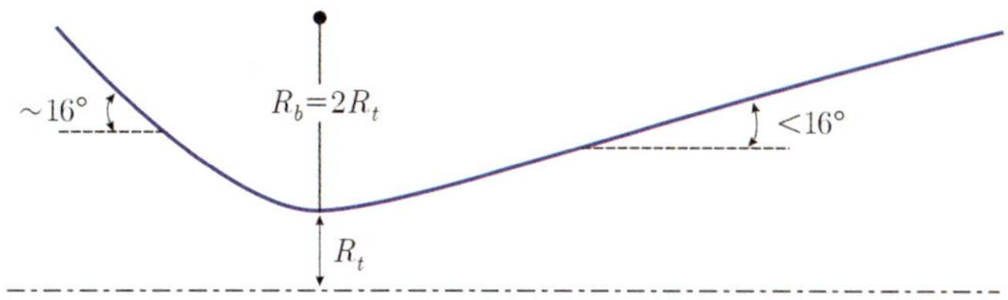

(a) 원뿔형 노즐

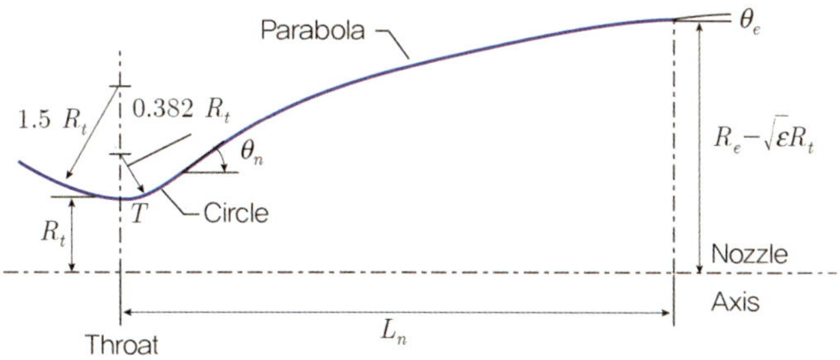

(b) 포물선형 노즐

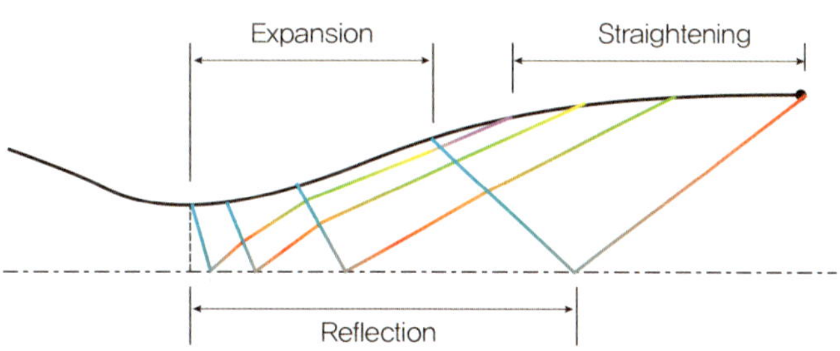

(c) 특정 윤곽을 가진 노즐

그림 9.20 노즐의 세부 형상 구분

는 로켓에 적용되는 노즐의 팽창비(노즐 목 면적 대비 노즐 출구 면적)는 보통 10 이하 수준이나 고고도에서 운용되는 로켓 노즐의 팽창비는 100 수준에 이르기도 한다. 고고도에서의 운용 조건에 따라 설계된 노즐이 이륙 등 저고도에서 운용되는 경우, 대기 압력 대비 노즐의 출구 압력이 매우 낮게 되는 과대 팽창 조건에 해당하게 됨에 따라 노즐 외부에서는 노즐 출구에서의 낮은 압력과 높은 대기 압력과의 차이 때문에 노즐 출구에서는 충격파가 발생하게 된다. 이러한 이유로 이륙하는 로켓이나 비행체의 노즐에서 다이아몬드 형상의 화염이 관찰된다.

이상에서 설명한 이유로 로켓의 노즐은 일반적으로 수축-확산 형상을 가지게 되는데, 세부적인 노즐의 형상은 그림 9.20과 같이 확산부의 형상에 따라 크게 세 가지 원뿔형, 포물선형, 특정 윤곽을 갖는(contoured) 형상으로 구분된다. 그림 9.20 (a)와 같이 원뿔형 노즐의 경우, 설계가 용이하고 제작이 간단한 장점으로 인해 무기용 로켓 등에 많이 적용되지

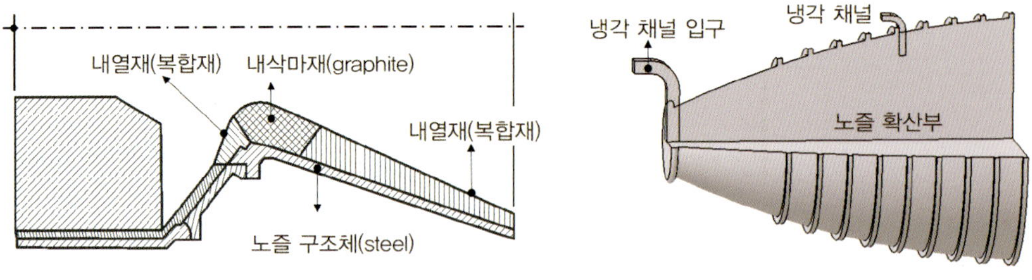

(a) 내열재 이용 (b) 재생 냉각 방안

그림 9.21 노즐의 냉각 방안

만 확산각이 큰 경우 반경 방향의 성분이나 유동의 박리 현상 등으로 인해 추력의 손실이 발생하는 단점을 갖는다. 이러한 단점을 극복하기 위해 (c)와 같이 노즐 내부에 발생하는 외란이 제거될 수 있도록 특정 윤곽을 갖도록 설계하는 방안이 있다. 반경 방향의 손실을 제거할 수 있으며 노즐 내부에 불필요한 외란이 발생하지 않도록 하므로 고효율의 노즐을 필요로 하는 로켓이나 실험을 목적으로 하는 풍동의 노즐에 적용될 수 있으나 길이가 매우 길고 제작 비용이 크다는 단점이 있다. 원뿔형 노즐과 특정 윤곽을 갖는 노즐의 중간 정도의 형태가 노즐 확산부의 형상을 포물선형으로 하는 방법으로 반경 반향으로 발생되는 추력의 손실을 방지할 수 있으며 적당한 정도의 노즐 길이를 필요로 하므로 우주발사체 로켓 노즐에 많이 적용되고 있다.

이러한 로켓 노즐에는 앞서 설명한 바와 같이 열 문제는 로켓의 운용 시간이 수초 이상만 되더라도 반드시 고려해야 하는 요소가 된다. 가장 간단한 방식은 그림 9.21 (a)와 같이 노즐 내부에 내열재를 부착하는 것으로 무기시스템의 고체 추진제 로켓 노즐에 가장 널리 적용되고 있다. 반면, 액체 로켓의 경우, 노즐 외벽에 냉각 채널을 만들고 상대적으로 차가운 연료를 연소실에 보내기 전에 냉각 채널을 먼저 순환하도록 만들어 노즐은 냉각이 되도록 하여 열적 부하를 덜고, 연료는 따뜻하게 하여 연소가 보다 쉽게 이루어지도록 하는 방법을 사용하는데, 이러한 방식을 재생 냉각이라고 부르며, 간략한 형상은 그림 9.21 (b)에 제시되어 있다.

9.4.3 연소실

로켓의 연소관실 추진제가 연소되면서 발생하는 가스를 이용하여 고온 고압의 가스 상태를 만들어내는 역할을 한다. 일반적으로 고온 고압의 가스가 생성되는 공간을 연소실이라고 부르며, 연소실의 외관을 형상하는 구성품을 연소관으로 지칭한다. 연소실의 압력은 추진제의 연소 특성에 따른 가스 발생량, 노즐의 노즐 목 크기와 연관된다. 예를 들어 연소

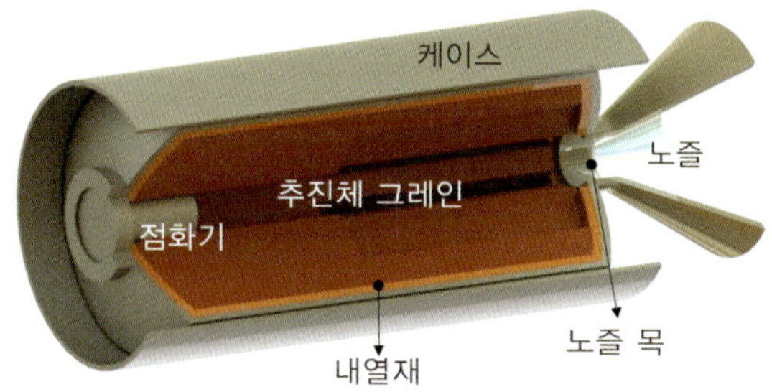

그림 9.22 고체 추진시스템 개략도 및 구성품

된 가스의 발생량이 많을수록, 노즐 목 크기가 작을수록 연소실에 발생하는 압력은 크게 되는데, 이러한 압력이 유지될 수 있도록 하는 기능을 갖는 구성품이 연소관에 해당한다. 일반적으로 로켓 추진시스템에서는 연소실의 압력이 높을수록 연소 효율이 높으며 발생되는 추력이 높기 때문에 되도록 높은 압력이 발생되도록 하는 것이 유리하며, 따라서 높은 압력을 견디는 내압 성능을 확보하는 것이 연소관의 가장 중요한 요구 성능이 된다. 이러한 내압 성능은 적용하는 연소관의 소재, 형상 및 두께 등과 밀접한 연관이 있으며 이러한 특성이 구조적 강도를 결정짓는다.

앞서 설명한 연소관의 구조적 강도와 연관되는 요인들은 연소실 내에서 연소가 진행됨에 따라 발생하는 열전달량과도 깊은 연관을 갖는다. 보통 로켓 엔진 내 연소 가스의 온도는 2500K 정도에 해당하며, 이로부터 연소관으로 전달되는 열에 의해 연소관의 물성이 약화되기 때문이다. 따라서 대부분의 로켓 추진시스템의 연소관은 내열재나 혹은 냉각 시스템에 의해 보호되도록 설계된다.

고체 추진시스템의 경우, 고무 계열이나 복합재 계열의 내열재가 많이 적용되며 연소관 내부에 부착되어 내부 추진제가 연소할 때 발생하는 열로부터 연소관을 보호하는 역할을 한다. 이는 앞서 9.3.2에서 설명한 고체 추진시스템의 노즐의 내열재를 적용하는 방안과 동일하다. 그림 9.22에 고체 추진시스템의 개략도를 나타내었으며, 개략도 내 연소관의 형상, 연소관 내면의 내열재, 노즐 조립체의 내열재 등이 구분되어 있다. 그림에 제시된 바와 같이 연소관은 전방과 후방에 돔 구조의 막음판과 타 구성품과 체결이 용이하도록 스커트가 구현되어 있으며, 일반적으로 금속 합금이나 경량화를 위한 목적으로 복합재를 이용하여 제작한다.

반면, 액체 로켓 엔진의 경우는 고체 추진시스템에 비해 훨씬 긴 시간 동안 작동하므로 내열재를 적용하는 것보다 노즐에서 설명한 것과 유사한 재생 냉각 시스템을 활용한다. 그림 9.23에 전형적인 액체 로켓 엔진의 개략도를 제시하였다. 액체 로켓 엔진은 연소관과 냉각 채널로 구성된 연소실과 연소실 내부에 분사기, 노즐, 연료와 산화제를 연소실에 공급하기 위한 펌프와 같은 가압 시스템으로 구성되어 있다. 연소실의 냉각을 위해서 연소실

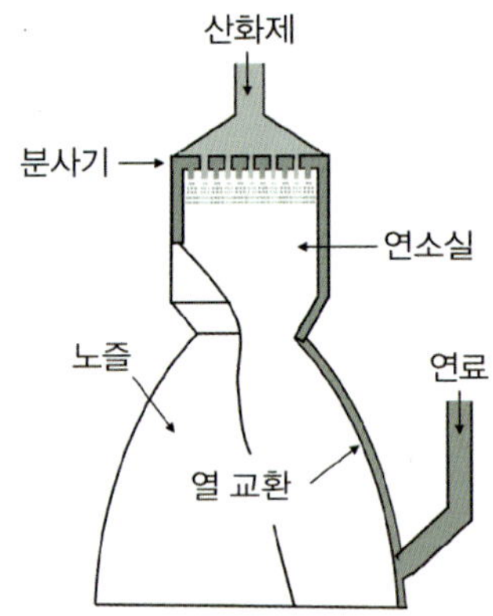

그림 9.23 액체 로켓 엔진의 개략도 및 주요 구성품

주위로 냉각 채널을 생성하고 저온의 연료를 노즐로부터 연소실 외벽까지 흘려보냄으로써 노즐과 함께 연소관은 고온의 연소가스에 의한 열로부터 보호하고 연료는 연소가 쉽게 이루어지도록 데워진다. 고체 로켓 모터의 경우, 그림 9.22에 제시된 바와 같이 이미 추진제 내부에 연료와 산화제가 혼합되어 고체 상태로 경화되어 존재하지만, 액체 로켓 엔진은 연소실 외부에서 액체 상태의 연료와 산화제가 가압 시스템을 통해 연소실로 공급된다. 공급된 연료와 산화제는 서로 혼합된 후 점화 에너지에 의해 연소가 시작되거나 혹은 진행중인 연소에 의해 전달된 열에너지에 의해 연소가 지속된다. 따라서 고체 로켓 모터에서는 연료와 산화제를 분사시키기 위한 별도의 장치가 필요치 않으나, 액체 로켓 모터의 경우 분사기(또는 인젝터[injector])라고 불리는 분사장치가 반드시 필요하게 되며, 보통은 그림 9.23과 같이 연소실 헤드 부분에 필요한 유량이 공급될 수 있도록 연소실의 크기에 따라 수 개에서 수십 개가 장착된다.

분사기는 요구되는 추력을 발생하기 위해 적절한 연료와 산화제의 양을 공급하는 역할을 가장 우선하지만, 연료와 산화제의 혼합이 잘 이루어지는 역할도 동시에 수행한다. 연소실에서는 무엇보다 연소가 잘 진행되어 가능한 높은 연소 효율을 갖도록 하는 것이 중요하다. 연소 효율이 나쁘다는 의미는 반응에 참여하지 못하고 외부로 유출되는 연료가 있음을 의미하며, 이는 추력의 손실, 불완전 연소에 의한 오염 물질의 생성 등 여러 모로 불리함을 의미한다. 이러한 손실이나 불완전 연소에는 여러 요인이 있을 수 있지만 가장 먼저 연료와 산화제의 혼합 성능 또는 효율의 저하를 꼽을 수 있으며, 따라서 로켓의 연소실을 개발할 때는 적절한 분사기의 설계에 큰 노력을 기울이게 된다. 연료와 산화제의 혼합 성능을 좋게 하기 위한 방안으로 다양한 분사 방법이 오랜 기간 연구되고 시도되고 있다. 널리 적용되는 분사기의 종류로는 연료와 산화제가 분사되는 방식에 따라 충돌형과 동축형, 크게 두 가지 타입으로 구분한다. 충돌형은 연료와 산화제가 서로 특정 각도를 가지고 충돌하도록 분사하여 보다 혼합이 용이하도록 하는 원리이며, 동축형은 연료와 산화제가 동일축을 중심으로 분사되어 혼합 영역을 증가시키도록 한다. 그 밖에 샤워헤드형, 핀틀을 이용한 가변 면적형 분사 방식 등이 있다.

9.4.4 점화 장치

로켓 시스템에서 점화장치는 추진제(연료와 산화제)의 연소 반응이 시작될 수 있도록 필요한 에너지를 공급하는 역할을 한다. 로켓에서의 점화장치의 역할은 모든 로켓 시스템에 대해 동일하지만, 고체 로켓 모터의 경우 점화장치 자체가 시동 장치가 되지만 액체 로켓 엔진에서는 보다 복잡한 구성품들로 구성된 시동장치의 한 구성품에 해당할 수 있다. 일반적으로 모든 점화장치는 로켓 시스템의 작동의 시작과 밀접하게 연관되므로 높은 신뢰성을 요구하며 기온 변화나 외부 환경 변화에 둔감하도록 설계되는 것이 요구되지만, 전체 시스템의 형상이나 운용 조건, 발사 조건 등에 따라 요구되는 주요 특성이 다를 수 있다.

일반적으로 고체 추진제를 이용하는 고체 로켓 모터의 경우는 필요한 시점에 특별한 준비 없이 즉각 운용이 가능하므로 미사일과 같은 무기 시스템에 널리 사용된다. 따라서 로켓이 작동되는 필요 시점에 시동 신호가 운용자에 의해 입력되면 실패 없이 점화기가 작동되는 것이 무엇보다 중요하다. 또한 고체 로켓 모터는 설계된 추진제 그레인의 형상에 따라 추력이 발생되므로, 짧은 시간에 추진제 그레인의 표면온도를 점화온도 이상으로 상승시켜 안정 연소를 할 수 있도록 연소실 내부 압력을 유지하는 것이 중요하다. 보통 일단 연소가 진행되면 추진제가 모두 소모될 때까지 연소가 진행되므로 다시는 점화의 역할이 필요하지 않지만 연소가 진행되는 동안 점화장치가 깨지거나 파손되어 노즐이나 혹은 타 구성품에 영향을 미치지 않도록 안전하게 설계하는 것이 필요하다.

반면에 액체 로켓 엔진의 점화장치는 엔진의 시동장치 중 하나의 구성품에 해당한다. 일반적으로 액체 로켓 엔진은 극저온 연료나 산화제를 사용하므로 고체 로켓 모터와 달리 로켓 시스템 내부에 연료와 산화제를 미리 충전해놓지 않고 정해진 발사 시점을 기준으로 미리 구성된 발사 절차에 따라 필요시점에 추진제를 공급하고 시동을 시작한다. 시동 절차가 시작되면 추진제 공급시스템이 작동하여 추진제를 연소실에 공급하는데, 일반적으로 추진제 중 어느 하나가 먼저 분사되도록 한 후, 다른 추진제가 소량 분사되는 시점에서 연소가 진행될 수 있도록 점화가 시작된다. 점화가 일어난 후, 연소실 압력이 적당히 상승하여 과도한 연소진동이 일어나지 않도록 추진제 유량을 서서히 증가시켜 설정된 혼합비에 도달하게 되며 안정된 연소 상태에 들어가게 된다. 고체 로켓 모터와 달리, 액체 로켓 엔진은 추력의 제어나 종단이 가능하므로 필요에 따라 중단된 연소과정이 다시 필요할 수 있으며 이러한 경우 재점화 기능은 매우 중요한 설계 요구 사항이 될 수 있다.

일반적으로 로켓 시스템에서 사용되는 점화법으로는 파이로테크닉(pyrotechnic ignitor) 점화장치를 이용하는 불꽃점화방식, 파이로젠(pyrogen ignitor) 점화장치를 이용하는 발열 점화방식, 점화플러그에 의한 스파크를 이용하는 스파크(spark) 점화방식, 특별한 장치를 적용하지 않고 특정 연료와 산화제가 접촉하면 자연적으로 반응이 진행되는 특성을 이용하는 자발착화성 점화방식 등이 있다. 파이로테크닉과 파이로젠 점화장치는 모든 로켓 시스템에 사용이 가능하지만, 일반적으로 소형 로켓 시스템에는 파이로테크닉을 대형 로켓 시스템에는 파이로젠 방식을 이용한다. 스파크 점화기의 경우, 고체 추진제는 스파크를 이용하여 점화시키는 것이 매우 어렵기 때문에 액체 로켓 엔진에서만 사용 가능하며, 자발착화성 점화방식은 우주에서 사용하는 소형 추력기에 많이 활용되고 있다.

파이로테크닉 점화장치는 비교적 연소속도가 빠른 화약을 점화제로 사용한다. 일반적인 구성은 그림 9.24와 같이 착화기, 점화용 장약, 주 장약, 바스켓 등으로 구성된다. 착화기에는 매우 민감한 화약이 충전되어 있으며, 이 화약에 전기 에너지가 공급될 수 있도록 금속선이 연결되어 있다. 외부로부터 금속선에 전기에너지가 공급되면 금속선은 매우 짧은 시간에 뜨거워지며 이로 인해 민감한 화약이 가장 먼저 연소되어 열을 방출한다. 이후 방출된 열은 차례로 점화용 장약을 연소시키고, 다시 점화용 장약의 연소열이 주장약을 연소시키게 된다. 최종적으로 주장약의 연소로 인해 발생된 화염이 연소실 내에 분출되어 추진제가 연소된다. 일반적으로 점화용 장약은 가루 형태로 사용되며 주 장약은 알약(pellet) 형태로 사용된다. 주 장약은 추진제 그레인 내부에 충분한 고온 고압의 가스가 공급될 수 있도록 계산된 양으로 금속이나 복합재로 만들어진 케이스 내에 충진되며, 연소된 가스는 케이스 외부 구멍을 통해 추진제 그레인으로 분출된다.

파이로젠 점화장치는 대형 모터나 엔진에 사용되며 고성능 로켓 시스템에도 많이 적용된다. 기본적으로 큰 로켓을 점화시키기 위해 사용하는 작은 로켓으로 그림 9.25와 같이 보조장약, 추진제, 노즐, 케이스 등으로 구성된다. 다른 구성품은 파이로테크 점화장치와 매

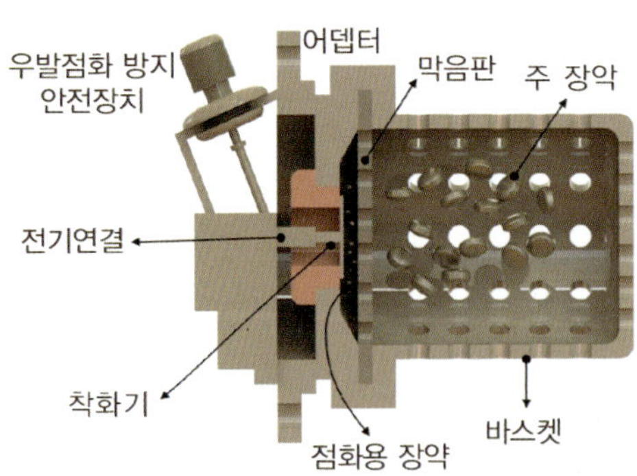

그림 9.24 파이로테크닉 점화장치

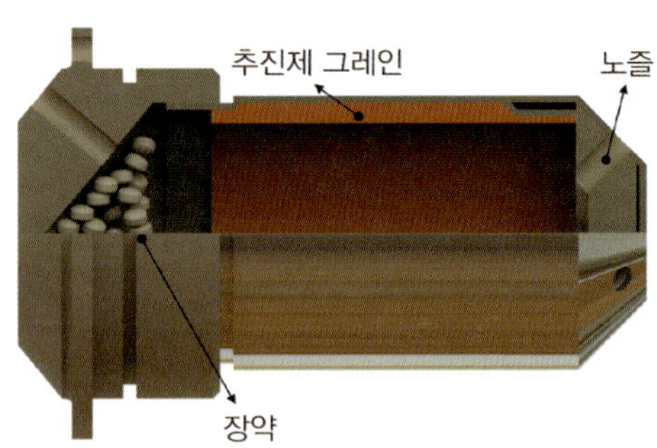

그림 9.25 파이로젠 점화장치

우 유사하다. 노즐은 추력을 발생시키는 위한 것이 아니라 추진제로 열전달이 발생하도록 연소가스를 분사시키는 것이 목적이다. 대형 로켓의 경우 추진제 전체 영역이 균일하고 순간적으로 점화가 이루어져야 하므로 점화기에서 발생한 연소가스가 고속으로 연소실 전체에 공급되어야 한다.

스파크 점화방식은 점화플러그에 의한 스파크를 발생시켜 점화하는 방법이다. 일반적으로 액체 추진제를 적용하는 로켓에 많이 사용되며, 흔히 자동차에 적용되는 점화플러그에 의한 스파크 유도 방식과 동일하므로 재점화를 필요로 하는 로켓 엔진의 점화장치로 적절하다. 스파크 점화장치는 점화 플러그 내 전기 도체에 전류가 흐르면 순간적으로 스파크가 발생하면서 매우 짧은 시간에 에너지가 방출되는데, 이때의 에너지를 이용하므로 연료와 산화제의 가연성 혼합가스가 형성되는 위치에 설치가 필요하다. 대형 로켓에서는 점화용 부연소실을 갖추고 연료와 산화제를 공급하여 점화한 후 연소실 혼합기 헤드의 중앙부에서 고속 화염으로 분출하여 추진제 전체를 점화할 수 있도록 한다.

9.5 로켓의 활용

9.5.1 우주발사체

인공위성을 원하는 궤도에 올려주는 로켓 시스템을 위성 발사체라고 하며, 이러한 발사체는 위성체를 원하는 궤도에 올려줄 수 있어야 한다. 발사체의 발사능력과 발사 중에 위성에 작용하는 발사환경은 위성 설계에 많은 영향을 줄 수 있으며, 발사체의 신뢰도 및 비용은 성공적인 임무 수행의 주요한 요인이 된다.

발사체는 다음과 같은 과정을 통해 선정된다. 첫째, 임무 운용개념에 따른 요구조건과 제한조건을 분석한다. 이때, 발사당 위성의 수와 위성의 중량, 위성체의 제원, 임무궤도, 임무과정, 비용 등이 고려되어야 한다. 둘째, 발사체의 형상을 분석하고 검증한다. 위성체 추진제의 무게와 궤도 진입 로켓의 무게, 부스터 어댑터의 무게, 가용한 성능 마진, 발사체의 신뢰도 등을 파악한다. 셋째, 위성체 개념 설계 중 발사 여유를 두기 위해 다수의 발사체 후보를 고려한 후, 발사능력과 비용, 신뢰도, 발사장을 포함한 발사 가용성 등을 기준으로 발사체를 선정한다. 넷째, 선정된 발사체에 할당되는 위성설계 조건 및 발사환경을 결정한다. 페어링의 크기 및 형상, 최대 가속도, 진동 주파수 및 크기, 온동 극한치뿐만 아니라 궤도 진입 정밀도와 발사장 및 발사체와의 접속관계 등도 고려하여 결정한다. 위의 과정들을 통해 성능이나 비용, 위험성 및 일정에 대한 제한조건을 모두 만족하는 발사체를 선정한다.

1) 우주발사체의 종류

우주발사체는 크기에 따라 쉽게 구분할 수 있는데, 이는 발사체 크기에 따라 발생하는 추력이나 역적이 다르며 이에 따라 이동거리나 임무 속도가 다르므로 발사체의 활용성이 구분되기 때문이다. 필요한 추력의 크기는 탑재하중과 임무에 따른 비행체 질량에 의해 결정되는데, 부스터(booster)라고 불리는 발사체의 1단 또는 가장 아랫단 로켓이 가장 큰 추력과 역적을 가져야 하므로 발사체의 임무는 1단 로켓의 크기와 밀접한 연관을 갖는다. 현대에는 다양한 크기와 종류의 발사체가 존재하는데, 일반적으로 크기가 작고 상대적으로 역적이 작은 발사체는 저궤도용 소형 탑재체에 사용된다. 반면 대형 발사체는 보통 3단 내외로 구성되는데, 로켓의 크기가 상대적으로 크므로 개발이나 제작 비용이 비싸다. 당연히 높은 추력과 역적이 발생하므로 높은 탑재하중이 가능하고 큰 임무속도를 갖는다. 이러한 발사체 비용은 보통 단의 수와 초기 발사체 질량에 따라 증가한다.

우주발사체는 발사체의 크기 외에도 사용된 로켓의 재사용 여부에 따라 재활용 또는 재생 발사체와 소모성 발사체로 구분할 수 있다. 과거에는 인공위성이나 우주화물을 우주로 운반하기 위해서 소모성 발사체를 주로 사용하였으나, 매번 발사할 때마다 모두 버려지므로 매우 비경제적이었다. 이러한 면을 극복하기 위하여 개발된 것이 재활용 또는 재생 발사체이다. 또한 최근에는 로켓 기술이 발전되면서 탑재물을 우주로 올려보내는 것을 사업화하는 우주발사체 개발 기업이 탄생하고 있다. 이러한 배경에 따라 우주발사체의 경제성은 더욱 중요해지고 발사비용을 절감하고자 하는 노력이 심화되고 있다. 미국의 스페이스X, 블루 오리진(Blue Origin), 버진 갤럭틱(Virgin Galactic), ULA(United Launch Alliance) 유럽의 아리안스페이스(Arianespace) 등이 이와 관련한 대표적 기업에 해당한다. 최근에는 스페이스X의 팔콘 9(Falcon 9), ULA의 델타 4 로켓과 같은 재사용 로켓의 비행시험 성공 사례가 보고되고 있다.

마지막으로 발사체는 크기나 재활용성에 따른 구분 외에도 인공위성과 같은 탑재물의 임무 궤도에 따라 정지궤도용 발사체와 저궤도용 발사체로 분류되기도 하는데, 세계 대표적인 발사체에 대해 발사 탑재능력에 따른 임무 궤도를 표 9.2에 네 가지로 구분하여 제시하였다.

표 9.2 발사체의 탑재능력에 따른 분류

탑재능력에 따른 분류	저궤도	정지궤도	대표적인 발사체
초대형	> 10,000kg	> 5,000kg	프로톤, 타이탄, 아리안5, …
대형	5,000 ~ 10,000kg	2,000 ~ 5,000kg	아틀라스, 대장정, H-II, …
중형	2,000 ~ 5,000kg	1,000 ~ 2,000kg	아테네-3, 몰니야, …
소형	< 2,000kg	<1,000kg	PSLV, 토러스, 스카우트, …

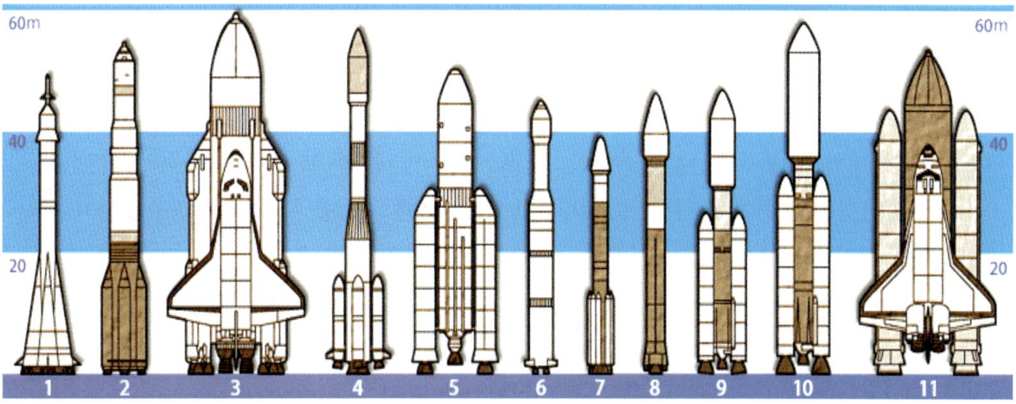

그림 9.26 세계의 발사체

1. 소유즈 2. 프로톤 3. 에네르기아/부란 4. 아리안4 5. 아리안 6. 대장정
7. 델타-II 8. 아틀라스-II 9. 타이탄-III 10. 타이탄-IV 11. 우주왕복선

앞서 설명한 바와 같이 초기의 발사체들은 미국과 옛 소련, 중국에서 개발한 대륙간 탄도미사일(ICBM)을 개량하여 만들어졌다. 우주시대에 접어들면서 더 높은 고도에 더 많은 탑재체를 운반할 수 있는 발사체들이 개발되었고, 프랑스, 일본, 영국, 인도 등도 자국의 발사체들을 소유하게 되었다. 현재 세계적으로 가용한 정지궤도용 발사체에는 아리안스페이스사의 아리안, 미국의 델타 시리즈, 아틀라스 시리즈, 타이탄 시리즈, 러시아의 프로톤, 제닛, 중국의 대장정, 일본의 H-II 등이 있다. 저궤도용 소형 발사체로는 미국의 아테네 1·2, 토러스, 페가서스, 스카우트, 델타 라이트, 러시아의 코스모스, 로콧(Rockot), 중국의 대장정 2C/2D, 이스라엘의 샤빗, 인도의 PSLV 등이 있다. 그림 9.26은 세계의 주요 발사체 형상 및 상대적인 크기를 보여주고 있다.

2) 최신 발사체 기술

이 밖에 최근에는 과학 기술의 발전과 함께 인공위성의 소형화 등 탑재물의 소형화가 가능함에 따라 소형 탑재물을 소형 발사체에 실어 우주로 보냄으로써 발사 비용을 절감하고자 하는 노력 역시 증가하고 있다. 소형 탑재물을 우주로 보내는 방법으로 로켓 시스템을 활용하는 방법 외에도 공중 발사체나 풍선 발사체와 같이 다른 시스템을 이용하여 보다 경제적으로 발사할 수 있는 방안도 연구되고 있다. 공중 발사체(air launch system)는 1단 로켓을 대처하는 항공기에 상단 로켓을 싣고 이륙하여 고고도에 도달한 후 미사일을 발사하듯이 상단 로켓을 발사하는 형태의 발사체를 말한다. 1990년대 후반 페가수스(Pegasus) 발사체 개발과 활용 이후, 최근 다시 미국의 알라사(ALASA, Airborne Launch Assist Space Access) 프로그램 등과 같은 개발 계획이 다시 수립되고 있다. Cab-3A는

F-104 스타파이터(Starfighter) 날개에 부착되어 공중에서 발사되는 발사체로, 큐브셋(CubeSat)의 발사를 목적으로 한다. 타 소형 발사체에 비해 발사 비용이 매우 적으며 발사 준비 기간 또한 수개월 단축이 가능하다. GOLauncher-2는 Gulfstream Ⅲ에 부착되어 발사되는 발사체로 최대 45kg의 탑재물을 지구 저궤도에 올릴 수 있으며 목적에 따라 다수의 초소형 위성을 한번에 장착할 수 있다. 그 밖에 헬륨 가스를 이용하여 성층권까지 발사하는 풍선 발사체(balloon launcher)의 개념도 고려되고 있다.

최근에는 경제적 소형 발사체 개발도 활발히 진행중이다. 미국의 로켓랩(Rocket lab) 사의 일렉트론(Electron) 발사체는 마이크로 위성 시장에 활용하는 것을 목표로 하고 있다. 2단 일렉트론 발사체의 가장 큰 특징은 연료를 연소실에 공급하기 위해 전기펌프를 사용함으로써 로켓 시스템의 구성을 간소화한 것에 있다. 일렉트론 발사체는 2018년 1월 뉴질랜드에서 휴머니티스타(Humanity Star) 인공위성을 궤도 진입에 성공시켰다. 동일 회사의 러더포드(Rutherford) 엔진은 발사 시 열 개의 엔진이 묶여서 사용될 수 있도록 신속하게 생산하는 것을 고려하여 설계되었으며, 이를 위해 주요 구성 요소를 3D 프린팅을 사용하여 제작할 수 있도록 하였다.

소형 발사체를 개발하기 위한 기술 외에도 최근에서 앞서 언급한 바와 같이 재사용 발사체를 개발하고자 하는 노력도 크게 발전하고 있다. 팔콘 9은 스페이스 X가 개발한 재사용 우주발사체로써 약 10~27톤의 탑재물을 저궤도에 올리거나, 12톤의 탑재물을 정지궤도에 올리는 형태로 개발되고 있다. 뉴글렌(New Glenn) 발사체는 블루오리진(Blue Origin) 사에서 현재 개발 중인 재사용 발사체이며, 2020년에 첫 발사를 목표로 하고 있으며, 산화제로는 액체 산소를, 연료로는 액체 메테인을 사용한다. 재사용되는 1단에는 여섯 개의 랜딩 스트러츠(Struts)가 장착되어 있으며, 자사의 BE-4 엔진 일곱 개로 동력을 얻는다. 소모성의 2단에는 BE-4 엔진이 한 개가 들어가며, 3단에는 소형 BE-3U 엔진이 사용된다.

9.5.2 미사일용 로켓 추진시스템

기본적으로 우주발사체와 미사일에 사용되는 로켓은 근본적으로 탑재물을 원하는 지점에 이동시키는 역할을 하므로 사용되는 기술이 거의 동일하다. 그림 9.27은 타이탄 로켓 계열을 나타내는데, 타이탄 I과 타이탄 II는 본래 ICBM으로 만들어졌으나 제미니 계획에서는 우주발사체로 사용되기도 하였다. 우주발사체와 미사일은 기본적으로 로켓과 탑재체로 구성되는데, 우주발사체는 페어링 내에 위성이나 우주비행체와 같은 특수 임무를 수행하는 탑재체를 싣고 있는 반면, 미사일은 로켓 페어링 내에 목표물을 파괴할 수 있는 고폭화약이나 원자핵으로 구성된 탄두를 탑재하고 있다.

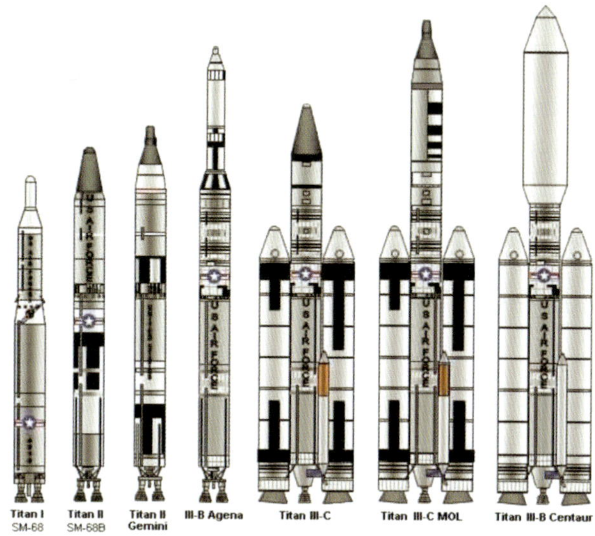

그림 9.27 타이탄 로켓 계열

1) 우주발사체와 미사일의 공통점

두 시스템의 로켓은 일반적으로 다음과 같은 공통 요소를 포함한다.

- 추력을 얻기 위한 추진시스템(엔진 또는 모터)
- 로켓의 몸체를 구성하는 구조물
- 단(staging)
- 로켓의 방향과 속도를 제어하는 유도 및 제어(guidance and control)
- 지상지원 및 발사장비
- 로켓 시스템 통합(system integration)

이러한 공통점은 우주발사체와 미사일 개발 프로그램 사이에 상당한 상호작용을 유발하여 왔다. 위성발사체를 보유하고 있는 국가는 미사일을 개발할 수 있는 능력을 갖추고 있고, 역으로 대륙간 탄도 미사일을 보유하고 있는 국가는 우주발사체를 개발할 수 있는 능력을 갖추고 있다고 볼 수 있다.

대부분의 우주발사체 로켓은 탄도 미사일로부터 개발되었다. 예를 들어, 미국에서 타이탄, 아틀라스 및 델타 로켓 등은 1950년대와 1960년대에 개발된 탄도 미사일로부터 유래되었다. 옛 소련의 스타트(Start) 로켓은 SS-25 대륙간 탄도탄으로부터 개발되었는데, 여기에 상단 모터가 추가되고 재진입 비행체 대신에 탑재체 페어링을 수정하여 활용하였다. 옛 소련 시대에 수백회의 우주 발사를 담당했던 코스모스(Kosmos) 우주발사체 역시 대륙간 탄도 미사일의 1단 로켓으로 사용되었던 SS-4와 SS-5로부터 개발되었다. 중국의 경우도 미사일과 우주발사체 프로그램은 상당히 밀접한 관련이 있다. 미국과 러시아의 우주프로그램과 같이 중국의 우주프로그램 역시 초기에 탄도 미사일을 발사체로 수정하면서 시작하였다. 중국의 대표적인 발사체인 대장정은 CSS-3 및 CSS-4 대륙간 탄도탄을 수정하여 개발되었다.

2) 우주발사체와 미사일의 차이점

앞서 언급한 바와 같이 우주발사체와 미사일의 가장 큰 차이는 탑재체에 있다. 우주발사체는 대부분 탑재체로 위성을 싣고 있으며, 일반적으로 위성 탑재체는 지구로 회수되지 않기 때문에 대기권으로 재진입을 고려하지 않으므로, 재진입시 발생하는 공력이나 열하중을 견뎌야 하는 요구조건이 필요 없다. 반면에 핵, 화학 및 생물학적 탄두를 포함하는 미사일 시스템은 지상의 목표물에 도달하기 위해 우주 비행 후, 다시 대기권으로 진입하는 것이 필요하므로 재진입시 발생하는 고온 고압의 큰 응력을 견딜 수 있어야 한다. 이에 따라 두 시스템은 페어링 장치에서 차이가 발생한다. 우주발사체는 발사 하중으로부터 위성 탑재체를 보호할 수 있는 페어링을 사용하는 반면, 대부분의 탄도 미사일은 페어링과 유사한 슈라우드를 갖고 있으며 발사중에 항력과 응력을 감소시키기 위해 탑재체 위에 놓이는 공력 셀의 역할을 한다.

두 시스템은 비행 경로에 있어서도 큰 차이가 발생한다. 발사체의 경우 주차궤도나 임무궤도에서 비행체를 분리하며 그 궤도에서 선회할 수 있는 초기 속도를 제공하여야 하나, 미사일의 경우 발사된 후, 지상이나 공중의 목표물을 명중시켜야 하므로 비행체가 기동할 수 있는 속도를 비행 종말 단계에 제공하는 것이 필요할 수 있다. 또한 원하는 탑재체를 궤도에 진입시키기 위해서 우주발사체는 보통 미사일보다 높은 속도로 작동된다. 이러한 높은 속도는 종종 고성능 3단 로켓 또는 궤도진입용 모터(kick motor)에 의해 얻어진다. 한편, 대륙간 탄도탄 탑재체는 지구 주위의 궤도에 도달하는 것이 목적이 아니고 지상의 목표물에 탑재체 자체가 충돌하는 것이 주목적이기 때문에 이러한 속도가 요구되는 것은 아니다.

우주발사체 로켓과 탄도 미사일의 유도 및 제어시스템은 비행경로를 감시하고 고고도에서의 바람 또는 중력에 의한 영향을 조정하는 데 사용된다. 우주발사체의 경우에 목적은 미리 정해진 위치, 궤도 또는 지상의 어느 위치에 미리 정해진 속도로 탑재체를 이송하는 것이다. 탄도 미사일 유도시스템의 정밀도는 위성을 궤도에 올려놓는데 요구되는 정밀도를 능가할 수 있으며, 따라서 미사일 유도시스템은 발사체 로켓에서도 사용될 수 있다.

이외에도 우주발사체의 경우 준비 단계를 거쳐 정해진 시간에 발사를 진행하므로 비교적 성능이 우수한 액체 로켓을 활용하는 반면, 미사일의 경우 필요 시점에 즉각 발사할 수 있어야 하므로 고체 로켓을 주로 활용하는 차이도 있다.

CHAPTER 10

회전익 항공기

10.1 회전익 항공기 소개

10.1.1 개요

회전익 항공기(rotorcraft, 또는 회전익기, rotary wing aircraft, 이하 회전익기)는 회전하는 날개로 추력, 양력 및 제어력을 얻는 항공기라고 할 수 있다. 본 절에서는 대표 회전익기인 헬리콥터를 중심으로 회전익기를 소개하고자 한다. 회전익기와 비교되는 항공기는 우리가 통칭 항공기라고 부르는 고정익기(고정익 항공기, fixed wing aircraft)이다.

회전익기는 주로터 추력을 통해 양력, 추진력 및 제어력을 내고, 꼬리 로터 추력을 통해 방향 제어력을 내는 반면, 고정익기는 프로펠러 또는 제트 엔진으로 추진력을 발생하고 속도에 따른 날개에서 양력을 발생하고 조종면을 통해 제어력을 발생한다.

회전익기는 별도의 긴 활주로가 없이 기본적으로 수직으로 이륙 및 착륙이 가능하고(vertical take-off and landing) 제자리 비행 및 저속 비행이 가능한 것이 중요 특징이다. 이러한 비행 특성은 구조, 근접 정찰 및 감시, 공격 등에 매우 유리하게 작용한다. 이와 반대로 고정익기는 이착륙을 위한 긴 활주로가 필요하며, 고속 비행에 유리하다. 따라서 산악지형이 많은 우리나라 지형에서는 긴 활주로가 필요 없는 회전익기 활용도가 높다고 할 수 있다. 유상하중(payload)의 중량 비율은 회전익기는 약 전체 중량 대비 25% ~ 30% 수준이지만 고정익기는 약 60% ~ 65%로 높아 고정익기가 보다 많은 물건을 실을 수 있다. 그림 10.1에 헬리콥터와 고정익기의 차이가 나와 있다.

헬리콥터는 수직으로 이륙 및 착륙이 가능하기 때문에 빌딩 옥상, 선상 갑판, 오일 시추선, 들판과 같은 좁은 지역에서 운용 가능하며 제자리 비행이 가능하기 때문에 인명구조, 중량물 설치 등에 적용 가능하다. 회전익기는 고정익기에 비해 후진 비행이 가능하고 저속 비행이 가능하지만 고정익기는 일정 속도(실속 속도, stall speed) 이상에서만 비행이 가능

그림 10.1 헬리콥터와 고정익기의 힘과 조종면 차이

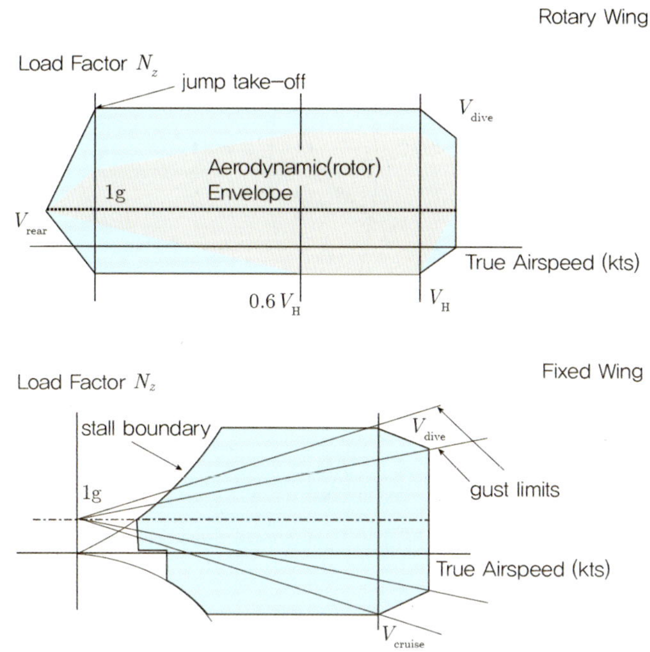

그림 10.2 회전익기(상)와 고정익기(하)의 속도(V)와 하중배수(N)의 관계

하다. 그림 10.2에는 회전익기(상)와 고정익기(하)의 속도(V)와 하중배수(N, load factor)의 관계가 제시되었다. 헬리콥터의 경우 후진 비행이 가능한 것이 특징이며, 고정익기는 어느 일정 속도 이상부터 비행이 가능하다는 것을 확인할 수 있다.

10.1.2 회전익기의 추력 발생 개념

헬리콥터 운용환경은 크게 제자리 비행(hover flight)과 전진 비행(forward flight)으로 나눌 수 있다. 제자리 비행에서는 로터 블레이드가 방위각(azimuth angle) 360도를 따라 회전하면서 겪게 되는 속도가 모두 동일하다. 반면 전진 비행에서는 로터가 회전하는 속도와 전진 비행 속도가 합해지면서 방위각(azimuth angle, ψ) 360도에 따라 속도가 모두 다르다. 제자리 비행시 그림 10.3에 설명되어 있듯이 로터가 회전하면서 모든 방위각 끝단에서 v_{tip} 속도로 동일하다. 전진 비행시는 그림 10.4과 같이 로터 회전속도(ωr)와 전진 속도(v_{fwd})와 상대속도를 구하면 방위각에 따라 모든 속도가 달라진다. 로터 반지름이 r이라고 할 때, 방위각 90도 지점(전진면, advancing side)에서는 로터 깃끝 속도가 $\Omega r + V_{fwd}$로 최대 큰 값이며, 270도 지점(후퇴면, retreating side)에서는 $\Omega r - V_{fwd}$로 가장 작은 값이 된다. 이로서 전진 비행시 비대칭 속도가 생기게 된다. 또한 전진방향 속도와 블레이드 회전속도가 역전되어 유동이 회전방향과 거꾸로 흐르는 영역인 역풍(reverse flow) 영역이

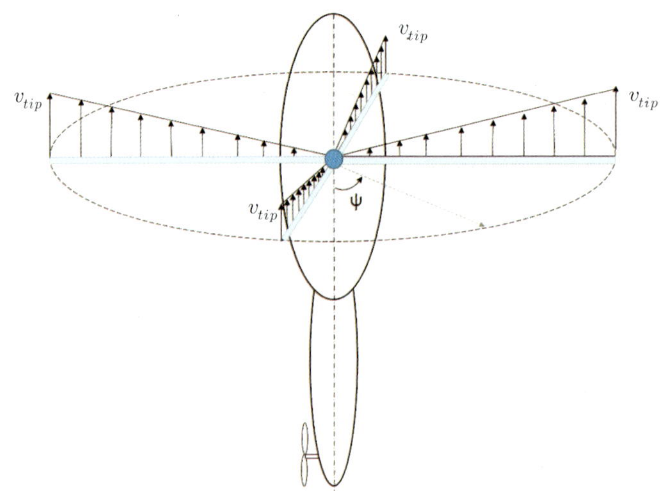

그림 10.3 제자리 비행시 방위각(ψ)에 따른 로터 블레이드 상대속도

생기며, 큰 공기역학적 항력이 생기게 된다.

제자리 비행에서는 로터에서 생성되는 양력과 헬리콥터의 무게가 같아야 한다. 헬리콥터 추력이 로터 회전면 전체에서 생긴다고 보면 로터의 회전 면적이 고정익 항공기에서의 날개면적이 된다. 헬리콥터의 총무게를 로터 회전면적으로 나눈 값을 로터 회전면 하중(disk loading)이라 하며, 고정익 항공기에서의 날개하중(wing loading)과 같은 의미를 갖는다.

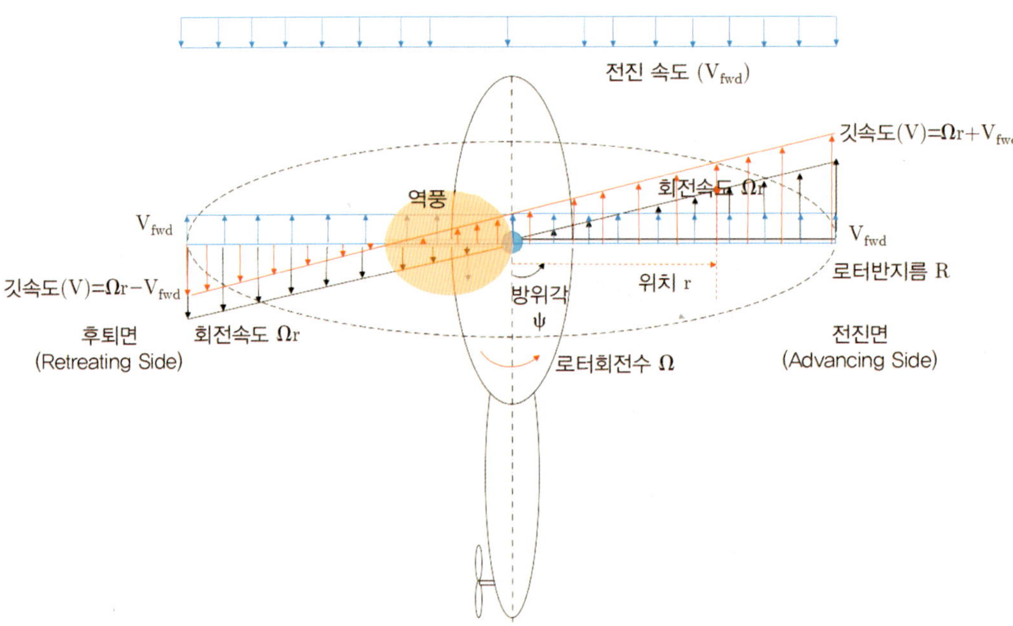

그림 10.4 전진 비행시 방위각에 따른 로터 블레이드 상대속도

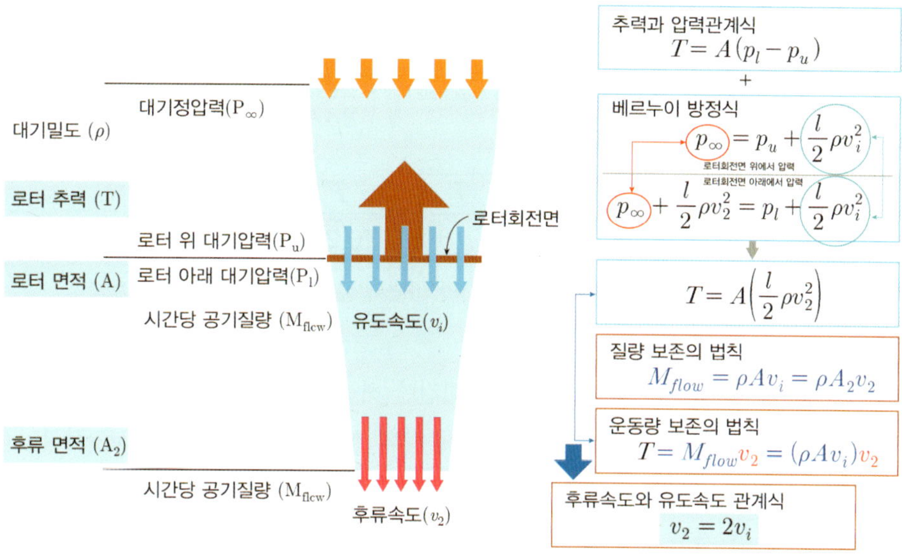

그림 10.5 운동량 이론을 통한 후류속도와 유도속도의 관계

운동량 이론으로 유도속도와 후류속도의 관계를 구할 수가 있으며, 그림 10.5에 간략한 정의와 방정식이 기술되어 있다. 이를 통해 후류속도(v_2)는 유도속도(v_i)의 2배가 된다는 것을 알 수 있다. 또한 후류 면적은 로터 회전면 면적의 1/2배가 된다. 운동량 이론(momentum theory)을 통한 후류속도와 유도속도의 관계가 나와 있다.

위에서 정의된 후류속도와 유도속도의 관계를 통해 로터 회전면 하중(disk loading)을

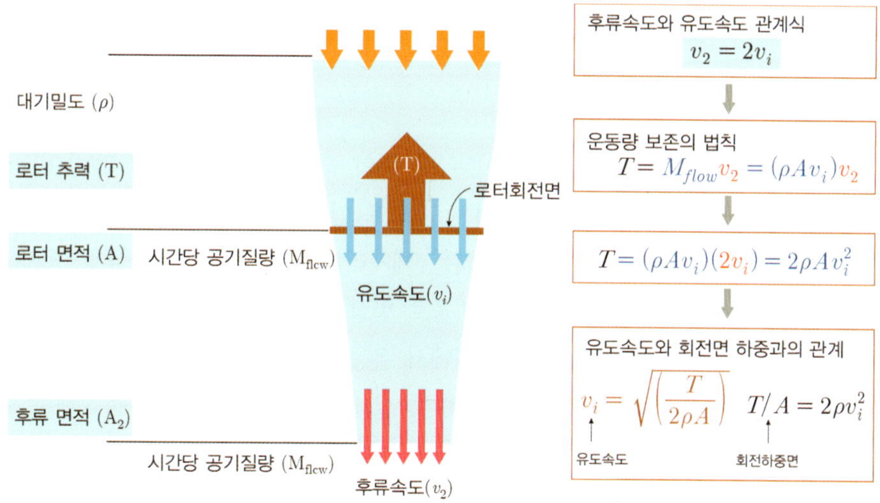

그림 10.6 유도속도와 로터 회전면 하중과의 관계

$$P_i = T v_i$$

$$v_i = \sqrt{\left(\frac{T}{2\rho A}\right)}$$

$$P_i = T\sqrt{\left(\frac{T}{2\rho A}\right)} = \frac{T^{3/2}}{\sqrt{2\rho A}}$$

그림 10.7 운동량 이론에 따른 제자리 비행시 유도동력과 추력과의 관계식

정의할 수 있으며, 대부분의 헬리콥터 로터 회전면 하중은 개략적으로 350~720N/m^2 범위이다. 로터 회전면 하중이 크다는 뜻은 같은 중량의 헬리콥터 기준으로 로터 직경이 작다는 의미이며, 로터에 작용하는 하중이 많이 걸려서 구조 강도에 영향을 미치며, 로터에 의한 후류속도가 너무 커서 헬리콥터가 지면 근처에서 비행할 때 지상의 돌이나 모래를 날려 보내 위험할 수 있으므로, 적당한 회전면 하중이 고려되어야 한다(그림 10.6). 유도속도와 로터 회전면 하중과의 관계가 나와 있다.

운동량 이론(momentum theory)에 따라 제자리 비행시 계산된 로터 추력을 이용하여 소요되는 유도동력(induced power 또는 ideal power, P_i)을 계산할 수 있다. 제자리 비행시 요구되는 추력에 소모되는 동력은 에너지 보존 법칙에 따라 로터에 가해진 에너지는 시간당 유동의 에너지로 전환되며 이는 로터 추력(T)과 유도속도(v_i)를 만드는데 소모되는 동력이 된다. 그림 10.7에서와 같이 위에서 구한 유도속도와 추력과의 관계식을 대입하면 유도동력과 추력과의 관계식도 도출된다. 여기서 계산된 유도동력은 이상적인 동력(ideal power)으로서 유입유동이 균일하고 점성에 의한 손실도 고려하지 않은 것이다.

10.1.3 회전익기 성능 요소

헬리콥터의 성능 요소 중 가장 많이 쓰이는 것 중의 하나가 제자리 비행 효율(Figure of Merit, FM)이다. 제자리 비행 효율은 무차원 값으로 헬리콥터 크기에 관계없이 적용할 수 있는 장점이 있다. 제자리 비행 효율 정의는 제자리 비행시 요구되는 실제 동력(actual power) 대비 이상적인 동력(ideal power) 비율로 항상 1보다 작게 된다. 일반적으로 0.6 ~ 0.8 범위의 값을 갖는다. 이상적인 동력은 위에서 운동량 이론에 근거하여 요구추력을 생성하기 위한 유도동력(induced power)을 의미하며, 실제 동력은 실험값으로 측정해서 구하게 된다. 제자리 비행 효율의 의미는 실제 같은 동력으로 얼마나 큰 추력을 낼 수 있느냐를 나타내며, 반대로 같은 추력을 내는데 얼마나 작은 동력이 드느냐를 의미한다고 할 수 있다.

실제 동력은 유도항력(induced drag)과 형상항력(profile drag)을 극복하는데 소요되는 동

제자리 비행 효율(Figure of Merit, FM)

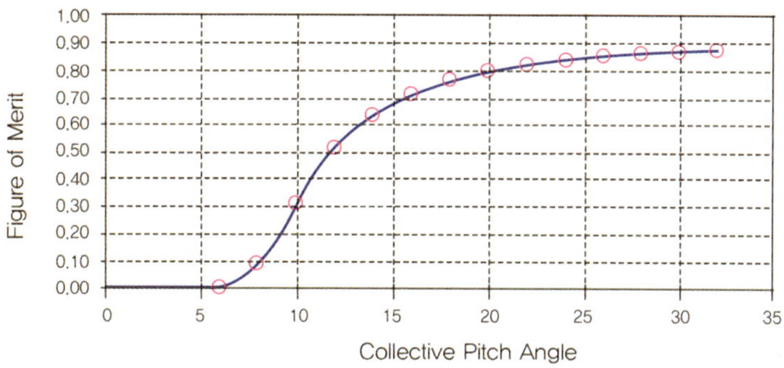

그림 10.8 제자리 비행 효율과 콜렉티브 피치각의 관계

력이 된다. 로터 회전시험을 통해 추력(T)과 토크(Q)를 측정하면 추력을 내는데 필요한 유도동력(P_i)을 수식을 통해 구하고, 측정된 토크(Q)와 로터 회전각속도(Ω)를 곱하면 실제동력을 구할 수 있게 된다. 이 두 개의 값을 이용하여 제자리 비행 효율을 구할 수 있다. 대표적인 제자리 비행 효율과 콜렉티브 피치각 또는 추력과의 관계를 그림 10.8에 제시하였다.

(1) **로터 직경 :** 동일 중량의 헬리콥터 설계시 로터 직경을 크게 하면 로터 회전면 하중이 작아져서 유도속도가 작아지고, 유도속도가 작아지면 제자리 비행 효율이 증가된다. 즉 많은 유상하중을 들 수 있는 장점이 있지만 사이즈가 커질 수 있으며, 헬리콥터를 운용시 불편할 수 있다. 일반적으로 중량이 정해지면 로터 회전면 하중을 통해서 로터 직경을 결정하게 된다. 대표적인 헬리콥터 중량과 회전면 하중의 관계를 그림 10.9에 제시하였다.

(2) **깃끝 속도 :** 로터 블레이드의 끝 속도(blade tip speed)를 크게 하면 실속 지연이나

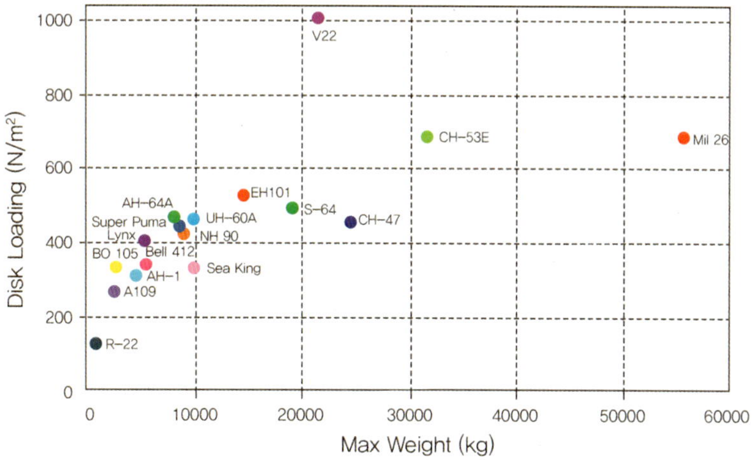

그림 10.9 헬리콥터 중량과 로터 회전면 하중과의 관계

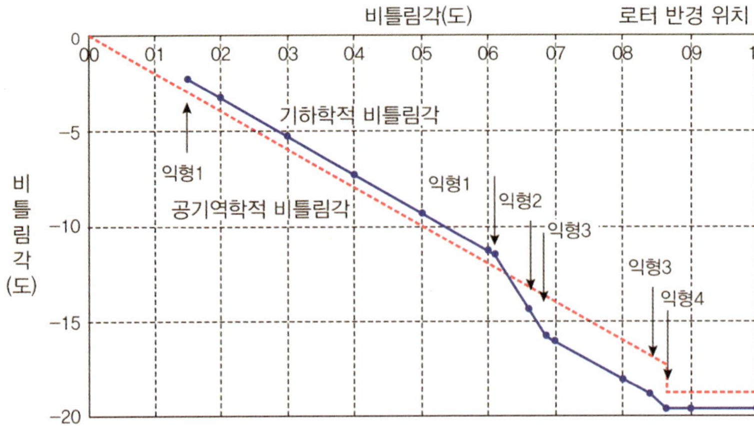

그림 10.10 로터 블레이드 비틀림각 제시 예

낮은 받음각 등으로 공기역학적 성능은 좋아지지만 소음 특성은 나빠지게 된다. 또한 큰 회전속도에 따른 원심력 하중이 커지기 때문에 구조 강도 및 안전성을 고려해야 한다. 따라서 일반적으로 공기역학적 성능, 구조안전성 및 소음특성 등을 고려해서 제자리 비행 기준으로 마하수 0.6 ~ 0.7의 범위에서 설계되며, 전진 속도까지 고려시 마하수 0.6 ~ 0.9 사이로 설계하는 것이 일반적이다.

(3) **비틀림각 :** 로터의 비틀림각(twist angle)은 공기역학적 성능에 영향을 미치는 중요한 설계 인자이다. 그래서 설계 초기 단계에서 정의되어야 하는 중요한 요소이다. 비틀림각은 헬리콥터 제자리 비행 효율과 전진 비행시 진동하중에 밀접하게 관련되어 있다. 일반적으로 로터 비틀림각을 크게 주면 제자리비행 효율이 증가하는 반면, 전진 비행시에는 진동 하중이 크게 증가하게 된다. 기존 통상적인 비틀림각 분포는 8° ~ 15° 사이에서 분포하고 있으며, 특별한 익형을 사용하면 좀 더 큰 값을 가질 수 있다. 일반적으로 전체적으로 제자리 비행과 전진 비행 효율을 모두 동등하게 충족하려면 8° 정도가 적당하다. 만약 제자리 비행 효율이 더 중요하고 일정한 진동이 허용된다면 14° ~ 18°도 적용할 수 있다. 대표적인 로터 블레이드 비틀림각 분포의 예를 그림 10.10에 제시하였다.

(4) **로터 블레이드 개수 :** 블레이드의 개수를 증가시키면 진동이나 소음특성은 좋아지는 반면, 로터 허브 구조가 복잡해지고, 중량을 증가시키며, 로터 허브 항력이 증가하여 공력 성능이 저하될 뿐만 아니라 이로 인한 운용 유지비용이 증가하게 된다. 따라서 공기역학적 성능보다는 진동 특성이나 구조설계 관점에서 결정되어야 한다. 일반적으로 블레이드 면적 또는 고형비가 먼저 정해지면, 블레이드 개수는 동역학적 측면에서 결정하게 된다. 일반적으로 소형 헬리콥터는 2 ~ 3개, 중형 헬리콥터는 3 ~ 5개, 대형은 6 ~ 8개가 최대이다.

10.2 헬리콥터 비행 원리

헬리콥터는 고정익기와 달리 전진 비행뿐만 아니라 제자리 비행, 후진 비행, 좌우 비행이 가능하다. 본 절에서는 헬리콥터의 제자리 비행과 전진 비행의 원리에 대하여 살펴본다.

10.2.1 제자리 비행 또는 정지 비행

헬리콥터 특유의 장점인 제자리 비행(hover flight)은 전후, 좌우 및 상하 방향으로의 이동이 거의 없는 상태로 고도를 유지하며 공중에 떠 있는 상태이다. 로터 깃은 회전축에 가까운 부분에서는 공기속도가 거의 영인데 반해 로터 깃의 끝부분에서는 천음속 영역에 가까울 정도의 속도를 가지게 된다. 따라서 로터 깃의 각 단면에서 발생되는 양력과 항력의 크기도 그 위치에 따라 다르다. 공기흐름의 성질에 큰 영향을 미치는 레이놀즈수도 1~6×10^6 정도의 대단히 넓은 폭을 가지게 된다. 로터 발생 전체 추력을 구하는 이론으로 운동량 이론(momentum theory)과 깃 요소 이론(blade element theory)이 있다. 앞서 운동량 이론에 의한 추력을 구하는 이론은 기술되어 본 절에서는 깃 요소 이론에 의한 추력 구하는 방법을 소개하고자 한다.

깃 요소이론에서는 깃의 한 단면에 작용하는 공기흐름에서부터 양력과 항력을 구하고, 이 힘들을 회전면에 수직한 성분과 평행한 성분으로 나누어 수직한 성분을 로터 중앙의 깃 요소에서 깃끝까지 적분하여 깃의 매수와 곱하면 로터 회전면에서 발생되는 추력의 크기를 얻게 된다. 한편 회전면과 평행한 힘 성분에 구동축으로부터의 거리를 곱하여 적분하고 깃의 매수를 곱하면 축 구동에 필요한 토크를 얻게 된다. 이를 로터 깃의 한 단면에 대해 고려하면 그림 10.11과 같다. 에어포일의 시위선과 로터의 회전면이 이루는 각을 깃각이라 하여 θ로 표시한다. 이 깃각은 스워시판을 통하여 조종사가 조종하도록 되어 있다. 받음각은 시위선과 상대풍이 이루는 각이므로 제자리 비행에서 상대풍의 방향은 그림 10.11에서와 같이 로터가 회전함에 따라 발생하는 선속도 V_r과 로터면에서의 하향 유도속

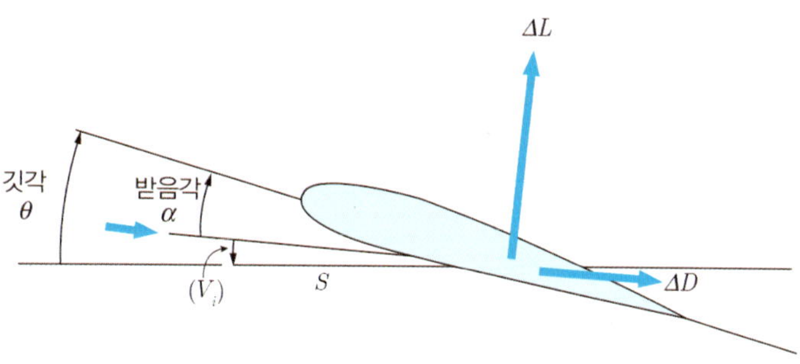

그림 10.11 깃 요소에 작용하는 상대풍의 방향

도인 V_i가 벡터적으로 합해져 결정된다. 따라서 받음각(α)은 깃각보다 작아진다는 것을 알 수 있다. 유도속도는 에어포일의 공력특성에 따라 결정되고 깃각은 비틀림각도 고려되어야 하므로 상대풍의 유효 받음각은 각 단면마다 달라진다. 최적의 로터란 구동토크에 대한 로터 추력이 크고 넓은 비행 영역에서 높은 효율이 유지되는 형태이다. 이에 기여하는 요소로는 로터 단면의 에어포일, 비틀림 및 전체 로터면의 면적에 대해 깃이 차지하는 면적비인 고형비(solidity ratio) 등이 있다. 고형비는 대개 6 ~ 10%이다.

10.2.2 전진 비행

헬리콥터가 전진 비행(forward flight)을 하게 되면 제자리 비행할 때의 조건과는 달리 깃 요소에 작용하는 상대풍의 방향과 크기가 로터의 회전 위치에 따라 주기적으로 변화된다. 그림 10.16에서와 같이 깃 요소에 작용하는 상대풍 V_t의 방향과 크기는 회전에 의한 속도 V_r과 헬리콥터의 전진속도 V가 서로 벡터적으로 합해져 작용하게 된다. 로터 깃의 회전 위치를 표시하기 위하여 회전각 Ψ를 사용하는데, 로터 깃이 조종사의 뒤쪽에서 꼬리를 향하고 있을 때를 0°로 하여 회전이 진행되는 각도로 표시한다. 로터의 깃이 $\Psi = 90°$ 위치에서는 두 속도가 같은 방향이기 때문에 서로 대수적으로 합해져서 최대가 되고 반대로 뒤로 돌아나가는 위치인 $\Psi = 270°$에서는 두 속도가 대수적으로 상쇄되어 최소가 된다. 다른 위치에서는 전진속도와 회전에 의한 속도가 서로 평행하지 않기 때문에 벡터적인 합은 깃 단면의 앞전에 수직하지 않은 방향으로 작용하게 된다. 이와 같이 앞전에 대해 경사되게 작용하는 상태는 후퇴익과 같은 효과를 나타낸다. 뒤로 돌아가는 깃이 $\Psi = 270°$ 부근에서는 로터 깃 중 허브에 가까운 부분에서 회전에 의한 속도가 전진속도보다 적은 부

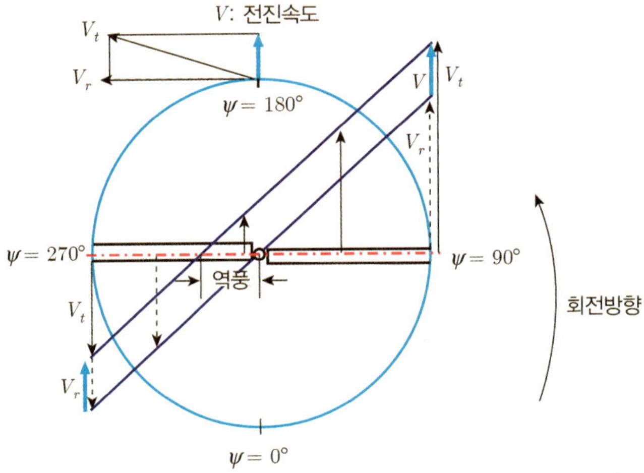

그림 10.12 전진 비행시의 속도벡터 방향

분이 생겨나 상대풍의 방향이 에어포일 뒷전에서 작용하게 된다. 이 부분을 역풍(reverse flow) 영역이라 한다. 전진속도가 커질수록 이 역풍 영역이 커지며, 이 부분의 날개는 양력발생에 전혀 기여하지 못하면서 항력만 크게 발생시킨다. 회전각 Ψ = 90°에서는 에어포일에 작용하는 속도가 최대가 되어 마하수가 항력발산 마하수 근처에 이르러 깃 끝에서 충격파가 발생할 수 있다.

이러한 경우에는 항력이 급격히 증가하여 더 이상 전진속도를 빨리 할 수 없는 한계가 발생한다. 또한 Ψ = 270° 근처에서는 전진속도가 빨라질수록 역풍 영역이 증가하여 양력발생에 기여하지 못하는 부분이 커지고, 과도한 플래핑의 결과 받음각이 증가하여 실속 받음각에 이르므로 역시 전진속도에서 한계가 있게 된다. 만약 깃의 회전위치에 따른 깃각을 일정하게 고정하여 전진 비행을 하게 되면 서로 다른 상대풍의 속도 때문에 좌우 양쪽에 불균형이 일어난다는 것을 알 수 있다. 로터 회전면에서의 양력분포의 불균형을 해결하는 방법은 상대속도의 차이를 상쇄시킬 수 있도록 전진하는 깃과 뒤로 돌아나가는 깃의 받음각을 바꿔주는 것이다. 즉 앞으로 돌아가는 순간에는 깃각을 감소시키고 뒤로 돌아 들어가는 순간에는 깃각을 증가시키는 방법이다. 어떤 헬리콥터는 주기적인 변화를 기계적으로 주는 작동을 채택하기도 하지만 현재의 헬리콥터들은 플래핑 힌지(flapping hinge)를 사용하고 있다. 플래핑 힌지의 역할은 이 힌지를 통하여 모멘트가 전달되지 않도록 하기 위한 것이다. 힌지에 모멘트가 전달되지 않는다는 것은 힌지에서 모멘트 합이 영이 되지만 상대속도 차이에 따른 양력의 불균형은 있으므로 회전위치에 따라 평형이 이루어지는 플래핑각이 다르다. 로터 깃의 단면에 작용하는 바람의 유효 받음각은 전진속도와 회전에 의한 속도 벡터의 합으로 결정된다. 플래핑 속도가 있으면 이 속도가 받음각을 변화시키게 되고, 깃이 들려 올라가는 경우는 유효받음각이 감소되는 결과가 되어 양력이 감소하게 된다. 또한 플래핑하여 내려가는 경우에는 받음각이 증가되어 양력이 증가하게 된다. 이와 같은 원리에 의해 플래핑하는 깃에서는 조종사가 별도의 조작을 하지 않더라도 자동적으로 양력 불균형에 의한 모멘트의 변화를 제거하게 된다.

전진속도가 커지면 플래핑하는 속도가 커져 유효 받음각이 매우 커지면서 실속에 들어간다. 헬리콥터의 로터 깃에서 발생하는 실속은 고정익 항공기에서의 실속보다 더 큰 받음각에서 일어난다. 로터 깃은 회전하면서 플래핑하기 때문에 어느 회전위치에서 받음각이 정적실속각보다 더 커지더라도 깃에 실속현상이 나타나기 전에 다시 받음각이 작아져서 정적실속각에서는 실속현상이 나타나지 않고 더 큰 받음각이 되어야 실속현상이 나타난다. 이와 같이 받음각이 주기적으로 변화되는 깃에서의 실속을 동적실속(dynamic stall)이라 한다. 로터에서 동적실속이 일어날 가능성이 큰 영역은 뒤로 돌아가는 Ψ = 270° 부근이며, 전진속도와 회전에 의한 속도와의 차이로 절댓값이 작고 아래 방향으로 플래핑하는 속도가 가장 큰 부분이기 때문에 받음각이 다른 어떤 부분보다 커진다. 현재 사용되고 있는

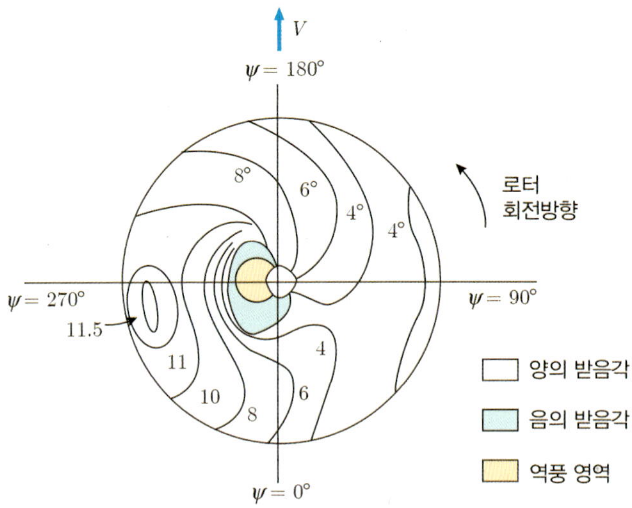

그림 10.13 전진 비행 중인 로터 받음각 분포의 예

헬리콥터의 전진 비행 상태에 대해 로터 전체에 걸친 받음각의 분포의 예를 제시하면 그림 10.13과 같다.

10.2.3 지면 효과

헬리콥터도 고정익 항공기와 마찬가지로 이착륙에서 지면과 거리가 가까워지면 양력이 더 커지는 현상이 일어난다. 이것을 지면 효과(ground effect)라 한다. 여기서 지면과 가깝다는 뜻은 로터 회전면이 낮은 고도에 있어 로터의 후류가 지면에 의해 영향을 받게 되는 것을 의미한다. 지면에서는 지면과 수직한 방향으로 공기의 흐름속도가 있을 수 없으므로, 그림 10.14에서와 같이 후류속도가 지면의 영향을 받아 줄어들게 되므로 로터 회전면을 지나는 유도속도도 감소하게 된다. 유도속도의 감소는 로터 깃의 단면에 대해 받음각을 증가시키는 결과를 가져와 양력벡터의 크기를 증가시킬 뿐만 아니라 그 방향도 수직에 더욱 가깝도록 재배치시켜 회전면에 수직한 공기력은 크게 증가하게 된다. 따라서 같은 동력을 가지고 지면에서 멀리 있을 경우보다 지면 효과가 나타나는 고도에서 큰 중량을 지탱할 수 있다.

지면 효과에 의해 추력이 증가되는 비율을 지면에 대한 로터의 높이에 따라 나타내면 그림 10.15와 같다. 로터면이 로터 반경 정도의 높이에 있는 경우 지면 효과에 의한 추력의 증가는 약 7%가 되며, 로터면의 높이가 로터 직경보다 커지면 지면 효과가 거의 나타나지 않는다는 것을 알 수 있다.

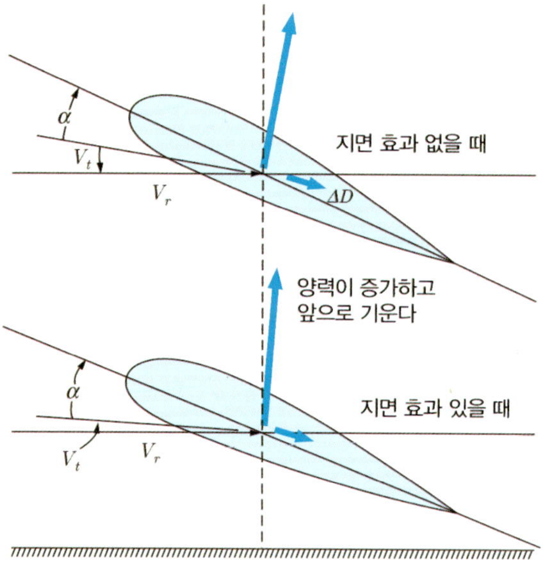

그림 10.14 지면 근처에서의 공기흐름 상태

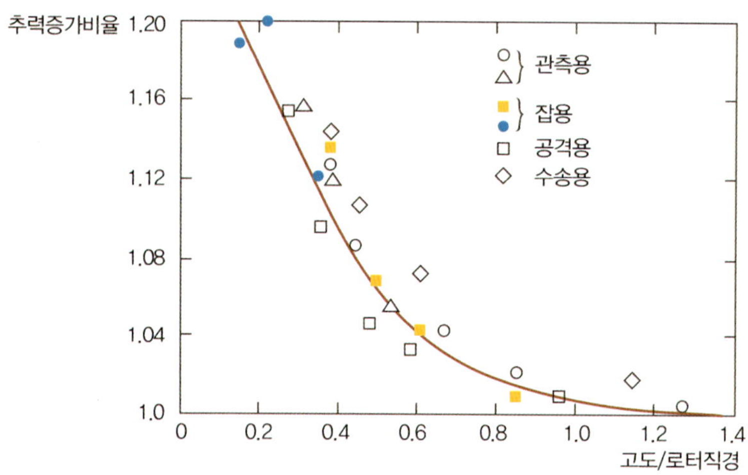

그림 10.15 지면 효과에 의한 추력 증가비

10.2.4 천이 비행

앞 절에서는 헬리콥터가 제자리 비행할 때와 전진 비행할 때의 특성을 따로 해석하였다. 지면에서 수직으로 약간 상승하여 제자리 비행한 상태로부터 전진 비행으로 천이하는 과도적인 상태를 천이 비행(transition flight)이라 한다. 이 상태는 가속력에 의해 시간에 따

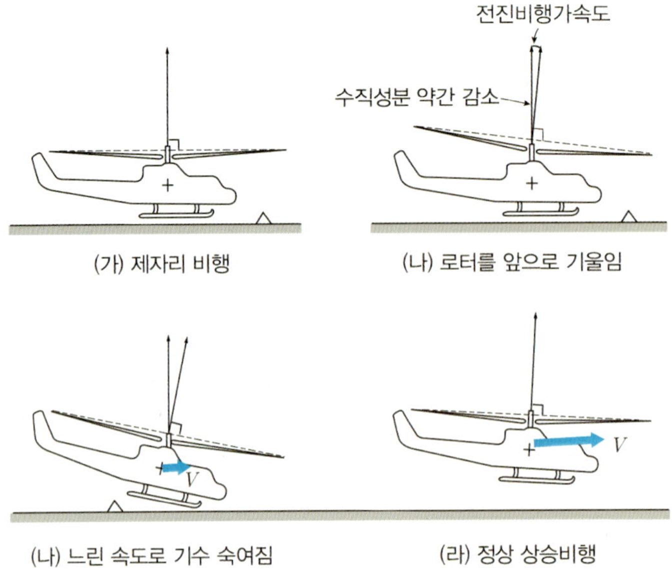

그림 10.16 헬리콥터의 단계별 천이 비행

라 속도가 변화하고 있기 때문에 평형상태로 볼 수가 없다는 것이 특징이다. 그림 10.16 (가)와 같이 착륙장치가 지면에서 1m 정도의 높이가 되도록 제자리비행하고 있는 헬리콥터를 생각하자. 이때는 지면 효과를 받고 있기 때문에 이 상태에서 필요한 엔진출력은 지면 효과를 벗어났을 때보다 적을 것이다. 이런 상태에서 조종사가 세로 사이클릭 조종간을 약간 앞으로 밀면 그림 10.16 (나)와 같이 로터 회전면이 앞으로 기울어진다. 그러나 스와시판 상하위치를 결정짓는 콜렉티브 조종간은 그대로 유지시켜 전체 로터 추력을 일정하게 둔다. 따라서 초기비행은 전진하면서 약간 하강하는 방향이 된다. 약간의 시간이 지나면 전진속도가 어느 정도 커진 반면 고도는 줄어들수록 지면 효과가 증대되어 수직력이 증가하므로 거의 변화가 없다. 기체의 자세를 고려하면 제자리비행에서 양력벡터와 무게중심이 같은 선상에 있던 것이 로터를 약간 앞으로 기울이면 추력벡터의 작용점이 무게중심의 뒤로 이동하여 그림 10.16 (다)과 같이 동체의 기수는 숙여지는 모멘트를 받아 기울어진다. 속도가 점점 커지면 동체에서도 항력이 발생하여 더 가속하기 위해서는 로터 회전면을 더 기울여야 한다. 로터 회전면을 기울일 때 발생하던 기수를 숙이려는 모멘트는 속도에 의해 수평안정판의 역할이 커지므로 상쇄되어 기체의 자세는 정상으로 회복된다. 전진속도가 어느 정도에 도달할 때까지 속도의 증가에 따른 필요마력이 감소하므로 마력의 여유가 커져 콜렉티브 조종간도 함께 사용할 수 있게 되어 적절한 상승률을 얻는다. 속도가 더 빨라지면 잉여마력이 커지고 상승률도 더욱 커져서 원하는 비행속도까지 상승하고 그림 10.16 (라)와 같이 정상 전진비행으로 천이할 수 있게 된다.

10.2.5 자동회전

헬리콥터가 자동회전(autorotation)하는 상태는 고정익 항공기가 동력 없이 활공하는 상태와 같다. 헬리콥터가 비행 중 갑자기 엔진이 정지하는 경우 초기에 로터는 회전수가 감소하기 시작하며, 일정한 고도만큼 하강하면 더이상 회전수가 감소하지 않고 일정한 하강률을 확보하여 안전하게 착륙하게 된다. 이것은 바로 자동회전의 원리에 의해 가능한 것이다. 자동회전이란 로터 축에 토크가 작용하지 않은 상태에서도 일정한 회전수를 유지하게 되는 것을 말한다. 자동회전하면서 하강하는 헬리콥터의 로터에서는 기체의 자중과 같은 크기의 로터 추력이 발생되고 있는데, 이는 깃에 작용하는 항력에 의한 토크를 이기고 회전속도를 유지하기 위해 필요한 에너지를 고도의 감소에 따른 위치에너지로 충당한다. 바람을 받아 회전하면서 발전기를 돌리는 풍차는 운전조건이 다를 뿐 구조적으로는 헬리콥터 로터의 자동회전과 다를 것이 없다. 따라서 운전 조건을 조절함으로써 엔진의 동력을 공급하여 양력을 발생시키도록 할 수 있고, 또한 바람을 받으면서 그 동력을 이용하도록 할 수도 있다. 자동회전은 이와 같은 두 가지 상태의 경계라고 볼 수 있다. 그림 10.17과 같이 자동 회전하는 상태에 있는 로터 단면을 생각해보자. 이때 양력과 항력은 상대풍에 대하여 각각 수직과 수평 방향으로 작용한다. 상대풍은 헬리콥터의 전진속도, 하강속도, 회전에 의한 속도 및 플래핑에 의한 속도 등이 벡터적으로 합해져 나타난다. 그림에서는 기본원리를 간단하게 이해하도록 플래핑에 의한 속도를 제외하였다. 깃 단면에 작용하는 양력과 항력은 상대풍 속도의 크기와 받음각에 의하여 결정된다. 받음각은 수직 하강 속도에 의한 각인 ϕ와 깃 단면이 갖는 깃각인 θ가 더하여진 값이 된다. 로터에 동력을 가하지 않은 상태 즉 토크가 없는 상태로 회전해야 하는데, 토크는 로터 중심에서 단면까지의 거리와 회전면에 평행한 방향의 힘을 곱한 값이다. 따라서 로터 깃 단면에서의 양력은 회전면에서 앞쪽으로 기울어져 있으므로 양력 중 회전면에 평행한 성분이 항력과 서로 상쇄된다면 이러한 깃 요소에 대한 회전축 토크는 영이 된다.

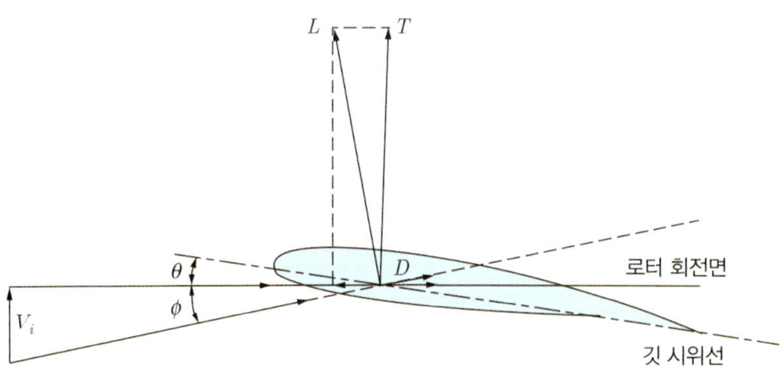

그림 10.17 자동회전 중에 있는 깃 요소

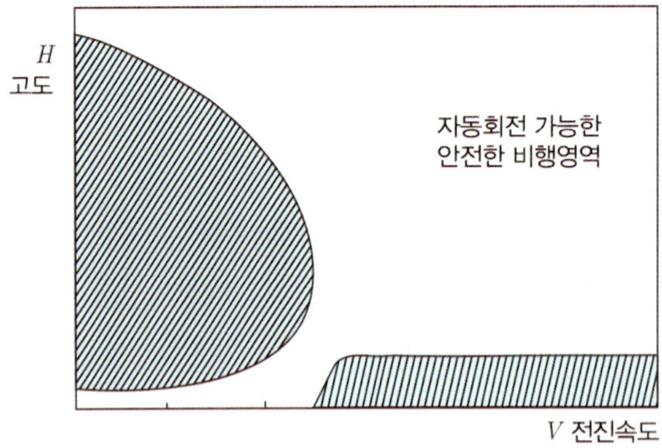

그림 10.18 단일 엔진 헬리콥터의 V–H 선도

자동회전이 이루어지는 깃각과 하강률은 깃 단면의 형상항력계수와 양력계수의 비에 따라 결정되므로 비행조건에 따라서는 안정된 자동회전이 이루어지지 않는 범위가 주어진다. 자동회전이 되는 깃각의 범위는 상당히 넓지만 각 헬리콥터마다 엔진이 정지한 경우에도 안전한 착륙을 할 수 있는 고유한 비행영역을 고도와 속도로 나타낼 수 있다. 이것을 V-H 선도라고 하며, 그림 10.18에 단일 엔진을 장착한 헬리콥터의 전형적인 예를 보였다. 고도가 낮은 상태에서는 콜렉티브 조종간을 작동하여 약간 수직상승한 후 사이클릭 조종간을 이용하여 전진속도를 크게 하도록 가속하고, 전진속도가 빨라지면서 점차 고도를 높여나가는 비행 방법이 엔진 고장시 자동회전으로 들어갈 수 있는 가능성을 높여 안전이 보장된다. 전진속도가 없이 고도만 높으면 자동회전으로 들어가는 깃각의 조건이 만들어지지 않으며, 전진속도가 빠른 반면 고도가 너무 낮으면 자동회전으로 들어가기 위한 시간적 여유가 없다.

오토자이로(autogyro) 또는 자이로콥터(gyrocopter)가 비행하는 원리도 그림 10.19에서와 같은 자동회전에 의해 설명할 수 있는데, 단지 그림 10.19에서는 로터 회전면을 수평으

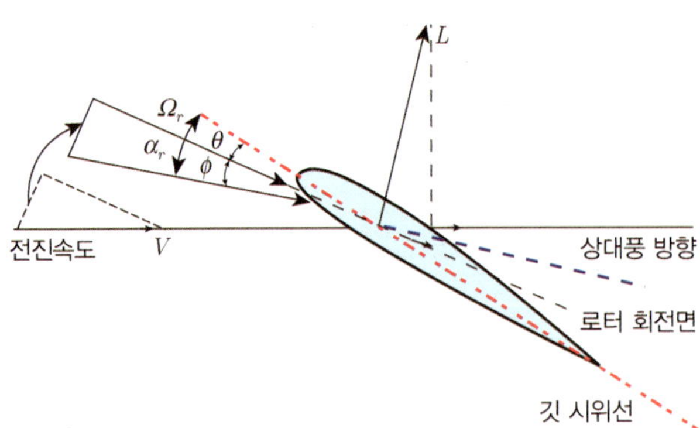

그림 10.19 오토자이로의 로터 깃 단면

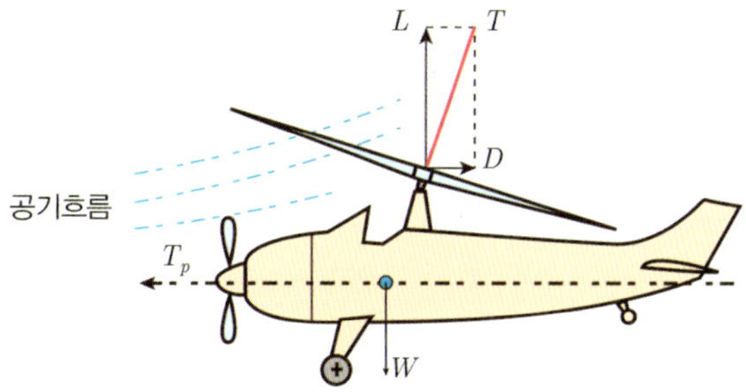

그림 10.20 오토자이로의 힘 평형

로 놓고 수직 하강 속도가 있다고 보았다. 오토자이로에서는 그림 10.19와 같이 로터 회전면을 기울인 상태로 가정한다. 전진속도 중 회전면과 수직한 성분은 그림 10.19에서의 수직 하강 속도와 같이 취급할 수 있다.

그림 10.20에서 회전에 의한 속도 X_r은 회전면과 같은 방향이 되고 전진속도 V는 수평방향이라고 하면 두 속도가 벡터적으로 더하여져 에어포일에 작용하는 상대풍의 유효 받음각 α_r이 된다. 양력과 항력은 상대풍에 대해 수직, 수평방향으로 각각 발생되므로, 우선 두 성분을 로터 회전면에 수직인 성분과 수평인 성분으로 분해하면 양력에 의한 수평성분은 회전면 앞쪽으로 향하고 항력으로 인한 수평성분은 뒤쪽으로 향하므로 이 두 성분의 크기가 같으면 자동회전 상태가 이루어진다. 이번에는 깃 요소에서 발생하는 양력과 항력을 깃 전체에 대해 적분하여 로터 추력을 얻고 전진속도와 수직인 방향은 오토자이로의 무게와 같고 전진방향과 반대방향의 힘은 오토자이로에 붙어 있는 프로펠러의 추력과 같다. 이 상태를 그림 10.20에 나타내었다.

10.3 헬리콥터의 종류

10.3.1 단일로터 헬리콥터

단일로터 헬리콥터(conventional helicopter) 형태는 가장 많이 쓰이는 형태이다. 이 헬리콥터의 주요 특징은 단일 주로터(single main rotor)와 단일 꼬리로터(single tail rotor)로 구성된 형태이다. 주로터는 주요 양력(lift)을 생성하고 제자리 비행(hovering) 및 전진 비행(forward flight)에 필요한 비행 제어력을 감당한다. 꼬리로터는 주로터에 의해 생기는 토크를 상쇄하기 위한 반토크 기능과 헬리콥터 요잉(yawing)을 위한 비행 제어력을 감당한다.

일반 헬리콥터의 장점은 한 개의 주로터로 비행에 필요한 양력을 집중해서 낼 수 있고,

표 10.1 일반 헬리콥터 제어 원리

6-자유도 운동	조종	비고
수직방향 비행(vertical)	주로터 콜렉티브 피치	
종방향 비행(longitudinal)	주로터 종방향 사이클릭 피치	
횡방향 비행(lateral)	주로터 횡방향 사이클릭 피치	
피치 운동(pitch)	주로터 종방향 사이클릭 피치	
롤 운동(roll)	주로터 횡방향 사이클릭 피치	
요 운동(yaw)	꼬리로터 콜렉티브 피치	

그림 10.21 최초의 국산 헬리콥터 수리온(KUH-1)

비교적 주로터 조종시스템이 단순하여, 비행체 내부 공간 활용도가 좋다는 것이다. 단점으로는 헬리콥터 무게중심의 변동 범위가 비교적 크다는 것, 반토크를 위한 꼬리로터 동력사용에 따른 양력을 위한 일부 동력 손실, 꼬리로터의 지상 인력 안전성 위협, 승객에 대한 소음 및 저속에서의 비대칭 비행특성 등이 있다.

10.3.2 동축로터 헬리콥터

동축로터 헬리콥터(coaxial helicopter) 형태는 두 번째로 많이 쓰이는 형태이다. 주로 러시아 헬리콥터에서 많이 적용하고 있으며, 최신 미국 시콜스키사에서 고속 헬리콥터 연구에 적용하고 있다. 이 헬리콥터의 주요 특징은 두 개의 주로터를 상하로 배치하여 서로 반대로 회전하게 함으로써 토크를 서로 상쇄시켜 꼬리로터를 제거한 형태이다. 두 개의 상하 주로터는 주요 양력(lift)을 생성하고 제자리 비행(hovering), 전진 비행(forward flight) 및 요잉(yawing)을 위한 비행 제어력을 모두 감당한다.

동축로터 헬리콥터의 장점은 두 개의 주로터로 비행에 필요한 양력을 모든 동력으로 낼 수 있고, 꼬리로터가 없어 비교적 트랜스미션이 단순하고 안전성도 증가되며, 비행체 내부 공간 활용도가 좋고, 고기동 성능이 좋다는 것이다. 단점으로는 상하 두 개 로터로 인한 허

표 10.2 동축반전 헬리콥터 제어 원리

6-자유도 운동	조종	비고
수직방향 비행(vertical)	상하 로터 콜렉티브 피치	
종방향 비행(longitudinal)	상하 로터 종방향 사이클릭 피치	
횡방향 비행(lateral)	상하 로터 횡방향 사이클릭 피치	
피치 운동(pitch)	상하 로터 종방향 사이클릭 피치	
롤 운동(roll)	상하 로터 횡방향 사이클릭 피치	
요 운동(yaw)	상하 로터 다른 콜렉티브 피치	

그림 10.22 대한민국 산림청 운용중인 러시아제 Ka-32T 산불진화 헬리콥터

브 항력(hub drag) 증가, 복잡한 로터 조종 시스템(complex control system), 상하 로터의 공기력 간섭에 의한 성능 저하, 자동회전 비행시 요 제어가 반대로 나타나는 현상 등이 있다.

10.3.3 앞뒤로터 헬리콥터

앞뒤로터 헬리콥터(tandem helicopter)는 세 번째로 많이 쓰이는 형태이다. 주로 미국 헬리콥터에서 많이 적용하고 있으며, 주로 대형 수송 헬리콥터에 적용하고 있다. 이 헬리콥터의 주요 특징은 두 개의 주로터를 앞뒤로 배치하여 전방 로터와 후방 로터가 서로 반대로 회전하게 함으로서 토크를 서로 상쇄시켜 꼬리로터 없이 주로터 두 개로 운용되는 형태이다. 두 개의 앞뒤 주로터는 주요 양력(lift)을 생성하고 제자리 비행(hovering), 전진 비행(forward flight) 및 요잉(yawing)을 위한 비행 제어력을 모두 감당한다.

앞뒤로터 헬리콥터의 장점은 두 개의 앞뒤 주로터로 비행에 필요한 양력을 모든 동력으로 낼 수 있고, 비행체의 무게중심 앞뒤 여유가 많으며, 비행체 항력이 적고, 엔진과 기어

표 10.3 앞뒤로터 헬리콥터 제어 원리

6-자유도 운동	조종	비고
수직방향 비행(vertical)	앞뒤 로터 콜렉티브 피치	
종방향 비행(longitudinal)	앞뒤 로터 종방향 사이클릭 피치	
횡방향 비행(lateral)	앞뒤 로터 횡방향 사이클릭 피치	
피치 운동(pitch)	앞뒤 로터 다른 콜렉티브 피치 앞뒤 로터 종방향 사이클릭 피치	(트림) (기동)
롤 운동(roll)	앞뒤 로터 횡방향 사이클릭 피치	
요 운동(yaw)	앞뒤 로터 다른 사이클릭 피치	

그림 10.23 대한민국 육군 운용중인 미국 보잉사 CH-47 치누크(Chinook) 헬리콥터

박스 등 소음원이 객실과 멀어 내부소음이 상대적으로 작다는 것이다. 단점으로는 앞뒤 두 개 로터로 인한 복잡한 트랜스미션 구조, 복잡한 로터 조종 시스템(complex control system), 비교적 큰 동체 크기, 유지보수비용의 증가, 앞뒤로터의 공기력 간섭에 의한 성능 저하 등이 있다.

10.3.4 좌우로터 헬리콥터

좌우로터 헬리콥터(side-by-side helicopter)는 네 번째로 많이 쓰이는 형태이다. 이 헬리콥터의 주요 특징은 두 개의 주로터를 비행체 좌우 옆으로 나란히 배치하여 좌로터와 우로터가 서로 반대로 회전하게 함으로써 토크를 서로 상쇄시켜 꼬리로터 없이 주로터 두 개로 운용되는 형태이다. 두 개의 좌우 주로터는 주요 양력(lift)을 생성하고 제자리 비행(hovering), 전진 비행(forward flight) 및 요잉(yawing)을 위한 비행 제어력을 모두 감당한다.

좌우로터 헬리콥터의 장점은 두 개의 좌우로터로 비행에 필요한 양력을 모든 동력으로 낼 수 있으며, 좌우 무게중심의 여유가 크고 두 개 로터 사이의 공기력 간섭이 없어 효율이 좋고 엔진과 기어박스 등 소음원이 객실과 멀어 내부소음이 상대적으로 작다는 것이다.

표 10.4 좌우로터 헬리콥터 제어 원리

6-자유도 운동	조종	비고
수직방향 비행(vertical)	좌우로터 콜렉티브 피치	
종방향 비행(longitudinal)	좌우로터 종방향 사이클릭 피치	
횡방향 비행(lateral)	좌우로터 횡방향 사이클릭 피치	
피치 운동(pitch)	좌우로터 종방향 사이클릭 피치	
롤 운동(roll)	좌우로터 다른 콜렉티브 피치 좌우로터 횡방향 사이클릭 피치	(트림) (기동)
요 운동(yaw)	좌우로터 다른 사이클릭 피치	

그림 10.24 좌우로터 헬리콥터 대표 러시아 Mil V-12

단점으로는 좌우 두 개 로터로 인한 복잡한 트랜스미션 구조, 로터, 엔진 및 기어박스에 의한 구조물의 항력 증가, 종방향 무게중심 여유가 좁고, 비교적 큰 동체 크기 등이 있다.

10.3.5 싱크롭터 또는 인터메싱 로터 헬리콥터

싱크롭터(synchropter)는 미국 카만(Kaman)사가 개발한 헬리콥터 형태이다. 이 헬리콥터의 주요 특징은 동축반전 로터의 특징과 유사하다. 다만 로터 조종 시스템이 분리되어 있고, 보다 단순한 허브 구조를 갖는다. 헬리콥터의 주요 특징은 두 개의 로터가 일정한 좌우 경사각을 갖고 좌우로 배치하여 좌로터와 우로터가 서로 반대로 회전하게 함으로써 토크를 서로 상쇄시켜 꼬리로터 없이 주로터 두 개로 운용되는 형태이다. 두 개의 좌우 주로터는 주요 양력(lift)을 생성하고 제자리 비행(hovering), 전진 비행(forward flight) 및 요잉(yawing)을 위한 비행 제어력을 모두 감당한다.

싱크롭터의 장점은 두 개의 좌우 인터메싱 로터(intermeshing rotor)로 비행에 필요한 양력을 모든 동력으로 낼 수 있으며, 꼬리로터가 없어 비교적 트랜스미션이 단순하고 안전성도 증가되며, 비행체 내부 공간 활용도가 좋고, 고기동 성능이 좋다는 것, 보다 단순한

표 10.5 싱크롭터 제어 원리

6-자유도 운동	조종	비고
수직방향 비행(vertical)	좌우로터 콜렉티브 피치	
종방향 비행(longitudinal)	좌우로터 종방향 사이클릭 피치	
횡방향 비행(lateral)	좌우로터 횡방향 사이클릭 피치	
피치 운동(pitch)	좌우로터 종방향 사이클릭 피치	
롤 운동(roll)	좌우로터 횡방향 사이클릭 피치	
요 운동(yaw)	좌우로터 다른 사이클릭 피치	

그림 10.25 인터메싱 로터 헬리콥터(싱크롭터) 형태의 카만사 K-Max

허브 형상이다. 단점으로는 좌우 두 개 로터로 인한 허브 항력(hub drag) 증가, 복잡한 로터 조종 시스템(complex control system), 좌우 로터의 공기력 간섭에 의한 성능 저하, 자동할강 비행시 요 제어의 반대방향, 2엽 블레이드만 적용 등이 있다.

10.3.6 복합형 헬리콥터

복합형 헬리콥터(compound helicopter)는 고속 비행을 가능하게 하도록 양력과 추력을 분리하여 복합적으로 운용되는 헬리콥터 형태이다. 제자리 비행 및 저속 비행에서는 주로터를, 고속 비행에서는 추력용 프롭을 복합적으로 운용해서 사용한다. 대표적인 헬리콥터로는 미국의 S-97 Raider, 유럽 에어버스 헬리콥터사의 X3 RACER가 있다. 이 헬리콥터의 주요 특징은 고속 비행을 위해 주로터 양력 이외에 별도의 추가 양력 및 추력 장치가 있다는 것이다. S-97의 경우 고속 비행에서 로터가 양력의 일부를 추가 감당하고, 추력용 프로펠러를 통해 고속 비행 추력을 발생한다. X3의 경우 보조 날개에서 양력을 발생하고, 날개 좌우의 프로펠러를 통해 고속 비행에서의 추력을 발생한다.

표 10.6 복합형 제어 원리

6-자유도 운동	조종	비고
수직방향 비행(vertical)	로터 콜렉티브 피치, 날개 양력	
종방향 비행(longitudinal)	로터 종방향 사이클릭 피치, 수평 추력장치	
횡방향 비행(lateral)	로터 횡방향 사이클릭 피치	
피치 운동(pitch)	로터 종방향 사이클릭 피치, 엘리베이터	
롤 운동(roll)	로터 횡방향 사이클릭 피치, 에일레론	
요 운동(yaw)	상하 로터 또는 좌우 로터의 추력 차이	

그림 10.26 시콜스키사의 S-97 Raider

그림 10.27 에어버스사의 X3 RACER

복합형 헬리콥터의 장점은 순항비행시 향상된 양항비(lift to drag ratio), 더 증가된 순항 및 최대 비행 속도, 감소된 진동 수준, 토크 감소에 따른 트랜스미션 수명 증대, 고속비행시 승객의 안락성 증대이다. 단점으로는 제자리 비행 효율이 감소하며, 복잡한 조종시스템, 공허중량의 증대에 따른 유상하중 감소, 시스템의 복잡성 등이 있다.

10.3.7 틸트로터형 회전익기

틸트 로터형 회전익기(tilt rotor rotorcraft)는 최근의 미래형 대형 수송 회전익기, 고속형 회전익기, 고속 수직이착륙 무인기 등에 많이 적용되고 있다. 미국 보잉-시콜스키사의 V-22 Osprey, 레오나르도 헬리콥터사의 AW609, 항공우주연구원의 스마트 무인기(SUAV) 등이 대표적인 형태이다. 제자리 비행시 로터는 위쪽을 향하여 일반 헬리콥터처럼 비행하고, 천이 비행 구간에서 로터를 틸트하면서 비행 후 고속 구간에서는 지면과 수평방향으로 완전 틸팅하여 고정익 항공기처럼 비행하는 것이 특징이다. 수직 이착륙이 가능하고, 고속 비행이 가능한 장점을 살려 산간이 많고, 해안 감시 영역이 넓은 우리나라에서 활용하기에 유리한 장점을 갖고 있다.

틸트 로터형 회전익기의 장점은 제자리 비행이 가능하면서 동시에 고속 비행이 가능한

그림 10.28 보잉사의 V-22 Osprey

그림 10.29 항공우주연구원의 스마트무인기

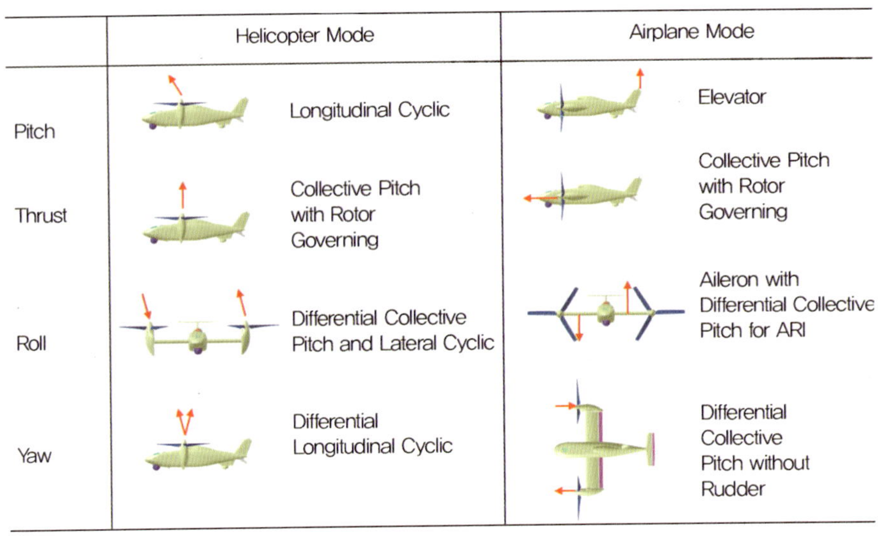

그림 10.30 틸트로터형 회전익기 제어 원리

장점이 있다. 이로 인해 활주로 없이 운용 가능하며, 고정익 모드로 고속 및 고고도 비행이 가능하다. 단점으로는 제자리 비행 효율이 감소하며, 복잡한 틸팅 조종시스템, 공허중량의 증대에 따른 유상하중 감소, 시스템의 복잡성 등이 있다.

10.4 헬리콥터의 주요 구성품

10.4.1 개요

일반 헬리콥터의 주요 구성품은 크게 기체(airframe), 로터 시스템(rotor system), 엔진 시스템(engine system), 트랜스미션(transmission), 항공전자(avionics), 비행조종시스템(flight

그림 10.31 헬리콥터 주요 구성품

control system) 등으로 구분될 수 있다. 본 절에서 각 구성품의 주요 구성도, 기능 및 특징, 종류에 대하여 기술하였다. 그림 10.31에 헬리콥터 주요 구성품이 제시되었다.

10.4.2 기체 구조

기체구조(airframe)는 헬리콥터 비행체에 작용하는 하중을 감당하고 조종사, 승객이 탑승할 수 있는 공간을 제공한다. 기체 구조는 전방동체, 중앙동체 및 후방동체로 구분된다. 기체 구조는 추락해도 견디는 특성이 있어야 하며, 조종사와 승객을 어느 정도 보호할 수 있어야 한다. 기체 구조는 일정 수명을 확보해서 항공기 수명을 보장해야 한다. 그림 10.32와 그림 10.33에는 대표적인 헬리콥터 기체 구조 개념이 제시되어 있다.

그림 10.32 헬리콥터 기체 구조 전방동체(좌)와 중앙동체(우) 개념 예

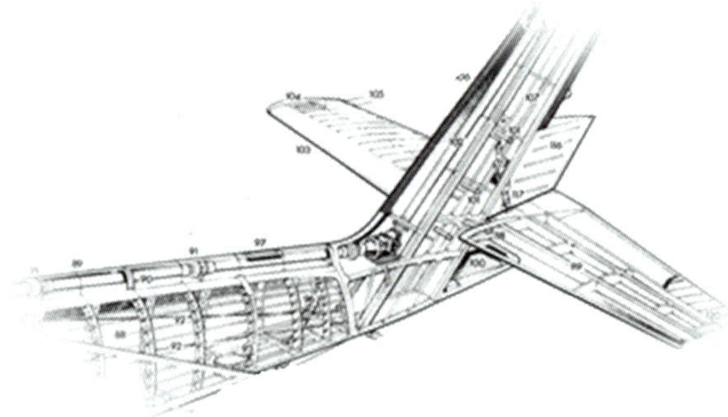

그림 10.33 헬리콥터 후방동체 구조 개념 예

10.4.3 로터 시스템

로터 시스템(rotor system)은 헬리콥터에 양력과 추력, 방향 제어력을 제공한다. 주로터시스템과 꼬리 로터 시스템(반토크 시스템)으로 구분된다. 여기서는 주로터 시스템을 대표해

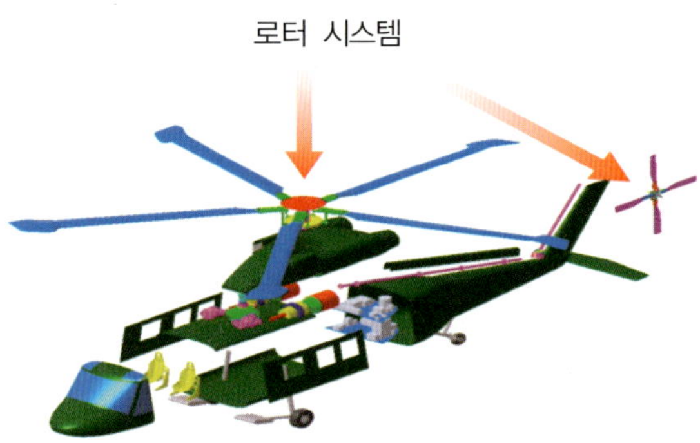

그림 10.34 헬리콥터 로터 시스템(주로터 시스템, 꼬리로터 시스템)

Type	See-saw	Articulated	Hingeless	Bearingless
Major Char.	• 2-blades • Teetering hinge • Simple • high rotor height • Small helicopter	• 4, 5, 6-blades • Flap, lag and feathering • Complex • High Cost & Weight • Middle, Heavy helicopter	• 4-blades • Feathering hinge • Simple • Low Cost & Weight • Middle helicpter	• 4-blades • No mechanical hinges • Simple • Low Cost & Weight • Middle helicopter
Exam.				
Rotor-crafts	R44, Bell206, UH-1, AH-1S	UH-60, EH-101, NH-90, AH-64	BO105, Lynx Bell 412, Tiger	EC135, MD900, RAH-66, AH-1Z

그림 10.35 로터 허브 시스템의 종류 및 특장점

Helicopter airframe element	$C_xS,\ m_2$
Fuselage and pylons	15%
Landing gear	29%
Naselle	8%
Main rotor hub	33%
Empennage	6%
Tail rotor hub and the tail gearbox	8%
Antennas, windshield wipers, footboards etc.	1%
Total drag	**100%**

그림 10.36 로터 허브시스템의 공기역학적 항력

서 기술하고자 한다. 주로터 시스템은 회전 운동을 통한 양력을 발생시키는 주로터 블레이드, 블레이드를 지지하고 블레이드에 회전력과 조종력을 전달하는 주로터 허브 그리고 조종시스템으로 구성된다.

주로터 허브는 로터 마스트(회전축), 세 개의 자유도(플래핑, 리드래그, 피칭)를 갖는 베

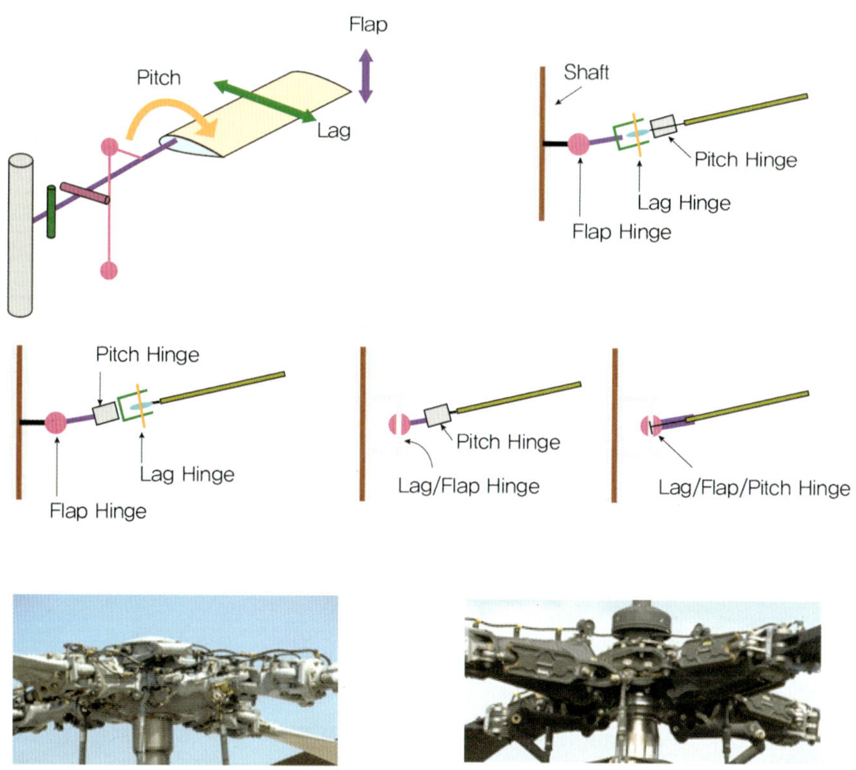

그림 10.37 관절형 허브 시스템 개념도와 사례

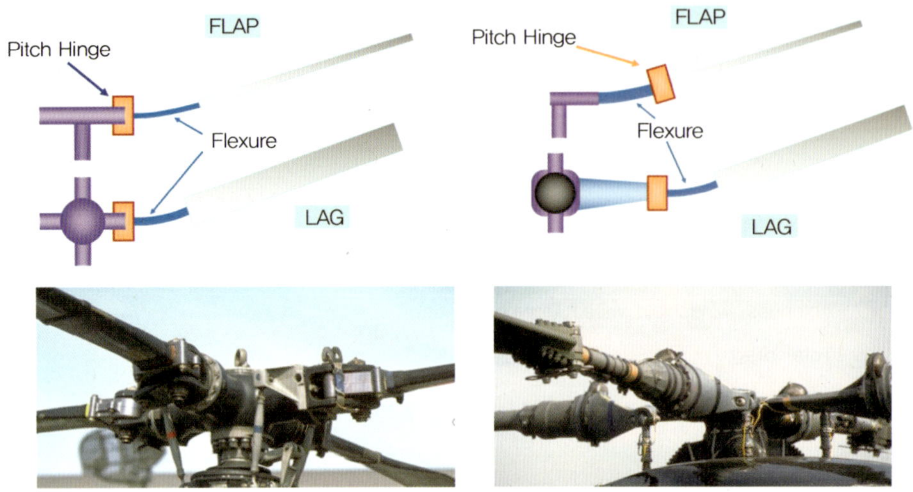

그림 10.38 무힌지 허브시스템의 개념도와 사례

어링 또는 유연체와 결합되어 있다. 로터 마스트는 통상 리드-래그 댐퍼, 상부 스토퍼(upper stopper), 하부 스토퍼(lower stopper), 시저드라이브, 스와시판 등과 결합되어 있다.

관절형 허브시스템(articulated hub system)은 플랩, 리드-래그 및 피치 세 개 방향 운동을 위한 힌지 또는 베어링이 존재하는 복잡한 구조형태를 취한다. 이러한 구조 때문에 무겁고, 베어링 및 힌지류에 대한 유지보수 소요가 많으며, 운영유지비용도 비싼 것이 특징이다. 그래서 최신 헬리콥터는 기계적 베어링을 탄성체 베어링(elastomeric bearing)을 변경하는 최신 관절형 허브 시스템도 개발되어 적용되고 있다. 주요 적용 헬리콥터로는 미국 시콜스키사의 UH-60, 보잉사의 AH-64 등이 있다. 그림 10.37에는 관절형 허브시스템의 개념도와 사례가 제시되었다.

무힌지 허브시스템(hingeless hub system)은 기존 관절형 허브의 플랩, 리드-래그 두 개 방향 운동을 위한 힌지(또는 베어링)를 제거하고 피치 베어링만 남긴 단순한 구조형태를 취하고, 복합재료를 주로 사용하기 때문에, 가볍고, 유지보수가 용이하며, 운영유지비용도 저렴한 것이 특징이다. 주요 부품으로는 플렉셔(flexure)와 피치 힌지(또는 베어링)로 구성된다. 플렉셔 구조물의 변형을 통한 플랩 및 리드-래그 운동을 부여하기 때문에 하중이 큰 대형 헬리콥터보다는 중소형 헬리콥터에 적용되고 있다. 주요 적용 헬리콥터로는 독일 에어버스사의 BO-105, 영국 레오나르도사의 Lynx 등이 있다. 그림 10.38에는 무힌지 허브시스템의 개념도와 사례가 제시되었다.

무베어링 허브시스템(bearingless hub system)은 기존 관절형 허브의 플랩, 리드-래그 및 피치와 관련된 세 개 방향 운동을 위한 힌지(또는 베어링)를 모두 제거한 형태로 단순

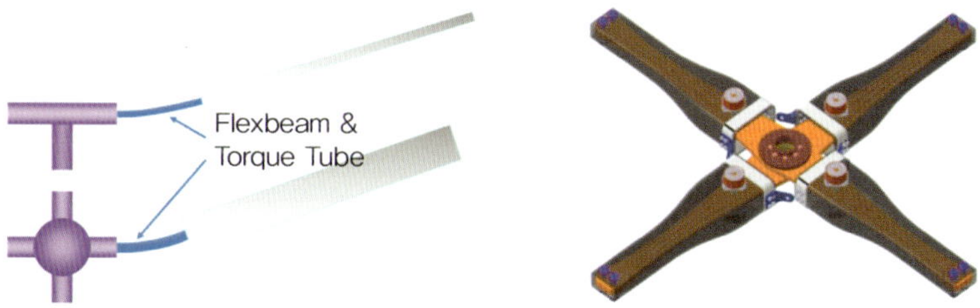

그림 10.39 무베어링 허브시스템의 개념도와 사례(항공우주연구원의 무베어링 허브 시스템)

한 구조형태를 취하고, 복합재료를 주로 사용하기 때문에, 가볍고, 유지보수가 용이하며, 운영유지비용도 저렴한 것이 특징이다. 주요 부품으로는 유연보(flexbeam)와 토크 튜브(torque tube)로 구성되며, 이러한 두 개 주요 부품이 구조적 유연성과 강성을 통해 운동을 허용한다. 이러한 구조물의 변형을 통한 운동을 부여하기 때문에 하중이 큰 대형 헬리콥터보다는 중소형 헬리콥터에 적용되고 있다. 주요 적용 헬리콥터로는 미국 벨사의 AH-1Z, 보잉사의 MD-900, 유럽의 에어버스 헬리콥터사의 H-135 등이 있다. 그림 10.39에는 무베어링 허브시스템의 개념도와 사례가 제시되었다.

주로터 블레이드는 최신 복합재료로 설계되며, 헬리콥터의 주양력, 추력 및 제어력을 생성하는 부품으로 아주 중요한 부품이다. 전진 비행 속도에 따라 블레이드 피치각이 달라지므로 진동하중을 발생시키는 부품으로 진동을 줄이면서 속도를 빠르게 내도록 설계하는 것이 중요하다. 형상설계를 위해서는 다양한 익형을 적용하며, 초창기 한 개 익형에서 현재는 다섯 개 익형까지 다양하게 적용하고 있다. 구조 설계시 단면의 질량과 강성을 최적

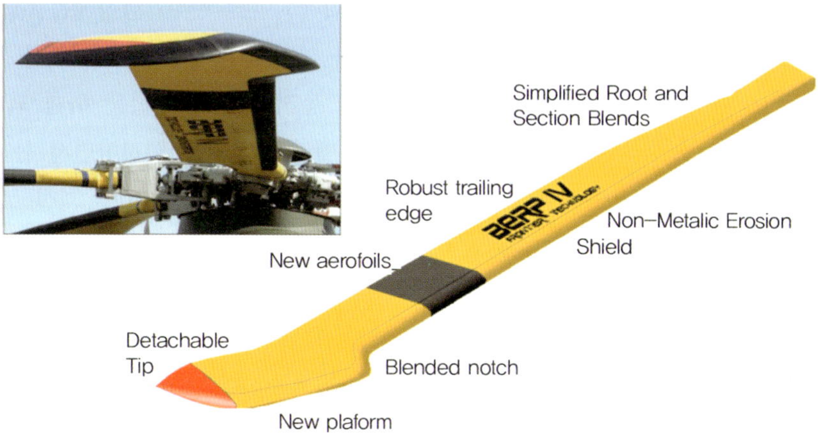

그림 10.40 레오나르도 헬리콥터사의 BERP IV 블레이드

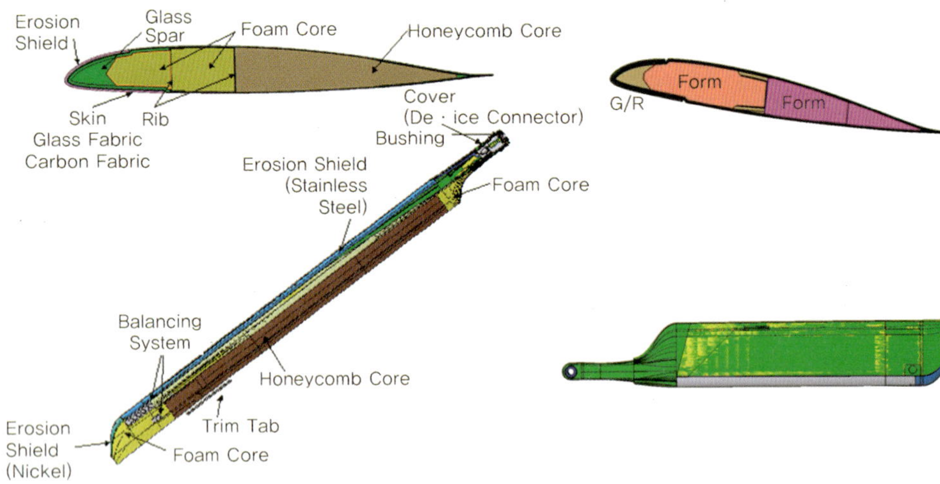

그림 10.41 주로터 및 꼬리로터 블레이드 단면형상 예

그림 10.42 항공우주연구원에서 운용 중인 주로터 및 꼬리로터 휠타워 시험설비

화함으로써 고유진동수가 공진영역을 회피하도록 설계되어야 한다. 강성에는 구조설계에 따른 강성과 회전에 따른 원심력에 의한 강성효과가 있기 때문에 모두 고려해서 설계되어야 한다. 주로터 블레이드는 제작 완료 후 정적 및 동적 밸런싱 작업을 하게 되며, 정적 밸런싱 작업은 무게중심을 맞추는 작업이며, 동적 밸런싱 작업은 회전하면서 블레이드의 원심력과 양력을 각 블레이드마다 동일하게 맞추는 것이다. 그림 10.40에 최신 로터 블레이드 사례가 제시되었다. 그림 10.41에는 최신 로터 블레이드의 단면구조 설계 사례가 제시되었다. 그림 10.42에는 로터 회전(휠)시험 및 동적 밸런싱 시험을 위한 휠타워 시험설비 사례가 제시되었다.

주로터 조종시스템은 콜렉티브와 사이클릭 피치운동을 위해 스와시판, 가이드 및 피치링크로 이루어진다. 콜렉티브 조종이 입력되는 동안 짐발(gimbal)의 내부 원통직경은 주로

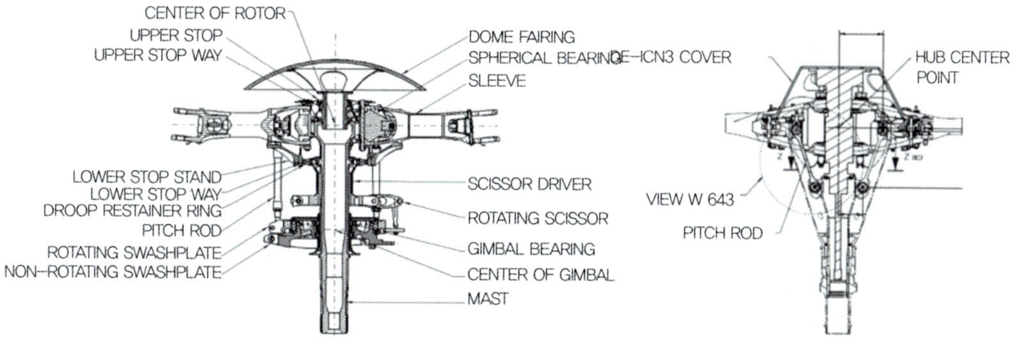

그림 10.43 주로터 및 꼬리로터 조종시스템

터 축에 동심인 가이드에 축방향으로 미끄러진다. 사이클릭 조종이 입력되는 동안 스와시판은 짐발의 외경에 대해 회전함에 따라 주로터 축에서 경사진다. 꼬리로터 조종시스템은 사이클릭 조종이 필요 없어 주로터 토크 상쇄 및 방향제어를 위한 추력만 필요하므로 콜렉티브 피치각만 제공한다. 따라서 스와시판이 필요 없게 된다. 그림 10.43에 대표적인 주로터 및 꼬리로터 조종시스템 예가 제시되었다.

10.4.4 트랜스미션

트랜스미션(transmission)은 엔진으로부터 힘을 전달받아 주로터 및 꼬리 로터 시스템에 회전력을 전달해주는 기어박스, 구동축으로 이루어진 부체계이다. 기어박스는 주기어박스, 중간기어박스 및 꼬리 기어박스, 이러한 기어박스들을 연결하는 구동축, 구동축을 지지하는 커플링 및 베어링으로 구성된다. 주기어박스는 엔진으로부터 주 하중을 받아 주로터 회전력, 꼬리로터 회전력, 기타 부수장비 등으로 힘을 전달한다. 중간 기어는 꼬리로터에 회전력을 전달해주기 위해 기하학적으로 각도를 부여해주는 역할을 하며, 꼬리 기어박스는 회전력을 90도 전달해주는 역할을 한다. 그림 10.44에 대표적인 일반 헬리콥터 트랜스미션 개념 및 주요 구성품 예가 제시되었다.

10.4.5 착륙장치

헬리콥터 착륙장치는 헬리콥터 이착륙시 충격을 흡수하고 안전하게 이착륙하기 위한 구성품으로서 지상에서 활주하거나 이동할 때도 사용된다. 대표적인 형태로는 휠방식과 스키드 방식이 있다. 지상 활주가 필요한 경우 휠방식을 채용하게 된다. 휠방식은 오일 또는 러버 스프링을 사용하여 충격력을 흡수하고 스키드 방식은 구조물의 변형을 통해 충격력

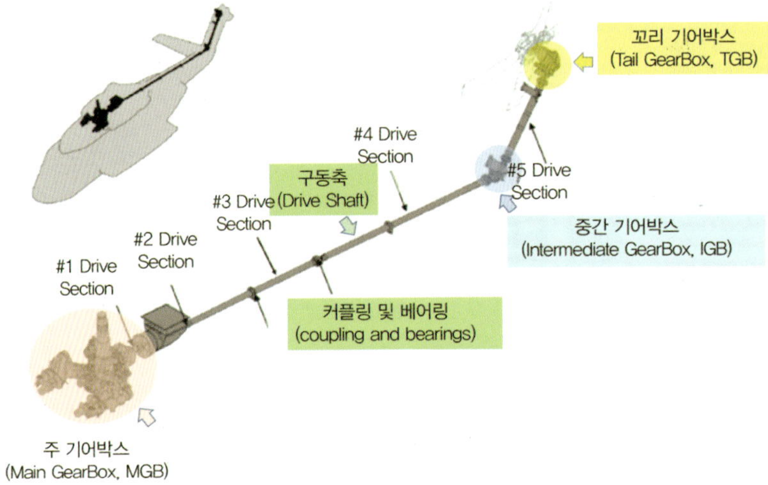

그림 10.44 트랜스미션의 주요 구성품 예(일반 헬리콥터 기준)

을 흡수한다. 헬리콥터 개발시 착륙장치 충격흡수 능력 시험을 위해 착륙장치 낙하시험(L/G Drop Test)을 수행하며, 수리온 개발시 항공우주연구원 고흥항공센터에 위치한 시험설비에서 시험을 수행했다. 착륙장치는 지상에서 로터가 가감속 회전할 때 생길 수 있는 지상공진현상에도 영향을 준다. 대표적인 휠방식 착륙장치는 수리온, UH-60A, AH-64, CH-47 등이 있으며, 스키드 방식으로는 UH-1H, AH-1S 등이 있다. 그림 10.45에는 수리온 헬리콥터 착륙장치 및 낙하시험설비 예가 제시되었다.

그림 10.45 수리온 착륙장치(좌) 및 항공우주연구원 착륙장치 낙하시험설비(우)

CHAPTER 11

무인항공기

11.1 무인항공기와 드론

무인항공기(Unmanned Aerial Vehicles; UAV)는 조종사가 탑승하지 않고 원격으로 통제되거나 자율적으로 비행하는 항공기를 가리킨다. 이 같은 정의로는 무선조종 항공기부터 최첨단 대형 무인정찰기 모두가 포함될 수 있는데, 오늘날 일반적으로 말하는 무인항공기는 탑재된 센서 및 컴퓨터를 이용하여 지정된 경로를 따라 스스로 비행하면서 임무를 수행하는 항공기를 지칭한다. 무인항공기는 조종사가 탑승하지 않으므로 다양한 크기와 형태로 설계할 수 있으며, 조종사의 피로도나 위험도를 고려하지 않아도 되므로 매우 오랜 시간 동안 위험한 임무를 수행할 수 있다. 무인항공기는 항공기 전반의 역사가 그렇듯 군사적인 용도로 먼저 개발되고 실용화되었는데, 1차 세계대전 중 대공포 사격 연습용 표적물이나 비행폭탄으로 처음 사용되었다. 그 후 1, 2차 세계대전을 거치면서 무인항공기의 실용성이 입증되고 센서, 비행제어 컴퓨터, 임무장비 기술의 진보로 그 종류 및 제작 대수가 비약적으로 증가하여 오늘날에는 정찰용과 공격용으로 널리 사용되고 있으며, 최근에는 농업 방제용과 같이 민간용으로도 그 영역이 넓어지고 있다. 우리나라 항공 법령에 따르면 무인항공기는 연료중량 제외 자체중량 150kg 이상으로 자율 또는 원격으로 조종되는 항공기를 지칭하며, 150kg 미만인 비행체는 초경량비행장치 중 무인비행장치로 분류된다. 드론(drone)이라는 영어 단어의 본래 뜻은 수벌을 의미하는데, 영미권에서는 항공 분야에서 그 형태와 무관하게 조종사가 타지 않는 항공기를 일컫는 애칭으로 처음 사용되었다. 이 책에서는 굳이 이 둘을 구분하지 않고 무인항공기, 무인기, 또는 드론으로 표현한다. 국내에서 일반인들 사이에서 통용되는 드론이라는 단어는 보통 방송촬영용, 취미용, 레이싱용으로 사용되는 소형 멀티로터 형태의 회전익 무인항공기를 지칭한다.

무인항공기의 원어인 'Unmanned Aerial Vehicle'은 문자적으로 '사람이 탐승하지 않는 항공기'라는 뜻으로 사람이 관여하지 않는 것처럼 보이나, 실제로는 항공기 외부에서 운용자가 비행통제 명령을 보내고 감시하는 방식으로 운용된다. 따라서 ICAO 등에서는 공역관제가 필요한 대형 무인기에 대해서는 **RPA**(Remotely Piloted Aircraft)라는 용어를 사용하고 있다. 무인항공기는 비행체만으로는 임무를 제대로 수행할 수 없고 지상통제장비, 통신장비 등과 함께 작동하는 시스템 단위이므로 이들을 포함한 전체 구성을 **UAS**(Unmanned Aircraft System) 또는 **RPAS**(Remotely Piloted Aircraft System)이라 부른다. 오늘날 무인항공기는 사람이 탑승하지 않고도 비행이 가능하다는 점에서는 취미용 무선조종항공기와도 비슷하며, 스스로 비행하며 임무(공격)를 수행한다는 점에서는 미사일 (특히 순항미사일)과도 비슷하지만, 무인항공기는 내부무장과 일체적으로 설계되지 않으며, 일단 비행을 개시한 후에는 목표물을 격파하면서 일회성으로 파괴되는 미사일과는 달리 기본적으로 회수가 가능하여 반복적으로 임무에 투입된다는 면에서 차이가 있다.

11.2 무인항공기의 비행원리

무인항공기의 비행원리는 기본적으로 유인항공기와 동일하며, 따라서 유인항공기 구분의 기준이 되는 고정익, 회전익 등의 분류가 여전히 유효하다. 하지만 사람이 탑승하지 않으므로 그 형상 및 운용방식이 기존의 유인항공기와 다소 차이가 있으며, 기존의 항공기 분류를 적용하기에는 곤란한 특이한 형태의 무인항공기도 다수 개발되고 있는데, 이중에는 크기가 매우 작은 **초소형 무인항공기**(Micro Aerial Vehicle; MAV)나 새와 같이 날갯짓을 통해 비행을 하는 무인기도 있다.

11.2.1 전통적 형상의 무인항공기

1) 고정익 무인항공기

고정익 항공기는 추력발생장치와 양력발생장치가 분리되어 전진방향으로 기속을 얻으면 고정된 날개에서 양력을 발생하여 비행을 하게 되는데, 그 구조가 단순하고 고속, 고효율 비행이 가능하다. 고정익 무인기는 초소형 무인항공기로부터 글로벌 호크(Global Hawk)와 같은 대형 무인기까지 크기에 있어서 매우 큰 차이가 있으나 기본적인 비행 역학에 있어서는 대동소이하다. 고정익무인기는 일반적으로 주익과 미익으로 구성되며, 주익에는 에일러론(aileron) 및 플랩(flap), 미익에는 방향키(rudder)와 승강키(elevator)가 부착된다. 무인기는 비교적 저가의 센서로 안정화가 가능하고 위성항법시스템(Global Navigation Satellite System; GNSS) 등을 이용하여 위치를 측정함으로써 경로점 비행이 비교적 간단히 구현되는 특징이 있다. 따라서 범용으로 개발된 고정익 무인항공기용 제어장치도 상용으로 개발되어 판매 중인데, 주익/미익의 구성에 따라 제어기 이득을 조정해 주면 바로 사용이 가능한 특징이 있다.

무인기의 형상은 수행임무에 최적화되어 설계되는데, 정찰용 무인기의 경우는 장시간 체공을 위해 가로세로비가 큰 날개를 사용하며, 엔진이 후미에 장착된 푸셔(pusher) 방식이 일반적이다. 이는 엔진 배기가스 등으로 인하여 정찰용 적외선 카메라의 시야를 방해하지 않기 위함이다. 이에 반해 무인전투기의 경우 기동성과 스텔스(stealth) 성능을 고려하여 가로세로비가 작으며, 특히 미익이 없는 전익기(tailess aircraft) 형태로 설계된다. 미익이 없는 경우 종방향 정적 안정성 여유 및 방향 안정성이 크게 감소하므로 높은 수준의 비행제어기 및 드래그 러더나 스포일러와 같은 별도의 조종면이 요구된다.

고정익 무인항공기는 유인항공기와 동일하게 이륙, 비행, 착륙의 세 가지 단계를 거치게 되는데, 표적기나 기만기의 경우 회수의 단계가 생략될 수도 있다. 중대형 고정익 무인항공기의 경우 유인항공기와 동일하게 활주로를 사용하여 이착륙을 수행하는데, 예전에는 외부

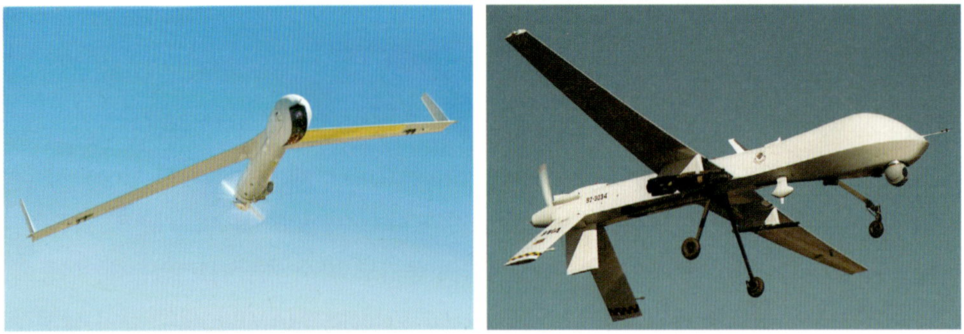

그림 11.1 Boeing사의 Scan Eagle(좌)과 General Atomics사의 Predator(우) 고정익 무인기

조종사의 수동조작으로 이루어졌으나 최근에는 고정밀 측위장치와 이착륙제어기술 발전으로 자동이착륙 방식이 일반적이다. 소형 무인항공기의 경우 그 크기에 따라 사출기를 통해 발사되거나 손으로 던지는 방식으로도 이륙할 수도 있다. 착륙 시 활주로를 사용하기 곤란한 경우에는 탑재된 낙하산을 이용하거나, 회수용 그물 등의 보조 장비를 이용하기도 한다.

2) 헬리콥터형 회전익 무인항공기

회전익 항공기는 비행효율, 속도, 항속거리 등에 있어서 고정익 항공기보다 불리하나 수직이착륙 및 제자리 비행이 요구될 경우 매우 적절한 항공기 형태이다. 회전익 항공기는 고정익기에 비해 기본적으로 불안정하고, 정지비행을 자동으로 수행하려면 기체의 속도 및 위치를 정확히 측정해야 하므로 고정익기보다 고가의 정밀한 항법센서가 요구된다. 또한 헬리콥터의 경우 로터 및 동력전달 구조가 복잡하여 기체의 정비면에서도 복잡하며 비용이 많이 소요되어 고정익보다는 매우 제한적으로 개발, 배치되고 있는 실정인데, 미국의 경우 파이어스카우트(Fire Scout)가 2010년 실전 배치된 것으로 알려져 있다.

헬리콥터 형태의 회전익 무인기에는 유인기와 마찬가지로 메인-테일 로터를 가진 형태, 동축반전식, 인터메시(intermesh) 방식 등이 있으며, 메인-테일 로터 방식의 경우 스와시플레이트(swash plate)를 통해 메인 로터의 사이클릭 피치와 콜렉티브 피치를 조종하고 러더를 통해 테일 로터의 콜렉티브 피치를 조종함으로써 자세를 제어하게 된다. 또한 메인 로터의 회전수를 일정하게 유지하기 위해 가버너(governor)가 활용되기도 한다. 소형 무인헬리콥터의 경우 플라이바(flybar)의 유무에 따라 헬리콥터 및 로터 시스템의 형태가 구분되기도 하는데 플라이바와 그 양 끝에 패들(paddle)이 장착된 로터 시스템의 경우 플라이바를 통해 바람과 같은 외란으로부터 기체의 안정성을 증대시키고 지상의 외부 조종사로 하여금 안정한 조종이 가능하도록 도움을 준다. 이 경우 일반적으로 요 자세 안정성 증대를 위한 자이로스코프만을 활용하게 된다. 반면 플라이바리스(flybarless) 형태의 로터 시스템을 장착한 무인 헬리콥터는 안정성이 줄어드는 대신 조종성이 증대되고 3축 자이로스

그림 11.2 Northrop Grumman사의 Fire Scout(좌)와 Schiebel사의 Camcopter(우) 무인헬리콥터

코프를 통한 안정성 증대시스템을 결합할 경우 안정성과 조종성을 상황에 맞게 조절 및 확보할 수 있게 된다. 따라서 안정성 증대시스템과의 결합을 통한 플라이바리스 형태의 로터 시스템도 활발히 적용되는 추세이다. 또한 소형 무인항공기의 경우 생존성 향상을 위해 추력 시스템 고장 시 안전한 지상 착륙을 위한 오토로테이션 기동이 가능하며 자동으로 오토로테이션 기동을 수행하기 위한 연구 및 도입이 검토되고 있다. 헬리콥터형 무인기의 경우 로터의 진동에 자세측정센서가 영향을 받는 문제가 있으며 영상 임무장비의 경우 그 진동을 해결하기 위한 능동적 또는 수동적 대처방안이 요구된다.

11.2.2 멀티로터형 드론

1) 쿼드콥터형 드론

회전익 무인기에는 여러 개(특히 네 개)의 로터를 대칭으로 배치한 **멀티로터**(multi-rotor) 방식의 무인기가 있다. 이 중 네 개의 로터로 구성된 **쿼드콥터**(quadcopter) 혹은 **쿼드로터**(quadrotor)가 가장 널리 사용되는데, 이 같은 방식은 헬리콥터가 이고르 시코르스키(Igor Sikorski)에 의해 발명되기 훨씬 전인 1920년대에 이미 성공적으로 비행한 바 있다. 쿼드로터는 각 로터의 추력을 제어하여 롤, 피치 방향의 자세를 제어하고 로터에서 발생하는 반토크의 양을 조절하여 요를 제어하는 방식으로 비행하는데, 고정 피치 프로펠러에 로터의 회전수를 제어함으로써 추력제어가 가능하므로 기구부가 줄어들어 구조가 간단하고 무게를 줄일 수 있다는 장점이 있다. 쿼드로터방식 무인기는 같은 크기의 헬리콥터에 비해 네 개의 프로펠러를 구동하므로 추력이 작아 탑재중량이 작고 프로펠러의 속도제어를 통해 추력을 제어할 경우 응답성이 떨어지는 단점이 있어 헬리콥터에 비해 널리 쓰이지 않았으나 최근에는 고속 응답이 가능한 전기모터와 배터리의 발전으로 사용이 급격히 확대되었다.

쿼드로터는 기체 기수 방향에 두 개의 로터를 배치하는 X형 방식을 주로 사용하고 있으며 세 개의 자세값인 피치, 롤, 요를 제어하기 위해 네 개의 로터 회전수를 제어해야 하

그림 11.3 DJI사의 Phantom(좌)과 Parrot사의 Anafi(우) 쿼드콥터형 드론

므로 구동기 맵핑이 필요하다. 일반적으로 쿼드콥터형 무인기의 자세를 정밀하고 안정적으로 제어하기 위해서는 100Hz 이상의 빠른 제어가 요구되며 일반적으로 상용화된 쿼드로터 무인기의 경우 250~400Hz의 제어 주기를 사용한다. 쿼드콥터형 무인기의 로터 중에서 한 개 이상에 문제가 발생하게 될 경우 롤, 피치, 요 자세를 모두 원하는 값으로 제어할 수 있는 방법은 불가하며 요 자세는 제어하지 않고 롤과 피치를 제어하는 방식이 가능하다. 이 경우 기체가 지속적으로 요 방향으로 회전은 하지만 수평 자세는 어느 정도 유지할 수 있으며 결과적으로 수평 방향 속도를 제어하여 제자리 비행 등 위치를 제어할 수도 있다. 따라서 쿼드로터의 경우 한 개의 로터라도 문제가 발생하면 모든 자세를 제어하는 것이 불가하기 때문에 로터의 개수를 증가시켜 로터 고장에 대비가 가능하고 큰 중량의 임무장비 탑재가 가능한 헥사콥터, 옥토콥터 형태의 무인기가 운용되고 있다.

2) 헥사, 옥토콥터형 드론

멀티콥터형 드론의 로터 개수를 증가시킨 **헥사콥터**(hexacopter), **옥토콥터**(octocopter) 형태의 드론은 쿼드콥터형 드론에 비해 로터 개수에 여유가 있어서 개별 로터 고장에 대응할 수 있고 증가된 모터 개수로 인해 쿼드콥터 드론과 동일한 규격의 모터를 활용하면서도 최대이륙중량을 증가시킬 수 있으므로 상대적으로 무거운 임무장비를 탑재하고 비행이 가능하다. 헥사콥터형 드론과 옥토콥터형 드론은 각각 여섯 개와 여덟 개의 모터-로터 시스템을 장착하고 있으며, 전체 로터를 단일한 평면상에 배치하는 방식과 하나의 회전축에 두 개씩 로터를 배치하는 동축 반전형 방식이 존재한다. 동축 반전형으로 모터-로터 배치 시 동일한 회전축에 장착된 동축 반전 모터-로터들의 회전수를 동일하게 제어함으로써 쿼드콥터형 드론과 동일한 방식으로 제어 및 비행이 가능하다. 특히 동축 반전형 멀티콥터 드론의 경우 동일 회전축에 장착된 로터 시스템에 동시 고장이 발생하지 않을 경우 전체 로터 개수의 50%만으로도 자세 유지 및 기동이 가능하다는 장점이 있다.

그림 11.4 헥사콥터형 드론

그림 11.5 동축반전형 헥사콥터 드론

그림 11.6 옥토콥터형 드론

그림 11.7 동축반전형 옥토콥터 드론

11.2.3 특수형태의 무인항공기

1) 테일시터 형태의 드론

고정익 무인기는 좁은 공간에서 이착륙을 하거나 정점 체공이 요구되는 임무에는 적용이 곤란하여 회전익 무인기가 대신 사용되지만 최근에는 고정익과 회전익의 장점을 결합한 **테일시터**(tail sitter) 방식의 무인기도 개발되고 있다. 테일시터 방식 무인기는 1950~60년대 미국에서 활발히 연구되었는데, 이착륙 시에는 프로펠러나 제트엔진으로 수직 이착륙을 하고 수직비행 중 수평방향으로 천이(transition)함으로써 일반 고정익기와 같이 고속, 고효율의 수평비행이 가능한 장점이 있다. 테일시터 방식의 유인기는 이미 개발되어 비행실험까지 성공적으로 수행하였으나, 이착륙 간 수직방향 비행 모드가 불안정하고 시계가 제한되어 조종사의 작업량이 매우 높은 단점이 있어 실용화되지는 않았다. 하지만 이 같은 문제점은 무인항공기에서는 커다란 문제가 되지 않아 무인기로서의 테일시터는 전망이 매우 밝은 편이다. 하지만 기체가 수직-수평방향으로 천이할 때 발생하는 항법시스템의 문제, 특히 자세추정 및 GNSS 신호의 수신문제를 해결해야 하고 수평, 수직, 천이 모드의 전영역에서 안정적으로 동작하는 제어기의 설계에 주의가 따르며, 수직비행 시 측풍의 영향을 많이 받는다는 점은 앞으로 해결해야 할 사안이다.

그림 11.8 AeroVironment사의 SkyTote 테일시터 무인기

2) 틸트로터 형태의 무인항공기

헬리콥터의 가장 큰 단점 중의 하나는 최고속도가 일반적으로 200노트 미만으로 고정익기에 비해 매우 느리다는 점이다. 그 이유는 헬리콥터의 전진 비행시 전진하는 블레이드의 기속이 로터의 회전속도와 기체의 전진속도의 합이 되어 음속에 가까워질 경우 급속히 항력이 증가하여 로터의 추력이 크게 감소하는 문제 때문인데 이를 극복하기 위해 수직 이착륙 시에는 로터를 수직방향으로 향하여 상승력을 얻고 순항 시에는 로터를 수평방향으로 기울여 전진방향 추력을 얻는 **틸트윙**(tiltwing, 프로펠러가 부착된 날개 전체가 회전), **틸트로터**(tiltrotor, 날개는 고정되고 로터 나셀만 회전) 방식의 항공기가 1950 ~ 60년대에 개발되었다. 이 같은 형태의 무인기로는 틸트로터 형태인 벨사의 이글아이(Eagle Eye)와 우리나라 항공우주연구원의 스마트무인기가 있다. 이들 무인기는 로터의 각도에 따라 비행동역학적 특성이 변화하여 수평모드와 수직모드에서의 응답성9은 전혀 다르므로 전 영역에서 기체를 안정적으로 제어할 수 있는 비행제어시스템의 설계가 매우 중요하다. 틸트로터기는 고정익 항공기의 고속 순항능력과 회전익 항공기의 수직이착륙 능력을 모두 갖추어 비행능력이 뛰어나다는 장점이 있으나 복잡한 구조로 인해 조종 및 운용이 다소 복잡하고 기체의 제작비가 높은 단점이 있다.

3) 덕티드팬 형태의 드론

회전익 무인기중에는 **덕티드팬**(duted fan) 방식도 있는데, 로터가 덕트 안에 위치하여 회전하면서 날개끝 와류/익단와류(tip vortex) 손실이 줄어 추력 및 로터 효율이 증가하며 로터가 외부 환경에서 보호되므로 시가지와 같은 환경에서 운용이 가능하다. 로터를 감싸는 덕트가 익형으로 제작되면 전진 비행 시 부가적인 양력을 얻을 수 있다는 장점도 있다. 하지만 헬리콥터 로터에 비해 디스크 면적이 작아 동일한 추력을 얻으려면 훨씬 빠른 속도

그림 11.9 항공우주연구원에서 개발한 스마트무인기

로 로터가 회전하여야 하므로 에너지 손실이 많고 소음이 매우 심하다는 단점이 있다. 덕티드팬 형태 기체는 로터의 다운워시(downwash)에 설치된 베인(vane)의 방향을 조절함으로써 롤, 피치, 요 방향의 자세제어가 가능하게 된다.

4) 초소형 무인비행체

초소형 무인기는 정의에 다소 차이가 있으나 30cm 미만의 날개를 갖는 무인기를 지칭한다. 최근에는 아직 실용성은 거의 없으나 수 센티미터 또는 그 이하의 초소형 무인항공기도 연구되고 있다. 항공기가 작아질수록 휴대가 간편하고 은닉성도 좋아지지만 해결해야 할 문제점도 많다. 기체가 작아질수록 레이놀즈수가 작아지면서 기체의 공기역학적 특성이 대형 항공기와는 많이 달라지고 날개 및 프로펠러의 효율이 감소하며 탑재할 수 있는 연료나 전원의 양도 감소하여 비행시간이 많아야 몇십 분 정도로 감소하게 된다. 또한 작아진 기체에 탑재 가능한 초소형 센서, 컴퓨터, 통신 및 임무장비도 같이 개발되어야 한다. 최근 비약적으로 발전하는 전자기술에 따라 컴퓨터나 센서는 소형화가 가능하나 모든 시스템이 성능의 저하 없이 다 작아질 수 있는 것은 아니다. 대형 단안렌즈를 장착한 카메라와 핸드폰 카메라의 성능에 확연한 차이가 있는 것처럼 광학장비나 안테나 같이 외부의 신호를 받아서 동작하는 장비의 경우 신호를 받는 부분, 즉 렌즈의 구경이나 안테나의 면

그림 11.10 Honeywell사의 T-Hawk(좌)와 Aurora사의 Goldeneye(우)

그림 11.11 Prox Dynamics사의 Black Hornet Nano(좌)와 Delft대학의 DelFly(우)

적 등은 센서의 성능(해상도, 분해능 등)에 직결되는 부분이라서 작아질 경우 그 성능이 크게 저하된다. 항법센서의 경우에도 최근 우수한 성능의 MEMS기반 센서들도 많이 개발되어 소형 무인기의 개발에 큰 도움이 되고 있으나 대형(고가) 항법센서보다는 정밀도가 떨어진다. 특히 항공기가 작아질수록 위치센서의 정밀도는 오히려 높아야 하는데 실제 얻을 수 있는 센서 정밀도는 오히려 떨어지므로 소형 무인기의 제어에는 많은 어려움이 따른다. 예컨대 대형 여객기에서 1m 위치 측정오차는 상대적으로 큰 문제가 되지 않으나 소형 무인기의 경우 1m의 오차는 자신의 날개폭보다도 더 큰 상황이 되어 정밀한 비행제어에 어려움이 생긴다.

5) 날갯짓 무인비행체

위에서 언급한 고정익 방식의 초소형 무인기는 날개폭이 작아질수록 효율이 떨어지며, 이는 회전익 방식의 초소형 무인기도 마찬가지이다. 학자들은 이를 해결하고자 노력하던 중 자연계에서 좋은 실례를 찾았는데, 새나 벌레와 같이 작은 날개로도 충분한 양력 및 조종력을 얻는 방식에 주목하였다. 항공기 개발 초기에는 충분한 공기역학적 이해 없이 새처럼 날개를 퍼덕거림으로써 비행하려는, 모두 실패로 끝난 시도들이 많았는데 오늘날에는 날갯짓에 숨겨진 공기역학적 현상의 규명에 많은 연구가 진행되고 있다. 지금까지 알려진 바로는 날개가 작고 기속도 느린 경우에는 고정된 날개 주변에 흐르는 정상유동에 의해 양력을 발생시키는 것보다 날갯짓하면서 생기는 와류를 이용하면 더 많은 양력을 얻을 수 있다고 한다. 이처럼 자연계의 동물 또는 식물의 형상이나 움직임을 흉내내어 이를 공학적으로 구현하는 연구 분야를 **생체모방학**(biomimetics)이라고 한다. 새의 경우 속이 빈 경량의 골격과 최첨단 기술로도 제작이 불가능한 깃털로 덮인 날개를 활용해 매우 높은 효율의 비행이 가능하다. 여기에는 미치지 못하지만 고성능 배터리와 모터를 이용해 양력 발생이 가능한 기구들이 개발되고 있으며, 최근에는 모터의 회전운동을 왕복운동으로 바꾸는 기구를 사용하는 대신 새의 날개근육과 같이 수축이 가능한 인공근육의 연구도 진행되고 있다. 지금까지 개발된 날갯짓 무인기는 고정익 항공기에 비해 효율이나 속도 등 모든 면에서 열세지만 멀리서 볼 경우 실제 새와 유사하게 보여 정찰기로서 사용될 경우 은닉성에 있어 상당히 우수한 점이 있다. 앞으로 실제 새와 같이 날개를 접고 나무 위에 앉아 장시간 감시활동을 수행할 수 있는 날갯짓 무인기가 상용화되면 근접 정찰에 새로운 장을 열게 될 것이다.

11.3 무인항공기의 활용

11.3.1 군사적 활용

무인항공기의 군사적 활용은 초기 대공포 훈련의 표적용에서 출발하였으나, 최근에는 감시정찰 목적과 공격용으로 활발히 사용되고 있다. 향후에는 원격 전자전용 및 통신 중계용과 함께 군수품이나 환자 수송용으로도 활용될 것이다. 주요 군사용 무인기의 활용에 대해 알아보자.

1) 표적용 무인항공기

무인항공기가 최초로 사용된 용도가 바로 대공포 사격 연습을 위한 표적기였다. 표적기의 주요 임무는 주어진 경로나 조종입력에 따라 비행하면서, 대공포나 미사일, 유인전투기의 기총 사격 연습의 대상이 되는 것이다. 사람이 타고 있지 않은 무인기라고는 하지만 여전히 고가의 장비이므로 기체 자체의 손상을 피할 수 있는 별도의 타겟을 견인하곤 한다. 1950년대 개발된 BQM-34 파이어비(Firebee)가 대표적인 표적기로서 오늘날에도 널리 사용되고 있으며, 흥미로운 사례로서 미국의 경우 퇴역한 F4 전투기를 표적기로 사용하기 위해 무인화한 QF-4, QF-16 등이 있다.

2) 기만용 무인항공기

적의 대공감시 및 방어망에 혼란을 주기 위한 목적으로 제작된 무인항공기이며, 적의 대공포를 직접 유인하거나 대공 레이다망의 작동을 유도하여 이들의 위치를 노출시킴으로써 다른 유도무기로 공격을 가능케 하고, 탑재된 전자전장비(countermeasure)를 사용하여 레이다망을 교란(jamming)하는 것을 임무로 한다. 전쟁 초기에 적의 방공망 제압(SEAD; Suppression of Enemy Air Defense)에 중요한 역할을 하며, 자신을 적의 공격에 의도적으로 노출시키므로 피격될 확률이 높아 무인기가 수행하기에 적합한 용도라 하겠다. 대표적인 기만용 무인기로는 전투기에서 발사 가능한 레이시언(Raytheon) ADM-160B 등이 있다.

3) 감시 정찰용 무인항공기

무인항공기의 절대 다수를 차지하고 있는 무인정찰기는 기체에 그림 11.12와 같은 정밀 광학열상장비(EO/IR)를 탑재하고 실시간으로 영상정보를 전송하는 것을 주임무로 한다. 오늘날 널리 사용되는 무인정찰기의 경우 장시간 체공하면서 정보를 수집하기 위하여 비행효율이 우수한 가로세로비가 큰 날개를 장착하는데, 정찰 대상 및 운용 특성에 따라 손으로 던져 이륙하는 소형정찰기로부터 날개길이가 40m에 달하는 고고도 정찰기까지 다양한 종류가 있다.

현재 무인항공기의 운용이 가장 적절하다고 여겨지는 분야 중 하나는 장기체공 등의 분야인데, 최근에는 인공위성을 대신할 수 있는 장기체공 무인기의 개발이 본격적으로 진행되고 있다. 항공기 역사 초기단계에는 세계 최초로 대서양을 단독 횡단한 기록을 세운 린드버그(Charles Lindbergh)나 무착륙 세계일주를 한 글로벌플라이어(GlobalFlyer) 항공기와 같이 초인적인 인내력을 요구하는 경우가 있는데 자동비행기술이 발달한 오늘날에는 굳이 사람이 조종하여야 할 필요가 없는 것이 사실이다. "기계가 기계를 작동하게 하라(Let the machine do machine's job)"라는 말이 있는데 장기체공 정찰이야말로 이 같은 표현이 딱 들어맞는 분야로서, 사람이 인내력을 발휘하여 장시간 체공을 할 필요 없이 짧게는 수일, 길게는 수십일 이상 장기체공을 하면서 임무를 수행하는 것은 무인항공기에 가장 적합한 임무 중 하나이다.

미국과 영국 등에서는 태양전지를 사용하여 몇 달 혹은 몇 년까지 체공 가능한 무인기도 연구 중이다. 이 같은 장기체공 무인기들은 체공시간을 늘이기 위해 가벼운 구조 및 긴 날개를 사용하므로 설계 및 운용 시 공탄성적 특성을 충분히 고려하여야 하며, 구조변형이 비행제어 특성에도 영향을 미칠 수 있으므로 제어기 설계에도 주의를 요하게 된다. 또한 기존의 내연기관으로는 수일 이상 장기체공이 불가능하므로 태양전지와 같이 무기한 공급

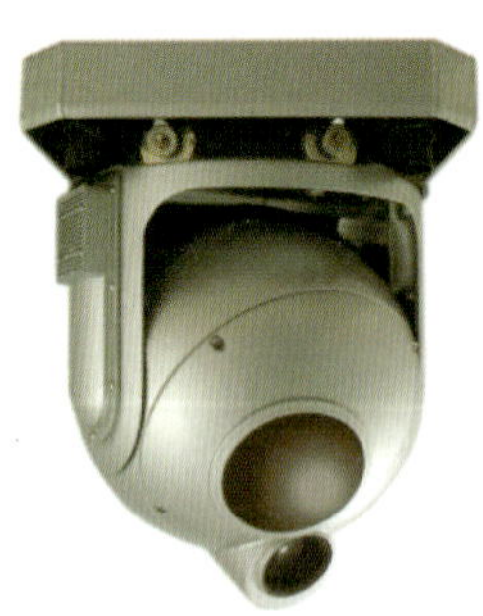

그림 11.12 정찰용 무인기의 탑재 영상장비

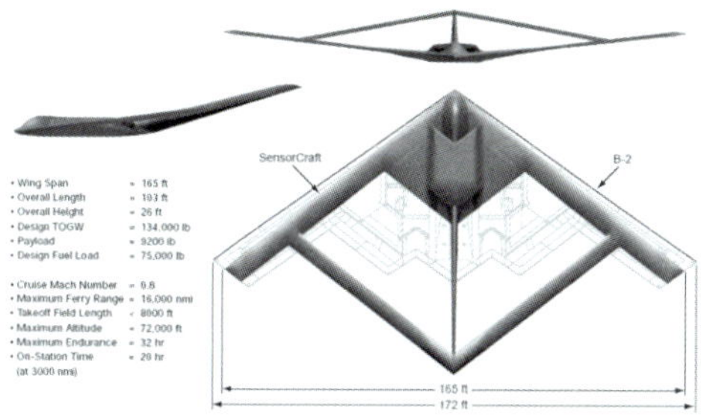

그림 11.13 Boeing사의 Sensorcraft 설계(좌)와 NASA/AeroVironment사의 Helios(우)

이 가능한 에너지원을 연료전지와 같은 재생성이 가능한 전원 관리 장치와 조합하는 것이 중요하다. 일례로 그림 11.13의 헬리오스(Helios) 무인기는 그 길이가 무려 74m에 달하는 날개에 부착된 태양전지만으로 최대 37kW의 전력 발생이 가능하며(비행에는 10kW면 충분함) 최고 96,863ft의 고도에 도달하는 등의 놀라운 성능을 발휘하였으나 비행실험중 공탄성 효과로 인해 기체가 파손되어 추락하는 사고가 발생하였다. 영국에서는 제퍼(Zephyr) 무인기를 개발하여 2018년에 26일 간의 비행에 성공한 바 있다.

4) 공격용 무인항공기

폭탄을 탑재한 기체를 무선조종하여 목표물을 파괴하는 공격 개념은 무인기 개발 초창기부터 고려되었다. 현대적인 자폭형 무인기로는 레이다파 탐색기를 탑재하여 레이다 공격이 가능한 이스라엘의 하피(Harpy), 대만의 검상 등의 무인기가 있다. 이들 무인기는 발사 후 망각 방식(fire and forget)으로 운용되며, 단순히 목표물을 향해 날아가는 것이 아니라 공격대상의 레이다 기지가 작동을 잠시 중단하면 선회(loiter) 모드에 들어가서 다시 신호가 검출될 때까지 기다리는 등의 자율성이 구현되어 있어서 레이다 기지를 실질적으로 무력화할 수 있는 효과가 있다. 또한, 영상감지기로 획득한 영상에서 지정된 표적을 추적하여 공격하는 이스라엘의 Harpy, Hero, Rotem-L 등과 같은 자폭형 무인기가 운용중이며, 우리나라를 포함한 세계 각국에서 개발 중이다. 위와 같은 자폭형 무인기 외에 공격용 무인기로는 무장탑재형이 있다. 정찰 임무 위주이나 탐지된 표적에 대한 공격이 가능한 무인기로 MQ-9B 리퍼(Reaper)는 헬파이어(Hellfire) 미사일을 장착하여 공격임무를 수행한다. 이에 반해 최근 활발히 개발되는 무인전투기는 적진에 침투, 유인전투기가 수행하기에 위험한 방공망 제압, 적진 지상목표물 파괴, 유인전투기와 공동 혹은 단독으로 교전 등의 어렵고 위험한 임무 수행을 목표로 한다. 이를 위해서는 기존의 무인기보다 우수한 기동성, 향상된 운용성의 구현이 요구된다.

현대적인 무인전투기 개발은 1990년대 말, 미국의 공군용 X-45와 해군용 X-47 프로그

그림 11.14 IAI사의 Harpy 무인공격기(좌)와 BAE사의 Taranis 무인전투기(우)

램으로부터 시작되었다. 이후 두 프로그램을 통합한 J-UCAS 프로그램과, 해군용 항모탑재 무인전투기 UCLASS(Unmanned Carrier-Launched Airborne Surveillnace & Strike) 프로그램으로의 변화를 거쳐 최근에는 항모탑재형으로 공중급유와 공격 임무가 가능한 MQ-25 스트링레이(Stringray) 무인기 체계개발이 진행 중이다. 한편 미 공군은 저가형 무인전투기로 XQ-58 발키리(Valkyrie)를 개발 중이며, 유무인 복합 편대 구성을 목표로 하고 있다. 이처럼 무인전투기는 미래 공중 전력의 핵심으로 인식되어, 우리나라를 포함하여 프랑스, 영국, 독일, 중국 등에서도 활발히 개발 중이다.

11.3.2 민간 활용

1) 농업용 드론

무인항공기는 개발 및 운용비용이 적지 않고 숙련된 운용요원이 필요하므로 과거의 무인기들은 대부분 군용으로 개발되어 사용되었으나 최근에는 민간용으로 개발되어 그 활용도가 증가하고 있다. 그중에서 가장 유명한 사례는 농업용 무인헬리콥터인데, 일본 야마하사가 개발한 R50 및 RMAX가 대표적이며, 최근에는 우리나라에서도 자체적으로 방제용 무인헬리콥터를 활발히 개발 및 실용화하고 있다. 무인헬리콥터가 농약을 살포하면 로터에서 발생하는 후류(downwash)로 인해 수작업이나 고정익 항공기에서 살포하는 것보다 훨씬 적은 양의 농약으로도 우수한 방제효과를 얻을 수 있는 것으로 알려져 있다. 방제용 무인헬리콥터는 완전한 자동비행이 가능한 기종도 있으나 조종사가 가시거리 내에서 원격조종기를 통해 수동으로 조종하는 방식도 많이 사용되며, 헬리콥터의 불안정한 응답특성을 보완하기 위해 자이로스코프를 이용한 자세안정화 내부루프제어기를 적용하는 것이 일반적이다. 방제용 무인헬리콥터는 저가이면서도 충분한 신뢰성을 갖추어야 하고 숙련되지

그림 11.15 Yamaha사의 RMAX 농업용 무인헬기(좌)와 DJI사의 MG-1S 방제용 드론(우)

않은 일반인이 운용해도 안전하게 동작을 해야 하므로 군용에 비해 경제성과 운용편이성 측면에서 더 많은 노력이 필요하다. 최근에는 멀티로터형의 드론이 농약 살포나 종자 파종에 활발히 사용되고 있다.

2) 촬영용 드론

촬영용 드론은 드론의 민간용 활용에서 가장 많은 부분을 차지하고 있다. 기존에 방송 미디어와 영화 촬영 분야에서 유인항공기를 통해 수행하던 항공촬영의 많은 부분이 드론으로 대체되고 있다. 특히 멀티콥터형 드론의 경우 기존의 헬리콥터형 드론에 비해 기체의 진동이 적고 다양한 기동이 가능해 기존 유인항공기를 통해 촬영하던 영상보다 역동적이고 개선된 촬영이 가능해지고 있다. 과거에는 고화질의 영상촬영을 위해서 고가의 대형 촬영장비가 필요했으나 최근 기술의 발전으로 소형, 경량, 고화질의 촬영장비가 개발 및 실용화되어 고화질의 영상촬영이 가능해진 것도 드론의 활용도를 높였다. 또한 기체의 진동 및 자세 변화에도 흔들림 없고 안정적인 영상촬영을 위해서 짐벌의 역할이 중요하며, 엔코더와 관성센서(Inertial Measurement Unit; IMU), 브러쉬리스(BLDC) 모터를 활용한 소형 짐벌 기술이 발달하면서 안정적이고 고화질의 영상촬영이 가능해지고 있다. 이로 인해 방

그림 11.16 촬영용 드론을 활용한 3차원 공간정보 매핑

송 및 영상촬영 분야에서 드론의 활용도가 매우 높아지고 있다. 촬영용 드론을 통해 다양한 각도에서 수집된 영상을 정합할 경우 3차원 정보를 추출할 수 있으며, 이를 통해 공간정보를 구축할 수 있다. 정합된 영상과 드론의 위치 정보를 함께 정합할 경우 측량 용도로도 활용이 가능하며 고화질의 3차원 지도 및 공간정보 생성이 가능하게 된다. 촬영용 드론은 영상을 수집할 수 있다는 측면에서 공공 감시나 상황 파악 등에도 활용될 수 있으나 주로 고화질의 영상을 촬영하는 데 주목적이 있고 영상촬영을 위해 특화된 기동이 사전에 프로그래밍되어 활용된다는 측면에서 영상 수집 목적의 드론과는 다소 차이가 있다.

3) 공공 감시용 드론

드론을 공중에서 다양한 정보를 취합하여 공공 목적으로 감시하는 용도로 활용이 가능하다. 기존의 CCTV가 고정된 위치에서 영상 정보를 취합한다면 드론을 활용할 경우 다양한 위치에서 음영 지역 없이 영상 정보를 취합할 수 있다. 이 같은 기능은 범죄예방, 산불감시, 실종자 수색, 재난 및 재해 현장 상황 실시간 전송 등에 활용될 수 있으며 빠른 시간 내에 정보를 수집하고 대응할 수 있는 시간을 단축할 수 있다는 측면에서 활용도가 매우 중요하다고 볼 수 있다. 공공 감시용으로 드론을 활용할 경우 광학 카메라를 통한 영상정보뿐만 아니라 적외선 카메라를 활용해 야간에도 화재 및 산불, 실종자 수색이 가능하다. 공공 감시용 드론의 경우 장기간 체공하거나 장거리를 비행하면서 정보를 취합해야 하는 경우가 많기 때문에 현재의 리튬폴리머 배터리를 사용하는 드론의 경우 비행시간 및 거리에 제한이 따른다. 이를 해결하기 위해서 고정익 항공기를 활용하거나 향후 배터리 기술의 발달을 통해 에너지 밀도를 향상시키는 기술이 필요하다. 취합된 대량의 복합적 영상정보에서 원하는 정보를 신속하게 추출하기 위해서는 많은 경험이 요구되며 이를 대체하기 위해 인공지능을 통한 정보 추출 기술이 적용되고 있다.

4) 물류 수송용 드론

아마존, 구글, DHL 등 세계의 물류 업체에서 드론을 이용한 배송 서비스를 지속적으로 개발하고 상업화를 추진하고 있다. 드론을 활용한 물류 배송의 경우 도서 산간 지역 및 차량을 통해 배송이 어려운 지역에 물품을 신속하게 운송할 수 있다는 장점이 존재한다. 이러한 장점을 이용해 도서 산간 및 사람의 접근이 어려운 지역에 구급품이나 의약품 등을 신속하게 전달함으로써 다양한 목적으로 활용도 가능하다. 물류 수송용 드론은 자동이착륙 기술과 경로점 비행 기술 및 통신기술이 안정화되면 원거리 비가시권까지 배송이 가능하다. 물류 수송용 드론의 경우 장거리 비행에 가장 큰 성능 향상을 요구하는 활용 분야로 연료전지의 적용과 고정익/회전익 복합형 드론을 적용하는 방안이 지속적으로 모색되고 있다. 또한 대량의 물류 배송을 위해 대형 드론을 적용하는 방안과 소형의 복수 기체를 이

그림 11.17 Amazon사의 수송 드론

용해 협동으로 물류를 배송하는 방안 등이 연구되고 있다. 또한 배송 성공률을 높이기 위해 공중 및 지상 장애물 자동 충돌회피, 정밀 자동이착륙, 바람 등 외란에 강건한 비행제어 기술들이 적용되고 있으며 국내에서는 장거리 통신을 위해 LTE망 등의 무선통신 인프라를 활용하는 방안이 지속적으로 모색되고 있다.

5) 통신 중계용 드론

드론으로 통신망을 구축하여 사용자의 밀도가 낮은 지역에서는 무인기가 영구적으로 또는 임시적으로 라디오, TV, 인터넷용 전파통신 신호 기지국 같은 역할을 수행할 수 있다. 특히 대규모 공공행사나 국가 재난 시에 전파가 닿지 않는 곳에 무인기로 이동식 기지국망을 구성하여 인위적으로 전파를 통하게 함으로써 전화나 무선 인터넷 등의 사용이 가능하게 지원할 수 있다. 실제로 페이스북은 인프라가 부족하여 인터넷을 사용 못하는 지역을 위해 고고도 무인항공기 통신망을 구축하여 소외된 지역에서도 저렴한 가격에 인터넷을 이용할 수 있도록 연구 중이다. 브리티시 텔레콤(British Telecom) 역시 비슷한 기술로 기존 네트워크가 중지되었을 때 임시로 광대역 모바일 네트워크를 사용할 수 있는 기술 개발을 계획 중이다. 이 같은 통신 중계용 드론은 지상의 사용자에게 통신 영역을 확대하는 것뿐만 아니라 무인이동체 간 통신망을 확대하는 데에도 활용된다. 특히 도서 산간 지역에 물류 수송용 드론이 진입할 경우 해당 드론과의 통신망 연결을 위해 중계용 드론이 임시적으로나 상시적으로 활용될 수 있으며 수상에 있는 무인선박 및 도심에 있는 무인 지상 이동체와도 통신망을 구축해 다양한 정보를 공유하고 취합할 수 있다.

그림 11.18 3.1 절 100주년 기념 군집 드론 쇼
(공공누리에 따라 한국항공우주연구원의 공공저작물 이용)

6) 예술용 드론

인텔은 드론에 LED 조명을 설치하고 야간에 자동 비행을 통해 여러 가지 패턴과 글자를 밤하늘에 연출하면서 드론을 예술용으로 본격적으로 활용하기 시작했다. 초기에는 약 500대 정도의 드론을 이용해 군집 비행을 수행하면서 다양한 공연을 연출했으나 최근에는 1000대 이상의 **군집 드론**을 이용해 연출한다. 특히 2018년 평창올림픽의 개막식과 폐막식에서 성공적인 군집 비행을 수행하면서 국내에 드론쇼 산업에 대한 관심을 증폭시켰다. 군집 드론을 이용한 드론 아트쇼의 경우 드론의 정밀 항법기술과 통신 기술이 핵심 요소 기술로 일반적으로 RTK(Real Time Kinematic) GNSS를 활용해 센티미터 수준의 정밀 항법을 통해 드론 간의 위치를 측정 및 제어하여 원하는 패턴을 표현하게 된다. 또한 각 드론들의 현재 비행 상태를 지상에서 실시간으로 모니터링 하거나 새로운 명령을 인가하기 위해서는 다수의 노드와 통신이 가능한 통신 기술 및 네트워크 기술이 요구되며 가장 쉽게 접근할 수 있는 방식이 Wifi나 LTE를 이용한 통신 방식이다. 중국의 경우 인텔보다 더 많은 수의 군집 드론을 이용해 드론 아트쇼를 개발하고 있으나 드론이 패턴을 만드는 방식이 아닌 다수의 드론을 일정 그리드로 배치하고 LED 점멸을 통해 패턴을 연출하는 도트프린트 방식의 연출을 활용하고 있다. 우리나라의 경우 평창올림픽을 계기로 드론 아트쇼를 연구 및 수행하는 업체가 생겨났으며 지속적인 연구 개발을 통해 기술력을 향상시키고 있다.

7) 취미/교육용 드론

기존에 RC 모형항공기를 이용하던 동호인들이 모형항공기에 자동비행 시스템을 탑재하거나 영상장비를 탑재하여 드론을 취미용으로 활용하고 있다. 특히 SNS의 확대와 함께 자신의 SNS에 고화질의 항공촬영 영상을 올리면서 드론을 취미용으로 활용하는 사용자가 2000년대 후반 대폭 증가했으며 소형 쿼드콥터형 드론에 전방 카메라를 장착한 후 고글을 통해 실시간 영상을 1인칭 시점으로 보면서 드론을 유인항공기 같이 조종하는 FPV(First Person View) 방식의 드론 조종이 인기를 모았다. FPV 방식을 통해 1인칭 시점에서 드론을 조종할 경우 매우 역동적이고 마치 조종자가 공중에서 비행하는 것 같은 느낌을 받을 수 있으며 단순한 FPV 비행을 넘어서 드론 레이싱이 발전하게 되었다. 드론 레이싱은 기존의 레이싱 산업과 비슷하게 드론을 활용한 레이싱 대회로 FPV 방식을 이용해 드론이 기문을 빠른 시간 내에 통과하는 대회로 비행 속도가 매우 빠르고 조종사의 빠른 조종 순발력이 요구된다. 현재는 1m 이상 크기의 드론을 활용한 드론 레이싱 분야가 모색되고 있으며 앞으로 대형의 고속 드론들이 펼치는 레이싱 대회가 각광을 받을 것으로 기대된다.

드론이 전자 및 기계 부품과 자동비행 소프트웨어를 활용해 수동 및 자동비행이 가능하다는 점에서 교육용으로도 활용이 가능하다. 특히 교육의 산출물로 자신만의 드론을 만들어볼 수 있다는 점에서 교육의 동기 부여가 높게 형성될 수 있으며 소프트웨어 기술뿐만 아니라 하드웨어 기술까지 교육하고 학습할 수 있다는 점에서 좋은 교육 아이템이 될 수 있다. 앞으로 드론을 활용한 교육 분야는 지속적으로 확대될 것으로 예상된다.

8) 연구용 드론

무인항공기는 비교적 손쉽게 제작할 수 있으므로 대학이나 연구소에서 비행제어기 개발이나 항법, 유도, 통신 등의 다양한 분야의 실험에 사용되고 있다. 연구용 무인기는 RC항공기를 기반으로 직접 제작하기도 하고 연구용으로 개발된 무인기도 있다. 미국에서는 1990년대부터 여러 가지 형태의 무인항공기를 대학이나 연구소에서 개발하여 유도, 항법, 제어, 경로 생성, 영상기반 비행 등의 다양한 연구를 수행하여 많은 성과를 얻고 있다. 최근에는 여러 대의 무인기를 실내에서 카메라를 사용하여 비행하는 연구가 많은 주목을 받고 있는데, 이 같은 카메라 시스템은 고가의 장비로서 외부 측위를 기반으로 하는 제어방식은 실제 무인기에는 적용할 수 없다는 단점이 있으나 날씨나 측위 정밀도, 페이로드 등의 문제에 구애받지 않고 언제든지 재현성이 높은 실험을 수행할 수 있다는 장점이 많아 대학교 등의 연구기관에서 주로 사용하고 있으며, 복수 무인기의 비행이나 고정밀 측위가 요구되는 곡예비행 등의 연구에 큰 효과를 발휘하고 있다. 우리나라에서도 1990년대부터 민간용 무인항공기의 연구가 시작되었으나, 본격적으로 연구가 진행되기 시작한 것은 2000년대 들어서라고 할 수 있다. 특히 정부의 지원으로 2002년부터 무인항공기 경진대회가 개최되어 자동비행, 낙하물 투척, 사진촬영 등의 난도 높은 임무를 수행하는 고정익, 회전익 무인항공기의 개발이 활발히 진행된 바 있다. 현재에도 많은 대학에서 무인기를 직접 제작하여 무인기 전

그림 11.19 Draranfly사의 Draganflyer(좌)와 DJI사의 Matrice 100(우) 연구용 무인기

반 연구에 적용되어 많은 연구 결과를 얻고 있다.

11.4 무인항공기의 운용

11.4.1 지상통제소와 운용자

1) 드론 지상통제소

무인항공기는 조종사가 탑승하지 않는 대신 지상의 통제소에서 원격으로 임무를 지시하고 상태를 감시하는 방식으로 운용되므로 지상통제소의 역할이 매우 중요하다. 지상통제소에서는 항공기의 상태를 원격으로 감시하고 명령을 내리므로 통신장비가 반드시 필요하게 되고 항공기의 상태를 적절히 표시하고 임무를 지시하는 사용자 인터페이스의 개발 또한 중요한 부분을 차지하게 된다. 무인항공기는 대부분의 운용 상태에서 자동으로 비행이 가능하므로 조종사가 항상 항공기에 조종입력을 가해줄 필요는 없지만 비상상황이나 자동으로 비행하기 곤란한 이착륙 시에는 직접 조종간을 잡고 비행을 해야 하는 경우도 있으므로 조종 스틱과 스로틀 스틱으로 구성된 조종간을 갖추고 있다. 군용 대형 무인항공기의 경우 유인항공기와 사용자 인터페이스가 매우 흡사한 경우가 많으며 이 경우 유인항공기 조종사가 계기만을 보고 IFR(Instrument Flight Rules) 상태로 무인항공기를 조종할 수 있도록 비행통제부를 구축한다. 반면 소형 무인항공기의 경우 모형항공기에서 사용되는 두 개의 조종 스틱을 이용한 조종방식이 주로 사용된다. 비행통제부는 무인항공기에 조종입력을 가하기 위한 조종간뿐만 아니라 경로점 비행, 임무 변경, 노브 비행 등 자동 및 반자동화된 비행 상황에서의 유도 명령 및 임무 수행 명령을 인가할 수 있는 시스템이 구축되어 있다. 이를 통해 임무 수행을 위한 경로점(waypoint)을 변경하거나 비행 철회 및 복귀 등의 명령을 인가할 수 있다. 무인항공기에 임무 장비가 탑재되어 있는 경우 임무장비에서

그림 11.20 무인정찰기 지상통제소 및 통제장비 화면

수집한 정보가 지상국으로 전송되어 지상의 운용자가 실시간으로 모니터링하거나 분석하게 되며 이를 통해 임무 수행 명령을 인가하게 된다.

2) 원격조종사

소형무인기인 경우 무선조종항공기 같이 조종사가 직접 육안으로 항공기를 관측하며 조종하기도 하고(그림 11.21), 좀 더 대형인 경우에는 지상통제소에서 원격조종사가 탑재카메라로부터 전송된 영상을 보면서 조종한다(그림 11.22). 원격조종사 중 외부에서 직접 육안으로 보면서 조종하는 조종사를 **외부조종사**(external pilot)라고 하며 내부에서 비행 상태 정보와 영상을 보면서 조종하는 조종사를 **내부조종사**(internal pilot)라고 한다. 외부 조종사는 항공기의 자세와 속도를 육안으로 판별하여 조종하게 되며 결과적으로 가시권 내에서 조종이 가능하다. 내부 조종사는 무인항공기로부터 전송되는 비행 상태를 확인하면서 계기를 활용해 비행이 가능하므로 가시권 및 비가시권 비행이 모두 가능하다. 단, 통신이 두절되거나 데이터 전송에 지연이 클 경우 정밀한 조종은 불가능하다. 최근 외부 조종사에게 증강현실 기술을 접목해 무인항공기의 비행상태를 가시화해줌으로써 무인항공기 조종에 도움을 주는 방법이 시도되고 있다. 내부조종사는 무인항공기의 비행을 담당하는 조종사와 임무장비를 담당하는 조종사로 구분할 수 있으며 카메라와 같은 영상정보 수집 장비를 담당하는 조종사의 경우 원하는 물체를 추적하거나 촬영하기 위해 임무장비를 조종하게 된다. 실제 무인항공기를 효율적으로 운용하기 위해서는 임무장비 운용자와 비행체 조종사가 서로 체계적인 역할 분담이 이루어져야 한다.

그림 11.21 외부조종사에 의한 무인기의 이착륙

그림 11.22 내부조종사에 의한 무인기 조종

3) 지상통제소에 전시되는 정보

지상통제소에는 무인항공기를 조종하기 위한 무인항공기의 비행 상태정보와 기체 및 시스템 상태 정보, 임무장비 정보, 임무 수행 정보가 표시된다. 비행 상태정보의 경우 무인항공기의 위도, 경도, 고도, 수평속도, 수직속도, 가속도, 자세 등이 표시되며 이 정보를 활용해 계기에 표시함으로써 계기비행 방식으로 무인항공기를 조종할 수 있다. 기체 및 시스템 상태 정보의 경우 무인항공기를 구성하는 부체계(subsystem)의 상태 정보를 의미하며 추진시스템의 경우 엔진 회전수, 연료 잔여량, 엔진 온도 등이 있고, 통신 시스템의 경우 통신 강도, 수신률 등이 있으며, 구동기 시스템의 경우 각 구동기의 상태 등이 표시될 수 있다. 기체 및 시스템 상태 정보의 경우 무인항공기를 조종하는데 직접적으로 필요한 정보는 아니지만 기체를 운용하거나 고장이 발생했을 경우 무인항공기 시스템 상태를 파악하기 위해 필요한 정보이다. 임무장비 정보의 경우 무인항공기에 탑재된 전자광학(EO/IR) 센서, 합성개구레이다(Synthetic Aperture Radar; SAR) 등에서 측정 및 수집된 정보를 의미하며 임무수행을 위한 지상 목표물까지의 거리, 영상, 목표물의 위치 등이 표시될 수 있다. 임무 수행 정보는 무인항공기가 임무 수행하기 위한 경로점 위치 정보, 경로점 통과 상태 정보, 가상울타리(geo-fence) 정보, 지형정보, 임무거리, 임무 수행시간 등 다양한 정보들이 표시된다. 이러한 정보를 통해 무인항공기의 임무 수행 상황을 파악하고 임무 변경 및 운용을 체계적으로 수행할 수 있다.

4) 통신 방식

무인기는 지상통제소에서 원격으로 통제하므로 무선통신장비가 필수적인데, 무선통신 채널을 통해 비행 중 현재 항공기 운항정보 및 탑재 장비의 동작상태 등을 전송하고 지상국에서 보내는 명령을 받는다. 최근에는 통신기술의 발전으로 소형 광대역 무선통신장비가 많이 개발되었는데 일반인에게도 친숙한 WiFi(IEEE 802.11) 규약이 있고 좀 더 근거리 통신으로는 흔히 지그비(Zigbee)라고 알려진 IEEE 802.15.4도 있으며 업체 고유의 비표준 통신규약을 따르는 모뎀들도 많이 판매되고 있다. WiFi는 일반 무선통신에 비해 대역폭이 훨씬 넓으나 도달거리가 짧고 실시간성이 떨어진다는 특징이 있다. 자율비행능력을 가진 무인항공기는 지상에서 직접 조종면을 조종하지 않으므로 통신의 실시간성이 절대적으로 중요하지는 않지만 너무 과도한 통신지연이나 데이터 패킷 손실 등은 무인기 운용에 있어서 안전성 및 신뢰성을 저하시킬 수 있으므로 유의하여야 한다.

기체에 카메라를 탑재하는 경우에는 영상의 정보량이 많으므로 별도의 영상 송수신기를 탑재하는 것이 바람직한데, 과거에는 아날로그 방식 송신기를 많이 사용하였으나 최근에는 화질의 저하가 작은 디지털 방식의 영상송신기가 널리 사용되는 추세이다. DGNSS (Differential GNSS)를 사용하는 경우에는 보정신호를 추가로 전송해야 하는데, 항공기의 기본 데이터 채널과 영상, DGNSS 보정신호 등을 모두 각각의 채널이나 주파수대역을 사용하는 것이 실시간성에는 유리하겠지만 통신기 숫자대로 별도의 안테나를 탑재해야 하므로 공간 및 페이로드의 제한이 심한 소형 무인기에는 적합하지 않을 수 있다. 최근에는 기본 데이터 채널에 하나 이상의 채널을 같이 보내는 멀티플렉싱(multiplexing) 방식의 모뎀도 있어서 영상정보와 기체정보, DGNSS 보정신호를 동시에 전송하는 것이 가능하다.

무선조종항공기를 기반으로 무인기를 개발하면 수동비행용 무선조종기를 기본으로 사용하는데 이같은 무선조종기는 과거 72MHz 주파수대를 사용하였으나 2.4GHz에서 동작하는 송수신기로 대체되었으며, 주파수 도약(frequency hopping) 방식을 채택하여 다른 조종기와의 주파수 간섭에 강인하다는 장점이 있으나 WiFi나 영상송신기의 주파수대역이 겹쳐서 서로 간섭을 일으킬 수 있으므로 주의를 요한다.

11.4.2 자율화 및 검증

1) 기체

무인항공기는 유인기와 마찬가지로 날개, 로터 등으로 대표되는 양력발생장치 및 조종면, 구조물 및 추진장치로 구성된다. 하지만 조종사가 탑승하지 않으므로 항공기의 기본설계에 있어서 인간적인 요소를 제거할 수 있는 특징이 있다. 유인항공기는 조종사가 탑승할 공간, 계기판, 조종간 및 시야 확보를 위한 캐노피, 필요에 따라 조종석의 기압을 적절히 유지하는 여압장치, 전투기의 경우 사출장치 등이 장착되어야 하나, 무인항공기의 경우 이러한 장치들 모두 필요하지 않아 무게를 줄일 수 있고 공기저항을 유발하는 캐노피 등을 제거함은 물론, 주어진 임무를 수행하는 것에만 문제가 없도록 항공기를 임의로 제작하는 것이 가능하다.

무인기의 개발은 먼저 적절한 **기체**를 선정하거나 직접 설계, 제작하는 것으로 시작되는데, 후자의 경우 비행제어장치 및 기타 필요한 탑재 장비의 무게를 고려하여 항공기의 제반 사항, 즉 동체, 날개, 조종면 등의 기본적 형상과 엔진, 프로펠러 등의 세부사항을 선정하게 된다. 고정익 항공기의 경우 발사(balsa)나 복합재료(composite)를 사용하여 비교적 용이하게 제작이 가능하다. 최근에는 저가의 레이저 가공기나 **3D 프린터** 등이 있어서 복잡한 모양의 부품도 손쉽게 정밀 제작할 수 있다. 헬리콥터의 경우에는 엔진, 변속기, 로터 허브 및 각종 제어 링크 등의 조립품 및 요소 부품들을 모두 정밀하게 설계, 제작해야 하므로 고정익 항공기보다 제작이 상당히 어렵고 큰 비용이 소요된다. 직접 제작하지 않아도 될 경우에는 시중에 판매하는 무선조종 비행기나 헬리콥터 키트 등을 이용하면 되는데, 이들은 별도의 탑재장비를 달고 비행하도록 설계되어 있지 않아 자동조종장치나 다른 탑재장비를 탑재하고 비행이 어려운 경우가 발생한다. 무인항공기의 제어에 필수적인 장비로서 컴퓨터, 항법센서, 통신장비, 배터리 등의 무게가 1~2kg는 족히 나가므로 날개폭 1.5미터 이상의 항공기가 필요하였으나 최근 초소형 전자장비들이 속속 개발되면서 100그램 정도나 그 미만의 비행제어 시스템도 개발이 가능하여 비교적 소형, 저가의 무선조종비행기도 무인화가 가능해지고 있다. 하지만 카메라 등의 탑재장비는 소형/경량화에 한계가 있으므로 너무 작은 기체는 곤란하다.

2) 자동조종장치

무인항공기는 조종사를 대신하여 기체를 조종하는 **자동조종장치**의 역할이 매우 중요하다. 일반적인 유인항공기의 자동조종장치는 기체의 조종안정성을 개선하는 SCAS (Stability and Control Augmentation System)를 기본으로 하고 필요에 따라서 주어진 경로를 따라 비행하는 유도제어장치가 추가되며, 대부분의 경우 자동조종장치의 고장 시 조종사가 수동으로 기체를 통제할 수 있도록 하는 기계적인 백업조종기구가 포함된다. 무인항공기의 경우 조종사가 탑승하지 않으므로 자동조종장치의 역할이 대단히 중요하다. 특히, 통신 지연이 있을 경우 조종사가 조종면을 직접 조종하는 것은 거의 불가능하므로 무인항공기에 있어서 자동조종장치, 특히 조종안정성 증대장치(SCAS)뿐만 아니라 자동경로비행장치의 존재가 매우 중요하다. 종래에는 알려진 위치에 설치된 전파기지국에서 송출되는 전파를 사용하여 항공기를 유도하는 전파유도방식이 사용되었으나, 이 같은 방식은 전파를 수신하는 수신장치가 필요하며, 그 정밀도도 그다지 높지 않아 무인항공기에는 쉽게 적용할 수 없었다. 오늘날과 같은 비교적 소형, 고성능 무인항공기의 개발이 가능하게 된 것에는 1990년대 중반부터 본격적으로 사용되기 시작한 위성항법시스템의 역할이 매우 컸다. 위성항법시스템은 지구 원궤도에 위치한 위성에서 송출하는 시간 및 위치데이터를 기반으로 자신의 위치를 추적하는 방식으로서, 비교적 소형의 안테나 및 전용 처리장치로 구성되면서도 수 미터 내의 대단히 정밀한 측위가 가능하다. 오늘날 기본적인 자동비행장치는 유도제어 및 항법기술의 발달로 정밀한 경로점 비행이 가능하게 되고, 최근에는 이를 이용한 항공기의 관제 및 자동이착륙까지 시도되고 있다.

항공기의 **자동비행** 구현에 핵심적인 요소기술은 **항법**, **제어**, **구동장치**이고, 이들 기능을 안정적으로 구현하는 하드웨어와 소프트웨어를 구현하는 것이 매우 중요하다. 특히 비행체가 통제불능에 빠질 경우 지상 물체와 충돌하면서 대인/대물 피해를 일으키게 되므로 신뢰성이 높은 시스템 제작에 많은 주의를 기울여야 한다. 항공기의 자동비행은 먼저 적절한 항법시스템을 구성하여 기체의 운동상태를 측정하고 이 정보를 이용하여 기체를 안정화하는 제어기를 설계하는 절차가 필수적이다. 비행제어기를 설계하려면 적절한 제어기법을 선정하고 여기에 필요한 시스템 모델을 구성한 후 고전제어기법, 현대제어기법 등을 적용하여 제어기를 설계하는 절차를 거치게 된다. 따라서 시스템의 수학적 모델링이 필요하게 되는데 항공기의 형상을 이용하여 유체해석 소프트웨어를 사용할 수도 있고 비행이 가능한 경우에는 실제 비행 시 조종입력과 항공기의 응답을 측정하고 이를 시스템 식별(System Identification) 소프트웨어로 처리하여 실험적 선형/비선형 모델을 얻을 수 있다. 모델을 구하기 어렵지만 비행실험이 용이한 경우에는 비행 중 제어기 파라미터들을 바꾸면서 적절한 값을 선정하는 것도 이론적 근거는 빈약해도 확실한 결과를 신속하게 얻을 수 있는 장점이 있다. 고정익이나 회전익 항공기의 제어에는 다중 루프 PID(Multi-loop Proportional- Integral-Differential) 기법이 흔히 적용되는데 구조가 간단하면서 대부분의 경우 만족할 만한 제어 성능을 발휘하므로 널리 사용되고 있다.

고정익 항공기의 자동비행에는 기체의 자세 및 방향각의 측정이 필요하고 경로점 비행에 필요한 항공기의 실시간 위치정보는 GNSS를 사용하면 간단히 획득된다. 자세각 및 방향각 측정 센서로는 AHRS(Attitude and Heading Reference System)가 있는데 이 센서에는 각속도계 및 가속도계가 기본으로 부착되어 있고 방향각 정밀도를 향상시키기 위해 지구자기장을 측정하는 자기장센서가 부착된 경우도 있으며, 측정정보는 RS-232 등의 데이터 출력신호로 전송된다. 헬리콥터의 경우 기체의 안정화에는 속도정보가 중요하므로 좀 더 정교한 항법시스템의 구현이 요구되므로 AHRS보다는 GNSS의 도움을 받는 **관성항법시스템**(Inertial Navigation System; INS)을 구성하는 것이 적절한데 이 같은 장비는 구매할 수도 있고, **관성센서**(Inertial Measurement Unit; IMU)만 구입해서 자체적으로 GNSS와 결합하는 필터를 만들 수도 있다. 항법장치는 흔히 단품으로 탑재장비 중 가장 비싼 전자장비일 경우가 많으며, 국내에서는 제조국의 수출규제로 충분한 정밀도를 갖는 센서를 입수하기 어려울 때도 많다. GNSS는 저가이면서도 성능이 우수한 제품들이 많이 판매되고 있으며, 위치 오차가 수 미터 정도라서 고정익 항공기의 자동비행제어에는 적합하나 회전익의 경우 정밀한 정지비행을 구현하기에는 부족할 수 있다. 이때에는 고가의 정밀 위성항법시스템을 사용하는데 수 센티미터 내의 정밀도를 갖는다. 하지만 별도의 지상국을 운영해야 하고 보정신호를 무선통신채널로 실시간 전송을 해야 하며 원활한 전송이 이루어지지 않을 경우 측정위치값이 갑자기 크게 변하는 문제가 생길 수 있으므로 주의하여야 한다. 항법장치를 선정할 때에는 기체의 동적 특성 및 요구정밀도 등을 잘 고려하여야 하며 실제 사용 시 관성센서는 엔진의 진동을 감쇄하는 마운팅을 사용하여 부착하는 것이 바람직하고 GNSS는 컴퓨터나 모뎀 등 다른 탑재장비로부터 전파 간섭이나 위성신호 차단을 당하지 않는 위치에 설치하는 것이 중요하다.

비행제어 컴퓨터는 항법센서 등에서 정보를 받아 항공기를 안정화하는 제어입력을 일정한 타이밍으로 계산을 하여 구동기를 작동시키고 지상국과의 교신을 통해 항공기의 상태를 전달하고 명령을 받는 여러 가지 작업을 동시에 정확히 수행하여야 하므로 실시간 운영체계(real-time operating system)를 사용하는 것이 바람직한데 VxWorks, Real-time Linux, QNX 등이 있다. 요즘에는 컴퓨터 CPU가 매우 빨라져서 일반적인 제어 및 항법 알고리즘을 50Hz 이상으로 실행하는데는 별다른 문제가 없다. 과거에는 PC104와 같은 산업용 PC를 흔히 사용하였으나 최근에는 이보다도 훨씬 작은 소형 컴퓨터보드도 많이 개발되어 있으므로 가능하면 작은 컴퓨터를 사용하는 것이 탑재장비의 경량화에 도움이 되고 소형 비행체 제어에도 사용 가능하다.

탑재된 자동조종장치는 항법정보를 이용하여 기체를 안정화하고 원하는 경로를 따라 비행하는 데 필요한 조종면의 동작량을 계산하고 이를 흔히 서보라고 부르는 구동기에 보내게 되는데 소형 무선조종항공기에는 전통적으로 **펄스 폭 변조**(Pulse-Width Modulation; PWM)라는 방식의 신호를 사용하여 구동기의 작동량을 명령하며 이는 노이즈에 강한 장점이 있다. 무인항공기를 개발하다보면 기체의 이상이나 비행제어장치의 문제로 자동비행이 불가능할 경우 수동비행으로 전환하여야 할 경우가 종종 발생하므로 수신기로부터 나오는 무선조종기의 수동조종 PWM 신호와 비행제어 컴퓨터가 만들어주는 PWM 신호를 선택할 수 있는 기능이 구현되어야 한다.

3) 통신

무인항공기는 원거리에 위치한 운용요원에 의해 통제되므로 영상정보와 조종사의 조종입력 등의 정보를 실시간으로 높은 속도로 송수신하는 것이 중요하다. 이와 같이 무인항공기의 비행과 조종에 관련된 통신을 CNPC(Control and Non-Payload Communication)이라 일컫는다. 무인항공기가 특정한 임무를 수행하게 되면 이외에도 임무와 관련된 통신(예를 들어, 관측 영상의 전달)도 필요하게 된다. 두 종류의 통신에 공통적으로 정보를 필요로 하고 정보에 근거하여 판단을 하게 되는 운용자가 항공기에 탑승하지 않기 때문에 무인항공기는 기존 유인항공기에 비해 통신 장비에 대한 중요도가 훨씬 크다. 그림 11.23에서 보듯 미국 노스롭그루만사의 RQ-4 글로벌 호크(Global Hawk)의 구조도와 같이 글로벌 호크는 구조면에서 기존의 항공기의 구조와 별다른 차이가 없으나 승객이나 화물용 공간에

그림 11.23 정찰용 무인항공기의 구조도(Northrop Grumman RQ-4 Global Hawk)

는 임무장비로 채워져 있으며, 조종석이 위치하는 동체 전반부의 공간에는 위성통신용 대형 안테나가 장착되어 있다.

무인항공기의 통신은 그 거리와 방식에 따라 **가시선**(line of sight) 통신, **비가시선**(non line of sight) 통신으로 구분될 수 있다. 가시선 통신의 경우에는 지상 장비와 비행체 사이를 무선통신 방식으로 직접 연결하게 되고, 비가시선 통신의 경우에는 둘 사이가 위성 등을 이용하여 간접적으로 연결된다. 최근에는 무인기들 상호 간의 통신을 통해 정보를 교환하거나 협업적으로 임무를 수행하는 개념도 활발히 개발되고 있고, 이때 외부에서 지정된 계층화 없이 무인기들끼리 필요에 따라 연결을 생성하는 Ad-Hoc 네트워크 기술 등이 활용되기도 한다.

4) 검증

무인기의 기본적인 개발이 끝나면 가능한 한 많은 부분을 사전에 검증하여야 한다. 항공기의 특성상 비행 중 문제가 발생하면 기체의 손실뿐만 아니라 지상의 대인, 대물 피해를 일으킬 수 있으므로 기본적인 자동제어계통뿐만 아니라 비상조종계통을 꼼꼼하게 점검하여 문제가 발생하면 수동조종으로 안전하게 회수할 수 있도록 준비하여야 한다. 비행제어기능 중 일부 기능, 즉 자세제어 등은 지상에서 기체를 기울여가면서 센서의 특성을 점검하고 제어성능도 같이 살펴볼 수 있으나 경로점 비행이나 고도제어, 기속제어 등은 실제 비행환경이 아니면 검증이 곤란하므로 PILS(Processor-In-the-Loop Simulation)나 HILS (Hardware-In-the-Loop Simulation)로 비행조건을 컴퓨터 환경이나 비행환경과 유사한 실제 환경을 생성하여 탑재비행제어기의 반응을 검증하는 작업을 거친다. 이때 비행제어 컴퓨터가 발생하는 제어신호를 받아 시뮬레이션 대상 항공기의 운동특성을 실시간으로 재현하고 이 결과를 무인기에 센서에서 발생하는 것과 동일한 형태로 만들어서 비행제어 컴퓨터로 다시 넣어줌으로써 가상으로 비행조건을 만들어주면 제어성능이나 경로점 비행, 각

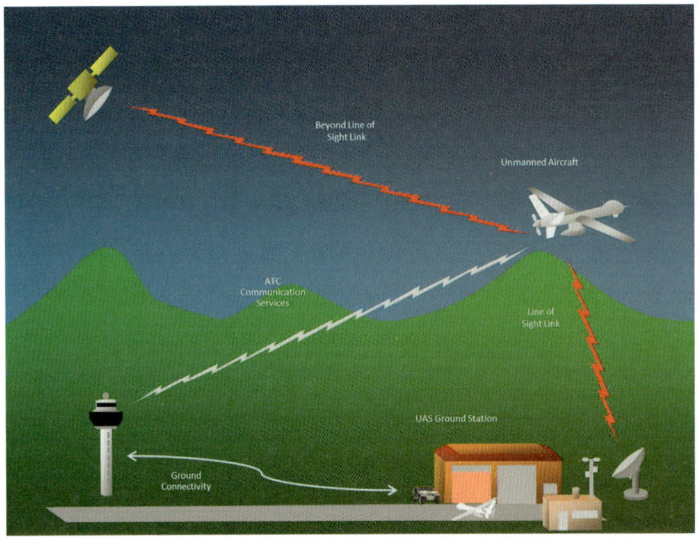

그림 11.24 가시선 통신과 비가시선 통신 개념도 (© NASA)

종 고장상황 등 비행중에만 검증할 수 있는 다양한 조건들을 생성하여 하드웨어 및 소프트웨어를 검증할 수 있다. 이 같은 알고리즘 검증작업이 끝나면 실제 기체를 비행시험할 수 있는 상태가 된다. 소형 무인기와 같이 비행에 부담이 작은 경우에는 바로 비행실험에 들어갈 수 있고, 중대형기의 경우 탑재된 시스템이 복잡할 경우 지상에서 모든 탑재장비를 철저히 점검한 후 점진적으로 자동비행을 수행하는 것이 바람직하다.

자동비행 실험 중에는 우선 기체를 수동으로 비행하여 기체의 기본적 비행성능 및 안전성을 확인하는 사전 작업을 거친 후 자동비행에 들어가게 된다. 자동비행시험에서는 우선 기체의 내부제어기의 안정성을 먼저 확인해야 하는데, 롤, 피치, 요 방향 제어기를 각각 실험하는 것이 바람직하며, 이들 제어기가 안정적으로 잘 동작하면 동시에 가동하여 각 방향 간의 커플링이 없는지 확인한다. 내부제어기의 검증이 끝나면 기속제어기를 검증하고, 고도제어, 방향각 제어기를 검증한 후, 여기에 적절한 경로점 비행 알고리즘을 결합하면 자동비행이 완성된다.

이상에서 설명한 실험 절차는 고정익 항공기의 경우이며, 회전익기의 경우 비행이 수직 이착륙에서 시작하므로 먼저 정지비행 제어기의 성능을 검증하는 것이 중요하다. 상황이 허락하면 비행체를 적절한 기구에 부착하여 구속하고 자세제어를 먼저 확인하는 것도 가능하다. 정지비행제어기가 검증되면 이를 사용하여 수직 이착륙, 저속 비행 등의 제어가 가능하며, 고정익모드로 비행할 경우, 즉 방향전환을 요(테일로터) 방향 제어가 아닌 뱅크각제어로 수행하는 등의 변화가 있다. 회전익 항공기의 실험절차는 고정익의 경우와 조금 다른데, 고정익 항공기는 일단 비행이 시작한 상태에서 제어기를 검증하여야 하므로 안전

고도를 확보하는 것이 중요하나, 회전익기는 안정성이 떨어지므로 너무 멀리서 비행하면 비상 시 수동조작이 어려우므로 지상에서 가까운 고도에서 실험하는 것이 바람직하다. 항공기의 특성상 충돌 시 피해가 발생하므로 특히 실험수행요원의 안전에 유의하여야 한다.

11.5 무인항공기 개발의 특징과 우리나라의 무인기 개발

오늘날 무인항공기는 주어진 임무에 맞추어 처음부터 설계하는 것이 일반적인데, 경우에 따라서는 충분히 검증된 유인기를 기반으로 무인기를 설계하거나 원래 유인기로 개발된 기체를 무인기로 개조하기도 한다. 유인기를 무인기로 개조하려면 자동조종장치 및 통신장치를 장착하는 것이 필요하고 조종사를 대신하여 조종면을 자동조종장치의 명령에 따라 움직이기 위해 구동기를 부착하는데, 구동기는 조종간에 체결되거나 조종면에 직접 연결할 수 있다. 전자의 경우 최소한의 개조만으로 항공기의 자동화가 가능하며, 후자의 경우 조종간을 통해 조종면을 구동하는 것보다 정밀한 제어능력이 요구될 때 적용한다. 향후 전기신호제어(fly-by-wire) 기반 유인기가 무인화될 경우 이미 컴퓨터를 통한 자동비행이 구현되어 있으므로 용이하게 무인화될 수 있을 것이다.

무인항공기는 사람이 탑승하지 않으므로 기체에 요구되는 안전도 및 신뢰도가 유인기에 비해 낮아 항공선진국에 비해 기체제작, 엔진개발, 항공인증절차에 대해 완전한 기술을 갖지 못한 국가들도 비교적 쉽게 진입할 수 있다는 특징이 있다. 무인항공기 개발의 초기단계에는 무선조종비행기 수준의 기체도 개발에 이용될 수 있어서 세계 각국이 초보적인 무인항공기는 쉽게 개발하곤 한다. 하지만 본격적인 중대형 무인항공기의 설계, 제작, 운용에는 유인기에 준하는 높은 수준의 설계 제작기술이 요구되며, 자동비행에 필요한 정밀 관성항법장치, 위성항법장치, 고성능 통신장치 개발 기술은 여전히 항공 및 전자기술 선진국의 독점하에 기술 및 제품 유출이 통제되고 있다.

우리나라는 1970년대 후반 국방과학연구소의 기만용 무인기인 솔개의 연구를 시작으로

그림 11.25 송골매 무인기와 스마트무인기(© 국방과학연구소, 항공우주연구원)

1990년대에는 송골매(비조)를 실용화하여 현재까지도 각 군단에 배치, 운용 중이다. 2000년대에는 항공우주연구원에서 틸트로터 방식 스마트무인기를 개발하였고, 국방과학연구소는 차기 군단급 무인기 및 중고도 무인기를 개발하였다. 또한, 군용중소형 무인기는 유콘시스템의 대대급 무인기와 대한항공의 사단급 무인기가 업체 주관으로 개발되어 군에서 사용 중이다. 우리나라는 이제 각급 군용 무인기를 직접 설계, 제작할 능력을 갖추었으며, 일부 소형 무인기는 수출한 사례도 있다. 이와 함께 농업현장에 널리 사용되는 방제용 헬리콥터도 독자적으로 개발하여 전량 수입에 의존하던 것에서 벗어나고 있다. 앞으로 우리나라의 무인항공기는 더욱 활발히 전개될 것으로 예상된다.

11.6 드론과 미래운송

무인항공기는 과거 조종사가 직접 수행하기 곤란한 임무를 제한적으로 대체하는 방식으로 운용되었지만 앞으로는 유인기만이 가능하였던 임무에도 점차 그 적용 범위를 넓혀갈 것으로 기대된다. 무인기의 미래는 항공 및 관련 기술의 발전에 달려 있는데, 자율비행기술, 통신기술, 에너지 기술, 소재, 항공역학의 전방향의 발전에 따라 지능적인 무인항공기의 편대 비행, 초장기 체공, 초경량 항공기, 초음속 무인기 등 다양한 종류의 무인기들이 개발될 것으로 예상된다. 향후 무인기는 기존 군용 시장뿐만 아니라 다양한 민수 용도에도 사용될 것으로 기대되는데, 이를 위해서는 유인기의 공역에 무인기가 진입하는 것이 불가피하므로 이에 대비한 각종 기술적, 법적 준비가 진행 중이다. 따라서 무인항공기는 미래 항공기술의 집적체로서 그 역할 및 중요성이 더욱 커져갈 것이다.

1) 인공지능과 드론 활용

인공지능 기술을 드론에 적용하는 시도는 인공지능 기술이 각광받기 시작했던 시기부터 시작되었다고 볼 수 있다. 드론에 인공지능을 접목하는 기술은 크게 세 가지 유형으로 분류할 수 있는데 첫 번째는 드론에서 취합되는 정보에 인공지능 기술을 적용하여 주변 상황 및 물체 인식과 판단을 수행하는 것이다. 대표적으로 드론이 장애물을 인식하거나 지상의 목표를 인식하기 위해서는 라이다(lidar) 등과 같은 거리측정 센서를 활용하여 장애물과의 거리 정보를 사용하거나 물체의 템플릿이나 색 정보, 특이점 기반의 영상처리 알고리즘을 활용해 목표물을 인식할 수 있다. 하지만 이러한 기법은 거리정보만을 활용하기 때문에 장애물과 목표물의 정보를 추출하는 데 한계가 있거나 기존의 영상처리 알고리즘의 경우 주위 환경에 영향을 많이 받고 다양한 종류의 물체를 인식하는 데 어려움이 있었다. 딥러닝 기법을 통한 영상인식 및 물체인식 기술이 급격하게 발전하면서 드론에 장착된 카메라에서 들어오는 영상에서 주위 장애물과 통과가 가능한 비행경로를 지능적으로 인식하고 공중에서 이동하는 물체를 인식하는 것이 가능해졌다. 또한 단순히 장애물을 인식하는 것이 아니라 사람, 자동차, 자전거, 나무 등 장애물이 어떤 물체인지까지 분류가 가능하다. 미지의 환경에서 드론이 비행할 경우 스스로 비행이 가능한 경로와 그렇지 못한 경로를 구분할 수 있다는 것으로 특히 실내 환경에서 통로 및 출입문 등을 지능적으로 인식해 비행이 가능할 수 있다.

두 번째 인공지능 활용 유형은 드론의 임무 수행 방법에 인공지능을 결합하는 것이다. 드론이 하나의 임무를 수행하지 않고 복수의 임무를 수행할 경우 복수의 임무를 최적으로 수행하거나 또는 주위 환경에 의해 기존의 임무가 변경될 때 어떤 방법으로 임무를 수행해야만 손실을 최소화하고 원하는 목적을 달성할지에 대해 인공지능 기술을 접목해 그 답을 찾을 수 있다. 이와 같은 방법은 알파고를 이용해 바둑을 두는 방법과 유사할 수 있으며 매순간 주어진 조건에서 어떠한 전략을 취하며 임무를 수행해야지만 결과적으로 원하는 목적을 달성할 수 있는지 의사를 결정해나가는 방법과 유사하다. 특히 단일 무인기가 아닌 복수의 무인기가 복수의 임무를 수행할 때는 기존의 해석적 방법으로는 문제를 정의하거나 해석적 해를 도출하는 데 어려움이 있기 때문에 인공지능 기술을 접목하여 복수의 무인기 임무를 할당하고 재생성하는 방법이 요구된다. 무인 전투기의 교전을 인공지능을 통해 학습하여 배테랑 조종사에게 완승하는 사례가 인공지능을 통해 드론의 임무 수행 능력을 향상시킨 대표적인 사례라고 볼 수 있다.

세 번째 인공지능 활용 유형은 드론의 비행제어 부분에 인공지능 기술을 접목하는 것이다. 기존의 드론에 적용되고 있는 비행제어 및 유도 알고리즘은 비행체의 동역학 모델에 기반하여 도출되며 동역학 모델이 변경될 경우 적응하여 안정하게 제어하는 데 한계가 있으며, 대부분 선형제어기인 PID 기반의 제어를 적용하였다. 하지만 드론의 기동성이 뛰어나고 넓은 영역에서 비행이 가능하다는 장점을 살리고 시스템의 물리적 파라미터가 변경되어도 안정된 비행을 유지하기 위해서 인공지능 기술의 접목이 시도되고 있다. PID의 제어 이득을 해석적으로 도출하거나 전문가가 비행을 수행하면서 조절하는 방식이 아닌 드론이 스스로 비행을 하면서 자신의 제어 이득을 수정하여 제어 성능을 지속적으로 유지시키고 상황이 변화할 경우 변화된 상황에 스스로 대처하고 적응하는 비행제어 알고리즘이다. 또한 비행 시 구동기에 고장이 발생할 경우 이를 인지하고 구동기를 재형상하고 제어 방식을 신속하게 변경하여 추락하지 않고 지속적으로 비행을 수행하거나 피해를 최소화할 수 있게 비행하는 것들이 가능하게 된다. 이와 같이 세 가지 유형에서 인공지능을 드론에 적용할 수 있게 된 것에는 인공지능 기술의 발달뿐만 아니라 GPGPU(General-Purpose Computing on Graphic Processing Units)와 같은 소형 병렬처리 컴퓨터의 성능 향상 및 소형화, 경량화도 큰 몫을 한 것으로 볼 수 있으며, 드론에 인공지능을 적용하기 위해서는

그림 11.26

트레일넷(TrailNet) 장애물 인식

그림 11.27

인공지능을 활용한 구조물 결함 분석

인공지능 알고리즘과 병행하여 알고리즘을 구동할 수 있는 고속연산장치의 경량화 및 소형화가 동반되어야 한다. 인공지능 알고리즘을 드론에 활용하는 분야는 무궁무진하며 조만간 스스로 판단하고 비행하는 드론을 가까이서 만나게 될 것으로 예상된다.

2) 유인드론과 개인용 항공기

민간 드론이 발전하면서 드론이 대형화되고 시스템 안정성도 점점 증가하고 있다. 드론은 조종사가 탑승하지 않고 원격으로 조종하거나 자동으로 비행하는 것으로 정의되어 있는데 조종사가 아닌 승객이 탑승하는 방법이 고안되었다. 대형 수송용 드론에서 시작한 아이디어가 사람이 탑승하는 유인드론으로 확장된 것으로 볼 수 있다. 또한 **개인용 항공기**(Personal Air Vehicle; PAV)와 플라잉카(flying Car), UAM(Urban Air Mobility)에 대한 관심이 커지는 가운데 훈련된 조종사가 조종하지 않고 비행체에 적용되어 있는 자동비행 또는 반자동비행 기술을 활용해 간단한 조작만으로 PAV를 운용하는 개념이 모색되고 있다. 조종사가 조종에 지속적으로 개입하지 않고 대부분 모니터링을 하다가 시스템에 문제가 발생하거나 개입이 필요할 경우만 개입해서 조종하는 OPV(Optionally Piloted Vehicle) 방식의 운용 개념도 모색 중이다. 볼로콥터(Volocopter), 이항(Ehang) 등 다양한 유인드론이 개발되고 상용화를 준비 중이며 두바이에서는 드론을 이용한 택시를 상용화하는 계획을 수립하고 있다. 민간용으로 활용하는 대부분의 소형 무인항공기의 경우 경량화와 저가의 시스템을 구성하는 과정에서 구성품 안정성에 한계가 존재하여 고장 예측 및 시스템 안정성 확보에 어려움이 있다. 따라서 소형 무인항공기에 적용되는 시스템을 활용해 기체를 대형화하는 방향으로 유인드론 및 PAV를 개발하고 접근하는 것은 안정성에 큰 취약점이 발생하여 인명사고로 연결될 가능성이 높아질 수 있다. 따라서 기존 유인항공기에 적용되는 수준의 안정성을 보장할 수 있는 시스템의 도움이 필요한데 이 방법은 안정성을 확보할 수는 있으나 드론의 가격이 상승하고 고가의 유지보수 문제가 발생해 실용화

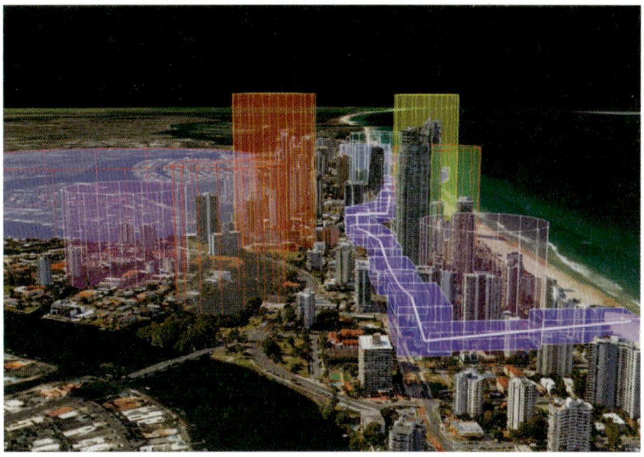

그림 11.28 도심 무인교통체계(UTM) 예시

및 저변 확대에 저해요소로 작용할 수 있다. 따라서 유인드론 및 PAV가 실용화되고 현실적으로 상용화되기 위해서는 소형, 저가의 안정성이 확보된 센서 및 서브시스템 기술이 확보되어야 하며 하드웨어적인 측면에서 이러한 기술력 확보에 어려움이 있을 경우 소프트웨어 기술을 통해 기존 소형, 저가 시스템의 안정성을 확보하거나 증대시킬 수 있는 기술이 요구된다.

PART

04 항공전자 및 운항

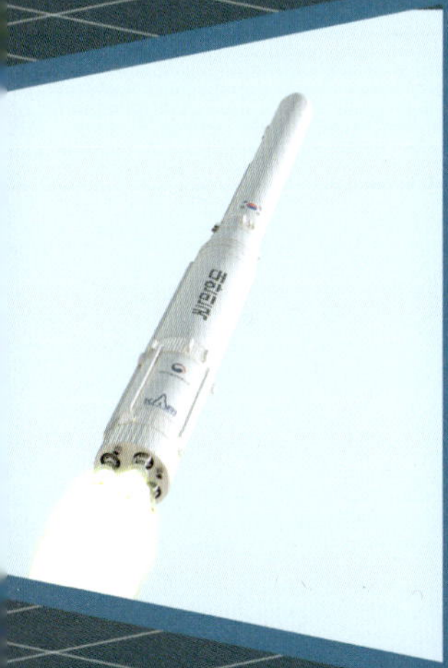

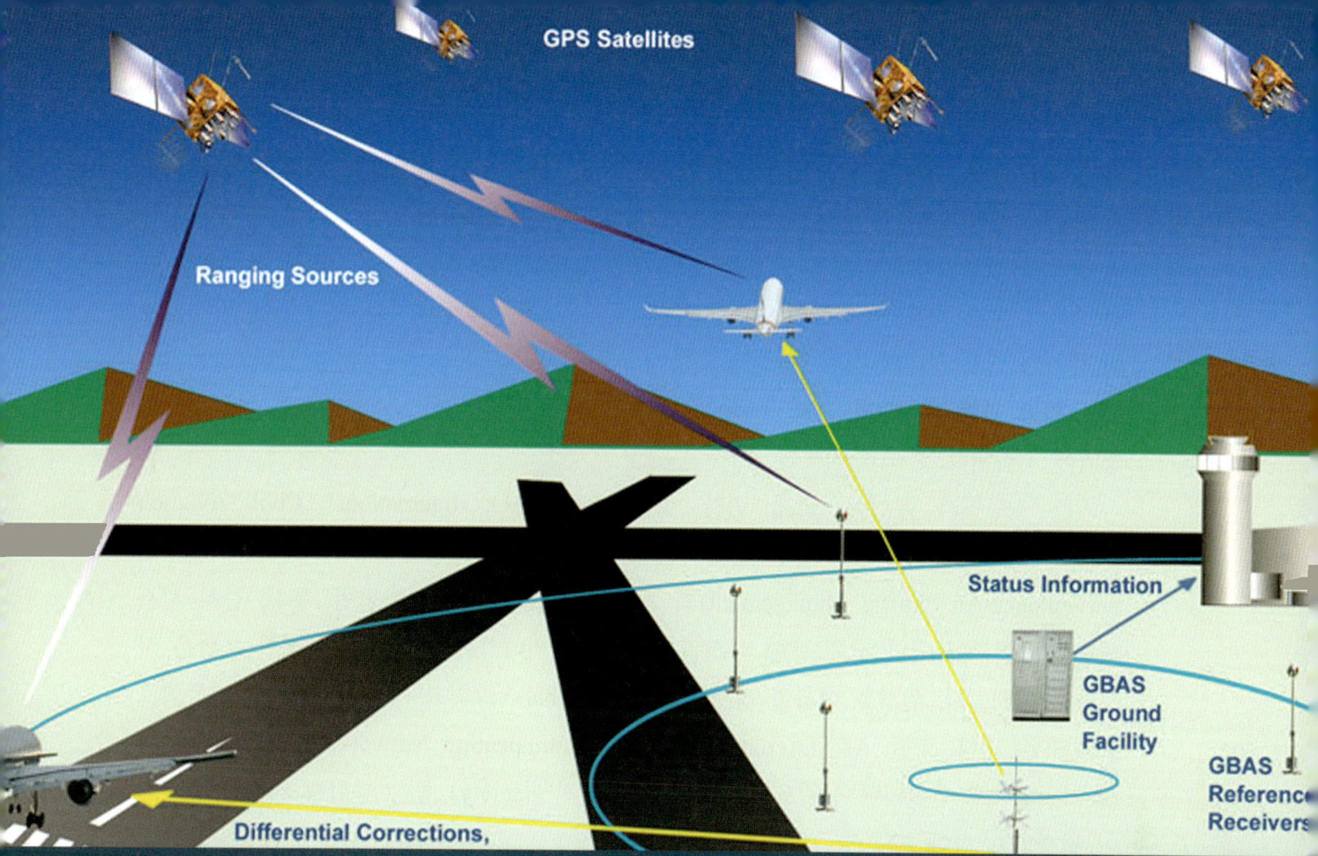

CHAPTER 12

항공전자 시스템

전자, 정보통신, 컴퓨터 기술의 급격한 발전은 항공기의 비행, 운항에 있어서도 큰 변화를 가져왔다. 예를 들자면, 고성능 전투기나 대형 항공기의 경우 전자 시스템이 차지하는 가격 규모가 전체의 1/3 이상을 차지할 정도로 기체, 엔진 분야와 함께 주요한 항목으로 발전하게 되었다. **항공전자**(avionics)가 다루는 영역은 매우 광범위하다. 항공기에 탑재되는 여러 가지 전자 장비와 장치, 항공기 운항에 직간접적인 도움을 주는 지상 장비, 항공기의 **통신**, **항법**, **조종**, **운항관리**, **관제** 등등에 사용되는 각종 장비와 시스템들이 모두 항공전자의 영역에 포함된다.

최근 항공전자 분야는 국제 민간 항공 기구(ICAO; International Civil Aviation Organization)에서 추진하고 있는 항행지원시스템인 CNS/ATM(Communication Navigation Surveillance/Air Traffic Management)의 개념이 도입되어 기존에 항법, 통신, 감시 시스템으로 구분되어 있던 것을 통합 시스템으로 발전시켜나가는 추세이다. 이러한 통합은 시스템의 디지털화, 위성을 이용한 정보의 세계화(global), 그리고 정보의 통합 및 자동화로 요약될 수 있다. 또한, ATN(Aeronautical Telecommunication Network)이라는 거대한 지상 지원망으로 연결되어 신뢰도(reliability) 및 안전성(safety) 높은 통합형 시스템의 구축이 진행되고 있다.

12.1 통신 시스템

공항에서 이착륙 허가나 비행 중 위치 보고 등 항공기는 운항 중에 다양하고, 빈번하게 지상국 또는 다른 항공기와 교신을 한다. 이러한 교신의 역할을 담당하는 통신 시스템은 전파를 이용하여 신호를 주고받으며, 사용하는 주파수의 대역은 국제적 약속으로 정해져 있다. 현재까지 민간 항공에서 기본이 되는 통신 시스템은 여전히 조종사와 관제사 간에 음성으로 정보를 주고받는 아날로그 음성 통신이다. 하지만 아날로그 통신 방식은 정보 전달의 부정확성, 감도 저하, 조종사 업무 과중 등 많은 문제점을 내포하고 있다. 특히 운항 편수의 폭발적 증가로 인한 통신 채널의 부족 문제 등을 극복하기 위해서 음성이 아닌 디지털화된 데이터를 전송하는 HF 혹은 VHF 데이터 통신역할과 비중이 증가하고 있다. 데이터 통신의 경우 채널 점유 시간의 단축과 다중접속 방식 등을 통하여 실질적인 채널 확대가 가능해지고 조종사의 업무 경감 및 안전성 확보까지 이룰 수 있다. 통신위성을 이용한 SATCOM(Satellite Communication, 위성통신)과 지상 통신네트워크(ATN-Air Traffic Network)와의 연결을 통한 공대지 데이터 통신 역시 크게 발전하고 있다. 본 절에서는 사용되고 있는 항공이용 무선통신 방법과 위성통신에 대해 알아본다.

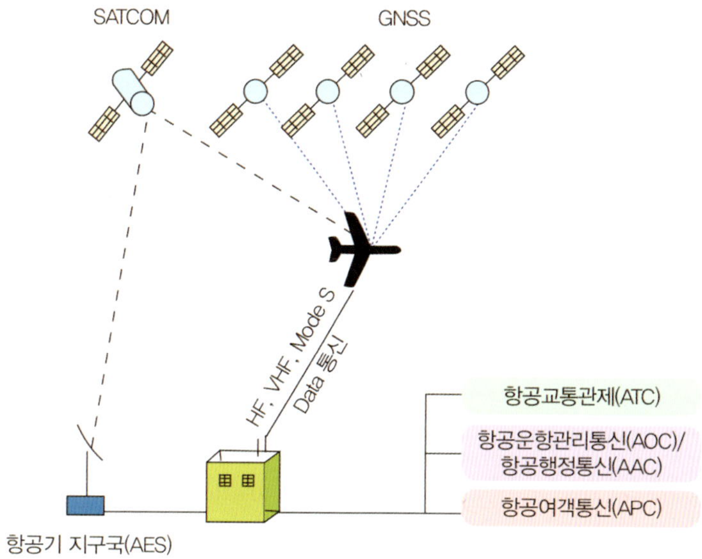

그림 12.1 CNS/ATM 구성도

12.1.1 항공기 무선통신

1) 전파의 분류 및 항공기 안테나

① **전파의 분류**: 무선통신용 전파로서 실용되고 있는 주파수 범위는 표 12.1과 같다. VLF 대역 주파수는 감쇄가 적고 전송 시간에 따른 변화 또한 적어 상당히 안정된 전송 특성을 지니고 있다. 예를 들어, 10~14[KHz] 주파수 대역을 사용하는 오메가(Omega) 항법 신호의 경우 지구상에 단지 여덟 개의 지역에 기지국을 설치하는 것만으로도 전 세계에 전파를 전송할 수 있다. 일상에서 라디오 방송에 사용되는 LF나 MF 대역 주파수는 항공기에서는 자동방향탐지기(Automatic Direction Finder; ADF)를 위한 무지향 표지 시설(Nondirectional Navigation Beacon; NDB) 지상국에서 사용된다. HF 대역은 전리층에서 반사되는 특성을 가지고 있어 기본적인 장거리 통신에 사용된다. 그런데 전리층에서의 반사 특성은 태양 활동, 경로, 밤과 낮에 따라 다르기 때문에, HF 대역의 통신 범위는 이러한 요소에 영향을 받게 된다. 현재까지도 항공기 장거리 통신의 주요 수단으로 HF 대역의 통신이 사용되지만 점차 항공위성통신으로 대체되고 있다. VHF 대역은 항공관제에 사용되는 대역으로, 이 대역 이상의 전파는 직진성이 강해 가시거리 내의 통신만 가능하며 통달거리는 약 200NM (370Km) 정도이다. VHF 대역 중 108 ~ 118MHz는 전방향 무선표식(VOR)과 계기착륙장치(ILS)를 위한 주파수 대역으로 지정되어 있고 118 ~ 137MHz 대역은 민간 항공용 근거리 통신을 위하여 할당되어 있다. UHF 대역은 VHF와 비슷한 전파 특

표 12.1 주파수 분류 및 용도

주파수의 분류	주파수범위	파장범위	용도
VLF(Very Low Frequency)	30[KHz] 이하	10[km] 이상	잠수함통신 선박 오메가 항법
LF(Low Frequency)	30~300[KHz]	10~1[km]	ADF, Loran C
MF(Medium Frequency)	300~3000[KHz]	1~0.1[km]	ADF
HF(High Frequency)	3~30[MHz]	100~10[m]	항공기 HF 통신
VHF(Very High Frequency)	30~300[MHz]	10~1[m]	VHF통신, VOR ILS Localizer
UHF(Ultra High Frequency)	300~3000[MHz]	1~0.1[m]	군용항공기 통신 DME, TACAN
SHF(Super High Frequency)	3~30[GHz]	10~1[cm]	기상 RADAR 위성통신
EHF(Extreme High Frequency)	30[GHz] 이상	1[cm] 이하	전파고도계

징을 가지고 있으며, 군용항공기에서 주로 사용되고 있다. 그중 969 ~ 1,215MHz 대역은 전술항공항법(TACAN)과 거리측정장치(DME)에 할당되어 있고, 이외 대역은 군용 음성통신에도 사용된다. 또한 항공위성통신을 위하여 항공기와 위성 간 1,540 ~ 1,660 MHz 주파수 대역이 할당되어 있으며 위성과 지구중계국과는 SHF 대역인 4 ~ 6[GHz] 대역이 할당되어 있다

② **항공기용 안테나:** 항공기의 통신용 안테나는 장착된 방식에 따라 동체 매립형, 돌출형 등으로 구분하기도 하고, 안테나의 모양에 따라 블레이드형, 접시형, 루프형, 긴 전선형 등으로 구분하기도 한다. 통상적으로 안테나의 물리적 길이는 전파의 파장에 비례하기 때문에 사용 주파수 대역에 따라, 또한 항공기의 속도에 따라 형상이 달라진다.

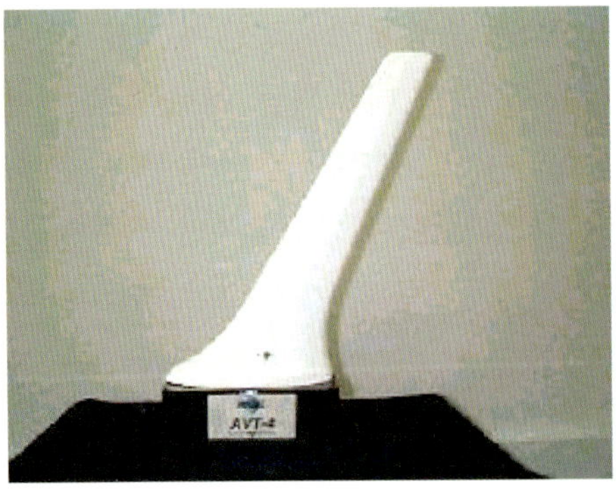

VHF 통신용 안테나

고속 항공기용 DME/Transponder 안테나

그림 12.2 항공기용 안테나의 예

기본적으로 전기적인 저항을 줄이고, 안정판이나 꼬리날개 틈새에 장착하기 쉬운 유선형으로 설계되는 점은 공통적인 특징이다. 최근에는 기체 표면에 돌출되어 있지 않거나, 기체 외피에 내장시키거나, 또는 유리창에 내장시키는 안테나도 사용된다.

2) 항공 통신의 종류와 용도

① **HF 통신:** HF 통신 시스템은 장거리 항공이동 통신서비스 대역으로 할당된 2.85MHz ~22MHz 범위 내에서 몇몇 채널을 지역적으로 할당받아(국내 김포공항은 여섯 개 채널, 인천공항은 두 개 채널) 이용하고 있으며, 1KHz 간격으로 채널을 설정할 수 있는 형식과 100Hz 간격으로 세밀하게 구분된 채널 간격을 갖는 시스템 등이 주로 사용되고 있다. HF 대역의 전파는 지상과 전리층에서의 반사를 이용하기 때문에 전리층의 상태에 따라 통신품질이 변화한다. 신호 대 잡음비(S/N)가 보통 20dB로 감도가 상당히 떨어져 음질도 나쁘고 혼신이 심하지만, 지구상 어느 지역에든 도달할 수 있는 특성을 가지고 있다. 송신기의 출력은 장거리용이기 때문에 100~400W 정도의 고출력이다. 안테나는 프로브 안테나나 테일 캡 안테나와 저속용으로 롱 와이어 안테나 등이 사용된다. 대양과 같이 항법시설이 없는 지역에서 사용할 수 있다는 장점이 있지만 신뢰성이 낮고 관련 주파수 이용의 증가로 사용상 한계점에 도달되어 음성통신 용도로 사용이 확대되고 있지는 않다.

최근에는 위성통신시스템이 일반화되어 HF통신의 사용 빈도는 줄어들고 있으나, 위도가 높은 극지방과 같이 위성통신이 사용되지 못하는 지역이나 대체(Back-up) 통신으로서의 역할은 여전히 필요하며, 또한, 디지털 통신링크가 도입되어 감도가 개선되면서 위성통신에 비해 저렴한 시스템 구축비용이나 데이터 통신을 할 수 있는 대안으로 발전되고 있다. 더욱이 CNS/ATM의 대두로 빠르게 정착되고 있는 무선 데이터 통신의 장거리 전송 목적으로 HF 대역의 활용이 증대되고 있다.

② **VHF 통신:** VHF 통신은 항공기가 공항을 이륙하기 전에 출발을 허락받기 위한 PDC(Pre-Departure Clearance) 허가와 같은 항공교통관제(ATC)나 운항관리통신(AOC나 AAC) 등 각종 허가, 승락, 지시, 응답 등을 위한 통신으로 주로 사용하고 있다. VHF는 가시거리 통신인 LOS(Line Of Sight)파의 특성상 200NM을 벗어나기 어려우므로 주로 단거리용으로 사용되고 있다. 기본적으로 민간 항공에서 사용되는 VHF 시스템은 ACARS(Arinc Communication And Reporting System) 데이터 통신용을 포함하여 118.00MHz ~ 136.975MHz를 사용하고 있다. 또한 ICAO에서는 주파수(채널)를 사용목적에 따라 표 12.2에 나타낸 바와 같이 구분하여 이용하도록 설정해놓고 있다. 실용적인 신호대잡음비 30dB, 송신출력은 10 ~ 25W 정도가 통상적으로 사용되고 있으며, 채널 부족 현상이 심각한 유럽 지역을 제외하고는 채널 간

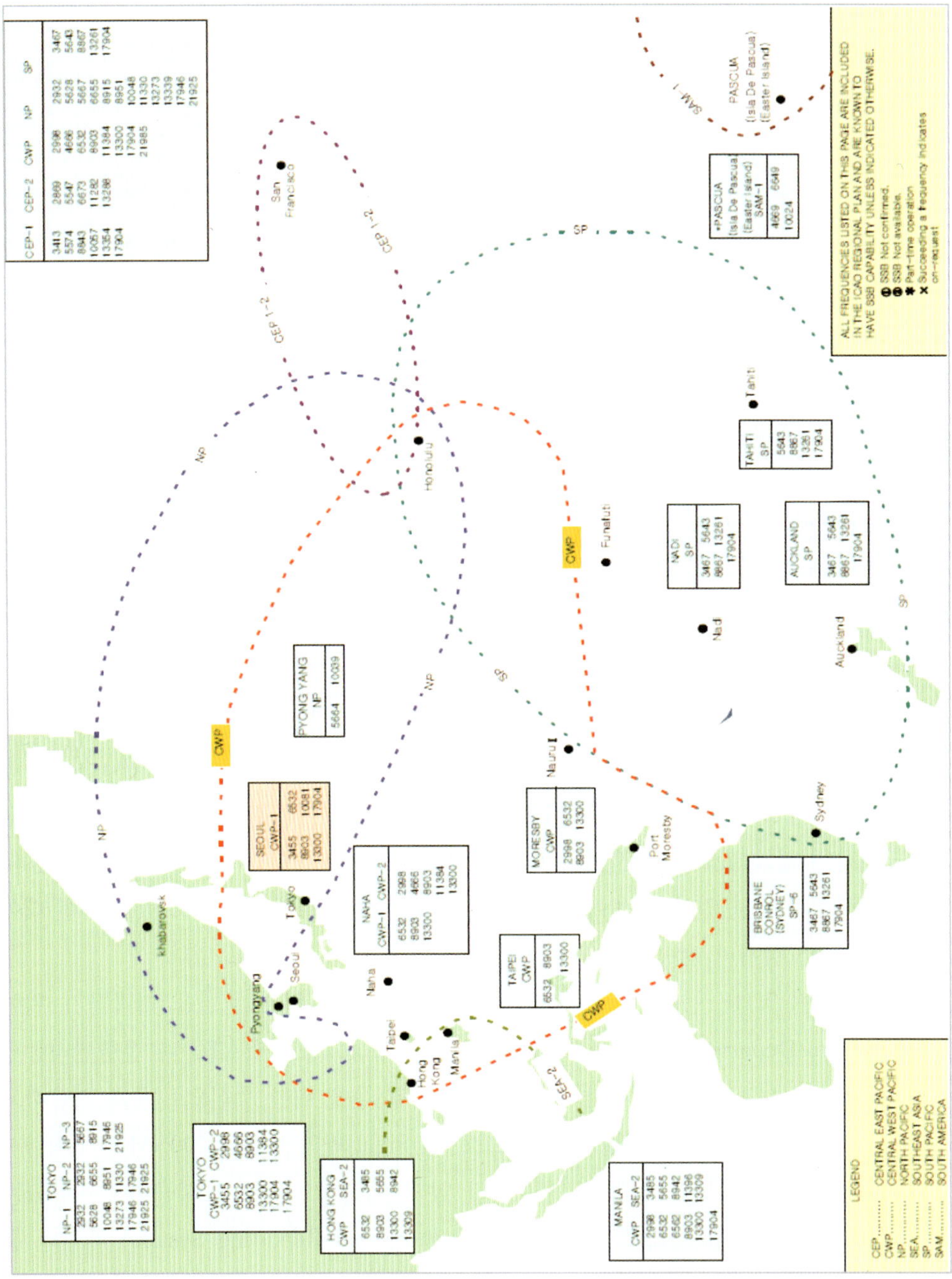

그림 12.3 HF 항공통신망 구성도

표 12.2 VHF 항공 주파수 할당

주파수 범위 [MHz]	사용목적
118.0~121.4	국제 및 국내항공 이동업무
121.5	긴급통신
121.6~121.975	국제 및 국내비행장 내 통신
122.0~123.05	국내항공 이동통신
123.1	수색 및 구조용
123.15~123.675	국내항공 이동업무
123.7~129.675	국제 및 국내항공 이동업무
129.7~130.875	국내항공 이동업무
130.9~136.975	국제 및 국내항공 이동업무

격 25KHz를 사용하고 있다. 유럽지역은 채널간격 8.33KHz의 사용이 1998년 1월 1일부로 ICAO의 승인을 받아 25KHz와 8.33KHz가 혼용되어 사용되고 있다. 사용하는 안테나는 1/4 파장 접지형 안테나로 대형 항공기의 경우 음성 통신용으로 두 개를 기본으로 장착하고 있으며, 데이터 통신용으로 여분의 한 개를 설비하고 있다. 전송하는 음성의 주파수는 0.3KHz~2.7KHz로 제한되어 있다.

③ **VHF 데이터 통신** 시스템으로 대표되는 시스템인 ACARS(Aircraft Communication Addressing and Reporting System)는 항공기와 지상 간 메시지를 상호 자동으로 전송하는 양방향 데이터 통신 시스템이다. 음성 대신 각종 데이터들을 직접 송수신함으로써 채널 점유 시간과 필요한 채널의 수를 줄일 수 있다. 항공기에는 VHF 송수신기와 MCDU(Multi-function Control Display Unit), MU(Management Unit), Printer로 구성된 시스템이 탑재되며, 관제탑으로부터의 PDC 허가, 항공사로부터의 웨이트앤드밸런스(Weight & Balance) 자료를 받을 수 있다. 항공기는 이 시스템을 통해 OOOI(Ramp Out, Take Off, Land On, Ramp In) 시각을 지상에 전송하고, 조종사가 필요시 필요공항의 기상정보, 램프 게이트(Ramp Gate) 정보 데이터로 받게 된다. 이러한 기본적 기능 외에 비행 중 항공기의 비행위치, 운항 중 기상정보, 항공기의 동작상태 및 고장상황, 엔진 운용상태 등을 모니터링하여 필요한 지상국으로 전송할 수 있다. 초기에는 VHF 주파수 중 136MHz ~ 136.975MHz 상위 약 1MHz 대역에 채널을 별도로 할당하여 시범 사용하였으나, 이용 성과나 안전성이 확인되어 국내에서는 VHF 항공주파수 채널 내 131.550MHz, 131.725MHz를 할당받아 사용하고 있다.

12.1.2 항공 위성통신

HF 무선통신의 단점을 극복하기 위한 방안으로 위성을 중계로 한 통신 시스템이 사용되게 되었으며, 이는 항공기 운항 분야에서 데이터 통신의 도입을 가능하게 하였다.

1) 위성통신시스템(SATCOM) 개요

위성통신의 시작은 국제해사기구에서 INMARSAT 위성을 이용하여 선박을 대상으로 한 위성통신 서비스를 시행한 것이 그 시작이었다. INMARSAT 위성은 이미 1982년부터 전화, 텔렉스 및 팩시밀리 등의 통신 서비스에 활용되었으며, 1985년에는 조약이 개정되어 항공기에 대한 서비스를 시작하는 길을 열었다. 현재 세계의 주요 항공회사는 1990년부터 인공위성을 활용하여 운항관리 통신을 하고 있으며, 승객을 위한 전화나 팩스 등의 서비스도 제공하고 있다. 네 개의 정지궤도 위성으로 구성된 INMARSAT은 위성과 지상 간에는 C밴드(4 ~ 6GHz), 항공기와 위성 간에는 L밴드(1530 ~ 1660.5MHz)를 이용하여 양방향(Two-Way)으로 연결한다. 장비상 특징으로 저이득 안테나와 고이득 안테나를 각각 탑재하여 저속(300 ~ 600bps)과 고속(9600bps)에 사용하고 있으며, 안테나 방향을 설정하기 위한 BSU(Beam Steering Unit)도 사용된다. 저속은 주로 승객용 음성통신에 사용되며, ATS 정보, 항법정보, 및 승객이 사용하는 데이터 통신용으로는 고속 전송 방식이 사용된다. 사용되는 채널은 프로토콜에 따라, P채널, R채널, T채널, C채널로 기능과 용도가 나뉘어 있다. 근래에는 INMARSAT뿐만 아니라 다양한 정지궤도 통신위성을 사용하여 위성통신시스템을 구축하고 있다.

2) AMSS(Aeronautical Mobile Satellite Service)

현재 항공통신에 이용되고 있는 위성을 이용한 음성통신 방식은 궁극적으로 항공이동위성 서비스(AMSS)로 귀결될 것이다. 이는 현재의 위성통신 기능을 대폭 강화한 것으로, 항공 교통관제에도 활용되어 관제 자동화에 주요한 역할을 할 것으로 기대된다. AMSS는

6-Channel MCS-6000 system

그림 12.4 B777용 6채널 SATCOM 장비

일반적으로 항공기 탑재장비(AES), 지상 지구국(GES), 정지위성궤도상의 서너 개의 위성으로 구성되며, 현재의 판단으로는 상당한 시스템 구축비용이 소요될 것으로 보인다. 향후 항공 정보 시스템의 발전은 위성을 이용하여 통신, 항법, 감시 역할을 통합적으로 수행하는 방향으로 귀결될 것이며, CNS/ATM 체계가 발전되면 AMSS는 장거리 통신, 혼잡지역 통신, 승객용, 운항사와 정부기관용 통신에도 활용될 것으로 보인다. 또한 자동 항행 감시 시스템(ADS; Automatic Dependent Surveillance-Broadcast)에도 이용이 예상된다.

12.1.3 항공기 내부 통신 장치

승무원 간 통화나 조종사와의 기내 통신 그리고 정비시 편이성을 도모하기 위하여 항공기 내 여러 부분에 오디오 신호 및 통신 설비를 구축하고 있다. 또는 기내 승객을 위한 통신용으로 위성을 이용하여 운항 시에도 승객의 편의성을 도모하기 위하여 도착 공항 주변 호텔 예약이나 각종 편이시설을 사전에 예약할 수 있게 승객용 위성 전화를 도입 활용하고 있다. 이는 승객용 오락 설비 시설의 발전과 함께 기내 LAN을 통한 좀 더 다양하고 폭넓은 서비스를 제공하는 시스템으로 급속히 발전하고 있다.

12.2 항법 장치

7장에서 그 원리에 대해 간략히 설명한 바와 같이 항법(navigation)이란 항공기가 어느 한 지점에서 다른 지점으로 이동하는 경우 현재 위치, 이동 거리, 방위 등 항공기의 진로에 대한 정보를 제공하는 기술이다. 항공 발전의 초창기에는 육안으로 지상 목표물과 비교하는 **지문항법**, 나침반과 속도계로 대략의 위치를 추정하는 **추측항법**과 태양, 별, 달 등의 위치를 이용하여 항공기의 위치를 추정하는 **천측항법** 등의 방식으로 항법 정보를 얻었으나, 곧 야간이나 시정이 불량한 기상 조건에서도 활용 가능한 기술이나 시설이 필요하게 되었다. 이에 1920년대 후반부터 전파를 이용한 항법시스템이 처음 도입된 이후 항법 기술은 급속하게 발전하였다. 현재 많이 활용되는 항법 장치는 크게 **전파항법**, **자립항법**, **위성항법** 장치로 구분할 수 있다.

12.2.1 전파항법시스템(Radio Navigation System)

무선 전파를 항법에 이용하기 시작한 것은 1927년 장파(LF; Low Frequency)가 전리층에 반사되는 성질이 항공보안시설에 처음 활용된 이래로 꾸준히 발전하여 오늘날에는 항공기는 물론 선박, 자동차 등에도 널리 보급되어 대표적인 항법 장치로 발전되었다. 전파를 이용한 항법장치의 예로, 단거리용으로는 ADF와 NDB, VOR, DME, TACAN 등을 들 수 있으며, 장거리 항법용으로는 LORAN, OMEGA 등이 있다. GPS, GLONASS, Galileo 등의 위성항법시스템도 전파를 활용하나, 본 절에는 그 중요도를 고려하여 따로 위성항법시스템으로 구분하여 설명한다.

1) 자동방향탐지기(ADF; Automatic Direction Finder)

전자파의 직진성을 이용하여 항공기의 루프 안테나(loop antenna)를 이용하여 전파를 수신하고 도래방향을 파악하여 항공기의 기체 축을 기준으로 항공기와 선택한 전파 송신 지상국과의 상대 방위(relative bearing)를 찾게 된다. 이때 지상국으로 이용되는 설비는 ADF용으로 구축한 NDB국(무지향성 라디오 비콘, Non-Directional radio Beacon) 또는 일반 중파 방송국이 이용된다. 특히, 지상 NDB국은 190 ~ 1,750KHz 대역의 주파수를 사용하여 항공기의 방향탐지기(direction finder)에 신호를 제공하며, 지상에 설치된 안테나로부터 360도 전방향으로 전파를 송신한다. 진폭변조(AM; Amplitude Modulation) 방식을 사용하며, 전파 송신 지상국을 식별하기 위하여 톤(Tone) 형식의 국제 모스 부호(International Morse Code)로 알파벳 두 개 또는 세 개 문자를 균일 간격으로 송신하게 된다.

이렇게 송신된 전파가 항공기 루프 안테나와 수평을 이룰 때 수신 전계 강도(field strength)가 최대가 되는 8자형의 안테나 전파 패턴을 이루게 된다. 그런데 그림 12.5에서와 같이 가령 서쪽과 동쪽을 루프 안테나가 지향하고 있다면 두 방향 중 어느 방향이 송신 방향인지 알 수 없게 된다. 무지향성의 특성을 가진 센스(sense) 안테나의 패턴을 합성하

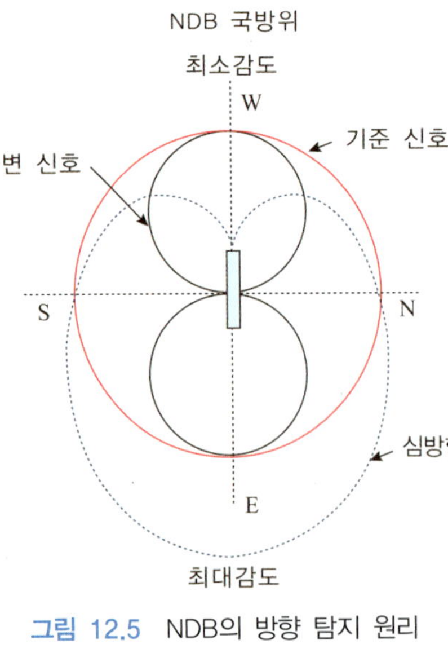

그림 12.5 NDB의 방향 탐지 원리

게 되면 심방형(cardioid)의 새로운 안테나 패턴이 구성하여 최대 감도와 최소 감도 방향을 구별한다. 이 경우 조종석 내의 ADF 지시기는 이 최소 감도 방향과의 상대 방위(기수 방향에서 시계방향으로 측정)를 전시한다. 또한, 코일 형태의 고니오미터(goniometer)에 내장된 회전자의 회전을 통해 360도 전방향을 탐지한다. ADF는 기본적인 방위 측정뿐만 아니라 상대 방위를 0으로 유지하며 비행하는 ADF 호밍(homing), 지상국과의 거리계산, 항로추적 등의 부가적인 기능에 활용될 수 있으나, 밤낮의 전리층 반사율 차이, 해상과 육상에서의 전파 전달 속도 차이, 복잡한 지형에 따른 전달 속도 차이 등 여러 가지 오차가 발생되는 특징이 있다.

2) 초단파 전방향 무선표지 (VOR; VHF Omni-directional Range)

NDB와 같이 LF(장파)나 MF(중파)를 사용하는 단점을 보완하고 VHF 대역의 전파의 특성인 가시거리(line of sight) 직진성을 이용한 단거리용 항법 시설로 1946년 개발되어 여타 다른 전파 항법시설보다 정밀성과 안전성이 우수하여 단거리용 주항법 시설로 지정되어 전 세계적으로 널리 이용되고 있다. VOR의 특성은 108.00MHz ~ 117.975MHz 대역의 주파수를 이용하여 지상 VOR국을 기준으로 항공기에서 본 VOR국의 방위(bearing) 정보를 제공하는 전파항법시스템이다.

VOR 국은 전방향 동일 위상을 갖는 주파수 변조(FM; Frequency Modulation)된 기준 위상 신호(reference phase signal)와 방위각에 따라 위상이 늦어지는 AM 가변 위상 신호(variable phase signal)를 송신하고, 항공기에서는 이 두 신호의 위상차를 측정하여 자북(magnetic north)을 기준으로 방위를 찾아낸다. 가용한 200개의 채널 중 40개는 ILS 용도로 할당되어 실제로는 160개의 채널로 구성되어 있으며, 유효 통달거리는 출력 200W, 수신고도 20,000ft의 경우 약 100nm에 이르며, 방위각 정보의 허용오차는 약 ±2°를 기준으

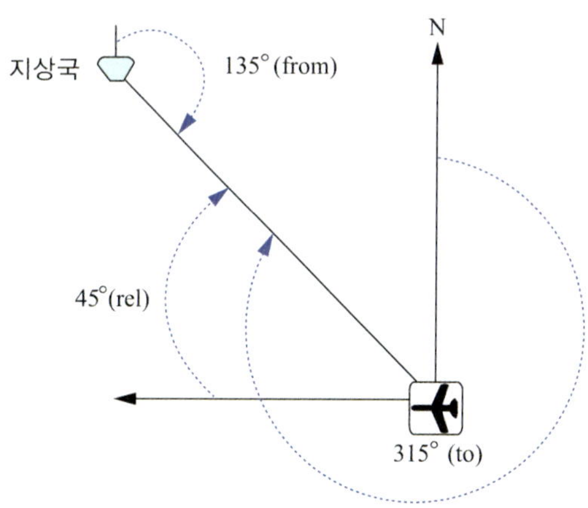

그림 12.6 VOR 방위 측정

그림 12.7 VOR 지상국

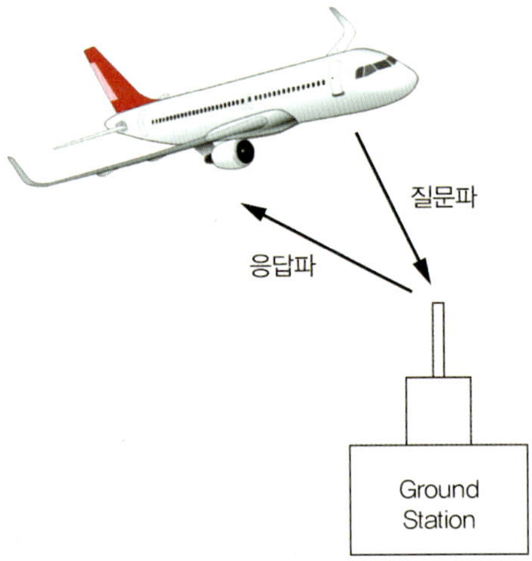

그림 12.8 DME 거리측정 원리

그림 12.9 DME 지상국

로 하고 있다. 또한, VOR도 표준 식별부호 송신, 호밍, 항로추적, 지상국까지의 거리계산 등 ADF와 유사한 기능을 더욱 정밀하게 수행할 수 있다. 1970년대에 들어와서는 설비 기준의 표준이 되는 표준 VOR(CVOR) 외에 CVOR과 반대로 기준 위상 신호의 변조 방식은 AM으로, 가변 위상 신호는 FM으로 변조하고 기준 위상 신호를 송신하는 안테나 주변에 50여개의 가변위상 신호를 송신하는 애드콕 안테나(Adcock antenna)를 방사형으로 배치하고 도플러 효과를 응용해서 주변 지형의 영향에 덜 영향을 받는 도플러 VOR(DVOR)이 이용되는 등 VOR은 단거리 국제 표준 항법으로 지속적으로 발전되었다.

3) 거리측정장치(DME; Distance Measuring Equipment)

UHF 전파 대역인 960MHz ~ 1,215MHz를 사용하며, 전파 속도의 균일성 및 UHF 전파의 직진성을 이용하여 항공기의 질문기(interrogator)와 지상국의 응답기(transponder) 간의 펄스(pulse) 신호의 왕복 소요 시간을(질문 수신 후 50μs 지연 시간 후 응답 송신) 계산하여 경사 거리(slant range)로 나타내는 거리 측정 방식이다. 드물게 VOR과 병설하여 방위 정보와 거리 정보를 동시에 획득할 수 있도록 구성하기도 한다.

4) 전술항법장치(TACAN; Tactical Air Navigation)

UHF대역(962 ~ 1,213MHz)의 펄스 전파를 이용하며, 방위와 거리 정보를 동시에 얻을 수 있는 장비로 주로 군용항공기에 의해 이용되고 있다. 거리 측정 원리와 방법은 질문과 응답으로 구성된 신호, 주파수, 채널 등이 DME와 동일하나, 방위각을 얻는 방식은 VOR과 다르다. TACAN 지상국은 방위정보를 제공하기 위해 그림 12.10과 같은 안테나를 사용한다. 중앙에 무지향성의 전파를 발사하는 소자와 이 주위에 두 개의 실린더가 회전하는

그림 12.10 TACAN 안테나

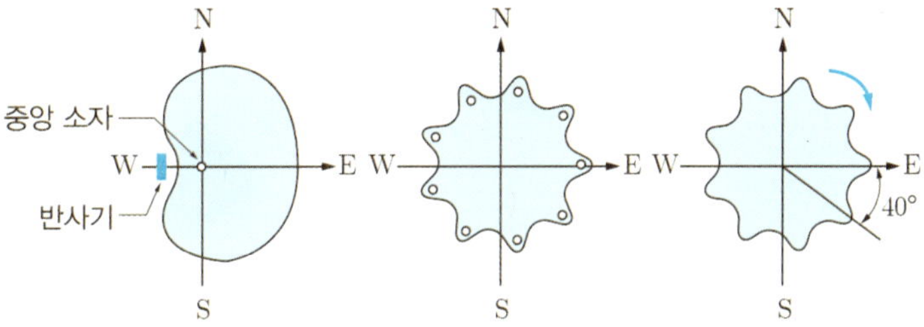

그림 12.11 TACAN 방사 패턴

데 내부 실린더에는 한 개의 반사기가 부착되어 있고, 외부 실린더에는 아홉 개의 실린더가 부착되어 빠르게 회전함으로써 한 개의 반사기가 달려있는 내부 실린더를 통해 심방형(cardioid) 전파 방사 패턴을 만들고, 이는 다시 외부 실린더를 통해 40도 간격을 갖는 지향성 방사 패턴 갖게 되어, 보다 정밀한 방위정보를 항공기의 계기에 지시하게 된다.

12.2.2 자립항법시스템(Self Contained Navigation System)

전파 항법과 같이 지상국의 도움을 받는 시스템은 사고, 재밍(jamming) 등으로 지상 지원 시설이 불능상태가 되는 경우 항공기의 항법이 불가능한 치명적인 단점을 가지고 있다. 이 때문에 항공기 자체 장비만으로 위치 정보를 얻기 위한 자립 항법 기술이 지속적으로 발전되어 왔다.

1) 도플러 항법장치(Doppler Navigation System)

도플러 효과(doppler effect)란 소리나 전파의 주파수가 관찰자에 대한 상대 운동에 따라 다르게 측정되는 것을 말하며, 예를 들어, 구급차의 사이렌 소리가 관찰자 쪽으로 다가오는 경우에는 더 높은 소리로 들리고, 멀어지는 경우에는 더 낮은 소리로 들리는 현상이 대표적이다. 현상이 대표적이다. 도플러 항법장치는 전파의 도플러 효과를 이용하여 항공기의 대지속도, 그에 따른 현재 위치 및 비행경로각 등을 측정하는 항법시스템이다.

도플러 항법장치는 송신하는 주파수가 높을수록 그리고 빔 각이 작을수록 측정 오차가 작아지게 되나, 실제 활용되는 시스템은 주파수의 범위와 자세 변화의 영향, 반사파의 세기 등을 고려하여 약 70도 빔 각도와 8.8GHz나 13.3GHz 정도의 높은 주파수대역을 사용하며, 네 개의 도플러 레이다를 전후좌우 배치하는 야누스(Janus) 방식을 이용한다. 개발 초기에는 주로 군용기, 수송기에 주로 사용되었고, 탑재 시스템은 도플러 레이다와 항법

그림 12.12 BAE 시스템사의 도플러 항법 장치

컴퓨터로 구성되어 있다. 하지만 대양 비행 시 해면 상태에 따른 반사 오차, 고위도 지역에서 컴퍼스 오차 등의 문제를 내재하고 있어, 관성 항법 시스템이 발전된 이후로는 용도가 줄어들고 있다.

2) 관성항법장치(Inertial Navigation System)

관성항법의 기본 원리는 7장에서 설명되었으며, 본 절에서는 관련 장치 위주로 설명하고자 한다.

① **플랫폼 방식 관성항법장치:** 일반적으로 관성항법 장치의 경우 가속도를 구하기 위한 가속도계의 3축이 항공기의 운동에 대해서도 일정 자세로 유지할 필요가 있는데 이 역할을 하는 것이 **자이로**(gyroscope)이다. 자이로는 고속 회전을 하고 있는 스핀 모터를 내장하고, 스핀축의 방향을 바꾸려는 외력이 작용하지 않는 한 관성 공간에 항상 일정 방향을 유지하려는 성질(강성, rigidity)을 갖고 있다. 자이로가 고정되어 있는 안정대가 경사지게 되면 스핀 축의 방향을 바꾸려는 힘이 작용하기 때문에 세차운동이 생긴다. 이 운동은 자이로의 출력측 주위에 부동(float) 베어링을 사용하여 회

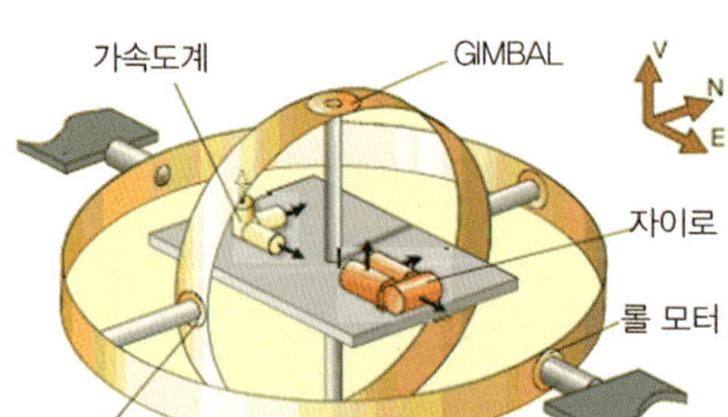

그림 12.13 플랫폼 방식 자이로 구성도

링레이저 자이로　　세 개의 자이로, 세 개의 가속도계로 구성된 클러스터　　클러스터가 내장된 INU

그림 12.14 링레이저 자이로로 구성한 클러스터, INU

전시키게 되므로 이 회전각을 검출하여 이 신호를 이용해서 안정대를 경사지게 하려는 반대 반향으로 회전시키면 안정대는 항상 일정한 자세를 유지할 수가 있다. 이런 형태의 자이로를 부동식 적분 자이로(floated integrating gyroscope)라고 지칭하며, 이러한 방식의 자이로를 이용한 관성 항법 장치를 **플랫폼**(platform) **방식**이라고 한다.

② **스트랩다운방식 방식 관성항법장치:** 플랫폼 방식과 달리 가속도계를 항공기 기체에 직접 부착하는 방식을 **스트랩다운**(strapdown) **방식**이라고 하며, 이러한 방식은 광학식 자이로의 출현으로 가능하게 되었다. 광학식 자이로는 입력 각속도에 의해서 우측으로 회전하는 광선과 좌측으로 회전하는 두 광선 사이에서 생기는 전파 시간차를 검출하는 것이다. 그림 12.14에 나타난 링레이저 자이로는 가느다랗게 가공한 유리관에 반사경과 전극을 부착시킨 링 공진기를 가지고 있으며, 양극과 음극 사이에서 방전을 하는 것에 의해서 우측으로 회전하는 레이저광과 좌측으로 회전하는 레이저광의 발진을 일으킨다. 정지 시에는 두 광선이 수광부에 도달하는 전파시간에 차이가 없지만 광학계가 회전하고 있는 경우에는 두 광선이 수광부에 도달하는 시간차는 주파수 차로 나타나며 수광부에서 간섭 줄무늬 모양을 관찰할 수 있다. 이 줄무늬 모양은 입력 각속도에 비례하여 변동하기 때문에 줄무늬 모양의 변동을 펄스로 읽어내면 각속도를 측정할 수 있다.

스트랩다운 방식은 안정 플랫폼이라는 기계 부분이 필요하지 않기 때문에 소형 경량이며, 소비전력 또한 적고, 유지보수가 간편하고, 그에 따라 신뢰도를 높이기에 용이하다. 하지만 각속도 자이로가 측정해야 할 각속도의 범위가 상대적으로 넓기 때문에, 이에 대한 기술적인 문제의 해결이 스트랩다운 방식의 발전의 중요한 요소였다. 1970년대 후반부터 마이크로컴퓨터의 발달과 링 레이저 자이로가 실용화되어 ARINC 규격에 기초하여 민간 항공용 스트랩다운형 관성기준 장치가 사용되기 시작하였다. 이러한 고성능 소형 자이로의 출현은 그 후 1990년대에 들어와서는 ADIRU

(Air Data Inertial Reference Unit)과 같이 다른 정보를 제공하는 시스템들과 통합되어 보다 정밀한 보정 정보를 제공하기도 한다. 이 ADIRU의 경우는 하나의 시스템에 여섯 개의 자이로가 내장되어 훨씬 운항의 안정성을 확보하게 되었다.

③ **관성항법장치의 단점과 보완:** 관성항법장치는 날씨, 지형, 해면상태, 전파 방해 등 외적 조건의 영향을 받지 않고 지상의 지원시설도 필요 없는 완전한 자립형 항법 개념이라는 장점을 지니는 한편, 고위도 지방 비행시 극지 수평유지가 어렵고, 장거리 비행시 오차가 누적되며, 또한 극지방 비행시 경도 값의 정밀한 계산이 어렵다는 단점이 있다. 이 때문에 민간 항공기의 운항에서는 관성항법을 전파항법이나 위성항법으로 보정하여 통합적인 항법장치를 구성하여 활용하고 있다.

12.2.3 위성항법시스템

항행에 인공위성을 이용하려는 노력은 통신 분야에서 시작되었으나, 위성을 항법에 활용하는 경우 전지구적인 정밀한 정보 제공이 가능하다는 장점이 부각되면서, 위성항법시스템(GNSS; Global Navigation Satellite System)은 일대 혁신을 이루게 되었다. **위성항법시스템**은 지상 기반의 전파항법시스템과 같이 전파를 이용하여 거리, 각도 정보를 얻어낸다는 공통점을 가지고 있지만, 지상시설에 대한 상대적인 거리, 방위 정보가 아닌 전지구적으로 절대적인 위치 정보를 제공한다는 특징이 있다. 이 때문에 지상국 설치에 대한 부담 없이 간단한 계산을 통해 위치 정보를 얻을 수 있다.

이에 1960년대부터 미 해군의 저궤도위성 트랜싯(Transit) 사업에서부터 현재의 미국 주도하의 GPS와 구소련의 GLONASS가 군용으로 개발되었고, 1983년에는 사용 코드의 구별을 두고 민간에도 개방하게 되었고, 1991년 제10차 ICAO 국제회의 이후 민간 항공기에 본격적으로 사용되기 시작하였다. 비교적 정확한 3D급의 항법정보와 전 세계적으로 연속적 서비스, 사용자 수에 거의 제한이 없다는 커다란 장점 때문에 위성을 이용한 항법 서비스는 GPS, GLONASS 외에 유럽의 갈릴레오(Galileo)나 국지적으로 자국 위주로 운영되는 일본의 QZSS, 중국의 북두 등과 같이 다양하고 급속하게 발전되고 있다. 한편, 위치를 정확하게 알고 있는 지역으로부터 보정된 정보를 수신하고 그 정보를 이용하여 위성 정보의 오차를 수정하여 시스템의 정확성과 신뢰성을 보다 향상시키는 DGPS(Differential GPS)도 궤도 위성(INMARSAT, MTSAT)을 이용하여 보정을 하는 광역 보정기술(WAAS; Wide Area Augmentation System / SBAS; Satellite Based Augmentation System)과 근거리 보정 기술(LAAS; Local Area Augmentation System / GBAS; Ground Based Augmentation System)로 발전·사용되고 있고, 이 모든 위성을 이용한 항법시스템을 통칭하여 위성항법시스템(GNSS)으로 통칭하고 있다.

1) GPS(Global Positioning System)

GPS는 항법위성, 지상통제소, 사용자수신기로 구성된다. GPS 위성은 지표상공 22,000 km에서 적도에 대해 약 55도의 경사각을 가지고, 11시간 58분의 주기로 지구 둘레를 회전한다. 지구 궤도상에 총 24개의 위성이 있으며 경도상에 60도의 간격으로 여섯 개의 궤도에 각 궤도마다 네 개씩의 위성이 불규칙적으로 배치된다. 위성들은 지구상의 모든 지점에서 최소 다섯 개의 위성이 동시에 관측될 수 있도록 각 궤도에 배열된다. 21개 위성이 주사용 위성이고, 보조용인 세 개의 위성을 포함하여 총 24개의 위성으로 지구 전 영역을 커버한다. 위성의 수명은 7.5년 정도이며, 궤도상의 중량은 1,980lbs, 태양 전지판을 폈을 때 17ft 정도의 길이이다.

각각의 위성은 L1=1575.42 MHz, L2=1227.6 MHz의 두 개의 반송파에 부호화(encoding)된 신호를 실어 송신하고 있다. 하나는 C/A(Course Acquisition) 코드로 L1 반송파에 실려 송신되고, 다른 하나는 P(Precise) 코드로 L1과 L2 반송파 모두에 실려 송신된다. C/A와 P코드 신호에는 위치 측정에 필요한 자료인 위성 ID 코드, 위성의 위치, 송신시간, 위성주기속도, 위성 상태 등이 포함된다. C/A 코드에 한해서만 상업용으로 개방하고 있으며, 정확도가 훨씬 높은 P 코드는 암호화하여 Y 코드로 바꿔 미 국방성에서 통제하고 있다. 지상통제소는 궤도상의 위성들을 지속적으로 감시하고 각 위성들의 고도, 속도, 위치, 위성시계 정확도를 정밀히 측정하여 수정 자료를 위성으로 보내 위성이 정확히 궤도를 유지하여 오차를 최소로 줄여주는 역할을 한다.

한편 GPS의 활용이 지속적으로 늘어나면서 현재에는 채널을 다섯 개로 늘려서 더욱 정밀하고 안정적인 서비스를 제공하고 있다.

GPS의 특징 중 하나는 **의사 랜덤 잡음**(PN, Pseudo-random Noise) 코드를 사용한다는 점인데, 이는 GPS를 실용화하는데 최적의 수단이 된다. GPS 위성은 일정한 순서를 가진 PN 코드를 1/1,000초의 일정한 주기로 반복하여 송신하고 수신기에서는 같은 형태의 신호를 만들어 상호 비교함으로써 전파 도달시간을 측정할 수 있다. 또한 GPS 위성은 각각

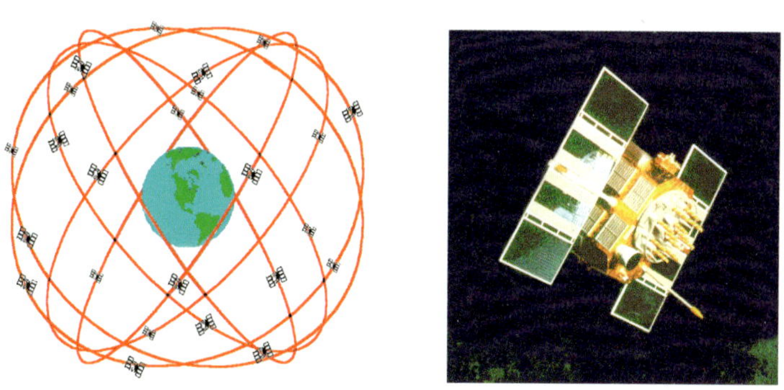

그림 12.15 GPS 위성 및 배치도

표 12.3 GPS 채널 구분

채널	주파수	용 도
L1	1,575.42MHz	항법 메시지, C/A 코드, P(Y) 코드
L2	1,227.60MHz	P(Y) 코드, Block-IIR-M 이후부터는 L2C 코드도 포함
L3	1,381.05MHz	미사일 발사, 핵폭발 등 고에너지 감지를 위한 방위지원 프로그램에서 사용
L4	1,379.913MHz	전리층 오차 보정 연구에 사용
L5	1,176.45MHz	GPS 현대화 계획(GPS Modernization)에 따라 Block-IIF 위성 이후로 사용

자기 고유의 PN 코드를 가지고 있으며, 위성별 PN 코드의 구별은 수신기 내의 비교처리 과정에서 이루어진다.

PN 코드는 신호 대 잡음비(S/N)가 높은 편이어서 요구되는 위성출력이 작으며 수신기의 안테나 크기도 상대적으로 작아도 된다. 모든 위성이 고유한 코드를 가지고 있기 때문에 각 위성이 동일한 주파수로 송신할지라도 간섭 없이 각각의 신호를 분리할 수 있다. 그러므로 비교적 간단한 수신기로 많은 위성으로부터 송신되는 신호를 수신할 수 있으며, 외부의 전파방해에 강하다. 이러한 GPS의 위치측정 정확도는 C/A 코드시 100m CEP(Circular Error Probability), P 코드시 16m CEP 내외이나, 2000년 5월부로 C/A Code만을 사용하는 민간용 SPS에도 고의 잡음(SA; Selective Ability)이 제거되어 더욱 정밀도가 향상되었다. 또한 GPS의 경우는 INS와 같이 에러가 누적되는 현상이 발생되지 않기 때문에 비행시간에 관계없이 이 정확도가 지속적으로 유지된다. 이 때문에 GPS는 수신기 가격, 중량, 장착 공간, 소모 전력면에서 다른 항법시스템에 비해 장점을 가진다. GPS를 공항에서의 정밀접근이나 착륙유도 장비로 확대 이용하는 개념도 발전이 거듭되고 있다. 다만, 이 경우 요구되는 정밀도가 높아 단순한 사용은 어렵고 DGPS(Differential GPS) 방식으로 활용하는 개념이 발전하고 있다.

2) DGPS

DGPS는 정확하게 알고 있는 지점에서 GPS 신호를 받아서 이 신호에 포함되어 있는 에러요소를 보정한 후, 그 보정요소를 지상에 떠 있는 대상 항공기에 전송하여 에러를 보정하게 하는 시스템이다. DGPS는 미 국방성이 C/A코드에 포함했던 고의적인 에러를 극복하려는 노력에서 개발되었으며, 현재는 군용으로 사용되는 PPS(Precise Positioning Service)보다도 더욱 정밀한 위치 정보를 제공할 수 있을 만큼 기술이 발전되었다. DGPS의 개념은 비교적 간단하지만 이를 실제적으로 구현하는 데는 차분(difference)을 취하는 방법, 오차보정 형태, 오차보정 시기, 데이터 전송방법, 전송 주파수 결정 및 항공기의 속도 등 많은 복잡한 문제들이 있다. 그렇지만 적은 비용으로 정밀도를 크게 향상시킬 수 있

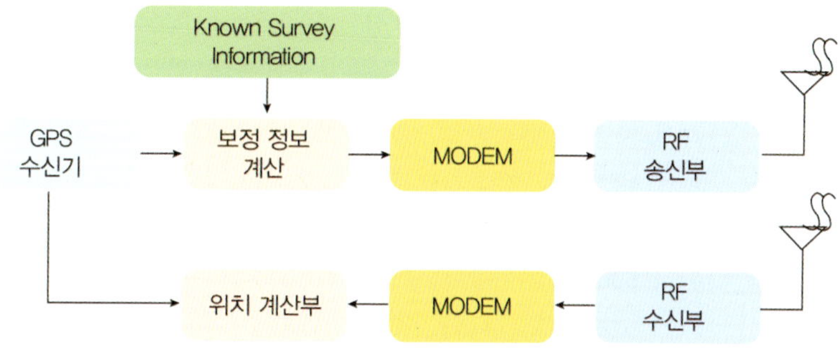

그림 12.16 DGPS 보정정보 송신 개략도

는 이점에 기인하여 활용 분야가 확대되고 있다.

DGPS에서 오차를 보정하는 방법은 각 위성 수신 데이터에 공통으로 존재하는 오차를 제거하는 방법인데, 두 수신 기간의 데이터를 차분하는 방법(between receiver single difference)과 두 위성의 데이터를 한 수신기로 받아서 이것을 차분하는 방법(between satellite single difference), 한 위성의 데이터를 시간 간격을 두고 측정한 후 이를 차분하는 방법(between epoch single difference) 등의 방식으로 나뉜다. 이들 방식은 각각 궤도오차, 시계오차의 보정 특성이 달라 장단점을 가지고 있다. 또한, 오차의 보정이 이루어지는 영역에 따라 항법해(navigation solution) 방식과 의사거리(pseudo-range) 방식으로 나뉜다. 전자는 기준국에서 절대적인 위치 정보에 대한 오차를 계산해서 항공기에 보내주는 방식인 반면, 후자는 기준국에서 의사거리에 대한 오차만 계산하고 항법해의 오차는 각 항공기가 계산하는 방식이다. 최근에는 확장성, 실용성 등의 이슈로 의사거리 방식이 주로 활용되고 있다. 또한, 보정오차 정보를 어떤 플랫폼을 통하여 배포하는지에 따라 GBAS(Ground

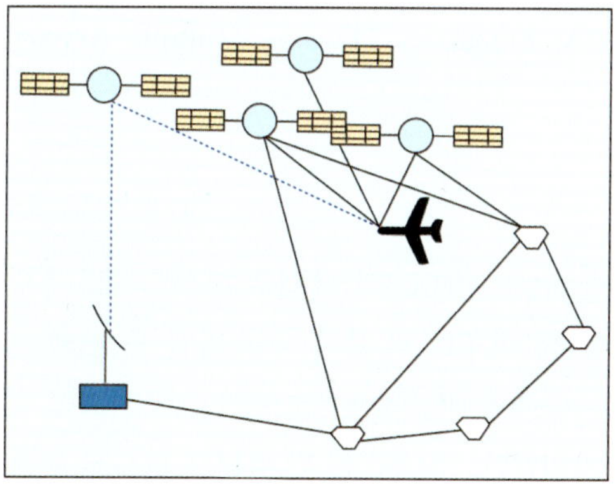

SBAS(Satellite Based Augmentation System)

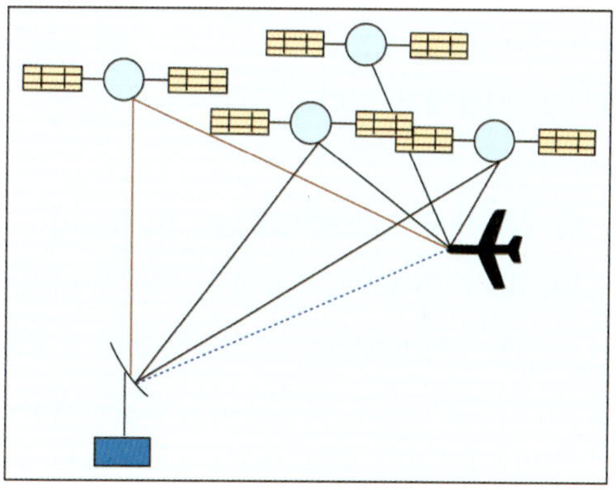

GBAS(Ground based Augmentation System)

그림 12.17 GPS 에러 보정 시스템 구성도

표 12.4 GPS와 GLONASS 비교

제 원	GPS	GLONASS	GALLILEO
위성 수	24개, 네 개×6궤도	24개, 여덟 개×3궤도	30개, 열 개×3궤도
주기	11시간 58분	11시간 15분	14시간 4분
고도	약 20,200Km	약 19,300Km	약 23,000Km
데이터 속도	50bps	50bps	50bps
경사각	55°	64.8°	56°
주파수	1,575.42MHz 1,227.60MHz 1,176.45MHz	1602.5625MHz ~1615.5000MHz	1164MHz~1215 MHz 1260MHz~1300 MHz 1550MHz~1591 MHz
측지계	WGS-84	SGS-90	GTRF

Based Augmentation System), SBAS(Satellite Based Augmentation System) 등으로 구분하기도 한다.

3) GLONASS

구소련을 중심으로 연구되고 있는 위성항법시스템인 **GLONASS**(Global Navigation Satellite System)는 상당히 많은 부분에서 미국의 GPS와 유사하다. 이는 비슷한 시기, 비슷한 목적에서 출발하였고, 실제 비슷한 역할을 수행하기 때문이다. 러시아를 중심으로 동구권과 유럽 일부 지역에서 사용 중이며, 이중 수신 수신기를 이용하여 GPS와 GLONASS 위성으로부터 항법정보를 함께 수신받을 수 있는 장비를 이용하면 오차 보정에 더 유리한 측면이 있다. 이들 두 시스템의 구별되는 특징은 사용 주파수 및 위성 궤도 등의 차이와 함께 GPS는 코드분할 다중접속(CDMA; Code Division Multiple Access)방식을 채택하고 있으며, GLONASS는 주파수 분할 다중접속(FDMA; Frequency Division Multiple Access) 방식을 사용하고 있다는 점이다.

4) 갈릴레오 시스템(Galileo System)

1990년대 말 GPS 유료화 움직임에 대응하여 유럽연합(EU)과 유럽우주국에 의해 추진된 유럽독자의 GNSS로 시작되었으나 문호를 확대하여 EU 외 중국, 이스라엘 등 세계 여러 국가가 참여하고 있다. GPS, GLONASS와는 다르게 민간개발 시스템으로 추진되어 항공 항법 이외에 자동차, 선박, 농업, 어업개발, 자원탐사, 구난구조 등 폭넓은 용도로 활용할 목적으로 태동되었다.

이들 위성항법시스템들은 정확도, 효용성, 실용성 측면에서 장단점을 가지고 있어, 특별히 어떤 시스템이 더 우월하다고 말하기는 어렵다. 최근에는 GPS와 갈릴레오 간의 상호 운용 최적화 방안 등과 같이 상호 보완, 운용하려고 노력하고 있으며, 전 위성 신호를 모두 이용하여 최적의 위성 배치 및 오차 보정에 활용하기도 한다.

12.3 감시 시스템

공항 등의 지상 시설에서 항공기의 운항 상태를 관측하기 위해 설치한 **감시 시스템**(surveillance system)에는 대표적으로 레이다가 활용되고 있고, 이를 보조하기 위해 항공기에 탑재된 이차감시 레이다, 트랜스폰더(transponder), TCAS(Traffic alert and Collision Avoidance System)가 많이 활용되고 있다. 이런 감시 시스템은 지상 시설에 의존하기 때문에, 지상국을 설치하기 어려운 지역에서의 항공기 감시는 조종사와의 음성 통신에 의존하는 것이 현실이다. 이러한 한계점을 극복하기 위해 최근에는 CNS/ATM의 통합적인 체계 안에서 데이터 링크를 통해 항공기의 정보를 자동으로 관제사, 주변 항공기, 지상국에 보고하는 ADS-B(Automatic Dependent System-Broadcasting) 시스템이 구축되어 활용되고 있다.

12.3.1 1차 감시 레이다

1차 감시 레이다는 송신 안테나에서 발사된 전파가 목표물에 충돌하여 돌아오는 반사파를 수신하여 각 방위별 반사 신호 유무에 따른 목표물의 존재 여부, 반사파의 수신시간에 따른 목표물의 거리를 측정한다. 최초의 형태는 2차 세계대전 중에 개발되었으며, 관제, 정밀 접근, 감시 등 다양한 용도로 발전되어 왔다. 목표물은 PPI(Plan Position Indicator)라 불리는 스코프(scope)상에 점의 형태로 표시된다.

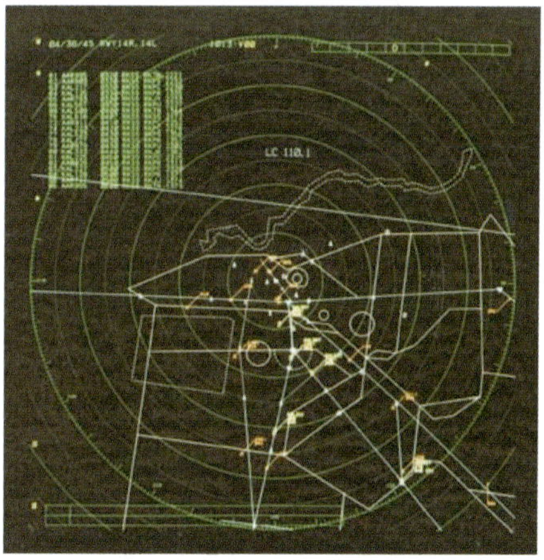

그림 12.18 레이다를 이용한 관제 스코프 예

1) 항공로 감시 레이다(ARSR; Air Route Surveillance Radar)

항공로(air route)를 운항하고 있는 항공기의 비행 상태를 레이다 스코프 상에 나타나게 하고, 다른 레이다나 2차 감시 레이다 정보를 지도(map) 영상과 조합시켜 레이다 관제실에 정보를 제공하여 여기에서 얻는 정보에 따라 관제사는 통신 시스템을 이용하여 관제업무를 수행할 수 있게 한다. 안테나를 중심으로 반경 200NM 이내의 공역에 있는 항공로상의 항공기를 감시나 관제를 하기 위한 레이다로서 주파수는 주로 2GHz 대역인 L-Band를 사용한다. 항공로 상에 존재하는 전 항공기를 탐지하는 것이 목적이기 때문에 탐지 영역이 되도록 멀고, 높은 곳에 이르게 하기 위한 노력을 기울인다. 일반적으로 탐지 영역은 레이다의 유효 단면적이 15m^{2}에 대하여 도달 거리 200NM, 고도 70,000ft, 앙각 30도까지로 보고 있다.

2) 공항 감시 레이다(ASR; Airport Surveillance Radar)

ASR은 공항 주변의 공역에 있는 항공기의 거리 및 방위 정보를 측정하여 진입, 이륙, 방향전환 및 항공기 간 이격 관리 등의 관제를 지원한다. 송신주파수는 L-Band(1~2GHz)를 사용하는 곳도 있으나, 안테나 소형화와 레이다 회전수 기준 충족을 위해 대부분 S-Band(2~4GHz)를 많이 사용하고 있다. 통상적으로 0.8~1.2μs 정도의 펄스폭을 사용하여 앙각 0.5~30도, 탐지 거리 25NM, 고도 10,000ft, 방위 360도까지 전 영역에 대한 감시를 목적으로 개발되었으나, 항공기가 빨라지고 관제 영역이 확대되면서 거리 60~70NM, 고도 25,000ft까지로 탐지영역이 확대되었다.

그림 12.19 항공로 감시 레이다

그림 12.20 공항 지상감시 레이다

3) 공항 지상 감시 레이다(ASDE; Airport Surface Detection Equipment)

주로 큰 규모의 공항에서 이용하는 레이다로서 관제탑이 활주로나 유도로를 시각적으로 관측하기 어렵게 위치한 경우나 악천후 시 공항 지상 내의 교통량을 감시하고 지상 주행 중인 항공기와 차량 등을 관제하는데 사용하는 레이다이다. 이 레이다는 2~3NM 정도까지를 탐지거리로 삼는 단거리 레이다이며, 분해능이 높아 활주로나 유도로 그리고 항공기 및 차량을 구분, 식별하여 표시할 수 있다. 안테나는 항상 공항 전면을 전망할 수 있게 관제탑 꼭대기에 설치하며 시현기는 관제탑 내에 설치되어 있다.

4) 2차 감시 레이다(SSR; Secondary Surveillance Radar)와 ATC 트랜스폰더

1차 감시 레이다는 항공기의 소재는 파악할 수 있지만, 레이다 스코프상에 여러 항공기가 나타날 경우 어느 항공기가 관제 대상 항공기인지는 파악하기 어렵다. 이에 군용에서 쓰이던 IFF(Identification Friend or Foe)를 이용하는 방법이 1957년에 ICAO에서 채택되어 SSR로 발전되었다. 이러한 2차 감시 레이다는 지상에 설치된 질문기(interrogator)에서 1,030MHz 펄스 파로 질문 파를 전송하면 항공기에 탑재되어 있는 ATC 트랜스폰더는 설정되어 있는 응답 부호를 1,090MHz로 송신하는 시스템으로 SSR과 ATC 트랜스폰더가 각각 지상장비, 탑재장비로 한 쌍으로 구성된다. SSR의 등장으로 관제업무를 대폭 경감시킬 수는 있었으나, 질문파와 응답파의 주파수가 정해져 있어 폭증하는 항공교통 업무에 원활하게 대처하는 데는 한계가 있다.

그림 12.21 2차 감시 레이다

5) SSR 모드 S

SSR이 관제에 활용된 이후 대부분의 국제선 항공기는 ATC 트랜스폰더를 장착하고 운항하고 있다. 하지만 항공 교통량의 증가로 인해 단 두 개의 송수신 주파수만을 활용하는 SSR에는 한계가 있다. 이러한 한계를 극복하고자 두 가지 방안이 마련되었다. 하나는 기존의 SSR에 모노펄스(mono-pulse) 기법을 도입하는 것이며, 두 번째로는 바로 SSR 모드 S, 즉 선택적 어드레싱 기법을 도입하는 것이다. 모노펄스 기법의 가장 큰 장점은 기존의 SSR 장비의 변형 없이도 지상국에서 모노펄스 기법을 이용함으로써 방위각 측정의 정확도를 대폭 개선시킬 수 있으며, 이로 인하여 혼신을 감소시켜 주파수 이용효율을 높일 수 있다. 이는 근본적인 해결책은 아니지만 교통량 증가에 따른 포화를 상당 기간 지연할 수 있다.

한편, 선택적 어드레싱, 즉 SSR 모드 S 기법은 기존의 방식과는 달리 항공기가 개별적으로 호출되어 질의, 응답기능을 수행할 수 있다는 점이다. 항공기가 질문기 안테나 빔 영역 내에 있으면 질문기는 어떤 항공기에 언제 질문을 할 것인지를 자체적으로 선택할 수 있다. 이러한 기능을 할 수 있는 것은 항공기마다 고유의 어드레스가 부여됨으로써 가능한데 SSR 모드 S는 24비트를 사용하여 서로 다른 1,600만 개의 코드를 부여할 수 있으므로 동일한 코드의 반복 사용이 불가능하여 혼신을 방지할 수 있으며, 기존 ATC 상에서 발생되던 각종 오류 및 단점들을 극복할 수 있다. 또한, SSR 모드 S는 기존의 전송주파수와 동일한 주파수를 사용하기 때문에, 현존하는 SSR 시스템과 호환될 수 있다는 점이다. 따

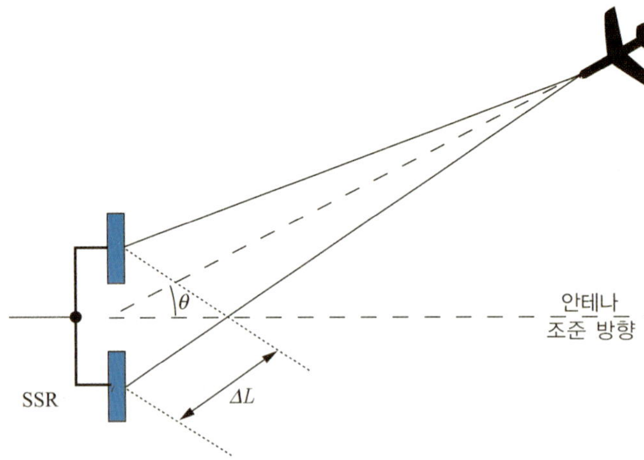

그림 12.22 모노펄스 방식의 방위각 추정방법

라서 항공기는 탑재장비의 별다른 변화 없이 SSR 모드 S 서비스를 제공받을 수 있다.

12.3.2 자동감시 시스템(ADS)

앞서 살펴본 바와 같이 항공 교통관제는 레이다를 이용한 직접적인 항공공역 감시와 대상 상공의 항공기와의 HF 음성 통신이 기본이 되어 이루어져 왔다. 이러한 개념만으로는 증가하는 항공 교통량을 감당할 수 없을 뿐 아니라 불확실한 정보에 근거하여 교통관리를 해야 하는 한계점을 노출하고 있다. 이에 1983년 ICAO에서는 수동조작 없이 자동으로 항공기의 위치정보를 알려줄 수 있는 **자동감시 시스템**(Automatic Dependent System)을 개발하게 되었다. ADS는 항공기의 위치정보를 조종사의 관여 없이 데이터 링크를 통하여 수시로 지상 교통통제 센터나 여러 관련 기관으로 자동으로 전송할 수 있는 시스템이다. ADS가 장착된 항공기에서 송신되는 기본적인 데이터로는 항공기 ID, 3차원 위치, 시간 데이터 등이며 필요에 따라 적절한 데이터를 부가적으로 전송할 수 있다. 이러한 자동감시 시스템을 통해 시스템의 안전성을 제고하고, 항공기의 응답 능력을 향상하고, 특히 항공기 간 분리기준 요구도를 낮출 수 있을 것으로 기대되고 있다.

자동감시 시스템 ADS는 운항 중인 항공기의 정보를 지상국에서 요청하면 자동으로 송신되는 ADS-Addressed(ADS-A), ADS-Contact(ADS-C)와 주기적으로 항공기가 자신의 정보를 자동으로 방송하면서 운항하는 ADS-Broadcast(ADS-B)로 구분된다. ADS-B는 지상에서 항공기에 각종 운항정보를 제공하는 FIS-B(Flight Information Service-Broadcast), 공항 내에서 활주로나 유도로와 같은 지상 내의 교통정보를 전송하는 TIS-B(Traffic Information Service-Broadcast) 등과 연계되어 더욱 다양하고 안전한 운항 정보를 제공하게 된다.

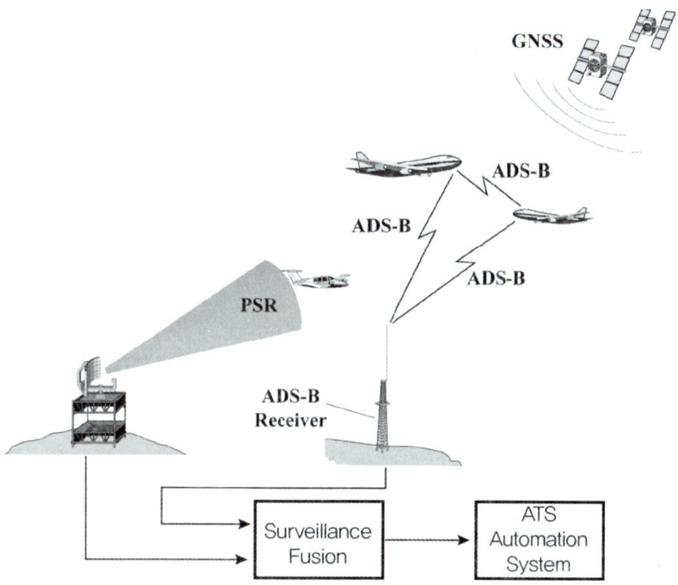

그림 12.23 ADS-B 구성도

12.4 항행 보조 장치

항공기의 항행을 위해서 처리해야 할 정보가 많아지고 보다 정밀한 성능이 요구되면서, 다양한 항행 보조시스템이 항공기에 탑재, 혹은 공항에 설치되어 운용되고 있다.

12.4.1 비행 환경 측정 및 감지 장치

1) 기상 레이다

기상 레이다는 항로 및 그 주변의 악천후 영역을 야간이나 시계가 나쁜 경우에도 정확히 탐지하고 표시하여 조종사가 이러한 영역을 피해 비행을 가능하도록 하는 레이다이다. 악천후 지역의 빗방울로 인한 전파반사를 이용하여 강우량이 많은 장소를 강우량 강약의 정보와 함께 조종실 내의 표시 계기 상에 나타낸다. 또한 기상 레이다는 지형탐지도 가능하므로 항공기의 현재 위치를 탐지하는 데도 이용될 수 있다. 일반적으로 항공기의 전방 **레이돔**(Radom) 내에 안테나를 장착하고 표시계기와 지시기는 조종실 내에 두고 송신기는 전자기기 선반에 설치하고 있다. 표시계기는 다른 지도정보와 함께 표시되지만 필요한 경우에는 전용 레이다 스코프를 장치할 수 있다. 기상 레이다에 사용하고 있는 주파수는 X-밴드(주파수 9,375MHz)와 C-밴드(주파수 5,400MHz) 대역을 주로 이용하고 있다. 강우량

12장 항공전자 시스템

그림 12.24 기상 레이다 디스플레이

이 많을 때는 C-밴드가 감쇄가 작기 때문에 악천후 영역의 전방에 강우 지역이 있는 경우에는 더욱 우수하다. 한편 전방에 강우 지역 면적이 크지 않는 경우나 강우량이 적은 구름의 경우에는 X-밴드의 경우가 유효거리가 길어서 더 우수하다. 스코프에서의 표시는 반사파의 강도 순서에 따라 적, 황, 녹, 흑으로 표시되며 난기류는 붉은 자색으로 표시된다. 안테나는 항공기의 자세 변화가 보정되어 빔의 방향을 항상 일정한 방향으로 향하도록 하는 기능을 가지고 있다.

2) 전파고도계

피토관을 이용하는 기압고도계에서 얻는 고도는 지형과는 관계없이 해면으로부터의 고도가 된다. 그런데 시야가 확보되지 않은 상태에서 복잡한 지형을 비행하는 항공기의 경우 이것만으로는 안전한 비행이 어렵다. 전파고도계는 항공기에서 지표를 향하여 전파를 발사해서 이 전파가 되돌아오기까지의 시간차를 측정하는 것에 의해 지면으로부터 항공기의 고도를 구하는 계기이다. 통상 항공기에는 측정범위가 2,500ft 이하인 저고도용 전파고도계가 탑재되어 있으며, 항공기가 착륙 직전 플레어(flare) 기동을 할 때 중요한 고도정보를 얻는 데에 활용된다. 전파고도계는 송수신기, 안테나, 그리고 고도 지시계로 구성된다. 고도측정의 원리는 송신부로부터 발사된 전파가 지표면에서 반사되어 수신부에서 수신된다. 이 경우 송신 전파로부터 수신전파가 도달하기까지의 시간차를 구하여 광속도를 곱하고 2로 나누면 고도가 얻어진다. 전파고도계는 펄스형인 전파를 송신하는 펄스 방법과 주파수 변조가 된 연속파를 이용하는 FMCW(Frequency Modulated Continuous Wave)의 방법이 있다. 펄스 방법은 각종 지형과 눈, 얼음, 초목 등과 같은 지표면 상황 및 기후의 영향을 받지 않는 장점이 있다.

3) TCAS(Traffic alert and Collision Avoidance System)

충돌방지 장치란 별다른 지상 시설의 도움 없이 항공기에 탑재된 장비만으로 상대 항공

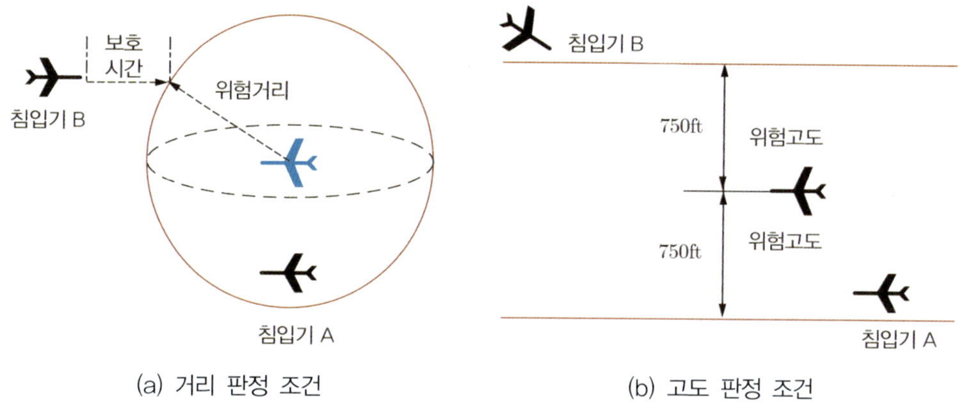

그림 12.25 TCAS 원리도

기의 위치를 확인하여 접근 경보나 충돌회피 지시를 내리는 장비이다. TCAS 계열은 교통상황만 경고하는 TCAS I과 교통상황 및 이탈경고 그리고 수직축 기동형태의 정보를 제공하는 TCAS II와 TCAS II의 기능에 수평축 기동형태의 기능까지 부여된 TCAS III로 구분되며 이 정보를 항법장비와 연동시켜 운영하려는 노력들이 다양하게 이루어지고 있다. 기본적으로 TCAS 컴퓨터, SSR Mode S 트랜스폰더(transponder), 제어 패널, 표시기 및 안테나 등으로 구성되며, 침입기가 감지되면 침입기에 대한 상대고도, 방위, 접근율 등을 계산하여 충돌지점을 산출한 후 침입기가 충돌 약 35초~45초 전으로 진입하는 경우인 경계 영역(caution area)에서는 TA(Traffic Advisory)를, 충돌 약 20초~30초 전인 경고 영역(warning area)에 진입 시엔 RA(Resolution Advisory)를 각각 발령하며 침입기에 대한 정보를 계기상에 표시해주고, 조종사에게 항공기 충돌회피 정보(항공기 상승/하강율)를 제공한다.

TCAS에 대한 장착규정은 'FAR Title 14'의 개정안으로 1989년 1월 발표되었는데 이 규정안에는 10명 이상의 승객을 태우고 미국 공역을 운항하는 항공기는 의무적으로 장착하도록 규정하였으며, 10~30석의 터빈 추진력 항공기의 경우 최소한 TCAS I을 1995년 2월까지, 30석 이상의 항공기는 1993년 12월 30일까지 의무적으로 TCAS II 이상을 장착하도록 규정하고 있다. 실제, 분석통계에 의하면 장착하지 않았을 경우 발생될 50여 건의 사고가 TCAS II 장착 이후 평균 1건 미만으로 줄어들었다고 보고되고 있다.

4) 고도경보장치(Attitude Alert)

운항 중인 항공기에서 조종사에게 현재 고도를 확인시키고, 지정한 고도와의 차를 알려주어서 현재 고도를 오인하는 위험을 사전에 방지하기 위한 장치이다. 모드 제어 패널(MCP; Mode Control Panel)에서 지정한 고도에 항공기의 현재 고도가 가까워져 그 차이가 900ft 이내가 되면, 표시기상에 분홍색으로 지정된 고도가 백색 테두리로 강조되어 표시된다. 이후, 더욱 가까워져서 그 차이가 300ft 이내가 되면 테두리 표시는 사라지고 고도만 표시되게 된다. 만약 다시 차이가 300ft를 넘게 되면 경고음이 울리고, 경고판에 'ALTITUDE ALERT'라는 문자가 나타남과 동시에 표시기의 고도 표시가 황색으로 변하여 고도 이탈을 조종사에게 경고한다. 보통 고도가 매우 높은 영역에서 사용된다.

5) 대지근접 경보장치

대지근접 경보장치(GPWS; Ground Proximity Warning System)는 항공기가 지면에 이상접근, 즉 강하율 과도, 지형 접근율 과도, 착륙 지형(configuration)이 아닌 상태에 착륙을 시도할 때 등 지표면에 접근하여 위험한 상태에 달할 때 조종사에게 알려주기 위한 경보 장치이다. 전파 고도를 이용한 고도 계산을 기준으로 경보 정보를 컴퓨터 내의 표시 계기에 나타내고 동시에 스피커를 통한 '*PULL UP, PULL UP*' 등의 경고를 하는 기능이나 전단풍(windshear) 검출 기능이 추가되어 있다. 또한, 기존의 GPWS의 기능에 기능을 보강한 새로운 지상근접 경고장치인 EGPWS(Enhanced GPWS)도 개발되어 사용되고 있는데, 이는 항로상의 지형을 데이터베이스에 입력해 놓고 계산된 항공기 위치와 데이터베이스에 있는 지형의 위치를 상호 비교하여 그 지형에 충돌이 예상되면 경보음을 발생하는 기존 방식에 비해 성능이 향상된 기능을 지닌다. 예상 충돌 시점으로부터 60초 전에 'CAUTION TERRAIN' 그리고 40초 전에는 'TERRAIN AHEAD PULL UP'이라는 경보가 주어지며, 이러한 지형을 기상레이다 화면이나 항법정보 표시기(ND; Navigation Display) 화면상에 충돌 예상 시간 및 거리를 모양과 색상을 다르게 표현하여 시각적으로 보여준다.

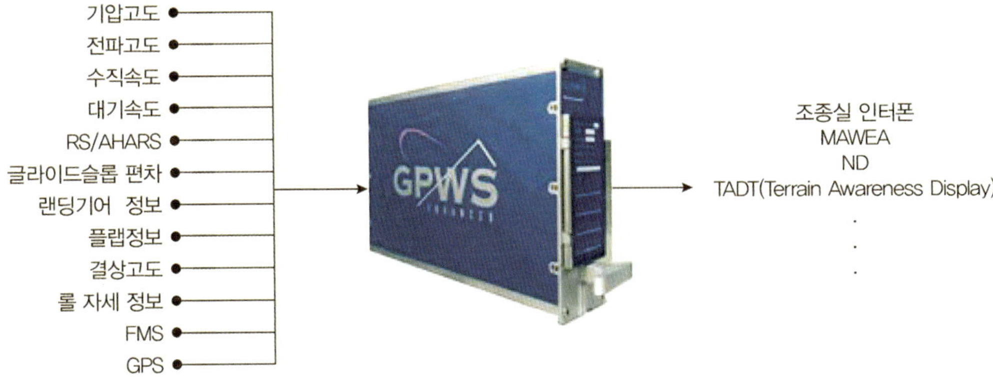

그림 12.26 대지근접 경보장치(EGPWS) 신호 구성도

6) 전단풍 탐지장치

그림 12.27 항법표시기(ND)에 표시된 예상 전단풍 표시

전단풍 탐지장치(Windshear Detection And Recovery System)는 이착륙 시 전단풍에 의한 사고를 방지하기 위하여 전단풍을 감지하게 되면 조종사에게 경보 및 회피를 지시하는 경보시스템이다. 주 경보등에 경고등과 전단풍 표시등에 전단풍(WINDSHEAR)이라는 글자를 표시하고, 음성합성으로 'WIND SHEAR'를 반복하여 경보를 낸다. 전파고도 1,500ft 이하에서 작동하며 이륙 시에는 전파고도 1,500ft까지, 착륙 시에는 전파고도 1,500ft에서 착지할 때까지 작동한다. 이륙과 착륙 복행(go around) 중에는 성능을 감소시키는 전단풍이 감지되면 자동으로 복구 모드(recovery mode)가 작동된다.

12.4.2 착륙 유도 장치

현재 사용되고 있는 착륙 유도 장치는 ILS(Instrument Landing System)가 대표적으로 사용되고 있고, 항공교통량의 증가에 대응하여 하나의 장비로 여러 대의 항공기를 유도할 수 있는 MLS(Microwave Landing System), DGPS(Differential GPS) 정보를 착륙유도나 공항 접근유도에 이용하는 GBAS(Ground Based Augmentation System) 등이 새로이 개발되어 운용되고 있다.

1) 정밀 진입 레이다(PAR; Precision Approach Radar)

그림 12.28 GCA/PAR 구성

군용에서 주로 사용하는 착륙 유도 장비로 ASR과 연계하여 착륙 유도나 항공기 관제에 이용하고 있으며, 이를 GCA(Ground Controller Approach)라 부른다. 민간에서는 보통 항공기를 ASR에 의하여 활주로 연장선상 약 10NM까지 유도하고 난 후, PAR로 착륙 전 활주로 가까운 거리까지 관제 유도하는 방식으로 활용한다. PAR의 원리는 방위(azimuth)와 고도(elevation)를 입체적으로 주사하는 두 개의 안테나 주사 빔을 발사하고, 지상 관제사가 레이다 디스플레이 장치에 표시되는 정보를 무선통신을 이용하여 항공기에 전달하여 조종사가 최적의 진입로와 강하로를 따라 착륙할 수 있도록 유도하는 방식이다. PAR의 거리 범위는 약 10NM 정도이고, 방위는 활주로 중심선 연장선 기준 좌우로 10도, 고도는 수평면상 7도를

로컬라이저 안테나 글라이드 패스 안테나 마커 비컨

그림 12.29 ILS 구성 지상장비

범위로 하고 있다.

2) 계기 착륙장치(ILS; Instrument Landing System)

ICAO가 1950년 정밀 진입용 착륙 보조시설로 지정한 이래에 활주로 중심 연장선을 안개, 비 등의 악조건하에서도 안전하고 정확하게 진입하고, 착륙을 유도하는 가장 중요한 착륙유도장치의 하나로 발전해왔다. 항공기 탑재 장치로는 수신기, 안테나, 제어 패널 및 지시기로 구성되며, 기본적으로 활주로 중심 연장선을 의미하는 **로컬라이저**(localizer)와 활공 경사로를 의미하는 **글라이드 패스**(glide path)의 지상 송신장치로부터 유도전파를 수신하여 진입, 착륙 코스에서 상하, 좌우의 벗어남을 지시하며 마커 비컨(marker beacon)으로부터 전파를 수신하여 활주로 대비 현재 위치 등을 알기 위한 시스템이다.

로컬라이저 수신기 안테나는 일반적으로 VOR 안테나와 함께 쓰고 있으며, 조종석의 위 또는 수직 미익 양면에 설치되거나 고속 대형 기종에서는 **글라이드 슬로프**(GS; Glide

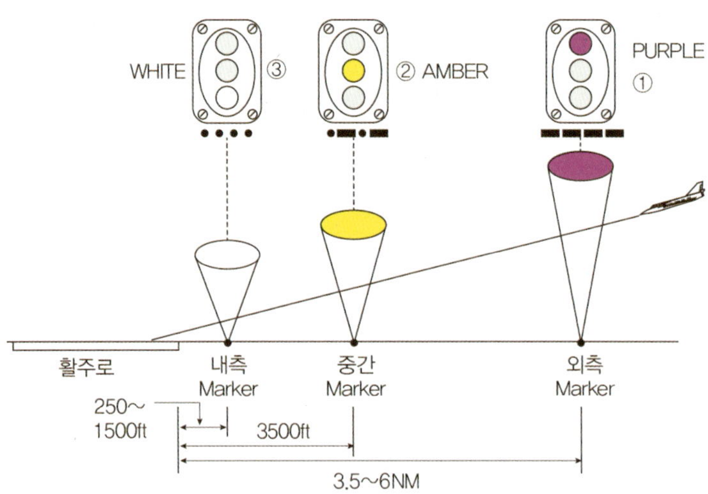

그림 12.30 마커 비컨의 원리

표 12.5 ILS 기준 공항 등급 구분

종 류	결심고도(DH)	시정 또는 활주로 가시거리(RVR)
1종(Category I)	60m(200ft) 이상	시정 800m(1/2마일) RVR 550m(1,800ft) 이상
2종(Category II)	30m(100ft) 이상 60m(200ft) 미만	RVR 350m(1,200ft) 이상 RVR 550m(1,900ft) 미만
3A종(Category 1II–A)	30m(100ft) 미만 또는 적용하지 아니함 (No DH)	RVR 200m(700ft) 이상 RVR 350m(1,200ft) 미만
3B종(Category 1II–B)	15m(50ft) 미만 또는 적용하지 아니함 (No DH)	RVR 50m(150ft) 이상 RVR 200m(700ft) 미만
3C종(Category 1II–C)	적용하지 아니함 (No DH)	적용하지 아니함 (No RVR)

Slope) 수신 안테나와 같이 레이돔 내의 기상 레이다 주변에 설치되기도 한다. 수신기도 VOR 수신기와 같은 방식으로 해당 지상국 주파수를 선택하여 사용하는데, 로컬라이저 주파수는 VHF대역인 108MHz~112MHz 중 40개 채널로 구성되어 있고, 글라이드 패스는 그것과 쌍으로 329MHz~335MHz인 UHF 대역으로 자동 동조되어 쌍으로 이용할 수 있게 되어 있다.

한편, 활주로와의 거리 정보를 제공받는 마커 비컨의 경우는 활주로 중심 연장선상의 일정한 지점에 설치하여 착륙하는 항공기에 수직으로 안테나 패턴이 역 원추형인 VHF 대역의 전파를 발사함으로써 진입로상의 일정한 통과지점에 대한 위치정보를 제공한다. 활주로에 가까운 쪽에서부터 이너(inner), 미들(middle), 아웃터(outer) 마커의 3가지로 구분하여 사용되며, 색깔은 흰색, 호박색, 자색이다. 마커의 신호는 플라이트 인터폰(flight interphone), 조종실 내 표시등과 연결되어 있어서 조종실에서 쉽게 인식할 수 있게 되어 있다.

또한, ILS는 조종사가 착륙할지를 최종적으로 결정해야 하는 최저고도인 최종 결심고도(decision height)나 그에 따른 공항 등급기준을 정하는 기준으로도 ILS의 최저고도를 기준으로 삼고 있다. 모든 지상 장비와 탑재장비가 정상작동을 하고 있을 때 ILS를 기준으로 한 공항 구분은 표 12.5와 같다.

3) 마이크로파 착륙 시스템(MLS; Microwave Landing System)

ILS의 단점으로 지적되는 사항은 안테나 전면에 넓은 평탄 지역이 필요하며, 넓은 장애물 제한지역 때문에 설치조건이 까다롭고, 방위각이 좁고 활공각이 고정되어 있어 곡선 진입이나 고각도 진입이 불가능하여 고정익 외에 회전익이나 STOL 등의 항공기에 활용도가 낮다는 점들이다. 이러한 ILS의 단점을 극복하기 위하여 지난 30여 년 간 많은 노력을

그림 12.31 MLS 지상국의 고각(좌), 방위각 시스템(우)

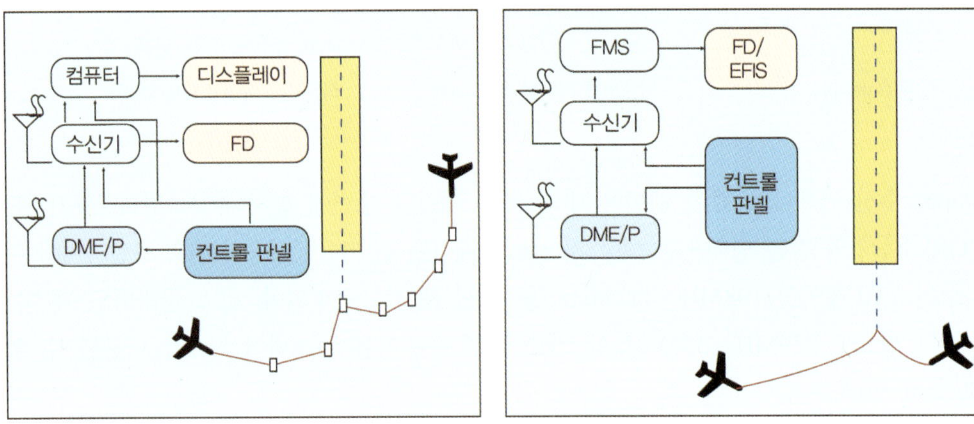

그림 12.32 MLS의 세그먼트(Segment) 접근능력(좌) 및 곡선 접근능력(우)

기울였고, MLS가 개발되었다. MLS는 5GHz대의 전파를 이용하여 방위각, 고저각, 비행 정보 등을 제공한다. 지상 시스템으로는 방위각(AZ; Azimuth), 고저각(EL; Elevation), 정밀 DME(DME/P; Precision Distance Measuring Equipment), 후방 방위각(BAZ; Back Azimuth) 등으로 구성되며, MLS의 AZ는 ILS의 로컬라이저와 유사하나 그 영역은 훨씬 넓으며, ILS의 마커 대신에 정밀도를 기존 DME의 600ft 대신에 100ft로 향상시킨 DME/P를 이용하며, ILS의 후방 접근 영역(back course) 대신에 BAZ를 이용한다.

MLS의 장점으로는 기존 ILS의 단점을 극복하는 것 이외에 그림 12.32, 12.33에서처럼 보다 정확한 경로점(way-point) 혹은 곡선 접근 궤적을 설정할 수 있으며, 이로 인하여 더 정확한 접근경로 및 복잡한 운항경로를 따라 접근할 수 있게 된다. 이러한 장점에도 불구하고, MLS는 그 시스템 구축비용이 막대하다는 단점을 지니고 있어, 이후에 개발된 GBAS 대비 활용 전망이 높지는 않다.

4) GBAS(Ground Based Augmentation System)

DGPS를 이용하여 GPS와 같은 위성항법장치의 정확도를 더욱 개선할 수 있으므로

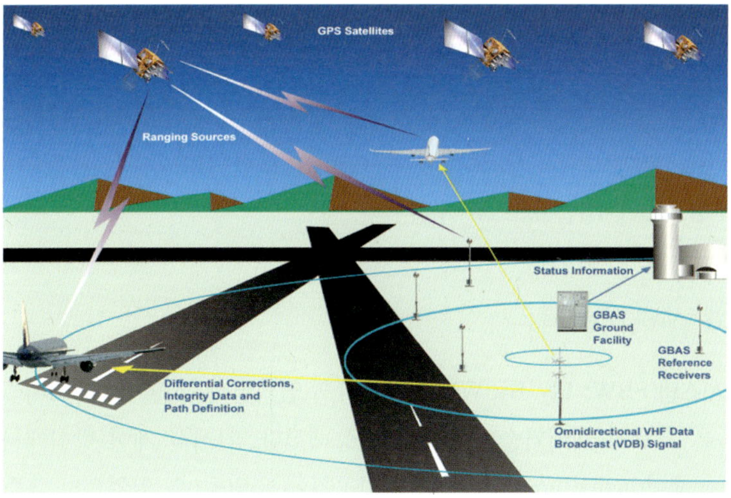

그림 12.33 GBAS 구성도

그림 12.34 공항 내 GBAS 설치 구성도

GNSS 장치와 DGPS를 공항 주변에 설치하여 착륙유도장치로 활용하고자 하는 노력을 기울여왔다. GBAS는 위성 시스템(SV), 지상 시스템, 항공기 탑재 시스템으로 구성된다. 지상 시스템은 보통 2~4개의 GNSS 기준국 수신기, 보정 정보를 계산하는 프로세서와 보정 정보와 최종접근경로(FAS) 정보를 방송하는 108.0MHz~117.975MHz 대역의 VDB(VHF Data Broadcast) 장치로 구성되며, 항공기 탑재 시스템은 MMR(Multi Mode Receiver)을 통해 지상 송신 정보를 획득하여, GLS(GNSS Landing System)나 FMS(Flight Management System)를 통해 계산된 유도 정보를 다양한 형태로 조종사에게 제공한다.

공항마다, 활주로 하나하나마다 설치해야 하는 ILS에 비해 하나의 GBAS로 공항 내 모든 활주로 종단을 망라하기 때문에 GBAS는 시스템 설치비와 유지보수 비용이 적은 장점을 가지며, 낮은 고장률로 인해 정비작업도 용이하며, ILS와 같은 까다로운 설치조건도 없어 산악 지형과 같이 특수한 지역에서도 이용이 가능한 큰 장점을 갖는다. 또한, MLS와 같이 세그먼트 접근이나 곡선 접근도 가능하여 공항 내 운항 선택폭을 넓힐 수도 있어 공항 운영 능력을 확대시키는 장점도 있다. GBAS 또한 ILS 기준 등급을 따라 GBAS CAT-I, CAT-II, CAT-III급 등으로 구분된다.

12.4.3 비행 제어 컴퓨터

전기신호제어시스템(FBW; Fly By Wire) 방식이 도입되면서, 정밀한 전자 시스템을 바탕으로 신뢰성 높은 고도의 제어기술의 구현이 가능해졌다. 기계식 제어 방식에서는 가능하지 않았던 능동형 제어(active control) 방식이 항공기에 도입될 수 있었으며, 3중, 4중의 **다중화 구조**로 비행 제어 시스템을 설계할 수 있게 되었다. 비행 제어에 관련된 많은 부분이 비행 제어 컴퓨터에 소프트웨어적으로 처리되면서 하드웨어의 수정 없이 소프트웨어 수정만으로 시스템의 성능 향상이 가능하다는 장점도 지니게 되었다.

FBW 신호 전송 체계는 기계적인 케이블 대신에 조종사의 명령(command)을 변환기(transducer)를 통하여 전기 신호로 변환하여 ACE(Actuator Control Electronics)로 보낸다. ACE는 전기신호를 디지털 신호로 다시 바꾼 후 PFC(Primary Flight Computer)에 보내면 PFC는 현재의 비행조건에 맞도록 보정한 후 다시 ACE로 보내고 ACE는 역으로 아날로그 신호로 바꾸어 액추에이터(actuator)에 전달하여 조종면을 컨트롤하는 형식을 사용하고 있다. 전자식으로 시스템이 제어되면서 기계식으로는 가능하지 않았던 추가 기능들이 가능하게 되기도 하였다. 예를 들어, 뱅크 각 보호(bank angle protection) 기능은 뱅크 각보다 더 크게 항공기를 롤(roll)할 경우 조종휠에 상당한 힘을 가하게 한다. 그러나 이때에도 그 이상이 필요한 경우 조종사는 휠(wheel)에 가해진 힘보다도 더 큰 힘으로 휠을 작동할 경우 작동(override)시킬 수 있도록 설계되어 조종사의 조종량이 항공기의 정상 동작치 범위 이상임을 알려주고 판단에 도움을 주는 유용한 역할을 수행한다.

현재의 비행 제어 컴퓨터는 단순히 비행 제어를 위한 기능뿐 아니라 항공기 관리까지 겸하는 비행 제어/관리 통합 시스템으로 발전하고 있다. 그 발전 과정에 따른 시스템의 구조를 살펴보면, 초기에는 각 전자 시스템이 독립적으로 사용되어 그에 따른 각각의 컴퓨터도 개별적으로 연산처리를 수행하는 **분산형 구조**(distributed structure)로 시작되었다. 디지털 방식이 도입되면서 중앙의 고성능 컴퓨터가 임무 분석이나 각종 신호를 처리하는 등 대부분의 역할을 수행하고, 개별 전자 시스템은 그 역할이 센서(sensor)나 단순 수치 표시 등의 한정적인 역할만을 수행하게 하는 **집중형 구조**(concentrated structure)로 발전하였다. 이후, 주로 대형 민간 항공기를 중심으로, 중앙 컴퓨터의 역할 중 일부가 개별 전자 시스템 내의 컴퓨터로 넘겨진 **연합형 구조**(federate structure)로 발전하였다. 연합형 구조에서는 비행 관리 컴퓨터(FMC; Flight Management Computer)는 중앙 집권적으로 역할을 수행하나, 추력 제어 컴퓨터(TMC; Thrust Management Computer) 등이 별도로 분리되어 필요한 연산을 수행하게 된다. 또한 시스템이 더욱 복잡해지면서, 단일 형식으로 통합하는 방식이 아니라 각 시스템별로 발전 정도에 따라 또한 그 기능 및 역할의 중요도에 따라 상중하 식의 계층적 통합이 이루어지는 계층형 구조(hierarchical structure)로 진화하게 되었다. 예를 들어, 임무나 비행 제어 기능은 임무 제어 컴퓨터(mission computer)나 FMC를 중심으로 통합되고, 각종 위치 정보나 자세 정보 등과 같이 그보다 하위의 개념들은 또 다른 컴퓨터가 중심이 되어 하나로 통합하여 구축하는 형태가 여기에 속한다.

앞서 7장에서 설명한 바와 같이 항공기의 안전성, 성능 및 운항 효율의 증대를 목적으로 비행제어 컴퓨터나 부가적인 전자 시스템을 이용하여 자동으로 안정성을 증대하려는 노력은 항공기 개발 초기부터 계속되었고, 항공기에 탑재된 자동조종장치는 그러한 기능을 담당한다. 자동조종장치의 구성과 역할은 기종에 따라 다양하지만, 대표적인 구성을 보면, 자동비행 제어 시스템(AFCS; Automatic Flight Control System), 마하 트림 보상장치(MTC; Mach Trim Compensator), 요 댐퍼(Yaw Damper) 시스템, 추력 관리(Auto-Throttle) 시스템, 비행 관리 시스템(FMS; Flight Management System) 그리고 FMS의 보다 발전된 형태인 성능 관리 시스템(PMS; Performance Management System) 등으로 구성된다.

1) 자동 비행 제어 시스템(AFCS; Automatic Flight Control System)

자동 비행 제어의 기본 개념은 7장에서 설명한 바와 같이 피드백 구조를 가지고 있다. 소형기의 경우는 항공기의 현재 상태를 측정하기 위해서 각도나 각속도를 측정하는 버티컬 자이로(vertical gyro), 요 레이트 자이로(yaw rate gyro), 가속도계, 속도계, 마하계, 고도계, 방위계 및 VOR/ILS 수신기 등 다양한 종류의 센서를 사용하고, 균형 선회(coordinate turn)와 더치롤(dutch roll) 방지를 목적으로 한 요 댐퍼 컴퓨터(yaw damper computer), 에일러론(aileron) 및 승강키(elevator)의 서보 메커니즘을 동작시키는 자동비행장치 컴퓨터(autopilot computer)와 각종 지시 명령을 표시하는 수평위치 지시기(HSI; Horizontal Situation Indicator)나 자세 지시기(ADI; Attitude Director Indicator) 그리고 조종사가 자동비행장치 컴퓨터에 동작 명령(engage)이나 수동회귀 명령(disengage) 등을 입력할 수 있는 플라이트 컨트롤러(flight controller) 등으로 구성되어 있다. 이런 장비들을 기준으로 하여 기종별로 다양한 시스템을 구축하고 있으나 날개를 수평이 되게 조절하는 롤, 피치 자세 유지 모드나 자세 제어 모드 및 기수를 바꾸거나 고도를 유지하는 기수 방위 설정 모드, 고도 및 속도 유지 모드 그리고 VOR이나 ILS를 이용한 전파에 의한 방위 유도나 착륙 유도 모드 등을 기본 기능으로 하고 있다.

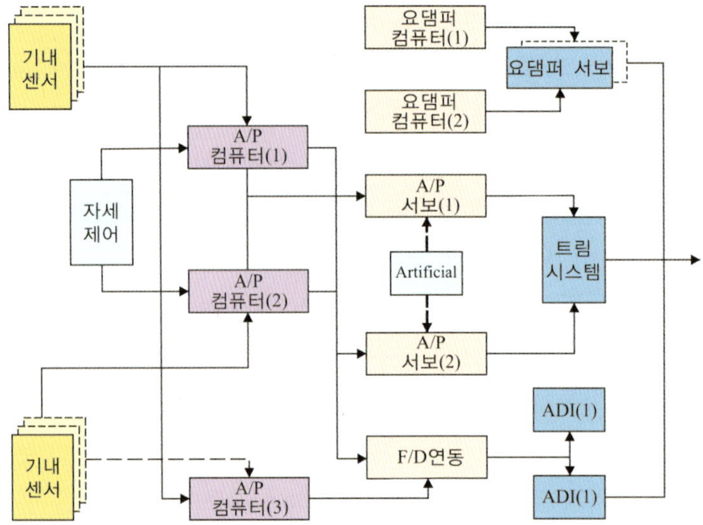

그림 12.35 대형기의 자동조종장치 구성

대형기의 경우에는 주요 센서들은 소형기와 유사하나 신뢰도 및 안전성 향상을 목적으로 중복 장착하거나, 그 외 더욱 정밀하고 다양한 또 다른 센서들이 추가 장착되어 있다. 이로써 피치 모드(pitch mode)의 VNAV(vertical navigation) 기능이나 롤 모드(roll mode)의 INAV(lateral navigation) 기능 그리고 요 모드(yaw mode)의 항공기 기수 방위(heading)와 활주로 방위 간에 이루는 각을 의미하는 크랩 각(crab angle) 조절 기능 등 보다 복잡한 기능들의 신뢰도를 높이고 있으며, 이러한 기능들이 종합적으로 작용되는 각종 균형 유지 기능(trim)도 보다 정교하게 구현될 수 있다. 제어 채널은 대부분 둘 이상의 독립된 채널을 가지고 있으며, 롤(roll), 피치(pitch) 컴퓨터가 플라이트 다이렉터(FD; Flight Director) 컴퓨터를 겸하고 있고, 기종에 따라 또 다른 독립적인 채널이 FD 컴퓨터와 연결되어 있어 신뢰도를 높이기도 한다. B747-400, B767과 같은 대형 기종의 경우 미리 설정된 항공기의 자세를 유지하기 위하여 자세 지시계(ADI; Attitude Director Indicator)를 통하여 조종사에게 조종 명령(command)을 제공하는 FD 기능 명령과 함께 직접 자동으로 비행을 제어하는 AP 기능을 하나의 시스템으로 묶어 AFCS의 일종인 AFDS(Automatic Flight Director System)로 지칭하기도 한다.

2) 요 댐퍼 시스템(Yaw Damper System)

돌풍 등으로 항공기에 롤링(rolling)이 발생하게 되면 횡활(side slip)을 하게 되고 이렇게 발생된 진동은 빨리 멈추지 못하고 'S'자 모양으로 운동을 하게 되는 더치롤(dutch roll)이 발생하게 된다. 이는 감쇠량이 적어 한 번 그 운동이 일어나면 오랫동안 진동을 계속하게 되고, 이 진동은 승객의 탑승감에 큰 영향을 미치므로 더치롤의 과도응답 특성을 개선하여 빨리 더치롤 운동을 감쇠시켜야 한다. 이러한 목적으로 각속도에 따라 운동 방향과 반대의 모멘트를 발생해야 하므로 항공기의 요 운동 각속도를 각속도 자이로로 검출하여 이를 증폭하고 러더 서보 장치에 보낸 후 이 신호를 이용하여 진동을 억제하는 방향으로 러더(rudder)를 움직여 조절한다. 이는 러더를 고정하고 비행할 때에 비해 현저하게 빨리 더치롤을 없앤다. 이러한 역할을 수행하는 자동조종장치를 요 댐퍼 시스템이라고 한다.

3) 마하 트림 보상장치(MTC; Mach Trim Compensator)

항공기의 공력 중심은 일반적으로 날개 시위(wing chord)의 1/4 위치에 있지만 천음속으로 비행하면 공력 중심의 위치가 뒤로 이동하며 초음속에서는 날개 시위의 1/2인 위치가 된다. 따라서 천음속이나 초음속에서 아음속으로 비행하면 갑자기 기수를 숙이는 피칭 모멘트가 발생하여 항공기 자세가 달라지며 그런 상태가 지속되게 된다. 이를 자동으로 막아주는 자동조종장치가 마하 트림 보상장치이다. 이 시스템은 피토 튜브(pitot tube)에서 입력을 받아 마하수(Mach number)를 계산하고, 미리 컴퓨터에 저장시킨 각 마하수에 대응되는 보정 값을 증폭기를 통하여 승강기(elevator)로 보낸다. 승강기 위치 센서에서는 현 상태의 변위를 검출하고 되먹임된 보정량을 반영하여 변화된 마하수에 따른 트림 변화를 보상한다.

4) 자동 출력 장치(Auto Throttle System)

운항 중인 항공기의 속도를 유지하는 일은 복잡하고 지속적으로 조절해야 하는 작업이고, 특히 착륙 시의 속도 제어 기능은 상당히 중요한 기능에 속한다. 이에 지정한 대기 속도에 따라 자동으로 엔진의 스로틀을 조절하고 그 결과값을 다시 속도계에 표시하는 일종의 속도 조절 기능을 담당하는 시스템이 자동 출력 장치이다. 이는 전파고도계와 연동시켜 자동 착륙 시스템에 적용하기도 하는데 지정 고도에 이르게 되면 자동으로 항공기 속도를 감속시키는 역할을 담당하기도 한다.

5) 운항 관리 시스템(Flight Management System)

운항 관리 시스템은 항공기 시스템으로부터 비행에 관련된 각종 데이터(위치, 속도, 자세, 방위, 바람성분, 중량 및 연료량과 사전에 입력시킨 비행계획 등)를 제공받아 항공기 자동조종장치 및 자동출력장치에 유도명령(guidance command)을 제공해주며, 비행계획(flight plan) 상에 정해진 대로 항공기를 제어하는 역할을 한다. 조종사의 각종 입력과 비행 지원, 항법 지원 시스템의 다양한 정보를 기초로 조종계통과 엔진계통의 자동제어에 필요한 최적 정보를 산출, 제공하는 역할을 한다. FMS에서 가장 핵심 기능을 수행하는 FMC는 운항관리, 비행 및 추력 제어에 요구되는 각종 데이터의 연산을 수행하게 되는데

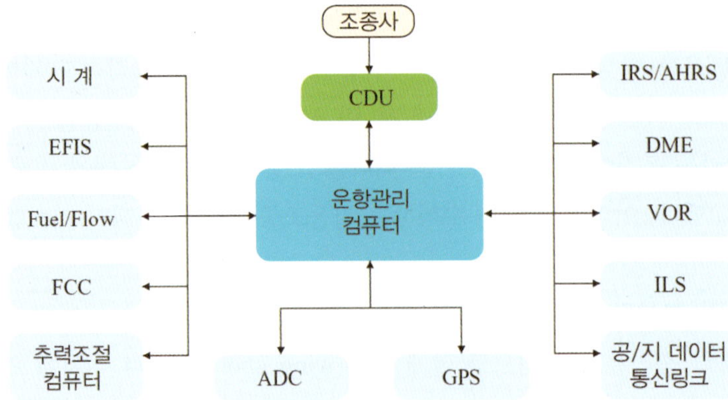

그림 12.36 FMS 시스템의 구성

이때 연산되는 데이터는 지상 항법시설로부터 전송받은 각종 항법 자료(지상국 위치, 방위, 각종 통신 정보 등)들과 자체적으로 획득된 대기자료(air data) 및 IRU 데이터, 항공회사의 운항 정보, 항로 정보 그리고 기체 및 엔진의 성능 데이터 등 다양하고 방대한 자료를 바탕으로 연산된다. 이를 이용하여 출발지 공항에서 목적지 공항 활주로까지 계획된 비행경로 및 지정한 경로점(waypoints)을 경유, 비행할 수 있도록 하는 비행 계획(flight planing)을 수립하거나 항법 계기(ND)와 MCDU상에 항공기 위치를 계산하고 위치정보를 지시하는 등 조종사가 사전에 입력한 비행계획에 따라 각종 항행이나 비행계획에 필요한 데이터를 처리한다.

운항관리의 중요성이 부각되면서, 운항 중 대기조건에 따라 미세하게 변동하는 항공기의 운항 속도까지 자동으로 컴퓨터가 연산하고 조절하여 가장 연료 효율이 좋은 최적 경제속도와 고도를 산출하여 제공하거나 조종장치에 유도 명령을 제공하는 성능 관리 시스템(PMS; Performance Management System)으로 발전하게 되었다. 또한 B777의 경우는 각종 항공기 시스템의 관리, 감시 기능(airplane condition monitoring)과 데이터 프로토콜 변환기능(data conversion gateway), 집중화된 정비 이력(central maintenance) 등 더욱 다

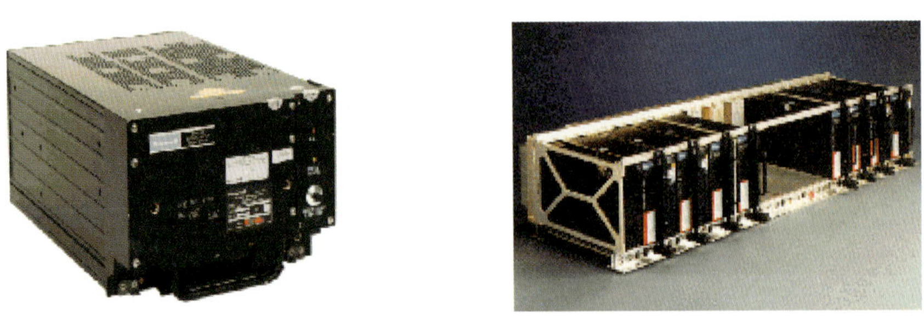

FMC(Flight Management Computer) AIMS(Airplane Information Monitoring System)

그림 12.37 B747-400용 FMC와 B777 AIMS 구조

양하고 폭넓은 기능이 내장되어 있고, 시스템 구조도 확장성이 좋은 구조로 설계되어 여러 시스템의 기능이 하나로 통합되어 다양한 시너지 효과를 볼 수 있는 장비인 비행 정보 관리 시스템(AIMS; Airplane Information Monitoring System)으로 확대 발전하였다.

12.4.4 비행 기록 장치

항공기 사고의 대부분이 운항 중에 발생되기 때문에 사고 원인에 대한 규명이 어려운 특징이 있다. 즉, 사고 발생의 원인이 추락과 동시에 파괴되어 거의 사라지는 경우가 많아 사고 원인 조사가 어려운 것이 일반적이다. 따라서 각종 운항 데이터를 기록, 저장하여 사고 시에 원인을 규명하는 데 기여하고, 또한 운항 시의 각종 정보를 따로 기록하여 비행 완료 후 점검, 분석하여 표준 운항 체계나 경제적인 운항관리 및 각종 시스템의 분석 자료로 활용할 목적으로 기체 내에 운항 기록 장치를 갖추고 있다.

1) 비행기록장치(FDR; Flight Data Recorder)

항공 초기 단계에는 역사적인 기록을 수록하기 위하여 주로 거리, 비행시간, 대기압력 등을 기록하던 방식과 자기 기압계를 이용하여 고도 변화를 기록하고 1930년대에 이르러 엔진의 회전수(RPM)를 기록하던 원시적인 기록 장치를 제외하면, 비행기록 장치는 1950년대 B707, DC-8과 같은 제트(Jet) 항공기가 등장하면서 발전하다가 엔진 추력 12,500파운드, 그리고 25,000피트 이상을 비행하는 민간 항공기는 미연방 항공청(FAA)에 의해 1958년 7월부터 FDR 장착이 의무화되면서 급속히 발전하게 된다. 초기의 비행자료기록장치(FDR)는 많은 기술적인 어려움으로 인하여 수록된 데이터의 신뢰도에 많은 문제가 있었다. 처음에는 특수 코팅 처리된 와이어(wire)를 사용하여 자장을 이용한 마그네틱(magnetic) 방식으로 기록하다가 금속 판막(metallic foil)에 자취(tracing)를 기록하는 방식을 사용하다가 그 후 마그네틱 테이프(magnetic tape)로 기록하고 외부를 강판(stainless steel)이나 강화 티타늄으로 감싸, 충격에서 보호하기 시작하였다. 이러한 1, 2세대의 기록

DFDR

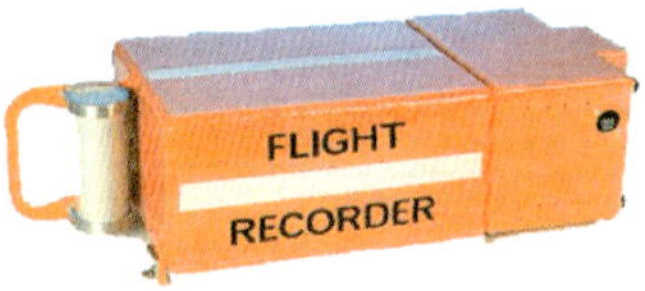

CVFDR

그림 12.38 FDR 외형 및 구조

표 12.6 FDR 기록 주요 파라미터

번호	PARAMETER	번호	PARAMETER
1	Time	16	Longitudinal Acceleration
2	Altitude	17	Control Column Position
3	Vertical Acceleration	18	Lateral Acceleration
4	Pitch Attitude	19	Control Wheel Position
5	Airspeed	20	Pitch Trim Position
6	Roll Attitude	21	Glideslope Deviation (above/below approach)
7	heading	22	Autoflight control system mode
8	Time for Each Ratio Transmission	23	Localizer Deviation (left/right of approach)
9	Thrust (Each Engine)	24	Radio Altitude
10	Trailing Edge Flap Position	25	Master Warning
11	Leading Edge Slat Position	26	Main Gear Squat Switch Status
12	Thrust Reverser Position	27	Angle of Attack
13	Speedbrake Position	28	Outside Air Temperature
14	Marker Beacon Passage (on approach slope)	29	Hydraulic System Low Pressure
15	Autopilot Engagement	30	Ground speed

방식에서 현재는 반도체 기억 소자(solid state)로 발전하면서 700여 개가 넘는 비행 파라미터를 수록할 수 있게 되었고, 이와 동시에 데이터의 신뢰도 향상되게 되었다.

법적으로 기록하여야 하는 파라미터의 수는 당해 항공기의 등록국 및 항공기의 크기, 형식 등에 따라 다르나, 일반적으로 표 12.6과 같은 것들이 포함된다. 이 데이터들은 사고조사에 필요한 많은 정보를 제공해주기 때문에 항적을 재연하기도 하고 비행 중에 항공기에 작용했던 양력, 추력 등 각종 기본적인 조건 및 시스템 상태에 대한 기록이 남게 되므로 당시 상황에 대한 재연이 가능하게 된다.

한편, FDR은 비행 중에는 정지되지 않고 계속 기록되어야 하고, 사고 시 손상될 확률이 낮고, 추락 등 외부 충격에도 저장된 데이터가 파괴되지 않도록 기체 후방에 장착하는 것이 일반적이며 약 25시간 정도의 비행 자료를 기록하고, 1,100°C의 열에서도 30분간(260°C에서 10시간), 최대 충격 3,400G에서도 견딜 수 있도록 구성되어 있다. 그리고 항공기가 해저로 추락한 경우라도 위치를 탐지할 수 있도록 37.5KHz 정도의 저주파로, 수면으로부터 수신이 가능한 거리가 약 6km(20,000피트)에 이르는 수중위치표시장치(ULD; Under water Locating Device)가 내장되어 있어 해저 속과 같은 열악한 조건에서도 탐지할 수 있도록 구성되어 있고, 외관은 쉽게 눈에 띄어 회수될 수 있도록 오렌지색 또는 황색으로 표시한다.

2) 조종실음성기록장치(CVR; Cockpit Voice Recorder)

항공기 운항 중에 발생된 각종 음성 정보를 이용하여 사고에 대한 원인을 규명하고 분석하기 위하여 조종실에서의 승무원 간의 대화나 관제 기관과의 교신내용, 헤드셋이나 스피커를 통해 전해지는 항행 및 관제 시설 식별 신호음, 각종 항공기 시스템의 경고음 등을 최종 30분간 녹음, 저장하는 장치로서 일반적으로 조종실 내에 대개 네 개의 마이크가 설치되어 조종사 등의 헤드셋을 통한 각종 대화 및 교신 음과 조종장치 작동, 화재 등 각종 경보음, 착륙장치 및 각종 스위치 작동 음이나 엔진음 등 조종실 내의 모든 소리를 녹음한다. 음성 기록 장치는 사고 이후 무의미한 소리가 기록되어 정작 중요한 정보들에 덮어씌우는 문제를 방지하기 위하여 사고 시 기록이 멈출 수 있도록 항공기 주 엔진(main engine)에서 구동되는 발전기로부터 전원을 공급받게 되어 있다.

3) 신속 접속용 운항 기록 장치(QAR; Quick Access Recorder)

DFDR(Digital FDR)과 거의 유사한 시기에 도입되어 유사한 기능을 하지만, 이름에서도 알 수 있듯이 QAR은 신속하게 접속할 수 있고, 쉽게 저장된 데이터를 다운로드하는 것이 가능하다. FDR과 달리 합법적인 기록장치가 아니기 때문에 꼭 충격 및 화염으로부터 보호되는 엄격한 규정을 만족하도록 설계되지는 않으며, FDR에 비해 훨씬 많은 파라미터를 더 빠른 속도로 저장이 가능하며, 저장할 수 있는 비행시간도 훨씬 더 길다. 이는 항공기 사고 후의 사고 조사 및 원인 규명이 목적인 FDR과 달리 주로 운항 후 항공기의 상태를 관찰하여 문제를 미연에 방지하여, 향후 발생할 수 있는 사고를 방지하는 예방 차원의 성격이 크다. 이는 항공기의 결함은 갑자기 발생하는 것이 아니라 일정 시간을 가지고 진전되거나 작은 결함이 향후 크게 전파(error propagation)되는 경향이 있기 때문에 항공기의 상태(health)에 대한 정기적인 관찰과 분석이 안전 운항에는 더욱 필요하기 때문이다. 현재 대다수의 민간 항공사들은 비행 안전 보장 프로그램(FOQA; Flight Operation Quality Assurance)의 중요한 도구로서 QAR을 이용하고 있고, 이 QAR 데이터를 지상에서 분석 활용하는 항공기 기체 상태 분석 시스템(APMS; Airplane Performance Monitoring

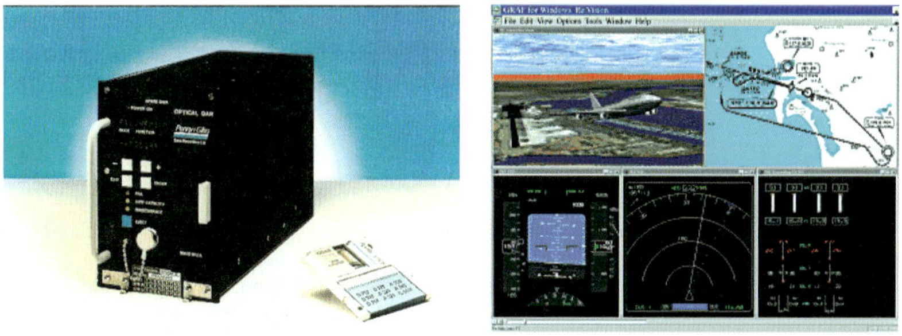

그림 12.39 QAR 외형 및 분석 시현 장비

System)이나 엔진 상태 분석 시스템(EPMS, Engine Performance Monitoring System) 등의 각종 상태 분석(health monitoring) 시스템에도 활용되고 있어 그 용도는 점차 더욱 확대되고 있다.

4) 비행 영상 데이터 기록장치(FVDR; Flight Video Data Recorder)

항공기 사고의 여러 가지 원인 중 인적 요소(human factor)는 가장 주요한 요인으로 차지하고 있다. 이로 인하여 승무원의 운항 중 적정 동작 및 행위를 분석해 보면 보다 합리적인 운항을 가능하게 하고 이를 통하여 인적 사고 예방 교육도 가능하게 된다. 이를 위하여 항공기 조종실뿐만 아니라 주요 부분 내, 외부에 카메라를 설치하고 이를 통한 영상 점검 및 기록을 하여 운항 후나 운항 중에도 많은 편리한 도움을 얻을 수 있도록 고안된 장치이다. 즉, 조종사의 운항 동작뿐만 아니라 기내 화재 등과 같은 상황 발생에 시각적으로 손상 여부를 점검할 수도 있고, 계기들이 정상임을 지시하고 있을 때 그에 맞는 상황이 실제로 발생되고 있는지 간단하게 시각적으로 확인할 수 있다. 또한, 착륙 시 FVDR을 통해 랜딩기어의 상태를 미리 확인할 수도 있고, 비행 전에 좌석을 이탈하지 않고 항공기의 최종 점검이나 지상 요원들의 접근 여부를 확인할 수도 있다. QAR과 유사하게 저장된 각종 영상 기록을 다운로드받아 각종 기능 이상, 결함 여부를 확인, 조치할 수 있도록 DFDR이나 QAR과 함께 활용하여 항공사고 위험 진단 및 사고예방에 활용한다.

그림 12.40 QAR, FVDR 데이터를 이용한 시현

CHAPTER 13

항공기 계기 및 서브시스템

현대의 대형 민간 항공기들은 수백만 개의 부품들로 구성되어 있다. 이러한 부품들을 주요 기능별, 시스템별로 그 기능과 특성을 이해함으로써 항공기가 고장이 발생하였을 때, 실제 항공기 운항에 미치는 영향 또는 그 고장으로 인한 출발의 가능 여부 및 비행의 계속 또는 회항을 판단할 수 있다. 미국 연방항공청(FAA)의 JASC(Joint Aircraft System/Component)에서는 항공기의 엔진을 제외한 주요 서브시스템을 모두 27개로 분류하고 있으나 본 장에서는 중요하면서도 다른 장에서 다루지 않는 **계기**(instruments), **에어컨디셔닝**(air conditioning), **전력**(electrical power), **화재방지**(fire protection), **연료**(fuel), **유압**(hydraulic power), **방빙 및 방수**(ice and rain protection), **공압**(pneumatic) 시스템에 대하여 알아본다.

13.1 계기 시스템

13.1.1 개요

항공기 계기는 인체의 감각기관이나 신경계통과 같이 조종사(인체의 두뇌)에게 항공기의 자세, 위치, 진로 등의 상태를 정확하고 신속하게 알려주어 안전한 비행을 할 수 있게 한다.

항공기의 각종 시스템의 발달과 동시에 그 시스템을 모니터하고 조작하기 위한 계기도 많이 발달해왔다. 초창기에는 기계식의 기본적인 아날로그 계기가 장착되었던 것이 항공기 제작기술의 발달에 따라 각종 시스템은 점차 복잡하게 되어 계기의 수는 증가하게 되고 표시방법도 점점 복잡하게 되었다. 따라서 많은 수의 계기를 통합하여 표시하는 방법이 연구되었으나 기계식의 계기를 통합하는 데에는 한계가 있었다. 그러나 디지털 및 컴퓨터 기술, 액정화면 등의 기술이 발달함에 따라 최근의 항공기는 적은 수의 계기로 많은 정보를 알기 쉽게 통합하여 표시하는 계기들이 탑재되었기 때문에 조종사는 모드를 변경시켜가면서 필요한 많은 정보를 획득할 수 있다.

항공기용의 계기는 안전에 대한 요구가 특히 엄격하기 때문에 다른 교통수단과는 다른 여러 가지 특징이 요구된다. 항공기의 경우는 고고도에서의 장시간 비행을 해야 하는 환경이기 때문에 심한 온도변화, 낮은 기압, 수시로 변하는 비행자세 및 가속도, 진동 등의 가혹한 환경에서도 각각의 계기에 대한 오차가 없고 신뢰성이 높아야 한다. 어떠한 환경조건에서도 절대적인 신뢰성이 유지되어야 하기 때문에 항공기의 계기는 다음과 같은 특성이 요구된다.

① 극심한 온도의 변화에도 오차가 적어야 한다.

② 기압의 차이로 인하여 오차 및 습기에 의한 오차를 방지하기 위해 밀봉되어 있어야 한다.

③ 진동 등 마찰에 의한 오차를 줄이기 위해 충격흡수장치 등으로 보호되어야 한다.

④ 항공기의 유상 탑재중량을 높여 경제성을 확보하기 위해 가능하면 중량이 가벼워야 한다.

⑤ 장시간 비행을 하는 항공기의 특성상 내구성이 있어야 한다.

⑥ 고속 비행 중에도 그 계기의 정보를 조종사가 인식하기 쉬워야 한다. 조종사가 고장의 판단이 쉽도록 적·황·록 색상 등으로 구분하여 표시하거나 빛이 반사되어 조종사의 시야를 방해하지 않아야 하고 자기의 영향 등을 받지 않도록 하여야 한다.

⑦ 항공기 시스템이 복잡해지면서 안전운항을 위해 필수적인 계기의 종류도 증가하는 경향이다. 그러나 계기가 차지하는 공간은 한계가 있으므로 가능하면 크기가 작아야 한다. 일반적으로 계기 표시 부분의 소형화는 가능하지만 계기의 종류에 따라 어느 정도 이상의 소형화는 불가능한 경우도 있다. 그래서 동일한 표시화면에 다양한 기능을 통합한 계기가 등장하게 되었고, 컴퓨터 및 디지털 기술의 발전과 함께 많은 표시와 기능을 통합한 조종석이 등장하였는데 이를 **유리조종석**(glass cockpit)이라 한다.

13.1.2 계기의 종류

계기는 항공기의 종류와 크기 및 용도에 따라 많은 차이가 있지만 주로 비행하는 항공기의 자세, 속도, 고도 등을 지시하고 항공기를 조종하는데 필요한 기본적인 계기인 비행계기, 엔진의 상태나 관련 정보를 표시하는 계기, 항법을 위한 계기, 기타 계기로 나눌 수 있다.

(1) 비행계기(Flight Instruments)

비행을 위해 반드시 필요한 가장 기본적인 정보를 표시하는 계기로서 고도계, 대기 속도계, 승강계, 경사선회계, 자세지시계, 나침반 등이 있다.

① 고도계(altimeter)

항공기의 고도를 지시하는 계기로서 ft 또는 m 단위로 표시되어 있다.

항공기 주위의 기압을 측정하여 지표면의 특정 기준면으로부터의 고도를 나타내는 계기다. 기압을 고도로 환산한 계기이기 때문에 **기압고도계**(pressure altimeter)라고도 한다. 빠른 속도로 비행하는 항공기의 고도를 정확하게 측정하는 것은 불가능하기 때문에 주위의 기압을 측정하여 이론적 대기인 **국제표준대기표**에 따라 고도로 환산하는 방식으로 고도를 측정한다. 국제표준대기상의 평균해수면의 기압인 1,013.25hPa을 고도계의 기준으로 고도를 측정하는 방식을 **QNE 고도계 수정**이라고 하고, **전이고도**(transition altitude) 이하에서는 그 지역의 최신 기압값으로 고도계를 수정하여 고도를 측정하는데 이 방식을 **QNH 고도계 수정**이라고 한다. 해당 지역의 최신 QNH 고도계 수정용 기압 값은 가까운 항공교통관제기관에서 입수할 수 있다.

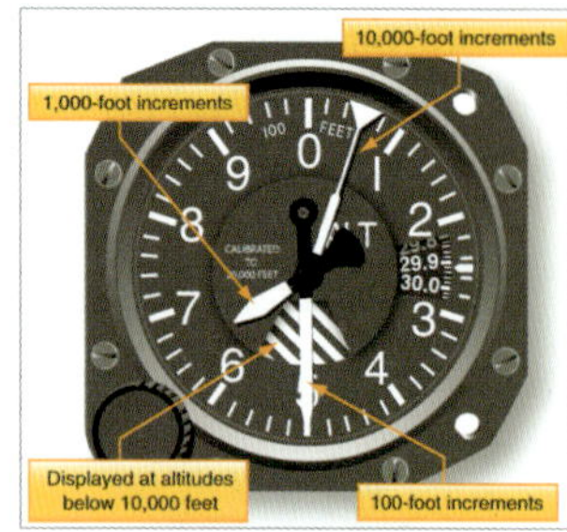

그림 13.1 고도계

② **대기속도계**(air speed indicator) **및 마하계**(Mach meter)

항공기 주위의 공기에 대한 항공기의 상대속도를 측정하는 계기로서 단위는 주로 노트(kt)를 사용한다. 원리는 **피토관**(pitot probe)을 이용하여 측정한 **전압**(total pressure)과 **정압공**(static port)으로 측정한 **정압**(static pressure)의 차이로 구한다.

고고도에서는 기온이 저하하기 때문에 음속도 고고도로 갈수록 느려진다. 고고도를 비행하는 항공기는 음속에 가까운 속도로 비행하면 공기의 흐름이 기체의 일부에서는 음속 이상의 속도가 되어 충격파가 발생할 위험이 있다. 그러므로 항공기 주위의 음속에 대하여 어느 정도의 속도인가를 알기 위한 **마하계**(Mach meter)를 별도로 장착하고 있다.

그림 13.2 보잉747-400 피토관

그림 13.3 속도계

그림 13.4 마하계

③ **승강계**(vertical speed indicator)

항공기의 순간적인 상승 또는 하강율을 조종사에게 알려주는 계기로서 단위는 주로 분당 ft(FPM, ft/min)를 사용한다.

선회비행 중에 수평비행의 유무를 확인하는데 자주 사용되며 이륙 또는 착륙 시 정상적으로 상승 또는 하강 중인지를 확인하는 중요한 계기다.

④ **경사 선회계**(turn and bank indicator)

비행의 선회율 및 경사각을 지시하는 계기다.

그림 13.5 승강계

그림 13.6 경사 선회계

⑤ **자세지시계**(attitude indicator)

항공기의 수평자세를 측정하여 나타내는 계기로서 조종사가 수평선을 감지할 수 없는 경우 이 계기로 양쪽 날개의 수평과 앞뒤의 수평을 확인할 수 있다.

따라서 항공기 외부를 확인할 수 없는 야간이나 안개나 구름 등으로 시정이 나쁜 계기비행 기상상태에서는 아주 중요한 계기다. 항공기 자신을 표시하는 마크를 기준으로 위쪽을 하늘의 색, 아래쪽을 지면의 색과 유사하게 표시하여 쉽게 항공기의 자세를 확인할 수 있도록 한 계기다.

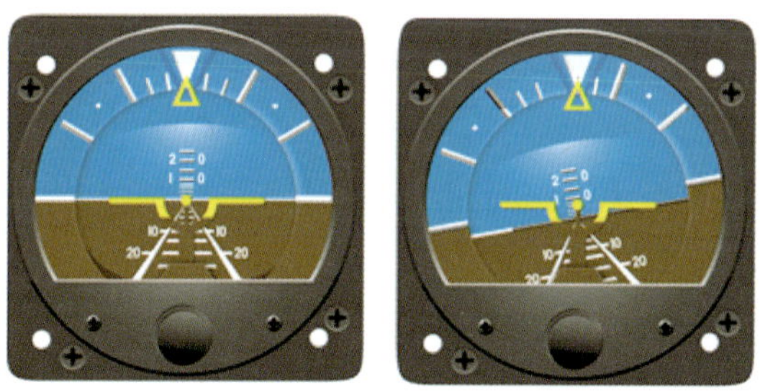

그림 13.7 자세지시계(왼쪽은 수평비행, 오른쪽은 우선회하면서 상승비행)

⑥ **나침반**(magnetic compass)

항공기의 기수방향을 **자북**(magnetic north)을 기준으로 방위로 표시해주는 계기다.

지구자기를 기준으로 하므로 안정한 상태로 수평으로 비행할 때는 신뢰성이 높지만 지구자장이 경사져 있기 때문에 상승, 하강 또는 가속비행 중에는 방위의 오차가 발생할 수 있다. 자북(magnetic north)을 기준으로 방위를 표시한 계기이므로 항법의 용도로 **진북**(true north)을 기준으로 한 방위가 필요한 경우에는 각 지역의 **자기 편차**(magnetic variation)를 이용하여 수정하여야 한다. 자기방위계는 그림과 같이 각각의 계기가 차지하는 공간을 줄이기 위하여 **초단파 전방향 표지시설**

그림 13.8
전파자기방위계(RMI)

(VOR; VHF Omni-directional Range)을 지시하는 큰 화살표와 **자동 방향탐지기**(ADF; Automatic Direction Finder)가 지시하는 가는 화살표로 하나의 계기에 통합되어 표시된다.

(2) 엔진계기(Engine Instruments)

항공기에 장착된 엔진의 작동상태나 정보를 나타내는 계기로서 엔진에 따라 그 종류가 다양하고, 제트 엔진과 왕복 엔진에 따라 계기의 이름과 지시부가 다른 계기들도 있다.

① 엔진압력비계(EPR; Engine Pressure Ratio indicator)
엔진으로 빨려 들어가는 공기의 압력에 대한 엔진에서 연소 후 배출되는 공기의 압력과의 비율을 표시하는 계기로서 엔진의 출력을 알 수 있는 중요한 계기다.

② 엔진회전계(Engine Speed Indicator)
엔진의 회전수를 표시하는 계기로서 최대 출력일 때의 회전수에 대한 비율로 표시하므로 **%RPM**(%Revolutions Per Minute)이라고 한다. 터보팬엔진의 경우 1차 공기에 의한 **저압터빈의 회전수**(N_1)와 2차 공기에 의한 **고압터빈의 회전수**(N_2)를 각각 표시한다.

③ 배기가스 온도계(EGT; Exhaust Gas Temperature indicator)
엔진에서 연소 후 배출되는 공기의 온도를 표시하는 계기로서 엔진의 연소상태를 알 수 있게 해준다.

④ 연료소모량계(FF; Fuel Flow indicator)

⑤ 연료량계(Fuel Quantity indicator)

⑥ 연료온도계(Fuel Temperature indicator)

⑦ 연료압력계(Fuel Press indicator)

⑧ 윤활유량계(Oil Quantity indicator)

⑨ 윤활유온도계(Oil Temperature indicator)

⑩ 윤활유압력계(Oil Pressure indicator)

⑪ 엔진진동계(Engine Vibration indicator)

(3) 항법계기(Navigation Instruments)

비행계획에 따라 정해진 항로로 항공기를 조종하는 조종사에게 현재의 항공기 위치, 방향 및 필요한 정보를 계속적으로 제공하는 것이 항법계기이고, 그 종류는 다음과 같이 분류할 수 있다. 일부의 항법계기는 비행계기로 분류하기도 한다.

① 나침반(magnetic compass)

② 자세지시계(HSI; Horizontal Situation Indicator)

③ 자동 방향탐지기(ADF; Automatic Directional Finder)
④ 초단파 전방향표시기(VOR; VHF Omni-directional Range)
⑤ 계기착륙장치(Instrument Landing System)
⑥ 거리측정장치(DME; Distance Measuring Equipment)
⑦ 전파고도계(Radio Altimeter)
⑧ 전술항행표시기(TACAN; Tactical Air Navigation)
⑨ 관성항법장치(INS; Inertial Navigation System) 또는 관성 기준 장치(IRS; Inertial Reference System)
⑩ 위성항법장치(GPS; Global Positioning System)
⑪ 기상레이다(weather radar)

(4) 기타 계기

앞에서 언급한 비행계기, 엔진계기, 항법계기로 분류되지 않는 다른 계기들을 편의상 기타계기로 분류한다. 이는 항공기가 대형화되면서 필연적으로 추가되어 각종 시스템의 작동상태 등을 표시하는 계기들로서 다음과 같은 것들이 있다.

① 객실의 냉·난방 온도계기 및 객실의 압력고도 등을 표시하는 에어컨디셔닝 시스템의 계기
② 전압, 전류, 과부하 및 발전기 상태 등을 표시하는 전기시스템의 계기
③ 유압 시스템의 작동유의 양, 압력 및 온도를 표시하는 계기
④ 착륙장치의 위치, 타이어의 압력 및 온도를 표시하는 계기
⑤ 공압 시스템의 압력 및 온도를 표시하는 계기
⑥ 물의 양 및 압력을 표시하는 계기
⑦ 보조동력장치(APU)의 엔진상태를 표시하는 계기
⑧ 출입문의 위치 및 잠금 상태 등을 표시하는 계기

13.1.3 현대식 조종석의 계기

항공기의 계기는 과거의 기계식 아날로그 계기에서 점차 전자식의 디지털 계기로 진화 발전하고 있다. 기계식의 아날로그 계기는 하나의 정보는 하나의 계기에 표시할 수밖에 없으므로 대형항공기의 조종석에는 수백 개의 계기가 있었다. 그러나 전자식 디지털 계기는 여러 가지의 정보를 하나의 계기에 통합하여 표시할 수 있기 때문에 현대의 항공기는 비행에 필요한 정보는 늘어났으나 계기의 수는 오히려 줄어들어 조종석의 환경은 넓고 쾌적하게 변화되고 있다. 이러한 최신 대형 항공기 계기의 특징을 본 절에서 별도로 설명한다.

그림 13.9 보잉 747-200 (© www.boeing.com)

그림 13.10 보잉 747-400 (© www.boeing.com)

그림 13.9는 보잉 747-200 항공기의 아날로그식 계기가 배치되어 있는 조종석이고, 그림 13.10은 보잉 747-400 항공기의 디지털식 계기가 배치되어 있는 조종석이다.

위의 보잉 747-400 항공기와 같이 전자식의 디지털계기가 장착된 항공기의 조종석을 **유리조종석**(glass cockpit)이라고 하는데 기계식의 아날로그계기가 장착된 조종석에 비하여 대부분의 정보를 전자식의 디지털정보로 통합한 **음극선관**(CRT; Cathode Ray Tube)에 표시한 조종석이라는 뜻이다.

최초의 유리조종석은 1981년에 시험비행에 성공하고 1982년에 미국 연방항공청으로부터 승인받은 보잉 767 항공기에 장착된 컬러 음극선관(CRT)의 계기이고, 1995년에는 보잉 777 항공기에 **액정표시장치**(LCD; Liquid Crystal Display)의 계기가 최초로 장착되었다. 이어 2011년에 상업운송을 시작한 보잉 787 항공기에는 최초로 **발광다이오드**(LED; Light Emitting Diode)의 계기가 장착되었다.

2019년에는 항공기에 장착할 수 있는 터치식 계기판이 실용화되었기 때문에 앞으로는 계기판을 직접 조종사의 손가락으로 조작할 수 있는 계기로 바뀔 것이다. 그림 13.11은 미국 보잉사의 보잉 737항공기의 조종석에 배치되어 있는 계기다.

그림 13.11 보잉 737 NG 조종석 (© www.boeing.com)

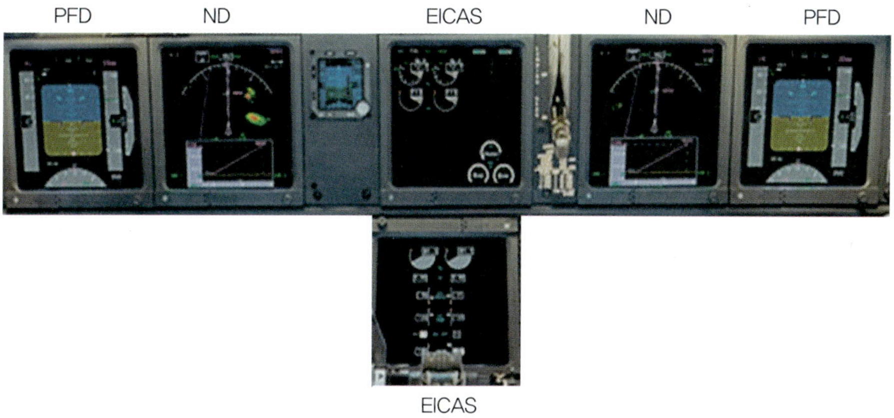

그림 13.12 보잉 737 NG T형 계기배치

전자식의 디지털 계기를 **전자비행정보시스템**(EFIS; Electronic Flight Information System)이라 하며, 보잉사뿐만 아니라 에어버스사도 동일한 형태의 T자형으로 배치하고 있다.

주 비행표시계기(PFD; Primary Flight Display)와 **항법표시계기**(ND; Navigation Display)를 기장석과 부기장석에 동일하게 배치하고 가운데는 주로 항공기의 엔진의 상태 및 전체 시스템과 관련된 정보가 표시되어 있다.

그림 13.12와 같이 보잉사는 엔진의 상태 및 각종 시스템의 이상 유무를 알려주는 **엔진 정보 및 조종사 경고시스템**(EICAS; Engine Indicating and Crew Alerting System)을 중앙에 배치하고 있는데, 위쪽을 **주엔진표시계기**(primary engine display), 아래쪽을 **부엔진표시계기**(secondary engine display)라고 한다.

그림 13.13은 에어버스사의 계기로서 중앙에 엔진 및 시스템의 상태를 표시하는 계기를

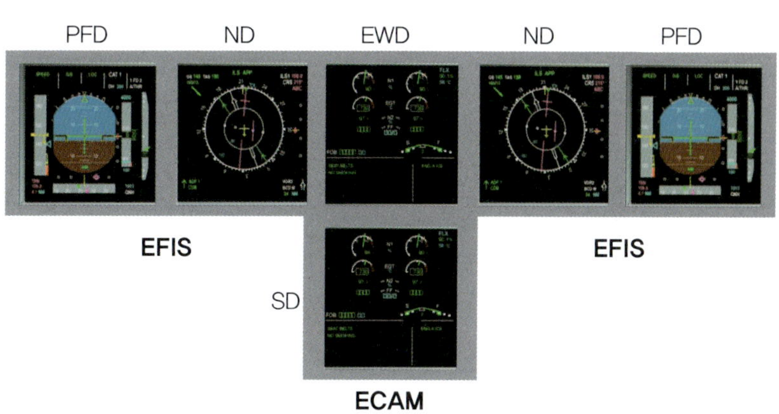

그림 13.13 에어버스 330 T형 계기배치

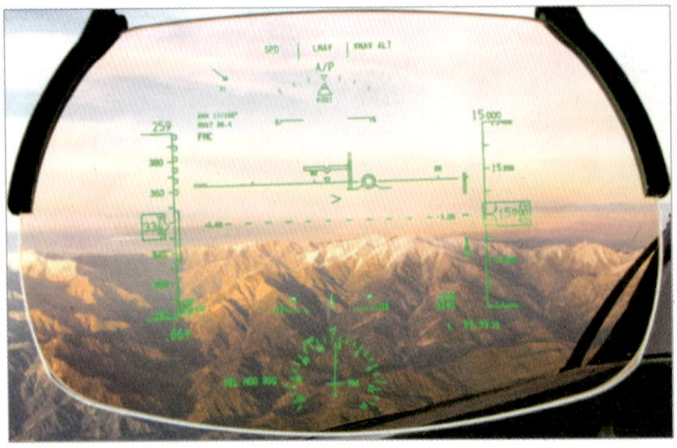

그림 13.14 보잉 787 HUD (© www.boeing.com)

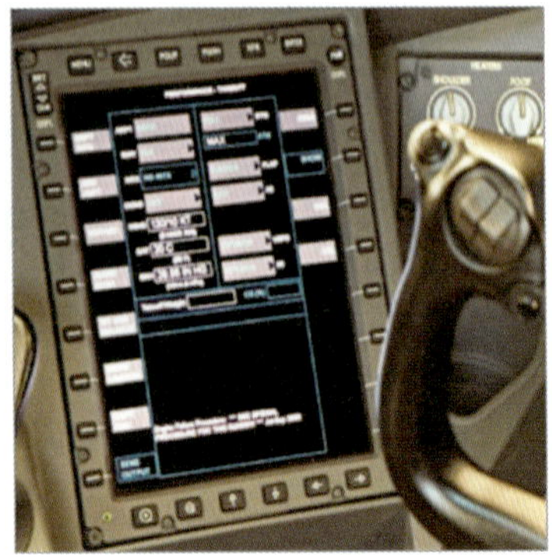

그림 13.15 보잉 787 EFB (© www.boeing.com)

배치하고, 위쪽은 주로 엔진의 상태를 표시하는 **엔진 및 경고계기**(EWD; Engine and Warning Display), 아래쪽은 기타의 시스템의 상태를 표시하는 **시스템계기**(SD; System Display)를 배치하고 있다. 이 엔진 및 경고계기와 시스템계기를 합쳐서 ECAM(Electronic Centralized Airplane Monitoring)이라고 하여 보잉사의 EICAS와 같은 기능을 한다.

최근의 경향은 이착륙 중에 조종사가 계기를 보기 위해 머리를 숙이지 않고도 전방을 주시하면서 계기를 볼 수 있도록 하기 위한 장치로 주요계기의 정보가 집약된 HUD(Head Up Display)와 각종 규정류나 공항지도 등을 전자화한 EFB(Electronic Flight Bag, 보잉사 항공기) 또는 OIS(Onboard Information System, 에어버스사 항공기)를 장착하는 항공기가 늘어나고 있다.

(1) 주 비행표시 계기(PFD; Primary Flight Display)

이 계기는 주로 조종을 행하는데 필수적인 통합계기다. 위쪽은 자동조종 또는 엔진추력의 작동 여부 등의 정보를 표시해주는 창(flight modes, flight director commands)이고, 왼쪽은 항공기의 목표속도, 제한속도 또는 현재속도 등 속도정보를 표시하는 창(airspeed)이며, 오른쪽은 항공기의 목표고도 또는 현재고도 등 고도를 표시하는 창(altitude)과 항공기의 자세가 상승 중인지 하강 중인지 또는 수직방향의 비행속도를 표시하는 창(vertical speed)이다. 가운데는 항공기를 중심으로 상승 또는 하강, 좌측 또는 우측으로 선회 중인지 등을 표시해주는 창(attitude)이고, 아래쪽은 항공기의 비행방향을 방위로 표시해주는 창(heading)이다. 기타 착륙에 필요한 정보, 전파고도 등도 표시해준다. 하나의 화면에 다음과 같은 자세한 정보가 표시된다.

① 희망대기속도(select speed)

② 계기착륙장치(ILS)국의 호출부호(ID), 코스, 거리(DME)

그림 13.16 보잉 737 NG PFD

③ 희망고도(select altitude)
④ 대지속도(ground speed)
⑤ 전파고도(radio altitude)
⑥ 진입활주로 방향표시(rizing runway)
⑦ 결심고도(decision altitude)
⑧ 고도계조정값(baro set)
⑨ 마커비컨(marker beacon)
⑩ 진입각지시(glide slope)
⑪ 로컬라이저(localizer)
⑫ 기수 상향 허용위치(pitch limit indication)
⑬ 비행방향지시기(flight director command bar)
⑭ 자동추력모드(auto throttle mode)
⑮ 자동조종모드(auto pilot/flight director roll and pitch mode)

(2) 항법 표시 계기(ND; Navigation Display)

이 계기는 주로 항법과 관련된 정보를 표시하는 통합계기다. 항공기의 **기수방향**(heading), **항적**(track), **진대기속도**(true airspeed)와 **대지속도**(ground speed), **풍향**(wind direction) 및 **풍속**(wind speed), **항로**(route), **기상레이다**(weather radar)의 정보, **공중충돌방지장치**(TCAS; Traffic Alert and Collision Avoidance System)의 정보, **지상접근경보장치**(GPWS; Ground Proximity Warning System)의 정보, VOR(VHF Omni-directional Range) 또는 ADF(Automatic Directional Finder), LOC(Localizer), GS(Glide Slope)의

정보 등이 표시된다.

이 계기는 화면의 축소와 확대는 물론이고 중심점의 이동 등을 포함하여 용도에 따라 일곱 가지의 모드(plan mode, expanded map mode, centered map mode, expanded VOR mode, centered VOR mode, expanded APP mode, centered APP mode)로 전환할 수 있다.

그림 13.17은 항법표시계기의 모드를 expanded map mode로 표시한 예로 중심에 있는 큰 삼각형 표시가 항공기 자신의 위치를 나타내고 항공기의 기수방향은 자북(magnetic north)을 기준으로 109도를 향하고 있고, 비행계획서상의 비행하려는 코스가 옅은 핑크색으로 표시되어 있다. 모드에 따라 하나의 화면에 다음과 같은 자세한 정보가 표시된다.

그림 13.17 보잉 737 NG

① 대지속도(GS; Ground Speed)/진대기속도(TAS; True Air Speed)

② 풍향/풍속(wind direction/speed)

③ 항공기 진행방향표시(track angle)

④ 무선국의 방향표시(bearing point)

⑤ 다음 경유지의 명칭, 도착예정시간, 거리(waypoint ID, time, distance)

⑥ 경유지와 비행방향 표시(waypoint/flight route)

⑦ 수직강하경로표시(vertical situation display)

⑧ 지상 항행안전시설(navigational aids)

(3) 엔진 표시 계기(Engine Display)

이 계기는 주로 엔진과 관련된 정보를 표시하거나 조종사에게 경보를 표시하는 통합계기로서 위쪽(primary engine display)과 아래쪽(secondary engine display)으로 나누어져 있다. 엔진의 가동상태를 알려주거나 색깔 또는 음성으로 경고해주는 계기의 명칭은 항공기 제작사나 기종에 따라 차이가 있으나 보잉사에서는 EICAS라고 하고, 에어버스사에서는

ECAM이라고 한다. 보잉 737NG의 위쪽 EICAS에 표시되는 정보는 다음과 같다.

① 외기온도(total air temperature)
② 엔진 회전속도(N_1 %RPM)
③ 배출가스온도(exhaust gas temperature)
④ 시간당 연료소모량(fuel flow)
⑤ 엔진 상태표시(engine annunciators)
⑥ 항공기 상태표시(general annunciators)
⑦ 연료탱크별 연료량(fuel quantity per tank)
⑧ 총 연료탑재량(total fuel quantity)

보잉 737NG의 아래쪽 EICAS에 표시되는 정보는 다음과 같다.

① 엔진 회전속도(N_2 %RPM)
② 시간당 연료소모량(fuel flow)
③ 오일 압력(oil press)
④ 오일 온도(oil temperature)
⑤ 오일 잔량(remaining oil quantity)
⑥ 엔진 진동상태(engine vibration)

13.2 에어컨디셔닝 시스템

13.2.1 개요

인체가 생명을 유지하려면 공기 중의 산소로 호흡해야 하고 동시에 적절한 체온을 유지해야 한다. 공기 중의 산소 함유량은 전체 대기의 약 21% 정도이지만 동시에 기압이 호흡하기에 적정한 수준으로 유지되어야 한다. 고도가 높아짐에 따라 대기압이 감소되기 때문에 산소의 절대량도 감소하고 기온은 급격하게 하강한다.

고고도의 낮은 기압과 기온에서도 기내의 승객이 쾌적하고 안전한 환경을 유지하기 위해서는 기압과 기온을 유지하고 조절할 수 있는 장치가 필요하다.

항공기 내의 기압을 조절할 수 있는 여압장치, 기온 및 습도를 조절하는 냉·난방장치, 공기를 강제적으로 순환시키는 공기순환장치 및 이러한 모든 장치를 종합적으로 제어하는 장치 등을 통틀어 **에어컨디셔닝 시스템**(air conditioning system)이라고 한다.

에어컨디셔닝 시스템의 핵심은 크게 여압시스템과 냉·난방시스템으로 구분할 수 있다.

13.2.2 기내 공기조절 방법

고고도를 비행하는 항공기는 엔진의 연소실 앞쪽의 압축기 또는 엔진이 정지하는 등 비상시에는 **보조동력장치**(APU; Auxiliary Power Unit)에서 고온·고압의 공기를 추출하여 공기조절장치를 통과시켜 기압과 기온을 적절한 상태로 조절한 다음 항공기의 객실로 투입한다.

그러나 비행 중 엔진의 압축공기를 추출하게 되면 엔진의 출력이 낮아지는 단점이 있다. 이러한 단점을 극복하기 위해 보잉 787의 에어컨디셔닝 시스템은 공기를 엔진에서 추출하지 않고 외부의 공기를 고성능 전기모터를 이용하여 직접 압축시켜 고온·고압의 공기로 만든 다음 기내에 필요한 기압과 기온으로 조절하여 투입하는 시스템을 개발하여 채택하였다.

13.2.3 여압시스템

고고도를 비행하는 항공기의 기내 승무원과 승객, 화물 등을 기압의 변화로부터 안전하고 쾌적하게 보호하기 위한 시스템을 말한다.

건강한 사람이 저산소증을 일으키지 않고 거의 무한정 오래 견딜 수 있는 고도는 10,000ft 이하로 알려져 있고, 미국 연방항공청에서는 높은 고도를 비행하는 항공기에 대하여 순항고도에서 객실 내의 압력을 고도 8,000ft에 상당되는 기압인 10.92psi로 유지할 수 있는 여압계통을 구비할 것을 형식증명의 조건으로 규정하고 있다. 여기서 객실 내의 압력이 고도 8,000ft에 상당하는 기압인 10.92psi인 경우를 **객실고도**(cabin altitude) 8,000ft라고 한다. 또한 어떤 불의의 사태로 여압 계통의 작동이 원활치 못할 때라도 객실고도는 15,000ft를 초과하지 못하도록 하고 있으며, 그것이 불가능할 때를 대비하여 모든 승무원과 승객이 산소로 호흡할 수 있게 산소마스크를 비치하여야 한다고 규정하고 있다.

인간은 급격한 고도변화에 따른 기압의 변화에 대응할 수 없기 때문에 항공기의 상승과 강하에 관계없이 기내의 기압고도를 독립하여 조절하여야 한다. 고고도를 비행하는 대형 항공기에서는 기종에 따라 약간의 차이는 있지만 일반적으로 실제의 비행고도가 약 24,000ft까지는 지상과 거의 같은 기내의 압력으로 유지하고 지상 기압의 약 20%인 고도(약 39,000ft) 이상에서는 지상의 약 8,000ft 정도의 기내 기압 상태로 유지한다.

기내의 기압이 지상과 가까울수록 쾌적하겠지만 고고도에서 기내의 기압을 높이게 되면 항공기 내외의 **기압 차이**(differential pressure)가 커지게 되어 항공기의 기체 구조가 압력을 견디기 어렵게 된다.

항공기 내외의 기압 차이를 크게 할수록 즉 여압을 강하게 할수록 객실고도는 낮아지게 되어 쾌적하겠지만 항공기의 구조물을 보호하기 위하여 각 기종별로 내외의 기압 차이를 일정한 값 이내로 조절하도록 항공기 운용규정에 명시하고 있다.

그러나 보잉 787이나 에어버스 350과 같이 항공기 구조물을 탄소섬유복합재료를 이용한 항공기들은 기체의 강도가 이전의 알루미늄합금보다 더 단단하다. 따라서 항공기 내외의 기압 차이를 크게 할 수 있으므로 객실고도를 낮추어 더욱 쾌적한 환경을 유지하게 되었다.

기내의 압력이 기준값 이상으로 높아지면 기체 구조물을 보호하기 위하여 기내의 공기가 동체의 아래쪽에 있는 밸브를 통하여 자동으로 배출되는 구조로 되어 있다. 이 여압장치는 기압고도의 변화율, 항공기 내외의 기압 차이, 항공기 내의 기압고도 등을 조종실에 장치된 계기로 조절할 수 있다.

13.2.4 냉 · 난방 시스템

고고도를 비행하는 항공기의 기내 승무원과 승객, 화물 등을 기온의 변화로부터 안전하고 쾌적하게 보호하기 위한 시스템을 말한다. 엔진의 압축기 또는 직접 압축한 고온 · 고압의 공기(bleed air)를 **공기조절장치**(A/C Pack, Air Conditioning Package)에서 항공기 외부의 찬 공기(ram air)를 이용하여 온도를 조절한 후, **습기 제거장치**(water separator)로 습기를 제거하여 기내에 필요한 온도의 공기(conditioned air)로 조정한 다음 기내에 투입한다.

항공기의 환기장치를 통하여 적절한 온도의 신선한 공기가 천장에서 유입되고, 기내를 순환한 공기는 주로 항공기 객실의 바닥 양쪽 측면을 거쳐 항공기 아래쪽의 배기밸브를 통하여 빠져 나가고 일부의 공기는 고성능 공기정화 필터로 정화하여 다시 기내로 공급되는 원리다.

냉 · 난방 시스템은 다음과 같이 구성되어 있다.

(1) 구역별 온도조절 장치(Zone Temperature Control System)

항공기의 내부가 넓기 때문에 하나의 조절기로 온도를 일괄적으로 조절하여 공급하면 기내의 온도를 동일하게 조절하기 어렵기 때문에 기내 전체를 각 구역(zone)으로 나누어 조절하는 시스템이다. 각 구역별로 나누어 온도를 수동 또는 자동으로 조절할 수 있는 조절장치가 조종석에 장비되어 있다. 일반적으로 항공기 객실의 온도는 약 18 ~ 29°C까지 조절할 수 있다.

(2) 순환 장치(Re-circulation System)

항공기 객실 내 공기는 공기조절장치에서 조절된 신선한 공기가 공급되고 배출밸브를 통하여 바깥으로 배출된다. 대형항공기에서는 공기를 객실에서 순환시킨 다음 공기를 일정 비율로 다시 사용한다. 이에 따라 객실 내 온도를 적절하게 유지하고 쾌적성을 높임과 동시에 공기의 공급량을 증가시켜 엔진의 공기 사용량을 줄여 엔진의 연료효율 향상에 기여하고 있다. 재사용하는 공기는 고성능의 공기필터를 이용하여 먼지나 불순물을 완전히 제거하여 청결한 공기를 다시 사용한다.

(3) 장비 냉각 장치(Equipment Cooling System)

항공기에 장착된 각종 전기 또는 전자장비는 작동에 따라 열이 발생되고 그로 인하여 고장의 발생 가능성이 높아지며 장비의 수명도 짧아질 수 있다. 전자장비가 많이 탑재된 조종실과 각종 전자 및 전기 장비가 탑재되어 있는 객실 하부의 장비실(main equipment center)을 공기조절장치에서 만든 찬 공기를 이용하여 냉각시키는 시스템이다. 장비의 열을 식히고 난 공기는 항공기 바깥공기의 온도와 엔진의 작동상황에 따라 항공기 바깥으로 방출하기도 하지만 앞쪽 화물실로 순환시켜 화물실의 온도를 일정하게 유지하는 데 다시 사용하기도 한다.

(4) 화물실 온도조절 장치(Cargo Compartment Heating System)

항공기 동체의 아래쪽 화물실에 탑재되어 있는 동물 또는 식물 등에도 어느 정도의 난방이 필요한 경우도 있다. 일반적으로 앞쪽 화물실의 온도는 얼지 않을 정도의 영상 온도로 유지하고, 뒤쪽의 화물실에는 객실에서 사용한 공기를 통과시켜 온도를 높이는 구조로 되어 있다. 특히, 맨 뒤쪽에 있는 화물실(bulk cargo compartment)에는 필요하면 뜨거운 공기를 혼합하여 공급하는 구조로 되어 있어 살아있는 동식물의 탑재가 가능하도록 온도를 조절할 수 있다.

(5) 화장실 및 조리실 공기순환 장치(Lavatory/Galley Ventilation System)

항공기 객실 내의 화장실이나 조리실에는 냄새를 외부로 방출하기 위한 독자적인 공기순환시스템이 장치되어 있다. 그 원리는 기내의 높은 압력과 외부의 낮은 압력 차이를 이용하여 내부의 냄새를 배출하는 시스템과 전기모터를 이용하여 팬을 돌려 강제로 직접 냄새를 외부로 배출하는 시스템이 있다.

13.3 전력 시스템

13.3.1 개요

항공기에는 안전하고 쾌적하게 비행할 수 있도록 다양한 시스템이 장착되어 있고 이들 시스템을 정상적으로 작동시키기 위해서는 전력이 필요하다. 객실의 조명, 각종 구동장치의 모터, 항법 및 통신기기, 방·제빙장치의 열 공급 등을 위해 전력은 필수적이다. **전력 시스템**(electric power system)은 교류전원의 발전, 생산된 전력의 제어, 보호, 배전 및 전기를 이용하는 모든 장치를 포함하며, 항공기의 안전운항에 중요한 역할을 담당한다.

소형 항공기에서는 높은 용량의 전원을 필요로 하지 않기 때문에 자동차와 같은 직류전원을 주로 사용한다. 그러나 항공기가 대형화되면서 소비전력이 많아지고 동시에 모터 등 각종 전기기기를 교류전원으로 작동시키는 것이 간단하고 정비도 쉬우므로 직류와 함께 교류전력도 많이 이용되게 되었다.

13.3.2 전력 시스템의 구성

(1) 교류전원(AC Power Source)

교류발전기는 소형으로 고용량의 발전이 가능하고, 교류는 필요에 따라 변압기를 이용하여 전압을 높이거나 낮추는 것이 용이하며, 정류기를 이용하여 간단하게 직류로 전환할 수 있는 장점이 있다. 반면에 교류는 발전기의 제어장치가 복잡하고 전기를 저장할 수가 없는 등의 단점도 있다.

항공기에서 사용하는 교류전원은 115V/200V의 400Hz의 고용량의 전원을 주로 사용한다. 항공기의 교류는 다음과 같은 전원으로부터 공급된다.

① 주 엔진을 이용한 발전기(engine generator)
② 보조동력장치를 이용한 발전기(APU generator)
③ 항공기의 외부전원(external power)
④ 직류를 교류로 전환(static inverter)

대형 항공기의 경우 엔진의 회전력을 이용한 발전기(IDG; Integrated Drive Generator)에서 생산한 교류 전력을 각각의 배선을 통하여 필요한 기기에 공급한다. **보조동력장치**(APU)의 발전기나 외부전원의 경우에는 엔진 발전기의 대체용이므로 모든 기기에 전원을 공급하는 구조다.

과거에 사용된 발전기는 엔진의 회전수와 관계없이 일정한 주파수의 교류를 생산하기 위해 엔진과 발전기 사이에 **정속구동장치**(CSD; Constant Speed Drive)를 개입하여 발전하는 시스템이었다. 그러나 현재 대부분의 항공기에는 항공기의 중량을 줄이기 위하여 발전기와 정속구동장치를 통합한 **통합구동발전기**(IDG)가 장착되어 있다.

항공기는 많은 장비가 장착되어 있으므로 발전기에서 생산한 전력을 각종 기기에 배전하는 전력선의 길이와 무게 또한 엄청나다. 보잉 747 클래식 기종은 총 전선의 길이가

250km에 이르렀고 이후에 등장한 보잉 747-400기종은 270km에 중량은 약 1.5톤에 이른다. 보잉 767기종은 188km, 보잉 737NG기종은 59km 정도지만 보잉 787기종은 96km로 줄이면서 중량 감소로 인해 연비 향상에 기여하게 되었다. 보잉 787기종은 전기비행기라고 할 정도로 보잉 777기종의 2배 이상인 250KVA의 고용량의 전력을 필요로 하지만 동체자체를 통한 CRN(Current Return Network)이라는 특별한 배전방식의 채용으로 전력선의 중량을 감소시켰다. 따라서 항공기 중량을 줄이기 위한 전력 시스템의 경량화를 위한 노력은 앞으로도 계속될 전망이다.

(2) 직류전원(DC Power Source)

직류전원은 비상용 전원으로서 배터리의 전원을 그대로 사용할 수 있고, 별다른 추가적인 장치 없이도 쉽게 병렬로 연결하여 배전할 수 있는 장점이 있다. 반면에 전력이 적고 전파장애를 일으키기 쉬우며 전기 공급선이 두꺼워 중량이 증가되는 등의 단점도 있다.

항공기에서 사용하는 직류전원은 28V의 전원을 주로 사용하고 각종 정밀기기의 제어 등의 목적으로 사용한다. 항공기의 직류는 다음과 같은 전원으로부터 공급된다.

① 항공기에 탑재된 배터리(battery)
전용의 충전기로 항상 충전되고 있으면서 지상에서 엔진을 정지하고 주기 중일 때 시계 또는 화재감지기 등 연속적으로 직류전원이 필요한 장치에 전력을 공급하거나 또는 비행 중 긴급 시에 필요한 기기에 직류를 공급하는 장치다.

② 교류를 직류로 전환한 변압정류기(TRU; Transformer-Rectifier Unit)
교류시스템을 주전원으로 사용하고 있는 대형 항공기에서도 정밀한 전력을 필요로 하는 각 장치의 제어나 계기에는 직류 전원을 사용한다.

③ 배터리 충전기(battery charger)
주 배터리나 보조동력장치의 배터리를 충전하는 용도로서 교류를 직류로 변환하여 항상 배터리를 완전히 충전시켜 보호하고 있다.

(3) 예비 전원

항공기는 비행 중 어떤 위험한 상태에 빠지더라도 안전하게 비행을 계속하여야 한다. 이때 무선통신 장비나 항법을 위한 각종 장비 및 조명시설 등에 연속적으로 전원을 공급하지 않으면 안 된다. 만약 비행 중 모든 엔진이 정지하였더라도 불시착을 위한 조종을 계속하기 위하여 전력은 필수적이므로 1차적으로는 배터리의 전원을 사용하지만 최악의 경우를 대비하여 추가로 예비전원이 확보되어 있어야 한다. 예비전원으로는 배터리 이외에 다음과 같은 것들이 있다.

① 유압모터 발전기(HMG; Hydraulic Motor Generator)

보잉 767 항공기 등에 장착되어 있는 예비 전원 시스템으로서 비행 중 엔진은 가동 중이나 교류발전기의 고장으로 인하여 전력을 생산할 수 없는 경우에 사용하는 장비다. 양쪽 엔진의 발전기에서 전력공급이 중단되면 자동적으로 엔진의 압축기에서 공급받은 공기의 힘으로 작동하는 공기구동펌프(ADP; Air Driven Pump)로 유압모터 발전기의 모터를 회전시켜 전력을 생산한다.

② 램에어 터빈(RAT; Ram Air Turbine)

대부분의 항공기에 장착되어 있는 비상용의 예비 전원 시스템으로서 비행 중 엔진은 가동 중이나 엔진 또는 보조동력장치(APU)의 교류발전기의 고장으로 인하여 전력을 생산할 수 없는 경우 또는 엔진이 모두 정지된 경우에 사용하는 장비다. 항공기 동체에 내장되어 있는 램에어 터빈의 프로펠러를 조종사의 조작 또는 필요한 경우에 자동으로 항공기 동체 외부로 떨어뜨려 항공기의 속도에 따라 발생되는 공기의 힘으로 프로펠러를 회전시켜 전력을 생산한다.

13.4 화재방지 시스템

항공기에는 승무원과 승객이 탑승하고 있는 것은 물론이고 많은 양의 연료와 각종 화물 및 수하물을 탑재하고 있다. 이와 같은 항공기에 비행 중 화재가 발생하면 대피나 탈출이 불가능하기 때문에 사전에 화재를 방지하거나 화재를 초기에 발견할 수 있어야 하며, 화재가 발생하더라도 번지기 어려운 내화구조와 함께 소화능력도 갖추어야 한다. 화재방지 시스템은 화재 또는 과열상태를 빨리 감지하고 감지한 화재를 소화할 수 있는 장치를 말한다.

화재방지 시스템은 **화재 및 과열을 감지하는 장치**(fire and overheat detection system), **연기를 감지하는 장치**(smoke detection system), **소화 장치**(fire extinguishing system)로 구성되어 있다.

화재감지 장치는 항공기의 각 엔진 및 보조동력장치(APU)에 설치되어 있고, **과열감지 장치**는 착륙장치의 브레이크와 각 엔진 및 고온·고압의 공기공급관(pneumatic duct)에 설치되어 있다. 화재 또는 과열을 감지하면 조종석에 있는 경보등과 경보음으로 조종사에게 화재의 발생 위치를 알려준다.

연기감지 장치는 화물실과 화장실에 설치되어 있고 화재로 인한 연기를 감지하면 조종석에 있는 경보등과 경보음으로 조종사에게 연기의 발생 위치를 알려준다.

소화 장치는 조종사가 불을 끄기 위해 조종석에 있는 소화스위치를 조작하면 소화액이 분사되어 소화하게 된다. 짧은 시간에 많은 양의 소화액을 화재발생 구역에 분사하기 위하여 액화시킨 소화액을 고압으로 압축하여 용기에 보관하고 있다. 특히, 보조동력장치(APU)는 대부분의 항공기에서 주로 지상에서 사용하는 장치이므로 소화를 위한 스위치가 조종석뿐만 아니라 지상에서 화재를 발견한 사람은 누구나 소화할 수 있도록 앞쪽 착륙장치에도 설치되어 있다. 또한 화재를 감지하면 자동으로 소화하는 시스템이 구축되어 있는 항공기도 있다.

13.5 연료 시스템

13.5.1 개요

항공기는 장거리를 고속으로 비행하기 위해 많은 양의 연료를 탑재하고 있다. **연료 시스템**(fuel system)은 항공기의 엔진을 작동시키기 위해 필수적인 연료를 연료탱크에 탑재하여 그 연료를 각 엔진에 공급하고 엔진에서 연소할 때까지의 과정과 관련된 시스템을 말한다.

항공기는 폭발의 위험성이 있는 연료를 탑재할 뿐 아니라, 특히 대형기는 많은 양의 연료를 탑재하고 있으므로 탑재한 연료를 엔진에서 연소할 때까지 취급에 문제가 생기면 항공기의 안전성에 심각한 문제를 일으킬 수 있다. 탑재하는 연료의 중량은 비행의 목적이나 노선에 따라 다르지만, 일반적으로 소형기의 경우 전체 항공기 중량의 10% 정도이고, 대형 제트수송기의 경우는 약 40%에 달하기도 한다. 연료 시스템을 구성하는 장치 또는 구성부품에는 연료를 저장하는 연료탱크와 연료탱크에서 각 엔진까지 연료를 공급하는 파이프 및 연료펌프, 연료와 관련된 여러 종류의 계기 등이 있다.

13.5.2 연료 시스템의 구성

(1) 연료 탱크(Fuel Tanks)

비행에 필요한 연료를 저장하는 연료탱크에는 엔진에 직접 연료를 공급하는 주 연료탱크와 주 연료탱크에 연료를 공급하는 보조탱크가 있다.

대형항공기의 주 연료탱크는 주 날개 속에 위치하게 되는 경우가 많은데 그 이유는 동체의 하향모멘트와 날개의 상향모멘트를 서로 상쇄시키는 데 있다. 따라서 날개와 동체의 연결 부위에 걸리는 구조중량의 증가를 줄일 수 있으며, 날개에 장착된 무거운 엔진도 그 역할의 일부를 담당한다(그림 13.18).

연료탱크의 내부구조는 여러 개의 칸으로 나누어져 있는데, 그 이유는 항공기의 선회와

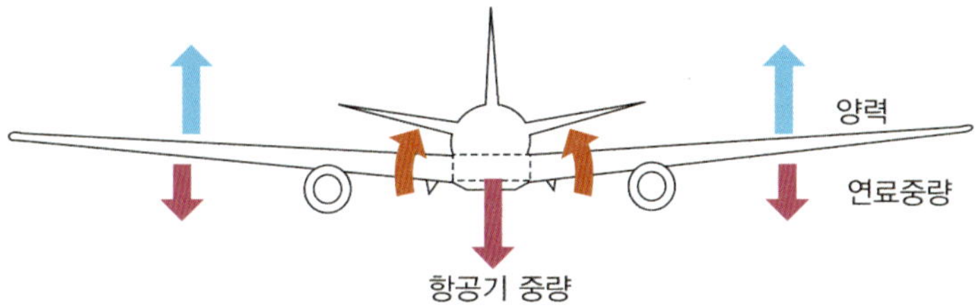

그림 13.18 양력과 연료중량과의 관계

같은 비행 중 자세 변화에 따라 연료의 이동으로 인한 무게 중심의 이동을 방지하여 안전을 확보하기 위한 목적이다. 또한 연료를 완전히 채우더라도 일정 비율의 공간이 남도록 설계되어 있는데 이것은 액체인 연료의 부피가 온도에 따라 팽창하더라도 연료탱크에 연료가 넘치지 않도록 한다. 또한 항공기의 연료탱크와 바깥공기가 통하도록 설계되어 있는데 이것을 연료탱크의 환기장치(fuel vent system)라 하고 이 장치의 역할은 다음과 같다.

① 연료탱크 내외의 압력 차이를 없앰으로써 연료탱크 자체의 팽창 또는 수축을 방지한다.
② 연료를 주입하거나 방출을 용이하게 한다. 즉 연료를 탱크에 주입할 때는 주입한 연료의 양만큼 탱크 내의 공기를 배출하여야 하고, 반대로 소모한 연료의 양만큼 공기가 채워져야만 연료의 주입 및 방출이 원활하기 때문이다.
③ 다른 연료탱크와 연결된 구조인 경우 각 탱크의 연료 높이를 같게 할 수 있다.

또한 가장 높은 위치에 있는 연료탱크에는 외기의 통로가 되고 연료탱크에 연료가 넘쳤을 때 연료를 담을 수 있도록 하기 위한 빈 공간을 두고 있는데 이것을 서지탱크(surge tank)라고 한다.

(2) 연료 급유 장치(Refuel System)

지상의 연료공급시스템으로부터 항공기의 연료탱크에 연료를 주입하는 장치다. 소형기의 경우는 날개 위쪽의 연료주입구를 통하여 날개 속 탱크로 직접 주입하지만, 중형기 이상에서는 연료탱크의 수도 많고 탑재하는 연료의 양도 많으므로 소형기와 같은 방식으로는 연료의 급유시간이 길어지기 때문에 지상에서 압력을 이용한 가압식 연료급유방식을 사용한다. 가압식 연료급유방식은 날개 아래쪽에 있는 연료주입구를 통하여 연료보급차량이나 지상의 연료공급시설로부터 호스를 이용하여 가압하여 연료를 주입한다. 전투기와 같은 군용기의 경우는 공중 급유(in-flight refueling)를 하는 경우도 있다.

(3) 연료 공급 장치(Fuel Feed System)

항공기의 연료탱크로부터 각 엔진에 연료를 공급하기 위해서는 연료 공급라인, 연료 펌프, 각종 밸브와 연료 필터가 필요하다. 고고도를 비행하는 대형기의 경우에는 항공기 주위의 기압이 낮아 각 엔진에 연료를 원활하게 공급하기 어렵기 때문에 연료탱크 속에 펌프를 내장하여 일정한 압력으로 가압하여 연료를 공급한다. 연료공급 시스템의 주요 구성품은 다음과 같다.

① 연료펌프(fuel pump): 연료를 엔진에 공급하기 위하여 연료의 압력을 높이는 역할을 한다.
② 연료공급라인(fuel feed line): 연료탱크와 엔진을 연결한 배관이다.
③ 연료차단밸브(fuel shutoff valve): 연료를 공급하거나 차단하는 역할을 하는 밸브다.
④ 나눔밸브(cross-feed valve): 어떤 연료탱크에서라도 모든 엔진에 연료를 공급할 수 있도록 필요한 연료 공급관을 연결할 수 있도록 조절하는 밸브다.

(4) 연료 방출 시스템(Fuel Dump System)

탑재되어 있는 연료를 항공기의 외부로 방출하는 장치다. 이륙 후 항공기의 주요 시스템에 중대한 고장이 발생하거나 긴급한 환자가 발생하는 등의 경우에는 이륙한 공항 또는 가까운 공항으로 착륙하여야 한다. 이륙 직후의 항공기 총 중량은 소비하지 않은 많은 연료로 인해 착륙할 수 있는 최대중량을 초과하게 된다. 만약 항공기가 착륙할 수 있는 최대중량을 초과한 상태로 착륙하면 항공기 착륙장치의 손상 등 위험한 사태가 발생될 수 있다. 이러한 경우에는 착륙이 가능한 중량까지 총 중량을 줄이기 위해 탑재되어 있는 연료를 외부로 투기하여야 한다.

각 공항에는 연료를 공중에서 방출할 수 있는 구역이 별도로 지정되어 있다. 인천국제공항의 경우 공항 서쪽 약 40km 지점에서 반지름 9km, 해발고도 6,000ft 이상의 지역에서 항공교통관제사의 허가에 따라 연료를 방출하도록 규정하고 있다.

(5) 연료 계기(Fuel Indicators)

비행중 항공기에 탑재한 **연료량**(fuel quantity), **연료 온도**(fuel temperature), **연료탱크 압력**(fuel pressure) 등은 비행 안전과 밀접한 관계가 있으므로 이에 대한 정보를 조종사가 인지하도록 하는 계기에는 다음과 같은 것들이 있다.

① 연료량 계기(Fuel Quantity Indicator)

항공기에 탑재한 연료의 중량을 표시하는 계기다. 연료는 연료온도에 따른 부피의 변화가 심하기 때문에 동일한 양의 연료를 탑재하여도 연료의 중량에는 차이가 있다. 엔진의 출력을 결정하는 소비연료는 질량이기 때문에 보다 정밀하게 연료를 관리하기 위하여 연료계기는 중량으로 표시한다. 연료량 계기의 주요 구성품으로는 **연**

료량 환산장치(fuel quantity processor unit), **연료부피 계산장치**(tank unit), **비중계**(densitometer), **보정계**(compensator) 등이 있다.

② **연료 온도 계기**(Fuel Temperature Gauges)

연료탱크 내의 연료 온도를 조종석의 연료온도계기에 표시하여 조종사가 실시간으로 연료온도를 모니터하도록 하는 계기이다.

항공기에 탑재하는 연료의 빙점(freezing point)은 연료의 종류에 따라 다르지만 JET A1의 빙점은 영하 약 47°C, JET A의 빙점은 영하 약 40°C이므로 연료의 빙점보다 낮은 기온의 고공을 장시간 비행하면 연료가 얼어버려 항공기의 엔진에 연료가 공급되지 않는 심각한 사태가 발생할 수 있다. 그러나 공기 중을 고속으로 비행하면 항공기의 날개 전면에 부딪히는 공기의 마찰에 따라 날개 표면의 온도가 상승하는 현상이 발생하는데 이러한 현상을 **램라이즈 효과**(ram rise effect)라 하고, 일반적으로 제트수송기의 순항속도에서는 약 30°C의 온도 상승효과가 발생한다. 그러므로 항공기가 영하 70°C의 대기 중을 비행한다고 가정하면 JET A1의 연료를 탑재한 항공기는 문제가 없지만, JET A를 탑재한 항공기의 연료온도는 영하 약 40°C(−70°C + 30°C = −40°C)가 되어 이 지역을 장시간 비행하면 연료가 얼 가능성이 높아진다. 이럴 경우에는 항공기의 속도를 높이거나 아니면 고도를 낮추어 비행해야 한다. 일반적으로 순항속도를 마하수 0.03 정도 더 증가시키면 공기 마찰에 따른 연료탱크의 온도가 약 2°C 상승하고, 순항고도를 2,000ft 정도 하강하면 약 4°C 정도 기온이 상승한다.

조종석의 계기에는 연료탱크 내부의 연료 온도 및 항공기 속도에 따라 상승한 온도가 동시에 표시되므로 조종사는 탑재된 연료의 종류에 따라 비행을 계속할지, 속도를 증가시키거나 고도를 낮추어 비행할지를 판단한다.

③ **연료 압력 계기**(Fuel Pressure Gauges)

연료탱크 내의 압력을 표시하는 계기로 조종사가 연료탱크의 압력이 과도하게 높거나 낮은 상태를 모니터하여 연료계통의 불안정 상태를 조기에 파악할 수 있도록 설치되어 있는 계기다. 엔진에 연료를 공급하는 주 연료탱크는 날개에 내장되어 있어서 압력이 과도하게 높으면 날개에 손상을 줄 수 있고, 과도하게 낮으면 엔진에 공급되는 연료의 양이 적어 엔진이 정상적으로 작동되기 어렵다. 연료탱크의 압력이 기준보다 높으면 개폐 밸브(relief valve)가 자동으로 열려 압력을 낮추어 주고 기준기압에 도달하면 닫히는 구조로 되어 있다.

13.6 유압 시스템

13.6.1 개요

항공기가 점차 대형화되고 동시에 고속으로 비행하게 됨에 따라 항공기의 구조나 기능은 점점 복잡하게 되었고, 조종장치나 브레이크를 포함한 착륙장치, 역추력장치 등은 조종사의 힘으로는 직접 움직일 수 없을 정도로 엄청난 힘이 필요하게 되었다. 이와 같이 항공기의 큰 힘이 필요한 장치에 유압을 이용하여 조종사의 작은 힘으로도 쉽게 움직일 수 있도록 하는 장치가 **유압 시스템**(hydraulic power system)이다.

유압 시스템의 원리는 밀폐된 용기에 비압축성 액체를 채워 그 액체에 가한 압력은 같은 강도의 압력으로 각 부분에 전달된다는 파스칼의 법칙을 응용한 시스템이다. 파스칼의 법칙은 유체에 작용하는 압력의 변화가 유체의 다른 부분에도 똑같이 전달된다는 것이다. 그러므로 용기의 단면적이 A_1인 곳에 F_1의 힘을 가하면 그 힘은 동일한 강도로 전달되므로 A_2의 단면에는 F_2의 힘이 전달된다. 즉, F_1에 적은 힘을 가하더라도 양쪽 간의 단면적의 차이가 클수록 큰 힘을 발생시킬 수 있다(그림 13.19).

$$F_2 = F_1 \times \frac{A_2}{A_1}$$

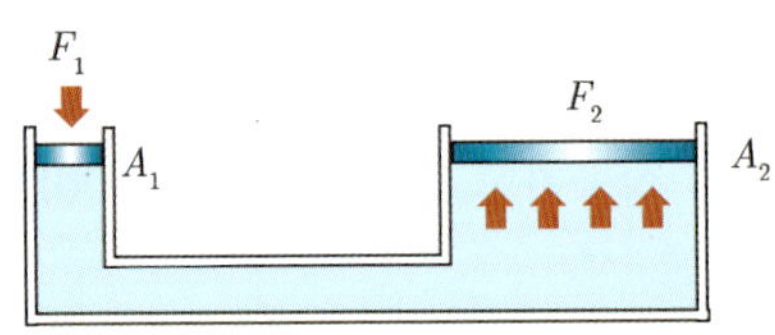

그림 13.19 파스칼의 원리

유압 시스템은 엔진의 회전력이나 전기모터 또는 압축공기를 이용하여 유압 펌프(hydraulic pump)를 회전시켜 압력을 높인 액체(hydraulic fluid)를 각 구동장치 등의 필요한 곳으로 보내어 큰 힘으로 그 장치를 작동시킨다.

그림 13.20은 보잉 737기종의 유압 시스템의 개략도를 나타낸 것이다. 하나의 시스템에서 고장이 발생하더라도 해당하는 구동장치가 정상적으로 작동하도록 하여 높은 안전성과 신뢰성을 확보하도록 하고 있다. 하나의 유압 시스템에도 두 개의 펌프가 있어 하나의 펌프에 고장이 발생해도 그 유압 시스템은 정상 작동하도록 할 뿐 아니라, 하나의 구동장치에 유압 시스템이 2중 또는 3중으로 연결되어 있는 것을 볼 수 있다.

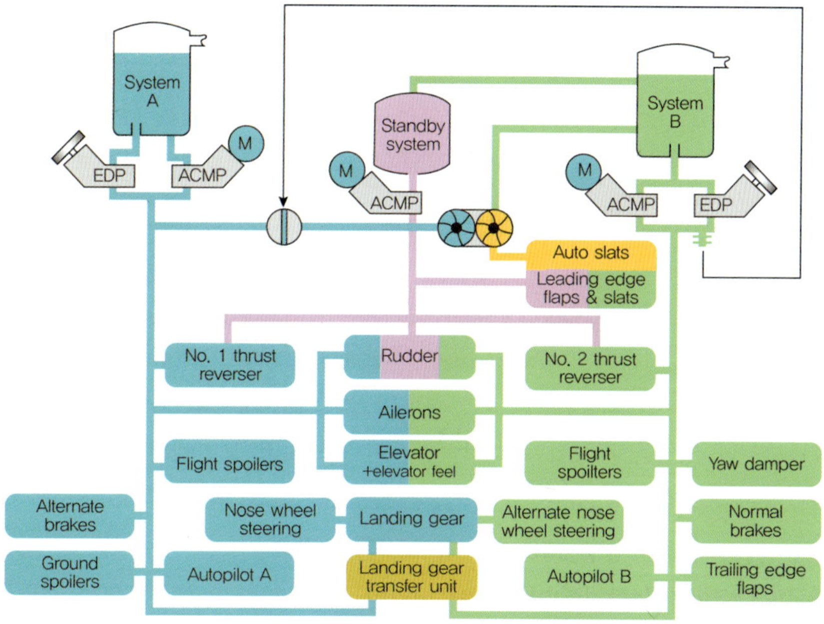

그림 13.20 보잉 737 유압 시스템

13.6.2 유압 시스템의 구성

유압을 만들어 기체의 각 구동장치에 안정적으로 공급하기 위해서는 액체에 압력을 가하기 위한 펌프, 액체를 저장하기 위한 탱크, 액체의 온도상승을 방지하는 열교환기, 액체에 이물질을 제거하기 위한 필터 등과 같은 장치들이 필요하다.

(1) 유압펌프(Hydraulic Pump)

유압 시스템이 필요로 하는 압력을 생산하도록 액체의 압력을 조절할 수 있는 구조의 펌프를 말한다. 이것은 항공기의 기종에 따라 다르지만 일반적으로 펌프를 구동시키는 동력원에 따라 다음과 같은 종류로 나눈다.

① 엔진 구동펌프(EDP; Engine Driven Pump)

제트엔진의 회전력을 이용하여 구동하는 기본 펌프로서 엔진의 시동과 동시에 항상 유압을 생산한다.

② 공기 구동펌프(ADP; Air Driven Pump)

엔진의 압축기에서 뽑아낸 압축공기를 이용하여 구동하는 펌프로서 엔진 구동펌프에서 생산하는 압력이 부족할 때 압력을 보충하는 역할을 하는 펌프다.

③ 교류전기 구동펌프(ACMP; AC Motor Pump)

발전기에서 생산한 교류전력으로 교류모터를 이용하여 구동하는 펌프다.

④ 램에어 터빈펌프(RATP; Ram Air Turbine Pump)

엔진정지 등의 긴급사태가 발생하여 모든 유압펌프에서 유압을 생산할 수 없는 경우에 동체 속에 내장되어 있던 램에어 터빈의 프로펠러를 동체의 아래로 내려 비행 중 외부의 공기(Ram Air)로 구동시키는 펌프다.

(2) 유압탱크(Hydraulic Reservoir)

유압 시스템을 작동시키기에 충분한 양의 오일을 저장하는 역할을 하는 탱크로서 오일이 누출되어 줄어든 양을 보충할 수 있는 정도의 양까지 저장하고 있다. 또한 열팽창에 따라 부피가 늘어난 오일을 저장할 수 있는 공간이기도 하고 오일에서 발생한 기포를 제거하기 위한 공간을 포함하고 있다.

(3) 열교환기(Heat Exchanger)

유압용 오일을 냉각시키기 위한 장치로서 연료 탱크 안에 내장되어 있다. 유압용 오일은 온도가 올라가거나 공기의 혼합, 금속이나 수분에 따른 산화작용에 따라 그 성분이 변질되어 결과적으로 유압 시스템의 성능이 떨어지게 된다. 따라서 차가운 연료로 오일을 냉각시키는 구조다.

(4) 오일필터(Oil Filter)

유압용 오일에 혼합된 이물질을 제거하여 정화시키는 장치다. 이물질을 제거하지 않으면 구성품에 손상을 일으켜 시스템의 성능을 저하시킬 수 있기 때문이다.

13.7 방빙 및 방수 시스템

13.7.1 개요

항공기는 비, 눈, 구름, 얼음 등의 다양한 기상조건에서 운항을 하게 된다. 이 중에서도 항공기의 운항에 가장 위험한 것은 항공기에 얼음이 얼어붙는 **착빙**(icing) 현상으로 항공기 주변의 대기상태에 따라 순식간에 항공기 외부에 얼음이 얼어붙을 수 있다. 특히, 양력을 발생하는 항공기의 날개에 착빙이 일어나면 양력이 크게 감소하여 심각한 위험에 빠질 수 있다. 이러한 비, 눈, 구름, 얼음 등의 대기 중을 비행하면서 발생할 수 있는 여러 가지의 위험을 사전에 방지하거나 제거하기 위한 모든 장치를 **방·제빙 시스템**(Anti-ice and

De-ice System) 또는 **방빙·방수 시스템**(ice and rain protection system)이라고 한다.

미국 연방항공청의 자료(FAA AC 91-74A Flight in icing condition)에 의하면 서리(frost), 눈(snow), 얼음(ice) 등이 날개에 극히 얇게 쌓인 상태로 이륙하더라도 양력은 약 30% 감소하고, 항력은 최대 40%까지 증가할 수 있으며, 심한 착빙(severe icing)의 경우에는 항력이 200% 이상까지 증가될 수 있다고 한다.

또한 항공기의 외부 안테나에 착빙이 일어나면 전파의 송수신에 방해를 일으켜 통신품질이 나빠지고, 엔진의 입구에 착빙이 일어나면 공기의 유입량이 줄어들어 엔진 성능이 저하하거나 비행 중 부서진 얼음 조각이 엔진에 빨려 들어가 엔진 고장을 일으킬 위험도 있다. 또한 조종석의 유리창에 부착되는 얼음이나 눈 또는 비로 인하여 조종사의 시야를 방해하기도 한다.

항공기에 부착된 얼음을 제거하는 **제빙**(de-ice) 또는 사전에 얼음을 얼지 않도록 방해하는 **방빙**(anti-ice) 시스템의 기본원리는 다음과 같다.

① 고온의 공기를 이용하여 항공기의 표면을 가열하는 방법
② 전기코일을 표면에 내장시켜 얼지 않도록 온도를 높이는 방법
③ 항공기가 지상에 있을 때 표면에 붙은 얼음을 강제로 제거하는 방법
④ 항공기 표면에 방빙용 액체를 도포하여 얼음이 얼지 않도록 하는 방법

13.7.2 방빙 및 방수 시스템의 구성

(1) 착빙 감지 장치(Ice Detector)

항공기의 착빙을 감지하는 장치로서 방빙 또는 제빙 시스템의 작동시간이 늦어지지 않도록 착빙의 징후를 판단하기 위하여 설치되는 장치다. 이 장치가 개발되기 전에는 외기온도에 따라 조종사가 눈으로 착빙의 유무를 판단하여 방·제빙 시스템을 작동시켰으나 현대는 이 장치의 성능이 고도화되어 착빙을 감지하면 자동으로 방·제빙 시스템이 작동하도록 발전하였다.

(2) 날개 방·제빙 장치(Wing Anti-ice and De-ice System)

소형기에서는 날개 방·제빙 시스템은 날개의 앞쪽에 고무관(De-icer Boots)을 붙여 그 고무관에 압축 공기를 통과시켜 고무관을 팽창 또는 압축을 반복시켜 얼음이 얼어 부착하는 것을 방지하거나 부착된 얼음을 파괴시키기도 한다. 그러나 대형 제트수송기에서는 엔진의 압축기로부터 고온·고압의 공기를 뽑아 날개의 앞쪽에 있는 관을 흐르게 하여 표면의 온도를 높여 방·제빙을 하는 경우가 일반적이다.

(3) 엔진 덮개 방·제빙 장치(Engine Cowl Anti-ice/De-ice System)

대형 제트수송기에서는 엔진의 압축기에서 추출한 고온·고압의 공기를 엔진의 앞쪽에 흐르게 하여 표면의 온도를 높여 방·제빙을 하는 경우가 일반적이다.

(4) 프로브 가열 장치(Probe Heater)

항공기에는 속도, 온도, 압력, 받음각 등을 측정하기 위한 각 계측기가 부착되어 있다. 이 계측기에 착빙이 일어나면 정확한 측정이 어려워져 그 측정값에 오차가 발생하게 된다. 따라서 각 측정 센서의 착빙을 방지하는 방·제빙 시스템을 설치하여 각 계측 값의 신뢰성을 높일 필요가 있다. 방·제빙 시스템이 있는 주요 계측 센서는 다음과 같은 것들이 있고, 대부분의 항공기는 전기코일을 매립하여 가열하는 방식으로 방·제빙을 하는 것이 일반적이다.

① 피토관(pitot probe)
② 정압공(static port)
③ 받음각 센서(angle of attack sensor)
④ 전온도 감지기(total air temperature sensor)
⑤ 엔진 압력비 및 온도감지기(engine inlet pressure and temperature sensor)

(5) 조종석 유리창 가열장치(Window Heater)

주로 다층구조의 유리창에 전기가 통하는 피막을 삽입하고 이 피막에 전류를 흘려서 약 30~40°C의 온도로 유지시켜 방·제빙을 행하는 것이 일반적이다. 유리창의 온도를 높이는 것은 방·제빙의 역할뿐 아니라 새가 부딪히는 등의 외부 충격에 유리창의 파손을 방지하는 역할도 한다.

13.8 공압 시스템

13.8.1 개요

구동 장치 중 공기의 압력으로 작동시키는 **공압 시스템**(pneumatic system)은 파스칼의 원리를 응용한 것으로 유압 시스템(hydraulic power system)과 같은 원리이지만, 액체가 아닌 공기를 압축하여 사용하는 차이가 있다. 액체는 압축해도 부피가 줄어들지 않고 압력을 전달하지만 공기는 압축성이 높아서 압축하면 부피가 줄어든다. 엔진의 압축기에서 만들어진 고온·고압의 압축공기(bleed air)를 이용하여 에어컨디셔닝 시스템에서 압력과 온도를 조정하여 기내의 여압 또는 온도 조절에 사용하거나 엔진 앞쪽의 방·제빙 및 유압 시스템의 유압을 증가시키기 위한 펌프(ADP)의 작동 등 필요한 시스템에 사용한다.

유압 시스템과 비교하여 공압 시스템의 장점은 다음과 같다.

① 압축공기의 압력, 온도, 공기량과 이들의 조합으로 이용범위가 넓다.
② 가벼우면서도 큰 힘을 얻을 수 있다.
③ 불연성이고 청정하다.
④ 설비와 조작이 용이하다.

동시에 유압 시스템과 비교하여 공압 시스템의 단점은 다음과 같다.

① 배관의 넓이가 넓어 장소를 많이 차지한다. 유압 시스템에 비하여 같은 힘을 내기 위해 약 5배의 배관 넓이가 필요하다.
② 배관의 접속 부분에서 공기의 누출 가능성이 높고, 누출 시 주변 시스템이 가열되거나 파손될 수 있다.

13.8.2 압축공기의 공급원

엔진 또는 항공기에 장착된 보조동력장치(APU)로부터 추출하거나 또는 지상차량(ground pneumatic cart)으로부터 추출하는 압축공기를 사용한다.

(1) 엔진

엔진의 압축기에서 추출한 공기의 압력은 엔진의 회전수에 비례하여 변화하기 때문에 항공기의 운항단계에 따라 차이가 발생한다. 압축공기는 일정한 압력이 필요하기 때문에 이륙과 같은 엔진의 회전수가 증가할 때는 엔진 압축기의 앞쪽 저압부(low stage)의 공기를, 항공기가 강하 단계에서 엔진의 회전수가 감소하면 엔진 압축기의 뒤쪽 고압부(high stage)의 공기를 추출하여 압력조절기로 적절한 압력을 조절하여 필요한 시스템에서 사용한다.

(2) 보조동력장치

항공기에 장착된 소형엔진인 보조동력장치(APU)는 회전수가 일정하기 때문에 일정한 압력과 온도의 압축공기를 추출하여 필요한 시스템에서 사용한다.

(3) 지상설비 또는 지상차량

지상에 주기 중 엔진 또는 보조동력장치로부터 압축공기를 얻을 수 없는 경우에는 지상설비 또는 지상차량(ground pneumatic cart)으로부터 고온 · 고압의 압축공기를 만들어서 항공기의 필요한 시스템에 공급한다.

13.8.3 압축공기의 용도

(1) 에어컨디셔닝 시스템(Air Conditioning System)

추출된 압축공기를 에어컨디셔닝 시스템에서 압력과 온도를 조정하여 여압조절 시스템(pressure control system), 환기 시스템(ventilation system), 온도조절 시스템(temperature control System) 등에 사용한다.

(2) 방빙 · 방수 시스템(Ice and Rain Protection System)

추출된 고온 · 고압의 공기를 날개 앞쪽면의 방빙 시스템(wing thermal anti-ice system), 엔진 덮개 열 방빙 시스템(engine cowl thermal anti-ice system)에 직접 순환시켜 착빙을 예방하는 데 사용한다.

(3) 유압 시스템(Hydraulic Power System)

추출된 압축공기를 이용하여 작동유 탱크의 가압(hydraulic reservoir pressurization)이나 펌프(Air Driven Hydraulic Pump)의 작동에 사용한다.

(4) 탑재용수의 압축

음용수 또는 화장실 등의 물을 압축하는 용도로 사용한다.

(5) 엔진의 시동

엔진의 시동을 걸기 위해 보조동력장치나 지상설비에서 고온 · 고압의 공기를 추출하여 엔진의 터빈을 회전시키는 데 사용하거나, 활주로에 접지 후 착륙거리를 줄이기 위하여 역추력장치(thrust reverser system)를 작동시키는 데 사용한다.

CHAPTER 14

항공기 운항

항공기 운항은 출발하기 전에 비행을 위한 계획을 수립하고 운항의 목적을 달성하기 위해 정해진 절차에 따라 출발지 공항을 이륙한 후 안전하게 목적지 공항에 도착할 때까지의 일련의 과정을 말한다. 또 항공운항의 목적은 일반항공부터 항공운송사업에 이르기까지 매우 다양하므로 운항목적에 적합한 계획의 수립과 준비가 필수적이다. 본 장에서는 항공사의 운송용 항공기의 운항을 기준으로 설명한다.

14.1 운항방식

항공기를 운항하는 방식은 지상의 장애물 또는 다른 비행기 등을 직접 조종사의 눈으로 확인하면서 비행하는 **시계비행방식**(VFR; Visual Flight Rules)과 항공기에 장착된 계기와 지상 또는 인공위성 등 외부의 항행안전시설을 이용하여 비행하는 **계기비행방식**(IFR; Instrument Flight Rules)으로 나눌 수 있다. 기상상태가 좋아 조종사의 눈으로 비행이 가능한 **시계비행 기상조건**(VMC; Visual Meterological Conditions)에서는 시계비행방식으로, **계기비행 기상조건**(IMC; Instrument Meterological Conditions)에서는 반드시 계기비행방식으로 비행하여야 한다.

이렇게 두 가지 운항방식으로 나누는 이유는 기상으로 인한 사고를 미연에 방지하기 위해서이다. 시계비행방식으로 비행할 수 있는 기준은 국제기준에 따라 항공안전법에 정해져 있고, 시계비행 기상조건이 아니면 반드시 계기비행방식으로 비행하여야 한다. 시계비행 기상조건인지 아닌지에 대한 구분은 조종사가 눈으로 물체를 확인할 수 있는 수평거리인 **시정**(visibility)과 항공기와 **구름**(cloud)과의 거리에 따라 각 공역등급별로 구분한다.

14.1.1 공역의 구분

공역은 항공기에게 제공하는 항공교통업무에 따라 A ~ G등급까지 나누고 이를 **공역 등급**(airspace class)이라고 하며, 우리나라의 경우 국토교통부 장관이 지정하여 공고하는 공역의 구분은 다음과 같다.

① **A등급 공역**

모든 항공기가 계기비행을 해야 하는 공역이다. 인천 비행정보구역(FIR; Flight Information Region) 내의 평균해수면으로부터 20,000ft 초과부터 60,000ft 이하의 항공로(airways)로서 국토교통부장관이 공고한 공역이다.

② B등급 공역

계기비행 및 시계비행이 가능하고, 모든 항공기에게 분리를 포함한 항공교통관제업무가 제공되는 공역이다. 인천 비행정보구역 중 계기비행 항공기의 운항이나 승객수송이 특별히 많은 공항으로 관제탑이 운용되고 레이다 접근관제업무가 제공되는 공항주변의 공역으로서 국토교통부장관이 공고한 공역이다. 인천, 김포, 제주국제공항을 중심으로 각각 지정되어 있다.

③ C등급 공역

모든 항공기에게 항공교통관제업무가 제공되지만, 시계비행을 하는 항공기 간에는 교통정보만 제공되는 공역이다. 인천 비행정보구역 중 계기비행 운항이나 승객 수송이 많은 공항으로 관제탑이 운용되고 레이다 접근관제업무가 제공되는 공항주변의 공역으로서 국토교통부장관이 공고한 공역이다. 광주, 사천, 원주, 강릉, 중원, 서산, 포항, 군산, 김해, 대구, 예천공항을 중심으로 각각 지정되어 있다.

④ D등급 공역

모든 항공기에게 항공교통관제업무가 제공되지만, 계기비행을 하는 항공기와 시계비행을 하는 항공기 및 시계비행을 하는 항공기 간에는 교통정보만 제공되는 공역이다. 인천 비행정보구역 중 국토교통부장관이 공고한 공역이다. 청주, 서울, 수원, 성무, 양양, 평택, 울산, 여수, 무안, 목포, 정석, 진해, 이천, 울진, 속초, 오산, 논산공항을 중심으로 각각 지정되어 있다.

⑤ E등급 공역

계기비행을 하는 항공기에게 항공교통관제업무가 제공되지만, 시계비행을 하는 항공기에게는 교통정보만 제공되는 공역이다. 인천 비행정보구역 중 A, B, C 및 D등급 공역 이외의 관제공역으로서, 영공(영토 및 영해 상공)에서는 평균 해수면 또는 지표면으로부터 1,000ft 이상, 60,000ft 이하, 공해상에서는 평균 해수면에서 5,500ft 이상, 60,000ft 이하의 국토교통부장관이 공고한 공역이다.

⑥ F등급 공역

비관제 공역으로서 계기비행을 하는 항공기에는 비행정보업무와 항공교통조언업무가 제공되지만, 시계비행을 하는 항공기에게는 비행정보업무만 제공되는 공역이다.

⑦ G등급 공역

모든 항공기에게 비행정보업무만 제공되는 공역이다. 인천 비행정보구역 중 A, B, C, D, E 등급 이외의 비관제공역으로서 영공(영토 및 영해 상공)에서는 평균 해수면 또는 지표면으로부터 1,000ft 미만, 공해상에서는 평균 해수면에서 5,500ft 미만과 60,000ft 초과의 국토교통부장관이 공고한 공역이다.

14.1.2 시정과 시계비행

다음과 같은 기상조건 이상일 때를 시계비행 기상조건이라 하고, 시계비행 기상조건일 때에는 시계비행방식 또는 계기비행방식으로 비행하지만 시계비행 기상조건이 아닐 때에는 반드시 계기비행방식으로 비행하여야 한다.

공항의 **시정**(visibility)은 지표면의 검은 물체를 눈으로 확인할 수 있는 최대의 수평거리를 말하고, 표 14.1의 **비행시정**(flight visibility)은 비행 중인 항공기의 조종사가 눈으로 구름을 확인할 수 있는 수평거리를 말한다.

표 14.1 시계상의 양호한 기상상태(항공안전법 시행규칙 별표24)

공역		최저비행시정	구름으로부터의 거리
A 등급		미적용	미적용
B, C, D, E, F, G 등급	해발 3,050m(10,000ft) 이상	8km	수평으로 1,500m(5,000ft), 수직으로 300m(1,000ft)
	해발 3,050m(10,000ft) 미만, 해발 900m(3,000ft) 또는 장애물 상공 300m(1,000ft) 중 높은 고도 초과	5km	
B, C, D, E 등급	해발 900m(3,000ft) 또는 장애물 상공 300m(1,000ft) 중 높은 고도 이하		
F, G 등급			지표면을 육안으로 식별 및 구름을 피할 수 있는 거리

14.1.3 계기비행

계기비행 기상조건에서는 반드시 계기비행방식으로 비행해야 하지만 시계비행 기상조건에서 계기비행방식으로 비행하는 것은 문제가 되지 않는다.

계기비행은 주로 항공기의 자세계, 속도계, 고도계, 승강계, 기수방위 지시계뿐 아니라 지상 및 공중충돌방지장치, 기상레이다 등의 안전한 비행을 위한 각종 장비를 참조하면서 비행하는 방식이므로 구름 속이나 야간에도 비행이 가능하다. 따라서 계기비행은 계기에 대한 정확한 이해를 위해 각종 계기들의 작동원리와 각 계기들 간의 상관관계 등에 대하여 충분히 이해하여야 한다.

14.2 항공기상

항공기는 출발 공항에서 이륙하여 목적지 공항에 착륙할 때까지 공기중을 움직이는 물체이므로 기상은 항공기의 운항에 밀접하게 관계되어 있다.

항공기 운항을 위한 기상정보는 공항 정시 기상관측보고(METAR; Aerodrome Routine Meteorological Report), 공항예보(TAF; Terminal Aerodrome Forecasts), 이륙하는 항공기에 제공되는 이륙예보(take-off forecast), 착륙하는 항공기에 제공되는 착륙예보(landing forecast) 및 항로상에 위험한 기상현상을 예보하는 중요기상 예보(significant weather forecast) 등이 있다.

이·착륙하는 항공기의 운항에 영향을 미치는 공항 주변의 기상현상은 풍향 및 풍속, 시정, 눈이나 비 등의 강수현상, 안개 등과 같은 시정장애현상, 뇌우 등과 같은 위험한 기상현상, 구름의 양과 높이, 기온, 기압 등이 있다. 또 항로상의 기상현상은 풍향 및 풍속, 기온, 기압, 구름 등이 있으나 특히 비행에 위험을 일으키는 기상현상으로는 난기류(turbulence), 착빙(icing), 뇌우(thunderstorm) 등이 있다.

14.2.1 공항기상

(1) 공항 정시 기상관측보고(METAR)

항공기의 이륙 또는 착륙을 위해 공항의 현재 기상을 관측하여 국제적으로 합의된 부호를 사용하여 다음과 같은 형식으로 통보된다.

① METAR라는 지시자(identification of the type of report)에 이어 관측공항의 명칭(location indicator)이 ICAO에 등록된 네 자리의 알파벳으로 표시된다.

② 관측일시(time of the observation)는 국제표준시(UTC)의 두 자리의 날짜와 두 자리의 시간과 두 자리의 분 뒤에 Z가 붙어 표시된다.

③ 항공기 운항에 필요한 기상 값으로 바람(surface wind), 시정(visibility), 활주로 가시거리(RVR; Runway Visual Range), 현재기상(present weather), 구름(cloud), 기온(temperature)과 노점온도(dew-point temperature), 기압(pressure values)의 순서로 표시된다.

④ 기타 필요한 부가정보(supplementary information)와 경향예보(trend forecast)가 표시된다. 경향예보란 공항으로부터 1시간 이내의 비행거리에 있는 착륙하려는 항공기에 필요한 기상정보를 제공하기 위한 목적으로 공항 정시 기상관측보고(METAR) 시간으로부터 2시간 이내에 예상되는 기상예보를 말하며 착륙예보(landing forecast)라고도 한다.

• 공항 정시 기상관측보고(METAR)의 예문

```
METAR RKSI 190900Z 35001KT CAVOK 05/M03 Q1021 NOSIG=
METAR RKSS 232300Z 33004KT 9999 FEW025 M18/M27 Q1025 NOSIG=
METAR RKPC 230800Z 35011KT 0500 R07/0500U R25/0750U SHSN FEW004 SCT015 BKN030
M02/M03 Q1027 WS ALL RWY NOSIG=
```

(2) 공항예보(TAF)

공항을 대표하는 기상예보로서 일정한 기간 동안 공항에서 예상되는 우세한 기상현상에 대하여 국제적으로 합의된 부호를 사용하여 다음과 같은 형식으로 통보된다.

① TAF라는 지시자(identification of the type of forecast)에 이어 공항의 명칭(location indicator)이 ICAO에 등록된 네 자리의 알파벳으로 표시된다.

② 예보가 발표된 시각(time of issue of forecast)이 날짜, 시각, 분의 국제표준시(UTC)의 여섯 자리 뒤에 Z가 붙어 표시된다.

③ 예보의 유효기간(days and period of validity of forecast)은 예보의 시작과 끝의 사이에 "/"로 구분되고 날짜와 시간의 국제표준시(UTC)로 표시된다. 국제선을 운항하는 국제공항은 하루에 네 번 6시간마다 새로운 예보가 발표되고(00, 06, 12, 18UTC) 각각 30시간 후까지 예보된다.

④ 바람(surface wind), 시정(visibility), 예상기상(weather), 구름(cloud), 기온(temperature)이 국제적으로 약속된 규칙과 기호에 따라 표시된다.

⑤ 예보기간 동안에 예상되는 기상현상의 변화경향에 대하여 BECMG(becoming), TEMPO (temporary), FM(from), PROB30(발생확률 30% 이상), PROB40(발생확률 40% 이상)가 적절히 표시되고 이어서 그 기간에 예상되는 기상현상이 표시된다.

• 공항예보(TAF)의 예문

```
TAF RKSI 190500Z 1906/2012 30006KT CAVOK TN00/1921Z TX08/2006Z
    BECMG 1911/1912 07005KT
    BECMG 1921/1922 04006KT 4200 BR NSC
    BECMG 1923/1924 07006KT 6000 NSW
    BECMG 2006/2007 01005KT CAVOK
    BECMG 2010/2011 07006KT=
```

공항의 기상에 대한 예보는 공항예보(TAF; Terminal Aerodrome Forecasts) 외에도 공항정시기상관측보고(METAR) 뒤에 이어서 예보되는 착륙예보(Landing Forecasts), 이륙하는 항공기를 위한 이륙예보(Take-off Forecasts) 등이 있다.

14.2.2 항공기상특보

(1) SIGMET 정보

고도 10,000ft 이상의 고고도를 운항하는 항공기의 안전운항에 영향을 미칠 수 있는 기상현상의 변화에 대하여 발생하거나 발생이 예상될 때 국제적으로 합의된 약어를 사용하여 서술하는 정보다. 항공기 안전운항에 영향을 미칠 수 있는 기상현상이란 뇌우(thunderstorm), 태풍(tropical cyclone), 강한 난류(severe turbulence), 강한 착빙(severe icing), 강한 산악파(severe mountain wave), 강한 먼지폭풍(heavy duststorm) 또는 모래폭풍(heavy sandstorm), 화산재(volcanic ash), 방사성 구름(radioactive cloud) 등을 말한다. 그 기상현상의 발생이 예상되는 시각으로부터 4시간 이내에 발표된다. 다만 화산재와 태풍에 대한 SIGMET은 사전에 경고하기 위해서 발생예상시간으로부터 12시간 이내에 발표된다. SIGMET의 유효시간은 4시간을 초과하지 않아야 하며, 화산재 구름과 태풍과 같은 특별한 경우의 유효시간은 6시간을 초과하지 않아야 한다.

(2) AIRMET 정보

고도 10,000ft 이하의 저고도를 운항하는 항공기에 영향을 미칠 수 있는 기상현상의 변화에 대하여 발생하거나 발생이 예상될 때 국제적으로 합의된 부호를 사용하여 서술하는 정보다. 저고도 운항 항공기에 영향을 미칠 수 있는 기상현상이란 뇌우(thunderstorm), 보통의 난류(moderate turbulence), 적란운(cumulonimbus clouds) 또는 탑상적운(towering cumulus clouds), 지상 강풍(surface strong wind), 계기비행 지상시정(visibility), 보통의 착빙(moderate icing), 산악파(mountain wave) 등을 말한다. 그 기상현상의 발생이 예상되는 시각으로부터 4시간 이내에 발표되고, AIRMET의 유효시간은 4시간을 초과하지 않아야 한다.

(3) 공항경보(aerodrome warnings)

공항에 주기 중인 항공기를 포함하여 지상에 이동 중인 항공기, 공항시설 및 공항업무에 영향을 미칠 수 있는 태풍, 황사, 운고, 저시정, 강풍, 호우, 대설, 뇌우, 어는 강수, 서리, 지진해일, 화산재 침전물, 유독화학물질 등의 기상현상이 예상될 때 발표되는 정보다.

(4) 윈드시어경보

풍향이나 풍속이 갑작스럽게 바뀌는 현상을 윈드시어(wind shear)라고 하며, 항공기 이·착륙에 특히 위험한 기상현상이다. 활주로 표면으로부터 고도 1600ft(500m) 사이의 활주로 연장선에 있는 이·착륙 항공기에게 영향을 미칠 수 있는 윈드시어가 관측되거나 예상되는 경우에 발표되는 정보다.

14.2.3 일기도

일기도란 어느 시각의 기상현상이나 예상되는 기상현상을 숫자, 기호, 선으로 지도에 표시한 것을 말한다. 일기도를 해석하고, 항공기 운항의 안전에 미치는 영향을 예상함으로써 위험기상을 회피하거나 경제적인 운항을 계획하거나 실행할 수 있다.

(1) 일기도의 종류

일기도는 실제의 기상현상을 관측한 결과를 바탕으로 실제의 대기상태를 표현한 **분석일기도**(analysis weather chart), 관측한 값을 바탕으로 분석하여 수시간 또는 수일간의 대기상태를 예상한 **예상일기도**(forecast weather chart)로 나눌 수 있다.

또한 항공기상에서 주로 사용하는 일기도로서 지표에서의 기상 및 대기상태를 표현한 **지상일기도**(surface weather chart)와 지표면 상층의 기상 및 대기상태를 표현한 **상층일기도**(upper weather chart)가 있다.

(2) 일기도의 생산 및 배포

항공기상에 사용되는 일기도의 종류는 무수히 많지만 이 일기도를 생산하여 항공관계자들에게 배포하는 기관은 크게 세 가지 기관으로 구분할 수 있다. 국가에 따라 민간사업자들이 일기도를 생산하여 배포하거나 국가기관에서 생산한 일기도를 민간이 배포하는 경우도 있다.

① **세계공역예보센터(WAFC; World Area Forecast Center)**

국제민간항공기구(ICAO)와 **세계기상기구**(WMO)의 규정에 따라 미국의 캔자스시티(Kansas City)에 있는 **워싱턴 세계공역예보센터**(WAFC) 및 영국의 블랙넬(Blacknell)에 있는 **런던 세계공역예보센터**(WAFC)의 두 곳에서 전 세계의 공역예보도를 작성하여 인공위성 또는 인터넷망을 경유하여 전 세계에 동시에 배송하고 있다.

② **지역특별기상센터(RSMC; Regional Specialized Meteorological Center)**

세계기상기구(WMO)는 세계 각 지역별로 지역특별기상센터를 지정하여 각 관할 지역에 해당하는 일기도를 작성하여 배포한다.

특히, 태풍으로 발전하는 열대저기압의 발생과 진행을 감시하기 위해 미국 등 여섯 개 지역에 열대저기압 지역특별감시센터를 두고 있고, 아시아 지역은 일본의 **태풍감시센터**(TCAC; Tropical Cyclone Advisory Center)가 담당한다(그림 14.1). 또한, 화산의 폭발로 발생하는 화산재의 확산은 항공기 운항에 심각한 피해를 줄 수 있으므로 미국 등 아홉 개 지역에 **화산재 경보센터**(VAAC; Volcanic Ash Advisory

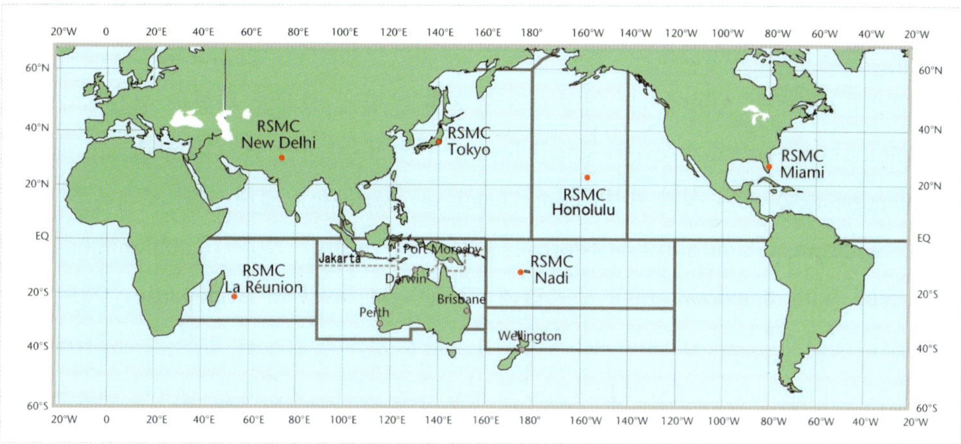

그림 14.1 태풍 감시센터(TCAC)

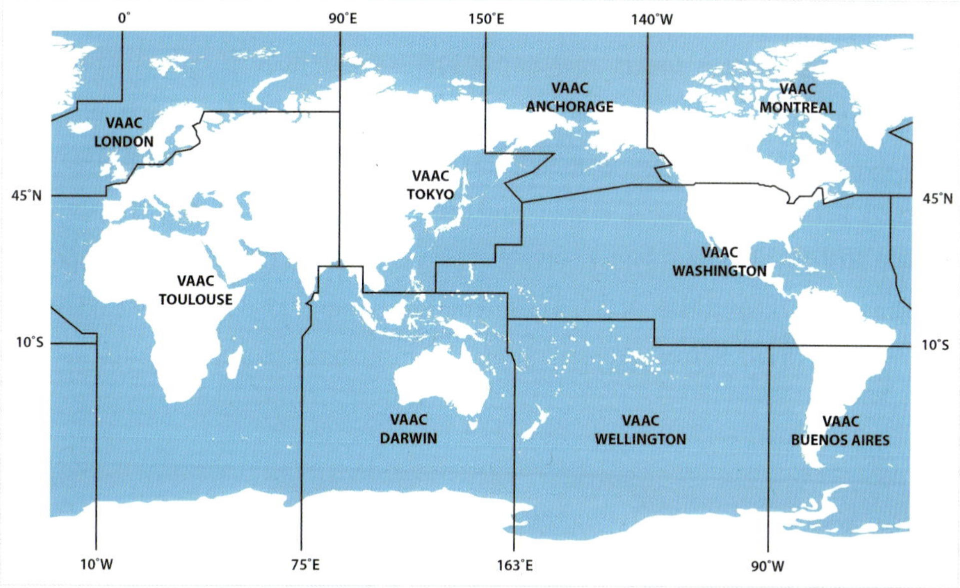

그림 14.2 화산재 경보센터(VAAC)

Center)를 두고 있고, 아시아 지역은 일본의 기상청에서 담당하고 있다(그림 14.2).

③ 각 국가 기상당국

각국의 기상예보센터가 당해 국가에서 정한 규정에 따라 각종 일기도를 작성하여 당해 국내외에 배포한다. 우리나라의 경우 기상청 또는 항공기상청에서 일기도를 작성하여 배포한다.

14.2.4 위험기상

국제민간항공기구(ICAO)에서는 항공기의 안전한 운항에 심각한 위험을 끼칠 수 있는 태풍(typhoon), 심한 스콜선(severe squall lines), 보통 또는 심한 난기류(moderate or severe turbulence), 보통 또는 심한 착빙(moderate or severe icing), 넓게 퍼진 모래폭풍 또는 먼지폭풍(widespread sandstorm/duststorm), 천둥번개를 동반한 적란운(cumulonimbus clouds associated with thunderstorms), 권계면의 고도(flight level of tropopause), 제트기류(jet streams), 화산재 구름(volcanic ash clouds), 대기 중으로 방출된 방사성 물질(release of radioactive materials) 등을 위험기상으로 분류하고 있다. 항공운항 관계자들은 비행계획 단계에서부터 이 위험기상을 회피하기 위한 노력을 아끼지 말아야 한다. 여기서는 태풍과 난기류, 착빙, 뇌우에 대하여 알아본다.

(1) 태풍

태풍(typhoon)은 강한 바람과 상승기류에 의한 난기류, 폭우 및 천둥번개를 동반하기 때문에 항공기의 안전운항에 대단히 위협적이다. 태풍이 가장 많이 발생하고 피해가 막대한 아시아·태평양 지역에서는 열대 지방에서 발생한 저기압 중심부의 최대풍속이 17m/s (34kts)에 도달하면 태풍이라고 한다. 그러나 세계기상기구(WMO)에서는 열대저기압 중심에서의 최대풍속이 17m/s(34kts) 미만일 때는 열대저기압(TD; Tropical Depression), 17~24m/s(34~47kts)일 때를 열대폭풍(TS; Tropical Strom), 25~32m/s (48~63kts)일 때를 강한 열대폭풍(STS; Severe Tropical Strom), 33m/s(64kts) 이상이 되면 비로소 태풍(T.

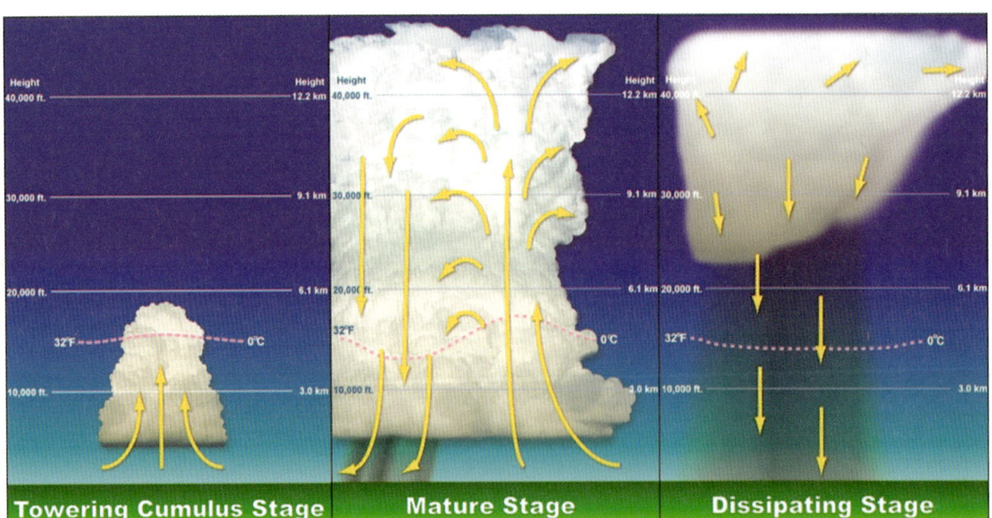

그림 14.3 뇌우의 발생, 성숙, 소멸 단계 (© FAA AC 00-68 Ariation Weather)

Typhoon)이라고 분류한다. 열대저기압이 발생한 위치에 따라 남북태평양 지방에서는 태풍(typhoon), 남북인도양에서는 사이클론(cyclone), 북대서양에서는 허리케인(hurricane)이라고 부른다.

(2) 난기류

난기류(turbulence)란 대기 중의 짧은 거리 내에서 풍향 혹은 풍속이 현저하게 변하는 경우, 그 지역을 비행하는 항공기가 심하게 흔들리는 현상 또는 그와 같은 기류를 말한다. 난기류는 여러 가지 원인이 복합적으로 작용하여 발생하지만 크게 나누면 대류현상에 의한 원인, 지형 또는 건축물에 의한 공기의 흐름장애로 인한 원인, 풍향 또는 풍속의 순간적인 변화인 윈드시어에 의한 원인, 항공기의 비행의 결과로 생기는 난기류 등으로 나눌 수 있다.

(3) 착빙

항공기의 기체에 얼음이 얼어붙는 현상을 착빙(icing)이라고 한다. 착빙은 항공기의 운항에 매우 위험한 기상요소로서 얼음으로 인한 항공기 중량 및 항력의 증가, 공기흐름의 방해로 인한 양력의 감소와 함께 엔진의 추진력을 감소시키는 등 여러 종류의 영향을 동시에 또는 복합적으로 일으킨다. 뿐만 아니라 항공통신의 장애, 각종 항법계기의 오차발생, 조종면 또는 착륙장치의 조작곤란을 일으키기도 한다. 이러한 착빙현상은 항공기의 실속속도를 증가시키고 항공기의 안정성 및 조작에 극단적으로 위험한 영향을 미칠 수도 있다.

(4) 뇌우

뇌우(thunderstorm)는 번개(lightening)와 천둥(thunder)을 동반한 국지적인 강풍(storm)을 말하고 모든 뇌우는 적란운(CB)에서 발생한다. 뇌우는 강한 난기류와 착빙, 우박, 폭우, 돌풍, 낙뢰뿐만 아니라 강한 상승기류로 인한 용오름현상도 동반하므로 항공기의 운항에 매우 위험한 기상현상이다. 공항에 뇌우가 발생하면 이·착륙을 중단하거나, 항로비행에서는 코스나 고도를 변경하는 등 회피비행을 하여야 한다.

14.3 비행계획

항공기 운영자는 항공기의 안전한 운항을 위해 관련기구와 긴밀한 협조가 필요하다. 비행인가를 주고, 기상정보를 제공하며, 항로상의 통신 유지 등 많은 정보를 제공하는 항공교통업무기관과의 협조는 특히 중요하다. 이러한 방법의 하나가 비행계획이다. 비행계획

(flight planing)은 비행계획서를 작성하기 위한 정보의 수집단계와 수집된 정보를 이용하여 비행계획서를 작성하는 단계로 나눌 수 있다. 비행계획은 비행방식, 항공기의 종류, 항공기에 장착된 엔진의 종류 등에 따라 수집하는 정보의 종류 또는 비행계획서의 작성방법이 상이하다.

비행계획서는 수집된 정보를 바탕으로 운항관리사 또는 조종사가 항공 관련 법률과 국제적으로 규정된 표준규정에 따라 작성한다.

14.3.1 정보의 수집

(1) 운항정보

운항정보는 항공기 운항을 관리하기 위해 필요한 항공기의 편명, 기종, 엔진의 종류, 노선, 출발 및 도착예정 공항 및 시간을 비롯하여 탑승승무원의 수, 탑승예정 여객의 수, 탑재예정 화물 및 우편물의 종류와 중량 등과 같은 기본정보들을 말한다. 특히, 항공기의 일부 부품이 없거나 일부 시스템의 고장 등이 발생한 경우에 출발이 가능하다는 판단기준이 필요하다. 그 판단기준으로 **최소장비목록**(MEL; Minimum Equipment List)과 **외형변경목록**(CDL; Configuration Deviation List)을 확인하여 특별한 운항조건, 제한사항, 절차 등이 있는지 확인하여야 한다. 이러한 운항정보는 항공사 내부의 각종 시스템과 연결되어 운항관리 시스템에서 실시간으로 계산되어 확정되는 것이 일반적이다.

(2) 항공정보

항공정보란 항공기의 안전(safety)하고, 질서(regularity) 있고, 효율(efficiency)적인 운항을 위하여 국가기관에서 배포하는 운항에 필요한 자료와 정보를 말한다. 비행계획서를 작성하기 전에 운항하고자 하는 출발지 공항, 목적지 공항, 교체공항(이륙 교체공항, 항로상 교체공항, 목적지 교체공항을 포함), 항로상의 항공정보를 해당국가의 항공정보간행물, 항공정보회람, 항공고시보 등을 통하여 필요한 정보를 빠짐없이 수집하여야 한다. 이와 같은 항공정보집들에 대한 국제적인 표준은 국제민간항공기구 부속서 15(ICAO Annex 15)에 기술되어 있다. 대표적인 **항공정보집**의 종류는 다음과 같다.

① 항공정보간행물(AIP; Aeronautical Information Publication)

비행장의 물리적 특성 및 이와 관련된 시설의 정보, 항공로를 구성하는 항행안전시설의 형식과 위치, 항공교통관리, 통신 및 제공되는 기상업무 그리고 이러한 시설 및 업무와 관련된 기본절차가 포함되어 있다. 항공정보간행물은 크게 다음과 같은 세 가지 분야로 구분되어 있다.

- PART 1. 일반사항(GEN): 다섯 개의 절(section)로 구성되며, 항공고시보의 발행을 요

구하지 않는 행정 및 설명에 관한 정보가 포함되어 있다.

- PART 2. 항공로(ENR): 일곱 개의 절(section)로 구성되며, 공역과 공역의 사용에 관한 정보가 포함되어 있다.
- PART 3. 비행장(AD): 네 개의 절(section)로 구성되며, 비행장과 헬기장 및 비행장과 헬기장의 사용에 관한 정보가 포함되어 있다.

② 항공정보회람(AIC; Aeronautical Information Circular)

항공정보간행물 또는 항공고시보의 발간대상이 아닌 항공정보를 공지하기 위해 발행되며, 비행의 절차 또는 각종 시설의 중요한 변경사항을 장기간에 걸쳐 사전에 통보하여야 하는 경우나 설명이나 조언이 필요한 정보 또는 행정적인 특징을 가진 정보 등이 포함되어 있다.

항공정보회람은 그 주제에 따라 흰색은 행정, 노란색은 항공교통관제, 분홍색은 안전, 엷은 자주색은 위험지역의 지도, 녹색은 지도 또는 도표로 각각 문서의 색깔이 다르게 발행된다.

③ 항공고시보(NOTAM; Notice To Airmen)

항공정보의 발효기간이 일시적 또는 단기간이거나, 운영상 중요한 사항의 영구적인 변경 또는 장기간의 일시적인 변경사항으로서 짧은 시간 내에 운항관계자에게 알려 줄 필요가 있는 경우에 발행된다. 항공기 운항에 제한이 되는 사항이 갑자기 통보되므로 세심한 분석이 필요하다.

항공고시보는 그 종류에 따라 처음으로 발행되는 신규 항공고시보는 NOTAMN, 발행된 항공고시보가 수정되어 대체되는 경우는 NOTAMR, 발행된 항공고시보가 취소되는 경우는 NOTAMC로 표시되어 발행된다.

(3) 기상정보

기상으로 인한 운항의 제한 사항을 확인하기 위하여 출발지, 목적지, 교체공항의 기상정보인 **정시기상관측보고**(METAR) 또는 **특별기상관측보고**(SPECI) 및 **공항예보**(TAF)를 수집하고 각 공항이 포함된 지상 실황일기도 및 예상일기도를 수집하여 운항예정시간의 기상의 변화경향을 예측한다. 또한 운항예정항로의 상층 등압면 예상일기도와 위험기상 예상일기도 및 바람과 기온을 예측한 일기도 등을 수집하여 항공기 탑재연료의 계산 자료 및 안전운항을 위한 항로 및 고도 선정을 위한 자료로 사용한다.

비행계획서의 작성과정은 컴퓨터시스템의 발달로 인하여 항로가 선정되면 최적의 비행계획서가 자동으로 작성되는 것이 일반적이다. 항법에 필요한 풍향, 풍속, 기온 등을 예측한 최신자료를 시스템이 자동으로 입수하여 비행계획서 작성용 시스템에 반영한다.

(4) 기타정보

비행계획서 작성을 위한 직접적인 정보 외에도 다른 항공사의 비정상운항 정보, 해당국가 또는 공항과 관련된 자료를 포함한 해당 항공기의 운항에 직접 또는 간접적으로 영향을 미칠 수 있는 모든 정보를 수집하여 비행계획서 작성에 참조하거나 운항결정의 자료로 사용한다.

14.3.2 비행계획서의 작성

비행계획서는 운항하려는 항공사가 작성하는 **운항비행계획서**(OFP; Operational Flight Plan)와 국제표준양식에 따라 항공교통관제기관에 제출하는 **항공교통업무용비행계획서**(ATS FP; Air Traffic Service Flight Plan)로 나눌 수 있다.

(1) 운항비행계획서

출발공항과 목적지 공항 및 교체공항에 대하여 항공기 성능에 따른 운항제한사항 및 항로상에서 예상되는 조건 등을 고려하여 안전한 비행을 수행하기 위하여 항공사가 작성한 비행계획서를 말한다. 운항비행계획서를 작성하는 목적은 각 공항의 환경과 항공기 조건에 적정한 탑재량을 결정하고, 연료의 소비량을 예측하여 탑재하여야 할 연료량을 계산하며, 목적지 공항 또는 교체 공항까지 비행하는 데 소요되는 도착예정 비행시간을 계산하고, 조종사가 안전하게 비행할 수 있도록 항법을 위한 기초자료를 작성하여 조종사에게 전달하는 데 있다.

운항비행계획서는 법적으로나 국제적으로 정형화된 형식이나 구조는 없고 항공관련법에서 정한 기준을 충족하는 범위 내에서 항공사마다 약간의 차이가 있다. 일반적인 형식은 편명, 기종 및 엔진의 종류, 적용할 최소장비목록 또는 외형변경목록, 항공로명, 탑승예정 여객의 수 및 탑재예정 화물이나 우편물의 중량 등이 기록된 해당 항공편의 기초정보, 목적지 공항 또는 교체 공항까지 비행하는데 걸리는 예상 비행시간 및 탑재연료의 중량, 허용이륙 최대중량을 포함한 예상 이륙 중량, 예상 착륙 중량, 예상 영연료 중량 등의 중량, 각 비행지점별 통과 예정시간 및 예상 연료 소모량, 비행방향 및 고도, 예상 풍향 및 풍속과 기온 등을 포함한 비행을 위한 항법 기초자료, 기타 비행에 필요한 참조 자료와 최종적으로 법적인 책임을 명확하게 하기 위해 비행계획서를 작성한 운항관리사와 기장의 서명 부분으로 구성되어 있다.

정확하고 정밀한 계산을 위하여 비행계획서를 작성하는 전문 컴퓨터 프로그램으로 작성하기 때문에 정해진 특별한 순서에 따라 작성하지는 않지만 비행계획서를 작성하는 운항관리사가 고려하는 주요 내용과 구조는 다음과 같다.

① 운항제한 사항의 확인

수집된 운항정보와 항공정보를 바탕으로 해당편의 운항에 영향을 미칠 수 있는 제한사항에 대하여 분석하고, 필요하면 대책을 마련해야 한다.

② 기상정보의 분석

수집된 기상정보를 바탕으로 해당편의 운항에 영향을 미칠 수 있는 제한사항에 대하여 분석하고, 필요하면 대책을 세워야 한다. 특히 이 · 착륙 공항의 기상 및 활주로 상태에 따른 운항제한 사항이나 항로상의 위험기상 및 제트기류의 위치 등을 분석하여 안전하고 쾌적한 운항 및 경제적인 운항을 위한 항로 및 고도를 선정할 수 있도록 해야 한다.

③ 교체 공항의 선정

비정상적인 사태의 발생에 대비하여 **교체공항**(alternate aerodrome)을 선정하여야 한다. 교체 공항은 착륙예정 공항에 착륙이 불가능하거나 적절하지 않다고 판단되는 경우, 항공기가 착륙하였을 때 필요한 업무와 시설을 이용할 수 있는 공항으로서 항공기 성능 요구사항이 충족되어야 하며, 시간적으로 운영이 가능한 공항이 선정된다.

④ 항공로(항로)의 선정

항로는 국내항로와 국제항로로 구분하고, 또한 그 항로를 비행하는 항법에 따라 통상항로와 **성능기반항법**(PBN; Performance Based Navigation)항로로 분류할 수 있다.

항공기는 장거리를 운항하고 다른 교통수단에 비하여 많은 연료를 소모하는 교통수단이므로 항공기의 운항효율을 높이기 위하여 최대한 빠르게 운항하여야 한다. 고속으로 운항하기 위해서는 필연적으로 항공기의 추진력을 증가시켜야 하므로 연료 소모가 증가하게 되고 연료단가 상승에 따라 연료비 부담이 증가하게 되므로 속도와 연료소모량의 두 가지 요소를 적절히 조합하여 최적의 비행계획서를 작성하여야 한다.

⑤ 순항고도의 선정

항로가 결정되면 지정된 항공기가 그 항로를 비행하기에 최적인 고도를 선정하여야 한다. 순항고도를 결정하는 데 고려하여야 할 요소는 이륙항공기의 중량과 항공기의 성능 및 항로상의 기상요소 등이 있다. 또한 장거리 운항에서는 비행이 계속됨에 따라 탑재연료가 소모되면서 항공기의 중량이 점점 가벼워짐에 따라 순항고도를 상승시켜 연료소모를 줄이는 등의 검토가 필요하고 이러한 순항 중의 단계상승(step climb)이 비행계획서에 반영되어야 한다.

⑥ **비행시간의 계산**

비행시간은 항공기 제작사에서 시험비행을 거쳐 작성된 각 기종별 항공기 성능 규정에 따라 산출한 **진대기속도**(TAS; True Air Speed)를 풍향 및 풍속을 고려한 **대지속도**(GS; Ground Speed)로 환산하여 계산한다.

⑦ **탑재 연료량의 계산**

항공기에 탑재하여야 하는 연료량은 크게 두 가지로 나눌 수 있다. 첫째는 국가가 정한 규정에 따라 반드시 탑재하지 않으면 안 되는 연료량으로서 이를 법정연료라고 한다. 둘째는, 항공사의 판단, 즉 조종사나 운항관리사의 판단에 따라 법정연료에 추가하여 탑재하는 연료가 있다. 이는 항공사의 연료 정책(fuel policy)에 따라 해당 항공편의 안전성, 효율성, 경제성 등의 관점에서 매 편 결정하여 탑재하는 연료다.

탑재연료의 법적기준은 항공운송사업 또는 운항방식에 따라 다르지만, 항공운송사업용의 계기비행으로 교체공항이 요구되는 경우의 법에서 정한 탑재연료의 종류는 다음과 같다.

- **지상활주연료**(taxi fuel): 항공기가 출발을 위하여 엔진의 시동 후 이륙을 위하여 이동하는데 사용하는 연료
- **운항연료**(trip fuel): 이륙 후 목적지 공항에 정상적으로 착륙하는데 필요한 연료
- **보정연료**(contingency Fuel): 예상치 못한 요인에 대비하기 위한 연료로서 계획된 운항연료의 5퍼센트 또는 목적지 공항의 상공 450m(1,500ft)에서 정해진 체공속도로 5분 동안 비행하기 위해 필요한 연료량보다 많은 양의 연료
- **목적지 교체공항 연료**(destination alternate fuel): 목적지 공항에 착륙하지 못하여 목적지 교체공항으로 회항하여 그 공항에 착륙할 때까지 필요한 연료
- **최종예비연료**(final reserve fuel): 목적지 교체공항에서도 정상적으로 착륙하지 못하는 경우를 대비하여 탑재하는 연료로서 교체공항의 450m(1,500ft)의 상공에서 국제표준대기(ISA)를 가정하고 30분간 체공하는데 필요한 연료

⑧ **허용최대이륙중량(AGTOW; Allowable Gross Takeoff Weight)의 계산**

해당 항공기가 출발공항에서 이륙할 수 있는지를 확인하기 위하여 허용최대이륙중량을 계산하여야 한다. 계산하는 방법은 다음의 네 가지 중량을 각각 계산하여 그 중에서 가장 적은 중량이고 어떠한 경우에도 이 중량을 초과하여 이륙해서는 안 되는 중량이다.

- 항공기의 구조적 강도에 따라 설정된 최대 이륙중량으로서 그 항공기 제작사에서 이륙제한 중량으로 지정한 중량
- 출발공항의 활주로 길이, 활주로 상태, 활주로 경사도, 풍향 및 풍속, 기온, 기압,

이륙 후 상승단계에 존재하는 장애물의 높이 등을 고려하여 이륙할 수 있는 최대 이륙중량(Max. Take-off Weight)

- 목적지 공항의 상태를 고려한 최대 착륙중량(Max. Landing Weight)과 운항연료(Trip Fuel)를 더한 중량
- 제작사에서 승인받은 최대 영연료 중량(Max. Zero Fuel Weight)과 이륙시에 탑재할 총 연료 중량(TOF; Take-Off Fuel)을 더한 중량

⑨ 항법자료의 계산

항법자료는 조종사가 비행을 하면서 참조하고 확인하기 위한 자료로서 이륙 후, 상승, 순항, 강하, 착륙에 이르는 항로명칭, 순항고도, 항로상의 경로점(waypoint)의 명칭, 그 지점의 위도 및 경도의 좌표, 지점과 지점간의 거리, 각 지점을 통과하는데 걸리는 예상시간 및 소모 연료의 중량, 각 지점에서의 연료 잔량 등을 상세히 표시 또는 계산한 자료다.

⑩ 최종 검토 및 서명

비행계획서가 완성되면 관련법에서 정한 규정에 따라 작성되었다는 것을 보증하기 위하여 자격을 가진 운항관리사가 서명을 하게 된다. 운항관리사는 이 비행계획서를 배정된 기장에게 관련 자료를 첨부하여 상세히 브리핑을 하고, 기장은 운항관리사의 설명을 듣고 검토하여 필요하면 의견을 제시하여 수정을 요구할 수도 있다. 최종적으로 양자가 합의에 이르면 기장도 비행계획서에 서명함으로써 비로소 그 비행계획서는 법적인 효력을 발생한다.

(2) 항공교통업무용 비행계획서

운항비행계획서를 근거로 계획된 비행 또는 비행의 일부분을 국제민간항공기구(ICAO)가 정한 표준양식에 따라 항공교통업무기관에 제출하여 항공교통업무를 지원받기 위해 일정한 정보를 기록한 것을 **항공교통업무용 비행계획서**(Air Traffic Service Flight Plan)라고 한다. 어떤 특정 노선에 일정 기간 빈번하고 반복적이며 정기적으로 비행하는 경우에는 **반복비행계획서**(RPL; Repetitive flight Plan List)를 국제표준양식에 따라 작성하여 항공교통업무기관에 제출할 수도 있는데 우리나라의 경우 일부 국내선의 정기편에 사용하고 있다.

① 국제민간항공기구(ICAO) 표준양식

항공교통업무용 비행계획서는 국제민간항공기구(ICAO)에서 정한 국제 표준양식에 따라 작성하여 항공교통업무기관에 제출하여야 하고 그 표준양식은 표 14.2와 같다.

각 항목은 첫째 칸부터 자료의 입력을 시작하고 남는 공간이 있으면 사용되지 않은 공

간으로 비워두며, 모든 시간은 네 자리 국제표준시각(UTC)으로 입력하여야 하고, 예상 소요시간은 네 자리의 시간과 분으로 입력하여야 하며, 모든 항목은 영문자의 대문자로 기입하여야 한다.

② 비행계획서의 제출

국제민간항공기구(ICAO)는 출발예정시간으로부터 120시간보다 더 일찍 제출하는 것은 금지하고, 늦어도 출발하기 전에 제출하도록 권고하고 있다. 그러나 각 국가별로 항공정보간행물(AIP)의 항로(ENR)편에 제출시간 및 제출처가 명시되어 있으므로 사전에 확인하여야 한다.

국제표준양식을 작성하여 직접 지정 제출기관에 제출할 수도 있지만 현재는 이 양식의 순서에 맞춘 전문형식(message type)으로 항공사의 시스템을 통하여 직접 제출는 것이 일반적이다.

14.3.3 출발 전 준비

공항에서는 안전운항과 정시운항을 위해 여객운송부문, 화물운송부문, 정비부문, 운항부문, 각 업무의 지원부문 등 다양한 업무를 서로 협조하면서 수행하지 않으면 안 된다.

(1) 여객운송부문

여객운송업무는 일부 여객의 예약과 발권업무도 포함하지만 업무의 대부분은 항공기에 탑승하는 승객에 대한 업무라고 할 수 있다. 여객의 출국관련 업무 및 탑재할 수하물에 대한 업무와 탑승에 관한 일련의 업무를 수행한다.

(2) 화물운송부문

화물운송업무는 화물, 우편물, 여객의 수하물 등을 정해진 위치에 안전하게 탑재하는 일련의 업무를 수행한다. 탑재하는 화물이나 수하물이 위험물(dangerous goods)인 경우에는 국제적으로 정한 위험물 운송규정에 따라 탑재하여야 한다.

(3) 정비부문

도착항공기 조종사로부터 항공기의 상태에 대한 브리핑을 받은 후, 확인 및 정비처치를 하여 항공기가 정상적으로 재출발할 수 있도록 항공기의 유지관리업무 등 다양한 업무를 수행한다.

표 14.2 국제민간항공기구 비행계획서 양식

(국토교통부 고시, 고정익 항공기를 위한 운항기술기준)

FLIGHT PLAN
비행계획서

PRIORITY 전문우선순위 <<≡ FF→ | ADDRESSEE(S) 수신처 <<≡

FILING TIME 제출시간 → | ORIGINATOR 발신처 <<≡

SPECIFIC IDENTIFICATION OF ADDRESSEE(S) AND/OR ORIGINATOR
수신처 및 발신처의 특정 식별부호

3 MESSAGE TYPE 전문종류 <<≡ (FPL – | 7 AIRCRAFT IDENTIFICATION 항공기 식별부호 – | 8 FLIGHT RULES 비행규칙 | TYPE OF FLIGHT 비행의 종류 <<≡

9 NUMBER 댓수 – | TYPE OF AIRCRAFT 항공기 형식 / | WAKE TURBULENCE CAT. 최대이륙중량 등급 – | 10 EQUIPMENT 탑재장비 <<≡

13 DEPARTURE AERODROME 출발비행장 – | TIME 출발예정시간 <<≡

15 CRUISING SPEED 순항속도 – | LEVEL 고도 → | ROUTE 예정비행항공로 <<≡

TOTAL EET 총예상소요비행시간

16 DESTINATION AERODROME 목적비행장 – | HR MIN 시간 분 → | ALTN AERODROME 주 교체비행장 → | 2ND. ALTN AERODROME 부 교체비행장 <<≡

18 OTHER INFORMATION 기타정보 –)<<≡

SUPPLEMENTARY INFORMATION (NOT TO BE TRANSMITTED IN FPL MESSAGE)
비행계획 전문에 포함되어 전송되지 않는 보충 정보

19 ENDURANCE 연료탑재량 | EMERGENCY RADIO 비상 무선통신장비

HR MIN 시간 분 –E/ | PERSONS ON BOARD 탑승인원수 →P/ | →R/ UHF U | VHF V | ELBA E

SURVIVAL EQUIPMENT/구급용구 | JACKETS/구명동의

→ S / POLAR Polaire P | DESERT Desert D | MARITIME Maritime M | JUNGLE Jungle J | → J / LIGHT 등화 L | FLUORES 형광 F | UHF U | VHF V

DINGHIES/구명보트

NUMBER 수량 → D / | → CAPACITY 수용인원 | → COVER 덮개 | → COLOUR 색상 <<≡

AIRCRAFT COLOUR AND MARKINGS
항공기 색상 및 무늬
A/

REMARKS
기타
→ N / <<≡

PILOT-IN-COMMAND
기장
C/)<<≡

FILED BY/제출자 | SPACE RESERVED FOR ADDITIONAL REQUIREMENTS 추가 필요사항용 공백

210㎜×297㎜(신문용지 54g/㎡(재활용품))

(4) 운항부문

① 운항브리핑

항공기 운항과 관련된 정보와 비행계획서를 운항관리사가 조종사에게 설명하고 전달하는 업무를 운항브리핑이라고 한다. 항공정보, 기상정보는 물론이고 여객 및 화물을 포함하여 항공기 운항과 관련된 모든 정보와 작성된 비행계획서에 대하여 주로 운항상 특이사항 등을 설명한다. 운항승무원은 필요한 자료를 추가로 요구하거나 설명이 부족한 경우 자세한 설명을 요구할 수 있다.

현대는 각종 통신과 시스템의 발달로 운항승무원이 운항관리사와 직접 대면하여 브리핑을 하지 않고 운항승무원이 직접 공항에 설치된 시스템을 통하여 운항과 관련된 모든 정보를 점검하는 형태의 시스템 브리핑을 실시하는 항공사가 늘어나고 있다.

② 통합브리핑

운항관리사로부터 설명을 듣고 전달받은 비행계획서를 참조하여 운항승무원이 객실승무원에게 필요한 정보를 제공하고 설명하는 등, 운항승무원과 객실승무원 간에 안전하고 쾌적한 비행을 위해 서로 정보를 교환하는 과정이다. 운항 중 비상상황 발생 시의 대책, 운항 중 예상되는 항로상의 기상현상, 출발 및 도착 공항의 주의사항 등이 포함된다.

③ 항공기의 점검

출발 항공기에 도착한 운항승무원인 부기장은 조종석 내부 점검과 출발을 위한 자료의 입력 등을 담당하고, 기장은 관련 규정이 정한 절차에 따라 외부 점검을 실시하는 방식으로 역할을 분담하여 항공기를 점검하고 준비한다. 외부점검은 항공기 외부의 손상 여부, 연료나 오일의 누출 여부, 타이어의 마모상태, 각종 외부 전등의 정상 상태 확인 등, 정비사가 점검을 마쳤지만, 운항승무원이 재점검하여 문제를 사전에 발견하는 데 초점을 두고 행하는 업무다. 객실승무원도 출입문 및 각종 장비의 이상유무, 비상탈출용 장비, 구급함, 기내식 및 각종 서비스용품 등을 확인하고 점검한다.

④ 정비브리핑

정비사가 항공기의 상태나 결함에 대하여 운항승무원에게 설명하는 과정이다. 운항승무원은 담당정비사를 통하여 항공기에 대한 설명을 듣고 연료탑재량 등을 확인하고 필요한 서류에 서명한다. 항공기 엔진의 시동을 걸어 자력으로 출발할 때까지는 수시로 담당정비사와 운항승무원이 항공기의 상태에 관하여 상호 소통하면서 안전운항 준비를 위해 노력한다.

⑤ 기상 및 항공정보 재확인

기상은 수시로 변하고 항공정보 또한 갑자기 변경될 수 있으므로 운항승무원은 출발 직전까지 기상 상황에 대하여 관찰하면서 최신 자료를 수집하거나 필요하면 운항관리사와 무선으로 협력하여 확인한다.

⑥ 출발준비

운항승무원은 승객의 탑승과정 및 화물 등의 탑재상황을 모니터하면서 비행계획서를 기초로 목적지 공항까지 안전하게 비행을 계속할 수 있는 각종 자료를 항공기의 컴퓨터 시스템에 입력하거나 실제의 최종탑재중량과 항공기의 중량중심을 확인하고 이륙의 가능 여부 및 이륙 속도 등 필요한 출발 준비를 한다.

14.3.4 중량 및 평형관리

항공기는 3차원 공간인 대기 중을 비행하는 물체이므로 항공기의 실제 중량과 항공기 전체의 무게중심이 안전 운항을 위해 대단히 중요한 요소다. 비행계획서가 각종 예상 자료를 기반으로 작성되었다면 중량 및 평형관리 업무는 모든 승무원이나 승객이 탑승하고 수하물 및 화물, 기내식, 연료 등 모든 탑재물을 탑재하고 난 이후에 이루어지는 업무이므로 시간적으로 여유가 없으나 안전운항을 위해 중요한 업무이므로 한 치의 오차도 허용되지 않는 업무다.

중량 및 평형관리 업무는 항공기의 중량(weight) 및 중심위치(center of gravity)가 제작사에서 정한 항공기의 운용한계(operational limit)를 넘지 않는지를 확인하고, 또 비행중 항공기의 정상적인 조작을 위해, 필요하면 출발하기 전에 규정된 중량과 중심위치를 조정하기 위해 수행된다.

따라서 **중량 및 평형 매니페스트**(weight and balance manifest) 또는 **로드시트**(load sheet)라고도 하는 각 실제 중량과 중심위치를 계산한 보고서가 기장에게 전달되어 출발 전에 기장이 확인하도록 항공안전법으로 정하고 있다. 이 보고서의 전달 방법은 지상의 담당부서에서 직접 운항승무원에게 전달하기도 하지만, 현대의 많은 항공기들은 데이터 통신시스템이 장착되어 있기 때문에 공간을 초월하여 지상의 담당부서에서 작성한 보고서를 직접 조종석에 전송하는 경우가 일반적이다.

14.4 운항절차

14.4.1 엔진시동 및 지상이동

기장은 항공기가 출발하는 데 문제가 없다고 판단되면 관제탑의 출발허가를 담당하는 항공교통관제사(delivery controller)에게 출발허가(ATC Clearance)를 요청한다. 항공교통관제사는 항공교통업무용 비행계획서(ATS FP)가 제출되어 있고 출발허가를 할 수 있는 상황이면 출발허가를 구두 또는 데이터통신을 이용하여 발부한다. 기장은 허가받은 내용을 복창하고 최종적으로 출발 준비상태를 확인한 후 지상이동을 담당하는 항공교통관제사(ground controller)에게 엔진의 시동을 요청한다.

시동이 완료된 후에는 모든 계기와 장비가 정상적으로 작동하는가를 확인한 후 지상이동을 담당하는 항공교통관제사에게 지상이동을 위한 허가를 요청하고 허가에 따라 지시된 유도로를 통하여 활주로로 이동한다. 이륙 활주로에 가까워지면 이·착륙 업무를 담당하는 공항관제사에게 관제통신용 주파수가 이양되고, 이륙을 위한 최종점검이 끝나면 이륙허가를 요청하고 항공교통관제사의 이륙지시를 기다린다.

14.4.2 이륙

이륙은 항공교통관제사로부터 이륙허가를 받고 항공기를 활주로로부터 공중으로 부양시키는 단계로서 순식간에 많은 양력을 발생시키기 위해 모든 비행단계 중 가장 높은 엔진의 추진력을 필요로 한다. 엔진의 힘으로 빠른 속도로 가속하는 도중에 갑자기 엔진이 정지되는 경우가 발생하면 대단히 위험한 사태가 벌어질 수 있기 때문에 이륙 단계는 여러 가지 위험요소를 고려하여야 한다.

(1) 이륙경로

이륙(take off)이란 항공기가 활주로 위의 정지 상태에서 브레이크를 해제하고 가속하여(ground roll) 활주로로부터 떨어진 후 상승하여 **이륙경로**(take-off path)의 끝에 도달할 때까지의 과정을 말한다. **이륙경로의 끝**이라 함은 이륙면상 1,500ft에 도달하든가, 항공기가 이륙형태로부터 운항형태로의 이행을 완료하여, 속도와 상승각이 규정치에 도달한 것 중 높은 고도를 말한다. 또한 **운항형태**라 함은 착륙장치와 이륙용의 플랩을 올린 상태로 엔진의 추력을 최대연속추력(MCT; Maximum Continuous Thrust)으로 상승을 개시하는 것을 말한다.

이륙경로는 지상활주(ground roll) 단계부터 1, 2, 3, 최종단계로 나누고, 1단계는 항공기의 바퀴가 활주로면에서 떨어지는 순간부터 바퀴를 접어 넣는 순간까지이고, 2단계는 활주로면으로부터 400ft의 고도에 도달한 순간까지, 3단계는 상승을 위한 준비자세까지, 최종단계는 상승을 시작하여 활주로면으로부터 1500ft 고도에 도달할 때까지를 말한다.

이륙경로에서 각 단계별로 다음과 같은 각각의 조건을 만족하여야 한다.

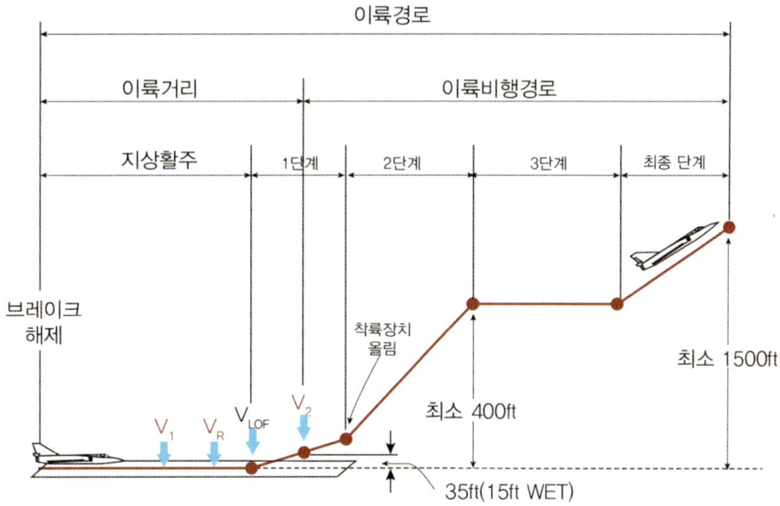

그림 14.4 이륙경로

표 14.3 이륙경로별 조건

	1단계	2단계	3단계	최종단계
착륙바퀴 상태	동체 외부로 나온 상태		접어 넣은 상태	
플랩	이륙 플랩		이행단계	상승 플랩
엔진추력 상태	이륙추력	이륙추력	이륙추력	최대연속추력
2엔진 상승율	+	2.4%	+	1.2%
3엔진 상승율	0.3%	2.7%	+	1.5%
4엔진 상승율	0.5%	3.0%	+	1.7%

이와 같은 이륙의 과정은 항공기가 활주로의 중심선을 유지하면서 가속을 진행하는 동안 항공기 동체에서 가장 멀리 떨어진 엔진 한 개(임계엔진, critical engine)가 갑자기 고장으로 멈춘 경우를 가정한다.

(2) 이륙속도

① 이륙결심속도(V_1, Takeoff Decision Speed)

이륙을 위하여 활주로에서 가속 중 이륙결심속도에 이르기 전에 임계엔진이 정지하였을 경우에는 이륙을 포기하고 항공기를 정지시켜야 하고, 이 속도 이후에 임계엔진이 정지하였을 경우에는 남은 엔진의 힘으로 가속하여 활주로의 중심선을 유지하면서 이륙을 계속해야 한다. 따라서 이륙결심속도는 이륙을 포기하거나 지속해야 하는 기준이 되는 속도다. 이 속도는 활주로의 길이와 경사도 및 활주로 상태, 항공기의 중량, 풍향과 풍속, 기압과 기온 등에 따라 달라진다.

② 이륙전환속도(V_R, Rotation Speed): 항공기를 활주로로부터 부양시키기 위해 이륙 조작을 시작하는 속도

③ 부양속도(V_{LOF}, Lift Off Speed): 항공기가 활주로에서 떨어질 때의 속도

④ 이륙안전속도(V_2, Takeoff Safety Speed): 항공기가 활주로면으로부터 35ft의 고도에 도달하도록 하는 속도

(3) 이륙거리

필요이륙활주로거리(Required Takeoff Field Length)에 영향을 미치는 요소로는 이륙결심속도와 마찬가지로 활주로의 길이와 경사도 및 활주로 상태, 항공기의 중량, 풍향과 풍속, 기압과 기온 등이 있다. 이 필요이륙활주로거리는 다음과 같은 세 가지 조건에서 구한 거리 중 가장 긴 거리로 정한다.

① 전엔진작동 이륙거리(All Engine Take Off Distance) ×1.15

② 한 개 엔진부작동 이륙거리(One Engine Out Take Off Distance 또는 Accelerate-Go Take Off Distance)

③ 가속정지거리(Accelerate-Stop Take Off Distance)

14.4.3 상승

활주로로부터 이륙한 항공기가 상승을 계속하여 순항고도에 도달할 때까지의 과정을 말한다. 이륙과정은 임계엔진(critical engine)이 정지한 것을 가정하였으나, 상승과정은 모든 엔진이 정상상태인 것을 전제로 한다.

(1) 상승방식

상승을 하는 방식에는 그 목적에 따라 다음과 같은 세 가지 방식이 있고 소음경감절차 등도 있으므로 이륙하는 공항에 따라 선택한다.

① 상승각최대상승(Maximum Climb Gradient)

② 상승률최대상승(Best Rate of Climb)

③ 최적연료소비상승(Fuel Optimum Climb)

(2) 표준계기출발절차

대부분의 공항에는 많은 항공기가 효율적이고 안전하게 항로까지 상승할 수 있도록 각

항로에 따라 **표준계기출발절차**(SID; Standard Instrument Departure) 또는 **전이로**(feeder route)가 항공정보간행물(AIP)에 공시되어 있다. 각 항로별로 주로 허가되는 절차에 따라 비행계획서가 만들어지지만 출발 직전에 공역의 상황에 따라 바뀔 수도 있으므로 주의하여야 한다.

그림 14.5는 인천국제공항의 활주로 33L/R에서 동쪽 방향의 항로와 연결되는 표준계기출발절차 중 하나의 예이다.

14.4.4 순항

순항은 항공기가 상승하던 자세에서 수평으로 비행하면서 목적지를 향하여 비행하는 단계를 말한다. 운항승무원은 항공교통관제사의 지시에 집중하면서 엔진을 비롯한 각종장비의 정상작동 상태의 확인, 고도의 확인, 각 지점 및 목적지 공항까지 가는데 걸리는 예상시간, 연료의 소모상태, 기상상태의 확인 등 안전운항을 위한 노력에 집중하고, 객실승무원은 탑승객의 편안하고 쾌적한 여행을 위해 최선을 다한다.

장거리 비행의 경우에는 전체 비행구간 중 순항비행구간이 시간과 거리를 가장 많이 차지하기 때문에 순항비행단계의 연료소모가 가장 많은 구간이므로 연료효율의 관점에서 적절한 순항고도의 선택과 최적의 속도로 비행하는 것이 가장 중요한 구간이다.

(1) 순항고도

비행계획서는 **최적고도**(optimum altitude)에 가깝도록 작성되어 있으나 기상의 조건이나 항공교통관제사의 지시에 따라 비행계획서와 다른 순항고도로 비행할 수도 있다.

(2) 순항속도

순항속도는 크게 다섯 가지로 나눌 수 있지만 현대의 항공기는 항법장비의 발달에 따라 주로 경제순항방식으로 순항한다.

① 최대항속거리 순항방식(MRC; Maximum Range Cruise)
② 장거리 순항방식(LRC; Long Range Cruise)
③ 일정속도 순항방식(CS; Constant Speed)
④ 고속 순항방식(HS; High Speed cruise)
⑤ 경제 순항방식(EC; Economic Cruise)

(3) 경제순항방식

경제순항방식은 연료소모에 대한 효율과 운항시간의 효율을 극대화하기 위한 순항방식

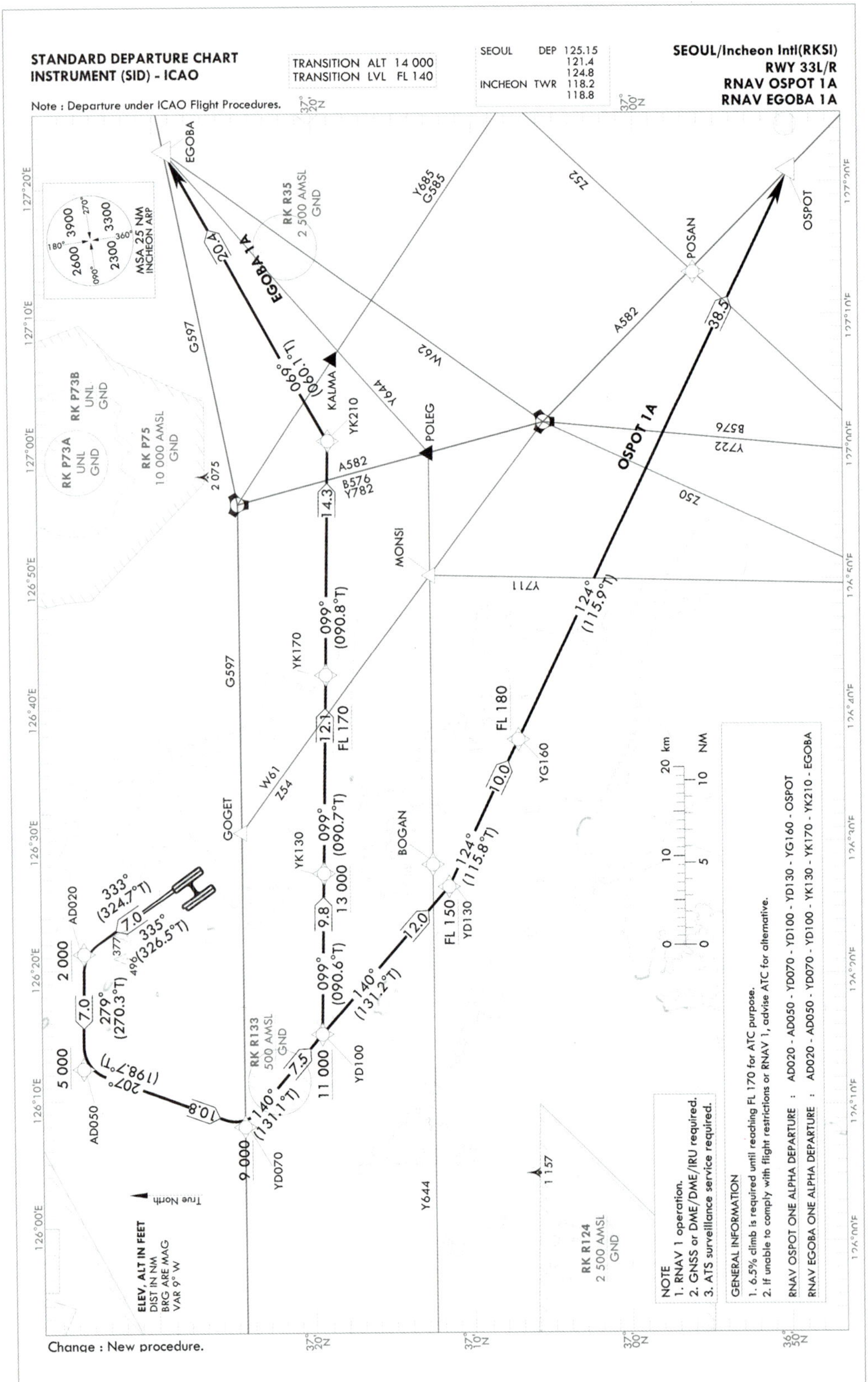

그림 14.5 인천국제공항 표준계기출발절차의 예

을 말한다. 항공기의 운항속도는 연료비용과 시간비용에 따른 함수이고, 각 항공사마다 연료비용과 시간비용이 다르다. 조종사가 인위적으로 이러한 속도를 조절하는 것은 현실적으로 불가능하므로 비용지수(CI; Cost Index)라는 지수를 개발하여 그 지수를 항공기의 비행관리시스템(FMS; Flight Management System)의 컴퓨터에 입력하여 순항속도를 시시각각 자동으로 조절하도록 하면서 순항하는 방식이다.

14.4.5 강하 및 착륙

강하 및 착륙은 항공기가 순항고도에서 목적지 공항에 착륙하기 위해 점점 고도를 강하하여 안전하게 활주로에 접지한 후 활주로에 정지할 때까지의 과정을 말한다. 항로관제사로부터 접근관제사에게 관제권한이 이관되어 적절한 표준계기도착절차를 지시받고 최종적으로 정해진 접근절차에 따라 착륙에 이른다. 운항승무원은 강하 및 착륙을 위한 항공기 상태의 최종 점검과 함께 도착공항의 기상정보, 착륙예정활주로에 대한 정보 및 기타 제한사항 등을 공항의 항공교통업무기관에서 연속적으로 방송하고 있는 **공항정보방송시설**(ATIS; Aeronautical Terminal Information System)을 모니터하여 착륙에 대한 준비에 만전을 기한다. 현재는 인천국제공항을 비롯한 세계의 많은 공항에서 디지털통신 장비인 디지털 공항정보방송시설(D-ATIS)을 이용하여 각종 정보를 문자로 방송하고 있어 정확하고 신속하게 공항의 정보를 입수할 수 있다.

(1) 강하

항로상의 순항고도에서 목적지 공항에 착륙하기 위해 고도를 점점 강하하면서 정해진 **첫 접근 지점**(IAF; Initial Approach Fix)을 경유하여 착륙을 위한 활주로의 연장선 가까이 도달하는 과정을 말한다.

대부분 공항에는 많은 항공기가 효율적이고 안전하게 강하할 수 있도록 각 항로로부터 **표준계기도착절차**(STAR; Standard Terminal Arrival)가 항공정보간행물(AIP)에 공시되어 있다.

그림 14.6은 인천국제공항의 동남쪽으로부터 활주로 15L에 착륙하기 위한 표준계기도착절차 중 하나의 예이다.

(2) 착륙

계기접근절차에 따라 정해진 활주로에 안전하게 착륙하는 과정을 말한다. 착륙절차를 수행하기 위해서는 착륙절차에 규정된 착륙기상최저치 이상이어야 한다. **최종접근지점**(FAF; Final Approach Fix)에 가까워지면 접근관제사로부터 착륙을 담당하는 공항관제사

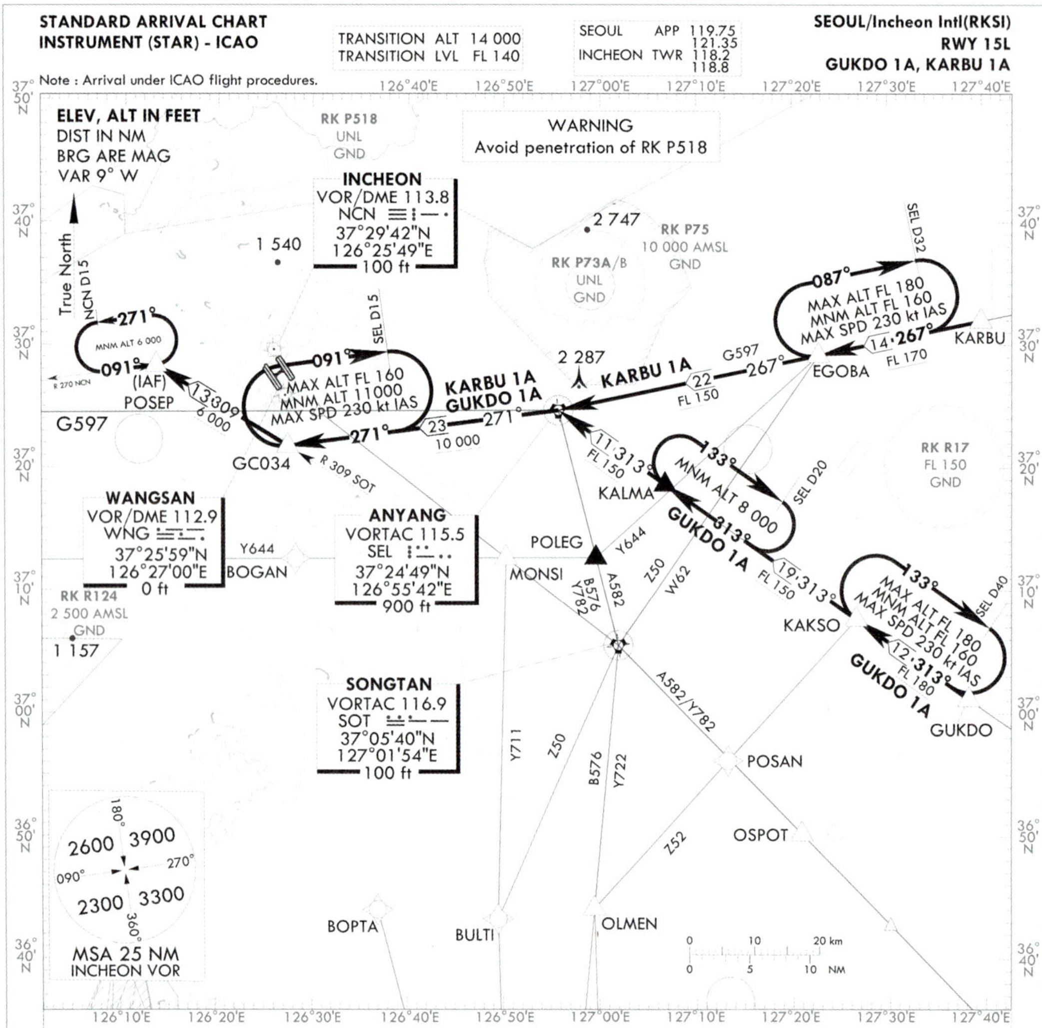

GENERAL INFORMATION

1. For profile descent with clearance "Descend via the (STAR name and number) arrival", pilots should commence descent after passing the First Fix/Waypoint of each arrival.
2. If unable to comply with flight restictions, advise ATC for alternatives.
3. Maximum hoilding speed is 230 kt IAS at EGOBA, KAKSO, KALMA and GC034, 200 kt IAS at POSEP.

DESIGNATOR	FROM	ROUTE	DESCENT ALTITUDE
GUKDO ONE ALPHA	G585 /Y685	GUKDO - KAKSO - KALMA - SEL - GC034 - POSEP	At or above FL 180 by KAKSO, FL 150 by SEL, 10 000 ft by GC034, and 6 000 ft by POSEP
KALBU ONE ALPHA	G597 /Y697	KALBU - EGOBA - SEL - GC034 - POSEP	At or above FL 170 by EGOBA, FL 150 by SEL, 10 000 ft by GC034, and 6 000 ft by POSEP

Change : Information of holding procedures(SPD unit).

그림 14.6 인천국제공항 표준계기도착절차의 예

에게 관제권한이 이양되어 착륙이 허가된다.

그림 14.7은 인천국제공항의 활주로 15L에 착륙하기 위한 표준계기접근절차의 예이다.

이 계기접근절차는 접근형태에 따라 **직진입 접근절차**(Straight-in Approach Procedure)와 **선회접근절차**(Circling Approach Procedure)로 나누고, 강하각도에 대한 정보가 제공되는지 여부에 따라 **정밀접근절차**(Precision Approach Procedure), **비정밀접근절차**(Non-Precision Approach Procedure), **유사정밀접근절차**(Approach Procedure with Vertical guidance) 등으로 구분된다. 또 계기접근절차는 착륙을 위한 정보를 제공하는 항행안전시설의 종류나 이용하는 방법에 따라 계기착륙시스템(ILS; Instrument Landing System), 마이크로파 착륙시스템(MLS; Microwave Landing System), 무지향성 무선 표지시설(NDB; Non-Directional radio Beacon), 초단파전방향무선표지시설(VOR; VHF Omni-directional Radio range beacon), 초단파전방향무선표지시설(VOR)/거리측정장치(DME; Distance Measuring Equipment) 위성항법을 이용한 착륙시스템(GLS; GNSS Landing System) 계기접근절차 및 주로 군용기가 이용하는 전술항법(TACAN; TACtical Air Navigation) 계기접근절차 등으로 구분된다.

(3) 착륙속도와 착륙거리

착륙이란 활주로 끝의 상공을 고도 50ft에서 **실속속도**(stall speed)의 1.3배(1.3Vs)로 통과하여 활주로에 완전히 정지한 상태까지를 말한다. **필요착륙활주로거리**(required landing field length)는 활주로가 건조한 상태에서는 실제 착륙거리를 1.67배 한 거리로 계산하고, 실제 활주로거리가 이 필요착륙활주로거리보다 길어야 착륙할 수 있다.

14.4.6 지상이동 및 주기

착륙을 완료한 항공기는 활주로를 빠져나와 항공교통관제사가 지시하는 유도로를 경유하여 지정된 주기장까지 이동한다. 기장은 항공기를 주기장에 정확히 정지시키고 모든 엔진을 정지시킨 후 지상의 정비사와 연락하여 지상의 상황을 확인한 다음 객실승무원에게 승객의 하기를 허가한다.

운항승무원과 객실승무원은 정해진 점검절차에 따라 모든 점검을 실시하고 비행 중 발생한 항공기의 이상 유무를 정비사에게 브리핑한 후 비행일지에 필요한 사항을 기록하고 항공기를 떠나게 된다.

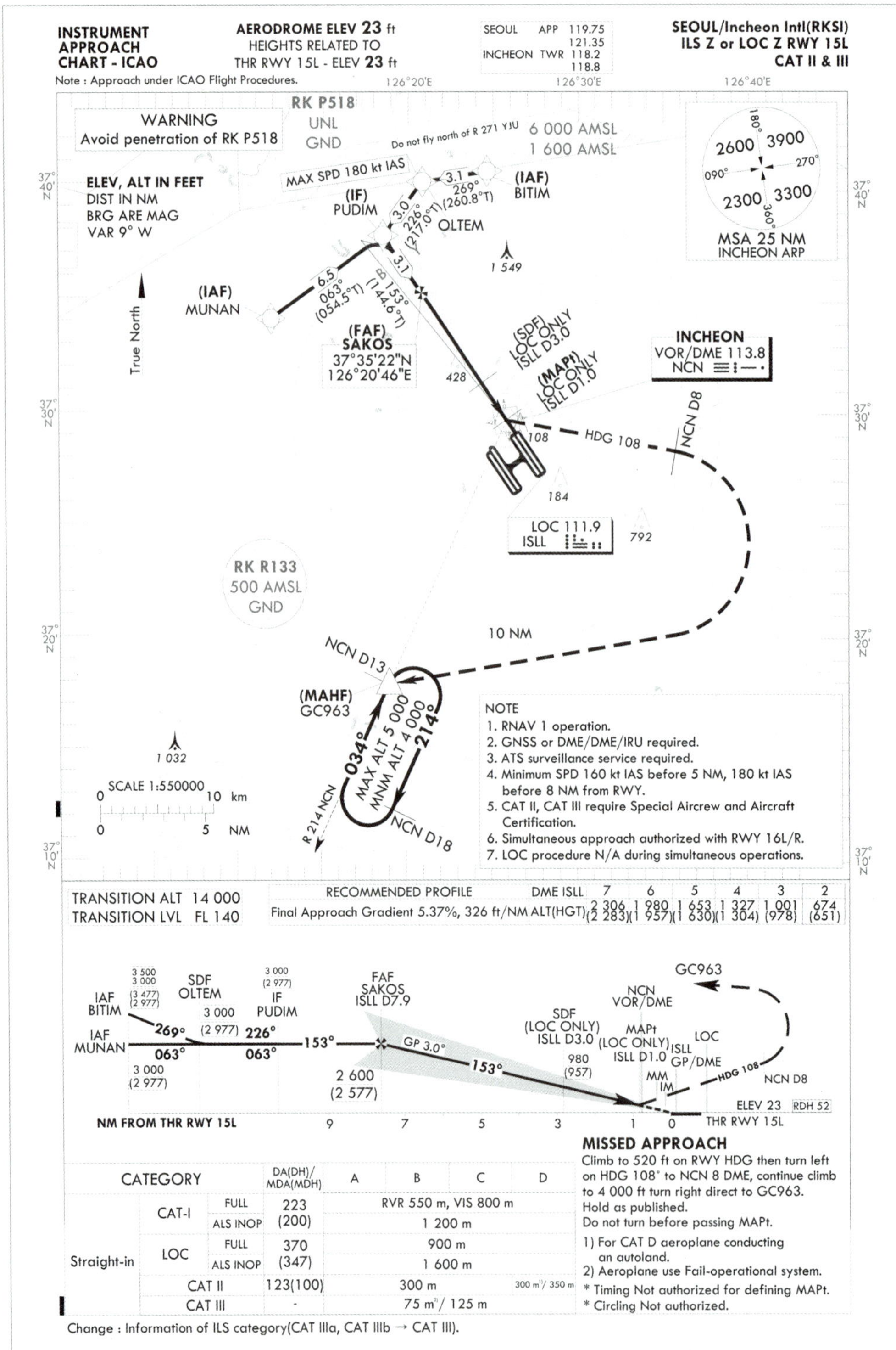

그림 14.7 인천국제공항 계기착륙절차의 예

14.5 항공종사자

항공종사자란 항공기 운항과 관련된 업무를 합법적으로 수행할 수 있는 해당 자격증명을 소지한 사람을 말하며, 항공 업무에 종사하려는 사람은 국토교통부 장관이 발행하는 항공종사자 자격증명을 받아야 한다.

14.5.1 항공종사자 자격증명의 종류

자격증명을 받으려는 사람은 항공 업무에 종사하는 데 필요한 지식 및 능력을 평가하는 학과시험 및 실기시험에 합격하여야 하며 자격증명의 종류에 따른 나이 제한은 다음과 같다.

① 운송용 조종사: 만 21세 이상
② 사업용 조종사: 만 18세 이상
③ 자가용 조종사: 만 17세 이상
④ 부조종사: 만 18세 이상
⑤ 항공사: 만 18세 이상
⑥ 항공기관사: 만 18세 이상
⑦ 항공교통관제사: 만 18세 이상
⑧ 항공정비사: 만 18세 이상
⑨ 운항관리사: 만 21세 이상

14.5.2 자격증명에 따른 업무범위

자격증명의 종류에 따른 업무의 범위는 다음과 같고 해당 업무범위 이외의 업무에 종사해서는 안 된다.

(1) 운송용 조종사: 항공기에 탑승하여 다음과 같은 업무를 행한다.
　① 사업용 조종사의 자격을 가진 사람이 할 수 있는 행위
　② 항공운송사업의 목적을 위하여 사용하는 항공기를 조종하는 행위

(2) 사업용 조종사: 항공기에 탑승하여 다음과 같은 업무를 행한다.
　① 자가용 조종사의 자격을 가진 사람이 할 수 있는 행위
　② 무상으로 운항하는 항공기를 보수를 받고 조종하는 행위
　③ 항공기사용사업에 사용하는 항공기를 조종하는 행위

④ 항공운송사업에 사용하는 항공기(1명의 조종사가 필요한 항공기만 해당)를 조종하는 행위

⑤ 기장 외의 조종사로서 항공운송사업에 사용하는 항공기를 조종하는 행위

(3) 자가용 조종사: 무상으로 운항하는 항공기를 보수를 받지 않고 조종하는 업무를 행한다.

(4) 부조종사: 항공기에 탑승하여 다음과 같은 업무를 행한다.

① 자가용 조종사의 자격을 가진 사람이 할 수 있는 행위

② 기장 외의 조종사로서 비행기를 조종하는 행위

(5) 항공사: 항공기에 탑승하여 그 위치 및 항로의 측정과 운항을 위한 자료를 산출하는 업무를 행한다. 현대 항공기는 항법기술과 탑재 장비의 발달로 인하여 항공사가 탑승하는 항공기는 거의 없어졌다.

(6) 항공기관사: 항공기에 탑승하여 발동기 및 기체를 취급하는 업무(조종장치의 조작은 제외한다)를 행한다. 현대 항공기는 탑재 장비의 발달로 인하여 항공기관사가 직접 탑승하는 항공기는 거의 없어졌다.

(7) 항공교통관제사: 항공교통의 안전·신속 및 질서를 유지하기 위하여 항공기 운항을 관제하는 업무를 행한다.

(8) 항공정비사: 항공기, 장비품 또는 부품에 대하여 감항성을 확인하는 업무를 행한다.

(9) 운항관리사: 항공운송사업에 사용되는 항공기 또는 국외로 운항하는 항공기의 운항에 필요한 다음과 같은 업무를 행한다.

① 비행계획의 작성 및 변경

② 항공기 연료 소비량의 산출

③ 항공기 운항의 통제 및 감시

CHAPTER 15

항공기 인증제도

15.1 항공안전

공중을 나는 항공기의 사고는 자동차나 선박 등의 타 운송 수단의 경우와 달리 해당 항공기뿐만 아니라 인접 공간에 심각한 인적 물적 피해를 야기할 수 있다. 이러한 안전문제를 미연에 방지하기 위해서는 항공기의 설계 초기부터 생산 운항 및 후속 유지까지 철저한 인증제도를 갖추고 있어야 한다. 항공기 운항과 관련한 각종 사고를 예방하기 위한 인증제도와 법규는 매우 다양하고 복잡하여 본 장에서는 항공안전에 대한 이해와 항공기 인증제도에 대해 간략히 소개한다.

'안전'이란 우리의 마음 깊숙이 배여 있는 개념으로, 흔히 '위험이 존재하지 않는 상태'라 정의된다. 따라서 안전(safety)이란 위해요인(hazard)을 지속적으로 찾아내거나 지속적인 위험관리(risk management)를 통하여 인명피해나 재산상의 손실을 가져올 수 있는 위험을 수용 가능한 수준 이하로 유지하는 상태를 말한다.

인간 활동 중에 발생하는 각종 안전사고는 심각한 인적, 물적 피해를 일으켜 사회적으로 큰 손실을 야기할 수 있기 때문에 인간 사회는 윤리적, 실용적인 차원에서 안전을 추구하게 된다. 이런 이유로 조금이라도 인적, 물적 피해를 야기할 수 있다고 간주되는 활동은 국가적 차원에서 각종 규제를 통해 통제되어야 한다.

15.1.1 항공안전 3대 요소

항공안전이라는 개념을 제대로 이해하기 위해서는 먼저 안전과 관련된 3대 요소인 인적요소, 환경요소 및 기계요소에 대해 정확히 인지하고 있어야 한다. 이러한 항공안전 연결고리를 그림 15.1에 나타내었다. 여기서 중요한 것은 안전의 3대 요소가 개별적으로 존재하는 것이 아니라 상호 연관되어 있어서 하나라도 부실해지면 안전사고가 발생할 수 있다는 것을 의미한다. 항공기가 아무리 성능이 뛰어나도 조종사의 실수로 인해 사고가 일어날 수 있으며, 마찬가지로 조종사의 실력이 아무리 뛰어나다 하더라도 항공기 자체에 결함이 있으면 사고가 발생할 수 있는 것과 같은 이치이다.

그림 15.1 항공안전연결고리

(1) 인적요소

항공운영의 주체이며 항공기 운항에 직·간접적으로 관여하는 운항승무원, 지상요원, 관제사, 기상예보관 등을 포함한다. 광범위한 의미로는 설계, 제작, 정비, 운영 및 관리 등과 같은 항공에 종사하는 모든 사람들을 포함한다. 항공운항 관련 사고나 재난이 발생하는 것을 예방하기 위해서는 고도로 숙달된 인력의 적절한 훈련 및 교육을 통해 잠재적 항공위험을 제거할 수 있도록 하여야 한다.

(2) 환경요소

항공기의 비행에 영향을 끼칠 수 있는 모든 외부적 요소들을 지칭한다. 기상조건, 항공교통 상황, 통신상태, 비행장의 사정 등이 여기에 포함된다. 항공기의 안전을 지키기 위해서는 항공기에 부정적 영향을 줄 수 있는 환경은 회피하면서 비행에 도움이 될 만한 각종 환경 정보들을 파악해야만 한다.

사고 예방의 관점에서 보면, 환경은 자연적 환경과 인공적 환경의 두 부분으로 구분된다. 자연적 환경요소는 기상, 지형과 관계되며 기온, 바람, 비, 착빙, 번개, 화산폭발 등이 대표적인 것으로 인간의 통제가 불가능한 일들이다. 이러한 환경은 커다란 위험성을 내포하여 제거할 수 없으며 사라지지 않기 때문에 회피하거나 반드시 고려되어야 한다. 인공적 환경은 물질적인 부분과 비물질적인 부분으로 구분된다. 물질적인 환경에는 **항공교통관제**(ATC; Air Traffic Control) 시설, 비행장, 항행안전시설, 착륙시설과 비행장조명시설이 포함되고, 비물질적인 환경에는 항공법규, 관련 절차와 규정, 표준운영절차, 훈련절차 등이 포함된다.

(3) 기계요소

항공안전에 있어서 항공기의 설계, 제작, 그리고 운항 효율성이 차지하는 비중은 매우 크다. 그러므로 현대 항공기 설계는 감항성(堪航性, airworthiness)을 고려하여 이러한 위험요소의 영향을 최소화하는 것을 목표로 하고 있다. 예를 들어 훌륭한 설계는 장비 오류를 미연에 방지할 뿐만 아니라 이러한 오류가 더 큰 사고로 직결되지 않도록 핵심부품과 장비에 **페일-세이프**(fail-safe) 개념을 도입하여 달성할 수 있을 것이다. 즉 설계자는 실수와 오류를 유발할 수 있는 장비의 사용과 작동을 최소화하여야 하며, 이러한 목적에 부합되도록 새로운 기종의 항공기가 개발되는 동안에 시스템 안전 프로그램을 적용하여 시험하기도 한다.

항공기 인증은 위에 언급된 안전의 3대 요소 중 '기계' 분야에서 다루고 있는 항공기, 엔진 및 프로펠러 등에 대한 기술 기준과 이 기준을 바탕으로 항공기를 설계에서 제작까지 검증을 하며, 이 업무에 종사하는 사람들과 관련이 있다.

15.1.2 항공안전 사고의 구분

우리나라 항공안전법에서는 의무적으로 보고하여야 할 항공안전 사고를 항공기 사고, 항공기 준사고, 항공안전장애로 구분하고 있다.

(1) 항공기 사고

항공기 사고란 사람이 비행을 목적으로 항공기에 탑승하였을 때부터 탑승한 모든 사람이 항공기에서 내릴 때까지 항공기의 운항과 관련하여 발생한 다음 중 어느 하나에 해당하는 것을 말한다. 무인항공기의 경우에도 비행을 목적으로 움직이는 순간부터 비행이 종료되어 엔진이 정지되는 순간까지 적용된다.

① 사람의 사망, 중상 또는 행방불명
② 항공기의 파손 또는 구조적 손상
③ 항공기의 위치를 확인할 수 없거나 항공기에 접근이 불가능한 경우

(2) 항공기 준사고

항공기 준사고란 항공안전에 중대한 위해를 끼쳐 항공기 사고로 이어질 수 있었던 것으로서 다음과 같은 경우를 말한다.

① 항공기의 위치, 속도 및 거리가 다른 항공기와 충돌위험이 있었던 것으로 판단되는 500ft 미만의 근접비행이 발생한 경우 또는 경미한 충돌이 있었으나 안전하게 착륙한 경우
② 항공기가 정상적인 비행 중 지표, 수면 또는 그 밖의 장애물과의 충돌을 가까스로 회피한 경우, 또는 항공기, 차량, 사람 등이 허가 없이 또는 잘못된 허가로 항공기 이륙·착륙을 위해 지정된 보호구역에 진입하여 다른 항공기와 충돌할 뻔한 경우
③ 항공기가 폐쇄된 활주로나 다른 항공기가 사용 중인 활주로 또는 유도로나 허가받지 않은 활주로에서 이륙하거나 이륙을 포기한 경우 또는 착륙하거나 착륙을 시도한 경우
④ 항공기가 이륙·착륙 중 활주로를 이탈하거나 이륙 또는 초기 상승 중 규정된 성능에 도달하지 못한 경우
⑤ 항공기의 중대한 손상이 발견, 비행중 승무원의 정상 업무수행 불능, 화재 등의 사유가 발생한 경우 등(자세한 16개 사항은 법규 참조)

(3) 항공안전장애

항공안전장애란 항공기 사고 및 항공기 준사고 외에 항공기의 운항 등과 관련하여 항공안전에 영향을 미치거나 미칠 우려가 있었던 것으로서 다음과 같은 경우를 말한다.

① 이·착륙 또는 비행 중에 발생한 항공안전장애
② 운항 준비 중 또는 지상운항 중에 발생한 항공안전장애
③ 항공기 화재 및 고장과 관련한 항공안전장애
④ 공항 및 항행서비스와 관련한 항공안전장애

15.1.3 항공안전 대책

(1) 항공안전 프로그램

국제민간항공기구(ICAO; International Civil Aviation Organization)에서는 항공안전을 확보하고 안전 목표를 달성하기 위하여 국가는 항공과 관련된 제반 법과 규정, 기준, 절차 및 안전 활동을 포함한 종합적인 안전관리체계인 '**항공안전 프로그램**(ASP; Aviation Safety Program)'을 수립하여 관리·감독하도록 하고 있다.

국가의 항공안전 프로그램은 국제민간항공기구의 **부속서**(Annex) 19와 안전관리지침서(ICAO Doc 9859)의 기준에 따라 국가의 항공안전관리를 위한 기본적인 사항과 항공서비스 제공자가 준수해야 하는 세부적인 요건을 정하고 있는데, 포함되어야 하는 사항은 다음과 같다.

① 국가의 항공안전에 관한 목표
② 항공안전 목표를 달성하기 위한 항공기 운항, 항공교통업무, 항행시설 운영, 공항 운영 및 항공기 설계·제작·정비 등 세부 분야별 활동에 관한 사항
③ 항공기 사고, 항공기 준사고 및 항공안전장애 등에 대한 보고체계에 관한 사항
④ 잠재적인 항공안전 위해요인의 식별·조사 및 안전감독·평가 등에 관한 사항 등

(2) 항공안전 관리 시스템

정부는 항공사와 같은 항공운송사업자, 항공관제업무 등을 제공하는 항공교통업무기관, 공항공사와 같은 공항운영자, 항행안전시설의 설치 및 관리자 등 모든 항공서비스 제공자는 국가의 항공안전 프로그램에 따라 자체적인 안전관리를 위하여 요구되는 조직, 책임과 의무, 안전정책, 안전관리절차 등을 포함하는 '**안전관리시스템**(SMS; Safety Management System)'을 수립하여 시행하도록 다음과 같이 규정하고 있다.

① 매년 국토교통부장관이 제시한 안전 목표를 달성하기 위한 안전성과지표(SPI; Safety

Performance Indicator)를 설정하여야 한다.

② 안전관리시스템의 기준에 따라 국가의 안전목표 달성을 위한 성과관리를 수행해야 한다.

15.2 감항성 및 감항증명

항공기 또는 항공기의 부품에 적용되는 '**감항성**(堪航性; airworthiness)'은 항공기가 안전하게 비행할 수 있는 성능으로 정의되며, 특정 항공기 또는 항공기에 사용된 부품이 허용 한계 내의 안전한 조건에서 비행할 수 있는 필수 요건들을 보유하고 있는 것을 뜻한다.

감항성을 법적으로 보장해주는 **감항증명**(堪航證明; Airworthiness Certificate)이란 항공기가 비행안전상에 적합한지를 확인하고 승인하는 법적인 용어다.

15.2.1 감항성 및 감항증명

'감항성'의 정의를 보다 정확하게 파악하기 위해서는 '안전한 조건', '필수 요건들의 보유', 그리고 '허용 한계'라는 세 가지 요소가 무엇을 의미하는지 명확하게 이해해야 한다.

(1) '**안전한 조건**'이란 정상적인 비행, 만족스러운 비행 결과와 관련된 용어이다. 여기서 '안전'이란 사전상의 정의에 따르면 사망, 부상, 질병, 장비 손상, 재산 피해, 환경 훼손 등을 야기할 수 있는 요인으로부터 자유로워지는 것을 말한다.

(2) '**필수 요건을 보유**'하였다는 것은 항공기나 항공기의 부품들이 위에서 언급된 '안전한 조건'에서 비행할 수 있도록 면밀히 연구되고 검증된 조건에 따라 설계되고 생산되었다는 것을 말한다. 항공기와 항공기 부품의 생산과 관련된 각종 규정은 사망, 부상, 기타 피해를 야기할 수 있는 각종 요인을 제거하거나 완화함으로써 항공기와 부품들의 안전성을 높이는 데 초점을 두고 있다. 해당 규정은 각 국의 지정된 **감항당국**(Airworthiness Authority)에 의해 제정된 다음과 같은 감항기술기준을 정의하고 있다.

① 항공기 강도 및 비행 요구조건 등의 설계 요구조건과 시험 기준

② 기체 피로(fatigue)와 플러터(flutter)에 관한 필수 점검 사항

③ 비행 및 정비매뉴얼 등

해당 기술기준들은 항공기의 종류에 따라 다르다. 따라서 소형비행기를 설계할 때 수송류비행기 또는 헬리콥터와 동일한 설계 규정을 적용하지 않는다. 항공 기술과 지식은 불변하는 것이 아니라 시간이 흐르면서 발전하며 그 내용도 지속적으로 최신화되

고 변하게 된다. 해당 기술기준들은 항공 기술과 지식의 발전 등 시대의 흐름에 따라가야 한다.

이외에도 항공 사고 발생 시, 해당 사고를 분석하여 얻은 교훈들을 토대로 새로운 조항들이 위 규정에 추가되기도 하는데 추가된 내용은 항공기의 설계에 영향을 주어 장래에 발생할 수 있는 사고를 예방하거나 그 피해를 최소화하는 데 도움을 준다. 해당 기술기준은 위에서 언급된 것처럼 지속적인 수정과 개정 과정을 거치기 때문에 이 규정들을 완전하게 준수하여 항공기를 설계하는 것은 더 많은 비용을 초래할 수 있다. 하지만 이 모든 것은 비행의 안전성을 개선시키기 위한 대가로 간주되어야 할 것이다.

(3) '**허용 한계**'는 각 항공기들이 설계상 기체의 비행 속도 및 구조적 하중제한을 고려하여 특정한 **비행영역**(flight envelope) 내에서 비행할 수 있도록 정한 것을 말한다. 허용한계를 초과하여 항공기를 운항하는 행위에는 너무 많은 화물을 실은 채 과적 운항을 하거나, 적절한 방한 조치를 취하지 않은 채 혹한 조건에서 비행을 하거나, 명시된 최고 속도 이상으로 비행하는 것 등이 있을 수 있다. 이런 행위는 안전사고를 유발할 확률이 높기 때문에 매우 위험하므로 조종사들은 초기 훈련단계에서부터 항공기의 허용 한계에 관한 철저한 교육을 받아야 한다.

일반적으로 양산하려는 항공기는 형식증명과 제작증명의 과정을 거쳐 최종적으로 감항증명을 받아야 항공기를 운항할 수 있다. 형식증명은 항공기등의 감항기준, 환경기준, 지속 감항성 유지를 위한 기준, 식별 표시 방법, 인증절차가 포함된 '항공기기술기준'에 따라 적합 여부를 검사하여 적합성을 인증하는 것이며, 제작증명은 항공기 등을 제작할 수 있는 기술, 설비, 인력 및 품질관리체계 등을 갖추고 있음을 인증하는 것을 말한다. 이렇게 인증을 받은 항공기를 감항성이 있는 상태로 유지하기 위해서는 감항성 유지관리가 요구된다. 군용 항공기에서는 '감항증명(서)' 대신 '감항인증(서)' 용어를 사용하고 있다.

15.2.2 세계의 항공기 인증 체계

(1) 국제민간항공기구(ICAO)

국제민간항공기구(ICAO; International Civil Aviation Organization)는 설립 직후부터 항공 분야에서의 국제 표준을 확립하기 위해 노력해왔다. 이는 항공 활동이 국제적으로 원활하게 이루어지기 위해서는 하나로 통일된 항공 분야에서의 국제 표준의 제정이 필수적이기 때문이다. 국제 항공 분야의 표준화는 기존의 국제민간항공협약에 19개의 부속서(annex)를 추가, 채택, 수정함으로써 이루어졌으며, 이렇게 만들어진 국제항공표준은 '국제표준(international standards)과 권고사항(recommended practices)'으로 나누어진다. '국제

표준'은 '권고사항'에 비해 상대적으로 더 중요한 사항으로 국제민간항공기구의 회원국들이 공동으로 준수하기로 의견을 모은 사항이다. 만약 자국의 표준과 국제민간항공기구의 국제표준 간에 상이한 점이 있을 시에는 이를 국제민간항공기구에 통보해야 한다. 반면에 '권고사항'은 그에 따르는 것이 바람직하기는 하나 필수적이지는 않은 것으로, '국제표준'에 비해 그 중요성이 상대적으로 적은 것으로 간주되는 사항들이다. 국제민간항공조약의 규정에 따라 국제민간항공기구 회원국들은 가능한 한 국제표준을 준수하도록 요구받으며 감항증명 관련 조약은 표 15.1과 같다.

표 15.1 ICAO 감항증명 조약

제29조(항공기에 비치할 서류): 항공기에 비치해야 할 서류는 등록증명서, 감항증명서, 조종사 자격증, 비행 일지 및 승객 명단 / 출발지 / 목적지 등이다. **제31조(감항증명서):** 국제항공에 사용되는 모든 항공기는 정부가 발급하고 유효하다고 인정하는 감항증명서를 비치해야 한다. **제33조(증명서 및 자격증의 국가 간 상호 인정):** 항공기 등록국이 발급하고 유효하다고 인정한 감항증명서, 조종사 자격증 등은 다른 국가에서도 상호 인정. 다만 이러한 증명서의 인정요건 및 기준이 국제기준과 동등하거나 그 이상이라고 인정되는 경우에 한한다.

국제민간항공기구의 감항성 표준은 개별 항공기의 증명에 대한 기준으로서 각국은 이에 따라 자국의 광범위하고 상세한 감항성 기준을 제정하거나 다른 나라가 제정한 기준을 채택해야 한다. 국제민간항공기구의 감항증명 조약에 추가로 부속서(annex) 8에는 '항공기의 감항성(Airworthiness of Aircraft)'이라는 제목으로 항공기의 감항증명과 검사를 위한 통일된 절차를 규정하고 있다. 이 부속서의 Part II는 형식증명, 제작증명, 감항증명, 지속감항성, 안전관리, 정비조직인증 등 인증의 종류별 절차, Part III은 5,700kg을 초과하는 대형비행기의 감항기준, Part IV는 헬리콥터, Part V는 소형비행기, Part VI는 엔진, Part VII은 프로펠러의 감항기준을 규정하고 있다. 국제민간항공기구의 감항성 표준은 개별 항공기의 증명에 대한 기준으로서 각국은 이에 따라 자국의 광범위하고 상세한 감항성 기준을 제정하거나 또는 다른 나라가 제정한 기준을 채택해야 한다.

(2) 미연방항공청(FAA)

제트 항공사들의 출현이 점차 증가되고 일련의 항공기 공중 충돌 사고가 발생하자, 미국은 1958년 연방항공법(Federal Aviation Act of 1958)을 도입하였다. 이 법령에 따라 **연방항공국**(FAA; Federal Aviation Agency)이라는 새로운 독립적인 기관이 발족되어 항공안전에 대한 책임과 권한을 관장하도록 하였다.

FAA 임무의 첫째는 항공기 안전관련 규정을 제정하고, 둘째는 항공기 설계, 생산 공정

품질 및 최종제품에 대한 인증업무 관리를 수행하고, 셋째는 지속적인 항공기 운용 안정성 확보를 위한 안전 활동에 대한 감독 및 관련사항에 대한 조치를 취하고, 넷째로는 국제 협력을 위하여 외국 감항당국과의 협력관계를 유지하는 것 등이다. FAA는 민간 항공 분야의 안전을 책임지고 있으며 주요 활동은 다음과 같다.

① 안전 증진을 위한 민간항공 부문의 규제와 상업용 우주 운항의 규제 관할
② 새로운 항공 기술을 포함한 민간 항공의 장려 및 발전
③ 민간 항공기와 군용 항공기 모두를 위한 **항공교통관제**(ATC) 시스템과 항행 시스템의 개발 및 운영
④ 미국 **국가공역체계**(NAS; National Airspace System) 및 민간 항공 연구 개발
⑤ 항공기 소음 및 기타 민간항공의 환경 영향성을 통제하기 위한 프로그램 개발 및 수행

미국은 14 CFR(Code of Federal Regulations) '항공우주(Aeronautics and Space)'에서 감항성 및 감항증명 체계와 절차에 대한 내용을 법제화하고 있다. Part 21에서는 인증절차를 규정하고 있고, 비행기의 기술기준은 Part 23, Part 25에, 헬리콥터의 기술기준은 Part 27, Part 29에 규정되어 있다

FAA는 1967년 **미연방항공청**(FAA; Federal Aviation Administration)으로 명칭을 변경하였고, 감항인증 업무의 상당 부분을 업체 소속 요원들에게나 개별 요원에게 위임하는 **위임지정인 제도**를 공식적으로 운영하고 있다.

위임지정인 제도(Designation)는 감항 적합성 입증 또는 실질적인 검사 및 시험 업무를 업체의 특정요원에게 권한을 위임하는 제도이다. 이들 위임지정인(Designee)은 다시 엔지니어 업무를 위임하는 **기술위임지정인**(DER; Delegated Engineering Representative), 공정검사 업무를 위임하는 **제조검사위임지정인**(DMIR; Delegated Manufacturing Inspection Representative), 감항 검사 및 시험을 위임하는 **감항위임지정인-제작**(DAR-F; Delegated Airworthiness Representative-Manufacturing)과 **감항위임지정인-정비**(DAR-T; Delegated Airworthiness Representative-Maintenance) 등 네 가지로 구분할 수 있다(표 15.2). 이들 위임지정인 들은 업체 소속 요원이나 실질적으로 임명, 교육 및 업무관리는 미연방항공청에서 직접 관장함으로써 업체 내에서 직무의 독립성을 보장하고 있다.

FAA는 항공 분야에서의 안전을 수호하고, 해외 민간 항공 활동을 장려하며, 항공 분야와 관련된 국제적인 논의에 참여하며 항공 정보들을 188개국의 외국 당국들과 교환하고 있다. 이외에도 FAA는 외국 정비 공장, 승무원, 기술자에 대한 증명서를 발행하는 업무, 기술적 지원 및 훈련을 제공하는 업무를 수행한다.

또한 미국과 특정 해외국가 상호 간에 서로 수출입되는 항공 품목의 상호 인정(recognition)이 보다 원활하게 이루어지도록 위해 해당되는 국가의 항공 당국과 **상호항공**

표 15.2 위임지정인 경력 및 자격

구분	기술 위임 지정인 (DER; Delegated Engineering Representative)	제조검사 위임 지정인 (DMIR; Delegated Manufacturing Inspection Representative)	감항 위임 지정인–제작 (DAR; Delegated Airworthiness Representative–Manufacturing)	감항 위임 지정인–정비 (DAR; Delegated Airworthiness Representative–Maintenance)
경력	• 위임체계 및 FAA 인증절차에 대한 충분한 이해 • 이해도, 판단력 및 협력성 구비			
	최소 8년 이상 Engineering 경력	제작승인소지자(PAH; Production Approval Holders) 소속 항공관련 지식 소유자	제작승인소지자(PAH; Production Approval Holders) 소속 항공관련 지식 소유자	항공기체, 엔진 정비 면장 소지자
책임	형식증명등 관련 적합성 입증	• 공정에 대한 합치성 검사 • 항공기, 부품 감항증명서 발급	감항증명서 발급에 필요한 검사 및 시험	감항증명서 발급에 필요한 검사 및 시험

안전협정(BASA; Bilateral Aviation Safety Agreement)을 체결하고 있다. 미국 정부는 자국내 항공기 감항성 확보 및 유지하기 위해 항공기 수입을 엄격히 통제하고 있으며, 항공기, 엔진 및 프로펠러, 장비품 및 부품을 수출하고자 하는 국가는 미국과 상호 항공안전협정을 반드시 체결하여야 한다. FAA는 유럽항공안정청을 포함한 세계 48개의 나라들과 상호 항공안전협정을 맺고 있다.

(3) 유럽항공안전청(EASA)

유럽항공안전청(EASA; European Aviation Safety Agency)은 유럽 공동체 내에서 공통된 항공 안전 규정과 환경 규정을 적용하기 위한 목적으로 2002년 7월 15일 창설되었으며, EASA 회원국은 유럽연합 28개국과 스위스, 노르웨이, 아이슬란드 및 리히텐슈타인을 포함하여 총 32국가이다. EASA의 주요 업무는 다음과 같다.

① 규칙 제정: 항공 안전 규정 제정 과정에서 규정 초안을 작성하고, 유럽위원회와 회원국들에게 기술적 조언 제공
② 항공기, 엔진, 및 부품들에 대한 안전 환경 형식증명 수행
③ 유럽연합 이외의 전 세계적인 항공기 설계 조직과 이들의 생산 및 정비조직을 승인
④ **항공교통관리**(ATM; Air Traffic Management) 조직 및 **공중항법 서비스** (ANS; Air Navigation Service) 조직 인증
⑤ **항공교통관제**(ATC; Air Traffic Control) 훈련조직의 인증 및 감독

⑥ 유럽 국가 간 프로그램 협조, 비유럽연합 국가 항공기의 유럽공항 사용에 대한 안전성 평가

EASA 인증법규는 기본규정과 두 개의 실행규정으로 구성된다. 초기 감항성과 관계되는 실행규정에는 Part 21이 있으며, 여기에서는 '항공기 및 관련 제품 그리고 부품의 증명절차'를 포함하고 있다.

EASA에서는 미국 연방항공청(FAA)이나 우리나라와 다르게 개인에 대한 위임제도가 없이 조직에 대해서만 위임을 허가하고 있다. 즉, 항공기 등에 대한 인증과 조직에 대한 인증 두 가지로 구분하여 인증서를 발행하고 있다. 조직에 대한 인증은 **설계조직승인**(DOA; Design Organization Approval)과 **생산조직승인**(POA; Production Organization Approval)으로 구분하여 해당 기관에 대한 인증을 발행하고 있는 것이 특징적이며, 두 가지 승인서가 있어야 항공기 개발 및 생산을 진행할 수 있다. EASA에서는 최근에 그림 15.2에 나타낸 바와 같이 항공안전에 대한 개념에 감항성은 물론이고 항공교통관리/항법시스템 및 단일 유럽하늘 구현을 포함하고 있다. 이런 사항을 반영하여 항공기, 엔진, 프로펠러, 장비품 및 부품의 인증절차를 기술한 EASA 부속서 1(Part 21)의 개정판에는 다음 항목이 포함되어 있다.

① 기본 법규에 모든 무인항공기와 소형 기구/비행선 및 동력 세일플레인을 포함
② Gyroplane의 중량을 600kg까지 확대

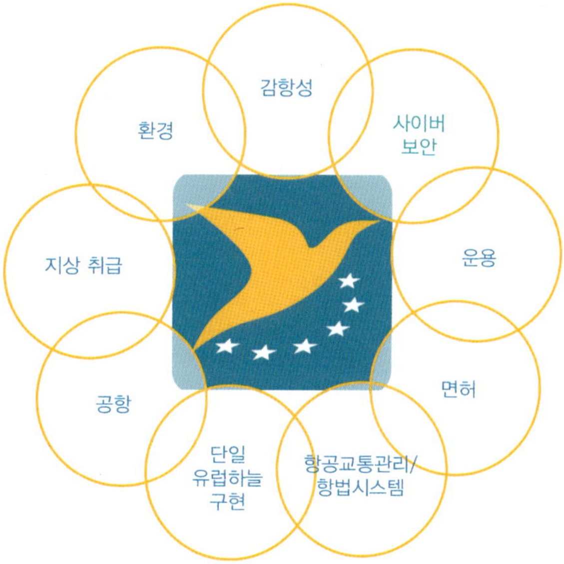

그림 15.2 항공안전 개념[EASA]

15.3 우리나라의 항공기 인증 체계

15.3.1 감항증명의 의의

일반적으로 어떤 재화를 소유하거나 임차권을 가진 자는 법에 보장되어 있는 재산권을 행사할 권리를 가진다. 그러나 항공기의 경우는 다음과 같은 특수성 때문에 이러한 권리행사는 제한된다.

첫째, 국내 항공산업의 발달이라는 측면이다. 항공기가 안전하고 신뢰할 만한 운송수단이라는 것이 입증되고 보장되지 않는다면 국민들이 항공기를 이용하려 하지 않을 것이며 이로 인해 국내 항공산업 발달이 저해될 수 있는 것이다. 따라서 항공산업은 국가의 대외경쟁력 향상에 필수적이므로 국가는 항공산업의 발전과 항공기 운항에 따른 국민의 안전을 보장하기 위해 직접적으로 관여하게 된다.

둘째, 항공기를 이용하는 일반 국민들의 권익을 보호하기 위해서 항공기를 사용할 권리가 제한된다. 항공기의 제작, 운항 및 정비 등은 고도의 기술을 필요로 하는 것으로 비전문가인 일반 국민들이 항공기의 안전성을 사전에 검사하고 이용한다는 것은 매우 어렵다. 반면에 항공기의 소유자 또는 임차인 등은 항공기의 안전에 관한 높은 지식을 소유하는 것으로 판단된다. 항공기의 소유자와 이용자 간의 이러한 불평등한 관계를 고려하고, 항공기의 안전사고 등에 관련한 법적인 문제가 항공기 소유자와 이용자 간에 발생할 때 개입하는 것이 국가의 공적인 임무의 하나이다. 이러한 차원에서 국가는 일반 국민을 위해 항공기가 과연 안전한 것인가에 대한 검사를 수행할 의무를 가지게 된다.

15.3.2 항공기 인증의 법적 성질

우리나라 항공안전법 제 1조에는 표 15.3에 나타냈듯이 국제 민간 항공협약을 준수하여 국민의 생명과 재산을 보호함을 나타내고 있다.

표 15.3 항공안전법 제1조(목적)

제1조(목적) 이 법은 「국제민간항공협약」 및 같은 협약의 부속서에서 채택된 표준과 권고되는 방식에 따라 항공기, 경량항공기 또는 초경량비행장치가 안전하게 항행하기 위한 방법을 정함으로써 생명과 재산을 보호하고, 항공기술 발전에 이바지함을 목적으로 한다.

감항증명은 표 15.4에 나타냈듯이 항공안전법 제23조에 따라 항공기가 감항성이 있다는 증명을 받은 것이고, 이는 설계가 적합(confirm to type design)하고 안전한 운항(safe operation)이 가능한 것을 의미한다.

표 15.4 항공안전법 제23조(감항증명 및 감항성 유지)

제23조(감항증명 및 감항성 유지)

① 항공기가 감항성이 있다는 증명(이하 '감항증명'이라 한다)을 받으려는 자는 국토교통부령으로 정하는 바에 따라 국토교통부장관에게 감항증명을 신청하여야 한다.

② 감항증명은 대한민국 국적을 가진 항공기가 아니면 받을 수 없다. 다만, 국토교통부령으로 정하는 항공기의 경우에는 그러하지 아니하다.

③ 누구든지 다음 각호의 어느 하나에 해당하는 감항증명을 받지 아니한 항공기를 운항해서는 아니 된다.

1. 표준감항증명: 해당 항공기가 항공기기술기준에 적합하고 안전하게 운항할 수 있다고 판단되는 경우에 발급하는 증명
2. 특별감항증명: 항공기의 연구, 개발 등 국토교통부령으로 정하는 경우로서 항공기 제작자 또는 소유자 등이 제시한 운용범위를 검토하여 안전하게 운항할 수 있다고 판단되는 경우에 발급하는 증명

새로운 항공기를 개발하고 생산하여 운영하기 위해서는 개발, 생산, 운용 단계별로 우리나라의 **민간감항당국**(CAA, Civil Aviation Authority)인 국토교통부가 참여하여 승인하는 인증과정을 거쳐야 한다. 그림 15.3에 제시했듯이 인증제도는 개발단계에서 설계에 관한 **형식증명**을 하고, 생산단계에서는 **제작증명**을 하며, 운용단계에서는 **감항증명**을 한다. 우리나라에서의 형식증명 및 제작증명은 국토교통부에서 관장하고, 감항증명은 서울 및 부산 지방 항공청에서 관장하고 있다. 항공안전기술원은 항공안전법에 따른 감항성 인증 관련 검사 업무와 항공안전 국제표준화 기술업무 등을 수행하고 있다.

감항증명을 받기 위해서는, 항공기가 항행의 안전을 확보하기 위한 기술상의 기준에 적합한가의 여부를 검사한 후 당해 항공기의 운용한계를 지정하여야 한다. 이는 항공기가 안전한 것인가의 판단을 위한 검사의 기준이 사전에 고시되고 국토교통부는 이러한 기술기준을 당해 항공기가 만족시키는가를 검사한다는 것이다.

항공기기술기준(KAS, Korean Airworthiness Standards)을 살펴보면, 표 15.5에서와 같이 Part 21은 인증절차, Part 23, 25는 각각 보통, 수송류 비행기, Part 27, 29는 각각 보통, 수송인 회전익 항공기 감항인증 기술기준을 나타내고 있다.

최근 소형 비행기 기술기준 개정(KAS Part 23)은 표 15.6에 나타냈듯이 기존 특정한

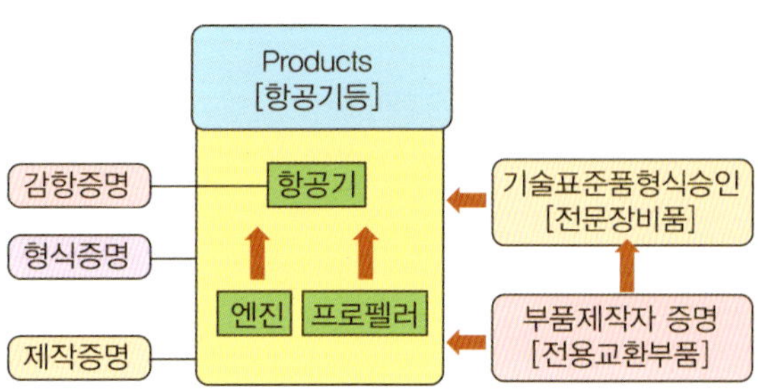

그림 15.3 항공제품 구성과 인증제도

표 15.5 국제적 감항인증 기술기준 비교

분야	KAS	FAA FAR	EASA CS
정의 및 약어	Part 1	Part 1	CS-Definition
활공기 및 동력활공기	Part 22	AC 21.17-2A	CS-22
보통류 비행기	Part 23	Part 23	CS-23
수송류 비행기	Part 25	Par 25	CS-25
보통 회전익 항공기	Part 27	Part 27	CS-27
수송 회전익 항공기	Part 29	Part 29	CS-29
엔진	Part 33	Part 33	CS-E
연료 및 배기가스 배출기준	Part 34	Part 34	CS-34
프로펠러	Part 35	Part 35	CS-P
항공기 소음	Part 36	Part 36	CS-36
경회전익 항공기	Part VLR	-	CS-VLR

설계 및 입증방법을 규정하는 규범적(prescriptive) 규제에서, 안전성능 및 효과를 규정하는 성능(performance)기반 규제 방식으로의 개념을 변경한 첫 사례이다.

소형 비행기 감항기준은 그림 15.4에 나타냈듯이 기본적으로 비행기의 감항분류를 용도, 중량에 따른 구분(보통, 실용, 곡예, 커뮤터)을 보통으로 통합하여 탑승객의 인원(Level 1,2,3,4)과 성능(저속, 고속)에 따라 개정 하였다. 이에 대한 영향성을 검토하여 회전익 항공기(Part 27/29), 수송류 비행기(Part 25)에 확대할 예정이다.

표 15.6 규범적 표준과 성능기반 표준 차이

규범적 표준 (Prescriptive Standard)	성능기반 표준 (Performance Standard)	비고
실속속력 61knot 이하	모든 비행형상에서 가장 불리한 조건을 고려하여 실속속력을 결정	설계 요소
기동별 비행하중 조건 규정	모든 비행하중을 고려할 것	적합성 입증방법
플러터 시험, 해석 방법 규정	플러터가 없어야 함 (시험, 해석방법 삭제)	적합성 입증방법
안전벨트	승객 보호 수단을 갖출 것	설계 요소
특정 연료(화석연료) 계통 설계 규정	동력원 계통의 일반적 안전 성능	설계 요소

Level 1 (Pax 0~1)　Level 2 (Pax 2~6)　Level 3 (Pax 7~9)　Level 4 (Pax 10~19)

그림 15.4 보통류 비행기 인증수준

15.4 항공기 인증대상과 종류

항공안전법에서 정의한 감항증명 대상 항공기는 군용·경찰용·세관용 항공기를 제외한 모든 항공기가 해당된다.

이러한 민간항공기에 대한 감항증명업무 대상은 항공기 설계단계에서의 형식 증명(TC; Type Certification), 생산단계에서의 제작증명(PC; Production Certification)과 운용단계에서의 감항증명(AC; Airworthiness Certification) 및 감항성 유지 업무가 있으며 해당 항공기가 폐기될 때까지 전 수명주기 동안 감항당국의 관리를 받는다. 그 밖에도 원 형식증명(Original TC)된 항공기를 개조·개량할 경우에 발급되는 **부가형식증명**(STC; Supplemental Type Certification), 장비품 단위의 인증절차인 **기술표준품형식승인**(TSOA; Technical Standard Order Approval) 및 형식승인된 부품 및 장비품에 대한 **부품등제작자증명**(PMA; Parts Manufacturer Approval) 등이 있다. KAS Part 21에는 이러한 항공기등(항공기, 엔진 및 프로펠러), 장비품 및 부품에 대한 인증절차를 나타내고 있다.

그림 15.5는 위에서 설명한 항공기등의 설계, 생산 및 운용단계의 전 수명주기 동안에 이루어지는 인증절차를 보여주고 있다.

15.4.1 형식증명(TC)

형식증명(TC; Type Certification)이란 형식증명 신청자가 개발하고자 하는 항공기의 형식설계에 대한 안전성을 보증하기 위하여 항공기, 엔진 또는 프로펠러가 감항기준(airworthiness standard)에 적합하게 설계되었으며 모든 해당 요건들을 충족하였음을 확인하는 감항당국이 발행하는 법적인 요건이다. 이 형식증명 자체로는 항공기의 운항 허가가 아니며 항공기 운항을 위해서는 각각의 항공기가 감항증명(airworthiness certification)을 받아야 한다.

형식증명 신청자는 항공기 설계, 제작을 진행하면서 도면, 재료규격서, 공정규격서 등의 형식설계 자료를 생성하고, 항공기에 대한 감항인증 기술기준, 인증계획 및 **적합성 입증**

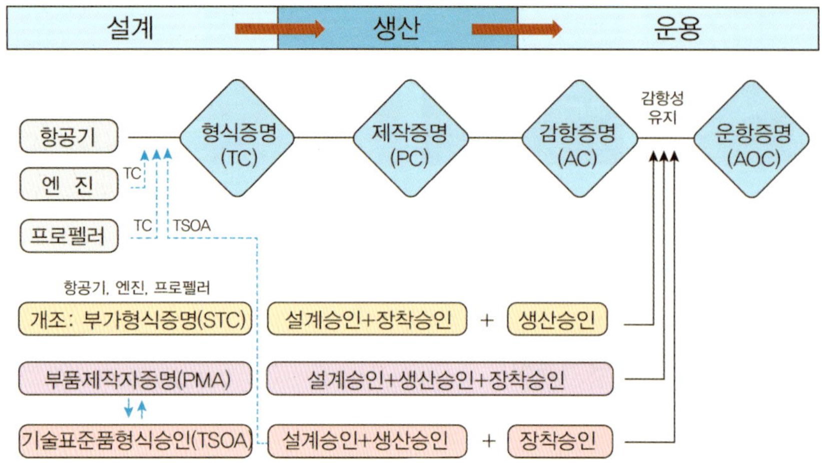

그림 15.5 항공제품의 수명주기와 인증절차

방법(MOC; Means of Compliance)을 수립한다. 대상 항공기 감항인증 기술기준을 충족하는지를 확인하기 위한 적합성 입증방법으로는 표 15.7에 나타냈듯이 검사, 분석, 시범 및 시험 등으로 구분할 수 있다.

형식증명 신청자는 다음 사항을 결정하기 위해 필요한 모든 검사와 시험을 해야 한다.

① 적용되는 감항성, 항공기 소음, 연료 및 배기가스 배출요건에 따른 적합성
② 재료와 항공기 등이 형식설계의 규격서에 합치함

표 15.7 적합성 입증방법

구분	검증방법	설명
I	검사 (Iinspection)	설계도면과 같은 문서를 검사하거나 유사성 자료를 근거로 검증 구성품 차원의 각종 인증 결과를 활용하여 검증
A	분석 (Analysis)	하중, 응력, 성능, 전기부하 등에 대해 이론적 또는 수치적 해석을 통해 검증
D	시범 (Demonstration)	항공기에서 수행되는 각종 비 계측 검사 또는 항공기나 Mock-up에서의 시범을 통해 검증 및 시뮬레이션을 통하여 검증
GT	지상시험 (Ground test)	계통차원에서 Rig 또는 별도 시험설비를 활용한 시험을 통해 검증 및 항공기 차원의 지상시험을 통해 검증
FT	비행시험 (Flight test)	항공기 차원의 비행시험을 통해 검증
N/A	해당사항 없음 (Not Applicable)	단순 정의 또는 일반적인 요구사항으로써 검증 불필요

③ 항공기 등에 장착되는 부품이 형식설계의 도면에 합치함
④ 제조공정, 제작 및 조립이 형식설계의 규정에 합치함

또한 형식증명 신청자는 항공기, 그 구성품 및 장비품이 감항인증 기술기준에 적합하고, 신뢰성이 있으며 정상적으로 기능을 발휘함을 합리적으로 보증할 수 있도록 필요한 모든 비행시험을 수행하여야 하며, 적절한 비행시험을 할 수 있는 조종사를 보유하고 있어야 한다. 인증비행시험조종사는 인증대상 항공기에 대한 성능, 비행특성, 조작특성, 장비운용 및 운용상 한계, 절차 및 정보와 관계된 기술자료의 평가와 인증비행시험계획에 따라 비행시험을 수행한다.

해당 항공기, 엔진, 프로펠러가 항공기기술기준에 적합한 검사를 수행하여 이를 인정하는 경우에는 형식증명서를 발급하는데, 형식증명서에는 형식설계, 운용한계, 형식증명자료집, 적합성을 명시한 기록 및 관련 요건에 따라 항공기 등에 대해 요구되는 기타의 조건이나 한계사항을 포함하고 있다.

형식증명 소지자(TCH; Type Certificate Holder)는 다음의 사항을 할 수 있다.

① 항공기의 경우 감항증명을 받을 수 있음
② 항공기 엔진이나 프로펠러의 경우, 형식증명을 받은 항공기에 대한 장착승인을 받을 수 있음
③ 항공기 등의 경우, 형식증명을 받은 항공기 등에 대한 제작증명을 받을 수 있음
④ 해당 항공기 등에 대한 교체부품 승인을 받을 수 있음

15.4.2 부가형식증명(STC)

항공기, 엔진, 프로펠러의 형식증명소지자(TCH)가 중대한 변경을 하여 항공기 등을 개조하고자 하는 경우 부가형식증명(STC; Supplemental Type Certification)을 받을 수 있다. 여기서 중대한 변경은 중량, 평형, 구조강도, 신뢰성, 운용 특성이나 기타 항공기 등의 감항성에 영향을 미치는 변경을 말한다.

예를 들어 TCH 이외의 다른 설계조직은 형식 증명된 항공기에 탑재할 수 있는 농약 살포용 농경 시스템을 설계할 수 있다. 또 이와 유사한 예로, 승객 수송용 비행기를 화물용 비행기로 전환하는 경우도 있다. 이럴 경우 STC 신청자는 TCH와의 협의를 통해, 신청자가 개조 설계에 필요한 형식설계에 관한 모든 정보를 알고 있음을 증명하는 것이 필요하다. 이런 경우 TCH는 상기 언급된 정보에 관하여 기술적인 문제가 있어서는 안 되며, STC 보유자와 협력하여 개조된 제품의 지속적인 감항성을 위한 모든 의무들을 다하여야 한다. STC는 형식설계의 주요 변화에 대한 승인이기 때문에, '형식설계의 개조'라고 말할

수 있다.

부가형식증명서는 항공기 등의 형식설계변경에 대한 국토부 장관의 승인으로서 해당 항공기 등에 대해 발행된 형식증명으로 구성된다. 부가형식증명 소지자는 다음 사항을 할 수 있다.

① 항공기의 경우 감항증명을 받음
② 형식증명을 받은 항공기에 대한 장착승인을 받을 수 있음
③ 부가형식증명에 의한 승인을 받은 형식설계 변경에 대한 제작증명을 취득함

15.4.3 제작증명(PC)

제작증명(PC; Product Certification)은 항공기 등 구성품 장비의 생산단계에서 형식설계에 맞게 양산할 수 있는 제조품질 시스템을 갖추고 있음을 국토교통부로부터 인증받는 행위이다. 즉, 형식증명을 받은 항공기 등을 제작하고자 하는 신청자는 감항인증 기술기준에 적합하게 항공기 등을 제작할 수 있는 기술, 설비, 인력 및 검사 시스템을 갖추고 있어야 한다.

원형시제 단계의 제품이 형식증명을 받으면, 보통 해당 제품의 대량생산으로 이어지게 된다. TCH와 부가형식증명 소지자는 항공기 등에 대해 제작증명을 신청할 수 있다. 다만 제조시설이 외국에 위치할 경우에는 제작증명서를 발행하지 않는다. 형식증명에서 승인된 설계에 합치함을 입증하기 위해서 제작증명 신청된 해당 항공기 등에 대하여 품질관리체계를 수립하고 이를 유지하여야 하는데 품질관리 시스템은 다음 사항을 포함한다.

① 품질조직 관리 체계
② 설계관리 체계 및 소프트웨어 품질보증 체계
③ 제작공정 및 공급업체 관리 체계

15.4.4 감항증명(AC)

감항증명(AC; Airworthiness Certification)은 항공안전 법률에 따라 항공기를 승인된 형식설계대로 설계 및 제작되어 있으며, 해당 항공기가 안전한 비행상태를 유지하고 있을 때 감항성 유지문서와 항공기 상태검사를 통하여 감항성을 확인하는 것을 말한다. 이에 대한 증명으로 감항증명서가 발행된다.

항공기의 수입과 수출을 촉진하고 항공기의 국제 운항을 촉진하기 위해, 국제민간항공기구(ICAO)는 타 국가가 발행한 감항증명서가 감항 요구도 조건에 대해 유효성이 인정되

거나, ICAO 부속서 8 항공기 감항성의 최소 기준을 충족 또는 상회할 시에는 유효한 것으로 해당 국가가 인정하도록 하고 있다.

항공기 운항 허가는 감항증명서가 발행되었을 때 이루어지며 감항증명서는 항공기 등의 정비가 해당 요구도에 따라 수행되고 유지되는 기간 동안 지속적인 효력을 가진다.

감항성이 있으며 감항증명서를 발급받을 자격을 부여받기 위해서는, 형식증명된 항공기가 다음의 두 조건들을 반드시 충족해야 한다.

① 항공기가 형식증명서(TC)에 합치하여야 한다. 형식설계에 합치함은 항공기 형상과 장착된 구성품들이 도면, 규격서 및 기타 형식증명서(TC)의 일부인 데이터들과 일치하여야 하며, 여기에는 항공기에 반영된 부가형식증명(STC) 및 사전 승인된 변경사항들을 포함한다.

② 항공기가 안전 운항에 적합하여야 한다. 이는 '기체 표면 부식, 창문 벗겨짐/잔금, 유체 누출, 타이어 마모' 등과 같은 항공기의 마모 및 성능 저하와 관련된 항공기의 상태를 의미한다.

또한 감항증명서는 다음과 같이 두 가지로 분류된다.

① **표준감항증명서**(Standard Airworthiness Certificates): 해당 항공기가 기술기준을 충족함이 입증되어 안전하게 운용될 수 있는 상태가 확인된 경우에 발급된다. 감항분류는 비행기, 비행선, 활공기 및 헬리콥터별로 보통, 또는 수송 등으로 구분한다.

② **특별감항증명서**(Special Airworthiness Certificates): 항공기가 제한형식 증명을 받았거나 항공기의 연구, 개발 등 항공기 제작자 또는 소유자 등이 운용범위를 검토하여 안전하게 운용할 수 있다고 판단되는 경우 발급된다. 특별감항증명서의 용도분류는 제한, 실험 및 특별비행허가로 구분한다.

15.4.5 부품제작자증명(PMA)

항공기의 안전성은 그 자체의 구조강도, 공력특성, 제어특성뿐만 아니라, 이에 장착되는 엔진이나 부품에 따라서 크게 영향을 받는다. 항공기 부품은 엔진이나 프로펠러 또는 기술표준품에 못지않게 항공기의 안전에 지대한 영향을 미칠 수 있고, 항공기 운용 중에도 주기정비 또는 필요에 따라 교체 장착될 수 있으므로 그 설계와 제작에 대한 인증을 받아야 한다.

항공안전법에서 부품(parts)이라 함은 항공기, 엔진, 프로펠러, 기술표준품을 제외한 그 밖의 구성요소 또는 이를 구성하는 부품을 말한다. 따라서 항공기 구성에 필요에 모든 부품이 부품제작자증명(PMA; Parts Manufacturer Approval)의 대상이 될 수 있다. 부품제작자증명은 항공기의 개발이나 운용 중에 사용되는 특정한 부품에 대한 설계와 생산을 승인하는 것으로써 해당 항공기에 적합한 기술기준(Airworthiness Standard)에 따라 장착 적합성을 입증하고 적절한 품질관리체계가 구축되었을 경우 승인이 되고 동시에 항공기에 장착할 수 있다.

항공기 부품은 그 종류와 형태가 매우 다양하고, 해당 항공기 등의 설계와 유기적으로 연계되어 있으므로 각 부품별로 인증기준을 별도로 제정하거나 기존의 상용 규격을 지정하는 것은 적절하지 않다. 따라서 부품제작자증명을 받기 위한 인증기준은 해당 부품이 장착될 항공기 등에 대한 감항기술기준 중 해당되는 요건을 선별하여 적용하게 된다.

부품 등 제작자증명 신청자는 다음 사항을 결정하기 위해 모든 검사와 시험을 수행해야 한다.

① 관련 규정 및 항공기기술기준 요구조건에 대한 적합성

② 설계상 규격에 대한 재료의 합치성과 설계상 도면에 대한 부품의 합치성

③ 설계에서 명시된 제작공정, 제작 및 설계의 합치성

15.4.6 기술표준품형식승인(TSOA)

항공기 기술표준품은 인증업무의 효율화 및 항공안전을 위해 표준화가 필요한 것으로 감항당국이 지정하여 고시한 부품 및 장비품을 말한다. **기술표준품형식승인**(TSOA; Technical Standard Order Approval) 제도가 도입된 초기에는 형식증명을 받은 기존의 항공기에 대체용 부품으로 주로 사용되었으나, 최근에는 새로 개발되는 항공기에도 널리 사용되고 있다.

기술표준품형식승인(TSOA)은 해당 품목 자체에 대한 인증이므로 특정한 항공기 형식에 대한 장착 적합성을 요구하지 않는다. 이는 인증 요건 및 절차를 단순화하여 산업체와 감항당국의 부담을 경감하고, 장래의 장착 대상 항공기를 다양화할 수 있다는 장점이 있다.

항공기 기술표준품은 대체로 기계류, 계기류, 전기전자류, 그리고 이들 특성이 혼합된 복합형장치로 분류할 수 있다. 이들에 대한 기술기준은 감항당국이 지정 · 고시한 기술표준품 표준서(TSO; Technical Standard Organization)이고, 이들 문서에서 해당 품목의 **최소성능표준**(MPS; Minimum Performance Standard)을 규정하고 있다. 최근에는 최소성능 표준에 있어 설계형상 및 적합성 입증 방법은 미 재료시험학회(ASTM; American Society for Testing and Materials) 및 전기전자 기술자 협회(IEEE; Institute of Electrical and Electronics Engineers) 등과 같은 산업체 표준을 활용하고 있다.

그림 15.6 상단은 한국 **기술표준품**(KTSO; Korea Technical Standard Organization)인 대기자료 컴퓨터, 항공기용 다목적 전자식 디스플레이 , 항공기용 타이어 등의 사례를 나

타내고, 하단은 미국 기술표준품(TSO; Technical Standard Organization)의 사례인 가스 터빈용 보조동력장치, 헤드셋, 구명조끼 등을 나타내고 있다.

KTSO–C 106
(Air Data Computer)

KTSO–C 113a
(Airborne Multipurpose Electronic Display)

KTSO–C 62
(Tire)

TSO C77a
(Gas Turbine APU)

TSO C166b
(Headset & Speakers)

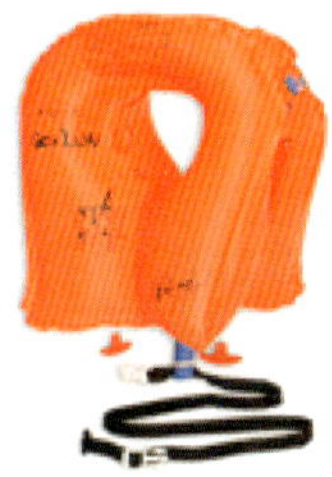

TSO C13t
(Life Preserver)

그림 15.6 기술표준품 형식승인 사례

15.5 무인항공기 인증 체계

국제민간항공기구(ICAO)에서는 **무인항공기**를 1944년 국제민간항공협약(Convention on International Civil Aviation, 시카고 협약) 제8조에 따라 조종자 없이 비행할 수 있는 항공기인 '무조종자 항공기(Pilotless Aircraft)'로 정의하였으며, 2011년 ICAO 회람 328 '무인항공기 시스템(UAS)'을 발행하여 조종사가 탑승하지 않는 항공기인 '무인항공기(UA; Unmanned Aircraft)' 또는 '원격 조종 항공기(RPA; Remotely-Piloted Aircraft)'로 명칭을 변경하였다.

무인항공기는 그림 15.7에서와 같이 조종사가 탑승하지 않고 원격·자동으로 비행할 수 있는 항공기로, **무인항공기 통제소**(UCS; Unmanned Aircraft Control Station), **명령 및 통제 시스템**(C2; Command and Control), **데이터 링크**를 무인항공기(UA; Unmanned Vehicle)와 통합된 하나의 시스템으로 간주하여 무인항공기 시스템(UAS; Unmanned Aircraft System)으로 정의하고 있다. 무인항공기는 주로 군사용 위주로 개발 및 사용되어 왔지만,

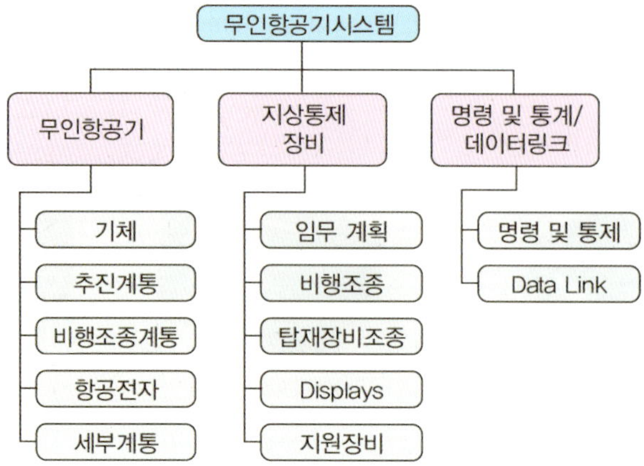

그림 15.7 무인항공기 시스템 구성 요소

힘들고(difficult), 더러우며(dirty), 위험한(dangerous) 임무를 수행할 수 있어 민간 수요가 급증하고 있다. 또한 항공산업의 발전으로 첨단화, 다양화되어 기상관측, 환경감시, 방송통신 중계 등 고도의 임무를 수행할 수 있는 무인항공기가 개발 및 제작되고 있다. 특히, 최근에는 멀티콥터(Multi-copter)형 '**드론**(Drone)'과 무인항공기가 혼용되고 있다.

최근 무인항공기의 운용이 증대되면서, 무인항공기를 자체만으로나 유인항공기와 함께 운영하는 데 필요한 감항인증의 필요성이 대두되었다. 즉, 무인항공기도 유인항공기와 동일하게 '항공기가 안전하게 비행할 수 있는 성능'인 감항성이 있다는 감항증명을 받고, 비행 중인 다른 항공기들과의 충돌위험과 지상에 대한 인적 · 물적 피해가 없도록 해야 한다. 대부분 유인항공기만을 대상으로 개발된 인증기술기준을 무인항공기 운용범위 확대와 성능 고도화에 따라 이에 맞게 개발하여 비행안전 위험성을 최소화하여야 한다.

15.5.1 무인항공기 분류

일반적으로 무인항공기는 표적 및 기만용, 정찰용, 전투용, 화물 운송용, 연구개발용 및 민간/상용 무인기 등으로 구분할 수 있다. 우리나라 항공안전법에서는 항공기를 이륙중량과 좌석수에 따라 헬리콥터, 비행선, 활공기 등의 항공기, 경량항공기 및 초경량비행장치로 분류하고 있다. 표 15.8에 나타낸 바와 같이 조종사의 탑승 유무에 따라 유인항공기와 무인항공기로 분류하고, 무인항공기는 사람이 탑승하지 않고 원격조종 등으로 비행하는 150kg 초과 무인항공기와 150kg 이하의 무인동력비행장치로 구분된다.

무인항공기의 분류는 여러 가지 목적으로 활용할 수 있도록 무인항공기 시스템의 비행요소인 무인 비행체의 이륙중량, 운용 고도, 조종 방식, 이착륙 방식, 에너지원 및 운동 에너지 등에 따라 분류할 수 있으며 이에 따라 감항인증기술기준을 제정할 수 있다 최근에

표 15.8 유인항공기와 무인항공기의 분류(항공안전법 기준)

유인항공기		무인항공기	
최대이륙중량 600kg 초과	항공기	자체중량 150kg 초과	무인항공기
최대이륙중량 600kg 이하	경량항공기		
자체중량 115kg 이하	초경량비행장치	자체중량 150kg 이하	무인비행장치

최대이륙중량: 비행체가 이륙할 때 상승할 수 있는 최대중량
자체중량: 연료와 탑재물의 중량을 제외한 비행체 중량

는 인증 기술기준의 국제적 변화에 따라 무인항공기 분야도 점진적으로 성능기반 기준을 적용하고 있으며, 기존 무인비행장치 분류기준을 위험도와 성능에 따라 모형비행장치, 저위험 무인 비행장치, 중위험 무인 비행장치 및 고위험 무인 비행장치의 네 단계로 세분화하고 있다.

15.5.2 무인항공기 인증 체계

(1) 무인항공기 감항성

무인항공기에 대한 감항인증제도는 명확히 정의되어 있지 않지만 연료의 중량을 제외한 자체중량이 150kg 이상의 무인항공기는 항공안전법 시행규칙에 의해 특별감항증명의 대상이 된다. 특별감항증명을 발급받기 위해서는 비행 목적, 비행경로, 무인항공기의 원격조종사 관련 사항, 감항 요구조건 미충족시의 대처방안, 무인항공기를 원격으로 조종하는 장소에 의무 무선설비의 비치가 이루어져야 한다.

자체중량이 12kg 이상 150kg 미만인 무인동력비행장치는 신고대상이 되며, 국토교통부장관의 비행승인을 받아야 하고 항공안전기술원(KIAST; Korea Institute of Aviation Safety Technology)으로 부터 초경량비행장치 안전성 인증을 받아야 한다.

표 15.9에는 위에서 설명한 초경량 비행장치에 속하는 연료를 제외한 자체 중량이 150kg 이하인 무인동력 비행장치와 비행기 또는 헬리콥터에 속하는 150kg 이상의 무인항공기의 감항성을 비교하였다. 두 무인항공기 모두 인명이나 재산의 위험을 초래할 수 있는 비행은 금지되어 있으며 사고보고가 필요하다.

(2) 무인비행장치 기술기준

최대 이륙중량이 150kg 이하의 무인비행장치는 초경량비행장치의 비행안전을 위한 기술상의 기준을 적용하여 안전한 비행 확보를 목적으로 하며, 아래의 기준을 충족하여야 한다.

표 15.9 무인항공기 감항성 비교

구분	초경량 비행 장치 (150kg 이하 무인동력비행장치)	비행기 또는 헬리콥터 (150kg 이상 무인항공기)
안전성 인증/ 감항증명	• 비행안전을 확보하기 위한 기술상 기준 적용 (MTOW 25kg 이상) • 안전성인증절차에 의한 안정성 인증서 발급 (지방항공청)	• 특별감항 증명서(실험분류; 7일 전신청, 국토교통부장관) • 기술기준 검사 • 유효기간 1년(연장 가능)
항공기 신고, 등록	• 신고(지방항공청장) • 신고불필요(12kg 이하 무인동력 비행 장치(연료무게 제외, 배터리 포함)	• 항공기 등록증명서
조종자 증명	• 필요 • 필요 없음(자체중량 12kg 이하)	• 항공종사자 자격증 필요(EP; 자가용 조종사)
비행허가, 승인	• 비행계획수립(초경량 비행장치 비행 제한 공역) 및 승인(지방항공청) • 최대이륙중량 25kg 이하 무인기 제외	• 비행허가 신청서(비행 전 7일) • 지방항공청장 비행허가
무인항공기 비행 준수 사항	• 육안 가시거리내 비행 • 150m 미만 고도 비행 • 낙하물 투하 금지 • 인구밀집상공 비행 금지 • 일몰후부터 일출전 야간비행 금지	• 인명 재산 위험초래 비행 금지 • 인구밀집 상공 비행 금지 • 육안 식별 상태시 비행, 야간비행 금지
사고보고	• 사고 보고 필요	• 사고보고 필요

1) 기술상의 안전기준

비행장치 전반의 공작방법, 계기 및 장비품의 작동시험, 비행장치의 정비작업 기준과 설계기준에 대하여는 제작사에서 제공한 기술기준을 준용한다. 또한 제작자는 일반 조종자의 기술을 지닌 자이면 누구나 이륙, 상승, 하강 착륙을 안전하게 제어 조종할 수 있다는 사실을 증명할 수 있어야 한다.

2) 시험비행 심사기준

외국에서 키트를 구입한 경우에는 그 제작국 정부 또는 제작회사에서 정한 시험비행 방법 등을 준수하여야 한다. 시험비행 방법을 명시하지 않거나 국내에서 설계 · 제작된 경우 또는 외국에서 완제기나 중고 비행장치를 도입한 경우에는 아래 사항을 수행하여야 한다.

① 저속에서 최대출력까지 예상되는 비행자세에서 5분 이상의 발동기 지상 시운전 중 지장 없이 운전되어야 한다.

② 최초의 비행 전에는 적어도 1회 이상의 지상활주를 하여야 하며, 지상활주에는 고속 지상활주가 포함되어야 한다. 무인 회전익비행장치의 경우 공중정지비행(hovering) 유지 상태를 점검한다.

3) 설계 및 구조기준

① 무인비행장치의 조작·제어방법·긴급조치 및 운용한계와 필수 장비 및 장비 점검에 관한 운용 규정이 있어야 한다.

② 무인비행장치의 외부에 다른 장치를 부착할 경우에는 명확하게 식별될 수 있는 것이어야 하되, 운항에 장애가 되어서는 아니 된다.

③ 무인비행장치 점검시 기술기준에 적합하지 아니하는 손상·퇴화 등이 확인된 경우에는 비행을 중지하고 신속하게 수리하여야 한다.

(3) 무인항공기 기술기준

군용무인항공기는 **북대서양조약기구**(NATO; North Atlantic Treaty Organization)를 중심으로 150kg 이상의 대형 무인항공기 또는 150kg 이하의 소형 무인항공기에 대해 기술기준이 나와 있고 이를 적용하여 군용무인항공기가 설계, 제작되고 있다. 표 15.10에 나타낸 바와 같이 유럽항공안전청(EASA; European Aviation Safety Agency)에서는 최대이륙중량이 750kg 이하의 고정익 무인항공기 기술기준(CS-LUAS; Certification Specification for Light Unmanned Aircraft Systems)과 최대이륙중량이 750kg 이하의 회전익 무인항공기 기술기준(CS-LURS; Certification Specification for Light Unmanned Rotorcraft Systems)을 제시하고 있다. 그러나 미국과 우리나라는 아직까지 무인항공기에 대한 인증기술기준은 제정되지 않고 있다.

우리나라에서는 사람이 탑승하지 아니하고 원격조종 등의 방법으로 비행하는 연료의 중량을 제외한 자체중량이 150kg을 초과하는 무인항공기는 특별 감항증명의 대상이 된다. 특별감항증명은 항공기의 연구, 개발 등 국토교통부령으로 정하는 경우로서 항공기 제작자 또는 소유자 등이 제시한 운용범위를 검토하여 안전하게 운항할 수 있다고 판단되는 경우에 발급하는 증명으로 신청서에는 비행교범과 정비 교범이 포함되어야 한다.

표 15.10 무인항공기 감항인증기술기준 비교

분야	CS LUAS (EASA)	CS LURS (EASA)	StTANAG 4671 (NATO)
일반사항	750kg 이하 고정익 무인항공기	750kg 이하 무인헬기	150kg ~ 20,000kg 고정익 무인항공기
기술기준수	246 항목	210 항목	399 항목
비고	C2, GCS 미포함	C2, GCS 미포함	명령 및 통제(C2: Command &Control), 지상통제장비(GCS: Ground Control Station) 포함

① 비행교범(항공기의 종류·등급·형식 및 제원(諸元), 항공기 성능 및 운용한계, 항공기 조작방법 사항)
② 정비교범(감항성 한계범위, 주기적 검사 방법, 장비품·부품 등의 사용한계 사항)

APPENDIX

부록

부록 A 항공우주 역사

하늘을 날고자 하는 인간의 노력은 꾸준히 이어져 왔지만 과학기술이 뒤따르지 못하여 실패를 거듭하다가 드디어 20세기 초 라이트 형제에 의해 그 꿈이 이루어졌다. 현재와 같은 기술문명의 체계 위에서 합리적인 시도가 이루어진 것은 그리 오래되지 않았다. 이 절에서는 항공우주 역사를 시대별로 살펴본다.

A.1 비행 기계의 꿈

16세기는 흔히 과학혁명의 시대라고 말한다. 논리적인 검증으로 확인된 사실만으로 그 체계를 쌓아나가는 과학적 방법론이 시작되는 시점이기 때문이다. 당시의 과학적 사고에서 선구자 역할을 한 사람 중에 레오나르도 다 빈치(Leonardo da Vinci, 1452~1519)가 있다. 다 빈치는 많은 분야에서 활동했지만, 특히 항공분야에서는 새를 해부한 결과 다음과 같은 결론을 내렸다.

> "새는 수학적 법칙에 따라 작동하는 기계이며 그의 모든 운동을 인간 능력으로 구체화 시킬 수 있다."

그가 1505년에 발표한 이 논문은 그 후 활공기나 동력비행기 발명자에게 큰 자신감을 심어주었다. 그러나 이 결론은 정확하기는 했지만 지상에서만 행동하는 인간의 힘과 체중에 대한 비율을 정량적으로 파악하지는 못했다. 다 빈치는 그림 A.1과 같은 비행기계에 관한 많은 스케치를 남겼으며 날갯짓하는 비행기의 모형을 만들기도 했다. 그림에서 나사식 프

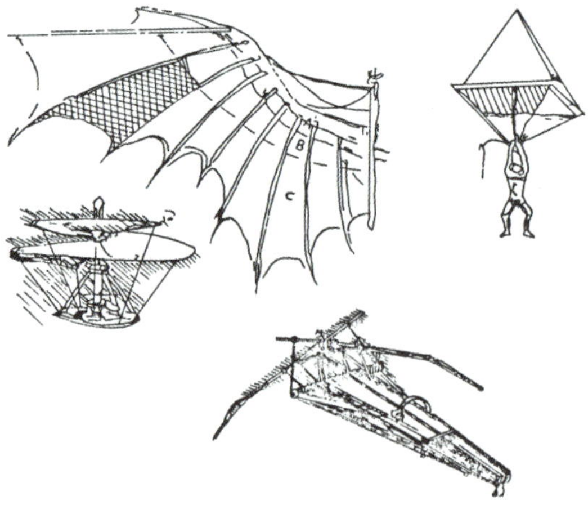

그림 A.1 레오나르도 다 빈치의 1496년 비행기계 스케치

로펠러를 사용하여 비행할 수 있다고 기술하고 있지만 토크 상쇄에 관한 개념조차 들어 있지 않아 수직 상승에 대한 상상만을 했다고 할 수 있다.

다 빈치의 제안을 냉철하게 비판한 이탈리아의 생리학자이며 수학자이며 천문학자인 조바니 알폰소 보렐리(Giovanni Alfonso Borelli, 1608~1679)는 새의 날갯짓하는 운동을 역학적으로 해석하고 새의 근력과 체중과의 관계를 인간과 비교하였다. 이 결과 '인력만으로 비행은 불가능하다'고 단정하였다. 인력 이외의 다른 동력은 당시의 기술로는 대안이 없었다.

항공의 아버지라 불리는 영국의 과학자 조지 케일리(George Cayley, 1773~1857)는 날개에 관해 과학적인 접근하여 분석함으로써 비행기의 가능성을 시사하였다. 그는 1809년과 1810년에 발표한 〈공중비행에 대하여(On Aerial Navigation)〉라는 논문에서 항공기에 작용하는 네 가지 힘, 즉 양력(lift), 항력(drag), 추력(thrust), 중량(weight)을 기초로 처음으로 비행이론을 주장하였다. "비행기의 뜨는 원리, 즉 양력이론은 연을 공중에 날리는 것과 같다. 실로 맨 연이 알맞은 각도에서 맞바람을 받으면 공중에 떠오른다. 바람이 약할 때는 바람을 향해서 뛰면 바람을 많이 받게 되어 더 잘 날게 된다. 바람과 연이 받음각을 이루고 상대속도를 가지면 연에 공기력이 발생한다. 이 공기력을 바람 방향과 평행인 힘을 항력, 수직인 힘을 양력으로 나누어 생각하자. 만약 알맞은 동력을 써서 항력을 이기면 양력으로 중력을 이길 수 있다"라고 하였다. 또한, 그는 날개의 단면이 위가 볼록한 형태라야 항력에 대한 양력의 비율이 커진다고 주장하면서 항력보다 더 큰 힘으로 끌면 지속적으로 비행할 수 있다는 생각을 정립함으로써 날개 치지 않는 고정익(fixed-wing)으로도 비행할 수 있다는 가능성을 제시하였다. 이로써 1800년대에 활공기에 관한 실험이 활기를 띠게 되었다. 그림 A.2는 조지 케일리가 1853년에 제안한 활공기의 복제품의 비행 사진이다.

독일의 오토 릴리엔탈(Otto Lilienthal, 1848~1896)은 13세부터 48세에 사망할 때까지 35년 간 활공비행에 인생을 바쳐 동력비행으로 발전하는 과정에서 큰 역할을 한 인물이다.

그림 A.2 조지 케일리 복제 활공기의 비행

그림 A.3 릴리엔탈의 1895년 활공기

릴리엔탈은 1889년 《항공기술의 기초로서 새의 비행(Bird Flight as the Basis of Aviation)》이라는 저서를 출판하였고 본격적인 활공실험을 시작한 것은 1890년부터이다. 1891년에 제작한 초기 활공기(Derwitzer glider)는 날개면적 10m^{2}에 무게 18kg이며 수직 안정판을 꼬리에 달았다. 릴리엔탈은 그림 A.3에서 보듯이 활공기의 날개 중앙의 구멍을 통하여 머리를 위로 내밀고 어깨와 팔 무릎으로 매달려 언덕 위에서 뛰어내려 활공하였다. 몸이 매달린 위치를 이동하여 무게중심을 바꿈으로써 가로방향 자세를 조종하였다. 공기력이 몸을 움직일 수 있는 모멘트보다 훨씬 크고 그 변화가 빠르기 때문에 수평자세를 유지하기가 매우 어려웠고 결국 이 때문에 릴리엔탈은 1896년에 활공하다가 추락하여 사망하였다. 그동안 2,000회 이상의 활공을 하였으며 평균 활공거리는 400m였다.

활공기를 연구한 사람으로 미국인 옥타브 샤누트(Octave Chanute, 1832~1910)가 있다. 그는 12겹 날개 활공기를 제작하는 등 여러 가지 형태의 활공기를 연구한 후에 연구자료를 모아서 1891년에 《공중 항행법》을 출판하고, 1894년에는 《비행기계의 진보(Progress in Flying Machines)》라는 저서를 출판하였다. 그러나 실용적인 활공기의 진보에는 별로 기여하지 못하였다.

A.2 기구와 비행선

기술 수준이 양력을 이용하여 비행하는 방법을 실현하지 못하는 정도에 머물고 있을 때 하늘을 나는 도구로써 부력을 이용하는 기구가 발명되었다. 처음으로 기구를 띄운 사람은 프랑스 제지업자 몽골피에 형제(Joseph-Michel Montgolfier, 1740~1810; Jacques-Étienne Montgolfier, 1745~1799)인데 그들은 불을 때면 연기가 상승하는데 착안하여 종이와 천을 붙여서 직경 10m의 열기구를 만들었다. 1783년 6월에 불을 때서 가열된 공기를 넣어서 약 1,800m 높이까지 상승시켰다. 그림 A.4는 9월 11일에 닭, 양과 오리를 태우고 비행을 기념하는 그림이다. 또한 11월에 몽골피에 형제는 기구에 2명의 남자를 태우고 '볼로뉴' 삼림에서 이륙하여 25분에 걸쳐 파리 상공을 높이 약 900m로 날아 8km를 비행하였다.

기구에는 불통을 매달고 가다 때때로 짚단을 태워서 열공기를 보충하였다. 열공기 대신에 수소나 헬륨과 같이 공기보다 가벼운 기체를 넣어도 부력이 생기므로 수소로 열공기를 대체한 기구가 비행선 개발로 이어졌다.

기구는 공중에 뜰 수는 있으나 바람에 따라 흐르므로 이것에 동력을 써서 프로펠러를 돌려 추진시킨 것이 비행선이며, 1852년 프랑스의 앙리 지파드(Henri Giffard, 1825~1882)가 증기기관과 프로펠러를 유선형 기구에 장착하고 비행에 성공하였다. 그때의 비행 속력은 10kph, 비행거리는 27km였다. 가솔린 엔진동력을 장착하여 비행선을 발전적으로 개발한 사람은 아르베르투 산투스 두몽(Alberto Santos-Dumont, 1873~1932)이다. 그는 총 14개의 비행선을 제작하였으며, 1901년에 파리 에펠탑을 성공적으로 선회하였다.

판금 골조로서 선체를 경식으로 만들고 그 안에 여러 개의 공기자루를 넣은 비행선을 독일의 페르디난트 폰 체펠린(Ferdinand Von Zeppelin, 1838~1917)이 발명하였다. 이 비행선은 제1차 세계대전 중 영국의 런던 공습도 시도하였으나 비행기의 발달로 효용가치를 완전히 상실하였다. 제1차 세계대전 후에도 대양 횡단의 교통기관으로 사용되었으나 수소를 넣은 공기 자루가 샐 때 정전기에 의한 방전이 수소와 공기의 혼합 기체에 인화되면서 폭발화재로 이어지는 사고들이 발생하였다. 특히, 1937년 5월 대서양을 횡단한 이후 뉴저지주의 레이크허스트(Lakehurst) 공항에 착륙하면서 폭발한 힌덴부르크(Hindenburg)호의 참혹한 사고는 비교적 활발했던 비행선 시대를 접어야 하는 결정적인 계기가 되었다. 그림 A.5에 도시된 힌덴부르크호는 선체 길이 244m, 직경 41m의 대형 구조물이었다.

현재도 광고나 장시간 공중관측 등의 용도에 기구나 비행선이 사용되는 데 수소 대신에 불활성 기체인 헬륨을 사용하며 무인 기구에서부터 열 명 이내가 타는 정도의 크기도 있

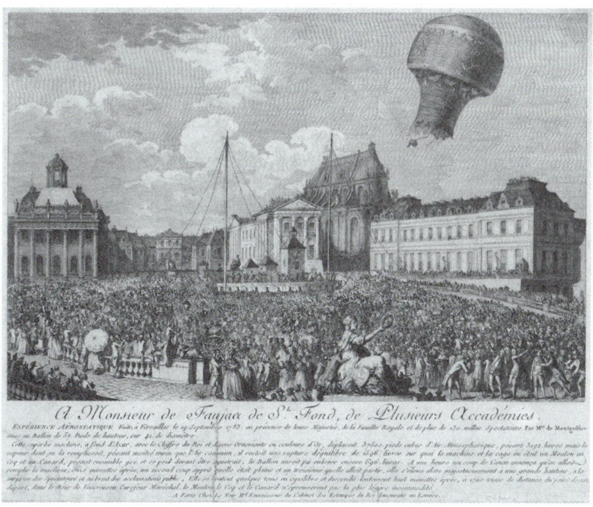

그림 A.4 몽골피에 형제의 비행 (© 미국의회도서관)

그림 A.5 힌덴부르크의 전소 (© Nationaal Archief)

다. 이같이 초기의 열기구는 현재에 와서 뜨거운 공기를 만드는 버너가 소형으로 개발되어 스포츠용으로 널리 사용되고 있다.

A.3 비행기의 발명과 항공기술의 발전

1880년대 말에 동력비행의 가능성을 믿는 사람들은 충분한 양력과 추력을 낼 수 있는 엔진이 있으면 바로 동력비행이 가능할 것으로 생각하였다. 릴리엔탈의 죽음은 안정성과 조종성도 같이 해결해야 할 중요한 문제라는 사실을 입증했지만 이를 심각한 문제로 인식하는 사람은 거의 없었다.

미국 오하이오 주 데이턴에서 자전거 판매와 수리를 하던 라이트 형제는 비행기를 체계적으로 연구하고 개발하여 최초의 동력비행을 성공하였다. 형인 윌버 라이트(Wilbur Wright, 1867~1912)는 케일리의 이론에서 출발하여 릴리엔탈의 활공기 자료를 면밀하게 분석하고 날개 형태에 따른 양력과 항력의 비율을 계산하여 활공기를 설계하였다. 활공기의 제작은 동생인 오빌 라이트(Orville Wright, 1871~1948)가 맡았고, 1900년 9월에 노스캐롤라이나주의 키티호크(Kitty Hawk) 해변에서 실험하였다. 실험 목적은 두 가지였는데, 바람의 속도와 활공기의 수평 자세각을 측정하여 양력과 항력의 관계를 확인하는 것이 우선적인 목적이었고, 두 번째의 목적은 가능하면 활공기를 타는 경험을 얻는 것이었다.

키티호크 해변은 대서양에서 속도가 일정한 바람이 불어와 활공기에 대한 상대바람의 속력이 비교적 빠르더라도 활공기의 지상속력은 느려 실험하기에 안전하다는 이점이 있는 지역이었다. 활공기 자중과 탑승자의 무게를 고려해 필요한 날개면적을 가벼운 구조물로 만드는 방법은 날개를 두 겹으로 만든 복엽 활공기였다. 사람이 타지 않고 밧줄로 묶어둔 채로 맞바람을 받게 하여 날린 활공기의 자세로 양력을 계산했는데 처음 실험에서 릴리엔탈의 계산보다 양력이 부족하다는 것을 확인하였다. 이런 실험 결과를 입증하고 원하는 날개 형태를 결정하기 위하여 라이트 형제는 날개 실험용 풍동(wind tunnel)을 제작하였다. 가로세로 30cm 단면을 갖는 기다란 상자에 팬을 달아 일정한 속력의 바람을 만들고 그 속에 날개모형을 넣고 실험하여 여러 가지 형상에 대한 양력과 항력의 관계를 얻고 이 자료를 실제 활공기 설계에 적용하였다. 당시에 학문적 연구를 수행하던 풍동보다 더 보잘것없는 실험장치였지만 비행기 개발에 큰 역할을 담당하였다.

첫 번째 실험에서 밧줄로 묶은 활공기에 잠시 타본 경험에 의하여 비행기의 기능을 하며 날려면 탑승자가 비행기를 마음대로 움직일 수 있는 확실한 조종성이 보장되어야 한다고 생각했다. 적절한 안정성과 조종성이 함께 있어야 조종 부담이 적어지지만 당시에는 안정성에 대한 개념이 정립되기 전이었으므로 조종성에 너무 치중하여 결과적으로 조종에 대단히 예민한 비행기가 되었고 조종하기 까다롭다는 평을 들었다. 비행기를 조종하는 방법에서 특히 힌트를 받은 것은 새가 날개를 좌우 반대로 비틀어 선회하는 방법이었다.

라이트 형제는 1900년부터 3년에 걸쳐 매년 키티호크 해변에서 그들이 설계한 활공기를 실험하였다. 풍동실험으로 양력을 예측할 수 있었고 카나드 형태의 엘리베이터와 날개를 비트는 방법으로 비행기의 자세를 조종하는 방법을 개발하였다. 그들이 개발한 활공기를 타고 1,000회 이상의 비행을 했으며 이 과정을 통해서 동력을 장착한 후의 비행기 조종에 익숙해지려고 노력했다. 합리적이고 과학적인 방법에 의하여 양력과 조종성의 문제를 해결한 다음에 동력을 장착하는 방법을 사용했기 때문에 안전하고 짧은 기간 동안에 동력비행기 개발에 성공할 수 있었다.

1903년 여름에 동력비행기 제작에 착수하여 4기통 12마력짜리 엔진을 개조하여 새로 설계 제작한 활공기에 장착하여 플라이어호(Flyer)를 완성하였다(그림 A.6). 플라이어호의 첫 비행은 1903년 12월 17일 오전 10시 30분에 동생 오빌이 조종하여 시속 43km의 맞바람을 받으며 36m를 날았다. 12초 동안의 아주 짧은 시간이지만, 이것은 인류 최초의 동력비행으로 인간의 꿈이 실현되는 소중하고 역사적인 사건이었다. 그날 마지막으로 네 번째 비행은 12시였으며 형 윌버가 조종하였고 비행시간은 59초, 비행거리 260m로 기록되었다. 키티호크에서 최초의 비행을 성공한 후 데이턴에서 계속 비밀 개발을 행하여 두 명이 타고 완전하게 조종하면서 날아다닐 수 있는 비행기를 개발하여 1908년에 미군과 유럽에 판매를 시작함으로써 최초로 비행기를 상품화하였다. 그러나 윌버 라이트가 1912년에 세상을 떠나면서 팀이 깨어져 더 이상의 발전 없이 라이트 형제의 시대는 끝났다.

플라이어호의 성공과 뒤이은 판매에 자극받은 유럽의 많은 항공 연구가들이 비행기 개발에 박차를 가했다. 특히 프랑스에서의 개발은 괄목할 만했다. 당시 프랑스는 세계문화의

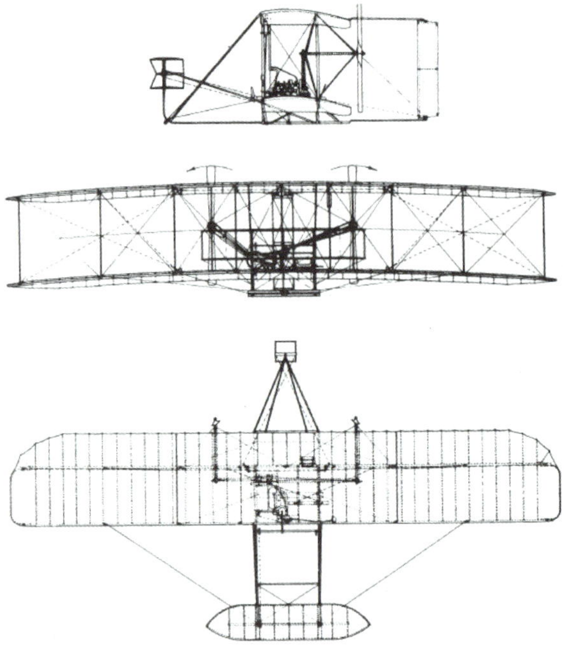

그림 A.6 라이트 형제의 플라이어 호 (1903년)

중심이고 항공의 중추라고 자부하고 있었다. 비행선으로 유명한 파리에 사는 산투스 두몽(Alberto Santos-Dument, 1873~1932)은 1906년 10월에 파리 교외 바가델에서 14-bis호로 거리 약 60m를 비행하고 이해 11월 12일에는 21초의 비행시간 동안 220m를 날았으나 라이트 형제 최초 비행시간인 59초의 반도 못되었다. 그러나 이것이 유럽 최초의 동력비행이었다. 1908년에는 항공기 개발이 연일 사회적 관심을 받았다. 5월 21일에는 미국의 뉴욕 해먼즈포트에서 글렌 커티스(Glenn Curtiss, 1878~1930)가 300m 이상을 비행하면서 선회를 시범보였고. 곧이어 5월 30일에는 이탈리아 밀라노에서 레온 델라그랑지(Léon

그림 A.7 플라이어의 초도비행 (© 미국의회도서관)

그림 A.8 루이 블레리오의 영불해협 비행을 위한 시동 장면 (© 미국의회도서관)

Delagrange, 1873~1910)가 공중에서 15분 동안 머물면서 11km를 주파하였다. 6월 25일에는 글렌 커티스가 두 번에 걸쳐 800m를 날았고, 7월 4일에는 1.6km 거리의 S자형 코스를 2분 만에 날아서 사이언티픽 아메리칸에서 수여하는 트로피를 받았다. 7월 6일에는 프랑스의 이시레몰리노(Issy-les-Moulineaux)에서 비교적 이름이 잘 알려지지 않던 루이 블레리오(Louis Bléroit, 1872~1936)는 최초의 단엽기로 8분 동안에 9.6km를 날았다. 같은 날 같은 장소에서 영국인 헨리 파먼(Henry Farman, 1874~1958)은 20분이 넘는 시간으로 원을 그리는 비행을 하였다. 9월 6일과 7일의 양일간에 걸쳐 레온 델라그랑지가 로마에서 30분 이상의 비행을 함으로써 헨리 파먼의 공식적인 체공기록을 앞섰다. 1909년 초에 윌버 라이트는 프랑스에서 비행시간 2시간 20분으로 총 비행거리 150km인 대기록을 세웠으며 이에 대결하듯 1909년 7월 25일에 루이 블레리오가 영불해협을 횡단함으로써 라이트 형제의 첫 비행 이래 6년간에 걸친 동력비행의 총결산인 듯하였다. 그림 A.8에는 영불해협 횡단을 위한 비행의 엔진 시동 장면을 보여주고 있다.

A.4 제1차 세계대전의 영향과 항공기술의 발전

라이트 형제의 플라이어 호가 성공한 후 제1차 세계대전이 일어난 1914년까지 10년 동안에 각국의 비행 선구자들은 명확한 기준이나 경험은 없었으면서도 독자적인 방법으로 비행기를 제작하여 미지의 창공을 개척하는 데 도전하였다. 따라서 이때의 비행기 모양이나 구조는 형형색색이었으며 날개도 단엽, 복엽, 다엽이었고, 프로펠러의 위치도 앞쪽에 장착하여 끄는 형과 좌석 뒤에 장착하여 미는 형이 있었다. 전쟁 이전에는 비행기를 긴장감을

그림 A.9 프랑스의 복엽기 뉴포르(Nieuport)와 포커(Fokker) E.I.의 좌석에 앉아 있는 임멜만(Max Immelmann, 1890~1916)

주는 진기한 곡예나 스포츠용으로만 생각하였을 뿐 무기로서의 사용방법을 개발하지는 못하였다.

제1차 세계대전이 시작되면서 성능향상과 실용화의 요구가 생겨 비행의 형식과 구조도 급격하게 변천되었으며, 1915년경에는 목재 골조에 천이나 합판을 붙인 비행기들이 등장하였고, 기관의 수는 소형이나 중형기에는 단발이었지만 대형기에는 대체로 쌍발 또는 이상이었다. 군용기의 속력은 대체로 100~200kph 정도였다. 제1차 세계대전 당시의 비행기는 기체 구조와 날개면적이 넓은 것으로 운동성이 좋은 복엽기가 주류를 이루었다(그림 A.9).

전쟁을 수행하면서 각국은 항공기술이 산업과 전투에서 큰 영향을 미치는 인자라는 것을 인식하고 국가적인 대규모 연구를 통하여 발전시키는 방향으로 정책을 바꾸었다. 개인의 흥미에 의존하는 비행기의 개발보다는 국가기관이 활동하게 된 것이다. 미국에서는 1915년에 국립항공자문위원회(NACA; National Advisory Committee for Aeronautics)를 설립하여 국가기관으로 항공기술에 관한 제반 사항들의 자문에 응하게 하였다. 이 자문위원회는 1920년에 산하 랭글리(Langley) 연구센터를 설립하고 대형풍동을 이용하여 라이트 형제가 소형 풍동에서 행했던 날개실험을 조직적이고 체계적으로 수행하여 국가적인 표준으로 만들었다. 최신의 비행기도 이때 행했던 실험결과를 사용하여 설계하고 있다.

4년 동안 계속된 제1차 세계대전으로 비행기는 정찰 및 전투기를 수행하는 데 불가결한 무기가 되었으며, 항공기술에 있어서 놀라운 발전을 가져왔다. 항공기의 성능이 전반적으로 향상되었고, 전투기, 폭격기, 정찰기 등으로 용도에 따라 비행기가 확실하게 분류되어 다른 형상으로 설계되었다. 또한 비행선의 가치가 없어졌고 비행기의 생산기술이 대형화, 다양화되면서 공업수준이 크게 향상되었다. 또한 군사면에서 비행기가 지상군에 대한 지원의 용도에서 공군으로 독립하게 되었다. 1918년에 프랑스가 항공군단을 창설하였으며 영국이 공군을 창설하였다.

전쟁이 끝나고 1920년 전반까지는 항공기술이 침체상태에 있었으나 후반부터 미국이 앞장서 발전의 징조를 보이기 시작하였다. 특히 록히드사와 노스롭사에서는 지주가 없는 단엽기와 유선형의 동체를 결합시켜 고성능의 비행기를 개발하는데 도전하였다. 1930년경부터 비행성능을 향상시키기 위한 항공기술이 급진적으로 발전하기 시작하였다. 1927년 찰스 린드버그(Charles Lindbergh, 1902~1974)의 대서양 횡단비행의 성공은 항공기를 실용화하여 항공수송에 활용하려는 관심을 갖게 하였다. 1920년대와 1930년대의 항공기술의 특징으로는 금속제 비행기의 출현, 플랩의 사용, 가변 피치 프로펠러, 여객기의 등장 등을 들 수 있다.

제1차 세계대전 후 비행기의 대형화와 고성능화에 따라 기체 각부에 작용하는 응력이 커지게 되었고, 비행영역의 확대에 따라서 기후 변동에 견딜 수 있는 내구성과 내습성이 요구되었다. 이러한 필요에 따라 목재보다 강도가 크고 구조중량도 가볍게 할 수 있는 금속제 구조를 사용하게 되었다. 1930년대에 외피와 골조가 한 뭉치로 되어 외력에 견딜 수 있는 금속제의 응력 외피구조 또는 모노코크(monocoque) 구조로 발전되었다. 이 구조는 외형을 유선형으로 만드는 데 알맞고 내부공간을 넓게 이용할 수 있는 장점이 있다.

1930년대의 비행기 성능향상에 가장 큰 역할을 한 기술은 양력을 향상시키기 위한 플랩(flap)의 개발이다. 플랩을 사용하지 않았던 1920년대에는 폭격기나 수송기 같은 대형기의 날개하중이 $1,000N/m^2$을 넘지 못하였고, 순항속력은 200~250kph 정도였다. 1930년대 전반부터 플랩을 사용하게 되면서 날개하중이 $1,000N/m^2$을 넘어서 점차로 증가하게 되었고, 순항속력도 300kph를 넘게 되었다. 날개에 플랩을 장착하면 양력이 커진다는 것은 이전에도 알고 있었으나 유압장치 개발 이후에나 플랩의 실용화가 이루어졌다. 플랩의 사용으로 순항속력이 빨라지면 착륙장치와 같이 외부로 돌출된 물체의 항력이 큰 문제로 대두되어 착륙장치를 날개나 동체에 접어 넣는 방식의 접개들이(retracting) 착륙장치가 사용되기 시작했다. 비행기가 비행하는 고도와 속력의 범위가 넓어짐에 따라 기관의 출력을 프로펠러의 추력으로 전환하는 효율을 높이기 위하여 비행 중에 프로펠러의 피치(pitch)를 변하게 하는 가변피치 프로펠러를 적용하게 되었다.

비행고도가 높아지면서 공기밀도가 낮아져서 기관의 흡입 공기량의 감소로 출력이 감소된다. 이와 같은 출력의 감소를 기계적인 방법으로 방지하기 위하여 공기를 압축하여 필요한 양의 공기를 공급하는 장치인 과급기(supercharger)를 장착함으로써 고공성능을 향상시키게 되었다. 고공비행이 보편화됨에 따라서 승무원이나 승객을 산소 부족이나 낮은 기압에서 보호할 수 있는 장치가 필요하게 되었다. 군용기에서는 승무원이 산소마스크를 사용하여 1만 미터 이상의 고도까지 상승하는 것을 1920년대에 이미 시작하였다. 여객기에서는 조종실이나 객실 전체를 공기가 새지 않도록 밀폐시키고 압축공기를 넣어서 순환시키

그림 A.10 보잉 247과 DC-1 (© 미국의회도서관)

는 기밀 여압실이 개발되어 실용화되었다.

여객기는 1920년경부터 취항한 영국의 핸들리 페이지(Handley Page)사의 O/400를 개조한 쌍발기, 프랑스의 에비앙 팔망(Avions Farman)사의 골리앗(Goliath) F.60 대형 쌍발기 등이 있었으며 10~15좌석을 갖는 객실로 꾸며졌다. 여객기 근대화의 시조라고 할 수 있는 것은 1933년에 비행한 보잉 247과 1934년에 비행한 더글러스 DC-2이다. 그림 A.10에는 보잉 247과 DC-2의 전신인 DC-1을 볼 수 있다. 1935년에 금속제 단엽기인 더글러스 DC-4(군용 명칭은 C-47)가 출현하여 제2차 세계대전까지 세계 항공로의 약 90%를 점유하여 취항한 경이적인 기록을 세웠다. 1930년대에는 복엽기에서 단엽기로 전환되면서 저익형이 주류를 이루었고, 플랩과 접개들이 착륙장치를 갖는 전 금속제의 응력 외피구조로 바뀌었다. 대표적인 비행기록은 1936년 4월 26일에 독일의 벤델기가 755kph의 비행속력 기록을 수립했으며, 1938년 10월 22일에 가변 피치 프로펠러인 복엽기로 17,033m의 고도 기록을 수립했다. 또한 1939년에 90시간 이상의 항속시간 기록을 수립했으며 1925년에 3,166km, 1938년에 11,520km의 항속거리 기록들을 수립하면서 '더 빨리, 더 높게, 그리고 더 멀리'라는 성능 향상을 향한 노력이 끊임없이 전개되었다.

제1차 세계대전이 종결된 1919년부터 1933년 사이에 비행성능의 기록수립 시대가 전개되었다. 첫 테이프를 끊은 나라는 이탈리아였다. 1920년 2월 14일 로마를 출발하여 중동, 인도, 인도차이나, 중국 상해를 거쳐 서울 여의도를 거치고 5월 11일에 일본 도쿄에 도착하였다. 두 대의 Ansaldo SVA-9기에 탑승하여 페리린과 파니니조가 한 조를 이루었고, 마세로아 마렛이 다른 한 조를 이루었다. 비행시간 109시간, 평균시속 160km로 장거리 비행에 성공하였다. 당시로서는 상당히 높은 속력으로 최고속도 기록은 시속 240km이었다. 이 항공기는 항속거리가 짧아 서울을 항로상의 징검다리로 이용했다. 비행 중에서 기록될 만한 비행은 1927년 5월 20일 뉴욕 루스벨트 비행장을 이륙하여 대서양 5,800km를 33시간 30분에 횡단하고 파리에 착륙한 찰스 린드버그의 대서양 횡단이다. 연료 1,400l를 싣도록 야심적으로 설계한 스피릿 오브 세인트 루이스(Spirit of St. Louis)라는 비행기로

그림 A.11 린드버그와 스피릿 오브 세인트 루이스 (ⓒ 미국의회도서관)

대서양 횡단에 성공했다(그림 A.11).

새로운 항공로를 개척하려면 큰 위험이 따르며 과학적인 준비와 우수한 기술, 침착하고 용의주도한 승무원의 노력이 필요하다. 처녀비행에 성공하면 지형, 기상상황, 비행소요 시간을 실제로 측정할 수 있으며 이후 항공망 구성의 중요한 경험이며 자료가 된다. 전 세계의 항공망이 현재와 같이 확립될 때까지 수많은 선구자의 큰 희생과 노력이 바탕이 되었다.

1922년 4월 런던-파리 간 야간정기항로가 개시되었다. 이는 항로의 안전과 신뢰성이 크게 향상된 결과였다. 또한 한국 상공에서 비행한 최초의 한국인 비행사인 안창남(安昌男, 1900~1930)은 1922년은 서울과 인천에서 공개비행을 함으로써 식민지 시대의 한민족에게 자긍심을 심어주었다. 1924년 3월 미국 로웰 스미스(Lowell Smith, 1892~1945)가 지휘하는 더글러스기는 시애틀에서 시애틀까지 북태평양을 횡단, 일본, 인도, 유럽, 영국, 북대서양 및 북미대륙을 경유하여 175일 만에 42,398km를 날아 세계최초로 세계일주비행에 성공하였다. 1926년 프랑스의 코스트(Dieudonné Costes, 1892~1973)와 리뇨(J. Rignot)는 파리에서 이란의 자스크까지 5,396km의 무착륙 비행에 성공하여 최장거리 비행기록을 세웠다. 1929년 미국의 리처드 버드(Richard Byrd, 1888~1957)는 남극 탐험비행에 성공하여 극지 경유 항공로 개설에 공헌하였다. 1930년대에도 기록비행이 이어졌다. 1931년 6월 23일에서 7월 1일 사이에 미국의 포스트(Wiley Post, 1898~1935)와 게티(Harold Gatty, 1903~1957)는 뉴욕-베를린-모스크바-로마-뉴욕 간 26,000km를 8일간에 걸친 125시간 만에 비행하여 장거리를 최단시간에 비행하였다. 1931년 10월 4일에서 이틀간 미국인 두 명은 일본에서 출발하여 태평양을 횡단하는 7,900km를 41시간 만에 비행하여 태평양횡단 비행기록을 세웠다.

A.5 제2차 세계대전의 영향과 항공기술의 발전

비행기는 무기체계로서의 중요성 때문에 전쟁을 통하여 급격한 발전이 이루어졌다. 특히 제2차 세계대전 중의 항공기는 극히 짧은 기간에 고도로 발전되어 완전히 실용화되었으며 무기로서도 중요성이 확고하게 되어 각국에서 최우선적으로 확보하려는 무기체계의 하나가 되었다. 아음속이나 천음속 영역의 항공기를 개발하기 위한 모든 기술요소가 확립되었다.

제2차 세계대전 초기에 유명한 전투기로는 독일의 메서슈미트(Messerschmitt), 영국의 스핏파이어(Spitfire), 미국의 헬캣(Hellcat) 및 일본의 제로 전투기들이 있었다. 후반에 들어서 꼬리가 두 갈래 난 악마(Fork Tailed Devil)라는 미국 록히드사의 P-38 라이트닝(Lightning), P-51 무스탕(Mustang), 커세어(Corsair) 등이 있으며, 1942년에서 1943년의 독소전 때 소련의 구세주 역할을 한 La-5와 독일의 메서슈미트 Bf-109와 급강하 폭격기인 융커스(Junkers) Ju-87도 유명하다. 제1차 세계대전 때는 비행기가 거의 전투기로만 활약하였고, 폭격기는 원시적인 수법으로 수류탄을 투하하는 정도의 전술적 운용으로 국한되었다. 그러나 제2차 세계대전 중에는 전투기가 전술공군에 배속되어 전선에 주력을 두고 군대만을 공격 대상으로 삼고, 폭격기를 위주로 한 전략공군은 비전투원 및 산업시설까지도 공격 대상으로 삼아 국력의 주요부를 공격하여 전의를 상실케 하는 방법을 사용하였다. 전략 폭격기로 사용된 비행기로는 독일의 하인켈(Heinkel) He-111과 융커스 Ju-88, 영국의 아브로

그림 A.12 영국의 스핏파이어와 미국의 P-51 무스탕 (© 미국의회도서관)

그림 A.13 독일의 메서슈미트 Bf-109과 Ju-87D (© 미국의회도서관)

그림 A.14 영국과 독일의 제트기 글로스터 E-28-39와 Me 262A (ⓒ 미국의회도서관)

랑카스터(Avro Lancaster)와 핸들리 페이지(Handley Page) HP-42 및 미국의 B-17, B-29를 들 수 있다. 정찰기로는 영국의 모스키토(Mosquito), 독일의 제트 정찰기 아라도(Arado) Ar 234형이 이색적이었다. 그림 A.12와 13에 각국의 주력 전투기를 도시하였다.

제2차 세계대전에 큰 영향을 미친 것은 제트기관과 레이다의 개발이다. 프로펠러 추진 방법으로는 비행속력을 음속 가까이 향상시킬 수 없다. 제트기관의 개발은 곧 비행성능 향상과 직결되었다. 제트기관은 영국의 프랭크 휘틀(Frank Whittle, 1907~1996)이 케임브리지 대학 재학 중에 고안하여 1930년에 특허를 얻었다. 그러나 제트기관으로 처음 비행을 한 것은 1939년 독일 하인켈(Heinkel)사의 He-179기이며 영국의 프랑크 휘틀은 원심형 제트기관을 글로스터(Gloster) E-28-39기에 장착하여 1941년 5월 14일에 비행하였다. 그림 A.14에서 제트엔진을 장착한 항공기인 글로스터 E-28-39와 Me 262A를 볼 수 있다. 1944년 글로스터 미티어(Gloster Meteor)기에 롤스로이스 터보 제트기관을 장착하여 우수한 성능을 나타냈으며, 독일의 영국 본토 공격용 로케트 폭탄인 V-1 Flying Bomb을 격추시키는 데 공헌하였다. 1943년과 1944년에는 영국과 독일의 제트기가 전선에 나타났으나 실전무기로 보편화되지는 못하였다. 레이다는 영국에서 발달되어 미국에서 실용화시켰다. 제2차 세계대전 후기에 B-29가 구름 위에서 공격목표를 정확하게 폭격할 수 있었던 것은 레이다를 이용하여 조준할 수 있었기 때문이며, 영국이 독일과의 항공전에서 승리할 수 있었던 것도 레이다를 이용하여 독일 폭격기 부대의 행동을 탐지하여 소수의 전투기로서 효과적인 요격을 할 수 있었기 때문이다. 따라서 레이다는 전천후 비행을 하는데 기본장비가 되어 항공기 운항에 크게 기여하게 되었다.

미국은 고속 비행기에 관한 이론적 연구나 개발이 유럽에 비해 뒤떨어졌다. 영국과 독일이 제트기관으로 음속의 벽을 돌파하려는 노력을 하다가 전쟁이 끝나면서 그 경쟁도 사라졌다. 미국은 종전과 함께 독일의 많은 항공기술자들을 미국으로 이주시켜 항공연구를 계속하도록 지원함으로써 독일의 기술적 성과를 전리품으로 획득하였다. 소련도 마찬가지로 독일의 항공기술자들을 소련으로 강제 이주시켜 연구를 계속하도록 하여 제2차 세계대전 이후 냉전시대에 미국과의 무기경쟁을 하는 기본적 틀을 구축하였다. 제2차 세계대전 이후에는 항공기 개발을 미국과 소련이 주도하게 되었다.

그림 A.15 최초의 초음속 비행기 벨(Bell) X−1 (© 미국의회도서관)

제2차 세계대전이 끝난 후에 각국은 초음속 비행기 개발에 열을 올렸다. 영국이 제트기관을 장착한 비행기로 지속적인 초음속 비행을 목표로 개발하는 바람에 추진기관에서의 어려움과 공기역학 분야에서의 어려움을 동시에 겪으며 고전하는 반면에 미국에서는 제트기관의 개발은 시간이 많이 걸리므로 우선 로켓기관으로 초음속비행을 함으로써 공기역학적 문제점부터 먼저 해결하려는 계획을 추진하였다. 결과적으로 1947년에 벨 X-1 연구기를 이용하여 성층권에서 음속의 벽을 최초로 넘게 되었다(그림 A.15). X-1 연구기는 B-29에 매달려 이륙된 후 고공에서 분리되며 로켓으로 추진되는 실험용 비행기였다.

제2차 세계대전 중에 급속하게 발전된 폭격기나 군용 수송기의 설계와 제작기술은 전후 장거리 수송기를 제작하는데 직접 응용되었다. 수송기의 성능이 급격하게 향상되어 속력과 항속거리에서 전쟁중의 기록을 훨씬 능가하게 되었다. 특히 B-29에서 개량된 C-54, 군용 수송기로부터 개량된 DC-4, DC-6, DC-7 등이 개발되어 세계의 장거리 수송기의 주류를 이루었다. 제트 기관을 장착한 최초의 민간 수송기는 영국의 코메트(Comet)기이며 1952년 5월 2일 BOAC 사가 런던-요하네스버그 간의 정기항로에 취항시켰다. 미국의 보잉사는 독자적 계획으로 승객 100명 이상을 수송할 수 있는 제트 여객기로 B-707을 1957년에 개발하였으며, 이에 맞서 더글러스사에서 DC-8을 개발하여 1958년에 비행시켰다. 또한 소련의 Tu-104도 같은 시기에 제트 여객기로서 취항하게 되었다. 1970년에는 초대형 여객기 B-747이 비행을 개시했으며 영불 합작의 초음속여객기 콩코드도 비행을 시작했다. B-747이 전 세계 장거리 항공노선을 거의 장악한 반면에 초음속여객기는 상용화에 실패하였다. 유럽 합작의 A-300 에어버스가 1972년에 첫 비행을 개시하면서 미국 독무대였던 여객기 시장에서 30% 이상의 시장을 점유함으로써 상업화에 성공하였다. 그림 A.16에는 보잉(Boeing) 747과 에어버스(Airbus) A-300를 보여주고 있다.

제2차 세계대전 후 군용기는 프로펠러기에서 제트기 시대로 전환되면서 고속화, 고기동성, 장거리 전투기 및 폭격기가 기종별로 다양하게 개발되었다. 특히, 한국전쟁 중에 F-86, Mig-15 및 Mig-17과 같은 제트 전투기가 실전에 참여함으로써 제트 전투기 시대의 막을

그림 A.16 보잉 747과 에어버스 A-300 (© Wikipedia)

그림 A.17 록히드의 F-117 나이트호크(Night Hawk)와 록히드 마틴의 F-22A 랩터(Rapter) (© Wikipedia)

열었다. 군용기는 용도의 다양함과 전술개념의 변천에 따라 다양하게 개발되었다. 전투기, 함재기, 정찰기, 수송기, 요격기, 폭격기, 스텔스(stealth)기 등으로 다양하게 개발되었다.

오늘날 군용기는 컴퓨터 기술과 엔진 및 항공전자, 소재 기술 등이 발달함에 따라 조종실의 단순화와 함께 높은 기동성 및 저인식성을 갖추게 되었고, 이에 따라 조종사는 쉽고 안전한 비행을 할 수 있게 되었다. 전방상향시현기(HUD; Head Up Display), 헬멧장착영상장비(HMD; Helmet Mounted Display), 다기능시현기(MFD; Multi-Function Display) 등을 사용함으로써 조종사의 편의성을 증가시킴과 동시에 상황에 대한 신속한 인식이 가능케 되었다. 또한, 향상된 엔진은 후기연소기(after burner)를 사용하지 않고도 초음속순항(super cruise) 비행을 할 수 있도록 하였으며, 추력편향(thrust vectoring) 기술은 항공기의 기동성을 향상시켰다. 또한, 미국의 B-2 폭격기 및 F-117A, F-22 전투기의 경우 획기적인 항공기의 외형설계와 소재를 사용함으로써 레이다파 흡수와 반사량 감소를 통해 상대방이 인식하기 어려운 스텔스 기법을 적용하고 있다(그림 A.17). 이러한 모든 향상은 컴퓨터의 발달과 함께 FBW(Fly by Wire)와 같은 향상된 제어 개념이 도입된 결과로서, 과거에는 상상하지 못했던 비행을 조종사가 쉽게 구현할 수 있게 되었다.

A.6 헬리콥터의 개발

수직비행의 시초는 기원전 4세기 중국에서 발명된 '나는 팽이(flying top)' 장난감이라고 할 수 있다. 막대기 위에 각도를 가진 깃털이 달려 있어 줄을 이용하거나 손으로 막대기를 회전시키면 자체 힘으로 날아가는 최초의 장치였다. 레오나르도 다 빈치는 위로 뜨는 에어 스크류(airscrew), 즉 나선형 기구(helix) 그림을 통해 최초의 헬리콥터 개념을 제안하였다.

수 세기 동안 양력을 발생시키기 위한 '회전하는 에어스크류' 즉 로터(rotor)의 개념을 구체화해 오는 가운데 1754년 러시아의 시인이자 과학자인 미하일 로모노소프(Mikhail V. Lomonosov, 1711~1765)는 작은 스프링 모터에 의해 작동되어 뜨는 것을 러시아 과학 아카데미에서 시현하여 자체 힘에 의해 뜨는 최초의 에어스크류 모델을 만든 것으로 알려졌다. 그 이후 유럽에서는 몇 가지 다른 형태의 장치들이 만들어져 헬리콥터 개념의 구현 가능성을 보여주었는데, 프랑스의 자연주의자 크리스티앙 드 로노이(Christian de Launoy)는 서로 반대 방향으로 돌아가는 두 개의 로터를 이용하여 작은 모델을 만들었다. 이 모델로 인해 처음으로 토크(torque)의 문제점이 제기되었다. 1840년대에 조지 케일리는 몇 개의 비행 가능한 모델 중에서 실모형 크기의 헬리콥터를 설계하였다. 천으로 만든 동체의 양옆 끝에 반대 방향으로 돌아가는 로터를 두 개씩 장착하고 동체 후미에는 수평비행을 위한 두 개의 푸셔형 프로펠러를 장착하였다. 케일리는 그의 로터를 움직일 만한 충분한 동력장치가 존재하지 않아 설계 상태에 그칠 수밖에 없었으나, 최초의 현대식 헬리콥터 설계라고 할 수가 있다. 20세기에 제작된 몇 가지 헬리콥터는 케일리가 처음 제안한 개념을 적용하기도 하였다. 1878년 이탈리아의 교수이자 발명가인 엔리코 폴라니니(Enrico Forlanini, 1848~1930)는 증기기관으로 움직이는 작은 헬리콥터를 제작하여 고도 12m에서 20초 동안 비행을 시켰다. 1880년대 미국의 발명가 토머스 에디슨(Thomas Edison, 1847~1931)도 전기 모터를 이용하여 수직축 위에 실험용 로터를 달고 발생하는 양력을 측정하여, 수직 비행을 위해서는 로터의 높은 효율과 가볍고 강력한 엔진이 필요함을 알았다.

20세기가 시작할 무렵, 사람들은 헬리콥터의 성공적인 개발을 가로막는 유일한 문제점은 적절한 추진기관이 없는 것이라고 생각하였다. 1900년대 초에는 훨씬 강력한 가솔린 엔진이 개발되었으며, 이 덕분으로 라이트 형제는 1903년에 최초의 유인 동력 비행을 할 수 있게 되었으며, 헬리콥터의 성공적인 비행도 바로 멀지 않은 것처럼 보였다. 1907년 8월 루이 브레게(Louis Breguet, 1880~1955)와 폴 코르누(Paul Cornu, 1881~1944)에 의해 프랑스에서 개발된 헬리콥터는 높이 0.6m에서 2분 동안 떠 있을 수 있었다. 브레게는 두 대의 헬리콥터를 추가 제작하여 비행하였으며, 1908년에는 높이 4.5m까지 비행하였으나 제어능력 부족으로 추락하였다. 그 이후 1930년대 다시 헬리콥터로 돌아올 때까지 그는 고정익기 개발 쪽으로 눈을 돌려 커다란 성공을 거두었다. 1907년 11월 코르누의 헬리콥

그림 A.18 코르누의 헬리콥터 (© U.S. Centennial of Flight Commission)

터가 높이 0.3m에서 1.5m까지 20초 동안 비행을 하였는데, 헬리콥터가 최초로 진정한 자유비행(free flight)를 했다는 데에 그 의의가 있다(그림 A.18). 직경이 약 6m 되는 로터가 앞뒤에 병렬로 장착된 이 헬리콥터는 베인을 이용한 전진 비행의 기능도 갖고 있었으나 성공적으로 작동하지는 못하였다. 브레게나 코르누의 항공기는 조종성 및 안정성의 결여라는 동일한 문제점을 갖고 있었다. 이 또한 그 이전에는 생각하지 못했던 문제점으로서 향후 헬리콥터 개발에서 난제로 따라다니게 되었다. 1909년과 1910년에 러시아의 이고르 시코르스키(Igor Sikorsky, 1889~1972)는 두 대의 헬리콥터를 개발하였으나, 성공에 이르지는 못하였다. 1910년 두 번째 헬리콥터 시험을 통해 그는 조종안정성에 대한 지식의 부족과 재정적 한계로 인해 고정익기 연구로 방향을 바꾸게 되었다. 그러나 헬리콥터에 대한 열정이 강했던 그는 브레게가 그랬던 것처럼 고정익 항공기 분야에서 성공적인 경험을 쌓은 후 1930년대 다시 헬리콥터 개발로 되돌아오게 된다. 약 30년 가까이 시코르스키는 헬리콥터에 대한 많은 학문적 지식을 발전시켰으며, 후대에 현대 헬리콥터의 아버지로 불리게 되었다. 테오도르 폰 카르만(Theodor von Karman, 1881~1963)도 1916년 속박 시험비행(tethered test flight)에서 고도 45m, 1시간 비행을 기록하였으며, 추락으로 인해 개발이 중단되었으나 로터의 위치와 무게중심에 대한 가치 있는 많은 경험을 쌓았다.

1921년 미 육군은 러시아 엔지니어인 조지 드 보데자(George de Bothezat, 1882~1940)의 지도 아래 최초의 헬리콥터 개발 프로그램을 시작하였다. 1922년 12월 오하이오주 데이턴에서 최초 비행을 하였으며, 네 개의 커다란 프로펠러 날개를 돌려 높이 0.6m와 1.8m 사이에서 1분 42초 동안 비행을 하였다. 그 후 여러 번의 성공적인 비행이 이루어졌으나, 고유하게 갖게 되는 비대칭성과 기계적 복잡성을 이유로 사업 중단 결정을 내렸다. 빅터

(victor) 축음기 개발자인 에밀레 베를리너(Emile Berliner, 1851~1929)도 1908년 헬리콥터를 실험하였으며, 1920년대 초에는 그의 아들 헨리(Henry Berliner, 1895~1970)와 함께 성공적으로 헬리콥터를 비행하였다. 그 시대 다른 많은 설계자들처럼 베를리너는 토크 문제를 해결하는 방안으로서 서로 반대 방향으로 회전하는 로터를 사용하였으며, 기체 제어를 위해 수직 러더와 조그만 수평 베인을 장착하였다. 1922년 베를리너는 중앙 동체 부근의 날개 위에 로터를 장착하고 엔진은 동체 앞쪽에 위치시킨 다음 축과 기어를 이용하여 로터를 반대 방향으로 회전시켰다. 동체 후방에도 프로펠러를 장착하여 양력의 증감을 조절하는 데 이용하였다. 그러나 로터 회전면이 너무 작아 양력 발생이 충분하지 못하다거나, 날개와 로터 사이의 간섭 현상, 항공기 안정성 부족 등과 같은 기술적 문제점들의 해결이 어렵게 되자 개발을 포기하였다.

루이 브레게는 르네 도랑(Rene Dorand)과 함께 브레게-도랑 헬리콥터, 일명 자이로플레인(Gyroplane)을 성공적으로 개발하였다. 자이로플레인이 1935년 6월 최초 비행을 한 후, 12월에는 108kph의 세계기록을 세웠으며, 1936년 9월에는 고도 158m, 11월에는 44km의 선회비행을 기록하였다. 자이로플레인은 각각 네 개의 블레이드를 가진 두 개의 로터를 같은 축 위에 겹쳐 장착하여 반대 방향으로 회전하게 되어 있다. 브레게는 두 개의 수직축 위에 장착된 유니버설 조인트를 이용하여 로터 블레이드를 중앙 허브에 장착하는 그 당시로는 획기적인 설계방안을 고안하였다. 이 시스템은 오늘날 관절형 로터 블레이드라고 불리며, 항공기의 안정성과 사이클릭 피치 제어 수단을 제공한다.

독일의 하인리히 포케(Heinrich Focke, 1890~1979) 교수의 헬리콥터 개발 작업도 브레게의 헬리콥터 개발과 거의 동시간대에 이루어졌다. 많은 예비 연구 및 설계 후에 포커의 헬리콥터는 모든 기존 세계 기록을 경신함으로써 헬리콥터의 세계를 한층 더 발전시켰다. 그림 A.19에 도시된 포케-불프(Focke-Wulf) Fw-61은 브레게-도랑의 자이로플레인이 최초

그림 A.19 포케-불프 Fw-61의 프로토타입(prototype)

비행을 한 지 정확히 1년 후인 1936년 6월에 초도비행을 하였다. 여러 차례 개량을 통하여 1937년 세계 최초로 자유낙하비행에 의한 착륙(autorotaional landing)을 성공하였으며, 고도 2,400m, 항속시간 1시간 20분, 선회 장주비행 112km을 기록하였다. 1938년 2월에는 조종사 한나 라이치(Hanna Reitsch, 1912~1979)가 Fw-61 헬리콥터를 조종하여 스포츠 경기장 안에서 수직이륙, 제자리비행, 측면비행을 시현하였다. 포케의 헬리콥터에는 세 개의 관절형 블레이드를 가진 로터가 동체 양옆의 날개 끝에 하나씩 달려 있어, 이 형상이 토크를 상쇄시킬 수 있는 실용적인 방안이며, 로터를 두 개 위아래 겹쳐 놓을 경우에 발생하는 진동도 상당부분 해소시킬 수 있었다.

1920년대와 1930년대 사이에 헬리콥터 개발에 기여한 사람 중에 스페인의 후안 데 라 시에르바(Juan de la Cierva, 1895~1936)를 들 수 있다. 그는 전방추진 프로펠러를 장치한 항공기에서 고정날개를 떼어내고 자유로이 돌 수 있는 회전날개를 장치하여 비행하는 데 성공하였다. 그는 이 항공기를 오토자이로(autogyro)라고 명명하였으며 이때부터 이런 형태의 항공기를 오토자이로 또는 자이로콥터(gyrocopter)라고 부른다. 동력을 주지 않은 로터에서 양력이 발생되는 원리는 자동회전(autorotation)이며 헬리콥터에서도 동력장치에 고장이 생기는 경우 이 원리를 사용하여 안전하게 착륙할 수 있다. 그러나 오토자이로는 로터를 직접 구동하는 방식이 아니기 때문에 헬리콥터라고 말하기는 어렵지만 양력을 발생시키는 데 비교적 작은 전진속력으로 가능하다는 점과 회전날개의 기본원리를 발전시켰다는 점에서 특기할 만한 사실이었다. 오토자이로는 헬리콥터의 개발과 더불어 독자적인 발전을 하였으며 현재는 스포츠나 헬리콥터 조종사의 기본 훈련용에 이용되고 있다. 이렇게 하여 1930년대 말에는 추력, 안정성, 조종성의 부족과 토크 문제가 상당 부분 극복될 수가 있었으며, 이고르 시코르스키와 아서 영(Arther M. Young, 1905~1995) 등이 현대적 헬리콥터를 완성하는 기반을 마련하였다.

1941년에 미국의 시코르스키가 단일로터에 토크상쇄와 조종을 위하여 꼬리 로터들을 장치한 VS-300 헬리콥터를 소개함으로써 헬리콥터의 실용화가 시작되었다(그림 A.20). 시코르스키의 최초의 헬리콥터는 꼬리로터가 모두 세 개로 구성되었으며, 두 개의 회전면 중 하나는 수평으로 하나는 수직으로 세워 세로 면에서의 자세조종과 방향조종에 각각 사용되었다. 그 후 수평 꼬리로터 대신에 주 로터의 회전면을 기울이는 방법을 사용하였고 토크상쇄와 방향조종은 수직으로 장치한 하나의 꼬리로터를 사용하였다. 이로써 현재 널리 사용되고 있는 단일로터 헬리콥터의 형태가 완성되었다. VS-300을 개량하여 R-4라는 군용 헬리콥터로 개발하여 제2차 세계대전 중에 미국 육군과 해군에 수백 대를 납품하여 헬리콥터 상품화의 문을 열게 되었다. 제2차 세계대전 후의 헬리콥터 발달사에서 획기적인 사실은 동력장치로서 가스터빈엔진의 사용을 들 수 있다. 왕복기관이 헬리콥터의 총 중량에서 차지하는 비율이 12~23%인데 비하여 가스터빈엔진은 3~8%로 현저하게 경량이다.

그림 A.20 최초의 실용 헬리콥터 VS-300

단지 마력당 연료소비율이 개발 초기에는 가스터빈엔진이 약 3배 정도 컸지만 현재는 거의 왕복동기관과 같은 수준까지 줄어들었다. 가스터빈엔진이 헬리콥터에 사용되기는 1951년 캐먼(Kaman)사가 제작한 K-225가 처음이었다.

현재는 거의 모든 헬리콥터가 터보축 엔진을 사용하며 그 이용범위도 군용으로는 관측, 연락뿐만 아니라 병력, 군수물자의 수송과 같이 대형 수송 수단과 지상공격과 같은 고도의 기동성이 요구되는 분야로 확대되었으며, 민간용으로는 인명구조, 농약 살포, 산불 진화 및 관광 등에 널리 이용되고 있다. 특히 부대 이동에 차량을 이용하던 육군의 작전개념이 헬리콥터를 이용하는 개념으로 변천되어 이러한 용도에 적합한 새로운 형태의 기동 헬리콥터가 개발 운용되고 있고, 지상 공격용 헬리콥터도 개발이 되어 여러 나라에서 사용되고 있다.

A.7 무인항공기의 개발

무인항공기(UAV; Unmanned/Uninhabited Aerial Vehicle)는 임무장비를 탑재하고, 조종사 없이 원격제어 또는 자율항법장치에 의해 비행하면서 반복 또는 일회용으로 임무를 수행하는 체계를 의미한다. 무인항공기는 지상에서 사람에 의하여 작동되는 RPV(Remotely Piloted Vehicle) 또는 표적기(target drone)와는 엄밀한 의미에서 구별되지만 광의의 개념에서는 이를 포함하여 정의하기도 한다.

무인항공기 개발의 시초는 미국의 랭글리(Samuel P. Langley, 1834~1906)가 연구한 무인기 모델(aerodrome)을 들 수 있다. 그는 포토맥 강의 배 위에서 캐터펄트(catapult)를 이용하여 약 1.2km를 비행한 것으로 알려졌다. 이후 제1차 세계대전을 겪으면서 무인항공기의 필요성이 인식되었으며, 미국을 중심으로 다양한 무선조종(radio-controlled) 무인기의 연구와 시험이 본격적으로 시작되었으며, 1917년 미 해군은 무선조종을 이용한 N-9 훈련기를 개조한 무인기의 무선조종 비행시험을 롱아일랜드에서 수행하였다.

현재의 무인항공기 효시는 1918년 미 육군에 납품된 케터링 버그(Kettering Bug) 폭격용 무인기를 들 수 있다. 최대 길이 3.8m, 최대 무게 240kg(폭탄 무기 약 140kg)을 가지며, 수레를 이용(dolly-and-track)하여 이륙하였다. 4기통의 40hp 추력을 갖는 케터링 버그는 기체 내에 소형의 자이로스코프를 탑재하고 목표물까지 유도하였다. 당시 대당 400달러 정도로 개발되었으며, 1920년까지 수백 대가 생산되었다(그림 A.21).

영국은 1935년 공군 조종사의 연습용으로 지상에서 재사용이 가능한 무선조종 공격표적기(aerial target)인 퀸 비(Queen Bee) 무인기를 개발하였으며, 한국전에서도 미군이 정찰 목적으로 소형의 무인항공기를 운용한 것으로 알려졌다.

무인항공기 이후 베트남전과 중동전을 거치면서 영상장비를 탑재한 감시목적과 탐지교란용(decoy), 유도무기나 발사체의 표적용, 심리전 등의 임무로 운용되면서 발전하였다. 이와 같이 무인항공기의 기본 사용목적은 군사용으로 활용되어 왔으며, 특히 정찰용 무인항공기 체계는 1970년대의 중동전에서 이스라엘이 선보인 이후 발전을 거듭하였다. 1991년 발생한 걸프전은 미국이 개발한 다양한 첨단 무기들이 소개되는 계기가 되었으며, 무인항공기의 탁월한 역할과 전과로 군사적 활용 가치를 높게 평가받게 되면서 세계적으로 무인항공기 개발을 촉진시키는 계기가 되었다. 이후 코소보전(1999), 아프칸전(2001), 이라크전(2003) 등을 통하여 통신중계용, 기만·공격용, 전술정찰용, 전략정찰용 무인항공기가 등장하여 광역 전장감시 체계의 주축으로 발전하였다. 프레데터(Predator) 무인기는 아프칸전에서 실시간의 표적탐지 후 탑재된 헬파이어(Hellfire) 미사일로 대지공격을 수행하여, 최초로 전투임무를 수행한 무인항공기이다. 최근에는 프레데터 B형을 기본으로 레이저유

그림 A.21 케터링 버그(Kettering Bug) 모델 (© 미공군박물관 전시)

그림 A.22 MQ-9 Reaper(좌) 및 RQ-4 Global Hawk(우) 무인항공기

도탄(GBU-12), 합동직격탄(JDAM; Joint Direct Attack Munition) 등 무장을 탑재하고 높은 운용고도 등을 향상한 리퍼(Reaper) MQ-9의 개발을 완료하였다.

아프칸전과 이라크전에서의 성공적인 임무수행 능력을 통하여 유인정찰기 U-2로 대표되는 항공정찰체계에 일대 변혁을 일으킨 것이 미 공군의 글로벌 호크(Global Hawk) 무인항공기이다. 고해상도 영상장비를 탑재하여 원거리에서 표적을 탐지할 수 있으며, 고속 광대역 데이터링크를 통해 실시간에 지상으로 전송하여 광역정찰 및 징후감시 임무를 수행할 수 있다(그림 A.22). 현재 전 세계적으로 미국만이 고공 정찰용 무인항공기 체계를 운용하고 있으며, 기타 주요 유럽국가와 일본 등에서 고고도 정찰용 무인기의 개발을 추진 중인 것으로 알려졌다.

근접정찰을 위한 소형의 무인항공기는 탑재전자장비의 소형화, 동력용 전지의 고밀도화 등 관련 기술의 발전에 따라 실용화가 가능해진 무인항공기로, 걸프전에서부터 미국의 포인터(Pointer) 무인항공기가 운용되었으며, 최근의 이라크전에서는 미국의 드래곤아이(Dragon Eye), 레이븐(Raven) 등의 무인항공기가 운용중이다. 현재까지 정밀타격 무장을 탑재하여 공대지 및 공대공 전투 등의 임무를 수행할 수 있는 실용화된 무인전투기(UCAV; Unmanned Combat Aerial Vehicle)가 체계는 없지만 미국을 중심으로 주요 유럽국가에서 무인전투기의 개발이 진행 중에 있으며, 무인전투기가 가까운 미래에 전장을 주도하는 핵심적인 역할을 담당할 것으로 예측된다.

A.8 우주개발

세계적으로 로켓에 대한 첫 기록문서는 중국의 고체추진로켓으로 알려져 있다. 초기에는 로켓이라 할 수 없는 일종의 '불화살'을 개발했다. 이는 화살을 이용하여 발사한 것이며, 화살촉에 점화장치를 붙인 것에 불과하였으나 1232년경에 이러한 점화장치로부터 고체연료 로켓을 개발했다. 여기에 사용된 연료는 목탄, 질산칼륨(KNO_3) 및 유황 등으로 '흑색화약'으로 알려져 왔으며 1900여 년경까지 사용되어왔다. 현대의 연기 없는 질산계열의 총포류 화약이 개발된 것은 19세기 후반이었고, 이것이 로켓을 위한 고체연료가 되었다.

러시아의 콘스탄틴 치올콥스키(Konstantin Eduardovich Tsiolkovsky, 1857~1935)가 1903년에 이미 질량비와 분사속력 및 추진력의 관계를 지은 《반작용 모터를 이용한 우주공간 탐험》을 출판하였다. 미국의 고더드(Robert Goddard, 1882~1945)는 1919년에 〈초 고공에 달하는 방법(A Method of Reaching Extreme Altitude)〉이라는 논문을 통하여 다단 로켓으로 달에 도달할 수 있다고 주장하였으며, 1926년에는 최초의 액체 로켓을 발사하는 데 성공하였다. 독일에서는 헤르만 오베르트(Hermann Oberth, 1894~1989)가 독립적으로 다단 로켓의 개념을 발전시켰으나 실현하지 못하였다. 또한, 그는 1929년 케겔듀스(Kegeldüse)라는 액체 추진 로켓의 지상시험을 실시하였다. 오베르트의 시험을 도왔던 폰 브라운(Wernher von Braun, 1912~1977)은 후에 세계 최초의 유도탄도미사일인 V-2 개발의 주역이 되었다. 그림 A.23에는 V-2(A-4) 로켓의 사진을 보여준다. 주위의 대기와 상관없이 극도의 집중된 추력을 제공할 수 있는 로켓의 능력은 군용 탑재체(폭탄 등)를 초음속의 속력으로 장거리를 운반할 수 있게 한다. 그 당시에 이러한 미사일에 대한 방어는 실제로 불가능했다. V-2 로켓은 2차 세계대전 중에 약 3000여 기가 제작된 것으로 알려져 있다.

그림 A.23 V-2 로켓

2차 세계대전이 끝나자 독일의 V-2 개발에 참여했던 많은 기술자들이 미국과 소련으로 이주한다. 미 · 소 양국은 로켓 무기가 핵폭탄을 운반하는 운반체로써 중요한 역할을 한다는 것을 간파하고 경쟁적으로 대륙간탄도탄(ICBM, Intercon- tinental Ballistic Missile)을 개발하였다. 탄도탄의 개발은 바로 궤도를 선회하는 인공위성의 발사로 이어졌다.

1957년 10월 4일에 러시아(옛 소련)는 세계 최초의 인공위성인 스푸트니크 1호(Sputnik 1, 그림 A.24)를 지구 저궤도에 올려놓아 전 세계를 깜짝 놀라게 했다. 스푸트니크 1호의 발사는 우주시대의 서막을 열었으며, 미 · 소 두 강대국의 우주 경쟁의 기폭제가 되었다. 스푸트니크 1호는 직경 0.58m, 질량 83.6kg의 알루미늄 구형 위성으로 고도 900km의 저궤도에서 24시간 동안 지구 둘레를 16번이나 회전하였다. 옛 소련은 약 두 개월 후인 12월 3일, 스푸트니크 2호 위성에 '라이카'라는 개를 탑승시켜 최초로 생명체를 지구궤도에 올려놓는 개가를 이루었다. 이 비행에서 생명체에 미치는 발사환경 및 미세 중력에 의한 영향을 최소화함으로써 인간의 우주비행에 대한 가능성을 증명하게 되었다.

그림 A.24 스푸트니크 1호

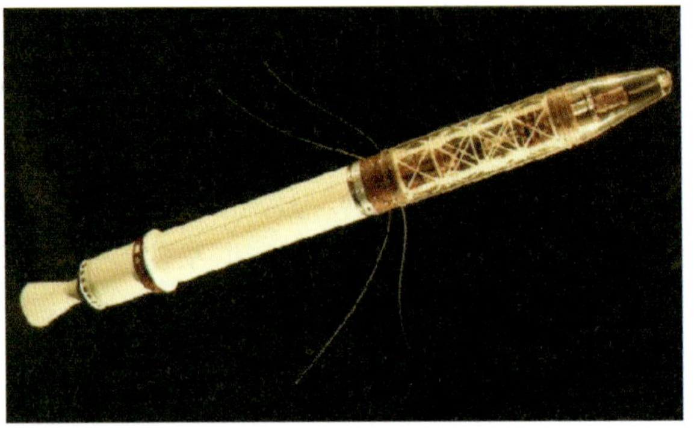

그림 A.25 익스플로러 1호

당시 미국은 우주비행에 관한 계획은 초음속 비행에서 우주비행으로 이어지는 우주왕복선 개념이었다. 그러나 소련과의 경쟁을 위하여 로켓에 의한 우주선 발사로 수정되었다. 미국의 첫 번째 인공위성인 익스플로러 1호(Explorer 1, 그림 A.25)는 스푸트니크 1호가 발사된 지 거의 4개월 만인 1958년 1월 31일에 주피터(Jupiter)-C 발사체에 의해 발사되었다. 익스플로러 1호는 길이 1.2m, 직경 20.3cm, 무게가 14.6kg인 극소형 인공위성이었다. 원지점 고도는 스푸트니크 1호보다 훨씬 높은 2,460km에 이르렀으며, 이 고도에서 익스플로러 1호는 지구 자기장 내에 강력한 복사대가 형성되어 있음을 발견하였다. 이것이 밴 앨런 복사대(Van Allen Radiation Belts)이다. 또한 미국은 국가적인 통합체계로 우주비행 경쟁을 추진하기 위하여 이전의 국립항공자문위원회(NACA)를 별도기구로 독립 승격시켜 항공우주에 관한 모든 비군사적인 연구개발을 전담하도록 국립항공우주국(NASA, National Aeronautics and Space Administration)을 1958년에 설립하였다.

1961년 5월에 미국의 케네디 대통령은 러시아와의 우주개발 경쟁을 선점하기 위해 '1960년대 안에 인간을 달에 보내 무사히 귀환시킨다'는 야심 찬 아폴로 계획을 발표하였고 공약대로 1969년 7월에 아폴로 11호를 통하여 달에 인간을 착륙시키고 성공적으로 귀환하게 하였다(그림 A.26). 이 아폴로 11호의 발사는 1단의 추력이 33,000kN인 새턴(Saturn)-V라는 대형 로켓이 이용되었다. 러시아에서도 달 계획은 세웠지만 유인계획은 중지되어 무인계획의 실시에 그쳤다. 최초로 인공위성을 쏘아올린 후 10년간은 소련이 주도하였다고 할 수 있지만 이즈음부터 미국이 러시아를 앞지르게 되었다.

미국은 아폴로 계획 다음의 프로젝트로써 재사용이 가능한 우주왕복선(space shuttle)을 개발하여 1981년 4월에 유인 조종에 의한 첫 비행에 성공하고 2회의 발사 사고를 포함하여 135회 발사 후 2011년 후 퇴역하였다. 러시아도 여기에 대항하여 에네르기아(Energia)라는 거대 로켓과 브란(Buran)이라는 궤도선을 개발하여 러시아판 우주왕복선을 1988년 11월에 발사하여 브란의 자동수평 착륙에 의한 귀환에 성공했다. 그러나 이 비행은 무인비행에 1호기뿐으로, 3호기까지 브란의 제조를 마치고 유인비행 준비까지 되었지만 옛 소

그림 A.26 달에 착륙한 버즈 올드린(Buzz Aldrin)

련의 붕괴 이후 다시 발사되지 않았다.

인간이 우주선 내에 체재하면서 우주환경하에서 실험을 행하는 것은 러시아의 경우 소유즈(Soyuz), 살류트(Salute) 등에서, 미국은 새턴-V 로켓을 이용하여 올린 스카이 랩 계획에서 시작되었다. 러시아의 방식은 전에 발사한 우주선에 도킹하여 우주선을 조금씩 확대함으로써 우주 정거장을 만들어가는 방식을 취하여 미르(Mir) 이후 어느 정도 본격적인 우주정거장을 구성했다고 할 수 있다. 그에 비해 미국은 우주왕복선 비행 개시 이후는 궤도선의 화물칸 안에서 약 2주 정도 실험할 수 있게 되었다. 러시아의 우주정거장인 미르는 2000년에 수명을 다하여 폐기 처분하였으며, 현재는 미국, 러시아 및 유럽우주기구(ESA; Europe Space Agency)를 포함한 16개국의 국제협력 프로그램으로서 공동으로 국제우주정거장(ISS; International Space Station)을 건설하여 운영하고 있는 중이다(그림 A.27).

그림 A.27 국제우주정거장

그림 A.28 현재 사용 중인 러시아의 Proton-M, 미국의 Delta IV Heavy, 유럽의 Ariane 5

유럽우주기구의 상업용 발사체 로켓은 아리안(Ariane)-Ⅲ으로, 1984년 첫 시험위성 발사를 성공하여 아리안스페이스(Arianespace)사를 설립하여 위성발사 사업을 개시했다. 당시 세계적으로 통신위성 등의 상업 발사가 비즈니스로서 활발해지기 시작했고, 이어 1988년에는 아리안-Ⅵ의 개발에 성공하여 상업위성 발사는 아리안-Ⅲ에서 아리안-Ⅵ로 이행하는 등의 호조건도 겹쳐 1980년대 후반부터는 상업용 위성발사의 50% 이상을 유럽의 아리안스페이스사가 점유하게 되었다. 1990년대 들어 미국에서도 타이탄, 아틀라스, 델타 등의 로켓을 대형화하고 성능을 증진함으로써 시장점유율을 회복하고자 노력하고 있다. 러시아의 소모성 로켓도 1960년대 이후 약 40년에 걸쳐 성공적으로 수백 기를 쏘아 올렸기 때문에 그 신뢰성은 높고 비용도 저렴한 편이다. 현재는 프로톤(Proton), 제닛(Zenit)-3(해상 발사용 로켓으로 사용 중), 소유즈(Soyuz) 등의 발사체 로켓들이 서구의 상업용 위성을 발사하는 데 활용되고 있다.

유럽에서는 1980년 아리안스페이스사를 설립하고 상용발사체를 착수하여, 현재 아리안 5는 전 세계 위성발사 시장에서 큰 부분을 확보하고 있다. 이후 아리안 5의 개량형인 아리안 5 ME와 저비용을 목표로 하는 아리안 6를 개발 중이며 2020년대 초반 재사용 우주왕복선, 2040~2050년에는 2지점 여객 수송기의 실용화를 향한 노력이 수행되고 있다. 러시아는 발사 실패가 간헐적으로 발생하는 프로톤 로켓을 궁극적으로는 대체하는 앙가라(Angara) 로켓을 현재 개발 중에 있으며, 프로톤 로켓과 함께 러시아 우주수송능력의 또 다른 축을 담당하고 있는 소유즈 로켓은 지속적으로 운영할 예정에 있다. 개발 중인 앙가라 로켓은 향후 다양한 페이로드 요구에 맞추어 발사비용을 절감할 수 있는 발사체 변종을 갖도록 개발되고 있다. 중국의 경우 이전까지 군사전략적 측면에서 우주발사체를 포함한 우주 개발프로그램을 진행한 것과 달리 근래에 와서는 중국 정부의 지원에 힘입어 우주개발 관련한 스타트업 열기가 가열되어 원스페이스(OneSpace), 랜드스페이스(LandSpace), 엑스페이스(ExPace) 등의 발사체 개발 민간업체가 증가하고 있다. 원스페이스는 2018년 첫 발사를 목표로 지구저궤도에 700kg급의 페이로드 운반능력을 갖는 59톤급의 저비용 고효율 우주발사체를 개발하고 있으며, 랜드스페이스사는 LandSpace-1(LS-1)이라고 명명한 4단 고체 로켓모터 방식 발사체를 개발하고 있다. 일본은 현재 운영중인 H-IIA 로켓을 개량한 차세대 우주발사체를 H-3라고 명명하고, 2020년 다네가시마 우주센터에서 첫 발사를 목표로 개발하고 있다. 또한 현재 대형 발사체인 H-3 개발 외에도 신형 소형 발사체도 개발을 지속하고 있는데 탑재체당 발사비용을 줄임으로써 상업발사 시장에서 경쟁력을 갖추는 것을 목적으로 2013년 첫 발사를 성공한 3단 엡실론(Epsilon) 로켓이 그에 해당한다.

과거 냉전 시대에는 우주개발이 국력을 과시하는 수단으로 활용이 되었기에 개발된 물품의 성능이 판단 지표가 되었으나, 냉전 이후 각국의 관련 예산이 삭감되며 우주개발에도 경제성이 대두되었다. 전 세계 우주발사체 시장은 위성 시장의 증가와 함께 계속해서 발전하고 있으며 이에 따라 우주개발 선진국에서는 경쟁력이 높은 상용발사체를 개발하기 위해 노력하고 있다. 발사체 개발에는 막대한 비용과 고도의 기술을 필요로 하므로 과거에는 정부가 주도하여 개발을 진행하였지만, 최근에는 발사체 개발에 참여하는 민간 기업이 증가하고 관련 기업들이 충분한 기술력을 보유한 이후에는 차츰 민간 주도로의 전환과 함께 발사 단가를 낮추는 등 발사 경쟁력을 확보하기 위해 부단한 노력을 기울이고 있다.

순수민간회사가 자체적으로 엔진과 발사체를 모두 개발하는 활동이 가장 활발한 나라는 미국이며 대표적인 회사로 스페이스엑스(SpaceX), 블루오리진(Blue Origin), 버진갤럭틱(Virgin Galactic)사를 들 수 있다. 스페이스엑스사의 대표적인 우주발사체는 팔콘 9(Falcon 9)으로, 최초의 우주궤도를 진입할 수 있는 재비행(reflight) 발사체이며, 발사비용 절감을 위한 발사체 재사용이 팔콘 9 발사체의 핵심기술이다. 팔콘 9 발사체는 2010년 6월 첫 발사(maiden flight)를 시작으로 60회 이상의 발사를 성공적으로 수행하였으며, 팔콘 9을 통해 축적된 기술과 신뢰성을 확장하여, 팔콘 헤비(Falcon Heavy)라고 하는 54톤 페이로드 운송능력을 갖는 로켓을 개발하였다. 블루오리진은 2019년 발사체 적용이 가능하도록 액체메탄(천연가스)/액체산소를 적용한 55만 파운드 추력을 갖는 다단 연소사이클 엔진(BE-4)을 개발하였다. BE-4 엔진이 성공적으로 개발되면 BE-4 엔진 일곱 개를 1단에 적용하는 글렌(Glenn) 발사체가 2020년 첫 발사를 계획하고 있다. ULA(United Launch Alliance)는 기존의 방위산업체들이 연합하여 만든 기업으로 기존의 국방 발사체 수요를 충족하고 신규 우주발사체 개발업체와의 경쟁을 위해 기존의 아틀라스 5호(Atlas V) 로켓

그림 A.29 블루오리진의 뉴쉐퍼드와 스페이스엑스의 팔콘 9

의 능력을 능가하는 차세대 발사체인 벌컨(Vulcan)을 2019년 첫 발사를 목표로 개발 중이다. 그림 A.29에 블루오리진의 뉴쉐퍼드(New Shepard)와 스페이스엑스의 팔콘 9를 볼 수 있다.

A.9 한국의 항공우주 개발사

한국 최초의 로켓 '주화(走火)'

국내 최초의 로켓은 14세기부터 시작되었다고 볼 수 있다. 고려 말엽(1377년) '왕립 화약 무기 연구소'라 할 수 있는 화통도감을 건의하여 세우고, 화약을 비롯한 18가지의 화약 무기를 연구하여 제작한 최무선이 만든 주화와 화전이 시초라고 본다. 그 중 화전은 '불화살'이란 뜻으로 로켓으로 보긴 힘들다. 그러나 주화는 '달리는 불'이란 뜻으로 지금의 로켓과 같은 구성으로 제작되었다. 주화는 조선시대에 접어들어 여러 가지 종류로 발전되다가 세종 때부터는 더욱 본격적이고 체계적으로 연구 개발되어, 소-중-대 세 가지 종류의 주화로 나뉘어 제작되었음이 세종 29년(1447년) 《세종실록》의 기록에서 밝혀지고 있으나 자세한 구조의 설명이나 그림은 전해지지 않고 있다.

한국의 조선시대 로켓 '신기전'

신기전(神機箭)은 고려 말 최무선이 제조한 주화를 세종 30년(1448년)에 개량한 것으로 로켓 무기라고 할 수 있다. 병기도설에 의하면 신기전에는 대신기전, 산화신기전, 중신기전, 소신기전 등의 여러 종류가 있었다. 대신기전은 길이 약 530cm 정도의 대나무로 만들

그림 A.30 대신기전 재현 발사 모습(2008년 4월, 안흥)

어진 화살대의 위 부분에 길이 695mm, 지름 95.5mm, 두께 17.8mm인 종이로 만들어진 약통을 부착했다. 약통은 로켓엔진 역할을 하는 부분이다. 약통에 화약을 채우고 바닥에 구멍을 뚫어 화약이 연소되면서 가스를 분출시켜 추진력을 얻게 된다. 그리고 폭탄에 해당하는 발화통을 약통 위에 올려놓고 도화선을 약통과 연결해 신기전이 목표 지점에 가까워지면 자동으로 폭발하도록 설계되었다.

대신기전의 사정거리는 압록강 하구의 의주성에서 강 건너 적을 공격하기 위한 사용 목적과 대신기전의 제원을 고려하면 1.5km에서 2km 가량으로 추정된다. 산화신기전은 대신기전과 크기가 거의 같으나 발화통을 변형해 폭발하면서 불꽃이 퍼져 적을 혼란에 빠뜨리도록 설계되었다. 중신기전의 구조는 화살에 약통과 소발화를 부착한 것이 대신기전과 유사하나 소형으로 사정거리가 150m 정도였고, 소신기전은 사정거리가 약 100m 내외로 다른 신기전과는 달리 폭발물이 장착되지 않았다. 중/소신기전 발사는 빈 화살통 같은 곳에 한 개씩 꽂아 발사했으나, 1451년 화차가 제작된 이후로는 화차의 신기전기에서 주로 발사했다. 기록에 따르면 신기전기는 지름 46mm의 둥근 나무통 1백 개를 나무상자 속에 7층으로 쌓은 것으로 이 나무구멍에 중/소신기전 1백 개를 꽂고 화차의 발사 각도를 조절한 후 각 줄의 신기전 점화선을 모아 불을 붙이면 동시에 15발씩 차례로 발사되는 현대의 다연장(발) 로켓포와 유사하다고 할 수 있다(그림 A.30 A.31 참조).

근대 항공산업의 태동

우리나라에 있어서 근대적인 항공산업의 시작은 1936년에 조선항공사업사가 영등포구 신길동에 글라이더 제작소를 설치하면서부터라고 할 수 있다. 조선항공사업사에서는 글라이더 훈련에 사용되는 초급 활공기를 제작 판매하였는데 이는 당시에 전국적으로 중학교

그림 A.31 화차에서 중신기전을 발사하는 모습(영화 '신기전'의 한 장면)

이상의 교육기관에 활공부를 두어 조종연습을 하게 하여 항공병력을 양성하고자 하는데 기여했다. 1953년 한국 최초로 설계, 제작한 2인승 경량항공기 부활(復活)호는 국내 항공기 제조산업의 시초라고 할 수 있다(그림 A.32). 당시로는 최신형의 부활호는 1955년까지 조종사 연습과 연락 목적으로 활용되었으며, 50년이 지난 2004년에 형상을 다시 복원하기도 하였다. 이후 1960년대 군용기의 창정비를 시작하면서 항공기 유지에 대한 기초적인 지식습득과 시설을 확보하였으며, 1970년을 접어들면서 항공기의 연구개발과 조립생산을 시작하였다.

1971년 11월 방위산업이 본격화되고 국방과학연구소(ADD)에서는 각종 병기의 개발에 착수했다. 이때 항공기 개발사업으로 착수된 것이 PL-2(새매)라는 경비행기였다. 설계도는 미국 것을 사용하고 제작은 대구 항공창에서 맡았다. 1972년 중순에 제1호기, 1972년 말

그림 A.32 경비행기 부활호

그림 A.33 500MD 조립생산 및 F-5E 기술도입 생산

까지 3기가 더 생산되었으며 1995년 말까지 운용되었다. PL-2는 공식적으로 국내에서 생산된 첫 금속제 항공기이며, 초보 훈련용으로 사용 가능한 기종이었다. 이로써 프로펠러 항공기의 기체는 설계도만 있으면 국산화할 수 있다는 자신감이 생겼다. 대한항공은 1976년에 미국의 휴즈 헬리콥터 제작 회사(Hughes Tool Co.)와 기술 제휴를 통하여 500MD형 헬리콥터의 조립 생산에 착수하게 되었다. 초창기에는 조립 성격으로 출발하였으나, 이후 국내에서 생산한 일부 부품을 조립하였으며, 1977년 초부터 양산 체제를 갖추어 국내 항공산업의 효시를 이루게 되었다. 1982년 9월 9일, 국내 최초의 국산 제트 전투기인 F-5E/F 제공호의 기술도입 생산의 성공은 국내 전투기 생산기술의 효시가 되었으며, 자주국방의 강화와 한반도의 평화 유지 노력에 크게 기여하게 되었다. 그림 A.33에는 500MD와 F-5E를 보여주고 있다.

1989년 대한항공, 삼선공업, 한국 화이바 3사가 한국항공우주연구조합을 결성하고 과학기술처 특정 연구과제로 선정되어 연구조합의 투자와 과학기술처의 연구비 지원하에 창공-91 사업이 본격적으로 시작되었다. 창공-91은 5인승의 경비행기로 조종사 초급훈련용, 레저용 등 다목적용으로 1993년 개발에 성공하였으나, 이후 생산단계까지는 가지 못했다.

항공산업의 발전과 도약

1988년 2월 당시 공군에서 운용 중이던 T-41B 초등훈련기 및 T-37C 중등훈련기를 대체하는 '한국형 훈련기 개발사업'(KTX-1 사업)이 시작되었다. 국방과학연구소가 연구개발을 책임지고, 대우중공업이 주 계약자로 참여한 KTX-1(여명:黎明)은 1991년 12월 12일 초도비행에 성공하였다. 이후 공군의 요구에 따라 안정성과 기동성을 강화하기 위해 KTX-1-03호기는 출력이 증대된 950shp의 PT6A-62엔진을 장착하였으며, 프로펠러가 3엽에서 4엽으로 수정 보완되어 KT-1(웅비:雄飛) 기본훈련기가 국내 독자 개발하여 현재 한국공군에서 운용 중에 있다. 이후 KT-1 형상을 기반으로 주요 장비와 시스템의 성능이 개량된 통제기 후속 모델을 개발하여 운용 중에 있다. 그림 A.34에는 KT-1과 경공격기 파

그림 A.34 기본훈련기(KT-1)와 저속통제기(KA-1) (© 국방과학연구소)

그림 A.35 T-50 고등훈련기 (© 한국항공우주산업)

그림 A.36 나라온 (© 한국항공우주산업)

생형인 KA-1을 보여주고 있다. 2019년을 기준으로 KT-1 항공기는 인도네시아, 터키, 페루 및 세네갈에 80대 이상을 수출하여 국내 항공산업에도 큰 기여를 하였다.

KTX-1 훈련기의 개발이 진행되면서 국내 연구개발에 대한 자신감과 함께 고등훈련기급의 소요를 바탕으로 제트훈련기에 대한 연구개발도 병행하였다. KTX-2(현재는 T-50) 고등훈련기는 노후화된 제트 훈련기 대체기종의 필요성과 독자적 항공무기체계 확보를 통한 군전력 강화와 국내 항공산업 육성을 목표로 개발되었다. 국방과학연구소가 탐색개발(1992~1995년)과 단계전환(1996~1997년)을 주도하여 개념 및 기본설계를 완료하였다. 1997년말부터 한국항공우주산업(주)과 미국의 록히드마틴이 공동 개발하여 2002년 8월 초도비행에 성공하였으며, 2005년에 체계개발을 종료하였다. T-50(Golden Eagle) 고등훈련기는 최신의 전산목업(COMOK; Computerized Mock-Up) 개념을 적용하여 제작되었으며, 뛰어난 성능과 디지털 비행제어(fly-by-wire) 시스템과 다중안정시스템 등의 최신 장비를 장착하였다. 최대속력 마하 1.5 수준인 T-50은 국내 최초의 초음속 항공기로서, 우리나라는 세계 열두 번째의 초음속 항공기를 개발하는 국가에 진입하였다(그림 A.35). 전술입문훈련기 및 경공격기 파생형인 FA-50를 개발하여 F-5를 대체하여 운용 중에 있다. 2019년 현재 T-50와 FA-50은 이라크, 필리핀, 인도네시아 및 태국에 60대 이상 수출하였다.

KC-100(나라온, 그림 A.36)은 한국항공우주산업이 미국 연방항공청(FAA)의 형식승인

그림 A.37 한국형전투기 개념도 (© 한국항공우주산업)

기준에 부합되게 개발하고 항공우주연구원이 항공기 인증시스템을 구축한 국내 최초의 4인승 민간항공기로 2011년 7월 20일에 초도비행에 성공했다. 또한 화상음성 기록장치와 피아식별장비 등 필요한 장비 장착하여, 공군조종사 비행교육 입문과정에 맞게 훈련기로 개조한 파생형 버전(KT-100)도 개발되어 운용 중에 있다.

현재 우리나라는 한국항공우주산업을 주관으로 노후된 F-4와 F-5를 대체하기 위해 한국형 전투기를 개발하는 차세대 전투기 사업(또는 보라매 사업)을 추진하고 있다. 항공기의 성능은 F-16보다 우수하고 부분적인 스텔스 기능이 있는 4.5세대 전투기를 목표로 하고 있다. 2022년 초도비행과 2025년 양산 및 2026년 실전배치를 목표로 연구가 진행되고 있다(그림 A.37).

무인항공기는 유인항공기와 비교하여 3D(Difficult, Dirty and Dangerous) 임무를 수행하기에 유리한 장점으로 군사용뿐 아니라 민간용으로도 활용범위가 넓기 때문에 세계 시장에서의 점유율도 비약적으로 커지고 있다. 군사용 무인항공기는 적의 위치를 지속적으로 감시 · 파악하고, 통신감청 임무가 가능한 정찰용, 미사일 등의 무장을 탑재하여 공대지 및 공대공 전투 등의 임무가 가능한 전투용 등으로 다양하게 운용이 된다. 민간분야의 활용범위는 태풍 및 홍수 등의 기상관측뿐만 아니라 해양 · 하천 · 대기오염의 측정과 감시, 교통흐름 통제, 주요 시설물의 감시 등의 업무에도 운용되고 있다. 국내에서는 1977년 국방과학연구소에서 공군 요구에 따라 지상에서 발사하는 제트 추진 무인항공기의 연구개발을 추진한 바 있다(그림 A.38). 당시 적의 방공망 교란과 대공화기의 소모를 유도할 목적의 기만용 무인기 '솔개'의 개발은 1984년 40km에 달하는 기본성능 시험비행을 성공적으로 수행한 후 여러 사정으로 개발을 중단한 바 있다.

이후 군사용 군단급 정찰용 무인기를 1990년대에 국방과학연구소에서 '비조'라는 이름으로 개발하여 2000년 초에 실전 배치하였다. 현재 육군에서 '송골매'라는 이름으로 운용 중에 있는 정찰용 무인기는 임무장비를 장착한 비행체와 지상통제장비 · 지상추적장비 · 중

그림 A.38 기만용 무인항공기 솔개의 시험비행 (© 국방과학연구소)

계장비 · 발사장비 등의 지상장비로 구성되어 있다(그림 A.39). 현재 국내에서는 중고도 · 사단 · 군단 정찰용 무인기 체계를 개발하고 생산 배치 중에 있으며, 멀지 않은 미래에 무인전투기(UCAV) 및 무인헬기(UCAR)의 실용화가 가능할 것으로 예측된다. 민간용 무인기로는 그림 A.40에서 볼 수 있는 한국항공우주연구원에서 헬기형의 장점과 고정익형의 장점을 고루 가지는 틸트로터(tilt-rotor) 방식의 스마트무인기를 개발하였다.

국내의 헬리콥터 산업은 1970년대 500 MD형 조립생산, 1990년대 UH-50 중형 헬기의 기술도입생산, SB-427 중형 민수용 헬기의 공동개발 등을 통하여 발전하여 왔다. 군용헬기는 정찰, 지휘 및 통제, 병력수송, 탐색 및 구조, 대기갑 · 대잠수함 · 대항의 공격, 공중지뢰살포 및 제거, 대전자전 등의 임무를 지상이나 해상에서 수행할 수 있으므로, 현대전에서 군사전술적 효용가치가 높은 무기체계이다.

노후 기동헬기(UH-1H, 500MD)를 대체하기 위해 2006년부터 2012년까지 국방부와 산업부가 국책사업으로 한국형 기동헬기(KUH; Korean Utility Helicopter) 개발을 추진하였

그림 A.39 개발된 군단급 정찰용 무인기 (© 한국항공우주산업)

그림 A.40 스마트무인기 (© 항공우주연구원)

그림 A.41 최초 국산 헬리콥터 KUH(수리온)

다. KAI, 국방과학연구소와 항공우주연구원이 각각 기체 설계 및 총조립, 항공전자 및 임무장비와 로터의 개발을 담당하여 국내의 헬리콥터 개발기술을 확보하였다(그림 A.41). 한국형 기동헬기는 한반도 군사작전 수행에 요구되는 필수적인 무기체계로서 현재 군이 운용 중인 UH-1H와 UH-60 중간 크기로 한 개 분대의 중무장 병력이 탑승하여 최대 140노트 이상의 속력으로 2시간 이상 비행할 수 있다. 또한, 분당 500피트 이상의 속력으로 수직 상승하여 백두산 높이(약 9,000피트 이상)에서도 제자리 비행이 가능하며, 주야간 전천후 작전능력 등을 구비하고 있다. 헬리콥터는 군수용(공격, 정찰, 지휘 및 통제, 병력수송, 탐색 및 구조, 대기갑, 대잠수함 등)을 개발하였다. 이뿐만 아니라 민수용(여객운송, 응급수송, 화물수송, 구조 등)으로 다양한 활용성으로 향후 지속적인 발전이 예상된다.

우주산업의 진입과 발전

국내의 위성산업은 1987년 12월 정부의 항공우주산업개발 촉진법 발효와 위성통신기술본부 및 항공우주연구소 설립, 국내 최초의 인공위성 우리별 1호 우주발사(1992. 8. 11) 등을 계기로 본격적인 발전을 시작하였다. 가장 먼저 시작된 우리별 위성사업은 한국과학기술원(KAIST)의 주도로 진행되었다. 우리별 1호(KITSAT-1)는 1989년부터 영국 서리(Surrey)대학과의 위성공동개발 교육 프로그램을 통하여 인력양성과 위성기술의 습득을 목적으로 개발함으로써 우주분야 개발에 대한 첫걸음이 되었다. 이후로 우리별 2호(KITSAT-2)와 우리별 3호는 우리별 1호의 성공적인 발사 및 운용에서 획득한 기술축적과 개선된 구조 및 탐사 기능을 추가로 하여 개발되었다. 규모상으로는 작은 무게 110kg, 위성 높이 80cm인 과학위성이지만 거의 국내기술로 제작한 것이다. 우리별 위성사업을 통해서 제작된 우리별 위성은 소형실험위성의 성격으로 제작되었다. 다른 하나는 한국전자통신연구원(ETRI)의 제안으로 수립된 무궁화 위성사업으로 국내위성방송 수요가 늘어남에

그림 A.42 다목적 실용위성 3호와 5호 및 영상들 (© 항공우주연구원)

따라 필요성이 제기된 국산통신위성의 보유를 목표로 한 사업이다. 마지막으로 위성기술의 국내정착을 목표로 한국항공우주연구원(KARI)에서 제안하여 수립된 아리랑 위성 사업이다. 1996년에 '국가우주개발중장기기본계획'이라는 명칭의 우주개발계획이 수립되어 우리별 위성사업이 과학위성사업으로 변경되어 우리별 위성 4호가 과학위성 1호로 명칭이 바뀌었으며 2013년까지 과학위성 3호를 성공적으로 쏘아 올렸다.

다목적 실용위성인 아리랑위성(KOMPST-1)은 1995년 8월부터 미국의 위성제조회사인 TRW사와 한국항공우주연구원 및 국내 기업이 공동으로 개발한 우리나라 최초의 실용급 다목적 실용위성으로 한국항공우주연구원이 총괄주관기관이 되어 국내 일곱 개 기업(대우중공업, 대한항공, 두원중공업, 삼성항공, 한라중공업, 한화 및 현대우주항공)과 한국과학기술원 및 미국 TRW사가 공동으로 수행하였다. 전체 위성체 부품의 60%에 해당하는 부분품이 참여하는 국내기업에 의해 국산화되었다. 아리랑1호 이후 항공우주연구원은 해상도를 더욱 향상시킨 광학위성, 전천후 영상 자료 획득이 가능한 레이다(SAR; Synthetic Aperture Radar)위성과 야간에도 영상획득이 가능한 FLIR(Forward-Looking Infra-Red) 센서를 탑재한 위성도 발사하여 운영 중이다(그림 A.42).

고도 약 36,000km에서 지구 자전주기와 같이 지구를 돌고 있는 정지궤도위성은 방송·통신·관측을 위해 필요한 위성이다. 우리나라도 통신위성인 무궁화 위성위성뿐만 아니라 관측 분야에서도 많은 진전을 보이고 있다. 기상·해양·환경 관측을 위한 국내 최초 정지궤도 관측위성인 천리안 위성은 2010년 1호기 개발에 성공하였다(그림 A.43). 후속사업으

그림 A.43 천리안 위성과 관측 기상영상 (© 항공우주연구원)

로 2011년부터 시작된 정지궤도복합위성 사업(천리안 2)도 기상용 위성 GEO- KOMPSAT 2A와 해양 및 환경 관측 임무의 위성 GEO-KOMPSAT 2B의 개발이 진행되고 있다.

우리나라 전역의 방송 수신이 가능하게 하며, 국제 위성 통신 수요를 해결하기 위해 추진된 방송통신 위성 사업인 무궁화 1호 위성은 1995년 8월 방송중계기와 통신중계기를 탑재하고 동경 116° 상공의 정지궤도 진입에 성공하여 위성방송 시대를 열었다. 방송통신 위성시스템은 위성과 두 개의 우주국, 지상의 위성관제센터, 망제어센터, 지구국으로 구성되는데, 무궁화 1호 제작시 대한항공, 하이게인안테나 등 우리나라의 기업들과 전자통신연구원이 참여하여 선진기술을 확보하였다. 2007년에는 민군 겸용 무궁화 5호도 발사되었으며, KT는 무궁화 7호까지 발사하였다.

국내 우주발사체 개발

국내의 우주 발사체 개발에 대한 관심은 과거부터 지속되어왔다. 1950년대에 이미 인하대와 군사과학기술연구소에서 고체 추진제를 사용하는 과학 관측 로켓을 설계 제작한 사례가 있으며, 1960년대까지 연구가 지속되었지만 정치적 이유 등으로 연구가 지속되지 않았다. 이후 1970년대에는 백곰 지대지 미사일의 개발을 통해 고체 추진 로켓의 상당한 기술력을 획득하게 되었지만, 고체추진제 로켓은 한미 미사일 지침에 의해 사거리의 제한에 따른 크기의 제한때문에 우주발사체로 발전하기가 어려웠다.

이후 1990년대에 정보통신의 발달과 인공위성의 제작 성공 등의 성과를 이루면서 우주발사체 개발에 대한 필요성이 재인식되었다. 이에 따라 항공우주연구원의 주도하에 1993년 과학로켓 KSR-I 발사를 시작으로 1997년에 중형 과학로켓 KSR-II를 발사하였고 2002

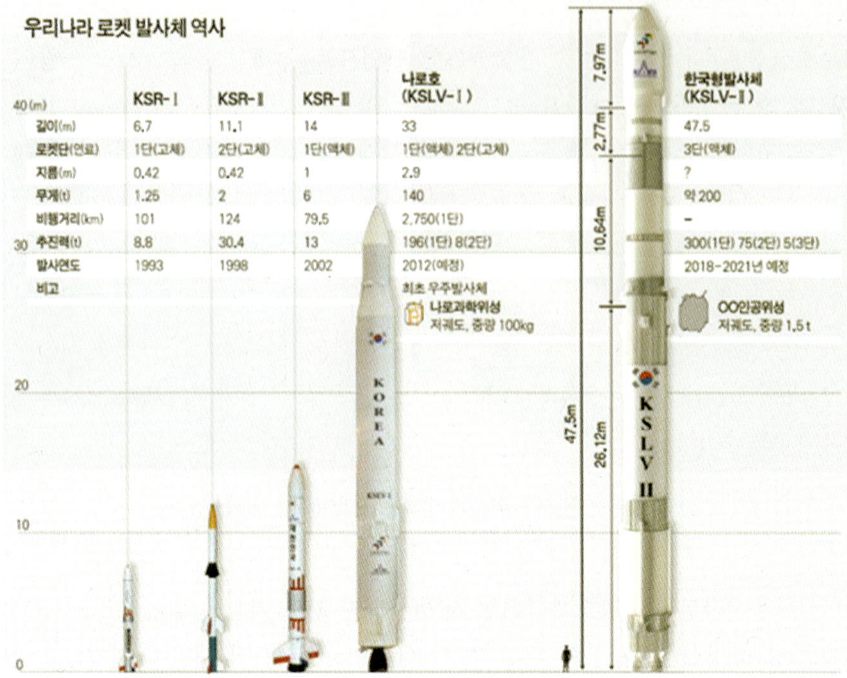

그림 A.44 우리나라 우주발사체 제원과 형상 (ⓒ 연합뉴스)

년 11월 국내 최초로 액체 추진 기관을 이용한 과학로켓 KSR-III를 개발하여 성공적으로 발사하였다. 특히 KSR-III는 추력 13톤급 액체 로켓으로써 이를 통해 국내 기술진은 위성 발사체 개발의 핵심기술 확보하는 성과를 달성하게 되었다.

국내 최초 액체 로켓인 KSR-III의 성공을 기반으로, 2002년 KSLV-I 나로호 사업의 시작과 함께 우주발사체 개발 사업이 본격화되었으며, 2013년 1월 30일 KSLV-I을 성공적으로 발사하고 나로 과학위성을 지구 저궤도에 안착시켰다. 이러한 나로호 발사 성공을 통해 국내 발사체 기술은 새로운 전환점을 맞이하였다. KSLV-I 사업을 통해 우주센터를 건립하였다. 이를 통해 독자적인 발사장 설비를 구축하여 발사장 운용과 관련된 핵심 기술 등을 확보하였다. 이 후 75톤급 액체 로켓 엔진을 개발하고 네 개를 1단에 한 개를 2단에 창착하는 한국형발사체 개발사업(KSLV-II)을 추진하고 있다. 이를 통하여 1.5톤급 실용위성을 지구저궤도(600~800km)에 투입할 수 있는 발사체 관련 기술을 확보하는 것을 목표로 하고 있다. 2018년 11월에 개발된 75톤급 엔진을 탑재한 시험발사체의 발사가 성공적으로 이루어졌다. 누리호로 명명된 한국형발사체는 2021년 시험발사를 거쳐 2022년에 실제 위성을 발사하는 목표로 개발 중에 있다. 그림 A.44에는 우리나라에서 개발된 우주발사체의 개략적인 제원과 형상을 나타내었다.

국내 항공우주산업의 발전 계획

항공우주산업은 대표적인 기술 융합·복합 산업으로 총체적인 국가기술 역량의 척도이며, 고용 및 타 산업의 파급효과가 크고, 기존의 주력산업을 보완하는 중요성과 특징이 있다. 항공우주산업은 초기 투자비가 높고, 개발에 소요되는 기간이 길며, 타 산업 대비 투자 비용이 크고, 시장의 진입이 어려운 단점도 있으나, 이것은 궁극적으로 장기간의 안정적인 시장창출과 수익도 가능하다는 것으로 의미한다. 또한, 고부가가치의 미래성장 동력의 원천, 국가의 위상제고 측면, 국가 생존의 안보 측면, 그리고 국민의 실생활에 직접적으로 기여가 가능한 핵심 산업이다. 이에 따라 국가의 정책적인 지원과 계획이 요구되는 특수성이 있으며, 정부에서는 2010년과 2007년에 각각 항공산업발전기본계획('10~'19)과 우주개발진흥기본계획을 제시하였다.

항공산업발전기본계획에는 1999년 제시된 기본계획 수립 이후 국내 항공산업 발전을 위한 큰 틀의 중장기 정책을 제시하였다. 이 계획의 비전은 2020년 생산 200억불, 수출 100억불 달성을 통한 '항공산업 Global 7 도약'이며, 이를 위하여 완제기 개발(예, 한국형 전투기, 중형수송기 등)을 통한 시장진출 및 기술확보, 핵심 부품 및 정비서비스 수출 활성화, 선택과 집중을 통한 항공 기술 R&D 투자 효율성 제고, 선진국 수준의 인프라(예, 금융지원, 항공클러스터 육성, 우수인력의 육성·공급 등) 구축의 4대 전략을 제시하였다.

2007년에 제시된 우주개발진흥기본계획에는 국가 우주개발 육성의 새로운 전략모색이 필요하며, '우주개발중장기기본계획'('96~'15)의 성과를 종합하고 그동안 추진상의 시사점을 바탕으로 우주개발의 도약을 위한 비전과 정책방향을 나타냈다. 이 계획의 최종목표는

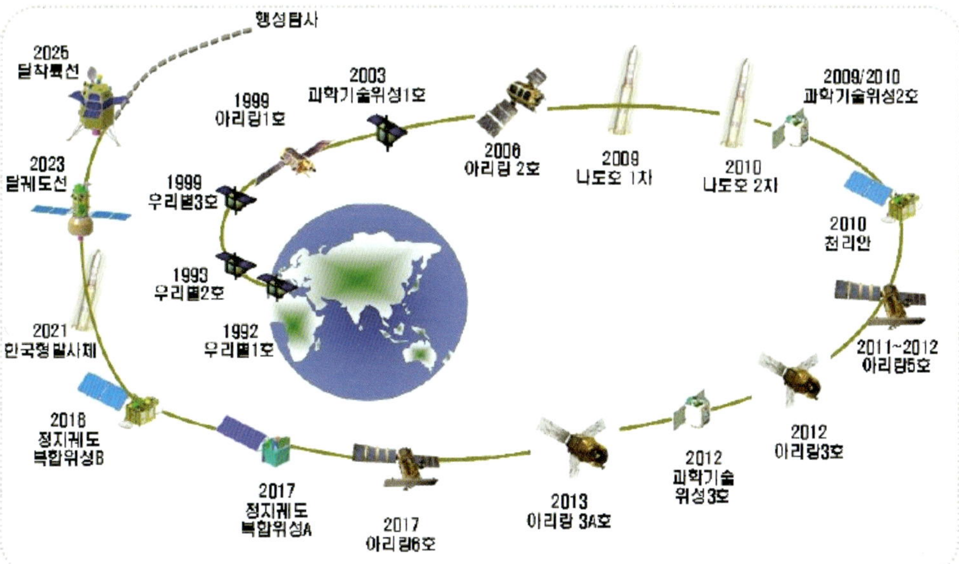

그림 A.45 국가우주위원회, 대한민국 200대 중점우주기술 개발 로드맵(안), 2017.

우주공간의 평화적 이용과 과학적 탐사를 촉진하여 국가의 안전을 보장하고 국민경제 발전에 기여하는 것이며, 독자적인 우주개발능력 확보를 통한 우주강국의 실현 등 4대 목표를 제시하였다. 이를 위하여 ① 우주개발사업의 진행시책 강화, ② 우주개발 결과의 활용 촉진, ③ 우주개발 기반의 확충, ④ 우주개발 인력양성 및 인프라 확충, ⑤ 우주개발 선진화를 위한 국제협력 확대, ⑥ 우주물체의 이용·관리체제 정비의 여섯 개 전략을 명시하였다. 세부적으로 살펴보면, 위성체 기술개발 자립을 위하여 다목적 실용 위성 등을 개발하고, 소형위성발사체(KSLV-I) 개발은 국제협력과 국내개발을 병행하여 발사체 핵심기술 확보에 중점을 두고 추진하여 발사체 기술개발을 자립하고, 중·장기적으로 우주탐사 프로그램을 준비하는 내용을 담고 있다.

부록 B 국제 표준 대기표

(SI units, mks)

Altitude h, km	Temperature T, K	Pressure P, N/m^2	Density ρ, kg/m^3	Sound speed a, m/s	Viscosity μ, kg/m-s
0.0	288.16	101,325	1.225	340.3	1.79×10^{-5}
0.5	284.91	95,461	1.1673	338.4	1.77
1.0	281.66	89,876	1.1117	336.4	1.76
1.5	278.41	84,560	1.0581	334.5	1.74
2.0	275.16	79,501	1.0066	332.5	1.73
2.5	271.92	74,692	0.95696	330.6	1.71
3.0	268.67	70,121	0.90926	328.6	1.69×10^{-5}
3.5	265.42	65,780	0.86341	326.6	1.68
4.0	262.18	61,660	0.81935	324.6	1.66
4.5	258.93	57,752	0.77704	322.6	1.65
5.0	255.69	54,048	0.73643	320.5	1.63
5.5	252.44	50,539	0.69747	318.5	1.61×10^{-5}
6.0	249.2	47,217	0.66011	316.5	1.60
6.5	245.92	44,075	0.62431	314.4	1.58
7.0	242.71	41,105	0.59002	312.3	1.56
7.5	239.47	38,299	0.55719	310.2	1.54
8.0	236.23	35,651	0.52578	308.1	1.53
8.5	232.98	33,154	0.49575	306.0	1.51
9.0	229.74	30,800	0.46706	303.9	1.49
9.5	226.5	28,584	0.43966	301.7	1.48
10.0	223.26	26,500	0.41351	299.6	1.46

(SI units, mks)

Altitude h, km	Temperature T, K	Pressure P, N/m^2	Density ρ, kg/m^3	Sound speed a, m/s	Viscosity μ, kg/m-s
10.5	220.02	24,540	0.38857	297.4	1.44×10^{-5}
11.0	216.78	22,700	0.3648	295.2	1.42
11.5	216.66	20,985	0.33743	295.1	1.42
12.0	216.66	19,399	0.31194	295.1	1.42
12.5	216.66	17,934	0.28837	295.1	1.42
13.0	216.66	16,579	0.26659	295.1	1.42×10^{-5}
13.5	216.66	15,327	0.24646	295.1	1.42
14.0	216.66	14,170	0.22785	295.1	1.42
14.5	216.66	13,101	0.21065	295.1	1.42
15.0	216.66	12,112	0.19475	295.1	1.42
16.0	216.66	10,353	0.16647	295.1	1.42×10^{-5}
17.0	216.66	8,849.6	0.1423	295.1	1.42
18.0	216.66	7,565.2	0.12165	295.1	1.42
19.0	216.66	6,467.4	0.10399	295.1	1.42
20.0	216.66	5,529.3	0.08891	295.1	1.42
21.0	216.66	4,728.9	0.07572	295.1	1.42×10^{-5}
22.0	216.66	4,047.5	0.06451	295.1	1.42
23.0	216.66	3,466.9	0.05558	295.1	1.42
24.0	216.66	2,955.4	0.04752	295.1	1.42
25.0	216.66	2,527.3	0.04064	295.1	1.42
30.0	231.24	1,185.5	0.01786	295.1	1.42

찾아보기

찾아보기

ㅇ

ㅈ

ㅊ

ㅎ

기타

제6판
항공우주학개론

지은이 한국항공우주학회
펴낸이 조경희
펴낸곳 경문사
펴낸날 2005년 2월 25일 1판 1쇄
2026년 1월 23일 6판 6쇄
등 록 1979년 11월 9일 제 1979-000023호
주 소 04057, 서울특별시 마포구 와우산로 174
전 화 (02)332-2004 팩스 (02)336-5193
이메일 kyungmoon@kyungmoon.com

값 39,000원

ISBN 979-11-6073-342-6

★ 경문사의 다양한 도서와 콘텐츠를 만나보세요!

홈페이지	www.kyungmoon.com	페이스북	facebook.com/kyungmoonsa
포스트	post.naver.com/kyungmoonbooks	블로그	blog.naver.com/kyungmoonbooks
북이오	buk.io/@pa9309	인스타그램	instagram.com/kyungmoonsa

도서 중 **정오표** 및 **학습자료**가 있는 경우 홈페이지 내 해당 도서 상세 페이지의 **자료** 탭에 업로드됩니다.